双碳目标下前沿技术部署与进展报告

刘琦岩 等 ◎ 著

科学技术文献出版社
SCIENTIFIC AND TECHNICAL DOCUMENTATION PRESS

·北京·

图书在版编目（CIP）数据

双碳目标下前沿技术部署与进展报告 / 刘琦岩等著. —北京：科学技术文献出版社，2024.10

ISBN 978-7-5235-0728-5

Ⅰ.①双⋯ Ⅱ.①刘⋯ Ⅲ.①科学技术—发展—研究报告—世界 Ⅳ.① N11

中国国家版本馆 CIP 数据核字（2023）第 169740 号

双碳目标下前沿技术部署与进展报告

策划编辑：周国臻　　　责任编辑：王 培　　　责任校对：王瑞瑞　　　责任出版：张志平

出 版 者　科学技术文献出版社
地　　址　北京市复兴路15号　邮编　100038
编 务 部　（010）58882938，58882087（传真）
发 行 部　（010）58882868，58882870（传真）
邮 购 部　（010）58882873
官方网址　www.stdp.com.cn
发 行 者　科学技术文献出版社发行　全国各地新华书店经销
印 刷 者　北京地大彩印有限公司
版　　次　2024 年 10 月第 1 版　2024 年 10 月第 1 次印刷
开　　本　787×1092　1/16
字　　数　495千
印　　张　24
书　　号　ISBN 978-7-5235-0728-5
定　　价　138.00元

本书撰写人员

刘琦岩　孟　浩　郑　佳　熊书玲
王大伟　傅俊英　侯　禹　李　阳
刘永辉　康　凯　白文静　王淑洁

序　言

　　在《人类21世纪备忘录》[①]一文中，徐冠华院士等人提出了人类历史进程中存有"三大不动点议题"的论述——在人类文明的历史阶段，发展主题始终围绕能源、食品和健康三大议题展开。这三大议题是人类发展诸多议题中基础中的初始基础，支柱中的核心支柱。这三大议题当中每部分内容都用来刻画过生命赖以维系的要素指标或命名过某个历史阶段，如化石能源时代、核动力时代、刀耕火种、稻作文明、水产经济、能耗指数、蛋白质摄入量、可再生能源阶段、自然疗法时代、基因疗法时代等。这三大议题每个又都具有宏观累积效应——个体的或局部的问题，会以极快的速度累积成为巨大的、风险性极高的社会难题。其中，能源议题同食品与健康议题又不太一样，因为对于温饱和健康状态的认知，个体和群体之间有很多通感。能源议题受地域、生产方式影响很大，它更多地取决于环境的变量与供给。这也许是相对于其他觉识，能源自觉更晚到来的一个原因。这里所讲的能源自觉，就是指人们对人与能源关系的认知、评价和主动改善的思考。人类的能源自觉只是近现代才产生并得到持续丰富的觉识，代价甚高，来之不易。

　　影响这三大议题的关键因素主要有3个方面：需求、科技和制度。其中的科技，又是关键中的关键。因为需求有给定的方面，制度总是事后成型的，只有科技既影响着需求的自我满足水平，又影响着相关社会管理治理的体制机制。另外，需求和制度又反过来影响着相关科技的发展、吸纳和运用。所以，关于科技前瞻展开的维度，除科技自身外，也主要是从社会需求与制度选择中进行分析预测的。

　　"环球同此凉热"，过去诗人的感慨如今已是全球共情共鸣的能源话题。面对气候变化、双碳约束、大气治理等日趋紧迫的全球问题，能源科技和产业发展被认为承担着重要责任。从这个意义上讲，主动感知、预测未来能源科技的方向和领域，是人类能源自觉的一种体现。对能源科技的谱系化、结构化分析，同时深入分析人与能源的

---

① 徐冠华，刘琦岩，罗晖，等. 人类21世纪备忘录 [J]. 中国软科学，2020（9）：1-17.

关系、人类应用能源的各类场景、人类研发各类能源的潜力，这是构建人类可持续发展社会的必修课。人类的能源自觉从缘起到现在，在不断丰富和升级，并深受能源材料科技、能源互联网、绿色理念、清洁制造、可持续发展、同一地球、人类命运共同体等诸多内容的影响。因此，当今关于能源科技的感知和预测越来越精细，影响面也越来越广。受新科技应用带来的改变，能源从生产端到消费端，包括期间的过程、通道等都在发生巨大的变化。很多人类活动的空间过去纯粹是能源消费单元，现在凭借能源新科技、新方式，加快转变为绿色能源生产单元，在实现自身能源平衡的同时增加对全社会能源平衡的贡献。实际上这给新能源技术体系带来很多新的架构、新的业态和新的议题。

"环球同此凉热"，气候变化事关全球社会经济可持续发展，积极应对气候变化已成为全球各国的共识。联合国政府间气候变化专门委员会（IPCC）的评估报告越来越清楚地表明，人类活动是引起气候变化的主要原因。截至 2020 年，全球已有 54 个国家实现碳达峰，占全球碳排放总量的 40%，且多数为法国、德国、美国、日本、英国等发达国家，并提出到 2050 年实现碳中和。2020 年 9 月 22 日，以习近平同志为核心的党中央审时度势，做出中国加快实现碳达峰、碳中和（以下简称"双碳"）目标的重大决策，充分体现了中国作为负责任的发展大国，把应对全球气候变化、推动生态文明建设当作自身高质量发展的内在要求，彰显了中国构建人类命运共同体的责任担当，对于中国乃至全球未来可持续发展均具有重要的战略意义。

法国、德国、美国、日本、英国等发达国家在发展过程中重视应对气候变化的双碳前沿技术的规划部署，实施了一系列科技计划与研发措施，取得了一系列技术进展。国际能源署（IEA）、国际可再生能源署（IRENA）、全球风能协会（GWEC）、国际原子能机构（IAEA）等国际组织机构也围绕太阳能、风能、核能等技术发布了一系列研究报告，提出了一系列促进清洁能源技术发展及低碳发展的对策与建议。这些前沿技术部署与研发，对于我国政府相关管理机构、科研院所、企业等创新主体，及时了解前沿技术动态，把握发展态势，做好决策部署和创新准备，具有显著的借鉴意义。

为积极支撑科技创新驱动以实现双碳目标，科技部成立了碳达峰碳中和科技工作领导小组，负责组织与协调各司局双碳相关工作。领导小组在第一次会议中就提出要尽快形成《碳达峰碳中和科技创

新行动方案》的研究计划，并推进《碳中和技术发展路线图》的编制，推动成立"碳中和关键技术研究与示范"重点专项。中国科学技术信息研究所（以下简称"中信所"）作为科技部直属事业单位，积极配合相关工作安排，新成立了"区域创新发展研究中心"，并安排所重点一期与二期双碳关键技术相关项目，统筹协调、积极开展与双碳相关的情报跟踪监测与研究工作，中信所特意组织区域创新发展研究中心的研究团队编撰本书，根据所承担任务要求，主要在新能源、低碳减碳零碳方向选取了7个技术领域，对当今全球主要发达国家的能源科技、产业、经济的创新发展给予了深入的研究分析。在研究过程当中，支撑了有关部门与地方政府关于双碳议题的科学决策，促进了相关科研院所、高校、企业、政府等主体围绕双碳目标实现深入的交流互鉴。

本书共分为7章。第1章主要介绍太阳能技术相关法律法规、战略与研发计划部署，主要国家太阳能技术研发投入，太阳能技术论文与专利，以及太阳能技术最新进展等；第2章主要介绍风能技术相关法律法规、战略与研发计划部署，主要国家风能技术研发投入，风能技术论文与专利，以及风能技术最新进展等；第3章主要介绍核能技术相关法律法规、战略与研发计划部署，主要国家核能技术研发投入，核能技术论文与专利，以及核能技术最新进展等；第4章主要介绍氢能技术相关法律法规、战略与研发计划部署，主要国家氢能技术研发投入，氢能技术论文与专利，以及氢能技术最新进展等；第5章主要介绍燃料电池技术相关法律法规、战略与研发计划部署，主要国家燃料电池技术研发投入，燃料电池技术论文与专利，以及燃料电池技术最新进展等；第6章主要介绍CCUS技术相关法律法规、战略与研发计划部署，主要国家CCUS技术研发投入，直接空气捕集CO_2技术论文与专利，以及CCUS技术最新进展等；第7章主要介绍储能技术相关法律法规、战略与研发计划部署，主要国家储能技术研发投入，超级电容器技术论文与专利，以及储能技术最新进展等。

本书可供在政府有关部门、能源企业、科研机构、高校和行业协会中从事能源管理与能源研究工作的人员参考。

刘琦岩

2024年6月于中信所

目 录

1 太阳能技术部署、研发与进展

太阳能作为可再生、清洁、高效的新能源，是全球实现碳达峰、碳中和目标的重要技术选项之一，被美国、日本、欧盟等全球主要国家与地区高度重视，推动部署陆上光伏发电（图 1.1）与海上光伏发电（图 1.2），取得了快速发展。据国际可再生能源署《可再生能源统计 2022》报告显示，全球太阳能装机容量自 2012 年的 104 312 MW 快速递增到 2021 年的 849 473 MW，其中全球太阳能光伏装机容量 2012 年为 101 745 MW，2021 年为 843 086 MW[①]。

图 1.1　陆上光伏发电

图 1.2　海上光伏发电

---

① IRENA.Renewable energy statistics 2022［EB/OL］.［2022-06-07］.https://www.irena.org/~/media/Files/IRENA/Agency/Publication/2022/Jul/IRENA_Renewable_energy_statistics_2022.pdf?rev=8e3c22a36f964fa2ad8a50e0b4437870.

1.1 太阳能技术部署

太阳能技术的发展离不开相关法律法规、战略与政策的支持，世界主要国家从相关法律法规、战略与政策等方面加强太阳能技术的研发部署。

（1）美国太阳能技术部署

美国非常重视太阳能技术的研发部署，主要表现在以下方面。

首先，美国出台相关法律法规与政策，支持太阳能技术的发展。美国先后实行《能源法》（1992年，2005年）、《能源独立与安全法案》（2007年）、《美国清洁能源安全法》（2009年）、《复兴与再就业法》（2009年）、《能源法》（2020年）、《美国创新与制造法》（2020年）及《重建更好法》（*Build Back Better Act*，2021年）等，提出加大支持太阳能技术研发、示范与应用推广，促进清洁能源技术发展。美国各州、地方也通过信贷担保、税收抵免、低息贷款、生产补贴等方式有效降低太阳能产业成本，积极促进太阳能光伏产业的形成和健康发展。

通过综合分析，美国具有战略意义的太阳能光伏政策和计划主要包括强制光伏上网电价政策（Feed in Tariff）、税收抵免政策（Tax Credit Policy）、联邦建筑屋顶计划（Federal Roof Program）、津贴补助政策（Subsidy Policy）、信贷担保（Credit Guarantees）等。2021年9月8日，美国能源部太阳能技术办公室（SETO）和美国国家可再生能源实验室（NREL）撰写了《太阳能未来研究》报告，研究发现，2020年美国太阳能发电占全国电力供应的3%。在积极降低成本和大规模电气化政策的支持下，太阳能到2035年可能占全国电力供应的40%，到2050年占45%。为了达到这些水平，从2021年[①]到2025年，太阳能部署需要平均每年增长装机容量30 GW，并在2025—2030年每年增加60 GW（是2021年部署容量的4倍），以达到到2035年总共部署太阳能装机容量1000 GW的目标。2050年太阳能装机容量需要达到1600 GW，以实现零碳电网并增强最终用途的电气化，如实现电动车辆、建筑空间和水加热的电气化（图1.3）[②]。

---

① 注：原报告中为"现在"，因报告发布时间是2021年9月，故在此用"2021年"替换"现在"；如果发布时间在2021年6月之前，则用"2020年"替换"现在"。本书后面遇到类似情况均按此处理。

② DOE.Solar futures study［EB/OL］.（2021−09−08）［2022−06−07］.https://www.energy.gov/sites/default /files/2021-09/Solar%20Futures%20Study.pdf.

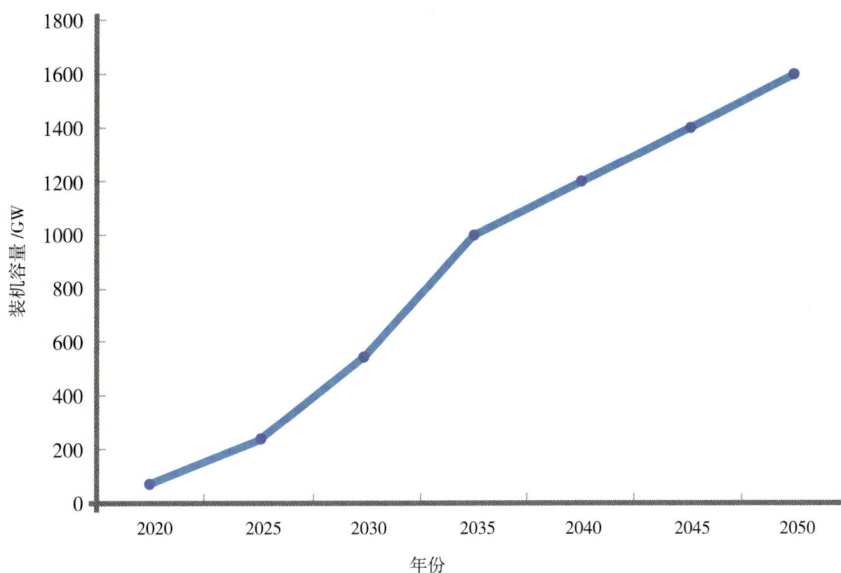

图 1.3   2020—2050 年美国太阳能装机容量

《太阳能未来研究》报告建模分析显示，由于建筑物、交通和工业能源的电气化及清洁燃料的生产增加，整个美国能源系统的脱碳可能要产生清洁并网电力多达 3200 GW。《太阳能未来研究》模拟了脱碳电网所需的太阳能部署。《太阳能未来研究》报告初步建模表明，由于电气化程度的提高，整个能源系统的脱碳可能会产生太阳能达 3000 GW。

其次，制定能源发展战略，支持太阳能技术发展。2008 年美国实施先进能源计划，部署研发太阳能、生物质能、核能等清洁能源技术。2014 年实施全面能源战略，强化部署研发太阳能光伏发电及小型模块化反应堆、聚变能和氢能等，形成了从基础研究、应用研发、示范到最终市场解决方案的完整创新链与产业链。2021 年 1 月，美国总统拜登就职后将气候安全提升到国家安全的战略高度，即刻宣布美国重返《巴黎协定》，确定了2030 年美国温室气体排放量较 2005 年减少50%～52%，2050 年实现碳中和的目标。为此，白宫发布了《国家气候战略》《实现 2050 年净零排放目标的长期战略》等。一是在国际上美国重塑气候变化多边合作的全球领导力；二是在美国国内，通过清洁能源投资和科技创新等一系列多领域的配套政策，加大太阳能等清洁技术创新投资力度，大幅降低太阳能、储能、可再生氢等关键清洁能源的成本，大力倡导推动清洁电力生产，推动能源领域的绿色转型，实现全社会 2050 净零目标，同时创造大量优质就业机会，重振美国经济。2021年，能源部（DOE）发布《太空能源战略》，启动太空动力行动计划，提出提高太阳能和储能太空系统的目标，探索月球太阳能发电的多种技术和系统集成的关键行动，旨在进一步提高 DOE 在未来太空探索中的作用。通过实施上述一系列能源战略，美国不断扩大太阳能等可再生能源规模，实现钙钛矿太阳能电池等技术新突破，构建了美国新型清洁能源技术体系。

再次，实施一系列研发计划，加大太阳能技术部署。一是实施 SunShot 计划。2011 年 2 月 4 日，美国 DOE 发起了 SunShot 计划，旨在通过提供从研发、制造到市场化的全面解决方案，加速太阳能发电技术在全美的广泛部署，将太阳能的总成本降低 75%，使其在 21 世纪末与其他形式的能源相比具有明显的成本竞争力[①]。这种公用事业规模的太阳能成本达到约为 1 美元 /W 或 0.06 美元 /（kW·h）时，将使数百万美国人能够使用太阳能。SunShot 计划实施一年后，DOE 发布了 SunShot 愿景研究，对太阳能技术在未来几十年内满足美国大部分电力需求的潜力进行了深入评估。该研究以光伏（PV）和聚光太阳能（CSP）为重点，考察了如何实现降价目标，分析了实现太阳能降价目标所产生的市场渗透的潜在途径、存在障碍和影响。2017 年 9 月 12 日，DOE 宣布 SunShot 计划提前 3 年实现了公用事业规模的太阳能成本目标，即 0.06 美元 /（kW·h）。SunShot 计划为未来 10 年设定了新目标，即到 2030 年公用事业规模太阳能目标为 0.03 美元 /（kW·h）（表 1.1），这将使太阳能成为新发电成本较低的选择之一，且低于大多数化石燃料发电机的成本，从而有助于提高太阳能竞争力。随着继续努力朝着 SunShot 2020 住宅和商用的目标迈进，并着眼于实现 SunShot 2030 目标，太阳能技术办公室将重点放在支持早期研发，旨在降低太阳能技术成本并提高太阳能技术的灵活性和性能，让太阳能为更可靠、更有弹性和更安全的美国电网做出贡献。

表 1.1　2010—2030 年美国 SunShot 计划的进展与 2017 年美元价格下的度电 LCOE 目标

目标	住宅	商用	公用
2010 年初始情况	52 美分	40 美分	28 美分
2017 年完成情况	16 美分	11 美分	6 美分
2020 年目标	10 美分	8 美分	6 美分
2030 年目标	5 美分	4 美分	3 美分

注：平准化能源成本（LCOE）进展与目标是基于平均美国气候及没有 ITC 或州 / 地方激励的基础上计算的，住宅与商用目标已经根据 2010—2017 年的通胀进行了调整。

二是通过了美国 DOE 先进能源研究计划（ARPA-E）。ARPA-E 除了设立特定领域主题研究计划外，还每 3 年开展一次开放式项目招标计划。OPEN 招标计划于 2009 年推出，旨在支持非共识探索研究和机会型探索研究，避免遗漏在主题研究领域之外的创新思想。2009 年第一轮开放式招标资助了 1.67 亿美元，2012 年第二轮开放式招标资助了 1.30 亿美元，2015 年第三轮开放式招标资助了 1.25 亿美元，2018 年第四轮开放式招标资助了 1.99 亿美元，2021 年第五轮开放式招标资助了 1.75 亿美元。5 轮 ARPA-E 资助都有太阳能技

① DOE.The sun shot initiative［EB/OL］.［2022-06-07］. https://www.energy.gov/eere/ solar/sunshot-initiative.

术相关的项目，每一轮代表性的 ARPA-E 资助项目如表 1.2 所示。

表 1.2　2009—2021 年 5 轮 ARPA-E 资助的代表性太阳能技术项目

轮次	项目名称	资助项目数 / 个	资助金额 / 百万美元
第一轮 OPEN（2009 年）	太阳能敏捷供电技术（Solar ADEPT）	7	14.00
第二轮 OPEN（2012 年）	全光谱优化的太阳光转换和利用（FOCUS）	14	35.00
	综合集中的微型优化太阳能电池阵列（MOSAIC）	11	26.00
第三轮 OPEN（2015 年）	利用高能量密度液体将可再生能源转化为燃料（REFUEL）	16	33.00
第四轮 OPEN（2018 年）	利用多结光伏（MPV）的热能网格存储（TEGS）	1	1.50
	100% 可再生发电的可靠电力系统运行	1	3.00
第五轮 OPEN（2021 年）	用于下一代电力电子的 8 英寸硅基氮化镓（GaN-on-Si）超结器件	1	4.52
	沉淀强化镍基合金用于能源系统中的液盐控制和运输	1	2.40

　　2021 年 2 月 11 日，ARPA-E 宣布第五轮第一次开放式招标计划，资助 1 亿美元以支持具有潜在颠覆性影响的变革性清洁能源技术研发，包括太阳能资源的高精度识别和预测仿真技术、更高效率的太阳能发电技术和先进的太阳能热转化 / 太阳能催化转化技术。

　　三是通过太阳能技术办公室（SETO）的系列资助计划。①新太阳能研究与开发计划。该计划是根据 2020 年能源法案授权，设立专项资金来推进太阳能技术计划，支持包括各种活动但不限于竞争性资助、赛前研究、设施分析、教育培训和小企业代金券发放等。例如，2020 年 11 月 12 日，美国 DOE 宣布了 1.3 亿美元的新项目，以促进太阳能技术的发展。通过 DOE 能源效率和可再生能源办公室（EERE）下属的 SETO，将资助 30 个州的 67 个研究项目，其中对 PV 硬件研究资助金额达 1400 万美元，用于 8 个项目，这些项目旨在使 PV 系统寿命更长，并提高由硅太阳能电池及薄膜和双面太阳能电池等新技术制成的太阳能系统的可靠性；对集成热能存储和布雷顿（Brayton）循环设备演示项目资助金额达 3900 万美元，将建造和运行超临界 CO_2 功率循环的试验场所，降低 CSP 工厂的成本，加速低碳商业化；对系统集成资助金额为 3400 万美元，用于 10 个研究项目，将开发有韧性的社区微电网，确保在人为或自然灾害后维持电力并恢复电力，提高光伏逆变器和电力系统的网络安全性，并开发与其他资源协同运作的先进混合电站，以提高可靠性和弹性；对以机器学习为重点的人工智能在太阳能中的应用资助金额为 730 万美元，用于 10 个项目，

① ARPA-E.Advanced research projects agency-energy annual report for FY 2019［EB/OL］.（2021-06-12）［2022-06-07］. https://arpa-e.energy.gov/sites/default/files/ARPA-E%20FY19%20Annual%20Report%20to%20Congress_FINAL.pdf.

② DOE.DOE announces $100 million for transformative clean energy solutions［EB/OL］.（2021-02-11）［2022-06-09］. https://www.energy.gov/articles/doe-announces-100-million- transformative-clean-energy-solutions.

使用人工智能和机器学习来推动太阳能优化运营和预测，提高配电系统和电表背后的态势感知并实现更多太阳能发电集成与制造创新；对硬件孵化器资助金额为1400万美元，用于10个研究项目，将原创成果推进到商用前阶段，其中包括支持美国太阳能制造并降低安装成本的产品；对太阳能演化与扩散研究资助金额为970万美元，用于6个研究项目，将研究如何将信息传递给利益相关者，将太阳能与能效、储能和电动汽车结合起来以更好地进行太阳能决策；对太阳能和农业融合的系统设计、价值框架和影响分析资助700万美元，用于4个项目，推进农民、牧场主及其他人使用光伏农业发展所必需的技术与研究成果，加快推动光伏农业实践；对太阳能小型创新项目（SIPS）：PV和CSP资助金额为500万美元，用于18个项目，推动了PV和CSP方面产生创新与想法，这些创新与想法可以在一年内得到验证，证明具有可行性。这些项目可降低太阳能成本，提高美国制造业竞争力并提高国家电网的可靠性。②先进太阳能制造计划。该计划是根据《能源法》（2020）授权提供资金，支持太阳能研究与开发，具体包括研究、开发和部署（RD&D）原材料、关键矿物和其他资源，推进太阳能制造技术。例如，2020年12月16日，美国DOE宣布投入资金4500万美元，用于推进研究太阳能硬件和系统集成，包括创建一个致力于开发现代化电网控制技术的联盟。尽管太阳能发电目前占美国电力的3%，但到2050年，这一数字预计将达到18%，这需要增加太阳能装机容量数十亿瓦。因此，EERE正在寻求新的解决方案，以便可靠地将大量太阳能发电并网，并确保在这些装置中使用美国制造的硬件。EERE下属的SETO 2021财年资助计划已在系统集成和硬件孵化器两个广泛的领域推动太阳能发展。其中，系统集成领域电网形成的技术研究联盟获得2500万美元资助；将可用的太阳能资源整合到电力数据系统方面，获得600万美元资助，支持2～3个项目；硬件孵化器领域产品开发获得600万美元资助，支持6～12个项目；产品开发和演示获得800万美元资助，支持1～4个项目。③年度光伏和聚光太阳能热电资助计划。2021年10月12日，SETO通过2021财年光伏和聚光太阳能热电资助计划，其中15个项目获得超过750万美元资助，用于研发将光伏系统使用寿命延长至50年，并可在一年内验证光伏新理念具有可行性；25个项目获得近3300万美元资助用于研发CSP技术，以帮助降低成本并在美国实现长期太阳能储存和无碳工业流程。该资助计划有助于实现SETO到2030年将太阳能成本降低50%，到2035年实现无碳电力行业和到2050年实现净零排放能源行业的目标。④太阳能回收研究与开发计划。根据《能源法》（2020）授权，提供"太阳能技术回收研发计划"资金，支持包括原材料回收、处置工艺、拆卸和循环利用等各种活动，并实现回收的替代材料具有成本效益。

四是通过DOE的小企业创新研究（SBIR）和小企业技术转让（STTR）计划，对太阳能技术予以支持。根据对SBIR和STTR资助项目的统计，2014—2020年美国DOE能源效率与可再生能源办公室对太阳能技术资助情况^① 如表 1.3 所示。

表 1.3 2014—2020 年 DOE 的 SBIR 和 STTR 资助的太阳能技术项目

年份	SBIR/STTR	阶段	主题	金额 / 美元
2014	SBIR	Ⅰ	评估太阳能资产作为借贷依据，增加资本获取渠道	225 000.00
2014	SBIR	Ⅰ	开发高温熔盐旋转管耦合器，降低太阳能发电成本	224 305.00
2014	SBIR	Ⅰ	将太阳能收集标准化并将许多组件集成到更大系统中	208 272.00
2014	SBIR	Ⅱ	提高加工卷对卷光伏组件的可靠性解决方案	1 000 000.00
2014	SBIR	Ⅱ	经济高效的太阳能电池和模块测试仪器	600 485.00
2015	SBIR	Ⅰ	使用新数据集进行潜在客户开发的创新方法	224 981.57
2015	SBIR	Ⅰ	众包太阳能光伏数据技术	229 965.00
2015	SBIR	Ⅰ	蒸汽发电聚光太阳能集热器驱动的海水淡化技术	224 681.00
2015	SBIR	Ⅰ	基于建模、后处理和机器学习的太阳能综合预测系统	224 805.00
2015	SBIR	Ⅱ	开发用于熔盐的挠性管接头	1 491 530.00
2015	SBIR	Ⅱ	太阳能收集标准化并将许多组件集成到更大系统	1 499 620.00
2015	SBIR	Ⅱ	评估太阳能资产作为借贷依据，增加资本获取渠道	1 499 716.00
2016	SBIR	Ⅰ	太阳能负载平衡模拟器	150 000.00
2016	STTR	Ⅰ	并网光伏发电与现场负荷和资源的优化综合控制	149 881.00
2016	SBIR	Ⅰ	面向中间件的社区太阳能平台	149 560.00
2016	SBIR	Ⅰ	统一社区太阳能部署平台	150 000.00
2017	SBIR	Ⅰ	预测模块退化和故障识别解决方案	149 967.34
2017	SBIR	Ⅰ	用于熔盐泵叶轮的先进低成本金属间化合物涂层	150 000.00
2017	SBIR	Ⅰ	开发并制造一种设备，用于测量污垢积累量并计算清洗太阳能电池阵列的最佳日期	149 848.00
2017	SBIR	Ⅰ	开发用于聚光太阳能组件的新型合金	150 000.00
2017	SBIR	Ⅰ	新型非晶合金防腐蚀防冲蚀涂层	149 999.00
2017	SBIR	Ⅰ	熔盐泵用高韧性金属陶瓷	149 850.00
2017	SBIR	Ⅰ	用于聚光太阳能发电系统的基于拉曼光谱的高温熔盐成分在线监测系统	154 995.18
2017	SBIR	Ⅰ	光伏组件的移动原位成像	149 000.00
2017	SBIR	Ⅱ	太阳能负载平衡软件	1 000 000.00
2017	STTR	Ⅱ	并网光伏发电与现场负荷和资源的优化综合控制	1 000 000.00
2017	SBIR	Ⅱ	面向中间件的社区太阳能平台	1 000 000.00
2018	SBIR	Ⅰ	用于商业太阳能电池阵列的货架系统	155 000.00

① DOE.FY14—20_SBIR-STTR_Awards［EB/OL］.［2022-06-10］.https://science.osti.gov/-/media/sbir/excel/FY14—20_SBIR-STTR_Awards.xlsx.

续表

年份	SBIR/STTR	阶段	主题	金额/美元
2018	STTR	I	一个支持区块链的点对点能源交易平台	149 773.00
2018	SBIR	I	太阳能消费者基于智能电表的点对点交易	149 208.00
2018	SBIR	I	具有预测优化功能的高级对等交易能源平台	149 996.22
2018	SBIR	I	用于太阳能设备网络安全的低成本即插即用数据二极管	150 000.00
2018	SBIR	I	嵌入式类安全处理器	149 980.59
2018	SBIR	I	基于区块链的分布式太阳能交易平台	148 294.08
2018	SBIR	I	光伏系统断电装置和方法	149 997.14
2018	SBIR	I	全自动光伏阵列组装系统	150 000.00
2018	SBIR	I	点对点交易软件平台，最大化分布式太阳能价值	150 000.00
2018	SBIR	I	点对点能源交易的分形图方法	149 952.40
2018	SBIR	I	公用事业规模太阳能现场网关分布式交易分类帐	149 822.00
2018	SBIR	I	智能太阳能设备网络安全系统	150 000.00
2018	STTR	I	具有需求灵活性的 P2P 交易以提高太阳能利用率	149 523.00
2018	SBIR	I	太阳能卫士将结合电网模型和机器学习研究 MDI 检测	145 310.48
2018	SBIR	I	用于槽式收集器的计量辅助机器人校准系统	150 000.00
2018	SBIR	II	开发并制造一种设备，测量污垢积累量并计算清洗太阳能电池阵列的最佳日期	1 000 000.00
2018	SBIR	II	新型防腐蚀和防腐蚀非晶合金涂层	999 996.42
2018	SBIR	II	用于聚光太阳能发电系统的基于高温、拉曼光谱的在线熔盐成分监测系统	999 998.34
2018	SBIR	II	光伏组件的移动原位成像	999 024.00
2019	SBIR	I	基于云算法的太阳能光伏组件实时串联电阻监测	200 000.00
2019	SBIR	I	光伏组件污染光谱沉积检测仪	200 000.00
2019	SBIR	I	用于可调度太阳能应用的低成本、耐用的有机电池	200 000.00
2019	SBIR	I	用于季节性储能和氢燃料的低成本合成清洁 NH_3	200 000.00
2019	SBIR	I	基于先进分散式架构的太阳能资产控制系统	196 079.00
2019	SBIR	I	促进光伏板降雪提高能源产量和关键基础设施弹性的装置	197 757.00
2019	SBIR	I	开发一种独立的太阳能货架系统	197 313.00
2019	SBIR	I	用于养牛生产的杆式太阳能安装和跟踪系统	200 000.00
2019	SBIR	I	具有新型单极和整体横向支撑的低成本双轴太阳能定位系统	199 996.00
2019	SBIR	I	带有工厂集成太阳能系统的智能制造房屋	200 000.00
2019	SBIR	I	建造和评估基于拉伸的高架联动光伏阵列	198 803.00
2019	SBIR	I	太阳能与商业农业结合的发光增强技术	199 934.00
2019	SBIR	I	跨越运河的太阳能发电技术	202 935.00

续表

年份	SBIR/STTR	阶段	主题	金额 / 美元
2019	SBIR	I	使用碳化硅（SiC）模块化架构和电网支持功能的 250 kW 太阳能串逆变器	199 992.00
2019	STTR	I	用于高效率 Gen3 熔盐聚光太阳能的高温（750～800℃）碳化硅接收器组件	199 988.00
2019	SBIR	I	用于聚光太阳能的新型轻型、低成本定日镜	199 921.00
2019	SBIR	I	太阳能组件：低成本制造	200 000.00
2019	SBIR	I	由工作流体和热存储实现的低成本、可计量分布式规模 CSP 系统	196 155.00
2019	SBIR	I	用于 CSP 熔盐储存的先进材料	200 000.00
2019	SBIR	II	用于太阳能设备网络安全的低成本即插即用数据二极管	1 050 000.00
2019	SBIR	II	大规模太阳场网络的网络安全入侵检测系统	999 580.00
2019	SBIR	II	用于交易能源和需求响应应用的能源互联网平台	1 049 949.00
2019	SBIR	II	具有预测优化功能的高级对等交易能源平台	1 049 839.00
2019	STTR	II	具有需求灵活性的 P2P 交易可提高太阳能利用率	994 698.00
2019	SBIR	II	太阳能电池阵列货架系统	1 050 000.00
2019	SBIR	II	抛物面槽收集器的计量辅助机器人镜面对准	1 000 000.00
2020	SBIR	I	薄膜沉积半导体材料的微波光电导谱仪	200 000.00
2020	SBIR	I	无背板光伏组件	122 000.00
2020	SBIR	I	光伏组件封装用玻璃搪瓷钢	199 273.00
2020	SBIR	I	双面光伏系统低成本高精度辐照度测量	200 000.00
2020	SBIR	I	硅太阳电池中银的光诱导镀铝工具	200 000.00
2020	STTR	I	含氯熔盐合金的梯度表面改性	200 000.00
2020	SBIR	I	电网形成、可靠、高效、经济且无变压器接地的光伏存储系统	206 424.00
2020	STTR	I	低成本太阳能发电的快速、低切缝损耗硅锭晶圆	206 499.00
2020	SBIR	II	弹性太阳能支架系统，为受自然灾害影响的地区提供稳定的电力	1 100 000.00
2020	SBIR	II	美国农村的畜牧业和太阳能协同机会	1 093 743.00
2020	SBIR	II	具有新型单极子和整体横向支撑的低成本双轴太阳定位系统	1 150 000.00
2020	SBIR	II	跨越运河的太阳能发电技术	1 149 995.00
2020	SBIR	II	采用碳化硅（SiC）模块化结构和电网支持功能的 250 kW 太阳能串逆变器	1 149 933.00
2020	SBIR	II	可计量、规模化的分布式 CSP 系统，实现低成本热存储	1 099 693.00
2020	SBIR	II	SCP 熔盐储存换热器的先进材料	1 097 330.00
2020	SBIR	II	研制含硅锂离子电池阳极 SEI 稳定层	1 100 000.00

由表 1.3 可见，2014—2020 年美国 DOE 能源效率与可再生能源办公室通过 SBIR 和 STTR 计划对太阳能技术资助的项目总数为 89 项，费用总额约为 4031.02 万美元，其中第

一阶段项目总数为 62 项，费用总额为 1108.50 万美元，占总经费的 27%；第二阶段项目总数为 27 项，费用总额为 2922.51 万美元，占总经费的 73%。

DOE 的 EERE 持续通过 SBIR 和 STTR 计划支持太阳能技术研发。例如，2021 年 7 月 20 日，美国 DOE 通过 SBIR 和 STTR 计划，继续推动美国小企业和企业家加快清洁能源革命，投资 1.27 亿美元支持 110 个创新项目，每个项目都侧重于通过利用面向市场的解决方案和新兴技术来应对气候危机。EERE 将根据第一阶段初步成功的资助项目，向 51 家美国小企业和企业家的 53 个项目提供第二阶段资金 5700 万美元，包括支持更接近市场的项目的后续资助。第二阶段资助项目为期两年，初始资金高达 110 万美元，支持创新清洁能源技术研究和开发成果走向商业化。其中，与太阳能技术有关的项目是具有工厂集成太阳能系统的智能制造房屋技术，能显著降低成本，帮助中低收入消费者从清洁能源中受益，并支持到 2050 年实现公平转型与清洁能源经济 [1]。

五是通过 DOE 贷款项目办公室（LPO）贷款担保计划，支持屋顶太阳能等分布式能源发展。根据《能源法》（2005）授权的第 17 条创新清洁能源贷款担保计划，LPO 提供 25 亿美元贷款担保以支持创新清洁能源项目，帮助项目开发商克服市场障碍，加快部署创新分布式能源技术，推动美国利用太阳能等创新能源技术实现减少、避免或隔离温室气体排放 [2]。2011 年，LPO 提供 46 亿美元贷款担保以支持美国首批 5 个 100 MW 以上的光伏项目，此后又有 45 个项目在没有贷款担保的情况下获得融资，充分显示 LPO 利用贷款担保启动了美国公用事业规模光伏太阳能产业，到 2016 年美国累计公用事业规模光伏太阳能 9479 MW [3]。LPO 资助的一些技术可以在全球范围内采用。LPO 还通过帮助启动低碳发电产业对气候变化产生了更广泛的影响。当奥巴马总统上任时，美国第一个新的聚光太阳能发电工厂刚刚开始运营，美国公用事业规模光伏太阳能项目还没有超过 100 MW。通过发放超过 105 亿美元贷款担保，LPO 支持了公用事业规模的太阳能项目 11 个，这帮助建立了由商业融资支持的公用事业规模太阳能国内市场，并已成为低碳电力的重要贡献者。预计这些项目每年将产生电力近 670 万 MW·h，并每年防止碳排放 370 万吨。2014 年 8 月至 2015 年 8 月，美国公用事业规模的太阳能发电量为 2460 万 MW·h，避免碳排放达 1320 万吨。在 LPO 的资助下，美国首先部署的存储技术可能对建立一个全球商业化的

① DOE.Department of energy awards $127 million to bring innovative clean energy technologies to market［EB/OL］.（2021-07-20）［2022-06-10］. https://www.energy.gov/ eere/articles/department-energy- awards-127-million-bring-innovative-clean-energy-technologies.

② DOE. Innovative clean energy loan guarantees［EB/OL］.［2022-06-10］. https://www.energy.gov/lpo/innovative-clean-energy-loan-guarantees.

③ DOE. Mesquite solar highlights how DOE loan guarantees helped launch the utility-scale PV solar market［EB/OL］.（2016-10-14）［2022-06-10］. https://www.energy.gov/lpo/innovative-clean-energy-loan-guarantees.

CSP 行业至关重要①。

六是通过大规模交付清洁能源示范计划项目，加快部署太阳能技术并推动市场化应用。清洁能源示范办公室（OCED）2021 年成立，这是一个技术中立的办公室，作为项目管理中心，实施《两党基础设施法》中授权的数十亿美元的商业规模的关键示范项目，并支持应用计划和其他办公室，以确保 DOE 全部采用一致方法实施资本密集型后期的技术示范。OCED 支持的示范项目在规模上具有可行性，并有望提高成本竞争力和银行融资能力。OCED 正在管理的资金超过 250 亿美元，并与私营部门合作，大规模支持清洁能源示范项目，加快部署易被市场采用的清洁能源技术和系统，推动清洁能源转型②。2022 年 6 月 29 日，拜登政府通过《两党基础设施法》授权，支持美国 OCED 提供 5 亿美元资助清洁能源示范项目 55 个，其中至少有 2 个太阳能技术项目，把 2022 年和 2022 年以前的矿区改造成新的清洁能源中心，为更多美国人提供更廉价、更清洁的电力，造福社区及其经济，创造高薪就业机会，减少碳污染，并推动正义 40（Justice 40）倡议，将清洁能源和气候投资的 40% 收益返给处境不利的社区③。

七是通过美国 DOE 扩展 SolSmart 计划，向服务不足的社区部署更多太阳能。2022 年 5 月 24 日，美国 DOE 宣布投入 1000 万美元资助州际可再生能源委员会（IREC）和国际城市管理协会（ICMA）未来 5 年管理、更新和扩展 SolSmart 计划，重点关注农村和中低收入社区，鼓励更公平地部署太阳能并采用包括太阳能和电池存储相结合的新兴技术，扩大使用清洁能源。DOE 当天还宣布，科罗拉多州弗里斯科、伊利诺伊州吉尔福德、佛罗里达州彭萨科拉、佐治亚州多拉维尔等 60 多个新社区加入扩展的 SolSmart 计划，实现了 DOE 在 2022 年增加 60 个新社区的目标，这将帮助美国到 2035 年实现建立一个公平、清洁的电网的目标。SolSmart 自 2016 年成立以来，向美国 42 个州、哥伦比亚特区、美属维尔京群岛和波多黎各的 460 多个城市、县及区域组织提供了免费技术援助，帮助社区简化了流程，使其能更快、更容易地部署太阳能，吸引投资，降低家庭和企业的能源成本。SolSmart 的目标是在未来 5 年内帮助另外 500 个社区，并将在太阳能和存储、低收入和中等收入太阳能融资及其他战略方面增加新的重点领域，加快部署并惠及服务不足的社区④。

---

① DOE.Financing innovation to address global climate change［EB/OL］.（2015-12-27）［2022-06-12］. https://www.energy. gov/sites/default/files/2015/12/f27/DOE-LPO_Report_Financing-Innovation-Climate-Change.pd.

② DOE.The office of clean energy demonstrations［EB/OL］.［2022-06-12］. https://www.energy.gov/ office-clean-energy- demonstrations.

③ DOE.Biden administration launches $500 million program to transform mines into new clean energy hubs［EB/OL］.（2022- 06-29）［2022-07-10］. https://www.energy.gov/articles/biden-administration-launches-500-million-program-transform- mines-new-clean-energy-hubs.

④ DOE.DOE expands solsmart program deploy more solar energy underserved communities［EB/OL］.［2021-06-20］.https:// www.energy.gov/articles/doe-expands-solsmart-program-deploy-more-solar-energy-underserved-communities.

可见，美国通过实施上述一系列太阳能法律法规与政策、战略、研发计划及科研资助项目，为太阳能技术研发及其市场的稳健发展提供了强有力的资金保障与服务支撑。

（2）日本太阳能技术部署

日本太阳能技术部署主要体现在以下几个方面。

首先，通过相关法律法规与政策，积极推进太阳能等新能源的利用。一是出台新能源相关法律。《促进新能源利用特别措施法》（1997年）提出大力发展风能、太阳能、地热、垃圾发电和燃料电池发电等新能源与可再生能源。为了贯彻《促进新能源利用特别措施法》，1997年又制定了《促进新能源利用特别措施法施行令》，具体规定了新能源利用的内容、中小企业者涵盖范围等，并于1999年、2001年、2002年先后进行了修订，重点规定了日本政府对太阳能等新能源利用的从业者给予补助及提供的支持措施。2002年6月颁布、2003年全面施行的《可再生能源组合标准法》（*Renewable Portfolio Standard Act*，RPSA）要求电力公司提供的能源总量中新能源和可再生能源要占有一定的比例，否则必须到市场上去购买绿色能源证书。随着2012年7月1日开始实施《可再生能源特别措施法》（平成23年法律第108号），RPSA废止。该法案规定电力企业有义务购买个人和企业利用太阳能等方式生产的电力，即可再生能源固定价格收购制度（FIT制度），以鼓励并普及可再生能源发电。自2012年7月起，日本太阳能上网电价预计在10年内为42日元/（kW·h），2013年4月将小型太阳能发电系统降至38日元/（kW·h），2014年4月再次降至住宅37日元/（kW·h），而超过10 kW的太阳能发电系统为32日元/（kW·h）。2016年6月3日，众议院对《电力企业采购可再生能源电力特别措施法》等法律进行了修订。2018年6月12日，对《电力业务法》等法律进行了修订，以建立强大和可持续的电力供应系统。二是实施《能源利用合理化法》。经济产业省于2006年颁布该法，共有8章99条，对实施对象、目标、职责、具体措施的规定都非常详细、明确，可操作性强，从而避免了对法律条文要求的不同解释。2008年5月，日本国会通过了《能源利用合理化法》修正案，以促进节能减排，积极应对气候变化，大力建设低碳社会。2018年5月17日，众议院对《提高建筑物能耗性能法》部分法律条款进行了修订。2022年3月1日，日本内阁决定对《能源利用合理化法》和其他法案进行部分条款修订，以建立稳定的能源供应和需求结构，旨在为实现第六次能源计划中2030年温室气体减排及2050年碳中和目标，建立促进日本能源供求结构转变并确保稳定的能源供应的系统[①]。其中《节约能源法》的内容扩大其使用范围，将非化石能源纳入其中；呼吁工厂提高非化石能源使用率，支持从化石能源向非化石能源转型；将当前的"电力需求平衡"转变为"电力需求优化"，并

[①] 経済産業省.「安定的なエネルギー需給構造の確立を図るためのエネルギーの使用の合理化等に関する法律等の一部を改正する法律案」が閣議決定されました［EB/OL］.（2022-03-01）［2022-04-20］. https://www.meti.go.jp/press/2021/03/20220301002/20220301002.html.

为用电企业制定指导方针，促进从电力需求转向可再生能源的输出控制，并在供需紧张时减少需求；此外，要求电力公司制订有助于优化电力需求的措施计划。三是通过《全球变暖对策推进法》，推动太阳能技术的发展。1998 年，为应对全球变暖，日本制定了《地球变暖对策推进要纲》《全球变暖对策推进法》，旨在促进中央政府和地方政府的合作。根据《全球变暖对策推进法》，1999 年日本政府制定了《全球变暖对策基本方针》。2003 年6 月 17 日，日本国会通过了《全球变暖对策推进法》修正案，以促进节能减排，积极应对气候变化，大力建设低碳社会。随后在 2006 年 6 月、2008 年 6 月、2016 年 5 月、2021年 6 月等多次修改《全球变暖对策推进法》。修订后的《全球变暖对策推进法》以立法的形式，明确了日本政府提出的到 2050 年实现碳中和的目标。修订后的《全球变暖对策推进法》在国会参议院全体会议上通过，正式成为法律，并于 2022 年 4 月起实行。这是日本首次将温室气体减排目标写进法律。根据这部新法，日本的都道府县等地方政府将有义务设定利用可再生能源的具体目标。地方政府将为扩大利用太阳能等可再生能源制定相关鼓励政策与制度。可见，日本通过一系列法律法规与政策，为太阳能技术的可持续发展保驾护航。

其次，发布实施太阳能技术相关战略，推动太阳能技术发展。2006 年，日本实施新的八大能源战略，其中新能源创新计划位居第三，积极倡导使用太阳能和风能等替代能源，提出到 2030 年前使太阳能发电成本与火力发电相当，并提出支持新能源产业自立发展的政策措施。2009 年 4 月，日本内阁和经济产业省联合发布《未来开拓战略》，目的是建设世界第一的环保节能国家，并确保太阳能、蓄电池、燃料电池、绿色家电等低碳技术相关产业占市场份额为世界第一，打造"引领世界二氧化碳低排放革命""建设健康长寿社会""发挥日本魅力"三大支柱，强调通过"实行官民结合的集中投资和大胆制度改革"，将太阳能发电规模在现有基础上扩大 20 倍，并将太阳能系统的价格减半，使其可以普及到寻常百姓家，2010—2012 年市场需求将增加 40 ~ 60 兆日元并创造就业岗位140 万~ 200 万个，最终实现 2020 年的远景目标。2013 年 6 月，日本通过《科学技术创新综合战略》，要实现清洁、经济的能源系统，利用革新性技术扩大可再生能源供应，2030年后太阳能发电成本控制在 7 日元 /（kW·h）以内。2014 年 9 月，日本发布《光伏发电开发战略》，重申 2020 年和 2030 年光伏发电成本指标，并再次上调光电效率目标。作为日本最新的光伏发电技术开发指南，《光伏发电开发战略》首次将钙钛矿太阳电池纳入其中[①]。2015 年 6 月，日本综合科学技术创新会议（CSTI）发布了《科技创新综合战略》，为即将开展的《第五期科学技术基本计划（2016—2020）》进行铺垫，推出了面向科技创新、整体改善创新环境并解决重大经济社会问题的政策，其中包括建立经济的绿色能源体系，开发和普及氢储存技术并实现生产、流通、消费的网络化，预测和调节供需变化；通

① 边文越，李国鹏，周秋菊. 钙钛矿太阳能电池国际战略规划及发展态势分析［J］. 世界科技研究与发展，2019，41（2）：127-136.

过综合地球环境监测和信息分析系统，制定大规模使用可再生能源的重要政策举措，确保解决经济社会发展的稳定持续供电问题①。2016 年 4 月 19 日，CSTI 发布了《能源环境技术创新战略 2050》，支持研发新一代光伏发电技术，加速研发太阳电池的新材料和新结构，将电池光电转换效率提高到 2015 年水平的 2 倍以上，降低制造和相关配套设施成本，实现光伏发电成本 7 日元/（kW·h）的目标，推动光伏发电技术普及②。2020 年 12 月 25 日，日本经济产业省发布《绿色增长战略》，提出到 2050 年实现碳中和目标，构建"零碳社会"③：预计到 2050 年，该战略每年将为日本创造经济增长近 2 万亿美元。为落实上述目标，该战略提出了下一代太阳电池（钙钛矿太阳电池等）在 2021—2025 年、2030 年、2040 年及 2050 年的具体发展目标和重点发展任务，制定了法律制度、预算、标准、金融、税收、公共采购等政策工具，推动太阳电池开发、示范及商业化应用。

再次，实施一系列科技计划，推动太阳能技术发展。一是实施科技基本计划。2015 年，日本完成编制《第五期科学技术基本计划（2016—2020）》，并于 2016 年 4 月 1 日起正式实施。该计划的政府总体研发投入规划为 26 万亿日元，约占 GDP 的 1%，同第二期（24 万亿日元）、第三期（25 万亿日元）、第四期（25 万亿日元）相比稍有增加。同时，该计划还要求日本在 2016—2020 年使全社会研发投入达到 GDP 的 4% 以上。《第五期科学技术基本计划（2016—2020）》的核心内容是促进产业创新和社会变革，解决经济和社会发展的关键课题，强化科技创新的基础实力，构筑人才、知识、资金的良性循环体系等四大支柱，其中，前面两大支柱涉及科技创新战略的重点，决定了这 5 年国家研究开发投入的方向；后面两大支柱涉及科技创新系统的改革，决定了这 5 年国家科技计划管理、科技预算管理的改革方向，以及科技创新规则的完善、修改与设定等④。二是实施《科技创新基本计划》。《科技创新基本计划》是根据 1995 年议员立法制定的《科学技术基本法》制定的 5 年计划。2021 年 3 月，日本政府发布第六期《科技创新基本计划》（2021—2025），时隔 26 年后对原计划进行了实质性修改，成为在更名为《科技创新基本法》后制订的首个计划。修订的目的是在振兴科技创新对象的法律中加入了一直以来被排除在科学技术规定之外的"人文与社会科学"，并将"创新创造"定位为支柱之一。该计划确立面向实现社会 5.0 的科技与创新政策，提出为实现有效应对气候变化，实现 2050 年碳中和及废弃物高效处理与资源回收利用等目标，建立 2 兆日元规模的基金，强力推动下一代太阳电池等革命性创新，同时促进国民生活方式的脱碳化等，推动国民、地区、城市、国家的行为转向绿色低碳，2050 年真正实现日本温室气体排放量为零的目标，彻底实现

① 中华人民共和国科学技术部.国际科学技术发展报告 2016［R］.北京：科学技术文献出版社，2016：290.

② 中华人民共和国科学技术部.国际科学技术发展报告 2017［R］.北京：科学技术文献出版社，2017：299-300.

③ METI.Solar power（next-generation renewable energy）［EB/OL］.（2020-12-25）［2021-03-20］.https://www.meti.go.jp/english/policy/energy_environment/global_warming/ggs2050/pdf/01_offshore.pdf.

④ 中华人民共和国科学技术部.国际科学技术发展报告 2016［R］.北京：科学技术文献出版社，2016：289.

节能减排，带动全球碳中和，并提出四大具体举措与目标："促进革新性环境持续技术的研发及低成本化""推进为实现多元化能源供给的研发与实证""推进社会经济的重新设计""唤起国民的行动计划"等①。三是实施《能源基本计划》。《能源基本计划》是日本中长期能源政策指导方针，最初在 2003 年发布，此后历经多次修订。2018 年 7 月 3 日，日本政府公布了《第五期能源基本计划》，首次将可再生能源定位为 2050 年的"主力能源"。为降低可再生能源发电成本，日本推进技术研发创新，修订现行的可再生能源固定价格收购制度，推广实施可再生能源招标制和领跑者制度，逐步取消可再生能源补贴，实现可再生能源经济独立，以减轻国民过重的可再生能源附加税金负担。日本政府提出到 2030 年，日本可再生能源发电量占比提升至 22%～24%，能源自给率从 2016 年的 8% 提升至 2030 年的 24%②。2021 年 10 月 22 日，日本内阁会议通过了体现国家能源政策方针的《第六期能源基本计划》。该计划坚持以安全性为前提，确保以能源稳定供给为首要任务，提高能源利用效率、促进低成本能源供给及实现气候变化和社会环境相协调等环境兼容性，推进由再生能源作为主力电源的能源革命，明确到 2030 年日本能源结构中可再生能源比重由 2018 年提出的 22%～24% 大幅提高至 2021 年提出的 36%～38%，其中太阳能由 2019 年的 6.7% 提高到 2030 年的 14%～16%，为此，要确保选址最优化，同时促进当地经济共同发展，扩大太阳能光伏发电规模；加强安全规范，稳步落实太阳能光伏技术标准，加强可再生能源发电设施日常巡检；降低发电成本，有效整合市场规模，通过投标制度、中长期目标价格，在政府调控下，促进可再生能源供应商按照一定的市场价格合理售电，并整合可再生能源市场，实现经济效益最大化；促进科技创新，部署安装屋顶式先进太阳能光伏设施③。按照该趋势，日本可再生能源和核能等不排放温室气体的脱碳电源的比例到 2030 年将提高到 59%。该计划强调了为确保足够的输电容量，要强化对输电网络连接、利用方式等进行根本性变革，并提出了实现 2050 年碳中和目标所面临的问题及应对策略。

最后，通过各类基金支持太阳能技术发展。一是设立"尖端研究助成基金"。2009 年 11 月，日本政府设立 1500 亿日元的"尖端研究助成基金"，其中提供 1000 亿日元支持"尖端研究开发支援项目（FIRST）"，500 亿日元支持"下一代尖端研究开发支援项目（NEXT）"。FIRST 项目设立 30 个研究课题，与低碳和能源等领域相关的课题有 8 个，包括"超级有机电子发光装置及其革新性材料挑战""光电融合系统关键技术开发""节能自旋电子逻辑集成电路研发""面向低碳社会创造的碳化硅革新电力电子研究""有助于低碳社会的有机光伏电池开发""多产业群合作开发下一代太阳电池技术与新产业创造""强

---

① CSTP. 第 6 期科学技术·イノベーション基本计画（要旨）[EB/OL].［2021-03-12］. https://www8.cao.go.jp/cstp/kihonkeikaku/6executive_summary.pdf.

② 中华人民共和国科学技术部. 国际科学技术发展报告 2019［R］. 北京：科学技术文献出版社，2019：279.

③ METI. エネルギー基本计画［EB/OL］（2021-10-22）[2022-03-10]. https://www.meti.go.jp/press/2021/10/20211022005/20211022005-1.pdf.

相关量子科学""面向高性能蓄电设备创新的革新性技术""绿色纳米电子核心技术开发"。2010 年，日本政府追加 400 亿日元预算设立了"尖端研究开发战略性强化事业"，其中 100 亿日元用于加速和强化 FIRST 项目，上述 8 个课题中有 7 个得到追加经费支持。NEXT 项目包括绿色创新和生命创新，其中绿色创新领域资助课题 141 个，涵盖 CO_2 减排、温室气体高精度监测、节能技术、新能源开发技术、新材料技术等研究领域，促进低碳、能源、新材料等基础研究和应用技术开发。二是设立绿色创新基金。为了实施《绿色增长战略》，日本新能源和工业技术开发组织（NEDO）设立了绿色创新基金，基金总额为 2 万亿日元，努力在日本实现碳中和目标中发挥重要作用。该基金着眼于从研发 / 示范到社会实施，NEDO 将在公共和私营部门分享具体目标，并努力为企业提供 10 年的持续支持。2021 年 10 月 1 日，经济产业省资源能源厅利用绿色创新基金支持关于"新一代太阳电池的开发"的研究开发、社会安装计划项目[1]，拟投入项目经费总额（仅限国家财政资助额，包括激励金额）为 498.0 亿日元，推动新一代太阳电池实用化的研究开发。其中，下一代太阳电池基础开发预算额为 80.0 亿日元，开发新一代太阳电池实用化预算额为 120.0 亿日元，新一代太阳电池实证项目预算额为 298.0 亿日元。基础开发与实用化实施时间预计为 5 年，从 2021 年度到 2025 年度，但是，根据研发进展情况有可能延长研发时间；验证实施时间预计为 8 年（2023—2030 年）。该项目通过官产学研合作方式，推动新一代太阳电池技术的研发与产业化。

（3）欧盟太阳能技术部署

欧盟关于太阳能技术的部署总体上主要体现在如下几个方面。

首先，欧盟出台相关法律法规与政策，支持太阳能技术研发。一是欧洲总体上出台的法律。2001 年发布《促进可再生能源发电的指令》，2003 年发布《关于改革能源税收的指令》等，支持研发太阳能等技术。2007 年 3 月，欧盟理事会通过了《关于能源和气候一揽子政策的决议》，把发展可再生能源作为未来低碳经济发展的重点，并视其为一场"新工业革命"，承诺到 2020 年欧盟温室气体排放量在 1990 年基础上减少 20%，可再生能源在总能源消费中的比例提高到 20%，将能源效率提高 20%。这些目标都是具有法律约束力的强制性目标。2008 年 12 月，欧盟理事会和欧洲议会先后批准"气候行动和可再生能源一揽子计划"。2009 年 6 月，欧盟以此为基础发布《可再生能源指令》并于 2010 年 12 月正式生效，该指令规定到 2020 年，欧盟总电力消费中超过 1/3（34%）由可再生能源提供，其中 14% 来自风能，11% 来自水电，6.6% 来自生物燃料，2.4% 来自太阳能发电[2]。2018 年 6 月 14 日，欧盟委员会通过新的《可再生能源指令》，设定了到 2030 年可

---

① 経済産業省 .「次世代型太陽電池の開発」プロジェクトに関する 研究開発・社会実装計画［EB/OL］（2021-10-01）［2022-03-10］. https://www.nedo.go.jp/content/100937793.pdf.

② 陈敬全 . 欧盟可再生能源政策研究［J］. 全球科技经济瞭望，2012，27（1）：5-10.

再生能源占比为32%的宏伟目标[①]。修订后的《可再生能源指令》（RED Ⅱ）于2018年12月生效，旨在保持欧盟在可再生能源领域的全球领先地位，并为欧盟履行其在《巴黎协定》下的减排承诺做出贡献。该指令要求成员国实施认证计划或同等资格计划以确保为太阳能光伏和太阳能热系统提供安装人员；成员国应在相关情况下采取适应太阳能发展的必要措施，推动发展区域供热和供冷基础设施；支持微型企业、中小型企业（SMEs）和公民个人，根据该指令规定的目标，积极安装分散的屋顶太阳能装置等小型可再生能源项目[②]。这样欧盟就形成了相对完备的可再生能源发展法律框架，为太阳能发展提供了有力的法律保障。2021年6月24日，欧洲议会通过《欧洲气候法》（EU Climate Law）后，6月28日欧盟理事会通过《欧洲气候法》，正式将2030年减排55%、2050年净零排放的目标写入法律，把《绿色协议》中关于实现2050年碳中和的承诺转变为法律强制约束。按照《欧洲气候法》的要求，欧盟将成立欧洲气候变化科学咨询委员会，负责监测欧盟气候变化治理进展、评估欧盟气候政策是否契合碳中和目标。根据《欧洲气候法》的规定，到2030年，欧盟温室气体净排放量将在1990年的水平上至少减少55%。2021年7月14日，欧盟委员会发布实施了符合减排55%（"Fit for 55"）的一揽子修订气候和能源法，提出了实现这些目标的建议，其中大规模推广太阳能等新能源是其实现减排目标的重要途径，从而使欧洲《绿色协议》成为现实。二是欧盟主要成员国出台的法律法规。以德国为例，2000年德国出台《可再生能源法》（EEG 2000），随后在2004年、2009年、2012年、2014年、2017年和2021年，德国先后对《可再生能源法》进行6次修订。EEG 2021强调德国到2050年所有电力行业和用电终端实现碳中和等目标，规定到2030年，使光伏发电达100 GW，并为可再生能源设定了更为详尽的年度发展目标与路径，其中太阳能光伏年度装机目标由2021年的4.6 GW增至2029年的5.6 GW[③]。2019年12月18日，德国发布《联邦气候变化法》，明确了有法律约束力的国家减排目标，即到2030年在1990年基础上减排55%，在2050年实现碳中和。2021年3月24日，在德国联邦法院提出《联邦气候变化法》的修订建议后，2021年6月24日，德国联邦议院通过了经修订的《联邦气候变化法》。由于联邦法院的裁决和欧盟新的2030年气候目标，这一修订变得必要，这要求德国必须大幅减少其剩余的温室气体排放量，并提前明确2030年之后的减排路径。修订后的《联邦气候变化法》将2030年减排目标上调至65%，规定了2031—2040年的年度减缓目标，提出到2040年减排目标为88%，将碳中和的时间从2050年提前到了

---

① 中华人民共和国科学技术部.国际科学技术发展报告2019［R］.北京：科学技术文献出版社，2019：184.

② European Union.Directive of the European parliament and council(EU)2018/2001［EB/OL］.(2018-12-11)［2022-07-06］.https://eur-lex.europa.eu/legal-content/EN/TXT/?uri=CELEX%3A32018L2001&qid=1657083249968.

③ 孙一琳.回顾德国《可再生能源法》的六次修订［EB/OL］.(2021-06-17)［2022-03-12］.https://www.in-en.com/article/html/energy-2305149.shtml.

2045 年，2050 年之后实现负排放[①]。2022 年 4 月 6 日，德国联邦内阁通过了"复活节一揽子计划"。2022 年 7 月 8 日，德国联邦委员会批准了"复活节一揽子计划"，这是几十年来德国对《能源法》的最大修正案，其中包括修订《可再生能源法》（EEG）、《能源工业法》（EnWG）、《联邦需求规划法》（BBPlG）、《电网扩展加速法》（NABEG）及能源法中的其他法律法规等。扩大可再生能源的措施包括为扩大太阳能发电提供新的区域，扩大市政当局参与太阳能发电项目，改善屋顶上光伏系统的扩展框架条件[②]。德国已安装的光伏系统容量从 2021 年的 59 000 MW 将增加到 2030 年的 215 000 MW。为此年扩产率将陆续提高到 22 000 MW。计划在屋顶和开放空间平均分配扩展部分。2022 年，剩余上网电价的报酬更具吸引力。

其次，欧盟实施一系列太阳能相关战略。2022 年 5 月 18 日，欧盟委员会发布了专门的《欧盟太阳能战略》，作为"欧盟可再生电力"（REPowerEU）计划的一部分，该战略旨在到 2025 年使太阳能光伏发电并网超过 320 GW（与 2020 年相比增加一倍以上），到 2030 年将接近 600 GW；发起"太阳能屋顶倡议"，提出在新的公共和商业建筑及新的住宅建筑上安装太阳能电池板的分阶段法律义务，推动快速和大规模部署光伏发电项目；为太阳能部署融资，从 2021 年到 2027 年，除了实现减排 55% 一揽子方案目标所需的投资之外，REPowerEU 对太阳能光伏的额外投资将达到 260 亿欧元；成立欧洲太阳能光伏产业联盟，为太阳能有效可持续开发提供行动框架，建立欧洲太阳能工业生态系统，并通过财政支持吸引私营投资，确保获得可持续的太阳能；通过能源社区和其他集体太阳能行动、车载光伏、楼宇一体化光伏等形式创新太阳能部署[③]。另外，欧盟成员实施相关战略。例如，2015 年法国基于主动应对 21 世纪各种挑战、确保国家与地方科技创新战略协调、推动法国与欧盟科技全方位合作等三大基本原则，推出了《国家科技发展战略（2015—2020 年）》，提出了科研需要解决当前社会经济发展的十大挑战，并对应确立了资源节约管理与气候变化应对，清洁、安全和高效能源，刺激工业复兴，大健康，食品安全与人口挑战，交通与可持续发展的城市体系，信息与通信社会，创新、包容和适应型多元化社会，做强欧洲航天事业，欧洲及其居民和常住人口自由与安全等十大研究主题，决定在大数据领域，能源、环境与可持续发展领域，大健康领域及人文社会学领域等四大领域实施 14 个重大专项，其中能源、环境与可持续发展领域的专项包括地球知识、监测、预报的

① BMUV.Revision of the climate change act: an ambitious mitigation path to climate neutrality in 2045 [EB/OL].（2021-06-24）[2022-04-12].https://www.bmuv.de/fileadmin/Daten_BMU/Download_PDF/Klimaschutz/infopapier_novelle_klimaschutzgesetz_en_bf.pdf.

② BMWK.Habeck: "das osterpaket ist der beschleuniger für die erneuerbaren energien" [EB/OL].（2022-04-06）[2022-04-12]. https://www.bmwk.de/Redaktion/DE/Pressemitteilungen/2022/04/20220406-habeck -ist-der-beschleuniger-fur-die-erneuerbaren-energien.html.

③ European Union.EU solar strategy [EB/OL].（2022-05-18）[2022-05-22]. https://eur-lex.europa.eu/legal-content/EN/TXT/?uri=COM%3A2022%3A221%3AFIN&qid=1653034500503.

地球系统，能源与生态转型的生态服务型经济，可持续经济中的战略性材料，地方能源转型等四大专项[①]。2015 年法国出台《国家低碳发展战略》，建立了碳预算机制，确定了能源、交通、建筑等领域的阶段性减排目标，并提出了相应的实现路径。2020 年，公布了新修订的《国家低碳发展战略》和《多年期能源规划》，大力推动太阳能等可再生能源发展，加速促进能源转型，紧跟欧盟 2020 年确定的 2030 年减排 55% 的目标。

再次，欧盟实施一系列太阳能相关计划。一是"欧盟研发框架计划"支持太阳能技术的研发。自 1984 年启动第一框架计划，到 2021 年已实施了九期。欧盟第六和第七框架计划（FP6 和 FP7）积极推进太阳能制冷技术的研发创新，其连续资助支持的由奥地利科研人员领导的国际研发团队通过多年的努力，已研制成功适合市场运行、具有竞争力的吸附式制冷系统（Adsorption Refrigeration System）原型样机；欧盟自 2013 年起在第七框架计划下开始资助钙钛矿太阳电池研究，2014 年起在"地平线 2020"计划下继续资助，截至 2018 年 10 月，"地平线 2020"计划已资助钙钛矿太阳电池相关研究 28 项，累计投入 3638 万欧元[②]。第八框架计划"地平线 2020"（2014—2020）分三期支持：第一期 2014—2016 年；第二期 2017—2018 年；第三期 2019—2020 年。"地平线欧洲"（Horizon Europe）计划 2019 年预计投入 83.28 亿欧元，其中在安全、清洁、高效能源方面投入 5.927 亿欧元；2020 年预计投入 90.694 亿欧元，其中在安全、清洁、高效能源方面投入 6.428 亿欧元。2021 年 1 月实施的第九框架计划——"地平线欧洲"（2021—2027），预计总经费达 955.17 亿欧元，是世界上规模最大的政府科技计划，其中有关气候、能源与交通类的预算经费为 151.23 亿欧元。通过"地平线欧洲"科研框架计划，继续支持异质结电池、钙钛矿和叠层电池等方面的研究与创新，降低太阳能技术成本。2023—2024 年，将制订一项支持太阳能研究和创新的旗舰计划，重点关注新技术、环境和社会经济可持续性及综合设计等方面的研究。二是在战略能源计划下实施光伏实施计划。2017 年 11 月，欧盟光伏实施计划获得欧盟能源战略计划（SET）指导小组成员的认可，支持包括太阳能建筑一体化（BIPV）与类似应用的太阳能光伏、更高质量的硅太阳电池和组件技术、新技术和材料、光伏电站的开发和诊断、晶体硅和薄膜制造技术、跨部门技术研究等 6 项研发与创新活动，推动欧洲光伏技术的研发与应用，反映了 SET 光伏意向声明中的优先战略目标，旨在通过追求高性能光伏技术及将其整合在欧盟能源系统中，并以允许竞争的可持续方式快速降低光伏发电的平准化成本，从而重建欧盟光伏领域在整个欧洲电力市场上的技术领先地位[③]。三是实施欧盟《国家能源和气候计划》（NECP）。2020 年 9 月，欧盟发布了 NECP 计划，指出成员国实现 2021—2030 年的全欧盟气候和能源目标需要气候中性的能源系统

① 中华人民共和国科学技术部.国际科学技术发展报告 2016［R］.北京：科学技术文献出版社，2016：188.

② 边文越，李国鹏，周秋菊.钙钛矿太阳能电池国际战略规划及发展态势分析［J］.世界科技研究与发展，2019，41（2）：127-136.

③ ETIP.PV implementation plan［EB/OL］.［2022-05-22］.https://etip-pv.eu/set-plan/pv-implementation-plan/.

做出贡献，这需要在很大程度上依赖可再生能源。到 2030 年，欧盟 27 国在可再生能源中的份额将超过 2020 年的 32% 的目标。但要实现 2030 年减碳 55% 的气候计划更高目标时，可再生能源份额要达到 38%～40%。为实现这些目标，奥地利计划安装屋顶太阳能电池板 10 万块；希腊和葡萄牙计划在以前的褐煤矿区建设太阳能发电厂和氢气基础设施。四是实施"RepowerEU"的能源计划。2022 年 5 月 18 日，欧盟委员会公布名为"RepowerEU"的能源计划，快速推进绿色能源转型。该计划提出，将欧盟"减碳 55%"政策组合中 2030 年可再生能源的总体目标从 40% 提高到 45%，为此提出将热泵的部署率提高一倍，并采取措施将地热和太阳能整合到现代化的区域与公共供暖系统中。欧盟委员会还宣布了欧盟凝聚力基金及共同农业政策（Common Agricultural Policy，CAP），通过自愿与转让的方式分别向欧盟复兴措施基金（RRF）提供 269 亿欧元和 75 亿欧元。2022 年秋天，欧盟委员会将创新基金的 2022 年大规模征集资金额增加一倍，达到约 30 亿欧元[①]。

最后，欧盟成员国实施了一系列太阳能支持计划。一是德国。2007 年 6 月，德国启动有机太阳能光伏电池研发计划，投入 3 亿欧元支持在该领域结成战略伙伴关系的企业进行研发，其中联邦教研部资助 6000 万欧元；2011 年，德国实施"第六能源研究计划"，提出 2011—2014 年的总体目标：实行经济、能源、环境和气候保护的政策目标，抢占世界能源技术领域领先地位，保障扩大自身能源技术选择，提出德国政府在创新能源技术领域资助政策的基本原则和优先事项，该计划是德国政府能源和气候政策的补充，德国政府为该研究计划拨款 34 亿欧元，重点研究太阳能等可再生能源[②]。2022 年 4 月 6 日，德国内阁批准"复活节一揽子计划（Easter Package）"，其中包括根据新的可再生能源法案（EEG），到 2030 年实现 80% 的可再生能源发电，太阳能发电达到 600 TW·h 的目标。根据该计划，德国需要在 2030 年实现太阳能发电 215 GW。也就是说，2022—2030 年的 9 年时间里，德国将新增光伏装机容量 156 GW，年均新增光伏装机容量 17.3 GW。根据德国经济事务和气候行动部发布的官方预测，从 2022 年起到 2025 年前，德国将逐步增加光伏装机容量，分别新增光伏装机容量 7 GW、9 GW、13 GW、18 GW，此后 2026—2035 年每年新增光伏装机容量 22 GW，到 2035 年底累计光伏装机容量达到 325 GW[③]。二是法国。2008 年，法国发布实施"可再生能源发展计划"，该计划规定政府在 2009—2010 年拨款 10 亿欧元设立可再生热能基金，从而推动其公共建筑、工业和第三产业供热资源的多样化，确定包括生物能源、风能、地热能、太阳能及水力发电等多个领域 50 余项措施，通过可再生能源的开发，使法国每年节约燃油 2000 万吨，并使法国在太阳能和地热能开

① European Commission.REPowerEU: A plan to rapidly reduce dependence on Russian fossil fuels and fast forward the green transition［EB/OL］.（2022-05-18）［2022-05-24］. https://ec.europa.eu/commission /presscorner/detail/en/ip_22_3131.

② 孟浩.新能源研发态势及对我国能源战略的影响［M］.北京：科学技术文献出版社，2016：64-66.

③ 全国能源信息平台.年增光伏 22GW！德国内阁批准"复活节一揽子计划"［EB/OL］.［2022-06-10］.https:// baijiahao.baidu.com/s?id=1729774220126935221&wfr=spider&for=pc.

发方面领先其他欧洲国家，到 2020 年使可再生能源的利用率占到法国能源消耗总量的比例至少达到 23%，并创造就业岗位 20 万～30 万个。2010 年，法国实施"可再生能源投资计划"，提供 13.5 亿欧元，以支持未来 4 年可再生能源的发展，其中，法国环境与能源控制署提供 4.5 亿欧元用于对可再生能源的补贴，9 亿欧元用于低息贷款，以支持太阳能、海洋、地热能源等新型清洁技术及碳捕捉与封存项目和生物燃料的开发，其中 2010 年投资 1.9 亿欧元，2011—2014 年每年都有 2.9 亿欧元投资[①]。2018 年 11 月 27 日，法国总统马克龙发布了"能源发展多年计划"，确立了法国 2018—2028 年能源发展路线图，可再生能源投资总额达 710 亿欧元。根据该计划，法国将大力发展可再生能源，法国政府计划将太阳能发电增至 2018 年的 5 倍[②]。2021 年，法国发布聚集高等教育、科研和创新的第四期"未来投资计划"，2021—2025 年共投资 200 亿欧元，其中 1/3 用于生态转型领域，涉及低碳能源、可持续交通运输、负责任的农业和未来城市规划，确定了光伏发电、海上风电和能源网络 3 个加速发展方向，显示法国实现低碳转型发展的决心。法国"2030 投资计划"中投入 5 亿欧元用于支持研发优化风能和太阳能技术。2022 年 2 月 10 日，法国总统马克龙宣布了面向 2050 年的"法国能源计划"，为了应对气候变化和电力需求增长的挑战，将大力发展太阳能，到 2050 年太阳能累计装机预计超过 100 GW，确保 2050 年法国实现碳中和目标。

（4）其他国家的太阳能技术部署

首先，英国把太阳能作为实现净零排放目标的重要技术。2021 年 10 月，英国政府发布《净零战略》，提出了英国实现 2050 年净零排放承诺的重要举措，支持英国向清洁能源和绿色技术转型，逐步实现净零排放目标，到 2030 年将撬动私人投资 900 亿英镑，创造绿色产业岗位 44 万个[③]。2022 年 4 月 7 日，英国发布《能源安全战略》，其中规定了让英国能源更洁净、更实惠且更安全的计划，计划到 2035 年使太阳能部署量翻 5 倍，为此，英国将协商修改地面安装太阳能的规划规则，加强有利于在未受保护土地上进行太阳能开发的政策，在进行有效环境保护的同时确保社区继续拥有发言权；将继续支持土地的有效利用，鼓励大型项目尽可能位于先前开发的或价值较低的土地上，并确保项目的设计能够避免、减轻影响并在必要时对使用绿地进行补偿；还将支持与农业、陆上风力发电或存储等其他功能共存的太阳能，最大限度地提高土地利用效率；英国还将太阳能纳入了最新一轮差价拍卖合同，并在未来几轮中继续纳入；英国通过相关许可发展权对屋顶太阳能进行咨询，并将考虑利用公共部门屋顶的最佳方式从根本上简化规划流程，从而降低太阳能安

① 孟浩.新能源研发态势及对我国能源战略的影响［M］.北京：科学技术文献出版社，2016：52-53.
② 中华人民共和国科学技术部.国际科学技术发展报告 2019［R］.北京：科学技术文献出版社，2019.
③ BEIS.Net zero strategy［EB/OL］.（2021-10-19）［2022-07-22］.https://assets.publishing.service.gov.uk/ government/ uploads/system/uploads/attachment_data/file/1033990/ net-zero-strategy-beis.pdf.

装成本，增加就业机会；英国已经取消了安装在英国住宅中的太阳能电池板的增值税，正在考虑促进零售贷款机构的低成本融资，以推动屋顶太阳能技术部署；将设计性能标准，推动在新住宅和建筑上应用包括太阳能光伏在内的可再生能源[①]。

其次，韩国比较重视太阳能技术的研发部署。一是制定法律法规支持太阳能技术发展。2009 年 12 月 30 日，韩国国会通过了《绿色增长基本法》（第 9931 号法案），并于 2010 年 4 月 14 日起开始施行。该法提出韩国低碳绿色发展国家战略，推进绿色技术项目研发等内容。2013 年，韩国修订了《绿色增长基本法》。2021 年 9 月 24 日，韩国颁布实施《应对气候危机的碳中和与绿色发展基本法施行令》，替代原来的《绿色增长基本法》，提出韩国 2030 年温室气体减排国家自主贡献（NDC）目标提升至 40%，在法律施行后一年内，政府必须制定为期 20 年的"国家碳中和基本计划"，加速推进碳捕集、利用与封存等核心技术攻关，实现产业绿色可持续发展。地方自治团体必须在国家计划的基础上，以 10 年为期制订市、道基本计划和自治市、郡、区基本计划。二是构筑韩国碳中和国家战略体系，推进太阳能产业发展。2020 年 12 月，韩国政府发布《2050 碳中和推进战略》，构建低碳产业生态系统，培育太阳能等低碳新兴产业。2021 年，韩国为明确碳中和技术创新方向，再次发布《碳中和技术创新推进战略》《碳中和产业、能源研发战略》《2050 年碳中和能源路线图》等相关政策，确定了清洁燃料、燃料电池、太阳能、风能、绿氢等十三大领域 197 项核心技术，集中优势资源支持关键核心技术攻关，促进科技成果转化，助力实现 2050 年碳中和目标。其中，对于太阳能的部署为：开发超高效太阳电池，计划将串联太阳电池的效率从 2020 年的 26.7% 提高到 2030 年的 35%；开发太阳能发电系统，将安装水上和海上太阳能发电系统的单价从 2020 年的 13.5 亿韩元 /MW 降低至 2030 年的 4 亿韩元 /MW（1 韩元约合 0.0054 元人民币）；开发碳中和城市型太阳能，将超轻串联太阳电池的效率从 2020 年的 20% 提高到 2030 年的 30%[②]。三是完善绿色财政与金融制度。设立气候应对基金和碳认知预算制度，通过税费减免、碳排放交易权等财税手段，支持相关企业参与太阳能等碳中和技术攻关；扩大企业结构创新基金规模，大幅提升绿色领域资金扶持力度，通过绿色新政基金的引导，促进市场资金加大投资绿色技术与产业，推动绿色经济发展。

最后，南非政府能源转型由《国家综合能源规划》（IEP）授权。1998 年，南非政府首次发布《国家综合能源规划》，随后分别在 2003 年、2008 年、2016 年和 2019 年进行了 4 次更新，现行版本为 2019 年版。《国家综合能源规划》主要规定了南非发电领域未来发展方向，规定研究分析清洁能源电力接入南非国家电网的合理水平及定价机制、清洁

---

① HM Government. British energy security strategy [EB/OL].（2022-04-07）[2022-04-20]. https://assets.publishing. service.gov.uk/government/uploads/system/uploads/attachment_data/file/1069969/british-energy-security-strategy-web-accessible.pdf.

② 张丽娟，陈奕彤.韩国确定碳中和十大核心技术开发方向［J］.科技中国，2022（3）：98-100.

能源电力与煤炭、天然气发电的成本比较等，放开 1 ～ 10 MW 的新能源自发电项目审批，大幅提升了各工矿企业发展自发电项目的积极性，到 2030 年前新增太阳能光伏发电产能 6814 MW。

综合梳理英国、意大利、土耳其、西班牙、奥地利、爱尔兰、韩国、菲律宾、伊朗、巴西、南非等国家支持太阳能技术的政策，一般主要通过采用差价合约（CfD）、退税、招标、拍卖等政策推动太阳能技术发展（表 1.4）。

表 1.4　2022 年其他主要国家太阳能技术相关政策及说明

国家	发布机构	太阳能技术政策	相关说明
英国	商业、能源和工业战略部（BEIS）	2022 年 7 月，66 个太阳能项目在拍卖采购中获得 15 年差价合约，以 0.055 美元 /（kW·h）的价格分配太阳能 2.2 GW。两年一次的拍卖从 2023 年起变成一年一次	根据 CfD，申请者参与竞标，保证其所发电力获得最低执行价格。可再生能源发电站获得批发电价，如果低于通过拍卖招标约定价，则由政府补足差额。当清洁电力在批发市场上高于执行价格时，发电商将把差额退还给政府
意大利	意大利政府	2022 年公布了能源法令，实施新的一揽子措施，包括尽可能简化 50 ～ 200 kW 的商业屋顶光伏系统的安装审批手续，拨款 2.67 亿欧元帮助中小企业部署自用型光伏系统	拨款主要用于退税，帮助企业支付购买和安装太阳能电池阵列的部分费用。在意大利南部的阿布鲁佐、巴西利卡塔、卡拉布里亚、坎帕尼亚、莫利塞、普利亚、撒丁岛和西西里等地区经营的企业将享受财政优惠。这些激励措施将提供给那些决定通过投资太阳能来减少其能源费用的公司
土耳其	能源部	2022 年 6 月，1 GW 的 YEKA 4 光伏招标在第二阶段分配了光伏装机容量 700 MW。此轮招标第一阶段选择 3 个 100 MW 的项目	最终选择了 2 个 100 MW 项目和 10 个 50 MW 项目。最终价格从 0.49 土耳其里拉（0.029 美元）/（kW·h）到 0.597 土耳其里拉 /（kW·h）不等。两个阶段的最终平均价格为 0.51 土耳其里拉 /（kW·h）
西班牙	生态转型和人口挑战部（Miteco）	2022 年 7 月，Miteco 已启动 140 MW 分布式太阳能发电产能拍卖。2022 年 10 月 25 日举行拍卖	能源招标是 2020 年引入的可再生能源经济计划的一部分，通过拍卖为由此产生的能源分配固定价格。此次入围的项目装机容量最高为 5 MW，并且必须确保至少有 3 个当地合作伙伴，且均在距项目地点 60 千米的范围内
奥地利	气候保护部	2022 年 6 月，推出的第二轮全国太阳能 + 蓄能退税计划增加预算，初步划拨 2000 万欧元，追加 4000 万欧元（约合 4250 万美元）	第一轮计划中共向 1.1 万个项目投资 4000 万欧元。退税资金将用于安装光伏产能最高为 10 kW，已装机容量最高可获得退税 285 欧元 / kW。奥地利政府希望 2022 年为更多太阳能项目提供至少 2.85 亿欧元
爱尔兰	环境、气候和通信部（DECC）、电网运营商 EirGrid	2022 年 4 月底，启动第二轮 1948.2 MW 可再生能源拍卖，其中太阳能 1534.1 MW。最终平均价格为 0.09787 欧元 /（kW·h）	在第一轮可再生能源拍卖中，爱尔兰当局分配的发电产能为 796 MW，不分技术的拍卖平均加权投标价格为 0.07408 欧元 /（kW·h）。可见，第一轮拍卖中太阳能的竞争成本较低

续表

国家	发布机构	太阳能技术政策	相关说明
韩国	能源署	2022 年拟启动两轮 4GW 光伏招标计划，6 月启动第一轮 2GW 招标，入选项目将根据韩国的可再生能源证书计划获得一份为期 20 年的固定电价合约，并向当地输电商出售电力	在采购实践中，能源署计划将 2000 MW 分配给 4 个项目类别，分别为低于 100 kW 的装机项目，规模为 100～500 kW 不等的项目，容量在 500 kW～3 MW 的光伏阵列和装机容量超过 3 MW 的太阳能电站。2020 年，分别完成 1.2 GW 和 1.4 GW 两轮招标，2021 年，分别完成 2 GW 和 2.2 GW 两轮招标
菲律宾	能源部绿色能源拍卖投标评估和奖励委员会	2022 年 1 月，启动首次拍卖可再生能源 2 GW，6 月拍卖中标 1966.493 MW，其中水电约 99.15 MW、大规模太阳能 1490.38 MW、风电 374 MW、生物质能 3.4 MW	菲律宾政府宣布 2020 年 2 月引入绿色能源关税计划拍卖制度。菲律宾能源管理委员会（ERC）为光伏技术设置价格上限，为 3.628 菲律宾比索（0.066 美元）/（kW·h）。首次拍卖选中 19 家中标单位
伊朗	能源部可再生能源和电力效率组织	2022 年 4 月，启动招标 4 GW 光伏容量项目，已预选出 85 家开发商进入招标最后阶段。招标中，确定项目的最低容量为 10 MW，最高容量为 250 MW	被选中的开发商将获得享受固定电价补贴的 20 年购电协议。此次招标是伊朗能源部最近宣布的计划的一部分，将在未来 4 年内安装 10 GW 可再生能源，这与部署 30 GW 发电产能的更大规划保持一致
巴西	能源研究公司（EPE）	A-4 拍卖总可再生能源容量约 950 MW，包括光伏发电 166 MW、风电 183 MW，以及小型水电 189.5 MW。本轮采购中有 5 个太阳能项目，太阳能的最终均价为 0.0376 美元/（kW·h）	中选项目最终均价为 178.24 雷亚尔（37.6 美元）/（MW·h），将根据期限为 15～20 年的购电协议在受监管市场上出售电力。EPE 计划在 2022 年晚些时候举行 A-5 和 A-6 拍卖，并已预选了 115 GW 的项目。A-5 轮采购仅有资格参与拟议太阳能项目为 83 GW，其中包括光伏项目 55.8 GW
南非	矿产资源与能源部（DMRE）	2022 年 4 月，启动第六轮可再生能源独立发电商采购计划（REIPPPP），购买光伏 1 GW。太阳能发电最低出价是 0.374 79 南非兰特	此次采购活动是近 12 GW 产能招标计划的一部分，且此前南非已发布了最新的综合资源计划（IRP），其目标是到 2030 年实现新型大规模太阳能发电量高达 6 GW，以及分布式光伏发电容量高达 6 GW

注：根据光伏杂志社官网相关信息整理。

　　根据光伏杂志社报道，2021 年瑞士、西班牙、奥地利、韩国、印度等世界其他国家太阳能技术部署总体情况及相关说明如表 1.5 所示。

表 1.5　2021 年其他主要国家太阳能技术部署情况及相关说明

国家	发布机构	2021 年太阳能光伏部署	相关说明
瑞士	联邦能源办公室（SFOE）	2021 年，部署了大约 683 MW 的光伏发电容量，与 2020 年相比增长了 43%，且所有细分领域的需求都有所上升	瑞士太阳能专业协会表示，2022 年仍将延续这一积极的趋势，预计将部署 850～900 MW 的太阳能
西班牙	西班牙电网（REE）	2021 年，西班牙新增可再生能源装机容量超 4 GW，其中新增光伏发电装机容量约 3.3 GW，2021 年累计光伏装机总容量已达 15.04 GW	2021 年，光伏技术装机容量增长了 28.8%，而西班牙国家发电园区新增光伏容量达 3300 MW，同比增长 36.7%

续表

国家	发布机构	2021 年太阳能光伏部署	相关说明
奥地利	气候行动部	2021 年，部署新增光伏发电容量约 740 MW，累计光伏装机容量已超 2.78 GW	2020 年和 2019 年的数据分别为 341 MW 和 247 MW，2021 年是有史以来新增光伏的最佳年份
荷兰	中央统计局	到 2021 年底，累计光伏装机容量达到 14.3 GW，新增装机容量增长了 3.3 GW	荷兰应用科学研究组预计到 2050 年太阳能发电或将为 55 ~ 132 GW
希腊	国家可再生能源监管机构	2021 年，新装光伏容量为 792 MW。其中包括已并网 384 MW、连接大陆或岛屿电网的净计量系统 38 MW，到 2021 年底希腊已将 3.66 GW 地面安装型太阳能农场和 375 MW 屋顶光伏系统接入电网	2021 年底，已安装完毕但要到 2022 年才能通电的新增光伏项目 370 MW。截至 2021 年底，希腊可再生能源基金盈余约有 2.5 亿美元，预计到 2022 年底盈余将达到 24.5 亿美元
土耳其	土耳其电网运营商 TEIAS、光伏协会	2021 年，土耳其新光伏系统被接入电网约有 1148 MW，太阳能总计达 7817 MW	土耳其光伏装机容量 2020 年 620 MW、2019 年 932 MW 和 2018 年 2.41 GW。2019 年光伏协会《太阳能路线图》预测，到 2030 年可安装太阳能 38 GW
韩国	能源署	2021 年底太阳能装机容量约 22 GW，2021 年新增光伏装机容量约 4.4 GW	目前计划在 2030 年前完成太阳能装机容量 30.8 GW
印度	JMK Research 和能源经济与金融分析研究所（IEEFA）	2021 底已累计安装了太阳能容量 55 GW，其中并网的公用事业规模项目占 77%（42.3 GW），其余来自并网的屋顶太阳能（20%）及迷你或微型离网项目（3%）	预计 2022 年印度将新增加太阳能装机容量 19.3 GW，其中 15.8 GW 来自公用事业规模项目，3.5 GW 来自屋顶太阳能。2022 年底，印度公用事业规模光伏装机容量累计达到 58.2 GW，屋顶太阳能则累计达到 15 GW
伊朗	可再生能源和电力效率组织	2021 年，伊朗太阳能总计约 456 MW，2021 年，新增光伏发电产能 26 MW	伊朗在 2019 年到 2020 年新增光伏发电产能分别为约 90 MW、50 MW
澳大利亚	光伏研究所	截至 2021 年底，澳大利亚共有光伏装置超过 304 万套，总容量超过 25.3 GW	2021 年屋顶太阳能对国家电力市场需求的贡献为 7.9%，而 2020 年为 6.4%、2019 年为 5.2%

注：根据光伏杂志社官网相关信息整理。

通过综合分析美国、日本、欧盟及表1.4、表1.5中有关国家对太阳能的系列研发部署及政策，可以预见，全球未来太阳能技术将会持续获得突破，为实现全球碳中和目标做出更大贡献。

1.2 太阳能技术研发

全球主要国家非常重视太阳能技术的研发投入，下面重点分析 2001—2020 年主要国家太阳能技术的研发状况。

（1）美国太阳能技术研发

美国的太阳能技术研发投入自 2001 年约 13 191.6 万美元（依照 2020 年价格与汇率，下同）逐步下降到 2006 年的 5836.5 万美元，随后快速增加到 2009 年约 47 482.6 万美元，2010 年下降到约 40 769.3 万美元，2011 年增加到 45 845.1 万美元后又快速下降到 9925.5 万美元，最后逐步较快地增加到 2020 年的 32 087.1 万美元，总体上美国太阳能技术研发呈现先缓慢降低到快速增长、再到断崖式下降后较快增长的发展态势（图 1.4）。

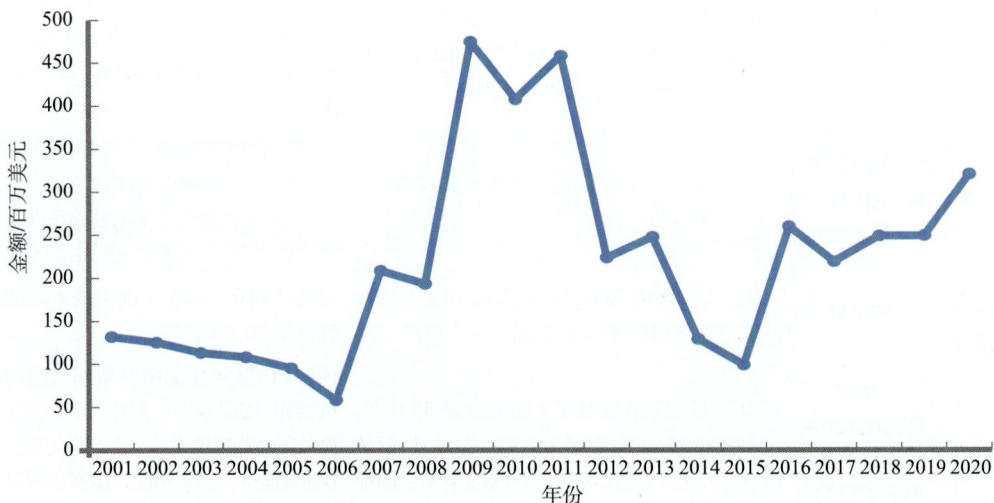

图 1.4　2001—2020 年美国太阳能技术研发情况（根据 OECD 2021 年 9 月 22 日数据绘制）

2023 年度财政预算申请中，美国能源部持续支持太阳能技术发展，用于支持太阳能研发与应用的经费高达 6.45 亿美元。

（2）日本太阳能技术研发

日本的太阳能技术研发投入自 2001 年约 8736.5 万美元快速增加到 2004 年约 17 850.0 万美元，2005 年下降到 14 635.7 万美元，2006 年回增到 17 573.1 万美元，随后快速下降到 2008 年的 93.9 万美元，又快速增加到 2012 年 14 796.8 万美元后，最后逐步较快地递减到 2020 年的 3451.0 万美元，总体上日本太阳能技术研发呈现先增加再快速递减、再快速增长后又逐渐下降的发展态势（图 1.5）。

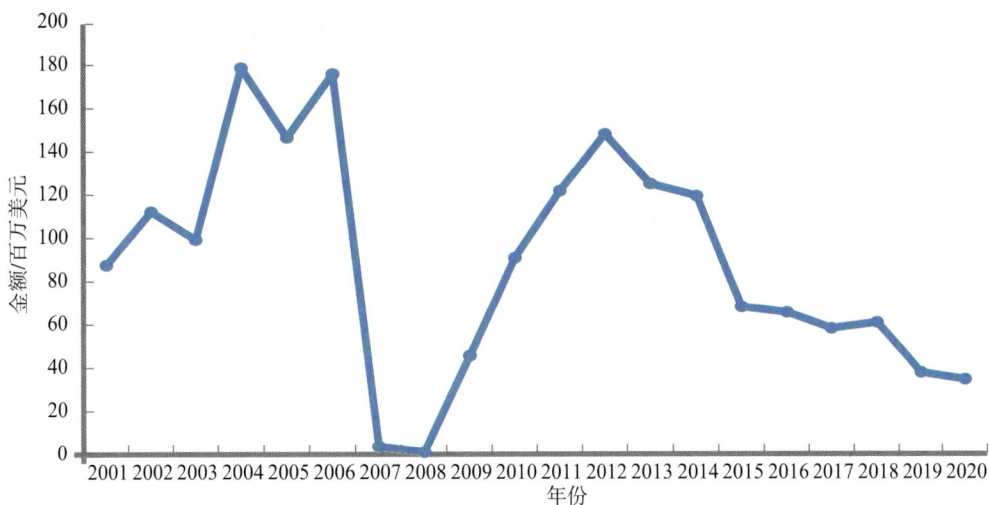

图 1.5　2001—2020 年日本太阳能技术研发情况（根据 OECD 2021 年 10 月 27 日数据绘制）

（3）英国太阳能技术研发

英国的太阳能技术研发投入自 2001 年约 354.2 万美元逐步递增到 2005 年的 2564.5 万美元，随后快速下降到 2007 年约 1324.7 万美元，逐步增加到 2010 年约 4234.6 万美元，又快速下降到 2012 年的 1379.0 万美元，逐步较快地增加到 2018 年的 5585.3 万美元，2019 年下降到 4289.2 万美元，2020 年又增至 5021.5 万美元，总体上英国太阳能技术研发呈现先较快增长到下降，再恢复性增长又大幅下降，缓慢增长后又较快增长的发展态势（图 1.6）。

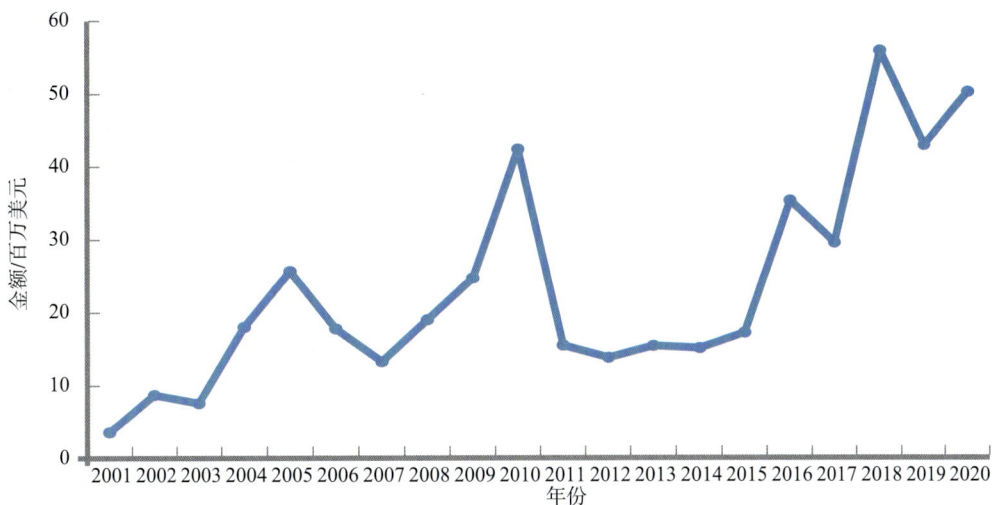

图 1.6　2001—2020 年英国太阳能技术研发情况（根据 OECD 2021 年 10 月 27 日数据绘制）

（4）德国太阳能技术研发

德国的太阳能技术研发投入自 2001 年约 6158.3 万美元逐步下降到 2003 年的 5447.3 万美元，随后递增到 2005 年约 7367.4 万美元，递减到 2007 年的 6320.4 万美元，递增到 2012 年的 10 326.4 万美元后又递减到 2014 年的 8285.4 万美元，最后又波浪式增加—减少到 2020 年的 11 333.9 万美元，总体上德国太阳能技术研发呈现波浪式增长的发展态势（图 1.7）。

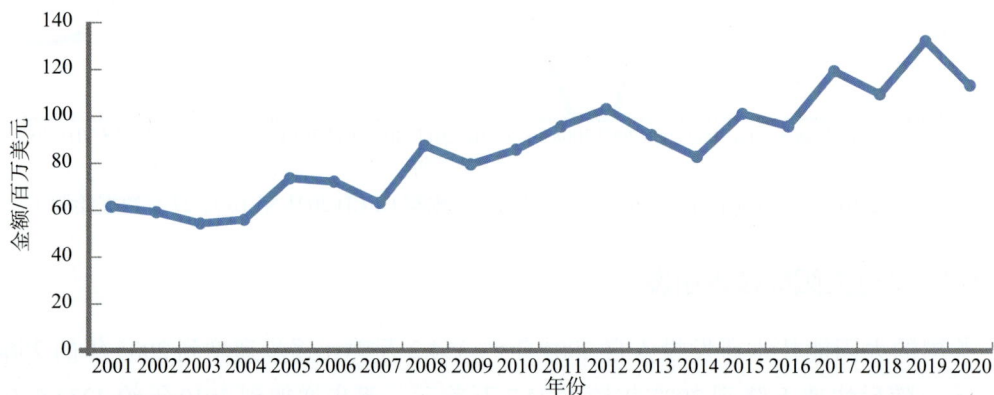

图 1.7　2001—2020 年德国太阳能技术研发情况（根据 OECD 2021 年 9 月 22 日数据绘制）

（5）法国太阳能技术研发

法国的太阳能技术研发投入自 2001 年约 1357.9 万美元增至 2002 年的 4051.6 万美元，下降到 2003 年的 2638.8 万美元，逐步快速递增到 2009 年的 10 771.4 万美元，2010 年回落到 10 021.2 万美元后又递增到 2013 年的 12 259.5 万美元，随后逐步递减到 2019 年约 7513.7 万美元，2020 年增至 8831.8 万美元，总体上法国太阳能技术研发呈现先递增再递减的发展态势（图 1.8）。

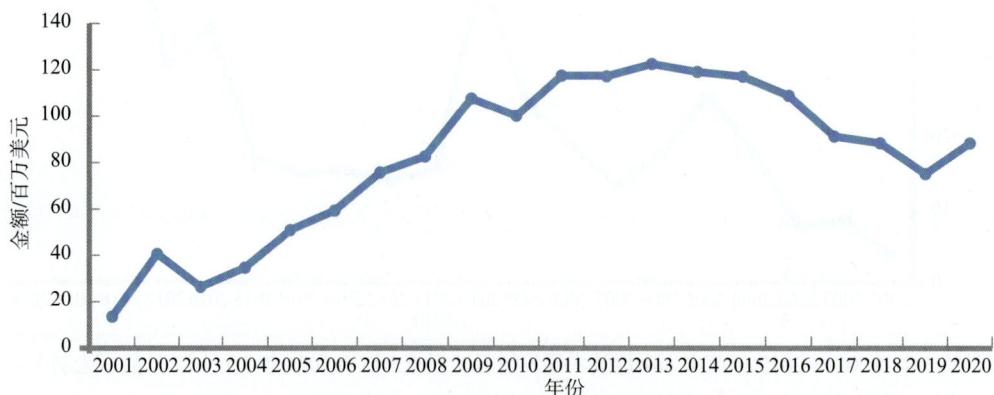

图 1.8　2001—2020 年法国太阳能技术研发情况（根据 OECD 2021 年 10 月 27 日数据绘制）

（6）西班牙太阳能技术研发

西班牙的太阳能技术研发投入自 2001 年约 1433.8 万美元增至 2003 年的 1886.2 万美元，2004 年降到 1414.6 万美元后逐步递增到 2009 年的 3681.8 万美元，随后递减到 2010 年的 2585.8 万美元，快速增加到 2011 年约 6548.2 万美元，快速下降到 2017 年的 924.1 万美元，2018 年增加到 1970.3 万美元后 2019 年又下降至 1790.2 万美元，总体上西班牙太阳能技术研发呈现先递增再快速递减的发展态势（图 1.9）。

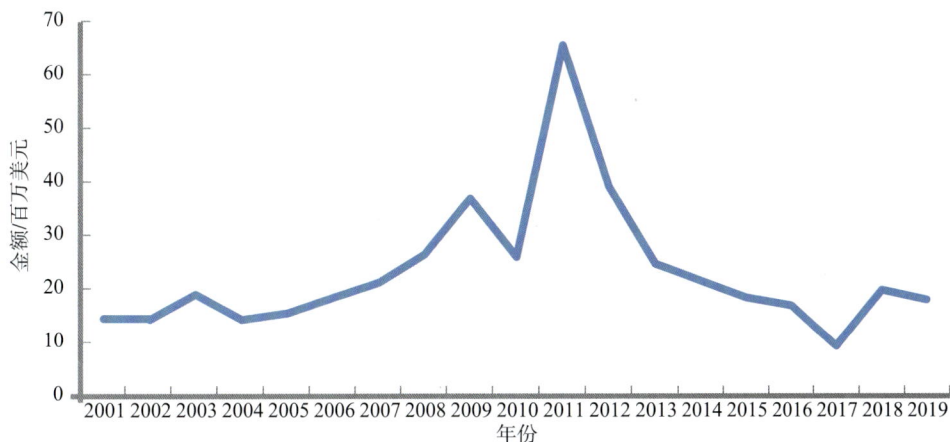

图 1.9　2001—2019 年西班牙太阳能技术研发情况（据 OECD 2021 年 10 月 22 日数据绘制）

1.3　太阳能技术进展

科技论文与专利是太阳能技术基础研究、应用研究的两种重要产出形式。因此，下面就首先从文献计量与专利分析的视角来分析太阳能技术的研发进展。然后再总结梳理近 3 年最新的太阳能技术进展。

1.3.1　光伏论文计量分析

（1）世界光伏论文发表总量趋势分析

将"PV""photovoltaic""solar cell" 3 个关键词作为主题词，在 WOS 的 SCIE 文献库中进行检索，共检索到太阳能光伏论文记录 269 205 条，随机抽取 300 条进行观察，发现绝大多数检索结果符合预期，查准率大于 99%。由于人类于第二次世界大战后才真正开始发展太阳能技术，所以将检索时间限定为 1958—2021 年。世界太阳能光伏技术发表论文情况如图 1.10 所示。

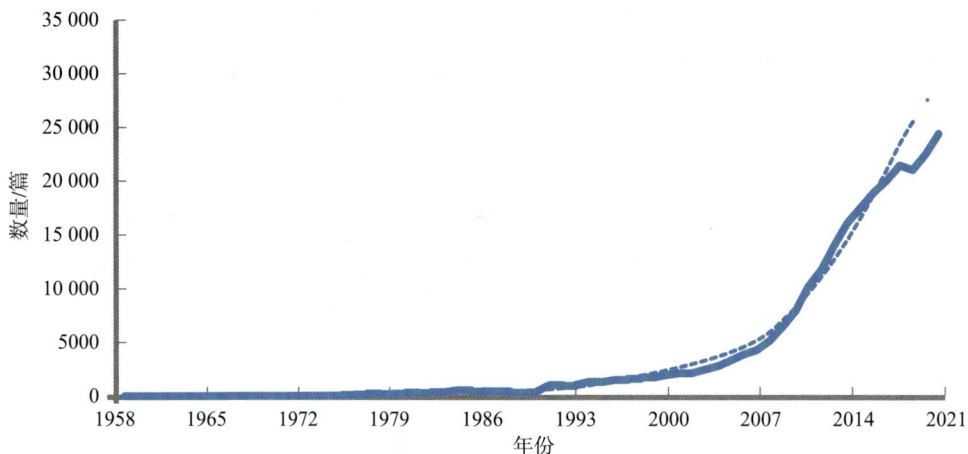

图 1.10　1958—2021 年太阳能光伏技术发表论文情况

光伏技术的发展已经有近 70 年的历史，主要可分为以下 4 个阶段。

第一阶段为萌发阶段（1958—1974 年）。20 世纪 50 年代，美国研制成功了第一个单晶硅太阳电池，转换效率达 6%，拉开了太阳电池技术蓬勃发展的序幕。之后，由于战后的经济恢复主要依赖的仍是传统化石能源，而通过太阳来发电的技术被认为不存在经济性与必要性，因此光伏技术在此阶段仍不被世界各国重视。

第二阶段为起步阶段（1975—1990 年）。1973 年，第四次中东战争的爆发引发了第一次石油危机，严重影响了世界各国的经济发展，因此各国开始寻求各种方案来保证能源安全与独立，光伏技术再次进入公众视野。危机发生后的两年，光伏领域论文发表量翻了一倍，于 1975 年首次超过百篇，达到 136 篇。这个阶段光伏技术得到了充分的发展，然而由于传统化石能源价格的回落及光伏技术成本较高，经济性仍未得到改善，太阳能光伏的研究重新回到了不冷不热的状态。

第三阶段为初步发展阶段（1991—2000 年）。光伏技术真正走向发展快车道，得益于世界范围环保思潮的兴起。一个多世纪以来人类的工业化消耗了大量的化石能源，致使大气中的 CO_2 含量逐渐升高，加大了大气对外吸热、对内返热的能力，从而提高了地球的平均温度。温度升高严重影响了地球的自然生态，且提高了各种极端天气的发生概率。在此背景下，各国又开始寻求能够代替高碳排放化石能源的技术。此时，光伏技术已经得到了初步的发展与初步的产业化，虽然在成本方面仍远远高于化石能源，但是其低碳特性与成本降低的巨大潜力使得世界各国的科学家开始聚焦太阳能发电领域。1991 年光伏领域论文的发表量再次翻倍，达到了 1060 篇，这也是历史上首次发表量过千篇。

第四阶段为快速发展阶段（2000 年至今）。晶硅电池的成熟与产业化使得光伏技术迅速走向公众市场，薄膜太阳电池的试产与新型太阳电池（如钙钛矿太阳电池、量子点敏化太阳电池等）的提出使该领域的研究更加丰富，论文发表量从 2001 年的 2154 篇提高至

2021 年的 24 431 篇，呈现快速增长的发展态势。目前，光伏发电技术已经成为人类发展可再生能源的主要技术领域。

（2）国家论文发表趋势分析

1958 年以来，在光伏技术领域发表论文最多的 10 个国家的数据分布如图 1.11 所示。根据论文发表总量，可以将该 10 个国家分为 3 个层级。

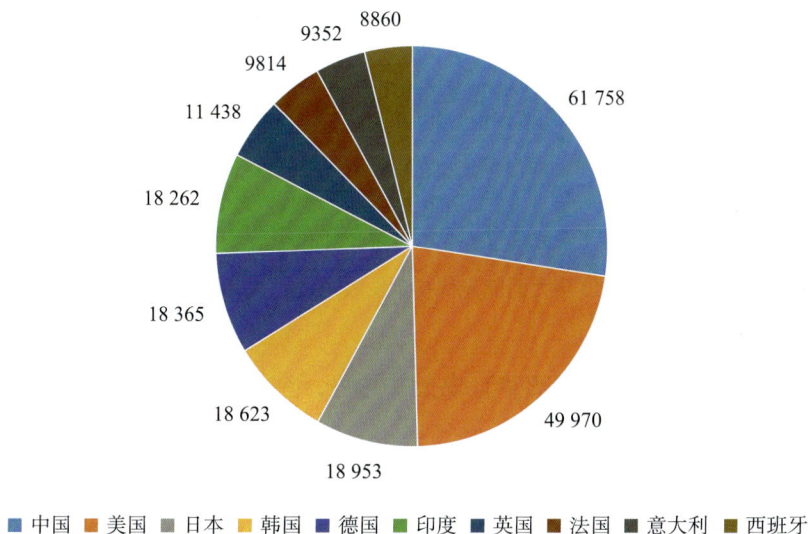

图 1.11　1950—2021 年光伏技术领域发表论文前 10 名的国家（单位：篇）

第一层级为中国与美国。在过去近 70 年的时间里，中美两国分别发表了太阳能技术相关论文 61 758 篇与 49 970 篇。中美两国发表论文数量远远超过了日本、韩国等另外 7 个国家，中美两国发表的论文数量分别是第 3 名日本的 3.2 倍与 2.6 倍，因此稳居第一层级。

第二层级为日本、韩国、德国、印度，四国发表论文量均在 18 500 篇左右，均为第 7 名英国的 1.6 倍，因此被归为第二梯队。其中，日本与德国为发展光伏领域较早的国家，而韩国与印度的光伏领域则在近几年发展迅速，逐渐赶上在该领域经营许久的发达国家。

第三层级为英国、法国、意大利、西班牙，四国发表论文量在 10 000 篇左右。四国均为起步较早的发达国家，其中英国始终重视发展可再生能源，相关研究始终未脱离先进国家行列，然而由于其近年逐渐将发展重心转向了海上风电，因此光伏领域的研发有所放缓。法国近年来大力发展核能与氢能，因此在光伏领域部署的科研力量在逐渐减少；而意大利与西班牙两国虽然资源禀赋优越，但是由于经济发展受挫及国内市场体量不足，近年来在光伏领域逐渐被中国、印度等新兴国家赶超。

中国、美国、日本、韩国、德国等 5 个主要国家 1970—2020 年太阳能光伏技术论文发表量分布情况如图 1.12 所示。

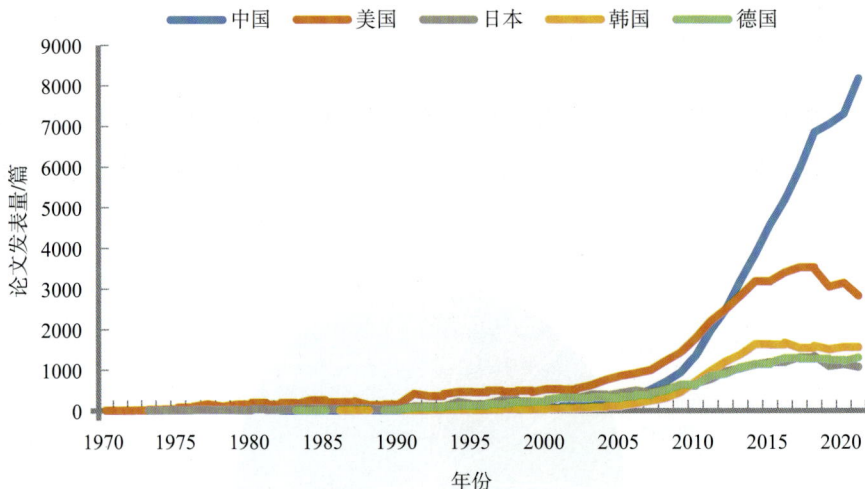

图 1.12　1970—2020 年太阳能光伏技术发表论文前 5 名的国家年度变化情况

整体上，各个国家的论文发表量呈现上升趋势，除中国外，其余四国自 2016 年以来文献发表量增速放缓或呈下降趋势。

从发展历史看，美国第一篇论文于 1970 年出现，在五国中时间最早，且各年均有论文发表，因此在光伏领域的研究历史最长；其次是日本，起始时间也为 20 世纪 70 年代，略晚于美国。中国、韩国、德国的研究均起始于 20 世纪 80 年代，其中德国最早，中国紧随其后，韩国最晚。

从发表论文的增长趋势看，中国于 2013 年太阳能光伏技术论文发表量正式超过美国，已连续 8 年年度论文发表量世界第一。2020 年，中国论文发表量达 8177 篇，创历史新高，约是第 2 名美国的 2.5 倍；美国论文发表量在 2016 年以前在保持较大基数的基础上稳步增长。然而，2016 年特朗普上台，主张开发低碳的化石能源技术，大幅削减可再生能源技术的研发资金与项目，这可能是近年来发表量下降的原因之一，目前维持在每年 3000 篇左右的水平；韩国于 2010 年同时超过日本与德国，随后在光伏领域年度论文发表量中位居世界第三。日本、韩国、德国三国的研究体量有限，且经济增长不顺利，因此论文发表量均于 2015 年左右停止增长。2016—2020 年，日本、韩国、德国 3 个国家的论文发表量分别维持在 1000 篇、1500 篇、1200 篇左右的水平。

（3）国内外组织 / 研究机构论文发表情况

国家论文分布仅可以描绘一个领域研究力量的宏观分布，而机构 / 组织的论文分布情况则可以从中观层面观察到不同研究主体的影响力分布。图 1.13 显示了不同机构 / 组织太阳能光伏技术发表论文的具体数据情况。其中，中国科学院的论文发表量最高，达到了 13 211 篇，约占前 10 位机构 / 组织论文总量的 21%；其次是欧洲研究型大学联盟，论文发表量达 11 341 篇，与中国科学院相差 1870 篇。欧洲研究型大学联盟包含了英国、法国、德国、瑞士、荷兰等国的顶尖大学，对欧洲乃至世界科学研究具有强大的影响力；随后还有美国能源部、法国国家科学研究中心及美国加州大学系统 3 个组织，论文发表量都在 5000 ～ 7000 篇。最后，还有德国亥姆霍兹联合会、印度理工学院等机构在该领域有丰富成果，文献量在 2000 ～ 4000 篇。

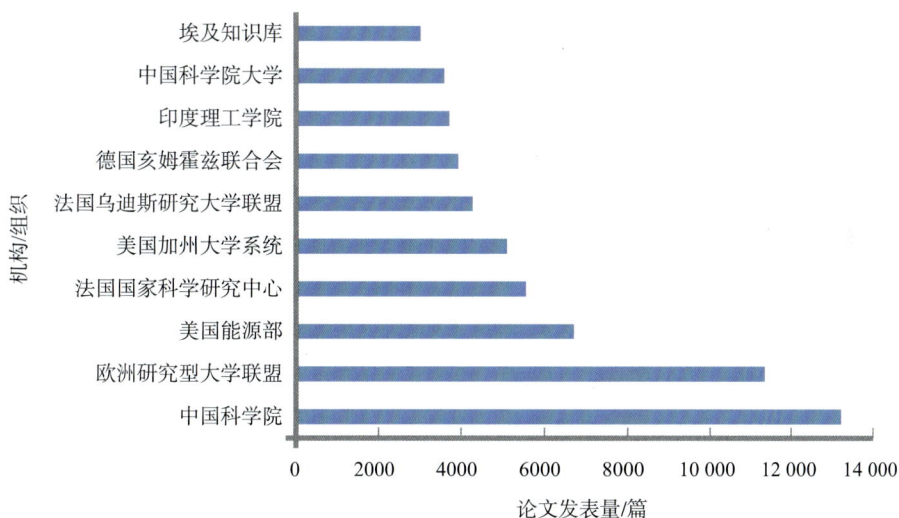

图 1.13　不同机构 / 组织太阳能光伏技术发表论文的具体数据情况

（4）太阳能光伏技术高被引论文情况

高被引论文（Highly Cited Paper）是指同一年同一个 ESI 学科中发表的所有论文按被引用次数由高到低进行排序，排在前 1% 的论文。2001—2021 年太阳能光伏技术高被引论文如表 1.6 所示。

表 1.6　2001—2021 年太阳能光伏技术论文学科、期刊及被引情况

序号	学科分布		期刊分布		论文及被引情况	
	学科	论文 / 篇	期刊	论文 / 篇		
1	材料类学科	45 431	*SOLAR ENERGY MATERIALS AND SOLAR CELLS*	4523	论文 / 篇	101 424
2	应用物理学	33 646	*SOLAR ENERGY*	3644	被引次数 / 次	4 105 012
3	能源燃料	30 424	*ACS APPLIED MATERIALS INTERFACES*	2507	篇均被引次数 / 次	40.47
4	化学物理	20 280	*JOURNAL OF MATERIALS CHEMISTRY A*	2430	高被引论文 / 篇	2036

续表

序号	学科分布		期刊分布		论文及被引情况	
	学科	论文/篇	期刊	论文/篇		
5	化学类学科	15 208	*APPLIED PHYSICS LETTERS*	2249	高被引论文占比	2%
6	纳米科学与技术	13 739	*THIN SOLID FILMS*	1723	高被引论文 h 指数	460
7	凝聚态物理	12 461	*JOURNAL OF PHYSICAL CHEMISTRY C*	1661	高被引论文被引频次/次	807 202
8	电气工程	8961	*ABSTRACTS OF PAPERS OF THE AMERICAN CHEMICAL SOCIETY*	1642	高被引论文被引频次（去除自引）/次	769 556
9	绿色可持续科学技术	4909	*IEEE JOURNAL OF PHOTOVOLTAICS*	1631	高被引论文篇均被引次数/次	396.46
10	光学	4428	*ORGANIC ELECTRONICS*	1494	热点论文/篇	49

由表 1.6 可见，论文在学科方面的分布主要集中在物理及化学领域。其中，材料类学科相关论文数量最多，达到了 45 431 篇，约占总数的 23.98%，表明太阳能光伏技术的发展离不开材料科学的突破，而材料性能的提升是光伏器件提高可用性、竞争力的核心。由于光伏器件将光能转化成电能以供应能源，是一种物理过程，因此在应用物理学与能源燃料方面涉及较广。随后，随着工艺的提升及需要更高转化效率，化学学科及纳米技术在生产过程中有了更深的融合，同时在系统工程设计方面，电气工程、绿色技术等开始帮助光伏技术进一步提高整体性能。

2001—2021 年，太阳能光伏技术被引量前 10 位（TOP 10）的论文基本情况如表 1.7 所示。由表 1.7 可见，其中 9 篇论文讨论了新型太阳能电池，而其中大部分论文都在研究钙钛矿太阳电池，证明该类太阳电池具有较大的发展潜力。日本论文首次将钙钛矿材料应用于染料敏化太阳电池中，并且光电转化效率达到了 3.8%，该论文以 14 170 次被引位居第一，引发了后续全世界研究者对钙钛矿材料的关注，因此该论文的发表对太阳能光伏技术具有里程碑意义。另外，美国、瑞士两国在前 10 位中也占有较大比例。在发表时间方面，大多论文集中在 2010—2013 年，这是因为 2010 年世界从经济衰退中逐渐开始恢复，更多的研究者开始关注新能源发展，而以往的研发投资开始有了初步成果，引起了光伏技术的飞速发展。

表 1.7 2001—2021 年太阳能光伏技术全球 TOP 10 高被引论文

单位：次

序号	论文题目	关键词	机构	作者	国别	年份	合计被引数
1	Organometal Halide Perovskites as Visible-Light Sensitizers for Photovoltaic Cells	Solar-cels; Performance; Electrodes	东京大学	Kojima Akihiro	日本	2009	14170
2	Efficient Hybrid Solar Cells Based on Meso Superstructured Organometal Halide Perovskites	Photovoltaic Cells; Dye; Polymer; Semiconductors; Spectroscopy; Performance; Transport; Electroluminescence; Electrodes; Channels	哈佛大学	Lee Michael M.	美国	2012	8041
3	Sequential Deposition as a Route to High Performance Perovskite-sensitized Solar Cells	Efficient; Intercalation; Exchange; Raman	瑞士联邦理工学院	Burschka Julian	瑞士	2013	7522
4	Dye-Sensitized Solar Cells	Nanocrystalline TiO_2 Films; Interfacial Electron-Transfer; Polymer Gel Electrolyte-open-circuit Voltage; Ionic Liquid Electrolytes; Photoinduced Absorption-spectroscopy;Triphenlamine-based Dyes;Conjugated Organic-dyes;Solid-state Electrolyte;Titanium-dioxide Films	乌普萨拉大学	Hagfeldt Anders	瑞典	2010	7362
5	Solar Water Splitting Cells	Hydrogen-evolution Reaction; Visible-light Irradiation; Level Injection Conditions; Transfer Rate Constants; Quasi-fermilevels; P-types Silicon; Tungsten Carbide Cathodes; Oxygen-evolving Catalyst; Transition-Metal Oxides; H-2 Evolution	加利福尼亚大学	Walter Michael G.	美国	2010	7223

```
```

续表

序号	论文题目	关键词	机构	作者	国别	年份	合计被引数
6	Plasmonics for Improved Photovoltaic Devices	Electromagnetic Energy-transport; Film Solar-cells; Absorption Enhancement; Wave-guides; Thin-films; Efficiency; Design; Excitation; Dipote; Arrays	加州理工学院	Atwater Harry A.	美国	2010	6656
7	Efficient Planar Heterojunction Perovskite Solar Cells by Vapour Deposition	Low-cost-;Heterojunction PerovskiteSolar Cells	哈佛大学	Liu Mingzhen	美国	2013	6257
8	Lead Iodide Perovskite Sensitized All-Solid-State Submicron Thin Film Mesoscopic Solar Cell with Efficiency Exceeding 9%	ChargeRecombination; Dye; TiO_2	瑞士联邦理工学院	Kim Hui-Seon	瑞士	2012	6254
9	Conjugated Polymer-based Organic Solar Cells	Light-Emitting-diodes; Indium-tin-oxide; Photoinduced Electron-transfer; Photocurrent Action Spectra; Open-circuit Voltage; Photovoltaic Devices; Semiconducting Polymer; Regioregular Poly(3-hexylthophene); Nanoscale Morphology; Thermal-treatment	约翰开普勒林茨大学	Guenes Serap	奥地利	2007	5607
10	Interface Engineering of Highly Efficient Perovskite Solar Cells	Solution-processed Perovskite; Electron Extraction; Thermal properties;Low-cost; Light; Thermochemistry;Enhancement; Thermolysis	加州大学洛杉矶分校	Zhou Huanping	美国	2014	5328

（5）研究热点分析

利用 VOSviewer 软件，对全球太阳能光伏技术领域的高被引论文进行关键词共现分析，取出现频次 7 次以上的关键词，共计 42 个。由图 1.14 可见，2001—2021 年高被引论文大致可以被分为 3 个部分：一是以研究钙钛矿太阳电池为主的聚类；二是以左边聚类为主的有机/聚合物太阳电池研究文献；三是以右边聚类为主的光伏系统设计与光伏建筑一体化相关的研究文献。

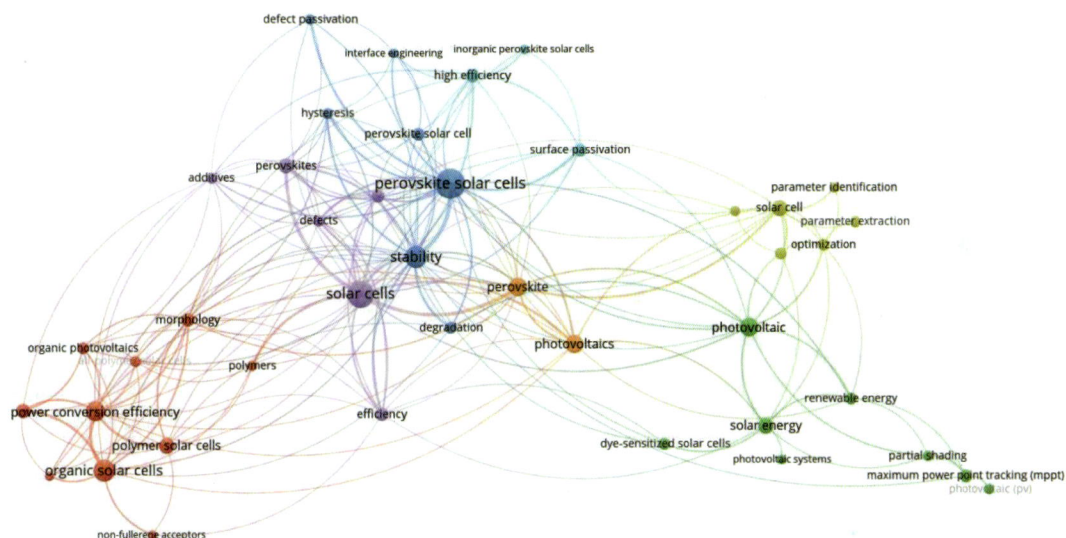

图 1.14 2001—2021 年太阳能光伏技术论文关键词共现图谱

1.3.2 光伏专利计量分析

专利文献由于存在申请门槛与成本，因此更加接近实际技术的使用情况。通过专利分析，可以了解太阳能光伏技术领域的产业化现状，了解部署的趋势及生产方面的技术更替情况。同时，专利的数量与权重也可以直观地表现国家、组织在该领域技术部署的强度，从而为分析工作提供更加丰富的信息。

本书专利分析的相关数据主要来自 INNOGRAPHY 数据库。检索式为 @title（solar cell*OR photovoltaic）OR（@title PV AND（@abstract（solar cell* OR photovoltaic）OR @claims（solar cell* OR photovoltaic ））），即专利标题中出现光伏、太阳电池的文献，以及标题中出现"PV"词语，同时专利权要求中出现光伏相关词汇的专利被认为是目标专利。限定检索申请时间是在 2001 年 1 月 1 日至 2021 年 12 月 31 日的专利文献，此外没有其他限制。最终共检索到专利 142 169 项，在不同页面抽查近 100 项专利，均为太阳能领域相关文献，因此可以判断查准率接近 100%。

（1）全球太阳能光伏技术专利年度申请趋势

图 1.15 显示的是 2001—2021 年太阳能光伏技术专利的申请情况，其中由于专利公开的滞后性，2019—2021 年的专利数量统计并不完全。整体来看，太阳能光伏技术的专利数量变化呈现稳步上升、快速上升、逐渐下降、维持稳定 4 个阶段。

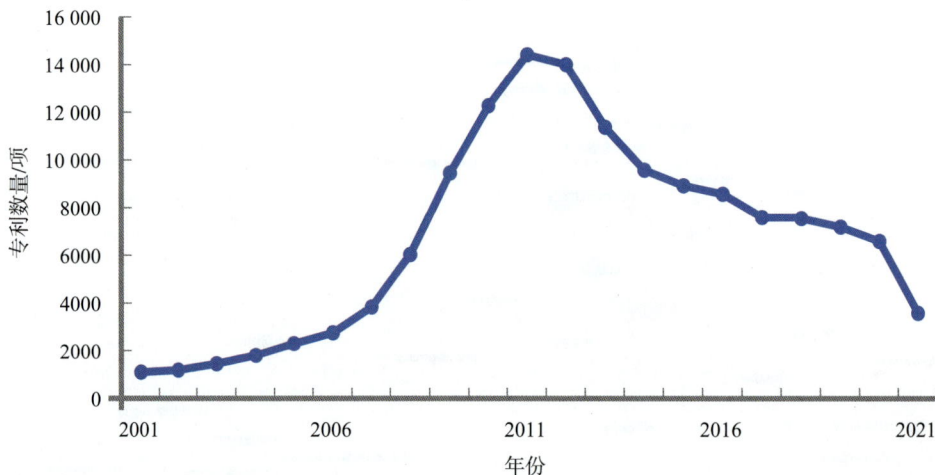

图 1.15　2001—2021 年全球太阳能光伏技术专利逐年分布情况

一是稳步上升阶段（2001—2007 年）。全球专利申请量从 2001 年的 1104 项逐渐升至 2007 年的 3841 项。这个阶段是全球变暖逐渐被世界人民关注的时间，各个国家纷纷开始布局光伏、风电、核能等新型能源，其中由于光伏技术生产及部署相对更加便利，同时在发电潜力、成本优化等方面仍存在较大的提升空间，因此逐渐受到学界及产业界的关注，共同推动了光伏专利申请量的上涨。由于日本在太阳能领域的超前部署，因此众多的日本公司是大部分专利的申请者。例如，2001 年日本的专利申请量比其他所有国家的专利申请总量还要高，达到了 2001 年度申请量的 58.2%。另外，2001 年德国、美国、韩国也拥有较大的申请量，分别占比 13.2%、9.6%、8.2%，其他国家申请量较少，居于 0.1% ～ 2%。可见在光伏领域发展的初期，日本、德国、美国等国家处于世界领先地位。

二是快速上升阶段（2008—2011 年）。该阶段全球专利申请量大幅上升，平均每年申请增加量达到了 2500 项，从 2008 年的 6032 项上涨至 2011 年的 14 421 项。主要国家发布的太阳能产业政策效用开始逐渐显现。例如，美国于 2005 年发布了著名的投资税收抵免（Investment Tax Credit，ITC）政策，即安装可再生能源系统的用户可以按投资总额的一定比例抵免需要交的所得税，该政策的实施不仅大大增加了美国分布式光伏的部署容量，同时也促进了美国光伏技术及产业的发展，随后又经历了 2006 年、2008 年的两次 ITC 延期，持续为美国光伏发展提供动力。基于国内贫瘠的资源状况，日本是世界上第一个发展民用光伏的国家，在 1974 年颁布了阳光计划，希望用光伏技术来改善日本国内的能源供应状况。然而，受限于当时技术发展的不成熟，很长时间内日本光伏的发展并未取得较大的进步；然而，日本持续发布光伏补贴政策，保证了技术的不断研发，因此在光伏领域兴起初期日本具有很强的技术实力。这种长时间的技术积累使得日本在光伏领域快速成长，从而具有较大的优势地位。在巅峰时期，世界前 10 位主要光伏生产厂家中日本占据 7 位。该阶段日本的专利申请量仍在持续上涨，占比从 2008 年的 29% 升至了 2011 年的 31%。该阶段，世界专利申请量的大幅上升不仅是以日本为代表的光伏领域老牌强国技术的持续发展，还由于美国、中国、韩国等国家开始积极布局太阳能技术，印度等新兴国家也广泛参与。其中，中国的发展尤为明显。2001—2011 年，中国的专利申请量占比已经从 2001 年的 2.1% 提升至了 2011 年的 23.1%，跃升至世界第 2 位。

三是逐渐下降阶段（2012—2017 年）。该阶段世界总专利申请量呈逐渐下降趋势，由 2012 年的 14 005 项下降至 2017 年的 7596 项。该阶段专利申请量的下降由多个原因综合影响造成。第一，光伏技术发电逐渐走向成熟，基于硅基的光伏发电技术相关关键点已经基本被发掘，学界对光伏领域的注意逐渐由提升已有技术性能转向开发新的光伏技术，由于新光伏技术产业化的不成熟，导致专利申请量逐渐下降。第二，该阶段世界光伏产业发展的营商环境不断恶化。例如，欧美各国对中国实施的反倾销调查及美国前总统特朗普上任发起的贸易战，以及美国能源政策转向导致美国国内光伏产业发展受阻。各方面因素限制了世界光伏产业技术方面的继续提升。与此相反的是，我国光伏领域在该阶段的研发及产业的成长均在高速发展，专利申请量世界占比在 2012 年时为 28%，落后日本位居世界第二。但由于牢牢占据了世界光伏产品生产的关键环节，因此中国光伏并没有因为各国的封锁而落后，经过产业调整，继续保持世界领先优势，2013 年专利申请量超过了日本，总专利申请量占到了世界专利申请量的 1/3。2017 年，中国光伏的专利申请量占比达到了 49.3%，位居世界第一。

四是维持稳定阶段（2018 年至今）。在该阶段，世界光伏技术申请量从 2018 年的 7553 项降至 2021 年的 3585 项。各国的专利申请量均有不同程度的下降，导致世界专利申请趋势并不乐观。一方面是因为全球经济下滑及新冠疫情的影响，导致光伏产业受到了较大的打击，发展动力不足，因此分配在光伏技术研发上的资金减少；另一方面，光伏领域已经呈现我国一家独大的场景，在光伏产业链的多个关键节点我国均拥有着绝对优势，其他国家光伏市场逐渐被中国企业占据，退出了竞争行列。这种趋势在专利上体现得尤其明显，我国专利申请量的世界占比由 2018 年的 58.1% 进一步提升至 2021 年的 80.0%。虽然我国专利申请量同样有所下滑，但仍然在技术储备上保持着绝对优势。

（2）太阳能光伏技术专利申请区域分布

2001—2021 年，各来源专利申请量的统计如图 1.16 所示。

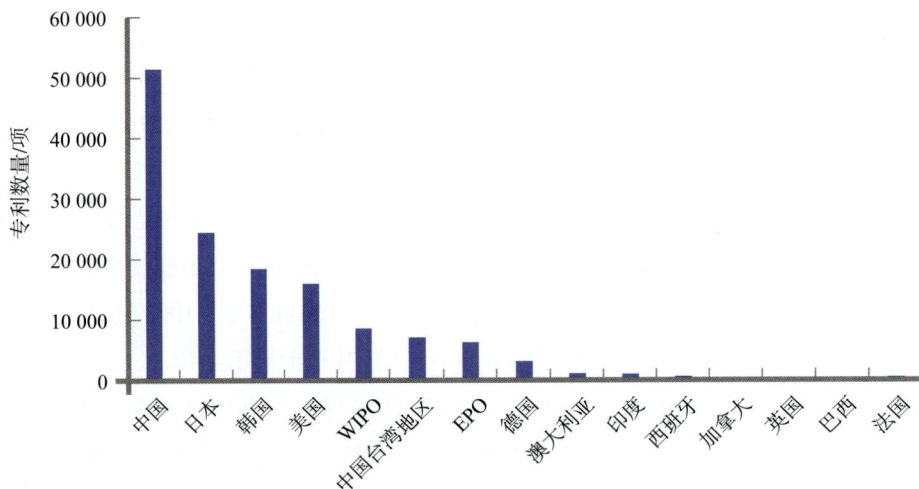

图 1.16　2001—2021 年太阳能光伏技术全球排名前 15 的专利技术来源地

由图 1.16 可见，2001—2021 年前 15 位的专利申请总量共 139 640 项，占世界总申请量的 98.2%，基本可以代表世界的专利申请分布。从图 1.16 中可以看出，来自中国的专利申请量处于绝对领先地位，是唯一超过 50 000 项的国家，大约为第 2 名日本的 2 倍。位于日本之后的是韩国，专利申请量达到了 18 433 项，同样在光伏领域具有较高的技术实力。可以注意到，专利申请量最多的 3 个国家分别为中国、日本、韩国，证明光伏技术的研发主要集中在东亚地区。实际上，自从 2009 年中国专利申请量超过美国后，世界光伏技术专利申请量前 3 位始终为中国、日本、韩国 3 个国家，光伏专利申请量排韩国之后的是美国，2001—2021 年美国总专利申请量达到了 15 984 项，较韩国少了 2400 多项，仍有较大差距。2001—2021 年，WIPO 与中国台湾地区及 EPO 具有较高的专利申请量，分别为 8597 项、7114 项及 6303 项。WIPO 与 EPO 分别为世界知识产权组织及欧洲专利局，在这两个机构申请的专利均可以获得多个或全部参与国家的专利授权。德国作为专利来源国，排在 EPO 之后，2001—2021 年总申请量为 3168 项，尚不及我国 2020 年专利申请总量。德国作为较早发展光伏发电的先进国家，后期发展势头不足，因此处于比较落后的地位。最后，澳大利亚、印度、西班牙等国家在光伏领域的技术研发处于低迷阶段，西班牙在 2004 年左右对光伏发电的部署采取了激进的帮扶措施，部署量一度超过德国位居欧洲第一。然而，这种盲目追求部署速度，不顾经济与自然条件现实情况的做法，使得西班牙的新能源发电公司极度依赖政府的补贴，新建的光伏发电厂发电成本远远不能与传统发电厂竞争。随着经济的持续恶化，政府决定调整政策方向，开始减少甚至直接取消对光伏发电的补贴。这种快速转向的做法使得西班牙光伏发电产业迅速崩溃。西班牙现在的光伏市场虽然已经开始恢复，但是已经失去了领先地位。

2001—2021 年，专利申请量最高的 5 个国家各年份专利申请量的变化情况如图 1.17 所示。

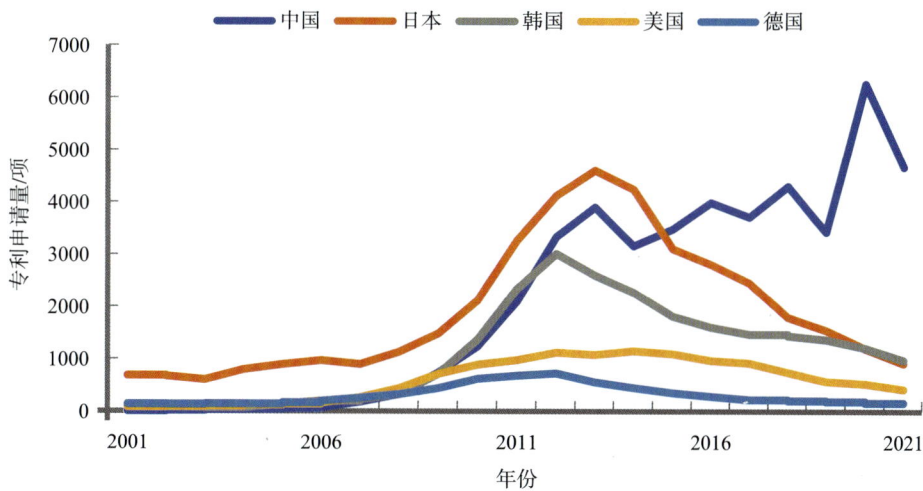

图 1.17　2001—2021 年太阳能光伏技术排名前五的国家专利逐年分布情况

根据图 1.17 可以得到以下结论。

第一，2001—2009 年日本始终在光伏发电领域保持着领先地位，专利申请量超过中国、韩国、美国、德国等 4 个国家申请量之和。这种领先的地位来自日本政府在新能源领域的超前部署，以及日本企业对知识产权的注重。作为一个资源匮乏的岛国，日本对光伏产业的支持由来已久，是最早发展光伏产业的国家之一，也曾是世界最大的光伏市场。受益于科学有效的财政支持，日本光伏产业的规模与技术处于世界领先水平，并且曾试图走向海外。然而，2011 年福岛核事故的发生，引发了日本国内对能源安全的讨论与担忧，因此日本开始逐渐减少核能占比，开始大力开发新能源发电技术，并积极部署新能源发电。受限于国内有限的生产能力，日本政府决定对中国光伏企业开放市场。由于中国光伏产品具有成本优势，日本企业在已经失去国际市场的同时又逐渐失去了国内市场，导致大量日本光伏企业破产或被收购。因此，2012 年后，日本企业的光伏专利申请量快速下降，于 2015 年被中国超过，2020 年又被韩国超过，失去了太阳能技术的领先地位。

第二，美国、日本、德国、韩国四国均经历了先增加、后减少的专利申请变化趋势。在奥巴马执政时期，美国曾经大力支持可再生能源的研发与部署，但是 2016 年特朗普执政后，大幅缩减了研发资金，转而支持传统能源的减碳技术，导致美国光伏研发速度大大放缓。德国由于弃核政策及对环保的追求，国内用电市场存在巨大缺口，因此一直对新能源的发展持积极态度。国内一直在积极部署光伏发电，目前仍是欧洲光伏发电部署量第一。然而，德国国内并未出现实力较强的光伏企业，主要还是依靠从中国进口来维持巨大的光伏部署需求。与日本相同，国内市场已经逐渐被中国企业占据，对光伏技术的资金与人员投入在逐渐减少。韩国同样经历了先上升、后下降的趋势。与日本的情况大致相同，韩国国内光伏无法消化产能，因此极度依赖出口市场。然而，2012 年左右，由于世界金融市场产生危机，世界光伏行业进入低迷期，排名靠前的公司，如 OCI、Woongjin 等多晶硅生产公司纷纷减产、停产甚至破产，产业链上下游公司或相关业务公司也纷纷减少了研发投入。内外交困的环境下，韩国在光伏专利方面的申请量一再下降，再也没有达到 2012 年的水平，2021 年全年申请量不到 1000 项。

第三，我国光伏产业近年来蓬勃发展，研发投入持续上升，知识产权积累丰富。回顾我国光伏产业发展史，一路历经艰险，在世界市场上起起伏伏，终于苦尽甘来，最终登上了光伏生产及研发的世界第一宝座。相较于美国、日本等国，我国起步很晚，虽然国家在 20 世纪 90 年代就曾在西部地区推进过光伏发电的应用，但是中国光伏企业真正参与并挤进世界光伏市场，已经是世界光伏产业疯狂成长的 2004 年。几年内，我国光伏企业不断扩大生产规模，凭借廉价且优质的劳动力在世界光伏市场中逐渐站稳脚跟，2007 年国内已经有了 1000 多家光伏企业。然而，在这一片欣欣向荣的情景下，没人想得到危机即将来临。由于全球光伏行业的疯狂扩张，生产光伏产品必需的硅晶在几年内售价大幅飙升，国内生产厂家纷纷与外国签订长期订购合同，希望可以稳定未来的原材料供应。没想到，疯狂扩张的世界光伏市场，由于 2008 年金融危机而迎来了终点。世界经济的萎缩使得世界光伏市场需求量迅速下降，而我国光伏企业由于签订了长期合同，深深陷入光伏危机的泥潭中，大量中国生产厂家破产倒闭，中国光伏产业受到了致命的打击。然而，中国光伏产业并未就此消逝，在经历了上述的打击后，越来越多的人认识到了以往光伏发展的问题。虽然中国光伏企业在前几年经历了大幅扩张，但是始终处于大而不强的状态，原材料、生产设备甚至市场都靠国外，我国的竞争力仅仅在劳动力，造成了世界市场的变化引发了国内的巨震。认识到问题后，我国开始大力扩大国内市场，提升"内力"，同时更多的企业开始参与原材料制备及工程设备设计制造的领域。因此，在国外光伏业继续低迷的同时，我国通过调整国内政策、提升内需、加大研发投入而升级产品，逐渐从打击中恢复过来。由于很多国家的光伏补贴纷纷取消，外国光伏企业纷纷倒闭，而我国光伏产业则开始大量进军世界光伏市场，在世界光伏市场中，快速而全面地前进。然而，好景不长，由于我国光伏企业的飞速扩张，纷纷引起外国政府的关注。2012 年，为维护本国光伏企业利益，美国政府、欧盟纷纷开展光伏产品反倾销调查，致使我国光伏企业订单量暴跌。由于仍然没有彻底摆脱大而不强的缺点，我国光伏产业再次迎来重挫。在世界竞争白热化之时，我国政府意识到了继续扩大内需的重要性，开始升级优化国家光伏补贴政策，使得我国光伏企业在被世界主要光伏市场排斥的情况下，逐渐恢复起来。2011 年，日本福岛核事故是另外一件对中国光伏产业具有重要意义的事。事故引发的讨论使得日本国民开始反对继续使用核电。此后，日本停掉了核电的发展，并开始更大力度地发展可再生能源发电项目。由于国内产量的局限性，日本政府向中国企业开放了市场。由于日本光伏企业对产品品质、性能的执念，导致日本光伏产品始终处于较高的价格。相较之下，物美价廉的中国产品开始逐渐在日本市场站稳脚跟，价格方面的巨大差异与相差不大的性能纷纷让偏爱本国产品的日本买家改变了对中国生产的刻板印象。

随后，我国一边扩大内需，一边大力开拓海外市场。截至 2020 年底，我国硅料产量已达世界总产量的 65% 以上，单晶硅硅片产量占 90% 以上，电池组件产量占 70% 以上，新增光伏装机量世界第一，超过第 2 名欧盟一倍以上。可见，我国已在全产业链上占据了绝对领先优势。

2001—2021 年，受理光伏专利最多的 15 个国家 / 地区情况如图 1.18 所示。由图 1.18 可见，中国、日本、韩国三国专利受理量分别为 49 864 项、25 838 项及 18 207 项，位居世界前三。中国、日本、韩国不仅是专利申请量最高的 3 个国家，同样也是受理光伏专利最多的 3 个国家。

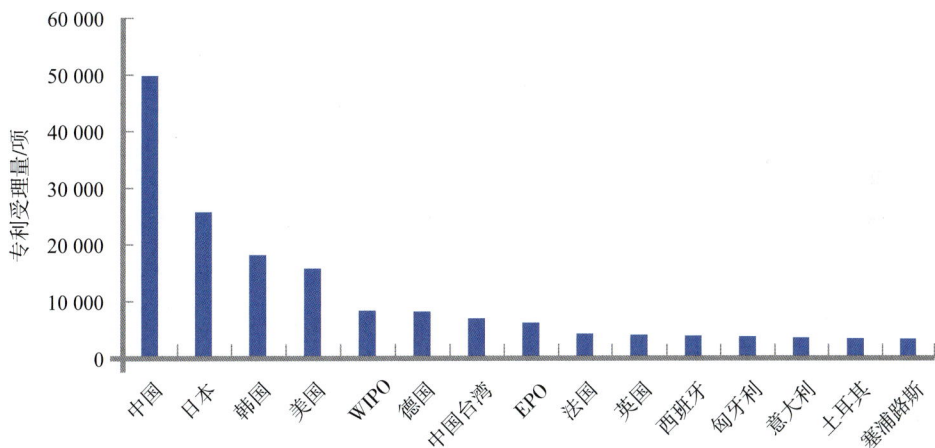

图 1.18　2001—2021 年太阳能光伏技术全球排名前 15 的专利受理国 / 地区

一方面说明中国、日本、韩国三国在光伏领域有世界领先的实力；另一方面说明了中国、日本、韩国也是世界光伏业的主要市场与竞争地。之后，美国以 15 845 项位居世界第四，与韩国相差不大，这表明美国光伏产业始终没有充足的发展空间。两家世界主要的知识产权机构，WIPO 与 EPO 分别收到了 8439 项、6323 项专利，位居世界第五、第八。一般来说，在 WIPO 与 EPO 申请的专利更具价值，两者相差量接近 WIPO 总量的 1/4，表明欧洲仍是世界光伏部署的主要地区。排名第六、第七的地区分别是德国与中国台湾地区，分别为 8267 项、7080 项。德国是欧盟的主要光伏部署国家，20 年间一直保持着较高的部署速度；而中国台湾地处东亚，光伏产业同样发展迅速，光伏发电部署容量节节攀升是其专利受理位居世界前列的主要原因。最后，法国、英国、意大利等国也具有较高的专利受理量，排名第 10 ～ 15 位国家中，除土耳其外均为欧洲国家。一方面说明欧洲国家仍然吸引着世界各国光伏企业；另一方面也说明了其在世界光伏产业的竞争中渐渐落后，不再是主要的推动者。

（3）太阳能光伏技术主要专利权人

2001—2021 年，光伏专利申请量最多的专利权人排名如图 1.19 所示。

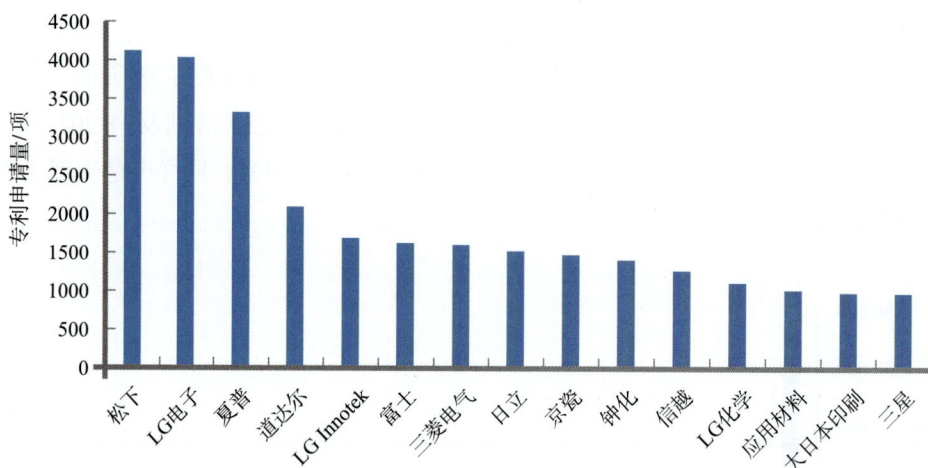

图 1.19　2001—2021 年太阳能光伏技术全球排名前 15 位的专利权人

由图 1.19 可以看到，排名前 15 位专利权人中主要是日本、韩国的企业。其中，松下、LG 电子、夏普分别以 4122 项、4034 项及 3325 项专利位居世界前三。3 家公司上榜的主要原因是历史上专利积累量足够多，同时注重知识保护。目前，3 家公司基本已经退出了光伏市场的竞争行列。松下公司于 2021 年砍掉了光伏面板的生产业务，停掉了旗下的两家工厂，正式退出了竞争。主要原因是生产成本居高不下，并且中国光伏企业已经形成了全产业链条的优势，无法与之竞争。综合考虑之下，割掉了其光伏业务，专注于新能源、蓄电池等业务。几乎与此同时，LG 电子也宣布退出光伏面板市场，同样由于中国产品成本低具有竞争力，而国际原材料市场价格上涨，导致其光伏业务盈利萎缩，直至亏本。夏普更是在 2015 年被中国光伏企业阿特斯阳光电力集团收购，成为中国光伏企业的一员。

2001—2021 年，专利申请量排名前 5 位的专利权人各年份专利申请量分布如图 1.20 所示。

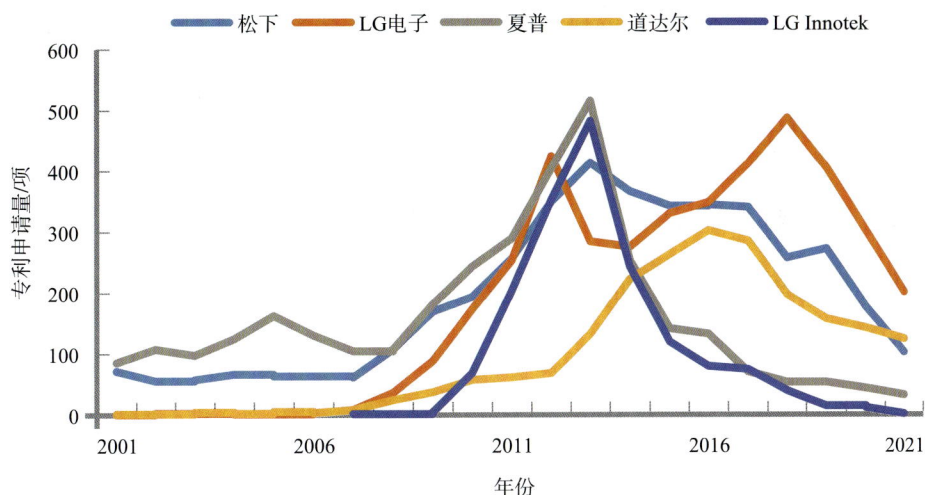

图 1.20　2001—2021 年太阳能光伏技术排名前 5 位的专利权人逐年分布情况

由图 1.20 可以看到，5 家公司专利的申请主要集中在 2012 年、2017 年左右。2012 年，松下、LG Innotek 和夏普 3 家公司专利申请量达到顶峰，随后申请量大幅下降。而 LG 电子与道达尔的专利申请量则仍保持较高水平。不过，在 2017 年达到顶峰后，近几年专利申请量也在不断降低。5 家公司研发成果减少的原因基本是因为国际市场环境的恶化及中国光伏企业的崛起，使之逐渐丧失竞争力，为了维持经营而大幅减少研发投入。

（4）太阳能光伏技术重点研发进展情况

太阳能光伏技术前 10 位专利权人的研发投入情况如表 1.8 所示。

表 1.8　太阳能光伏技术前 10 位专利权人的研发投入情况

序号	专利权人	专利数量/项	发明人次数/人次	发明人数/人	每项专利平均投入人次数/（人次/项）	平均每人专利数/（项/人）
1	松下	4122	877	10 081	2.4	4.7
2	LG 电子	4034	929	14 986	3.7	4.3
3	夏普	3325	954	8458	2.5	3.5
4	道达尔	2095	433	7143	3.4	4.8
5	LG Innotek	1691	129	2468	1.5	13.1
6	富士	1628	305	4238	2.6	5.3
7	三菱电气	1605	476	3928	2.4	3.4
8	日立	1526	546	7714	5.1	2.8
9	京瓷	1473	426	3455	2.3	3.5
10	钟化	1407	246	3609	2.6	5.7

从表 1.8 可以看出各个公司在研发上的人力投入与效率。其中，松下与 LG 电子拥有众多专利的同时也拥有着庞大的发明人群，平均每项专利投入人次分别为 2.4 人次 / 项与 3.7 人次 / 项，研发效率也处于中等位置。值得注意的是，LG Innotek 公司同时拥有着最少的人次投入与最高的人均专利拥有项，证明其研发团队具有较高的研发效率，虽然人数不及同等级企业，但是研发成果显著。

（5）太阳能光伏主要专利技术领域分布

表 1.9 显示的是太阳能光伏专利在 IPC 的分布情况，表中仅统计了类别数量前 10 位的 IPC 分类号。由表 1.9 可见，IPC 分类设计的内容大致可分为 3 种。第一种是光伏专利的核心，即半导体器件专利，如 H01L 31/00、H02S 00/00 等。该类型专利数量最多，主要涉及的是具有可以将光能转化为电能功能的器件，该类型器件是光伏设备的核心。第二种 IPC 分类主要涉及半导体材料等内容，如 H01L 51/00、H01B 1/00 等。该类型更加强调在材料方面的改进与创新，同样对光伏器件性能具有较大影响。第三种 IPC 分类为其他设备类型，为光伏发电装备的辅助设备或者不涉及光伏发电本身，主要有 H01G 9/00、H02J 7/00 等。其中，H01L 31/00 的专利数量最多，占专利总量的一半以上，表明对光伏器件的设计、制造、工艺等内容是近 20 年来光伏企业研发的核心。在对光伏设备本身进行研究的同时，也涉及其他设备的研发，如 F21S 9/00 证明了光伏设备与照明设备之间的关联性，而 F24J 2/00 的出现表明太阳能设备在发电之外的其他用途。

表 1.9 2001—2021 年太阳能光伏 TOP 10 专利技术领域

序号	IPC 分类号	IPC 注释	专利数量 / 项
1	H01L 31/00	对红外辐射、光、较短波长的电磁辐射或微粒辐射敏感的半导体器件，即太阳能板，特别适用于将此类辐射的能量转换为电能或通过此类辐射控制电能	74 473
2	H02S 00/00	由红外线辐射、可见光或紫外光转换产生电能，如使用光伏（PV）模块	10 989
3	H01L 51/00	使用有机材料作为活性部分的固态器件，或使用有机材料与其他材料的组合作为活性部分	6546
4	H01L 21/00	特别适用于制造或处理半导体或固态器件或其部件的工艺或设备	3707
5	H01G 9/00	电解电容器、整流器、探测器、开关装置、光敏或温敏装置	3738
6	H01M 14/00	电解光敏器件，如染料敏化太阳电池	2337
7	H01B 1/00	以导电材料为特征的导体或导电体	2153
8	H02J 7/00	用于对电池充电、去极化或从电池供应负载的电路装置	990
9	F24J 2/00	使用太阳能，如太阳能集热器	966
10	F21S 9/00	带内置电源的照明设备	698

2001—2021 年，数量最多的 5 个 IPC 分类专利的分布情况如图 1.21 所示。

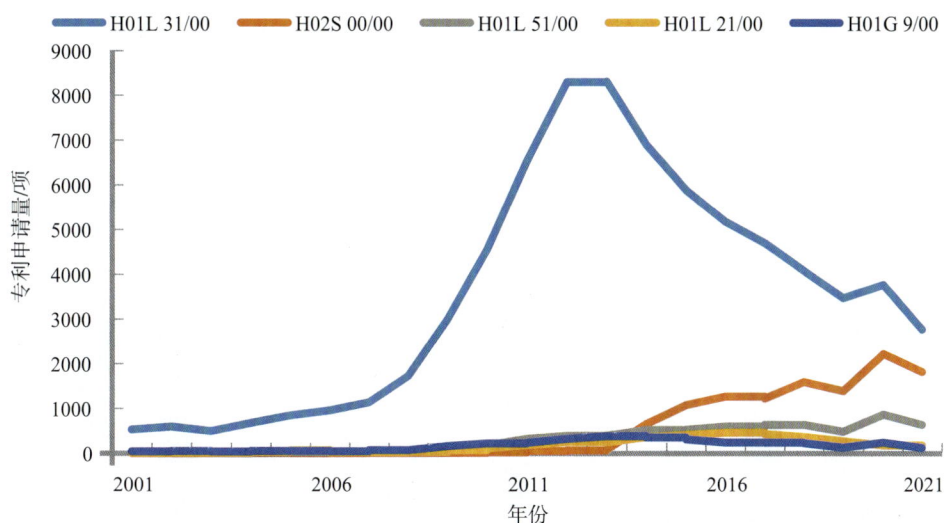

图 1.21　2001-2021 年太阳能光伏排名前 5 位的技术专利逐年分布情况

由图 1.21 可以看到，H01L 31/00 自始至终为申请量最多的专利分类，并且涨跌形式与图 1.17 中日本专利申请量的变化趋势相似，一方面再次证明了 2012 年左右日本专利在世界光伏设备研发中的主导地位；另一方面证明了该分类确实可以从一定程度上反映光伏专利的变化趋势。另外，该类型专利近 5 年数量大幅下降，而其他分类专利开始上升，说明光伏产业的发展在该时间段内受到了极大地阻碍。一方面是因为市场的变化导致主要企业的不断更替；另一方面是因为产品的快速迭代使得研发逐渐接近瓶颈。其他专利数量的上升也从侧面证实了这种推断。

1.3.3　太阳能最新技术进展

（1）主要国家太阳能装机容量稳步增长

2021 年 3 月 16 日，《光伏》杂志报道，美国太阳能工业协会（SEIA）和伍德·麦肯齐（Wood Mackenzie）依据最新统计数据，发布了《美国太阳能市场洞察 2020 年回顾报告》，发现 2020 年美国太阳能行业装机容量、新增发电量、住宅太阳能年利用量及各州新增太阳能发电量等多项指标打破纪录：一是 2020 年美国太阳能行业装机容量达到创纪录的 19.2 GW，比 2019 年增长了 43%，超过了在 2016 年创下的 15.1 GW 的年度纪录；二是太阳能连续第 2 年引领美国新增发电量的所有技术，2020 年太阳能占所有技术新增发电量的 43%；三是住宅太阳能年利用量较 2019 年增长 11%，达到创纪录的 3.1 GW；四是 2020 年 27 个州的新增太阳能发电量超过 100 MW，创下历史纪录，其中加利福尼亚州、得克萨斯州和佛罗里达州连续两年位列太阳能年发电量增长的前三（图 1.22）^①。根据伍德·麦肯齐首次发布的《美国太阳能市场洞察》报告，预计到 2030 年，美国运营的太阳能总量将翻两番，累计新安装容量达 324 GW，总容量达 419 GW（图 1.23）。

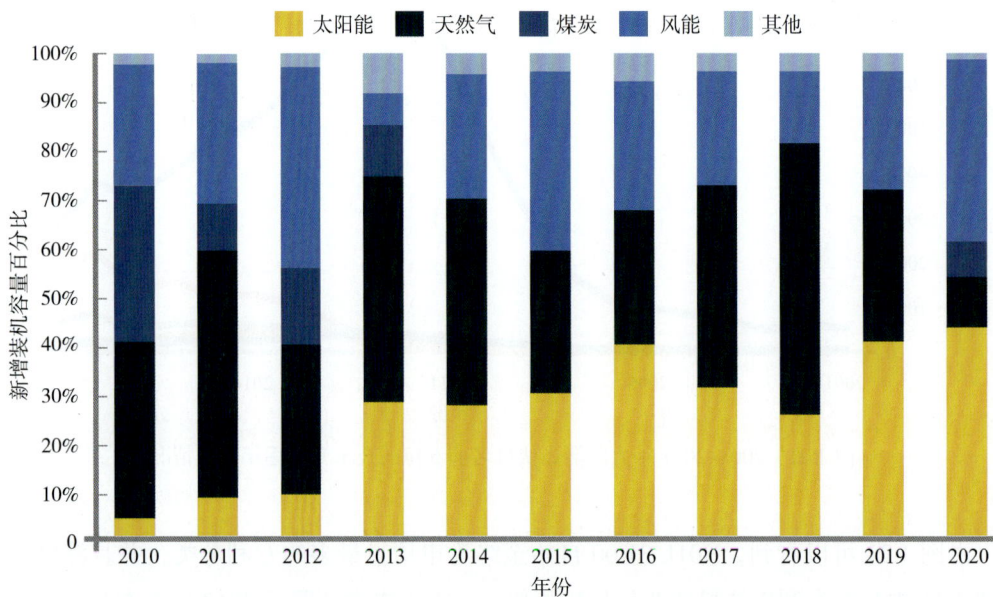

图 1.22　2010—2020 年美国太阳能新增装机容量百分比（图片来源：SEIA）

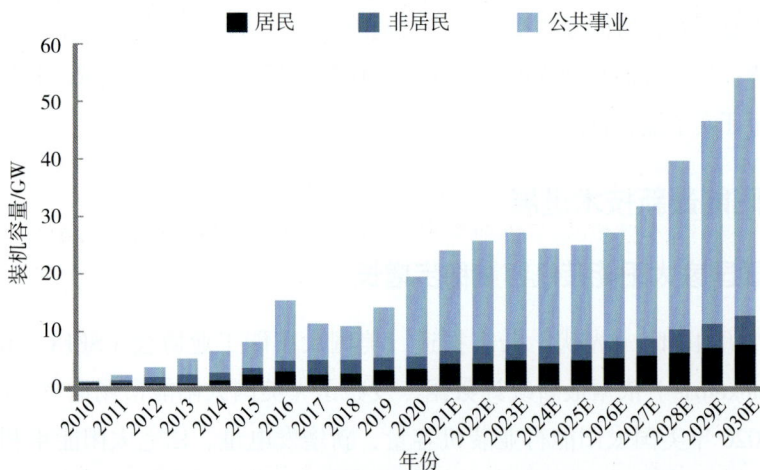

图 1.23　2010—2030 年美国太阳能装机容量现状与预测（图片来源：SEIA）

① PV Magazine. U.S. solar industry comes 'roaring back,' breaks multiple records in 2020［EB/OL］.（2021–03–16）［2022–01–10］.https://pv-magazine-usa.com/2021/03/16/u-s-solar-industry-comes-roaring-back-breaks-multiple-records-in-2020/.

伍德·麦肯齐（Wood Mackenzie）的高级分析师米歇尔·戴维斯（Michelle Davis）表示，到 2020 年底将投资税收抵免延长两年，推动更大的太阳能采用率，并将 2021—2025 年的报告预测部署量增加 17%。

根据国际可再生能源署发布的《2022 年可再生能源统计》报告①，美国、日本、英国、法国、德国、西班牙等主要国家的太阳能装机容量变化情况如图 1.24 所示。

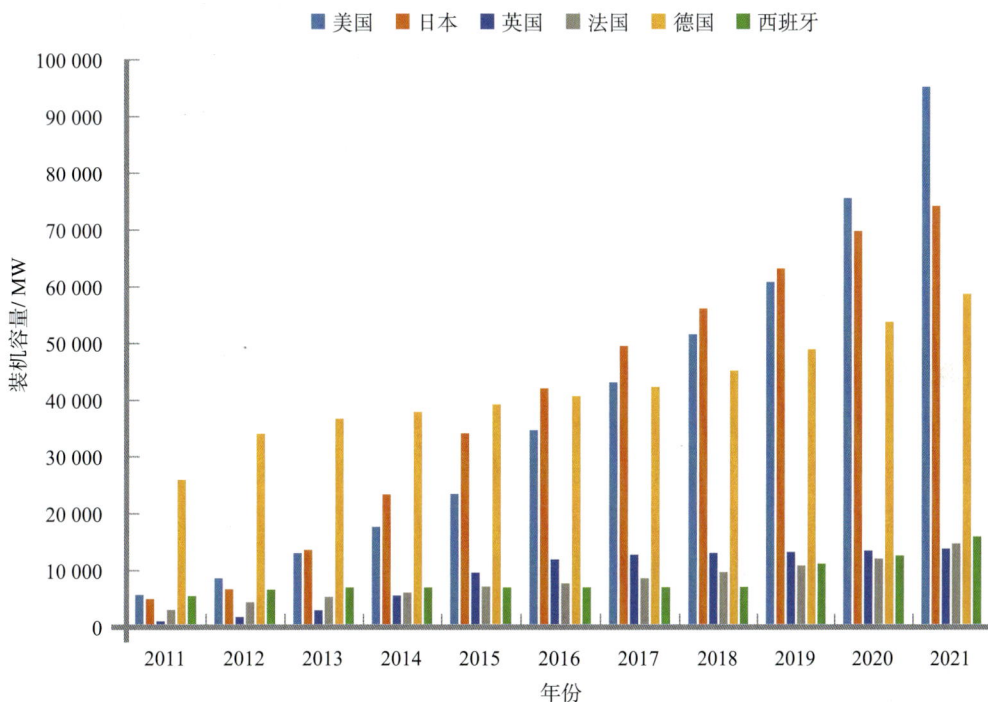

图 1.24　2011—2021 年主要发达国家太阳能装机容量变化情况

由图 1.24 可见，美国、日本、德国的太阳能装机容量属于一个梯队，其中自 2011 年以来太阳能装机容量实现了快速增长，美国太阳能装机容量自 2011 年的 5644 MW 增至 2021 年的 95 209 MW；日本的太阳能装机容量自 2011 年的 4914 MW 增至 2021 年的 74 191 MW；德国太阳能装机容量自 2011 年的 25 916 MW 稳步增至 2021 年的 58 728 MW。英国、法国、西班牙等国家属于一个梯队，相对于美国、日本来说，总装机容量偏小，增长幅度也偏小，其中英国太阳能装机容量自 2011 年的 1000 MW 增至 2021 年的 13 799 MW；法国太阳能装机容量自 2011 年的 3004 MW 增至 2021 年的 14 718 MW；西班牙太阳能装机容量自 2011 年的 5432 MW 增至 2021 年的 15 952 MW。

我国作为全球最大的发展中国家，自 2011 年起太阳能装机容量实现大幅增长。根据国际可再生能源署发布的《2022 年可再生能源统计》报告，其变化情况如图 1.25 所示。

① IRENA. Renewable energy statistics 2022［EB/OL］.［2022-08-10］.https://www.irena.org/~/media/Files/ IRENA/Agency/ Publication/2022/Jul/IRENA_Renewable_energy_statistics_2022.pdf?rev=8e3c22a36f964fa2ad8a50e0b4437870.

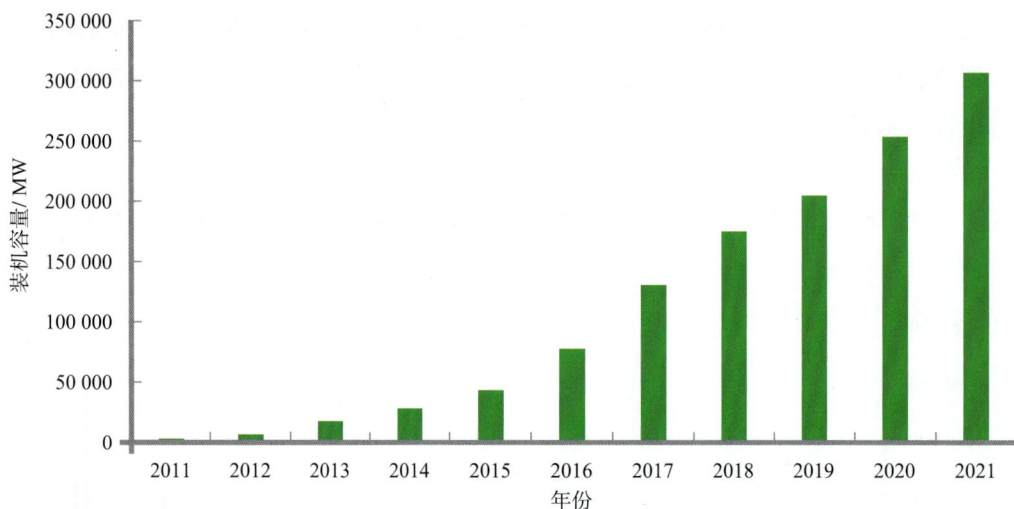

图 1.25　2011—2021 年中国太阳能装机容量变化情况

由图 1.25 可见，我国太阳能装机容量属于第一梯队，自 2011 年以来太阳能装机容量实现了快速增长，由 2011 年的 3180 MW 增至 2021 年的 306 973 MW，稳居世界第一。

2023 年 5 月 10 日，笔者调研了青海海南州百 MW 国家级太阳能发电实证基地（图 1.26），该基地由国家电投集团黄河上游水电开发有限责任公司负责建设，总装机容量为 143 MW，让 148 种光伏主流技术及产品从组件（26 种）、逆变器（21 种）、支架（17 种）、设计（30 种）、综合（新设备 15 种、新材料 30 种）及储能（5 个储能电池厂家、4 种技术）6 个试验区进行同台竞争，为全球光伏行业研发、设计、施工、设备制造、规范编制、投资效益分析等提供实测数据，以技术与行业标准引领光伏产业高质量发展。截至 2022 年底，已累计投资 1375 亿元，建成了海南州千万 kW 级新能源基地，园区总规划占地面积 4609.6 平方千米，其中风电园区 4000 平方千米，光伏园区 609.6 平方千米，是获吉尼斯认证的世界最大装机容量的光伏发电园区（光热装机容量 30 万 kW、光伏装机容量 2103 万 kW），打造了国家清洁能源产业高地。

图 1.26　青海海南州百 MW 国家级太阳能发电实证基地

（2）太阳电池新材料

1）阻止振动来消除热量可以提高太阳电池的效率

2020年10月7日，《太阳能日报》（Solar Daily）报道，美国橡树岭国家实验室（ORNL）和田纳西大学（UT）领导的太阳能材料研究揭示了一种减缓传递热量波的方法，它可改进新型热载流子太阳电池，使其利用光生电荷载体，比传统的太阳电池更有效地将阳光转化为电能。

传统钙钛矿型太阳电池的转换效率从2009年的3%提高到2020年的25%以上。设计合理的热载流子器件，理论转换效率可达66%。研究证明，通过改变光伏材料中氢原子的质量，可以控制热传输和电荷载流子冷却时间，氘化使本来就很低的导热系数降低了50%。这种延长载流子寿命的方法为在新型热载流子太阳电池中实现创纪录的太阳能光电转换效率提供了新的策略。

2）新绿色材料利用环境光为智能设备提供动力

2020年11月13日，能源与绿色技术网（Energy&GreenTech）报道，伦敦帝国理工学院、苏州大学和剑桥大学的研究人员发现，目前正在开发的新一代太阳能电池板的绿色无铅钙钛矿激发材料可有效吸收室内光线，其效率在商业应用中具有前景，这为可穿戴设备、医疗监控、智能家居和智能城市等智能设备寻找绿色且易于制造的材料提供了可持续的动力，并开辟了一个全新的方向。

3）钙钛矿型LED蓝光的新跨越

2021年1月18日，《太阳能日报》网发布了"用于光谱稳定和高效蓝色发光二极管的混合卤化物钙钛矿"的研究报告。照明约占全球用电量的20%，如果所有光源均由发光二极管（LED）组成，则该数字可降低至5%。然而，当前使用的蓝白色LED需要复杂的制造方法并且价格昂贵，这使得实现全球能源转型更加困难。瑞典林雪平大学（Linkoping University）的研究人员已经成功开发制造出卤化钙钛矿，对应于深蓝色至天蓝色，可在451～490纳米波长范围内稳定发射。并使用"量子限制技术"创建了基于钙钛矿的蓝色LED，能源效率达到了11%。新的钙钛矿LED的主要障碍是蓝光LED的寿命短、性能差，下一步继续努力研究，延长其使用寿命，提高性能，从而使照明更廉价和更节能。

4）全息低聚光光学系统提高常规太阳电池板集光效率

2021年6月6日，《太阳能日报》报道，美国亚利桑那大学电气和计算机工程与光学科学教授雷蒙德·K·科斯图克（Raymond K. Kostuk）的研究团队在美国国家科学基金会和美国能源部赞助下，采用低成本、可持续的设计，开发了可以轻松插入太阳电池板的低成本全息光学元件，利用全息集光器来捕获未使用的太阳能，照亮太阳能电池板，实现最大程度的有效光收集，可将太阳电池板在一年内转换的太阳能量增加约5%，将降低为家庭、城市或国家供电所需的太阳电池板的成本和数量，从而通过转变发电方式来持续满足不断增长的能源需求。研究成果发表在《能源光子学期刊》（*Journal of Photonics for Energy*）。

5）将钙钛矿与硅相结合创造钙钛矿太阳电池效率新纪录

2021 年 8 月 17 日，据《科学日报》（*Science Daily*）报道，牛津光伏的研究人员劳拉·米兰达·佩雷斯（Miranda Pérez）在发表的文章中描述了如何将金属卤化物钙钛矿与传统硅配对产生更强大的太阳电池，克服了单独使用硅电池的 26% 的实际效率限制，钙钛矿–硅串联技术的转换效率达 29.52%，创造了新的世界纪录。研究成果发表在 AIP Publishing 出版的《应用物理快报》上。

6）新型模拟大自然生物的集光材料

2021 年 5 月 14 日，太平洋西北国家实验室（PNNL）发表信息，受自然界的启发，PNNL 的研究人员与华盛顿州立大学的合作者共同创造了一种能够捕获光能的反映天然杂化材料的结构和功能复杂性的新型材料。该材料结合了类蛋白质合成分子的可编程性和基于硅酸盐的纳米团簇的复杂性，从而创建了一类新的高度坚固的纳米晶体。随后他们对该 2D 混合材料进行了编程，创建了一个高效的人工采光系统。这种材料在光伏技术和生物成像中具有潜在的应用前景。该研究成果发表在《科学进展》杂志上。

7）NETL 与莱斯大学合作开发 FLASH 石墨烯

2021 年 7 月 14 日，美国能源部（DOE）、国家能源技术实验室（NETL）发布新闻稿，莱斯大学的研究人员与 NETL 合作开发焦耳热闪蒸（Flash Joule Heating，FJH）技术，可利用含碳矿石低成本生产高价值石墨烯，探索碳资源在发电之外的潜在变革性应用。FJH 工艺是一种低成本、高效的方法，可在不到 1 秒时间内将几乎所有碳基前驱体大量转化成石墨烯，而其他生产方法或者无法实现大量生产高质量的石墨烯，或者能耗偏高。通过使用 FJH 工艺，研究团队已成功实现并超过了关键技术目标，即石墨烯产量达到 1 kg/天。尽管由于新冠疫情造成了延误，该团队仍提前 5 个月实现了这一目标。通过自动化技术，研究团队不到两个小时就生产了 1 kg 石墨烯，远远超出了原定目标。下一步，研究团队将对充电系统进行电气改进，计划在项目结束时将生产率提高一倍。未来将优化系统以实现更可控的操作，并将人工智能及机器学习集成到过程控制中，以根据含碳矿石输入源和石墨烯的最终用途进行完全自主控制。一家由莱斯大学研究人员创立的通用物质（Universal Matter）公司正在 DOE 的支持下进一步扩大 FJH 工艺规模，拟到 2022 年第 2 季度实现石墨烯产量 1 t/ 天的目标。

8）无氧化处理的高效 CO_2 改性有机空穴材料简化制备工艺

2021 年 6 月 2 日，纽约大学安德烈·D·泰勒（André D.Taylor）教授课题组牵头的国际联合研究团队设计开发了一种 CO_2 处理的高性能 Spiro-OMeTAD 制备工艺，无需在空气中进行数个小时的氧化处理，大幅简化了制备流程，基于该空穴材料的电池器件获得了 19.1% 的转换效率。新方法增强了空穴薄膜的导电性，进而提升了电池性能，同时还增强了电池长期稳定性，将推动钙钛矿太阳电池技术加速迈向商业化。相关研究成果发表在

《自然》（*Nature*）杂志上。

（3）钙钛矿太阳电池

1）高效钙钛矿太阳电池稳定性增强且铅泄漏最小化

2020 年 9 月 22 日，《太阳能日报》报道，由香港城市大学化学与材料科学教授郑君悦（Alex Jen Kwan-yue）等领导的团队已经开发出一种新方法，通过将二维金属有机框架（MOF）应用于钙钛矿太阳电池，可以在不影响效率的同时解决来自钙钛矿太阳电池的铅泄漏和稳定性问题，为钙钛矿光伏技术的实际应用铺平道路。

研究表明：用金属有机骨架改性的钙钛矿太阳电池器件的功率转换效率可达 22.02%，填充因子为 81.28%，开路电压为 1.20 V，所记录的转换效率和开路电压均为平面倒置钙钛矿太阳电池的最高值。同时，该装置在相对湿度为 75% 的环境中表现出了优越的稳定性，1100 小时后仍保持其初始效率的 90%。相比之下，没有金属有机骨架的钙钛矿太阳电池的转换效率明显下降到原来的 50% 以下。此外，他们的设备在 85 ℃ 下连续光照 1000小时，仍保持 92% 的初始效率。该稳定性水平已达到了国际电工委员会（IEC）制定的商业化标准。研究成果发表在《自然纳米技术》（*Nature Nano Technology*）上。

2）钙钛矿太阳电池将彻底改变太阳能行业

2020 年 11 月 19 日，《太阳能日报》报道，弗罗斯特和沙利文撰写的《推动钙钛矿太阳电池效率提高的新兴创新》报告提出，技术进步正在改变太阳能行业，见证从第一代（硅基）到第二代和第三代太阳能技术（非晶硅、钙钛矿和双面）的转变，基于钙钛矿的太阳电池技术因其较低的制造成本及更高的效率而受到关注。由于运营效率的迅速提高，近年来钙钛矿太阳电池转换效率取得了显著进步，从 2006 年约 3% 提升到 2020 年的 25%以上。除了创新外，该研究还关注利益相关者、研发者和太阳能行业从业者面临的增长机会。钙钛矿是具有相似物理结构的材料。展望未来，这些材料可以轻松合成，实现低成本高效生产，使其成为一种有前途的未来太阳电池技术。

钙钛矿太阳电池等颠覆性技术的发展带来了太阳电池适用性和可持续性方面的变化。钙钛矿太阳电池领域的市场参与者应有以下行动：一是将他们的技术专长与智能设计、监测和控制公司融合起来实现长期增长；二是与安装人员、系统集成商和公用事业部门进行互操作，以方便向需要太阳能系统和服务的消费者开放，同时使系统集成商和消费者之间的交易变得顺畅；三是使技术和材料开发与研发要求、电网要求和消费者喜好保持一致。建立商业和研究联合体、协会或联盟，加强研发资助的合作关系，支持技术商业化发展。

3）钙钛矿—硅串联太阳电池认证效率达 29.15%

2020 年 12 月 11 日，《太阳能日报》发布信息，在 2020 年初，由史蒂夫·阿尔布雷希特（Steve Albrecht）教授领导的团队利用复杂的钙钛矿成分，专注于优化衬底界面。他们与来自立陶宛的合作伙伴维托塔斯·格托蒂斯（Vytautas Getautis）教授的团队开发了一种有机分子的中间层，这些分子可以自行排列成自组装单层膜（SAM）。随后，研究人员使用一系列补充调查方法分析了不同工艺的钙钛矿、SAM和电极之间的界面。新的SAM层大大加速了空穴传输，同时有助于改善钙钛矿层的稳定性。在此基础上制成的钙钛矿—硅串联太阳电池创造了29.15%的新世界纪录，并在连续暴露于空气和模拟阳光300多小时内性能稳定，无需封装保护。该值已经弗劳恩霍夫太阳能系统研究所（Fraunhofer ISE）认证，并在美国NREL图表中列出。该研究详细解释了制造过程和基础物理原理，其结果已经发表在《科学》杂志上。

4）共轭有机阳离子可提高钙钛矿太阳电池性能

2021年2月5日，美国加州大学洛杉矶分校杨阳教授、国家可再生能源实验室马修·C·比尔德（Matthew C. Beard）教授和托莱多大学鄢炎发教授等研究人员揭示了A位阳离子在调整钙钛矿能带状态中的作用，发现金属卤化物钙钛矿中的共轭有机阳离子可以重构钙钛矿的能带状态，其空穴迁移率、光电转换效率和稳定性都得到了提高。已有研究认为，金属卤化物钙钛矿（通式为ABX_3，A为单价有机阳离子，B为二价阳离子，X为卤化物阴离子）中的A位阳离子只有保持晶格完整性的作用，对钙钛矿的能带状态没有直接贡献，改变B–X框架的组分和结构才是调控钙钛矿电学性质的主要手段。该研究发现，金属卤化物钙钛矿中具有较大π共轭结构的A位阳离子可影响钙钛矿前线轨道，通过适当调整B–X无机骨架层之间的嵌入距离，以电子方式作用于表面能带边缘，从而影响载流子迁移。钙钛矿电池的空穴迁移率、光电转换效率和稳定性都得到较大提高，从20.1%提高到23.0%，并在连续光照2000小时后效率仍能保持初始效率的85%以上。研究成果发表在《科学》期刊上。

5）新研究使钙钛矿太阳电池更安全、更便宜

2021年2月18日，《太阳能日报》报道，由工程和物理科学研究委员会（EPSRC）资助的曼彻斯特大学科学家牵头的项目，设计了一种消除破碎电池中铅释放的方法，利用羟基磷灰石的生物启发性矿物（人体骨骼的主要成分），创造了一种可将铅离子在无机基质中捕获的"故障保护"技术。如果电池受损，毒素会储存在惰性矿物质中，而不是释放到环境中。这样可通过提高钙钛矿太阳电池的环境安全性来加快太阳能技术应用。该研究发现通过添加羟基磷灰石，钙钛矿太阳电池的效率提高到21%左右，成果发表在《化学通讯》杂志上。研究团队希望该成果能推动钙钛矿型太阳电池技术的大规模应用。

6）超快电子测量为太阳能行业提供了重要发现

2021年3月3日，《太阳能日报》报道，德国研究人员第一次利用首台自由电子激光器，依靠时间分辨X射线光电子能谱（TR–XPS），能直接分析光照射到有机太阳电池等模型系统时的特定电荷分离和后续过程，实时确定电荷分离的效率，从而可优化新兴的光伏和光催化系统。实时分析和测量内部参数是基础研究的重要方面，太阳能行业可以从中受益。通过测量，研究人员可看到被光学激光激发的电子何时到达受体分子、停留多久、何时或如何再次消失，由此得出关于自由载流子形成或失去并因此削弱太阳电池性能的界

面的重要结论。研究结果发表在《自然通讯》上。

7）新技术精确测定钙钛矿薄膜的内部发光量子效率

2021 年 3 月 15 日，《太阳能日报》报道，德国研究团队通过建立一个开源应用程序模型，将其应用于甲基碘化三碘化铅（$CH_3NH_3PbI_3$），这是光致发光量子效率最高的钙钛矿之一。截至 2020 年，钙钛矿光致发光量子效率最高估计已达到 90%。模型计算表明，该钙钛矿太阳辐射下的光致发光量子效率约为 78%。而原因在于以前的估计没有充分考虑光散射的影响，低估了光子在被重新吸收之前离开薄膜的可能性。可见，这些材料的优化潜力远高于预期。该研究第一次可靠、准确地确定了光致发光钙钛矿薄膜的量子效率。研究成果发表在 Matter 杂志上。

8）"分子胶"使钙钛矿太阳电池更加可靠

2021 年 5 月 7 日，《太阳能日报》报道，布朗大学的一个研究小组利用自组装单分子膜（SAMs）"分子胶"，能将界面的断裂韧性提高约 50%，防止电池内一个关键界面的降解。随着时间的推移，这种处理方法极大地提高了电池的稳定性和可靠性，同时也提高了电池将阳光转化为电能的效率。这朝着提高钙钛矿型太阳电池的长期可靠性迈出了重要一步。研究成果发布在《科学》杂志上。

9）钙钛矿太阳电池：揭示界面损耗机制

2021 年 8 月 23 日，《太阳能日报》报道，德国柏林亥姆霍兹研究中心（HZB）物理学家史蒂夫·阿尔布雷希特（Steve Albrecht）教授团队及立陶宛考纳斯技术大学团队研究发现，钙钛矿半导体和 ITO 接触之间的自组装单层（SAM）由一层有机分子组成。通过测量表面光电压和光致发光，可以量化这种 SAM 层减少损失的机制。研究团队在其基础上联合开发了一种基于硅钙钛矿的串联太阳电池，其效率超过 29%。

10）硅钙钛矿 / 硅串联太阳电池的新纪录

2022 年 7 月 7 日，由于洛桑联邦理工学院（EPFL）工程学院光伏和薄膜电子实验室的科学家与著名的创新中心 CSEM 合作，成功提高了两种钙钛矿 / 硅串联的效率：首先，他们采用材料和制造技术，在平坦化硅表面从溶液中沉积高质量钙钛矿层，1 平方厘米太阳电池的功率转换效率达到 30.93%。其次，通过开发与纹理化硅表面兼容的混合蒸汽 / 溶液处理新技术，他们生产出的 1 平方厘米太阳电池功率转换效率为 31.25%。这些结果创造了两个新的世界纪录：一是将液体溶液沉积到光滑的硅表制备钙钛矿层；二是纹理化的设备架构可提供更高的电流，并且与当前工业硅太阳电池的结构兼容。相关结果由美国 NREL 独立认证，推动了高效光伏的发展，并为更具竞争力的太阳能发电铺平了道路。

（4）未来太阳能技术

1）太空太阳能发电站可以满足我们的能源需求

2020 年 11 月 22 日，《太阳能日报》报道，太空太阳能发电站将成为应对气候变化至关重要的工具。一个太空太阳能发电站可以一天24小时地绕轨道直面太阳,地球大气层也会吸收和反射一些太阳光,因此太空太阳电池将接收更多的阳光,产生更多的能量。科学家们利用漂浮在太空中的巨型太阳能发电站向地球发射大量能量,将这一概念变为现实。欧洲航天局已经意识到这些努力的潜力,现在正寻求资金以支持这些项目。

要想使太空太阳电池真正发挥作用,需要克服的挑战有两个:一是如何组装、发射和部署这种大型结构太阳电池。一个太阳能发电站的面积可能要达到10平方千米,相当于1400个足球场。使用轻质材料也很关键,因为最大的开支将是用火箭将太阳电池发射到太空的费用。一个解决方案是开发一个由数千颗小型卫星组成的集群,这些卫星将聚集在一起并组合成一个单一的大型太阳能发电站。2017年,加州理工学院设计了一个由数千块超轻型太阳能电池板组成的模块化发电站,他们还展示了一块每平方米重量仅为280 g的原型。二是如何将能量传输回地球。这项计划是将太阳电池的电能转换成能量波,并利用电磁场将其传输到地球表面的天线上,然后天线将把电波转换成电能。日本宇宙航空研究开发机构已开发出了设计方案,并演示了一个可实现功能的轨道飞行器系统。尽管太空太阳能发电站仍有许多工作要做,但是未来几十年内将可能变为现实。小型太阳能卫星,如那些为月球车提供动力的卫星,可能会更快地投入使用。

2)太阳能技术的未来:新技术使可折叠电池成为现实

2021年2月10日,据技术探索网(techxplore.com)报道,高效可折叠导体需要薄、灵活、透明和弹性强的导体材料,该材料主要应用在太阳能电池板上。国际研究小组中的韩国釜山国立大学(Pusan National University)伊尔金(Il-Jeon)教授解释道:"与仅仅是柔性电子产品不同,可折叠设备会受到更为严酷的变形,折叠半径只有0.5毫米。"研究小组找到了一个解决方案。他们确定了一种最有希望满足所有要求的单壁碳纳米管(SWNT)薄膜候选材料。该材料具有高透明度和机械弹性,但SWNT在施加力(如弯曲)时难以黏附在基材表面,并且需要化学掺杂。为此,科学家们将导电层嵌入到聚酰亚胺(PI)基材中,填补了纳米管中的空白空间。为了确保最佳性能,提高电导率,他们还掺杂了别的材料。通过将小杂质(在这种情况下,将提取的电子引入氧化硅)引入SWNT-PI纳米合成层,电子在结构中移动所需的能量要小得多,因此,在给定的电流量下可以产生更多的电荷。研究团队制造的原型远远超出预期。只有7微米厚,复合薄膜表现出卓越的抗弯曲性,近80%的透明度,转换效率达15.2%,这在使用碳纳米管导体的太阳电池中无论是效率还是机械稳定性所获得的结果都是有史以来最好的。研究结果发表在《先进科学》杂志上。

3)机器学习助力太阳电池实验

2021年3月3日,《太阳能日报》报道,日本大阪大学的研究人员利用机器学习来设计用于光伏设备的新型聚合物。通过对200 000种候选材料进行虚拟筛选,尝试使用382个供体分子和526个受体分子的所有可能组合,得到200 932对,为了预测其能量转换效率进行了虚拟测试,合成了最有希望的材料,发现其性能与他们的预测相符。该项目不仅可以促进开发高效有机太阳电池,而且可以适应其他功能材料的材料信息学,可能会引发功能材料发现方式的革命。

4)新一代光伏太阳电池设计回收策略将助力碳中和

2021 年 7 月 7 日,《太阳能日报》报道,康奈尔大学团队设计的由金属卤化钙钛矿制成的新一代光伏太阳电池设计回收策略将为绿色产业增加更强的环境友好性,把废弃的太阳电池板作为电子垃圾扔进垃圾填埋场可能很快就会成为历史。实验发现,包含全钙钛矿结构的太阳电池板中的光伏晶片的性能优于由最先进的由晶体硅制成的光伏电池,而钙钛矿硅串联电池(电池堆叠成薄饼状以更好地吸收光)的性能异常出色。钙钛矿光伏晶片提供了比硅基太阳能电池板更快的初始能源投资回报,因为全钙钛矿太阳电池在制造过程中消耗更少的能源。研究发现,回收的钙钛矿太阳电池可以降低一次能源消耗 72.6%,减少碳足迹 71.2%。因为目前市场领先的硅光伏电池预计能源回收期为 1.3 ～ 2.4 年,每千瓦时输出的初始碳足迹为 22.1 ～ 38.1 g CO_2 当量。钙钛矿电池最好的能源回收期大约一个月,产生每千瓦时的碳足迹低至 13.4 g CO_2 当量。如果不进行回收,新钙钛矿太阳电池的能源回收时间和碳足迹显示在 70 天到 13 个月,并且在其整个生命周期内产生 27.5 ～ 158.0 g CO_2 当量。

5)一种抗退化的透明太阳电池新结构

2021 年 9 月 14 日,据《科学日报》报道,密歇根大学研究团队提出了一种光伏电池的新结构,从正常的 1 级到 27 级太阳光强度,以及在高达 150 华氏度(1 华氏度 =-17.22 摄氏度)的条件下测试了其新结构。通过研究性能如何下降,该团队推断该新型太阳电池在 30 年后运行效率仍能保持 80%。而且该团队已将模块的透明度提高到 40%。他们相信未来透明度可以接近 60%。他们还致力于实现将效率从半透明模块中的 10% 提高到在高透明度下的 15%。由于该电池具有一定透明度,未来可应用于建筑领域。

6)CIGS 太阳电池认证效率的新突破

2023 年 5 月 17 日,根据中国建材集团全资的 Avancis 公司官网报道,作为高端薄膜模块的领先制造商,通过采用 AVANCIS 堆叠元素层 - 快速热处理工艺(SEL-RTP),对吸收器和无镉喷镀锌(氧、硫)缓冲层的钠基沉积后处理,进一步优化富镓的 Cu(In,Ga)(S,Se)$_2$ 吸收器能带隙剖面,突破了 CIGS 薄膜 30 cm × 30 cm 模块 20% 的效率限制,成功实现了孔径面积 527 平方厘米上 20.3% 的新效率[1],该效率已得到美国国家可再生能源实验室(NREL)认证,代表了 CIGS 技术的又一个里程碑,为建筑光伏一体化系统在现代建筑和可持续建筑中的应用开辟了新前景。

---

① AVANCIS.New world record for thin-film modules:CIGS technology from AVANCIS achieves certified efficiency of 20.3 % on the aperture area[EB/OL].(2023-05-17)[2023-06-07].https://www.avancis.de/ Resources/Persistent/4/e/6/d/4e6d565 5e73253f0c8044cba4fbb8563bcc5cfe3/PR%20AVANCIS%20champion%2020p3.pdf.

2 风能技术部署、研发与进展

　　风能作为可再生、清洁、高效的新能源，是全球实现碳达峰、碳中和目标的重要技术选项之一，受到美国、日本、欧盟等国家与地区的高度重视，取得了快速发展成效。据国际可再生能源署《可再生能源装机容量统计 2022》报告显示，全球风能装机容量自 2012 的 266 918 MW 快速递增到 2021 年的 824 874 MW，其中全球陆上风电 2012 年为 261 584 MW，2021 年达 769 196 MW[①]（图 2.1）。

a 陆上风电场

b 海上风电场

图 2.1　风电项目示意

---

① IRENA.IRENA_RE_Capacity_Statistics_2022［EB/OL］.（2022-04-10）［2022-05-06］.https://www.irena.org/- /media/Files/IRENA/Agency/Publication/2022/Apr/IRENA_RE_Capacity_Statistics_2022.pdf?rev=460f190dea15442eba8373d9625341ae.

2.1 风能技术部署

（1）美国的风能技术部署

美国非常重视风能技术的研发部署，主要表现在以下几个方面。

首先，美国出台相关法律法规与政策，支持风能技术的发展。美国通过实施《能源法》（2005年）、《能源独立与安全法》（2007年）、《美国清洁能源安全法》（2009年）、《复兴与再就业法》（2009年）、《能源法》（2020年）、《美国创新与制造法》（2020年）及《重建更好法》（*Build Back Better Act*，2021年）等，提出加大支持风能技术研发、示范与应用推广，促进风能技术发展。各州、地方也通过信贷担保、税收抵免、低息贷款、生产补贴等方式有效降低风能产业成本，积极促进风能产业可持续发展。

综合分析美国具有战略意义的风能政策和相关计划主要包括生产税收抵免（PTC）、风电开发权拍卖（Development Rights Auction）、固定上网电价政策（Feed in Tariff）、长期合同销售（Long-term Contracted Sales）、购电协议（PPA）、海上风电可再生能源证书（OREC）、津贴补助政策（Subsidy Policy）、信贷担保（Credit Guarantees）等。这些支持风电的政策推动了美国风电的发展。2022年5月12日，美国DOE风能技术办公室（WETO）和美国国家可再生能源实验室（NREL）撰写了《分布式风能未来研究》报告，研究发现，2022年美国分布式风力发电能力有潜力部署近1400 GW，其中供电侧（又称"表前"）风电技术潜力为919 GW，需求侧（又称"表后"）风电技术潜力为474 GW，相当于美国2021年用电量的一半以上，足以为数百万美国家庭提供清洁能源。由于不受本地负载或消费者的限制，更多的站点可以用于供电侧应用，因此增加了供电侧系统的技术潜力。在基准条件下，2035年供电侧风电技术潜力为4102 GW，需求侧风电技术潜力为1749 GW；乐观情景下2035年供电侧风电技术潜力为6149 GW，需求侧风电技术潜力为1846 GW。在有利的监管和政策指导下，分布式风能可以在未来几十年提供更有利可图的发电。通过挖掘分布式风力发电的潜力，可以为农村家庭、企业和社区提供清洁能源，促进能源转型，支持国家的低碳排放目标[1]。

其次，制定与风能相关的发展战略，支持风能技术发展。2014年实施《全面能源战略》，强化部署研发陆上风电、海上风电等，形成了从基础研究、应用研发、示范到最终市场解决方案的完整创新链与产业链。2021年1月，美国总统拜登就职后将气候安全提升到国家安全的战略高度，即刻宣布美国重返《巴黎协定》，确定了2030年美国温室气体排放较2005年水平减少50%～52%，2050年实现碳中和的目标。为此，白宫发布了《国家气候战略》《实现2050年净零排放目标的长期战略》等。一是在国际上美国重塑气候变化多边合作的全球领导力；二是在美国国内通过清洁能源投资和科技创新等一系列多

---

[1] NERL.Distributed wind energy futures study［R］.［2022-07-07］.https://www.nrel.gov/docs/fy22osti/82519.pdf.

领域的配套政策，加大风能等清洁技术创新投资力度，大幅降低风能等关键清洁能源的成本，大力倡导推动清洁电力生产，推动能源领域的绿色转型，实现全社会 2050 净零目标，同时创造大量优质就业机会，重振美国经济。自 2011 年以来，美国 DOE 的风能技术办公室一直与内政部海洋能源管理局合作，推进一项促进美国海上风电产业发展的国家战略。作为该战略的一部分，DOE 已拨款超过 3 亿美元用于有竞争力的海上风电研究、开发和示范项目。2016 年，美国 DOE 发布《国家海上风电战略：促进美国海上风电产业发展》。2022 年 1 月 12 日，美国 DOE 又发布一份由 WETO 编写的《海上风能战略》报告，总结了美国海上风电的现状，描述了加速其部署的挑战，并确定了确保美国在该行业中的全球领导地位的战略，概述了从 5 个重点领域加速美国海上风电部署和运营的区域和国家战略，实现美国到 2030 年部署 30 GW 的海上风电目标，将支持 77 000 个高薪工作，每年促进 120 亿美元的资本投资，振兴港口，削减 CO_2 排放量 7800 万吨，并开辟一条到 2050 年实现 110 GW 海上风电的途径[1]。美国海上风能战略的 5 个重点领域包括：一是通过考虑扩大与海上风能相关的联邦激励措施，增加对海上风能的需求并以更低的成本发展国内供应链；二是通过技术创新和适应促进行业增长并在全国范围内提供负担得起的电力，继续促进海上风能成本的降低；三是通过提高透明度和可预测性、拍卖新的租赁区域、了解发展影响、扩大利益相关者参与和促进海洋共同利用来改进选址与监管流程；四是投资供应链发展，包括定制海上风港和船舶，以建立物流网络并吸引更多投资；五是规划高效可靠的输电和电网整合，以大规模提供海上风能。每个战略重点领域都得到几个重点领域和详细举措的支持，还包括针对美国 4 个沿海地区（大西洋、太平洋、墨西哥湾和五大湖）的海上风电计划。通过上述一系列能源战略的实施，美国不断扩大风能等可再生能源规模，实现陆上风电、海上风电等技术新突破，使风电成为美国新型清洁能源技术体系的重要组成部分。据全球风能理事会（GWEC）发布的《2022 年全球风能报告》（*Global Wind Report 2022*）则显示，2021 年全球风电新增装机 9360 万 kW，美国占比 13.58%，排在第 2 位；全球陆上风电新增装机 7250 万 kW，美国以 17.62% 的占比同样位居第二[2]。

再次，实施一系列研发计划，加大风能技术部署。美国 DOE 的 WETO 支持的早期高风险研究和创新对风电行业的成功至关重要，有助于推动提高风能规模及效率和竞争力的创新。在过去 40 年中，WETO 支持了一个多元化的研发组合，以推进提高性能、降低成本的技术，并加速在陆地和海上部署风力技术。在过去 10 年中，美国风电行业显著增长，占近年来美国新增装机容量的 20% ～ 40%，这表明风能将持续成为未来能源互联网时代的基本组成部分。这项工作通过与行业、大学、研究机构和其他利益相关者合作，共同实施竞争性、成本分担型项目，从而降低风能成本（图 2.2）。风能的平准化成本已从 1980

---

① DOE.DOE releases report detailing strategies to expand offshore wind deployment［EB/OL］.（2022-01-12）［2022-07-07］. https://www.energy.gov/eere/articles/doe-releases-report-detailing-strategies-expand-offshore-wind-deployment.

② GWEC.Global wind report 2022［EB/OL］.［2022-07-07］.https://gwec.net/global-wind-report-2022/.

年的 60 多美分 /（kW·h）下降到 2019 年的 3.5 美分 /（kW·h），下一代技术使风电成为负担得起的清洁能源，人们对风电的兴趣继续增长[①]。DOE 在与商业风力公司相关的风能专利和引用方面排名第一，其中超过 170 项特定风能专利与 DOE 资助的研究有关。

图 2.2　1980—2019 年美国风能成本与部署趋势

一是通过美国 DOE 先进能源研究计划（ARPA-E）支持风能项目。ARPA-E 除了设立特定领域主题研究计划外，每 3 年还开展一次开放式项目招标计划。OPEN 招标计划于 2009 年推出，旨在支持非共识探索研究和机会型探索研究，避免遗漏在主题研究领域之外的创新思想。2009 年第一轮开放式招标资助了 1.67 亿美元，2012 年第二轮资助了 1.30 亿美元，2015 年第三轮资助了 1.25 亿美元，2018 年第四轮资助了 1.99 亿美元，2021 年第五轮资助了 1.75 亿美元。2011—2021 财年，ARPA-E 资助都有与风能技术相关的项目[②]，每一轮代表性的 ARPA-E 资助项目如表 2.1 所示。

[①] DOE.U.S. department of energy's wind energy technologies office—lasting impressions［EB/OL］.［2022-07-08］. https://www.energy.gov/sites/default/files/2021/01/f82/WETO-lasting –impressions–2021.pd.

[②] ARPA-E.Advanced research projects agency–energy annual report for FY 2019［EB/OL］.（2021-06-12）［2022-06-07］. https://arpa–e.energy.gov/sites/default/files/ARPA–E%20FY19%20Annual%20Report%20to%20Congress_FINAL.pdf.

表 2.1　2011—2021 财年 ARPA-E 资助的代表性风能技术项目

轮次	项目名称	资助项目数 / 个	资助金额 / 百万美元
2011 财年 REACT 项目	直接驱动风力发电机用超导导线	1	1.40
	电动汽车电机和风力发电机用无稀土永磁体：六角对称材料系 Mn-Bi 和 M 型六角铁氧体	1	1.30
	使用具有安全供应链的非战略元素发现和设计新型永磁体	1	2.90
	用于大功率风力发电机的高性能、低成本超导导线和线圈	1	3.10
第二轮 OPEN 2012	改进了高性能磁体的制造	1	2.90
	低成本，高温超导导线	1	3.80
	张紧织物风叶	1	3.70
第三轮 OPEN 2015	EHD 创新低成本海上风能	1	4.50
	风力发电用 50 MW 分段超轻变形转子	1	3.57
第四轮 OPEN 2018	风力涡轮机的主动气动负载控制	1	3.52
	100% 可再生发电的可靠电力系统运行	1	3.00
2019 财年 ATLANTIS 项目	ARCUS 垂直接入风力涡轮机	1	2.51
	在驱动张力腿平台上设计和开发轻型 12 MW 风力涡轮机的优化控制	1	2.80
	DIGIFLOAT：全尺寸浮动式风力涡轮机数字双模型的开发、实验验证和运行	1	3.60
	一种低成本海上垂直轴风力发电系统	1	3.00
	海上风力涡轮机仿真的联合仿真平台	1	1.18
	USFLOWT：超柔性智能浮动海上风力涡轮机	1	1.50
	具有集成伺服控制的风能（WEIS）：一种能够实现浮动海上风能系统控制协同设计的工具集	1	2.71
	焦点实验项目	1	1.53
	通过智能设计优化实现高级惯性和动能回收	1	2.61
	支持大容量（15 MW）涡轮机的共同设计 FOWT 的缩放模型实验	1	1.56
	具有混合保真度流体和结构分析的计算高效大气数据驱动控制协同设计优化框架	1	1.36
	基于模型的浮式海上风力涡轮机系统工程与控制协同设计	1	0.49
	采用美国宇航局开发的响应缓解技术的超轻混凝土浮式海上风力涡轮机	1	1.40
	利用控制协同设计学科，开发浮式海上风力涡轮机的新技术项目	13	26.24
第五轮 OPEN 2021	开发用于海上风电和其他海上可再生能源的远程安装锚具，降低海上风电的安装成本	1	0.85
	可再生能源和电气化飞机系统的超高效和超快速电热脉冲除冰、除霜和去雾	1	3.00

表 2.1 中的 REACT 项目是指关键技术中的稀土替代品项目（Rare Earth Alternatives in Critical Technologies），2011 财年与风电有关的项目有 4 个，资助经费达 870 万美元；ATLANTIS 项目是指采用航海技术和集成伺服控制的空气动力涡轮机更轻、且可漂浮（Aerodynamic Turbines Lighter and Afloat with Nautical Technologies and Integrated Servo-control），为 2019 年资助的风电项目，支持项目数达 13 个，金额达 2624 万美元。2021 年 2 月 11 日，ARPA-E 宣布第五轮开放招标计划（OPEN 2021），资助 1 亿美元支持具有潜在颠覆性影响的变革性清洁能源技术研发，开发更加先进的风力发电机架构、更轻量化的叶片、更高精度的风力资源预测技术[1]。2022 年 2 月 14 日，ARPA-E 宣布第五轮开放招标计划，资助 1.75 亿美元优先支持应对清洁能源挑战的新方法以及高影响、高风险技术，共支持由 22 个州的大学、国家实验室和私营公司牵头的 68 个研发项目，其中包括海上风能在内的广泛技术领域，确保美国在未来绿色能源技术的全球领导地位，同时助力美国 2050 年实现净零排放目标[2]。

二是通过 WETO 的风能资助计划。2020 年 12 月 18 日，WETO 发布了其"多年项目计划"（Multi-Year Program Plan），其中概述了 WETO 办公室到 2025 年的研究重点和计划。该计划将大量的风能整合到不断发展的国家能源系统中，并创建选址和环境解决方案以减少环境影响，洞察 DOE 风能的研究重点，并将指导未来研发活动的规划和执行。该计划分为海上风电、陆上风电、分布式风电、系统集成、建模和分析及跨领域研发等部分，其研究领域、目标和优先事项如表 2.2 所示[3]。

表 2.2 2020—2025 年风能项目计划资助的研究领域、目标和优先事项

计划内容	研究领域	目标	优先事项
海上风电	底部固定的海上风电	将平准化能源成本（LCOE）从 2020 年的 8.6 美分/（kW·h）降低到 2025 年的 7.0 美分/（kW·h），并在 2030 年降低到 5.0 美分/（kW·h）	涡轮机缩放和轻量化；先进制造；全厂性能和设计；大气和海洋条件科学；系统安装、运行、维护和可靠性；海上风电设计标准和验证活动
	浮动海上风电	将 LCOE 从 2020 年的 13.5 美分/（kW·h）降低到 2025 年的 9.5 美分/（kW·h），并在 2030 年降低到 7.0 美分/（kW·h）	
陆上风电	在更高的高度捕获更多高质量风资源	到 2030 年将 LCOE 减少 40%～45%，即从 2020 年的 3.7 美分/（kW·h）减少到 2025 年的 3.2 美分/（kW·h），并在 2030 年减少到 2.3 美分/（kW·h）	大风、创新风力制造和先进材料、整合风力发电厂动态和优化能源生产及大气科学和风资源表征

[1] DOE.DOE announces $100 million for transformative clean energy solutions［EB/OL］.（2021-02-11）［2022-07-12］. https://www.energy.gov/articles/doe-announces-100-million-transformative-clean-energy-solutions.

[2] DOE.DOE announces $175 million for novel clean energy technology projects［EB/OL］.（2021-02-14）［2022-07-12］. https://www.energy.gov/articles/doe-announces-175-million-novel-clean-energy-technology-projects.

[3] DOE.Wind energy technologies office multi-year program plan fiscal years 2021—2025［EB/OL］.［2022-07-12］.https:// www.energy.gov/sites/default/files/2020/12/f81/weto-multi-year-program-plan-fy21-25-v2.pdf.

续表

计划内容	研究领域	目标	优先事项
分布式风电	大型和小型的分布式风电	到 2030 年将参考 100 kW 风力涡轮机的 LCOE 减少 50%,即从 2020 年的 10.5 美分 / (kW·h) 减少到 2025 年的 7.2 美分 / (kW·h),2030 年再减少到 5.0 美分 / (kW·h)	工厂成本平衡、风力发电厂成本和性能、风力发电生产风险小、混合分布式风力系统、设计标准及军事和救灾解决方案
风电选址和环境挑战	陆基风电与分布式风电	促进解决方案的开发,最大限度地减少影响,并实现高效的选址和运营风力发电厂	野生动物和环境影响及解决方案、雷达影响和解决方案及减缓风电选址引起冲突的解决方案
	海上风电	获得知识,开发具有成本效益的技术和运营战略,以应对挑战	
系统集成	风力发电	使能源系统在风力不断增加的情况下能够经济高效、网络安全、可靠和弹性地运行。大部分工作预计将在 DOE 的国家实验室进行,包括国家可再生能源实验室最近升级的集成能源系统高级研究 20 MV 平台	硬件和控制、具有存储和能量转换的混合动力车、传输充分性和灵活性分析、电网可靠性支持及物理和网络安全
建模和分析	风力发电	通知、指导和实现办公室研究与创新任务的规划、执行和交付	从最佳可用来源获取、处理和提供及时准确的数据;开发模型和工具;进行分析,以提供适用于 DOE 研发投资的决策见解
跨领域研发	跨组织的高度优先的风电战略研究	通过与其他实体合作,分析值得执行的任务,利用资源,交换信息,共享结果,并加快解决常见问题的进度,将研发总投资的价值提升到每个合作实体独立投资时可能出现的水平之上,将推进办公室目标,并扩大风能的未来发展	人工智能、先进制造、聚合物上循环和再循环、网络安全、储能大挑战、电网现代化、STEM 和劳动力发展

三是多年项目计划研究得到了 DOE 国家实验室的支持,并与产业和大学建立了合作伙伴关系,随着时间的推移,这项研究为提高风能的规模、效率和竞争力做出了贡献。WETO 在美国 DOE 9 个国家实验室的支持下进行研究。2020 年,WETO 与分布在 34 个州和波多黎各联邦的 55 多所大学积极开展了多年项目计划。

四是通过 DOE 的小企业创新研究(SBIR)和小企业技术转让(STTR)计划对风能技术予以支持。根据对 SBIR 和 STTR 资助项目的统计,2014—2020 年美国 DOE 能源效率与可再生能源办公室对风能技术的资助情况[①] 如表 2.3 所示。

---

① DOE.FY14-20_SBIR-STTR_Awards [EB/OL]. [2022-06-10].https://science.osti.gov/-/media/sbir/excel/FY14-20_SBIR-STTR_Awards.xlsx.

表 2.3　2014—2020 年 DOE 的 SBIR 和 STTR 资助的风能技术项目

年份	SBIR/STTR	阶段	主题	金额/美元
2014	SBIR	I	用于人员和设备转移的高线缆车系统	149 892
2014	SBIR	I	Wind 8（b）用于识别和监控 OSW 鸟类/蝙蝠物种的自动摄像系统	149 300
2014	SBIR	I	小型风力涡轮机的外骨骼高塔选项	135 000
2014	SBIR	II	现场组装的基于组件的转子叶片	1 000 000
2015	SBIR	I	基于微型标签的有源负载缓解系统设计与测试	148 658
2015	SBIR	I	AutoBlade ——一种用于减轻负载的叶片上流量控制的自主系统	149 905
2015	SBIR	II B	大型风力发电机塔筒现场锥形螺旋焊机的研制	1 000 000
2016	SBIR	I	海洋大气边界层观测的热力学剖面仪	155 000
2016	SBIR	I	海上风能资源表征的先进技术	149 999
2016	SBIR	II	用于风力涡轮机减载的分布式低功率叶片控制	999 925
2017	SBIR	I	小型风力发电机集中绕组永磁发电机的研制	147 488
2017	SBIR	I	用于风力涡轮机叶片保护的耐磨/耐冲击涂层	150 000
2017	STTR	I	用于漂浮海上风的创新深水系泊	154 859
2017	SBIR	I	海上风力涡轮机的固定底部基础和支撑结构，针对流水线生产进行了优化	150 000
2017	SBIR	II	海洋大气边界层观测的热力学剖面仪	1 010 000
2017	SBIR	II	海上风能资源表征的先进技术	999 998
2017	STTR	I	智能风电健康监测：开发廉价的分布式风力涡轮机预测状态监测/控制系统	150 000
2018	SBIR	I	风力涡轮机叶片表面涂层的开发以减少雷击造成的损坏	149 923
2018	STTR	I	固定和浮动风力涡轮机基础与塔架的混凝土增材制造工艺	149 936
2018	SBIR	I	新型中速风力发电机	150 000
2018	STTR	I	适用于现场测量风力涡轮机叶片的非定常表面压力测量系统	150 000
2018	SBIR	II	用于风力涡轮机叶片保护的耐磨/耐冲击涂层	1 000 000
2018	SBIR	II	创新的海上漂浮风锚固系统	1 009 934
2019	SBIR	I	基于混合模型的风力涡轮机远程诊断和预测方法	206 329
2019	STTR	I	由退役风力涡轮机叶片制成的第二代玻璃纤维复合材料	92 052
2019	SBIR	II	风力涡轮机叶片表面涂层的开发以减少雷击造成的损坏	1 000 000
2019	SBIR	II A	开发用于海上风电场的剖面微波辐射计，进一步表征海洋大气边界层	1 150 000

续表

年份	SBIR/STTR	阶段	主题	金额 / 美元
2019	SBIR	ⅡA	用于边界层估计的海洋大气雷达（MARBLE）	1 097 352
2020	SBIR	Ⅰ	使用数字全息技术进行风速感应	199 699
2020	SBIR	Ⅰ	用于海底电缆监测和故障检测的分布式光学传感平台	206 494
2020	SBIR	Ⅰ	倾斜塔架和安装系统以降低分布式风力涡轮机的成本	199 343
2020	SBIR	Ⅰ	无需钻孔进行微型桩设计和安装	199 524
2020	SBIR	Ⅱ	创新的海上漂浮风锚固系统	1 149 965
2020	STTR	Ⅱ	从退役风力涡轮机叶片中回收玻璃纤维增强材料用于再生复合材料	1 100 000

由表 2.3 可见，2014—2020 年美国 DOE 能源效率与可再生能源办公室通过 SBIR 和 STTR 计划，资助风能技术的项目总数为 34 个，费用总额约为 1736 万美元，其中第一阶段项目总数为 22 个，费用总额为 484 万美元，占总经费的 27.9%；第二阶段项目总数为 12 个，费用总额为 1252 万美元，占总经费的 72.1%。

DOE 能源效率与可再生能源办公室持续通过 SBIR 和 STTR 计划支持风能技术研发。例如，2021 年 7 月 20 日，美国 DOE 通过 SBIR 和 STTR 计划，继续推动美国小企业和企业家之间的清洁能源革命，投资 1.27 亿美元支持 110 个创新项目，每个项目都侧重于通过利用面向市场的解决方案和新兴技术来应对气候危机。DOE 能源效率与可再生能源办公室根据第一阶段初步成功的资助项目，向 51 家美国小企业和企业家的 53 个项目提供 5700 万美元的第二阶段资金，包括支持更接近市场的项目的后续资助。第二阶段资助项目为期两年，初始资金高达 110 万美元，支持创新清洁能源技术研究和开发走向商业化。其中，与风能技术有关的项目有 2 个。一是开发海上风力和质子交换膜电解槽，发挥协同作用降低氢的总成本，该项目将直接将电解槽与海上风力涡轮机结合起来用于制氢，并对其进行评估，该技术有可能增加可再生海上风能的绿氢生产，减少全球 CO_2 排放；二是研发与测试倾斜塔和安装系统全尺寸原型，可降低分布式风力涡轮机的成本。目标是降低 15% 的成本，这将使小型分布式风力系统能够支持到 2050 年向无碳电力部门的过渡，并释放高薪的清洁能源工作岗位[①]。

五是通过 DOE 贷款项目办公室（LPO）贷款担保计划支持风能等分布式能源发展。根据 2005 年《能源法》授权的第 17 条创新清洁能源贷款担保计划，LPO 为创新清洁能源项目提供 25 亿美元的贷款担保权，帮助项目开发商克服市场障碍，加快创新分布式能源

① DOE.Department of energy awards $127 million to bring innovative clean energy technologies to market［EB/OL］.（2021-07-20）［2022-07-12］.https://www.energy.gov/eere/articles/department-energy-awards-127-million-bring-innovative-clean-energy-technologies.

技术的部署，推动美国利用风能等创新能源减少、避免或隔离温室气体排放①。LPO 为世界上最大的风电场之一的 Shepherds Flat 提供贷款担保。在债券市场只完成了一笔大型风电交易的时候，LPO 的部分担保帮助提高了该项目的信用评级，并吸引了多个市场的新投资者。该交易因其创新性融资而被环境金融机构授予 2011 年度可再生能源交易奖。自 2011 年以来，公用事业规模的风力发电项目一直能够吸引商业贷款人，并继续增长，成为美国最大的新型电力来源之一②。

六是联邦政府多部门联合启动支持风能发展的计划。2022 年 9 月 15 日，美国白宫官网发布消息称，DOE、内政部、商务部和交通部启动浮动海上风电行动计划（Floating Offshore Wind Shot），旨在从新目标、研发投资两部分加速美国浮动海上风能技术发展，将美国打造成为下一代浮动风力涡轮机发展的领导者。2022 年 9 月 15 日，美国国家可再生能源实验室发布了一份《海上风能资源评估报告》③，报告评估了美国巨大的海上风能潜力，确定了美国毗邻的 8 个地理区域的资源潜力——1.5 TW 底部固定的风力发电场的技术资源潜力，2.8 TW 浮动海上风力发电场的技术资源潜力。作为"能源攻关计划"（Energy Earthshots Initiative）的一部分，浮动海上风电行动计划将成为美国成为浮动海上风电技术领跑者的重要抓手，其计划目标为：一是部署浮动海上风电装机容量 15 GW。在现有目标的基础上推进相关深水区域的土地租赁拍卖，到 2030 年部署海上风电 30 GW，到 2035 年部署浮动海上风电装机容量 15 GW。二是大幅降低浮动海上发电成本。通过"能源地球攻关"计划加速工程、制造和其他创新领域的突破，到 2035 年将浮动技术的成本降低 70% 以上，降至 45 美元 /（MW·h）。研发投资措施是 DOE 宣布了近 5000 万美元的资金用于研究和开发浮动海上风电技术④。

可见，上述一系列风能产业政策、科技研发计划资助项目，为美国风能技术研发及其产业化发展提供了有力的资金支持与服务支撑。

（2）日本的风能技术部署

日本风能技术部署主要体现在以下几个方面。

第一，通过相关法律法规与政策，积极推进风能等新能源的利用。一是制定新能源相

---

① Loan Programs Office. Innovative clean energy loan guarantees［EB/OL］.［2022-07-12］. https://www.energy.gov/lpo/innovative-clean-energy-loan-guarantees.

② Loan Programs Office. A maturing portfolio on the cusp of new growth：annual portfolio status report fiscai year 2021［EB/OL］.［2022-07-12］.https://www.energy.gov/sites/default/files/2022-03/ LPO-APSR-FY2021.pdf.

③ DOE.New wind resource assessment finds- 28 Terawatts floating offshore wind energy［EB/OL］.［2022-07-15］. https://www.energy.gov/eere/wind/articles/new-wind-resource-assessment-finds-28-terawatts-floating- offshore-wind-energy.

④ White House.Fact sheet Biden Harris administration announces new actions to expand U.S. offshore wind energy［EB/OL］.（2022-09-15）［2022-10-08］.https://www.whitehouse.gov/briefing-room/statements-releases/ 2022/09/15/fact-sheet-biden-harris-administration-announces-new-actions-to-expand-u-s-offshore-wind-energy/.

关法律。《促进新能源利用特别措施法》(1997 年) 提出大力发展风能等可再生能源。为了贯彻《促进新能源利用特别措施法》,1997 年又制定并于 1999 年、2001 年、2002 年等先后修订了《促进新能源利用特别措施法施行令》,具体规定了新能源利用的内容、中小企业者的范围等,重点规定了日本政府对风能等新能源利用的从业者给予补助与支持措施。2002 年 6 月颁布、2003 年全面施行的《可再生能源组合标准法》("Renewable Portfolio Standard Act",RPS) 要求电力公司提供的能源总量中,新能源和可再生能源要占有一定的比例,否则必须到市场上去购买绿色能源证书。随着 2012 年 7 月 1 日开始实施《电气事业者关于可再生能源电气的采购的特别措施法》(平成 23 年法律第 108 号),RPS 开始废止。该法案规定电力公司有义务购买个人和企业利用太阳能、风能和地热等方式生产的电力,即可再生能源固定价格收购制度 (FIT 制度),以鼓励并普及可再生能源发电。2012 年,20 kW 以上的风电上网电价为 23.1 日元 /(kW·h),小型机组为 57.75 日元 /(kW·h)。2014 年,日本风电协会公布 FIT 制度,陆上大型风电保持 22 日元 /(kW·h)(不含税)不变,海上风电新价格为 36 日元 /(kW·h)[①]。2016 年 6 月 3 日,日本众议院修订了《电力企业采购可再生能源电力特别措施法》等部分法律。2018 年 6 月 12 日,对《电力业务法》等部分法律进行了修订,以建立强大和可持续的电力供应系统。二是制定《可再生海域利用法》。从 2019 年 4 月 1 日起,日本一项促进海上风电项目开发的新法律《与海洋可再生能源发电设施开发相关的海域利用促进法》(简称《可再生海域利用法》)生效,制定海上风力发电海域利用规则,系统性地保障了运营商长期占用海域进行海上风力发电。随后,日本政府已经确定了 11 个可能适合开发海上风电场的地区[②];从长崎县五岛市近海、秋田县男鹿市三根町能代市外、秋田县百合本城选定的近海(北侧/南侧)、千叶县选定的海上铫子市、秋田县八方町能代市近海等 5 个"推进区"起步,引入海上风力发电招标制度,促进竞争,降低成本[③]。

以此为契机,促进日本或亚洲区域推动落地式海上风力发电,将着床式海上风力发电的基础构造的地质、气候、施工环境等相关技术进行优化,实现高可靠性、低成本化及大型化。2022 年 11 月 10 日,国立研究开发法人新能源产业技术综合开发机构(简称"NEDO")开始就"面向着床式海上风力发电的稳步导入的技术动向调查",公开征集海上风电技术开发项目,推动研发固定式海上风力发电的基础构造、低成本化的施工技术

---

① JWPA. 平成 26 年度 FIT 决定に对するJWPA の见解 [EB/OL]. (2014-04-02) [2021-07-10].https://jwpa.jp/information/4784/.

② Offshore Wind.GWEC and JWPA launch offshore wind task force in Japan [EB/OL]. (2020-02-27) [2022-07-10]. https://www.offshorewind.biz/2020/02/27/gwec-and-jwpa-launch-offshore-wind-task-force-in-japan/.

③ METI. もっと知りたい! エネルギー基本計画③ 再生可能エネルギー (3) 高い経済性が期待される風力発電 [EB/OL]. (2022-03-15) [2022-07-10]. https://www.enecho.meti.go.jp/about/special/johoteikyo/energykihonkeikaku2021_kaisetu03.html.

及安装勘测技术[①]。三是通过《全球变暖对策推进法》，推动风能技术的发展。1998年，为推进全球变暖化对策，日本制定了《地球变暖化对策推进要纲》并制定了《全球变暖对策推进法》，旨在促进中央政府和地方政府的合作。1999年，根据《全球变暖对策推进法》，日本政府制定了《全球变暖对策基本方针》。2003年6月17日，日本国会通过了《全球变暖对策推进法》修正案，以促进节能减排，积极应对气候变化，大力建设低碳社会。随后在2006年6月、2008年6月、2016年5月、2021年6月等多次修改《全球变暖对策推进法》。最新修订的《全球变暖对策推进法》，以立法的形式明确了日本政府提出到2050年实现碳中和的目标。日本国会参议院全体会议当天正式通过了修订后的《全球变暖对策推进法》，并于2022年4月起施行。这是日本首次将温室气体减排目标写进法律。根据这部新法，日本的都道府县等地方政府将有义务设定利用可再生能源的具体目标。地方政府将为扩大利用风能等可再生能源制定相关鼓励制度。可见，日本通过一系列法律法规，为风能技术的可持续发展保驾护航。

第二，通过发布实施风能技术相关战略，推动风能技术发展。2006年，日本出台《新国家能源战略》，实施新的八大能源战略，其中新能源创新计划位居第三，积极倡导大规模使用风能等新能源，提出支持新能源产业自立发展的政策措施。2012年，日本风电协会发布长期风力发电目标和路线图，提出2020年风电达1130万kW，2030年2880万kW、2040年4620万kW，2050年风力发电的供电比例将达到日本总电力需求的10%以上，风力发电能力达5000万kW[②]。2013年6月，通过《科学技术创新综合战略》，要实现清洁、经济的能源系统，利用革新性技术扩大可再生能源供应。2018年，浮体式海上风力发电投入使用，2030年确立下一代海洋资源开发技术。2015年6月，日本综合科学技术创新会议（CSTI）发布了《科技创新综合战略2015》，为随后开展的《第五期科学技术基本计划（2016—2020）》进行铺垫，推出了面向科技创新的整合改善创新环境及解决重大经济社会问题两大政策，其中解决重大经济社会问题政策包括以下内容。一是建立经济的绿色能源体系，开发和普及氢储存技术并实现生产、流通、消费的网络化，预测和调节供需结构；二是构建综合地球环境监测和信息分析系统，大规模使用可再生能源并稳定持续供电等重要政策举措[③]。2020年12月25日，日本经济产业省发布《绿色增长战略》，提出到2050年实现碳中和目标，构建"零碳社会"：预计到2050年，该战略每年将为日本创造近2万亿美元的经济增长。为落实上述目标，该战略提出了海上风电具体的发展目标和重点发展任务，通过创造具有发展潜力的国内市场来吸引国内外投资，在日本形成具有竞

---

① NEDO.「着床式洋上風力発電の着実な導入に向けた技術動向調査」に係る公募について（EB/OL］.（2022-11-10）［2022-11-20］.https://www.nedo.go.jp/koubo/FF2_100361.html.

② 日本風力発電協会.風力発電長期導入目標とロードマップ V3.2［EB/OL］.（2012-02-22）［2022-11-20］.https://jwpa.jp/information/4816/.

③ 中华人民共和国科学技术部.国际科学技术发展报告2016［R］.北京：科学技术文献出版社，2016：290.

争力且相对可靠的供应链，并着眼开发新一代浮动式海上风电技术①，2021 年开始制定技术开发路线图，对浮动式海上风电等技术提供基金支持，制定海上风电在 2021—2025 年、2030 年、2040 年及 2050 年增长路线图。根据《再生能源海域利用法》，加速开发新项目，预计每年部署海上风电 1 GW，到 2030 年达 30 GW。提高国内采购率，到 2040 年国产化率达 60%，2030—2035 年成本降低到 8 ~ 9 元/（kW·h），推动开发浮动式海上风电等下一代技术，加强国际合作，推动浮动式海上风电安全评价方法等国际标准化，加快海上风电技术开发、示范及商业化应用②。

第三，实施一系列科技计划，推动风能技术发展。一是实施科技基本计划。2015 年，日本编制完成《第五期科学技术基本计划（2016—2020）》，并于 2016 年 4 月 1 日起正式实施。该计划的政府总体研发投入规划为 26 万亿日元，约占 GDP 的 1%，比第二期（24 万亿日元）、第三期（25 万亿日元）、第四期（25 万亿日元）稍有增加。同时，该计划还要求在 2016—2020 年使全社会研发投入达到日本 GDP 的 4% 以上。《第五期科学技术基本计划（2016—2020）》的核心内容是确立了四大支柱，即促进产业创新和社会变革，解决经济和社会发展的关键课题，强化科技创新的基础实力，构筑人才、知识、资金的良性循环体系。其中，前面两大支柱涉及科技创新战略的重点，决定了这 5 年国家研究开发投入的方向；后面两大支柱涉及科技创新系统的改革，决定了这 5 年国家科技计划管理、科技预算管理的改革方向，以及科技创新规则的完善、修改与设定等③。二是实施《科技创新基本计划》。2021 年 3 月，日本政府发布第六期《科技创新基本计划》，确立面向实现社会 5.0 的科技与创新政策，提出为有效应对气候变化，实现 2050 年碳中和及废弃物高效处理与资源回收利用等目标，建立 2 兆日元规模的基金，强力推动风电等领域的革命性创新，同时促进国民生活方式的脱碳化等。2050 年，日本温室气体排放量实质为零，彻底实现节能减排，带动全球碳中和，并从"促进革新性环境持续技术的研发及低成本化""推进为实现多元化能源供给的研发与实证""推进社会经济的重新设计""唤起国民的行动计划"等 4 个方面提出具体举措与目标④。三是实施《能源基本计划》。2018 年 7 月 3 日，日本政府公布了《第五期能源基本计划》，首次将可再生能源定位为 2050 年的"主力能源"。为降低可再生能源发电成本，日本推进技术研发创新，修订现行的可再生能源固定价格收购制度，推广实施可再生能源招标制和领跑者制度，逐步取消可再生能源补贴，实现可再生能源经济独立，以减轻国民过重的可再生能源附加税金负担。日本政府提

① METI.Offshore wind power（next–generation renewable energy）[EB/OL].（2020–12–25）[2021–03–20].https://www.meti.go.jp/english/policy/energy_environment/global_warming/ggs2050/pdf/01_offshore.pdf.

② METI.2050 年カーボンニュートラルに伴うグリーン成長戦略 [EB/OL].（2021–06–18）[2022–07–12].https://www.meti.go.jp/policy/energy_environment/global_warming/ggs/pdf/green_honbun.pdf.

③ 中华人民共和国科学技术部.国际科学技术发展报告 2016 [R].北京：科学技术文献出版社，2016：289.

④ CSTP.第 6 期科学技術・イノベーション基本計画（要旨）[EB/OL].[2022–07–12].https://www8.cao.go.jp/cstp/kihonkeikaku/6executive_summary.pdf.

出到 2030 年，日本可再生能源发电量占比提升至 22%～24%，能源自给率从 2016 年的 8% 提升至 24%[1]。2021 年 10 月 22 日，日本内阁会议通过了表明国家能源政策方针的《第六期能源基本计划》。该计划坚持以安全性为前提，以能源稳定供给为首要任务，提高能源利用效率，促进低成本能源供给及实现与气候变化和社会环境相协调等环境兼容性，推进由再生能源作为主力电源化的能源革命，显著扩大陆上和海上风力发电，明确日本能源结构中可再生能源比重由 2019 年提出的 22%～24% 大幅提高到 2030 年的 36%～38%，其中风能由 2019 年的 0.7% 提高到 2030 年的 5%，陆上风电由 2019 年的 4.2 GW 增至 2030 年的 17.9 GW，海上风电由 2019 年的很少装机容量增至 2030 年的 5.7 GW。为了应对日本风电在陆地和海上面临的不同挑战，《第六期能源基本计划》提出：简化陆上风能监管并缩短开发时间，推动法规制度的合理化，从 2021 年陆上风力发电开始，引入 250 kW 或更多输出的招标制度，证明 FIT 有效性，通过鼓励竞争来降低成本，能够在较短的时间内顺利引进风力发电设施[2]。

第四，通过日本新能源产业的技术综合开发机构（NEDO）支持风能技术发展。2050 年，日本要想实现碳中和需要最大限度地引入可再生能源，为此，2020 年 NEDO 设立"绿色创新基金"。目前，NEDO 支持的风能与海洋能领域的研发，下设风力发电支援事业、风电发电技术研究开发和海洋能发电实证研究开发等项目。而海上风电因其可大量引进、可降低成本、有望产生经济溢出效应，被认为是使可再生能源成为主要动力源的一张王牌。因此，NEDO 通过"绿色创新基金"支持了"海上风力发电成本降低项目"，预计到 2030 年，在一定条件下，陆上海上风力发电的成本将达到 8～9 日元/（kW·h），而浮动式海上风力发电成本将达到具有国际竞争力的水平。日本的目标是建立商业化技术。根据日本迄今为止开展的示范项目，NEDO 将在早期阶段降低海上风力发电的成本，主要是浮动式，并扩大推动力度。该项目的特色包括下一代风力涡轮机的技术开发、浮动基础制造和安装成本降低技术开发、海上风电相关电气系统技术开发、海上风电运维精细化、漂浮式海上风机示范工程等[3]。

第五，成立风能专门工作组，推进风能产业发展。2020 年 2 月 27 日，日本风电协会（JWPA）与全球风能委员会（GWEC）合作成立了日本海上风能工作组（JOWTF），旨在推动日本海上风电全面发展，构建供应链，创造和培育海上风电新产业，降低日本海上风力发电的成本。JOWTF 由 JWPA 主席 Kato 和 GWEC Araster Dutton 共同主持，其工作组成

① 中华人民共和国科学技术部.国际科学技术发展报告 2019［R］.北京：科学技术文献出版社，2019：279.

② METI.もっと知りたい！エネルギー基本計画③再生可能エネルギー（3）高い経済性が期待される風力発電［EB/OL］.（2022-03-15）［2022-07-12］.https://www.enecho.meti.go.jp/about/special/johoteikyo /energykihonkeikaku2021_kaisetu03.html.

③ NEDO.Offshore wind power generation［EB/OL］.［2022-07-12］.https://green-innovation.nedo.go.jp /project/offshore-wind-power-generation/.

员是由 10 家西方公司和 14 家日本公司组成①。2021 年 12 月 15 日，在日本政府-行业海上风电大会第二次会议上，就日本海上风电远期目标达成共识：2030 年完成 10 GW，2040 年完成 30 ～ 45 GW。2021 年 12 月底，由日本经济产业省（METI）和国土交通省（MLIT）组织的日本首次固定式海上风电招标结果出炉，由三菱牵头的联合体大获全胜，中标 3 个项目，总装机容量为 1688.4 MW。

可见，日本重视风电，尤其是海上风电的部署，这大力推动了日本风电技术及风电产业的发展。

（3）欧盟的风能技术部署

欧盟关于风能技术的部署总体上主要体现在如下几个方面。

首先，欧盟出台相关法律法规与政策，支持风能技术研发。一是欧洲出台了法律指令。2001 年，发布《促进可再生能源发电的指令》（2001/77/EC）和《关于改革能源税收的指令》（2003/96/EC）等。2007 年 3 月，欧盟理事会通过了《关于能源和气候一揽子政策的决议》，把发展可再生能源作为未来低碳经济发展的重点，并视其为一场"新工业革命"，承诺到 2020 年将欧盟温室气体排放量在 1990 年基础上减少 20%，可再生能源在总能源消费中的比例提高到 20%，将能源效率提高 20%。这些目标都是具有法律约束力的强制性目标。2008 年 12 月，欧盟理事会和欧洲议会先后批准《气候行动和可再生能源一揽子计划》。2009 年 6 月，欧盟以此为基础发布《可再生能源指令》并于 2010 年 12 月正式生效，该指令规定到 2020 年，欧盟总电力消费中超过 1/3（34%）将由可再生能源提供，其中 14% 来自风能②。2018 年 6 月 14 日，欧盟委员会通过新的《可再生能源指令》，设定了到 2030 年可再生能源占比达 32% 的宏伟目标③。修订后的《可再生能源指令》（RED Ⅱ）于 2018 年 12 月生效，旨在保持欧盟在可再生能源领域的全球领先地位，并为欧盟履行其在《巴黎协定》中的减排承诺做出贡献。RED Ⅱ 指出，在 2014—2020 年的指导方针中，就招标程序和直接营销的豁免而言，这些阈值分别设定为风电 6 MW 或 6 台发电机组及风电 3 MW 或 3 台发电机组④。为了提高招标程序的有效性，以最大限度地降低总体支持成本，原则上，招标程序应在无歧视的基础上对所有可再生能源发电商开放。为了实现 RED Ⅱ 指令的目的，在计算风电贡献时应通过使用归一化规则来处理气候变化的影响。欧盟制定风电国家投融资补贴政策等以促进欧盟风电发展。2019 年 12 月，欧盟委员会发

① 日本風力発電協会.日本洋上風力タスクフォース（Japan Offshore Wind Task Force）を立ち上げました［EB/OL］.（2020-02-27）［2022-07-12］.https://jwpa.jp/information/4547/.

② 陈敬全.欧盟可再生能源政策研究［J］.全球科技经济瞭望，2012，27（1）:5-10.

③ 中华人民共和国科学技术部.国际科学技术发展报告 2019［R］.北京：科学技术文献出版社，2019：184.

④ Official Journal of the European Union.Directive（eu）2018/2001 of the european parliament and of the council of 11 december 2018［EB/OL］.（2018-12-21）［2022-07-20］.https://eur-lex.europa.eu/legal-content/EN/TXT/PDF/?uri=CELEX:32018L2001.

布新的一揽子政策框架《绿色协定》后，欧盟逐步将绿色化与数字化并列为构建未来经济竞争力的两大驱动力，风电也被视作推进未来低碳绿色产业发展的重要力量。可见，欧盟已形成了相对完备的可再生能源发展法律框架，支撑风电可持续发展。2021 年 6 月 24 日，欧洲议会通过《欧洲气候法》（EU Climate Law）后，6 月 28 日欧盟理事会通过《欧洲气候法》，结束了《欧洲气候法》的立法程序，正式将 2030 年减排 55%、2050 年净零排放的目标写入法律，《绿色协定》关于实现 2050 年碳中和的承诺转变为法律强制约束。按照《欧洲气候法》的要求，欧盟将成立欧洲气候变化科学咨询委员会，负责监测欧盟气候变化治理进展、评估欧盟气候政策是否契合碳中和目标。根据《欧盟气候法》的规定，到 2030 年，欧盟温室气体净排放量将在 1990 年的水平上至少减少 55%。2021 年 7 月 14 日，欧盟委员会公布了修订的符合减排 55%（"Fit for 55"）的一揽子气候和能源法，提出了实现这些目标的建议，其中大规模推广风电等新能源是其实现减排目标的重要途径，从而使《绿色协定》成为现实。二是欧盟主要成员国出台了法律法规。以德国为例，2000 年德国出台《可再生能源法》（EEG），2004 年、2009 年、2012 年、2014 年、2017 年和 2021 年德国先后 6 次修改《可再生能源法》。EEG 2021 强调到 2050 年所有电力行业和用电终端实现碳中和等目标，规定到 2030 年，使陆上风电累计装机容量达到 71 GW、海上风电达 20 GW，并为可再生能源设定了更为详尽的年度发展目标与路径，其中陆上风电年度装机容量目标由 2021 年的 1.5 GW 增至 2029 年的 5.4 GW；海上风电年度装机容量目标由 2021 年的 0.5 GW 增至 2029 年的 2.9 GW[①]。2019 年 12 月 18 日，德国发布实施《联邦气候变化法》，明确了有法律约束力的国家减排目标，即到 2030 年在 1990 年基础上减排 55%，2050 年实现碳中和。2021 年 3 月 24 日，在德国联邦宪法法院提出《联邦气候变化法》的修订建议后，2021 年 6 月 24 日，德国联邦议院通过了修订的《联邦气候变化法》，要求德国必须大幅减少其剩余的温室气体排放量，并提前明确 2030 年后的减排路径，将 2030 年减排目标上调至 65%，规定了 2031—2040 年的年度减缓目标，提出到 2040 年减排目标为 88%，将碳中和的时间从 2050 年提前到了 2045 年，2050 年之后实现负排放[②]。2022 年 4 月 6 日，德国联邦内阁通过了"复活节一揽子计划"。2022 年 7 月 8 日，德国联邦委员会批准了"复活节一揽子计划"，这是几十年来德国对能源政策法的最大修正案，且是一项条款法律，其中的修订包括《可再生能源法》（EEG）、《海上风电法》（WindSeeG）、《能源工业法》（EnWG）、《联邦需求规划法》（BBPIG）、《电网加速扩张法》（NABEG）及《能源法》等。扩大可再生能源的措施包括扩大市政当局参与陆上风电开发，增加发展低

① 孙一琳.回顾德国《可再生能源法》的六次修订［EB/OL］.（2021-06-17）［2022-03-12］. https://www.in-en.com/article/html/energy-2305149.shtml.

② BMUV.Revision of the climate change act: an ambitious mitigation path to climate neutrality in 2045［EB/OL］.（2021-06-24）［2022-04-12］.https://www.bmuv.de/fileadmin/Daten_BMU/Download_PDF/Klimaschutz/infopapier_novelle_klimaschutzgesetz_en_bf.pdf.

速风电。截至 2021 年底，陆上风电装机容量为 56 000 MW。2030 年的陆上风电装机容量目标是 115 000 MW。陆上风力涡轮机预计将以每年高达 10 000 MW 的速度发展。《海上风电法》（WindSeeG）中最受关注的是未来德国海上风电的招标制度。对于海上风电的扩张，一是对已经预审的区域进行招标，投标方案评分中电价占得分的 60%，其他 40% 为技术分；二是未来还将对以前未经检查的区域进行招标，竞标评分的标准只有电价。开发商可以在零补贴电价的基础上，提出向联邦政府支付一笔费用，即"负补贴"，补贴额不设上限，价高者得 [1]。总之，欧盟各国政府还通过强制上网、价格激励（固定电价制度）、税收优惠（对常规能源征收能源税和碳税等）、投资补贴和出口信贷等手段支持风电产业发展。

其次，欧盟实施一系列风电相关战略。一是欧盟整体能源战略支持风电发展。2000 年 11 月，欧盟委员会发布并实施《朝着欧盟能源供应安全的战略》，风能是其中的重要领域，其中海上风电是欧盟一直支持的重点领域。2020 年 11 月，欧盟委员会发布了《为了气候中和未来发掘离岸可再生能源潜力的欧洲战略》政策文件，提出将欧盟离岸风力发电装机量从 2020 年的 12 GW 增至 2030 年的 60 GW，同时将离岸风电配套电网基础设施投资额增至 600 亿欧元，并尝试在这一领域打造产业联盟，集合科研机构、企业、政府部门、非政府组织等形成泛欧产业发展合作网络。二是欧盟成员实施风能相关战略。2015 年，法国基于主动应对 21 世纪各种挑战、协调国家与地方科技创新战略、推动法国与欧盟科技全方位合作等三大基本原则，推出了《2015—2020 年国家科技发展战略》，提出了科研需要解决当前社会经济发展的十大挑战，并对应确立了自由节约管理，气候变化应对，清洁、安全和高效能源，刺激工业复兴，大健康、食品安全与人口挑战，交通与可持续发展的城市体系，信息与通信社会，创新、包容和适应型多元化社会，做强欧洲航天事业，欧洲及其居民和常住人口自由与安全等十大研究主题，决定配套在大数据领域，能源、环境与可持续发展领域，大健康领域及人文社会学领域实施 14 个重大专项，其中能源、环境与可持续发展领域的专项包括地球系统——地球知识、监测、预报，能源与生态转型的生态服务型经济，可持续经济中的战略性材料，地方能源转型等四大专项 [2]。2015 年法国出台《国家低碳发展战略》，建立了碳预算机制，确定了能源、交通、建筑等领域的阶段性减排目标，并提出相应的实现路径。紧跟欧盟 2020 年确定的 2030 年减排 55% 的目标，2020 年法国修订了《国家低碳发展战略》，设定了 2050 年实现"碳中和"的目标，大力推动风能等可再生能源发展，加速促进能源转型。

再次，欧盟实施一系列风能相关计划。一是通过欧洲战略能源技术计划（SET 计划）实施海上风电实施计划。2018 年 6 月 13 日，欧盟海上风电临时工作组（TWG）由代表行

---

[1] 欧洲海上风电．德国最新招标制度引争议，简单粗暴！[EB/OL]．（2022-07-14）[2022-07-20]．https://mp.weixin.qq.com/s/_ah2TKgs7THYZbtIUYSIhg.

[2] 中华人民共和国科学技术部．国际科学技术发展报告 2016 [R]．北京：科学技术文献出版社，2016：188.

业和学术界的相关国家与利益相关者，宣布实施海上风电计划，确定了系统集成、风能海上发电厂平衡、浮动海上风电、风能运行和维护、风能产业化、风力涡轮机技术、基础风能科学、生态系统和社会影响、人力资本议程等 9 项研究和创新活动及非技术障碍 / 使能因素，这对进一步开发固定式海上风电和浮动海上风电非常重要。这些行动对于实现欧盟海上风能既定计划目标至关重要，为确保其正确实施，到 2030 年总体所需投资 10.9 亿欧元，其中来自私营部门的有 4.465 亿欧元（占总额的 41%），来自国家计划的有 3.750 亿欧元（占总额的 34%），来自欧盟基金的有 2.685 亿欧元（占总额的 25%）[1]。2022 年 3 月 1 日，欧盟海上风电 SET 计划实施工作组发布了《海上风电实施计划》，ETIPWind 的分析显示，2018 年风能领域的私人和公共投资总和达到 19.94 亿欧元。全面实施 2030 年温室气体减排 55% 的新目标将需要更多的可再生能源。欧盟委员会表示，到 2030 年欧盟 27 国需要风能 453 GW，其中陆上风电 374 GW，海上风电 79 GW。根据 2021 年 ETIPWind 的适应"减排 55%"目标，2020—2023 年海上风电年装机容量平均每年 3.8 GW，2024—2027 年平均每年 8.1 GW，2028—2030 年平均每年 8.7 GW；底部固定海上风电：2030 年平均 LCOE 为 38 ~ 60 欧元 /（MW·h），2050 年平均 LCOE 为 28 ~ 48 欧元 /（MW·h）；漂浮式海上风电：2025 年平均 LCOE 为 105 ~ 135 欧元 /（MW·h），2030 年平均 LCOE 为 53 ~ 76 欧元 /（MW·h）。为此，2020 年海上风电实施计划优先采取包括下一代风力涡轮机技术，海上风电场和系统改造，海上浮式风力发电和风能产业化，风能运行、维护和安装，生态系统、社会影响和人力资本议程及风能基础科学等 6 个方面的行动。实现欧洲海上风电的雄心壮志需要雄心勃勃的研发努力。为补充国家方案、地平线欧洲和清洁能源转型伙伴关系提案，SETWind 项目已与利益相关者进行了广泛协商，启动"欧洲灯塔倡议"（Lighthouse Initiatives），确定浮动海上风电技术、整合大规模海上风能两个主要领域，以利用海上风能的新前沿技术开发深水风力资源，打造 CO_2 零排放风电系统，使海上浮式风力发电具有成本竞争力。二是实施欧盟《国家能源和气候计划》。2020 年 9 月，欧盟发布《国家能源和气候计划》，指出成员国实现 2021—2030 年的全欧盟气候和能源目标需要气候中和的能源系统，这需要在很大程度上依赖可再生能源。到 2030 年，欧盟 27 国在可再生能源中的份额将超过当前的 32%。但要实现 2030 年气候计划减碳 55% 的更高目标，可再生能源份额要达到 38% ~ 40%。为实现这些目标，丹麦计划进行投资，实现海上风电装机容量 4 GW；法国计划到 2023 年启动 6 个海上风电招标，装机容量目标是 3.7 GW。三是实施"Repower EU"的能源计划。2022 年 5 月 18 日，欧盟委员会公布名为"Repower EU"的能源计划，快速推进绿色能源转型，到 2025 年，欧盟的光伏和风力发电装机容量将增加一倍；到 2030 年将增加两倍。该计划提出，将欧盟"减碳 55%"（Fit for 55）政策组合中 2030 年可再生能源的总体目标从 40% 提高到 45%。欧盟委员会还宣布，

[1] SET-plan Steering Committee.SET-plan: offshore wind implementation plan［EB/OL］.（2018-06-13）［2022-07-20］. https://etipwind.eu/files/about/SET%20PLAN/SET-PLAN-Wind-Implementation-Plan-2018.pdf.

欧盟凝聚力基金与共同农业政策（CAP）可通过自愿转让的方式分别向欧盟复兴措施基金（RRF）提供 269 亿欧元和 75 亿欧元。欧盟委员会在 2022 年秋天将创新基金 2022 年大规模征集的资金增加一倍，达到约 30 亿欧元[①]。四是通过《2022—2025 年综合能源系统研发实施计划》支持风能研发。2022 年 7 月，欧洲能源转型智能网络技术与创新平台（ETIP SNET）公布《2022—2025 年综合能源系统研发实施计划》，取代 2020 年发布的《2021—2024 年研发实施计划》，将围绕九大应用场景投入 10 亿欧元实施 31 个研发创新优先项目，明确了到 2025 年的研发资助重点。该计划基于欧盟 2021 年 7 月提出的"减碳 55%"一揽子计划目标，其与风能相关的主要投入与研发内容包括 2022—2029 年预计投入 2000 万欧元，主要研发大型海上风电集成的输电系统规划；2022—2027 年预计投入 5000 万欧元，研发增强风力涡轮机和光伏发电系统的灵活性、可再生能源的实时可观测性等可再生能源系统控制和运营的活动[②]。

最后，欧盟成员国实施了一系列风能支持计划。①德国。2011 年，德国实施第六能源研究计划，提出 2011—2014 年"实行经济、能源、环境和气候保护的政策目标，抢占世界能源技术领域领先地位，保障扩大自身能源技术选择"的总体目标，规定德国政府在创新能源技术领域资助政策的基本原则和优先事项，其是德国政府能源和气候政策的补充，德国政府为该研究计划拨款 34 亿欧元，重点研究风能等可再生能源[③]。德国海上风电取得迅猛发展。2019 年海上风电机组约有 1350 台实现并网发电。德国政府计划到 2030 年使海上风电装机容量达到 20 GW，比 2019 年的装机容量增长 3 倍。2022 年 4 月 6 日，德国内阁批准"复活节一揽子计划（Easter Package）"，其中包括根据新的《可再生能源法》（EEG），到 2030 年实现 80% 的可再生能源发电的目标。②法国。2008 年，法国发布实施"可再生能源发展计划"，该计划规定政府将在 2009—2010 年拨款 10 亿欧元设立可再生热能基金，从而推动其公共建筑、工业和第三产业供热资源的多样化，确定包括生物能源、风能、地热能、太阳能及水力发电等多个领域 50 余项措施，通过可再生能源的开发，使法国每年节约燃油 2000 万吨，到 2020 年使可再生能源的利用率占到法国能源消耗总量的比例至少达到 23%，并创造就业岗位 20 万～30 万个。2010 年，法国实施《可再生能源投资计划》，提供 13.5 亿欧元，以支持 2011—2014 年可再生能源的发展，其中，法国环境与能源控制署提供可再生能源补贴 4.5 亿欧元[④]。2018 年 11 月 27 日，法国总统马克龙发布了能源发展多年计划，确立了法国 2018—2028 年能源发展路线图，可再生能

① European Commission.RE Power EU: a plan to rapidly reduce dependence on Russian fossil fuels and fast forward the green transition［EB/OL］.（2022-05-18）［2022-07-24］.https://ec.europa.eu/commission/presscorner /detail/en/ip_22_3131.

② European Commission. ETIP SNET, R&I implementation plan 2022-2025［EB/OL］.［2022-07-30］. https://data.europa. eu/doi/10.2833/361546.

③ 孟浩 . 新能源研发态势及对我国能源战略的影响［M］. 北京：科学技术文献出版社，2016：65.

④ 孟浩 . 新能源研发态势及对我国能源战略的影响［M］. 北京：科学技术文献出版社，2016：52-53.

源投资总额达 710 亿欧元。根据该计划，法国大力发展包括风能在内的可再生能源，法国政府计划将风力发电场增至 2018 年的 3 倍[①]。2019 年 6 月，法国政府宣布将其海上风电发展目标提高一倍，从每年的 500 MW 提升到 1 GW，到 2023 年达到 2.4 GW，到 2028 年达到 4.7 ～ 5.2 GW。2021 年法国发布聚集高等教育、科研和创新的第四期《未来投资计划》，2021—2025 年投资 200 亿欧元，其中 1/3 用于生态转型领域，涉及低碳能源、可持续交通运输、负责任的农业和未来城市规划，确定了光伏发电、海上风电和能源网络 3 个加速发展方向，显示法国实现低碳转型发展的决心。法国《2030 投资计划》中的 5 亿欧元也将用于优化风能和太阳能技术，计划到 2023 年通过 6 个项目招标来增加海上风电生产能力。2022 年 2 月 10 日，法国总统马克龙宣布了面向 2050 年的"法国能源计划"，为了应对气候变化和电力需求增长的挑战，将大力发展太阳能、风能和核能，到 2050 年风能累计装机预计近 80 GW，确保实现 2050 年法国碳中和目标。③意大利。2019 年意大利经济发展部、环境领土与海洋保护部、基础设施与交通部联合制定并发布了《国家能源与气候综合规划》，提出到 2030 年可再生能源消费占比达 30%，为此要大力发展太阳能、风能等可再生能源，通过技术进步持续增强能源体系的韧性。2021 年 2 月，意大利环境领土与海洋保护部、经济发展部、基础设施与交通部、农业食品与林业政策部联合制定并发布了《温室气体减排长期战略》，再次明确了实现碳中和目标的 3 个关键支柱是大幅降低能源消费、优化能源结构及增加碳汇，强调充分利用太阳能、风能等可再生能源，提高终端领域的电气化率。④丹麦。2019 年 12 月，丹麦政府宣布投资 3000 亿丹麦克朗（约合 445 亿美元），实施多个"能源岛"计划，每个"能源岛"支持海上风电 10 GW，可为 1000 万户家庭供电。⑤欧盟多国联合行动。2022 年 5 月 18 日，丹麦、德国、比利时与荷兰四国共同签署文件，承诺计划打造一个欧洲的"绿电中心"，到 2030 年四国的海上风电装机总量将达到 65 GW，到 2050 年将增加近 10 倍，从 2021 年的 16 GW 提高至 2050 年的 150 GW。

欧洲海上风电历经 20 多年的发展，第一批建成的海上风电场逐渐步入了退役期，目前已拆除的海上风电场如表 2.4 所示。

表 2.4　目前已拆除的海上风电场

风电场名称	运行年份	头衔	容量 / MW	拆除原因
丹麦 Vindeby 海上风电场	1991—2017	全球第 1 座海上风电场	4.95	拆除的叶片将用于丹麦科技大学 DTU RISØ 实验室的研究项目，还有一台机组将在修复后成为丹麦能源博物馆的展品
荷兰 Lely 海上风电场	1992—2016	荷兰第 1 座海上风电场	2.00	2014 年 12 月，其中 1 台风机轮毂和叶片脱落，其余 3 台风机也存在类似风险

---

① 中华人民共和国科学技术部. 国际科学技术发展报告 2019［R］.北京：科学技术文献出版社，2019：82.

续表

风电场名称	运行年份	头衔	容量 / MW	拆除原因
瑞典 Utgrunden 海上风电场	2000—2019	全球第 6 座商业运营的风电场	10.50	风机已超过了设计使用寿命
瑞典 Yttre Stengrund 海上风电场	2001—2015	全球首个被拆除	10.00	零部件的采购难度大，且需要对送出电缆进行更换以维持运行
英国 Blyth 海上风电场	2000—2019	英国第 1 座海上风电场	4.00	拆除的风机一台作为 E.ON 陆上风电场的备品备件；另一台留在 Blyth 港作为训练风机使用

资料来源：https://mp.weixin.qq.com/s/2Oz5GiamH5VPONcENt8P1Q.

（4）英国的风能技术部署

英国非常重视风能技术部署与开发，具体表现如下几个方面。

首先，制定法律法规与政策，采用差价合约（CfDs）、拍卖、补贴、招标等政策措施支持风电发展。2013 年 12 月，英国通过《能源法》，制定了差价合约（CfDs）、装机容量拍卖等新规定。CfDs 是长期合约，可以根据功率数量设置上限，为可再生能源、新核能或碳捕获和储存（CCS）等低碳发电项目投资者稳定收入，帮助开发商确保低碳基础设施的大量前期资本，同时保护消费者免受不断上涨的能源账单的影响。引入装机容量市场，允许装机容量拍卖。英国政府已立法，从 2013 年 4 月开始设立碳价格下限（CPF），碳价格支持（CPS）税是英国底价与 ETS 交易价格之间的差额，支持向低碳能源未来迈进。在 2021—2022 财年，CPS 上限设定为 18 英镑 / 吨 CO_2。2021 年 9 月 13 日，英国政府为可再生能源开发商提供补贴 2.65 亿英镑，旨在通过 2021 年底的里程碑补贴计划支持该行业创纪录的项目数。根据该计划，海上风电开发商每年竞争合同价值高达 2 亿英镑，陆上风电和太阳能发电厂自 2015 年削减补贴以来，首次获得 1000 万英镑补贴，这足以提供可再生能源装机容量高达 5 GW。除了为海上风电场提供 2 亿英镑外，还有可用于潮汐发电等新兴可再生技术 5500 万英镑，其中专门用于浮动式海上风电场的有 2400 万英镑。2022 年初，苏格兰首次海上风电招标"ScotWind Leasing"结果出炉，17 个项目入选，总装机容量达 24.8 GW，其中漂浮式项目 10 个，总装机容量 15 GW，占比过半。2022 年 6 月，苏格兰企业联盟"高地与岛屿企业（HIE）"携手苏格兰国际发展局（SDI）、英国国际贸易部（DIT）向全球浮动式风电产业链发出邀请，共同加入苏格兰浮动式风电港口集群（Scottish Floating Wind Port Cluster）建设。此外，苏格兰皇家资产管理局后续还将启动创新型油气脱碳（Innovation and Targeted Oil and Gas，INTOG）招标、"ScotWind Leasing"增补招标，其中浮动式风电招标规模达 7 GW。这样，苏格兰将拥有世界上最大的浮动式风电市场，而这 22 GW 浮动式风电需要 1200 套浮动式基础，这几乎是过去 40 年整个北海油气行业基础交付量的 5 倍[①]。

其次，实施相关战略，支持风电发展。2021 年 10 月，英国政府发布《净零战略》，提出了英国实现 2050 年净零排放承诺的重要举措，支持英国向清洁能源和绿色技术转型，逐步实现净零排放目标，其中到 2030 年，海上风电将达到 40 GW，陆上、太阳能和其他可再生能源将增加，考虑到低碳发电的需求及当地社区的需求，陆上和海上电网将以最有效的方式纳入新的低碳发电；到 2030 年实现海上漂浮风电 1 GW，提供 3.8 亿英镑以支持北海和凯尔特海建设海上风电，使英国处于海上漂浮风电技术的前沿；部署储能等新的灵活性措施，帮助顺利完成目标[②]。2022 年 4 月 7 日，英国发布实施《英国能源安全战略》，计划到 2030 年开发海上风电 50 GW。为此，英国正在推动实施 10 点计划，将创造绿色就业机会 68 000 个和私人投资 220 亿英镑。其中，推进海上风电投资超过 16 亿英镑，已发电 11 GW，确保了 3600 个工作岗位，另有 12 GW 在建，政府支持 3.2 亿英镑用于支持底部固定和浮动风港的基础设施建设，政府额外支持其他低成本可再生能源技术发展[③]。

最后，通过系列计划支持风电研发。2019 年 3 月，英国商业、能源和工业战略部（BEIS）宣布投资 2.5 亿英镑发展海上风电供应链，到 2030 年，英国 1/3 的电力将来自海上风电。2020 年 11 月，英国政府发布了《绿色工业革命十点计划》，宣布新投资 120 亿英镑，支持推进海上风电，推动低碳氢增长，新建先进核电，加速转向零排放汽车，支持绿色公共交通、自行车和步行协同发展，鼓励零碳飞机和绿色船只，建设更环保的建筑，投资碳捕获、利用和储存，保护自然环境及绿色金融与创新等 10 个领域。其中，政府海上风电的目标是让英国的每个家庭都以海上风能作为动力，支持新兴浮动式风能技术发展，到 2030 年海上风电装机容量达到 40 GW，支持工作岗位多达 60 000 个。2021 年 3 月 9 日，英国政府宣布投资大约 2000 万英镑用于支持创新，帮助释放浮动海上风力发电技术的全部潜力，使风轮机能够安装在水深过大、无法嵌入海底的区域。这些地方的风力更强，而且更加稳定，因为它们离海更远，政府承诺到 2030 年为全国每家每户提供风力发电。

（5）其他国家的风能技术部署

2020 年 12 月，韩国政府制定《2050 碳中和推进战略》，推动韩国实现 2050 年碳中和目标。为进一步支持战略的有效实施，2021 年 9 月 14 日，韩国科学技术信息通信部发布

① 欧洲海上风电. 全球最大浮式风电市场［EB/OL］.（2022-06-08）［2022-07-20］. https://mp.weixin.qq.com/s/ef4d5VIn QrModIEfW-3ecQ.

② BEIS.Net zero strategy［EB/OL］.［2022-07-27］.https://assets.publishing.service.gov.uk/ government/uploads/system/ uploads/attachment_data/file/1033990/net-zero-strategy-beis.pdf.

③ BEIS.British energy security strategy［EB/OL］.［2022-07-27］. https://assets.publishing.service.gov.uk/government/uploads/ system/uploads/attachment_data/file/1069969/ british-energy-security-strategy-web-accessible.pdf.

《碳中和技术创新促进战略——十大核心技术开发方向》，提出太阳能和风能、氢能、生物能源、CCUS 等十大核心技术，将其作为韩国实现碳中和技术创新的重要手段[①]。其中，对于风能部署如下：一是提高风能关键零部件的效率，将开发大型桨叶 10～15 MW，推动其实验验证和商业化；开发 10 MW 级别的集成驱动型发电机和变流器，推动其实验验证和商业化。二是开发大型固定式和漂浮式风力发电机，推动其实验验证和商业化，到 2030 年将风力发电装机容量从 5.5 MW 提高到 15 MW。三是开发评估和实验验证风能园区运行效率的技术，推动其商业化；开发陆地和海上风电功率预测技术，推动其实验验证和商业化。将园区运行寿命从 2021 年的 20 年延长到 2030 年的 25 年。

南非政府能源转型由《国家综合能源规划》（IEP）授权。1998 年，南非政府首次发布《国家综合能源规划》，随后分别在 2003 年、2008 年、2016 年和 2019 年进行了 4 次更新，现行版本为 2019 年版。《国家综合能源规划》主要规定了南非发电领域未来发展方向，研究分析了清洁能源电力接入南非国家电网的合理水平及定价机制，比较了清洁能源电力与煤炭、天然气发电的成本等，放开 1～10 MW 的新能源自发电项目审批，大幅提升了各工矿企业发展自发电项目积极性，到 2030 年前新增风电产能 15 762 MW[②]。

2.2 风能技术研发

全球主要国家非常重视风能技术的研发投入，下面重点分析 2001—2020 年主要国家风能技术的研发状况。

（1）美国的风能技术研发

美国的风能技术研发投入自 2001 年约 5629.7 万美元逐步下降到 2006 年的 1900.6 万美元，2007 年增至 4087.0 万美元后降至 2008 年的 3226.5 万美元，2009 年急剧增加到约 22 126.7 万美元，2011 年快速下降到约 8949.3 万美元，2012 年增加到 10 593.5 万美元后又快速下降到 2014 年的 1105.8 万美元，快速增至 2016 年的 10 263.2 万美元后，逐步递减到 2019 年的 9311.5 万美元，2020 年增至 11 000.0 万美元，总体上美国风能技术研发呈现逐步降低、快速增长、急剧下降、快速回升后缓慢增长的发展态势（图 2.3）。

---

① 张丽娟，陈奕彤. 韩国确定碳中和十大核心技术开发方向［J］. 科技中国，2022（3）：98–100.

② 科学技术部国际合作司，中国科学技术信息研究所. 世界主要国家和地区的碳中和政策［R］. 2022 年 1 月：166–167.

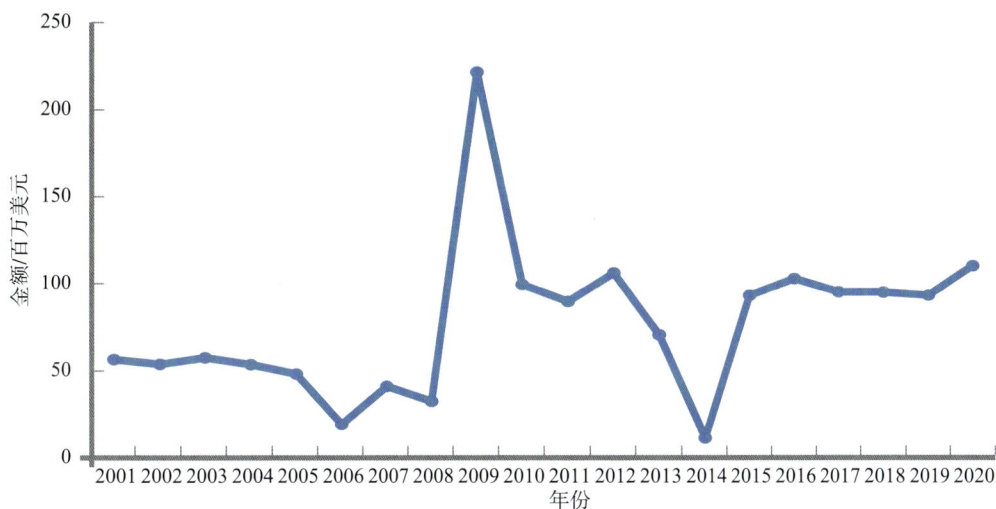

图 2.3　2001—2020 年美国风能技术研发情况（根据 OECD 2021 年 9 月 22 日数据绘制）

注：依据 2020 年价格与汇率，下同。

（2）日本的风能技术研发

日本的风能技术研发投入自 2001 年约 853.1 万美元增加到 2003 年约 1340.5 万美元后，逐步降低至 2008 年的 186.5 万美元，再逐步递增到 2014 年的 6454.4 万美元，快速增至 2015 年的 24 782.5 万美元，又快速下降到 2017 年的 18 607.7 万美元，2018 年增至 25 297.1 万美元后，2019 年递减至 15 666.1 万美元，2020 年增至 18 433.6 万美元，总体上日本风能技术研发呈现先缓慢增长再快速增长后震荡式回调的发展态势（图 2.4）。

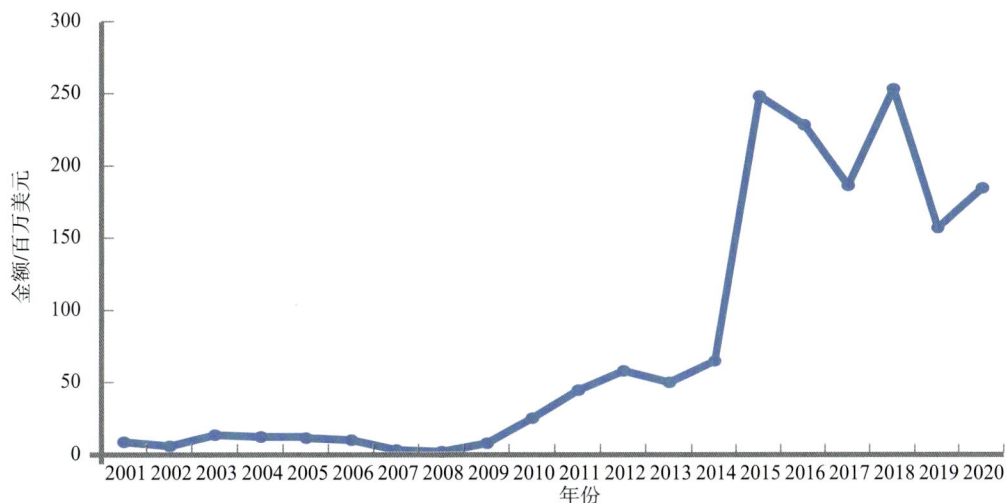

图 2.4　2001—2020 年日本风能技术研发情况（根据 OECD 2021 年 10 月 27 日数据绘制）

（3）英国的风能技术研发

英国的风能技术研发投入自 2001 年约 275.5 万美元逐步递增到 2004 年的 344.9 万美元，随后快速递增到 2006 年的约 5009.1 万美元，快速下降到 2009 年的约 1482.7 万美元，2010 年剧增至 9156.4 万美元后又快速下降到 2012 年的 2519.9 万美元，2013 年增至 4711.7 万美元后快速递减至 2015 年的 1205.1 万美元，2016 年剧增至 5460.8 万美元后，快速下降到 2018 年的 1292.9 万美元，2019 年增至 2909.6 万元后 2020 年又降至 1695.6 万美元，总体上英国风能技术研发不太稳定，呈现波浪式震荡的发展态势（图 2.5）。

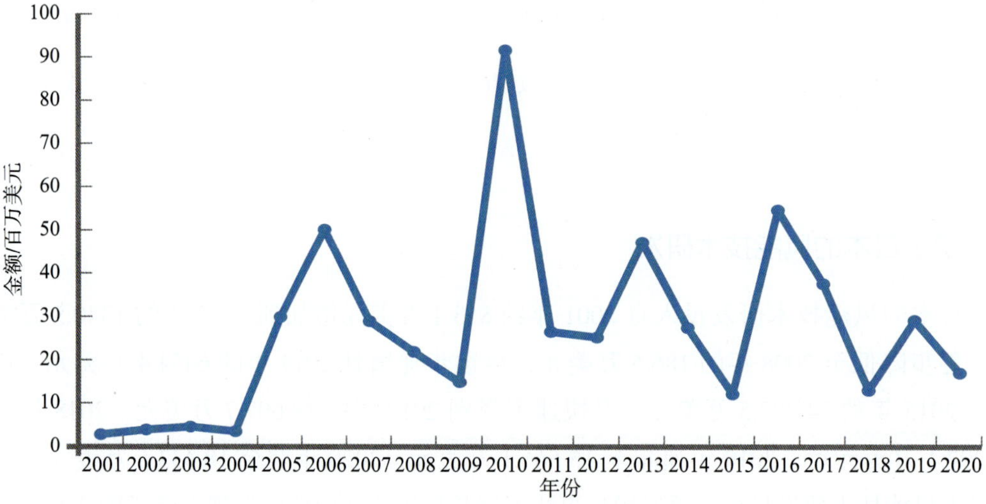

图 2.5   2001—2020 年英国风能技术研发情况（根据 OECD 2021 年 10 月 27 日数据绘制）

（4）德国的风能技术研发

德国的风能技术研发投入自 2001 年约 2599.2 万美元逐步下降到 2004 年的 1052.5 万美元，2005 年递增到约 2390.7 万美元后递减到 2006 年的 1422.6 万美元，递增到 2013 年的 6741.0 万美元后又递减到 2016 年的 6055.9 万美元，2017 年增至 9029.5 万美元，2018 年又降至 7060.6 万美元，最后又逐步增加到 2020 年的 8662.4 万美元，总体上德国风能技术研发呈现先逐步下降到波浪式增长的发展态势（图 2.6）。

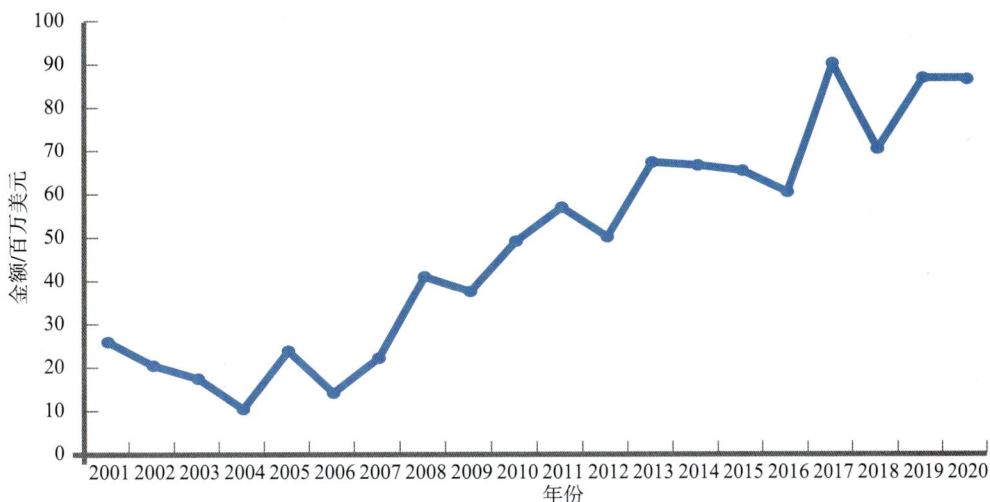

图 2.6　2001—2020 年德国风能技术研发情况（根据 OECD 2021 年 9 月 22 日数据绘制）

（5）法国的风能技术研发

法国的风能技术研发投入自 2001 年约 369.0 万美元增至 2004 年的 450.7 万美元，2005 年降至 312.4 万美元后又逐步递增到 2008 年的 540.9 万美元，2009 年下降到 145.3 万美元后 2010 年又急剧增至 1760.5 万美元，逐步递减到 2012 年的 1266.1 万美元，随后波浪式增至 2019 年约 2336.3 万美元，2020 年降至 2032.2 万美元，总体上法国风能技术研发呈现先缓慢递增、回调，到快速增长后再波浪式增长的发展态势（图 2.7）。

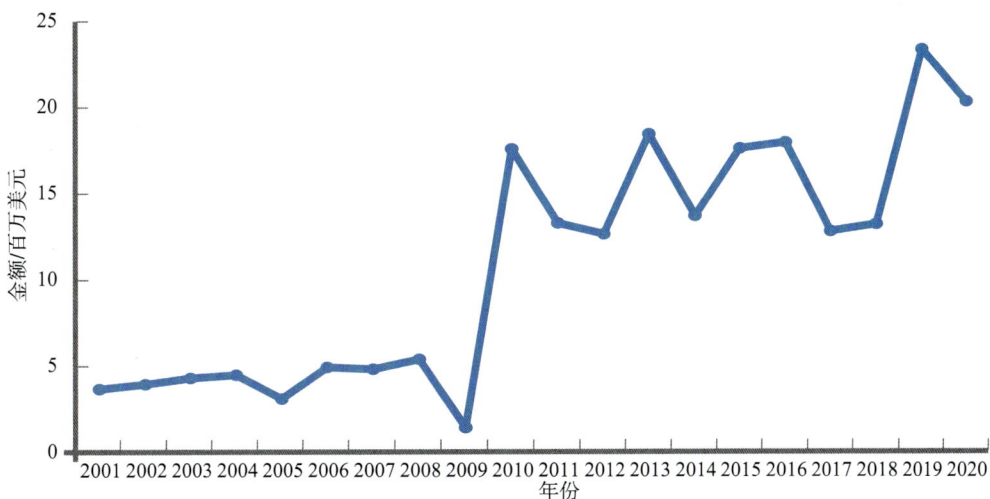

图 2.7　2001—2020 年法国风能技术研发情况（根据 OECD 2021 年 10 月 27 日数据绘制）

（6）加拿大的风能技术研发

加拿大的风能技术研发投入自 2001 年约 307.5 万美元逐步增至 2006 年的 819.4 万美元，

逐步降低到 2008 年的 576.3 万美元后，又快速递增到 2011 年的 1978.7 万美元，随后快速递减到 2014 年的 411.4 万美元，2015 年增至 531.5 万美元后又降至 2017 年的 416.9 万美元，逐步递增至 2019 年的 595.8 万美元，2020 年降至 565.0 万美元，总体上加拿大风能技术研发资助总量偏小，呈现先逐渐增长到短暂回调后快速增长再快速下降又变动式增长的发展态势（图 2.8）。

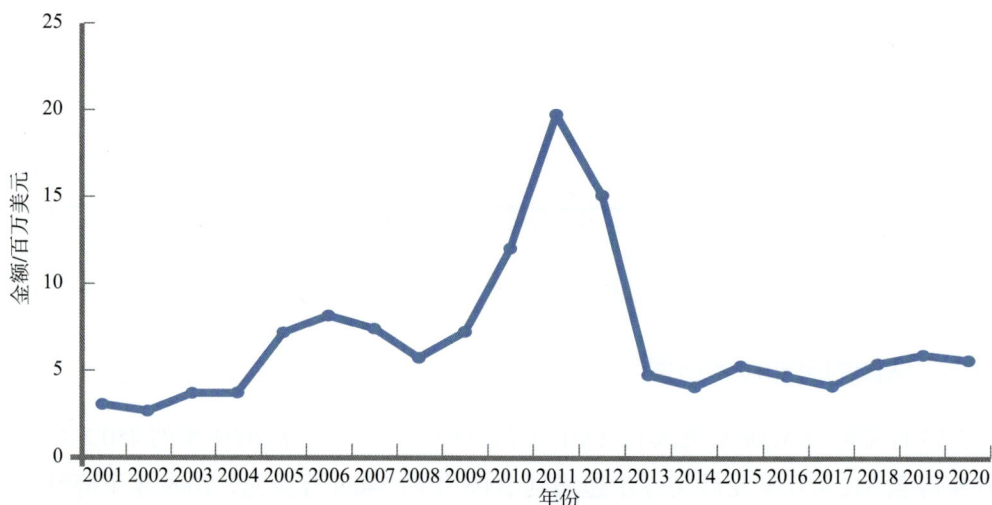

图 2.8　2001—2020 年加拿大风能技术研发情况（根据 OECD 2021 年 9 月 22 日数据绘制）

2.3　风能技术进展

风能作为实现双碳目标的重要可再生能源之一，其技术进展主要从论文、专利、最新技术等方面来体现。

2.3.1　风能论文计量分析

本小节以 Web of Science 核心集论文数据库为基础，确定检索式为：TS=（wind near/1 power）OR TS=（windpower）OR TS=（wind near/1 energy）OR TS=（windenergy）OR TS=（wind near/1 generat*）OR TS=（wind near/1 electricity）OR TS=（wind near/1 turbine）OR TS=（windturbine）OR TS=（"wind dynamo"）OR TS=（"wind turbo"）OR TS=（"wind engine"）OR TS=（aerogenerator）。对 2001—2021 年世界各国发表的风能技术领域相关论文数据进行统计分析，分别从发表年份、发表国家、发表机构、发表学科及期刊、关键词、被引频次、中心性等角度深入分析风能技术论文的整体发表情况、国家竞争情况、机构竞争情况及发展趋势。

（1）全球风能技术论文年度发表趋势

世界各国风能技术领域论文发表情况如图 2.9 所示。统计结果表明，2001—2021 年共发表论文 93 466 篇。2001 年以来，论文发表量呈现逐年上升的趋势，尤其是在 2004 年之后，论文发表量迅速增加，2009—2011 年论文发表量增速放缓，2012 年后论文发表量又继续呈上升趋势，在 2020 年达到峰值 9276 篇，后回落到 2021 年的 7940 篇。这说明，风能技术正处于加速发展期，全球对风能技术的关注度持续升温。

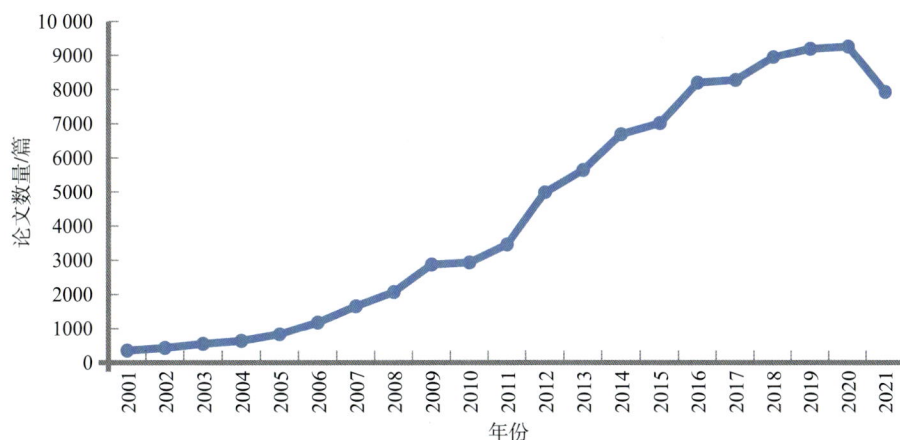

图 2.9　2001—2021 年全球风能技术领域论文逐年分布情况

世界各国风能技术领域高被引论文发表情况如图 2.10 所示。从图 2.10 中可以看出，全球风能技术领域高被引论文数量不多，总计 721 篇，高被引论文出现时间较晚，2012 年高被引论文出现 56 篇，2013 年回落到 52 篇后较快增至 2015 年的 74 篇，再次回落到 2017 年的 61 篇后，最后呈现逐年快速上升的趋势，在 2021 年达到峰值 91 篇。高被引论文往往代表了最新的科学发现和研究动向，被认为是科学研究前沿的风向标，这表明经过多年的研究积累，风能技术的研究已具有学术价值，并且正逐渐形成学术影响力。

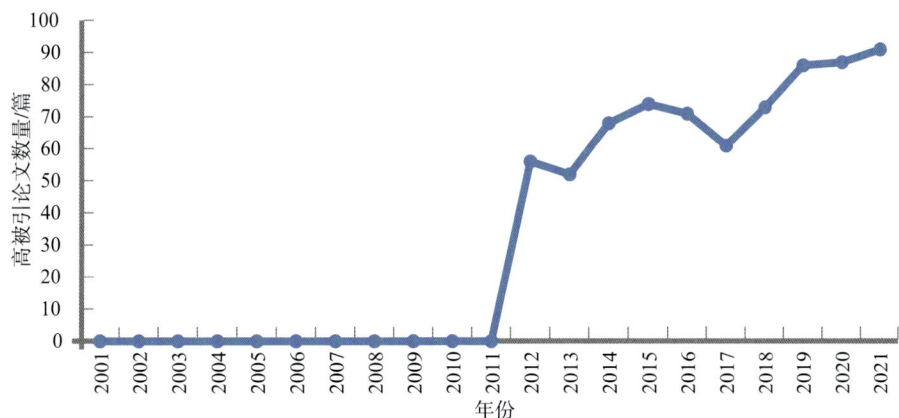

图 2.10　2001—2021 年全球风能技术领域高被引论文逐年分布情况

（2）风能技术主要论文发表国家

图 2.11 为排名前 15 位的国家论文发表数量和平均被引次数情况，可以看到中国的论文发表总量位居世界第一，但论文平均被引次数为 13.5 次／篇仅高于印度的 11.58 次／篇。荷兰虽然论文数量居世界第 15 位，但平均被引次数为 29.6 次／篇，位居世界第一。平均被引次数超过 20 次／篇的国家分别是荷兰、丹麦、英国、西班牙、加拿大、美国、澳大利亚和意大利，以欧美发达国家为主，亚洲国家的平均被引次数普遍偏低。这在一定程度上表明，世界范围内对欧美风能技术领域的研究工作的认可度偏高，学术影响力较大。

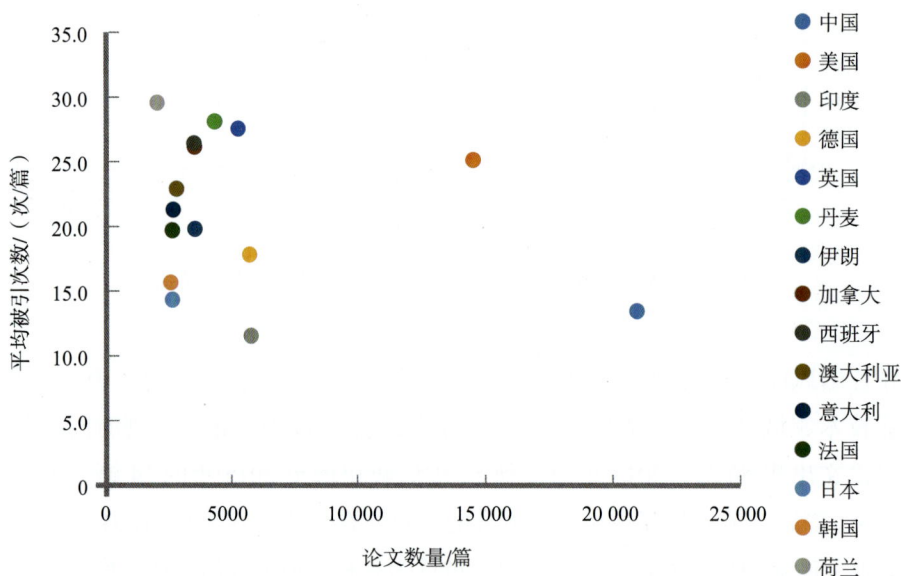

图 2.11　2001—2021 年风能技术领域论文发表数量排名前 15 位的国家

图 2.12 为排名前 5 位的国家论文逐年分布情况，可以看到 2001—2008 年，美国论文发表量一直处于领先地位，德国和英国在早期阶段的论文发表量也多于中国，此时中国风能技术研究处于早期发展阶段。2008 年后，中国风能论文发表量大幅提升，风能技术研究速度加快，在 2012 年中国论文数达 1031 篇，超过美国的 1009 篇，2015 年中国风能技术论文数 1388 篇，随后便逐渐与美国、德国、英国、印度拉开距离，到 2019 年中国风能技术论文达 2636 篇，随后又回落到 2021 年的 2420 篇。可见，中国在风能技术领域研究虽然早期积累较为薄弱，但是随着《国家可再生能源法》的颁布，风能技术发展速度很快，理论研究方面已经走在世界前列。

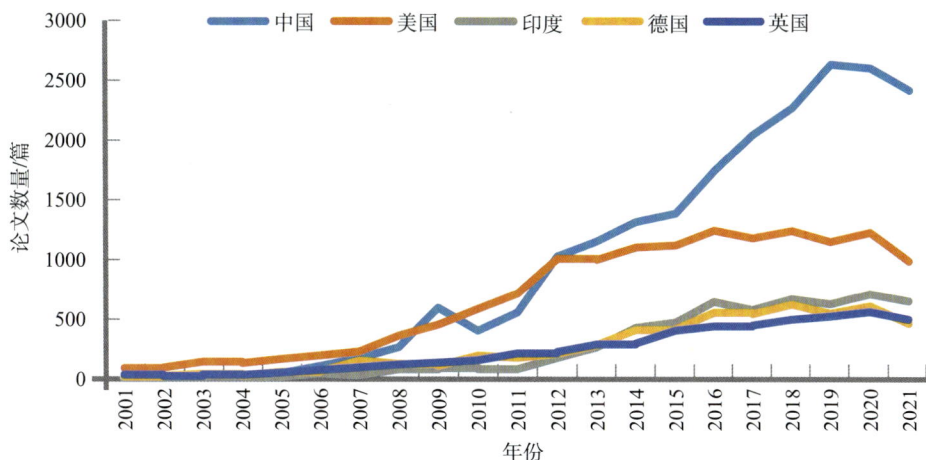

图 2.12　2001—2021 年风能技术领域排名前 5 位的国家论文逐年分布情况

（3）风能技术全球主要论文发表机构

通过对风能技术论文进行分析，得到排名前 15 位的主要发表机构，如图 2.13 所示。可以看到，排名前 15 位的发表机构以高校和研究单位为主。在这 15 家机构中，有 9 所高校，4 家研究单位，1 家企业和 1 家政府单位。其中，中国有 5 家机构，丹麦、美国和印度各有 2 家单位，埃及、挪威、荷兰和法国各有 1 家单位，且丹麦 2 家单位排名在前 5 位。由此可见，中国整体论文数量不仅位居世界第一，而且有多家具备全球竞争力的机构。但是丹麦占据研究机构论文发表量的第 1、第 4 名，且在所有的 8 个国家中，欧洲占据 4 个，可见欧洲在风能技术的理论研究中实力同样强劲。

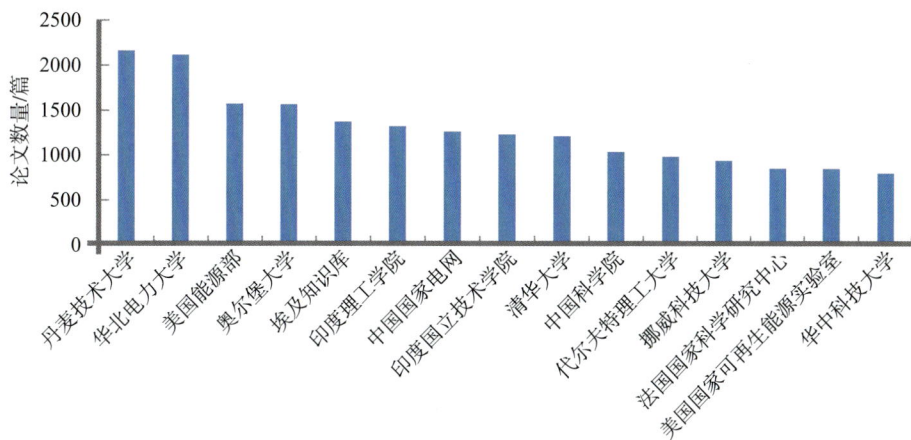

图 2.13　2001—2021 年风能技术全球论文发表数量排名前 15 位的机构

图 2.14 为排名前 5 位的机构论文逐年分布情况，可以看到 5 家机构的论文发布数量呈整体上升趋势。丹麦技术大学在风能技术理论研究中领先其余 4 家机构，2001—2012 年论文发布量排名第一，达 2164 篇；华北电力大学、美国能源部和奥尔堡大学紧随其后，

论文发布量分别为 2118 篇、1576 篇、1569 篇。2012 年，华北电力大学论文发布 125 篇开始超越丹麦技术大学的 75 篇，变动增至 2019 年的 271 篇后又较快地下降到 2021 年的 181 篇。与此同时，美国能源部、奥尔堡大学和埃及知识库论文发布量波动式变化，其中美国能源部由 2012 年的 79 篇增至 2014 年的 133 篇后回落到 2015 年的 110 篇，再增至 2016 年的 164 篇后又回落到 2019 年的 129 篇，2020 年增至 172 篇；奥尔堡大学由 2012 年的 94 篇较快增至 2015 年的 135 篇后逐步回调到 2019 年的 123 篇，2020 年增至 157 篇后又回落到 2021 年的 125 篇；埃及知识库的论文发表量从 2017 年的 119 篇增至 2019 年的 202 篇，2020 年回落到 185 篇后，2021 年又增至 222 篇。

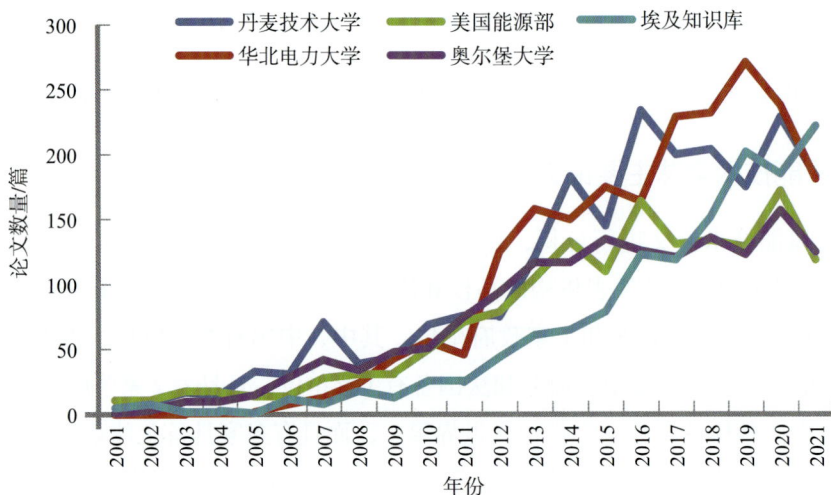

图 2.14　2001—2021 年风能技术排名前 5 位的机构论文逐年分布情况

（4）风能技术主要高被引论文

从表 2.5 可以看出，风能技术论文的学科分布比较集中。发布量排名第一的学科是能源与燃料，共有 37 474 篇论文；排名第二的是电子与电气工程，共有 33 521 篇论文。排名第三的是绿色可持续科学技术。其他关于风能技术的学科分布还包括工程机械、自动化及控制系统、环境科学、交叉工程学、力学、土木工程和多学科交叉材料科学。风能技术论文的期刊分布比较分散。发布量排名第一的期刊是 *RENEWABLE ENERGY*，共有 2813 篇；发布量排名第二的期刊是 *ENERGIES*，共有 2553 篇；发布量排名第三的期刊是 *ENERGY*，共有 1633 篇。其他关于风能技术的期刊还包括 *IEEE POWER AND ENERGY SOCIETY GENERAL MEETING PESGM*、*JOURNAL OF PHYSICS CONFERENCE SERIES* 等。论文及被引次数情况是论文总计 93 466 篇，被引次数为 1 585 353 次，篇均被引次数为 16.961 次，高被引论文 721 篇，高被引论文占比为 0.77%，h 指数为 230，高被引论文被引数为 157 182 次，高被引论文被引数（去除自引）为 155 531 次，高被引论文篇均被引次数为 218.01 次，热点论文为 12 篇（表 2.6）。

表 2.5　2001—2021 年风能技术论文学科、期刊及被引情况

序号	学科分布		期刊分布		论文数量及被引次数	
	学科	论文/篇	期刊	论文/篇		
1	能源与燃料	37 474	*RENEWABLE ENERGY*	2813	论文/篇	93 466
2	电子与电气工程	33 521	*ENERGIES*	2553	被引数/次	1 585 353
3	绿色可持续科学技术	11 177	*ENERGY*	1633	篇均被引次数/次	16.961
4	工程机械	9869	*IEEE POWER AND ENERGY SOCIETY GENERAL MEETING PESGM*	1627	高被引论文/篇	721
5	自动化及控制系统	5548	*JOURNAL OF PHYSICS CONFERENCE SERIES*	1621	高被引论文占比	0.77%
6	环境科学	4924	*RENEWABLE SUSTAINABLE ENERGY REVIEWS*	1545	h指数	230
7	交叉工程学	4193	*WIND ENERGY*	1440	高被引论文被引数/次	157 182
8	力学	3700	*APPLIED ENERGY*	1209	高被引论文被引数（去除自引）/次	155 531
9	土木工程	3586	*IEEE TRANSACTIONS ON POWER SYSTEMS*	989	高被引论文篇均被引数/次	218.01
10	多学科交叉材料科学	3577	*ENERGY POLICY*	970	热点论文/篇	12

表 2.6　2001—2021 年风能技术全球 TOP 10 高被引论文

序号	论文题目	关键词	机构	作者	国别	年份	合计被引用次数 / 次
1	锂电池和电双层电容器面临的挑战	Battery Safety; Electrical Double-layer Capacitors; Energy Storage; Li-air Battery; Li-S Batteries	蔚山科学技术院	Choi N S; Chen Z H; Freunberger S A; Ji X L; Sun Y K; Amine K; Yushin G; Nazar L F; Cho J; Bruce P G	韩国	2012	2159
2	电能存储技术发展现状及在电力系统运行中的应用潜力概述	Electrical Energy Storage; Overview; Power System; Technical and Economic Performance Features; Application Potential	华威大学	Luo X; Wang J H; Dooner M; Clarke J	英国	2015	1901
3	用于电化学储能的钠离子电池的新兴化学	Anodes; Cathodes; Energy Storage; Grid Storage; Sodium Ion Batteries	滑铁卢大学	Kundu D; Talaie E; Duffort V; Nazar L F	加拿大	2015	1495
4	摩擦纳米发电机作为一种新能源技术和自供电传感器的研究进展	Harvesting Wind Energy; Water-wave energy; Air-flow Energy;Contact-electrification; Mechanical Energy; Hybrid Cell; Sliding Electrification; Conversion Efficiency	佐治亚理工学院	Wang Z L; Chen J; Lin L	美国	2015	1301
5	可再生能源发电：技术和经济回顾	Power-to-gas; Electrolysis; Methanation; SNG; Renewable Energy	卡尔斯鲁厄理工学院	Gotz M; Lefebvre J; Mors F; Koch A M; Graf F; Bajohr S; Reimert R; Kolb T	德国	2016	1293

续表

序号	论文题目	关键词	机构	作者	国别	年份	合计被引用次数/次
6	可再生能源：现状、未来前景及其使能技术	Biomass Energy; Geothermal Energy; Hydropower Energy; Marine Energy; Solar Energy; Wind Energy; Smart Grid	哈勒旺大学	Ellabban O; Abu-Rub H; Blaabjerg F	埃及	2014	1226
7	用于锂离子电池的硅基纳米材料：综述	Solid-electrolyte-interphase; Molecular-beam Epitaxy; Thin-film Electrodes; Long Cycle Life;Core-shell Nanostructures; Size-dependent Fracture; Bottom-up Approach	布朗大学	Su X; Wu Q L; Li J C; Xiao X C; Lott A; Lu W Q; Sheldon B W; Wu J	美国	2014	1004
8	可再生和可持续能源制氢：清洁发展的有希望的绿色能源载体	Hydrogen; Global Warming; Solar; Wind; Biomass; Gasification	马来西亚工艺大学	Hosseini S E; Wahid M A	马来西亚	2016	957
9	风电应用用储能技术综述	Wind Power Plants; Energy Storage Systems	加泰罗尼亚能源研究所（IREC）	Diaz-Gonzalez F; Sumper A; Gomis-Bellmunt O; Villafafila-Robles R	西班牙	2012	926
10	安全约束单元承诺问题的自适应鲁棒优化	Bilevel Mixed-integer Optimization; Power System Control and Reliability; Robust and Adaptive Optimization; Security Constrained Unit Commitment	麻省理工	Bertsimas D; Litvinov E; Sun X A; Zhao J; Zheng T	美国	2013	920

（5）风能技术主要研究热点

利用 VOSviewer 软件，对全球风能技术领域发表的论文进行关键词共现分析，结果如图 2.15 所示。

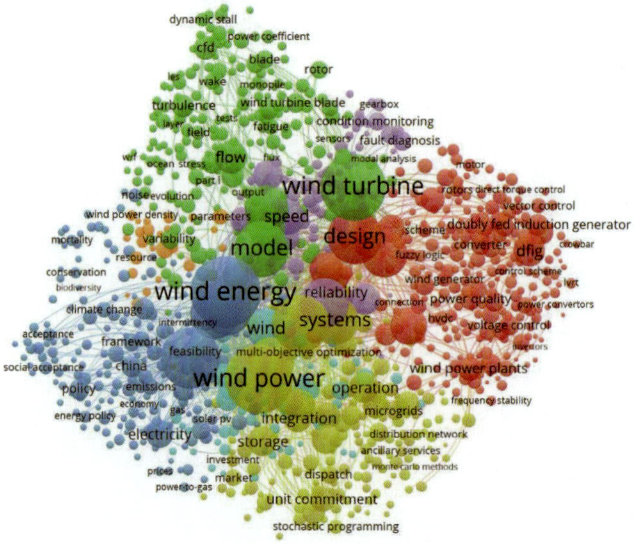

图 2.15　2001—2021 年风能技术论文关键词共现图谱

由图 2.15 可见，2001—2021 年论文大致可以被分为 3 个主要部分：第一部分是风电、风能及其配电网络；第二部分是风电、风能的设计、存储与控制，包括风电涡轮机、风电叶片设计、风电模型、控制系统等；第三部分是风能对环境的影响，包括碳排放及对动植物的影响等。

2.3.2　风能专利计量分析

（1）全球风能技术专利年度申请趋势

世界各国风能技术专利申请情况如图 2.16 所示。统计结果表明，2001—2021 年全球风能技术共申请专利 286 591 项。2001 年以来，专利申请量呈现逐年上升的趋势，尤其是在 2006 年之后，专利申请量迅速增加，在 2011 年达到第一峰值 19 840 项后专利申请量下降，在 2017 年达到第二峰值 23 513 项后呈现下降趋势，2019 年下降到 19 192 项，2020 年回升到 21 875 项，2021 年又下降至 17 282 项。这说明，风能技术正处于高速发展阶段。这主要是由于各国政府对全球气候变暖的重视程度不断上升，积极推动能源转型、低碳转型，发展风能等可再生能源的力度加大。同时，欧美的一些老牌风能企业和重要部件供应企业也开始在全球重要的新兴市场进行广泛的专利布局，使得专利申请数量显著增长。

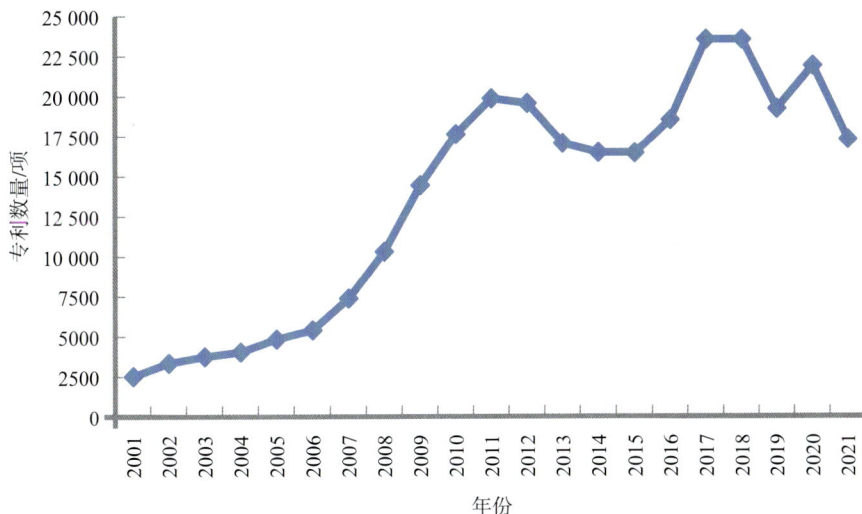

图 2.16　2001—2021 年全球风能技术专利逐年分布情况

（2）风能技术专利申请区域分布

图 2.17 为排名前 15 位的专利技术来源国的国家分布。可以看出，中国、德国、美国、日本是风能技术领域的技术强国，尤其是中国在风能技术的研发上占据领导地位，专利产出总量达 134 329 项，技术研发实力强劲，德国和美国紧随其后，分别为 33 158 项、23 677 项，但二者之和还不到中国风电专利数的一半。

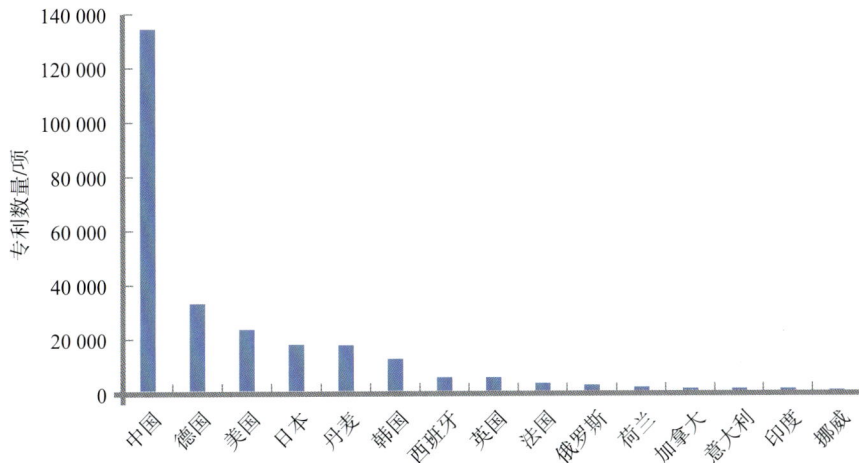

图 2.17　2001—2021 年风能技术全球排名前 15 位的专利技术来源国

图 2.18 为排名前 5 位的国家专利逐年分布情况，可以看到 2001—2006 年，德国、日本和美国专利申请量处于领先地位，此时中国风能技术研发处于萌芽发展阶段，2006 年后，中国风能技术研发速度加快，风能专利申请量大幅提升，逐渐与德国、美国、日本和丹麦拉开距离，到 2018 年达 15 277 件，虽然 2019 年回落到 12 655 件，但 2020 年又升至 16 792 件，远远超过其他四国风能专利之和。可见，中国在风能技术领域虽然起步较晚，但是发展速度很快，这与当时国家在可再生能源产业的规划和相关政策频繁出台密不可分，国家公共财政增加对风能技术研发的投入，引导企业与社会资金加大投资风能技术，从而使中国风能技术专利实现快速增长。

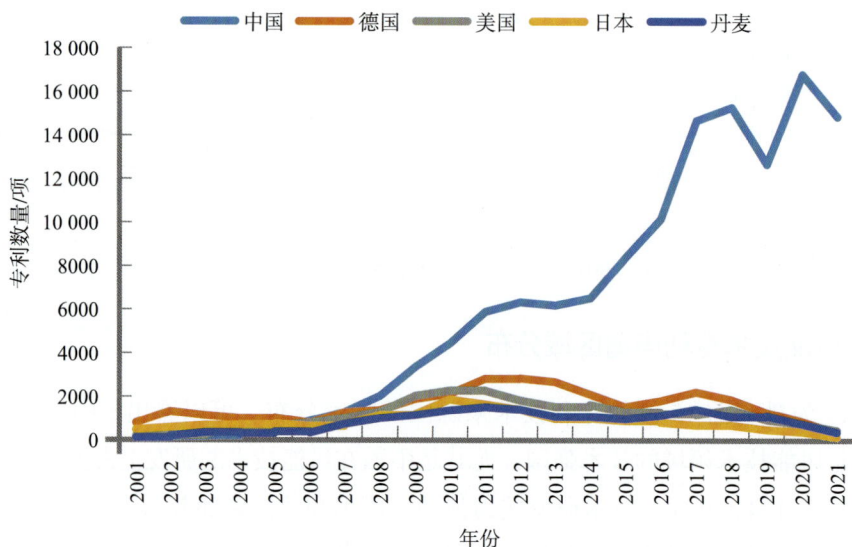

图 2.18　2001—2021 年风能技术排名前 5 位的国家专利逐年分布情况

企业为了在某一个国家 / 地区生产、销售其产品，必须在该国家 / 地区申请相关专利以获得知识产权的保护。因此，该国家 / 地区专利申请量的多少大致可以反映出企业市场的大小。图 2.19 反映了各主要国家 / 地区专利布局的情况，同时也反映出哪些国家 / 地区比较重视风能技术市场。从图 2.19 可以看出，中国、美国、德国的风能技术专利申请量居前 3 位，分别达 140 235 件、28 432 件、25 871 件，表明国际上非常重视中国、美国、德国等国家的风能技术市场。

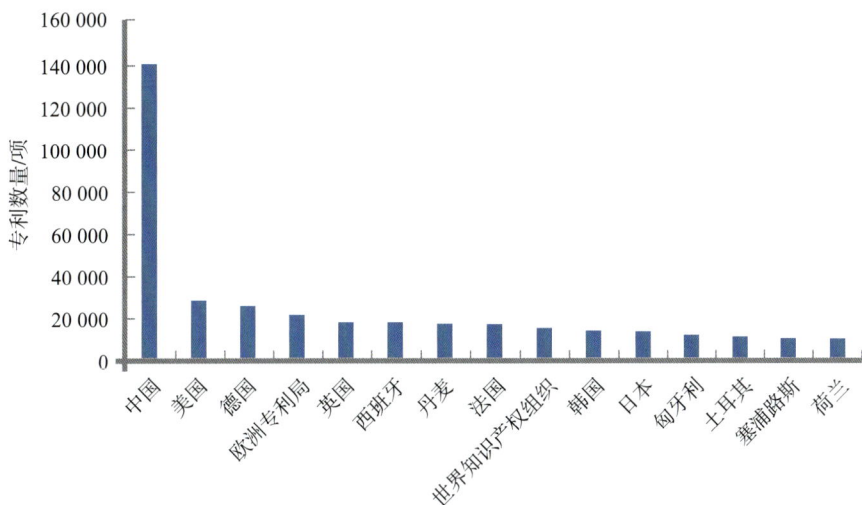

图 2.19　2001—2021 年风能技术全球排名前 15 位的专利受理国 / 地区

（3）风能技术主要专利权人

　　经过对风能技术专利进行分析，得到排名前 15 位的主要申请人，如图 2.20 所示。可以看到，排名前 15 位的申请人都是世界知名企业或大学。其中包括埃纳康公司（EnerconGmbH）、西门子、西门子能源公司、恩德能源及森维安等 5 家德国企业，国家电网有限公司、北京金风科创风电设备公司、华北电力大学及中国中车等 4 家中国企业或大学，三菱重工有限公司及日立有限公司等 2 家日本企业，以及美国、丹麦、韩国和印度等国各有 1 家企业。由此可见，德国虽然整体专利数量不如中国多，但是其有多家具备全球竞争力的大企业。而中国虽然整体专利数量排名世界第 1 位，但是具备全球竞争力的大型企业或大学排名靠后。而美国进入前 15 名的企业虽然只有通用电气公司 1 家，但是该公司的专利数量排名第 1 位，远远超过其他企业，显示了强大的技术实力。

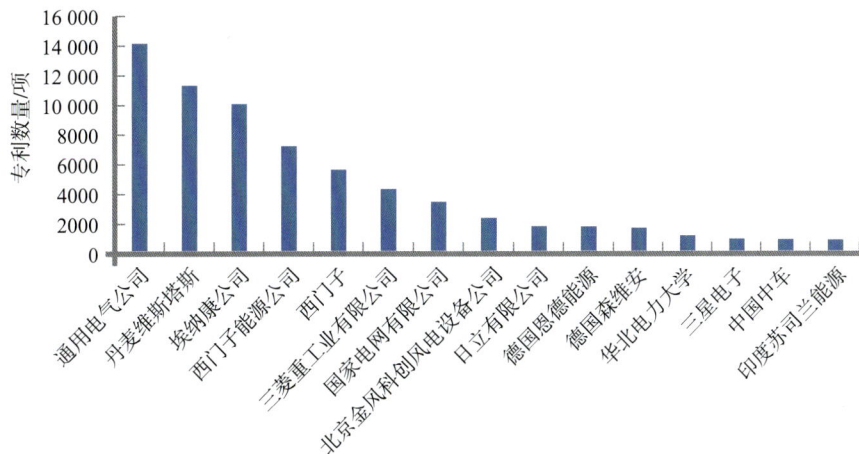

图 2.20　2001—2021 年风能技术全球排名前 15 位的专利权人

　　图 2.21 为排名前 5 位的专利权人专利逐年分布情况，可以看到埃纳康公司 2001—2004 年在风能技术研发布局中领先通用电气公司、丹麦维斯塔斯、西门子能源公司和西门子等其他 4 家企业，专利申请量排名第一，随后专利申请量下降到 2008 年的 55 项，较快增至 2013 年的 1017 项后回落到 2015 年的 529 项，再升至 2017 年的 967 项，最后快速下降到 2021 年的 258 项。通用电气公司自 2001 年的 40 项较快地增至 2006 年的 546 项，2007 年回落到 462 项后快速增至 2011 年最高点 1467 项，又较快地降低到 2016 年的 670 项，回升到 2018 年的 948 项，最后快速下降到 2021 年的 246 项。丹麦维斯塔斯自 2001 年的 22 项增至 2003 年的 256 项后，逐步下降到 2006 年的 112 项，随后快速增长到 2011 年的 1075 项，2013 年回落到 572 项又增至 2017 年的 1004 项，最后逐步下降到 2021 年的 175 项。西门子能源公司的专利申请量自 2001 年的 7 项逐年增加 2012 年的 511 项，随后回落到 2015 年的 304 项，再较快地增至 2019 年的 847 项，最后下降到 2021 年的 263 项。西门子的专利申请量自 2001 年 19 项增至 2003 年的 50 项，2004 年下降到 15 项后较快地增至 2011 的 1065 项，然后较快地下降到 2021 年的 3 项，其专利申请量总体上呈现先增长后下降的发展趋势。

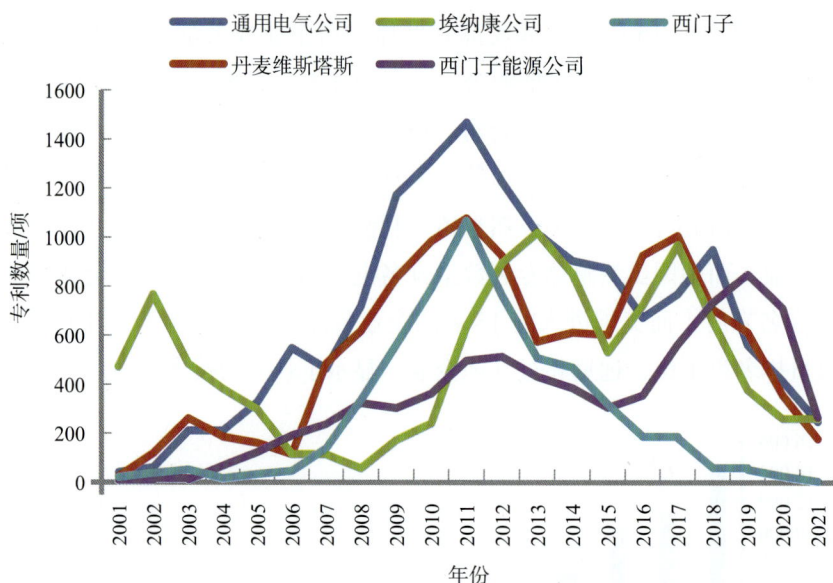

图 2.21　2001—2021 年风能技术排名前 5 位的专利权人专利逐年分布情况

（4）风能技术重点研发投入情况

　　为了进一步了解重点企业的研发能力状况，对排名前 10 位企业的研发能力进行分析，如表 2.7 所示。其中，"每项专利平均投入人次数"为发明人次数除以专利数，代表企业对技术的人力成本投入量；"平均每人专利数"为专利数除以发明人数的值，代表发明人研发风能技术的效率。

2 风能技术部署、研发与进展 | 97

表 2.7　2001—2021 年风能技术排名前 10 位的专利权人研发投入统计

序号	专利权人	专利数量 / 项	发明人次数 / 人次	发明人数 / 人	每项专利平均投入人次数 /（人次 / 项）	平均每人专利数 /（项 / 人）
1	通用电气公司	14 130	39 535	4449	2.8	3.2
2	丹麦维斯塔斯	11 311	26 397	2083	2.3	5.4
3	埃纳康公司	10 071	17 077	686	1.7	14.7
4	西门子能源公司	7216	15 936	2152	2.2	3.4
5	西门子	5634	12 002	1529	2.1	3.7
6	三菱重工有限公司	4332	12 267	775	2.8	5.6
7	国家电网有限公司	3473	31 348	8778	9.0	0.4
8	北京金风科创风电设备公司	2393	5431	817	2.3	2.9
9	日立有限公司	1830	6366	922	3.5	2.0
10	德国恩德能源	1810	4420	584	2.4	3.1

从表 2.7 可以看到，专利数量最多的专利权人是通用电气公司，达 14 130 项，随后有 5000 项以上的专利权人依次是丹麦维斯塔斯 11 311 项、埃纳康公司 10 071 项、西门子能源公司 7216 项及西门子 5634 项。发明人次数最多的专利权人还是通用电气，达 39 535 人次，超过 10 000 人次的专利权人依次是国家电网有限公司 31 348 人次、丹麦维斯塔斯 26 397 人次、埃纳康公司 17 077 人次、西门子能源公司 15 936 人次、三菱重工有限公司 12 267 人次及西门子 12 002 人次。发明人数最多的专利权人是国家电网有限公司，有 8778 人，超过 1000 人的专利权人依次是通用电气公司 4449 人、西门子能源公司 2152 人、丹麦维斯塔斯 2083 人及西门子 1529 人。从"每项专利平均投入人次数"来看，国家电网有限公司最高，达 9.0 人次 / 项；之后是日立有限公司 3.5 人次 / 项、通用电气公司 2.8 人次 / 项、三菱重工有限公司 2.8 人次 / 项和德国恩德能源 2.4 人次 / 项。从"平均每人专利数"来看，埃纳康公司的发明人研发风能技术的效率最高，达 14.7 项 / 人，之后是三菱重工有限公司 5.6 项 / 人、丹麦维斯塔斯 5.4 项 / 人、西门子 3.7 项 / 人、西门子能源公司 3.4 项 / 人、通用电气公司 3.2 项 / 人和德国恩德能源 3.1 项 / 人，明显超过了其他公司。

（5）风能主要专利技术领域分布

从表 2.8 可以看出，风能技术专利的分布比较集中。申请量排名第一的 IPC 小类是 F03D（风力发电机），专利数量共有 82 993 项；排名第二的是 Y02E（涉及能源产生、传输和配送的温室气体减排技术），专利数量共有 49 388 项；排名第三的是 H02J（供电或配电的电路装置或系统；电能存储系统），专利数量共有 18 973 项。其他关于风能技术的申请专利主要涉及 H02K 电机 9178 项，与建筑有关的气候变化减缓技术 6076 项，与基础、挖方、填方有关的专利 4604 项，与专门用途的建筑物或类似的构筑物等有关的专利 4524

项，与传动装置有关的专利 3782 项，H02P 电动机、发电机或机电变换器的控制或调节，控制变压器、电抗器或扼流圈方面的专利 3631 项，以及轴、软轴等方面的专利 3378 项。

表 2.8   2001—2021 年风能排名前 10 位的专利技术领域（IPC 分类）   单位：项

序号	IPC 分类号	IPC 注释	专利数量
1	F03D	风力发电机	82 993
2	Y02E	涉及能源产生、传输和配送的温室气体减排技术	49 388
3	H02J	供电或配电的电路装置或系统；电能存储系统	18 973
4	H02K	电机	9178
5	Y02B	建筑领域的气候变化减缓技术	6076
6	E02D	基础、挖方、填方	4604
7	E04H	专门用途的建筑物或类似的构筑物；游泳或喷水浴槽或池；桅杆；围栏；一般帐篷或天篷	4524
8	F16H	传动装置	3782
9	H02P	电动机、发电机或机电变换器的控制或调节，控制变压器、电抗器或扼流圈	3631
10	F16C	轴；软轴；在挠性护套中传递运动的机械装置；曲轴机构的元件；枢轴；枢轴连接；除传动装置、联轴器、离合器或制动器元件以外的转动工程元件；轴承	3378

2.3.3　风能最新技术进展

自 2020 年以来，近 3 年全球风能在关键材料、关键技术、核心设备等方面的突破与最新进展如下。

（1）关键材料

1）新型 15 MW 发电机摆脱稀土永磁体依赖且重量降低 56%

2022 年 8 月 3 日，欧洲海上风电报道，英国 GreenSpurWind 公司宣布，为应对稀土永磁体对全球海上风电供应链构成的风险，他们找到了可靠的解决方案：基于美国 Niron Magnetics 公司开发的世界上第一个商用、高性能、无稀土永磁体 Generation 1 Clean Earth Magnet™，他们设计了一款新型无稀土永磁体的 15 MW 发电机，比目前常规的永磁体发电机的重量降低了 56%，从而降低了成本。该 15 MW 新型发电机概念已通过英国海上可再生能源技术创新与研究中心（ORE Catapult）的审查，证实其设计能够满足目前市场的目标。

2）GE 的 3D 打印混凝土风力涡轮机塔

2022 年 4 月 19 日，通用可再生能源（GE Renewable Energy）公司的员工在纽约罗切斯特附近的工厂里使用世界上最大的 3D 打印机，用高科技混凝土制作风力涡轮机塔的基座，将预制钢塔连接到 20 米高的混凝土基座上，可以帮助风电场设计师建造高达 140 米（450 英尺）的涡轮机，使风能行业突破目前陆上风力涡轮机尺寸和功率的瓶颈，并带来更高效的风电场设计，提高风电场的年发电量[①]。COBOD 公司提供的巨型 3D 打印机，有三层楼高。GE 可再生能源 2020 年和 COBOD、混凝土企业 HOLCIM 建立了合作伙伴关系，共同研发风机基础的 3D 打印技术。GE 宣称，这项 3D 打印技术有望在 5 年内投入使用，也将成为世界上最大的用于打印混凝土的 3D 打印机。除了风机基础之外，GE 还希望通过 3D 打印，完成生产塔筒、叶片等部件。例如，2020 年 6 月，GE 使用 3D 打印技术成功生产出了一套高 10 米的模型风机塔筒；2021 年 5 月，GE 又与美国能源部共同研究 3D 打印风机叶片。总之，3D 打印可缩短风机生产周期，减少运输环节，降低运输成本，实现美国本土化生产。

3）最轻且唯一的模块化风力涡轮机叶片

英国爱丁堡 ACT Blade Europe 公司成立于 2019 年 10 月，致力于商业化开发 ACT Blade 技术。其新型 ACT 叶片是一种张紧的织物覆盖的风力涡轮机叶片，可通过控制负载来主动改变形状。由于使用获得专利的新型构造方法和纺织品，ACT 刀片可比传统刀片轻 32%，使其长度增加 10%，并直接有助于产生 9% 的风电，同时减少能源平准化成本 7%。基于组件的 ACT Blade 减少工具成本 60%，其工厂也比传统刀片的工厂小 47%[②]。可见，该技术具有轻质、设计之初就使用完全可回收材料、易维修三大优点。2020 年 2 月，完成 13 米原型机并于当年 4 月在布莱斯的 ORE Catapult 国家可再生能源中心完成静态测试后便开始测试。结果表明，叶片可以承受极端载荷及各种类型的方向和扭曲，超出了在役涡轮机的预期。

4）启动寿命终止计划，回收未来退役的风力涡轮机叶片

2022 年 6 月 21 日，由南澳大利亚大学彼得·马耶夫斯基教授领导的一项新研究表明，除非很快建立寿命终止计划，否则到 21 世纪末，将有成千上万的风力涡轮机叶片被填埋。风力涡轮机叶片由碳纤维或玻璃纤维复合材料制成，两者分解成本都很高，回收材料的市场价值很低。期望出现一个基于市场的回收解决方案是不现实的。目前，世界许多地方的风力涡轮机叶片被倾倒在垃圾填埋场，但一些欧洲国家已禁止这种做法，估计到 2050 年，全世界叶片废料将有 4000 多万吨，因此迫切需要决策者立即介入以寻找替代解决方案，建议启动风力涡轮机叶片的寿命终止计划，采用产品管理或扩大生产者责任的方法，将回收叶片的成本考虑到其制造成本或运营成本中，只有处理了这些将在未来几年内下线的刀

① GE.Fit to print: GE is looking at 3D-printing wind turbine towers from concrete for more efficient wind farms［EB/OL］.（2022-04-19）［2022-07-24］.https://www.ge.com/news/reports/fit-to-print-ge-is-looking-at-3d-printing-wind-turbine-towers-from-concrete-for-more.

② Composites World.ACT Blade, AMRC cooperate on 13m blade demonstrator［EB/OL］.（2020-07-06）［2022-07-24］.https://www.compositesworld.com/news/act-blade-amrc-cooperate-on-13m-blade-demonstrator.

片，才能促进风能的可持续发展。

（2）关键技术

1）仿生襟翼提高风能效率

2022年3月29日，《风能日报》报道，AIP出版的《可再生和可持续能源杂志》（*Journal of Renewable and Sustainable Energy*）报道了中国科学家刘晓敏的模仿生物飞行控制系统方法，将海鸥翅膀的特征与一种被称为轮床襟翼的工程流量控制附件结合起来，比较了计算模拟结果与飞机机翼动态失速的实验结果，表明计算出的升力曲线的总体趋势与实验测量结果非常吻合，组合流量控制附件有效地提高了翼型的升力系数。对于16°～24°的迎角，当组合使用格尼襟翼和仿生襟翼时，机翼的最大升力系数增加15%，可以较大地提高风力涡轮机的性能。

2）1500个传感器用于未来的转子叶片

2022年6月1日，《风能日报》报道，2022年4—5月，德国航空航天中心空气弹性研究所（DLR Institute of Aeroelastics）和德国航空航天中心复合材料结构与自适应系统研究所（DLR Institute of Composite Structures and Adaptive Systems），联合汉诺威莱布尼兹大学的研究人员在克鲁门迪奇的威瓦迪（风力验证）风能研究场为两台风力涡轮机生产6个转子叶片。在工业合作伙伴Enercon的葡萄牙工厂，由30人组成的团队为转子叶片配备了约1500个传感器，提供了从叶尖到叶根最先进的测量技术。实际使用前在弗劳恩霍夫风能系统研究所（IWES）的试验台上进行密集拉力试验，测量静力学、变形和内应力。这些测试完成后，于2022年秋季安装高科技转子叶片。这是第一次能够在全尺寸设备上和实际运行期间全面研究风力涡轮机的振动和负载行为以及空气动力学和静力学。利用振动、材料载荷、稳定性等方面的数据，通过更好的模拟和设计更大、更轻的转子叶片，建造出更轻、更稳定的涡轮机。

3）GE将测试120米风电叶片

2020年8月25日，北极星风力发电网报道，GE测试全球"最大、最先进"的风电叶片，叶片长达120米。此前，在LM风电公司的法国瑟堡工厂已完成了为GE's Haliade-X12 MW海上风电机组生产的世界上第一支107米长叶片脱模工作，该机型的开发费用超过4亿美元。风电叶片不仅是将风能转化为机械能的重要部件之一，也是获取较高风能利用系数和经济效益的基础，因此被喻为风机的"灵魂"。随着风机大型化趋势愈发明显，大型风机叶片也被看作衡量企业技术实力的标志之一。下一代涡轮机的功率将在12～15 MW，其转子长度为200～260米。弗劳恩霍夫风能系统研究所在不来梅港建造一个新的试验台来开展巨型叶片的测试工作，可以对最长115米的叶片进行全尺寸测试。

4）瑞典首个储能组合式光伏风力发电厂在荷兰投入运营

2022年3月22日，《光伏》杂志报道，瑞典大瀑布电力公司（Vattenfall）在荷兰

"Haringvliet"能源园区实施了将风力发电、光伏发电和电池存储相结合的首个全混合动力发电厂，其中光伏系统有 38 MW，风电场有 22 MW，还有 12 个标准海运集装箱中的 288 个电池可临时储存电力。该全混合动力发电厂具有综合规划开发的优势，共享相同的变电站、电缆和服务路线，有利于发挥不同发电设备的协同效应，不仅能大大缩短单一电力规划的时间，还降低了开发成本并减少了对环境的影响，可为更有效地规划和实施此类可再生能源集成发展项目提供参考。

5）新的风电场控制软件，可以实现未来风电项目利润最大化

2022 年 4 月 25 日，美国国家可再生能源实验室（NREL）的风能控制研究小组宣布在美国能源部风能技术办公室支持下，正式发布了由国家海上风电研发联盟提供资金、由 NREL 和代尔夫特理工大学开发的 FLOW 稳态重定向和感应（FLORIS）风电场控制软件 3.0 版。这是一个重新设计、重写和增强的开源软件，可优化流量控制策略，可提高现有风能设施生产力，实现未来风电项目利润最大化。FLORIS 3.0 新改进内容主要包括提高计算风电场年发电量的计算速度、增强海上风电场模型、混合涡轮模型能力、基于 FLORIS 的监控分析（FLASC）配套存储库等方面，现在可供学术界、制造商、开发商和小型企业使用，使用户能以更短的计算时间考虑风电厂的控制策略。该版本要比 2.1 版快 100 倍，比 2.4 版快 30 倍，也更准确，能支持更多不同的计算。

（3）核心设备

1）全新第四代风电安装船 N966 项目出海试航

2022 年 7 月 28 日，由启东中远海运海工承建的全新第四代风电安装船 N966 项目出海试航，将完成航行系统、动态定位系统、插桩和升降及主起重机的最大吊重试验。所有试验项完成后回靠船厂码头，于 2022 年 8 月底交付给欧洲知名船东。该船为定制的 EPC 总包项目，项目总长 169.3 米，宽 60 米，型深 14.6 米，配有 4 条桁架式桩腿，可以在海面上保持稳定的工作条件，并配备了 DP2 系统，是专门为海上风电装备的运输、吊运和安装而设计的，作业深度超过 80 米，有效载荷约 16 000 吨，主吊机起重能力超 3000 吨，均为该类船型之最，可安装最大海上风机为 18～20 MW。与现有自升式风电安装船相比，该船具有更好的操作性、更大的甲板空间，优化了海上安装工作，并降低燃料消耗和排放，不仅为未来海上可再生能源做好准备，还可用于石油和天然气行业，以及海上结构的拆除。

2）全球最大最新一代海上风电甲醇驱动安装船在烟台开工

2022 年 7 月 20 日，由中集来福士为荷兰 Van Oord 公司建造的 Van Oord JUV BOREAS 大型风电安装船在烟台建造基地举行开工仪式，标志着该项目正式进入建造阶段，且双方通过此次合作，发挥各自在技术、建造、运维等方面的优势，共同推动海上风电产业的可持续发展。该项目由丹麦主流设计公司 KEH（Knud E. Hansen）设计，船长 176 米，船宽 63 米，型深至主甲板 13.2 米，最大工作水深 80 米，定员 135 人，最大净载升降能力超过

20 000 吨，甲板面积超过 7000 平方米，主吊起重能力超过 3000 吨，为三角桁架桩腿，桩腿长 127.4 米，为满足清洁环保的排放要求，配备有甲醇储舱约 3000 立方米及甲醇双燃料主机 5 台。

3）全球最大在运风机装上连续波激光雷达测风设备

2022 年 6 月，西门子歌美飒宣布，全球在运的最大风机 SG 14.0-222 DD 样机安装了 ZX Lidars 研发的全新、连续波 ZX 测风激光雷达。该产品完全遵照国际电工委员会（IEC）关于功率曲线的测量标准，最大的特点是能够准确测量轮毂前方的风切变，这在大兆瓦风机时代显得尤为重要。西门子歌美飒公司表示一直与 ZX Lidars 保持密切合作，使用经过验证的可靠技术，为 SG 14.0-222 DD 样机的测试提供支撑。2020 年 5 月，西门子歌美飒发布了采用永磁直驱技术的 SG 14.0-222 DD 风机，其叶片采用西门子歌美飒专利技术一体铸造，长 108 米，叶轮直径 222 米，扫风面积 39 000 平方米，功率调节采用变桨调速变速。2021 年 9 月 26 日，西门子歌美飒已开始在丹麦安装其 14 MW 海上风电样机。2021 年 12 月，SG 14.0-222 DD 样机在丹麦 Østerild 国家风能测试中心实现成功发电。目前，在美国和亚太地区海上风电项目的 14 MW 风电机组订单已超过 4.34 GW。

4）维斯塔斯推出 15 MW 海上风电机组

2021 年 2 月 7 日，维斯塔斯宣布推出 V236-15.0 MW 海上风机，作为其进军海上风电领域的"杀手锏"，机组计划于 2022 年安装，2024 年进行批量生产。2020 年 10 月末，维斯塔斯与三菱重工达成协议，收购三菱重工在双方合资企业三菱重工维斯塔斯海上风电（MVOW）股份中的 50%。V236-15.0 MW 海上风机是三菱重工维斯塔斯大 MW 海上风电机组产品的研发创新，在很大程度上会提高风电机组的发电效率，并持续降低海上风电项目投入成本，利用现有的风机平台（如 9 MW 和 EnVentus 平台）的最佳设计和协同作用，通过模块化方法扩展组件的规模来扩大风机设计的工业化水平，是全球最大的海上风电机组，其清扫面积超过 43 000 平方米，机组性能行业领先，可将风能生产的边界提高到每年 80 GW·h，足以为大约 20 000 个欧洲家庭供电，并节省 CO_2 排放超过 38 000 吨。V236-15.0 MW 海上风机拥有风电行业最大的转子和最高的额定功率，在提供出色的发电量同时，可以减少风电机组台数。与 V174-9.5 MW 相比，V236-15.0 MW 的发电量高出 65%，对于 900 MW 的海上风电场来说，使用 V236-15.0 MW 的海上风机可以减少机位 34 台，并提高发电量 5%。

3 核能技术部署、研发与进展

核能作为清洁、高效、安全的新能源，是全球实现碳达峰、碳中和目标的重要技术选项之一，受到美国、日本、欧盟等全球主要国家与地区的高度重视，取得了显著的发展成效。据国际原子能机构（IAEA）《直至 2050 年能源、电力和核电预测》2021 年版年度报告显示，截至 2020 年底，全球在运核电机组共 442 台，总装机容量为 392.6 GW；在建核电机组 52 台，总装机容量为 54.4 GW。其中，2020 年总装机容量约为 5.5 GW 的 5 台核电机组实现首次并网发电，总装机容量约为 5.2 GW 的 6 台核电机组永久关闭；新开工建设 4 台机组，总装机容量近 4.5 GW。2020 年，全球总发电量 2.51 万 TW·h，同比减少 2%；核发电量 2553 TW·h，同比减少约 4%，占全球总发电量的 10.2%[①]（图 3.1）。

图 3.1　核能反应堆示意

3.1　核能技术部署

（1）美国的核能技术部署

核能在美国能源结构中占据重要地位。截至 2022 年 5 月底，美国有 92 座核反应堆，总装机容量为 94.718 GW；在建反应堆 2 座，总装机容量为 2.234 GW；反应堆关闭 41 座，

[①] IAEA.Energy, electricity andnuclear power estimatesfor the period up to 2050［EB/OL］.［2022-11-10］.https://www-pub.iaea.org/MTCD/Publications/PDF/RDS-1-41_web.pdf.

总装机容量为 19.976 GW[①]。可见，美国非常重视核能技术的研发部署，主要表现在以下几个方面。

第一，美国出台相关法律法规与政策，支持核能技术的发展。一是美国制定了核能法律法规。1946 年 8 月 1 日，美国国会通过了名为《麦克马洪法》的原子能立法，规定成立原子能委员会，由该委员会掌握所有核裂变物质、研制核武器及和平利用核能，对相关研究进行监管。随后，美国为在与苏联展开的核军备竞赛中获胜，1954 年颁布了《原子能法》，这是一部取代《麦克马洪法》的综合性法律，确立了美国原子能发展的总体法律框架，鼓励核原料的开采、核设施的研发，注重规范原子能事业在各领域的活动，允许美国政府和其他国家展开核能合作。2018 年 12 月 20 日，美国国会通过《核能创新和现代化法案》（Nuclear Energy Innovation and Modernization Act，简称 NEIMA 法案），该法案规定了美国先进反应堆创新和商业化所需的专业知识与管理流程，为美国下一代先进反应堆的开发和商业化提供良好的政策环境。该法案强调增加美国核监管委员会（NRC）预算和收费项目的透明度并对不透明事项实施问责，制定商用先进核反应堆许可框架，并提高铀资源利用率和监管效率，法案要求美国能源部修建一座"多功能中子源"，并建立一家国家反应堆创新中心，使得美国创新者能在本国本土制造商业前反应堆原型。2019 年 1 月 14 日，美国总统特朗普签署了 NEIMA，该法案简化办理许可证程序并加快了美国先进反应堆的建设部署。为响应 NEIMA，美国能源部核能办公室建立了多功能试验反应堆（VTR）计划，建设一个多功能的基于反应堆的快中子源，该源具有高中子通量、辐照灵活性、多种实验环境能力和许多并发用户的容量。《2020 能源法案》（Energy Act of 2020）加大核能、储能、电动汽车、可再生能源和 CO_2 捕集利用与封存技术的研发，推动清洁能源技术发展。2021 年 11 月 15 日，美国国会颁布的《基础设施投资和就业法》为核能基础设施建设提供高达 85 亿美元资金，授权设立 60 亿美元的民用核信贷计划，美国商用反应堆股东或运营商可申请认证并竞标信贷，避免在运反应堆因财务问题而被迫退役；投入 25 亿美元，用于支持 2028 年前美国 X-energy 计划的四机组 Xe-100 反应堆及泰拉能源（TerraPower）在怀俄明州凯默尔建造的钠反应堆等两个先进反应堆的演示项目[②]。2022 财年，美国《预算法案》中为能源部核能项目投入高达 18.5 亿美元，比 2021 财年增长 23%。2023 财年，美国《预算法案》中为能源部核能办公室提供 28.74 亿美元，相较 2021 财年执行预算增长约 45%，创历史新高。其中，研发项目投入 10.34 亿美元，包括燃料循环研发项目 4.22 亿美元，先进反应堆示范计划 2.3 亿美元，反应堆概念研究、开发和示范（RD&D）项目 1.35 亿美元，核能支持技术研发项目 1.03 亿美元等；基础设施项

---

① World Nuclear Association.Nuclear power in the SA［EB/OL］.［2022-08-10］.https://world-nuclear.org/ information-library/country-profiles/countries-t-z/usa-nuclear-power.aspx.

② DOE.5 Nuclear energy stories to watch in 2022［EB/OL］.（2022-01-19）［2022-08-10］. https://www.energy.gov/ne/articles/5-nuclear-energy-stories-watch-2022.

目投入 5.14 亿美元，包括爱达荷州设施管理项目 3 亿美元、爱达荷国家实验室安全措施项目 1.57 亿美元、多功能试验反应堆项目 0.45 亿美元等。这一系列核能法律法规提出加大支持核能技术研发、示范与应用推广，促进清洁能源技术发展。二是通过代金券支持美国能源部核技术加速创新门户计划。2022 年 6 月 23 日，世界核新闻网报道，美国能源部（DOE）授权给奥拉诺联邦服务（Orano Federal Services）和 TerraPower 代金券，利用它们获得 DOE 国家实验室的使用权，帮助推进核技术加速创新门户（GAIN）计划。GAIN 不是通过直接的经济奖励，而是通过代金券，为先进的核技术创新者提供免费进入国家实验室的机会，使其能使用美国 DOE 国家实验室综合体的研究能力和专业知识。TerraPower 正在开发熔融氯化物快反应堆，这是一个将在爱达荷国家实验室建造的概念验证临界快速光谱盐反应堆（Fast-spectrum Salt Reactor）。授予 TerraPower 的 GAIN 代金券将用于利用洛斯阿拉莫斯国家实验室的中子测试能力来测量氯同位素的特性，以确定其在熔融氯化物反应堆实验（MCRE）中的表现，生成有助于减少 MCRE 监管不确定性的数据。所有获得代金券的组织都应承担成本分摊至少 20%，这种分摊可以是实物捐助[1]。三是制定各州层面的核能法律法规。2022 年 7 月 6 日，加利福尼亚州奥克兰突破研究所发布《推进核能：评估美国清洁能源未来的部署、投资和影响》报告，该报告显示[2]：一方面，美国一些州限制或禁止新建核电站。截至 2022 年 2 月，美国 12 个州限制或禁止建设新的核电站。明尼苏达州全面禁止新核电建设，而纽约则禁止建设核电站，特别限于长岛。加利福尼亚州、康涅狄格州和伊利诺伊州只允许在全国范围内开发废物处理或后处理途径的情况下进行新的核能发电。夏威夷、马萨诸塞州、罗德岛和佛蒙特州的州立法机构限制建设新的核电站，除非满足各种条件（如立法机构的批准和／或登记的州选民的批准）。一些州（如俄勒冈州和缅因州）规定了新核能在废物处置库和公众投票批准方面的内容。在新泽西州，新核电项目的批准取决于其环境保护专员的调查结果，即项目产生的放射性废料的处置"将是安全的，符合核管理委员会制定的标准，并将有效地消除这种废料对生命和环境造成危险。"另一方面，美国越来越多的州通过法律法规支持核能开发与利用。考虑到核能作为碳排放燃料的替代品、高薪工作的来源和税收产生者的许多优势，美国一些州认识到核能是一种安全、清洁的能源，有能力通过核能实现气候目标，许多州正在增加对核电的支持（表 3.1）。

[1] World Nuclear News.Advanced nuclear tech projects selected for US federal support［EB/OL］.（2022-06-23）［2022-06-26］. https://www.world-nuclear-news.org/Articles/Advanced-nuclear-tech-projects-selected-for-US-fed.

[2] Breakthrough Institute.Advancing nuclear energy:evaluating deployment, investment, and impact in America's clean energy future［EB/OL］.（2022-07-06）［2022-07-10］. https://thebreakthrough.org/articles/advancing-nuclear-energy-report.

表 3.1 2014—2022 年美国一些州支持核能发展的法律法规

州名	时间	立法机构	支持核能的法律法规
伊利诺伊州	2014 年 5 月	众议院通过第 1146 号决议	颁布立法（SB 2814），支持该州现有的核电站，并敦促联邦政府和中西部电网运营商为了保护伊利诺伊州的核电站环境、经济和能源可靠性而采取政策与规则
蒙大拿州	2021 年 4—5 月	众议院第 273 号法案、参议院	众议院废除了 1978 年要求大多数蒙大拿州选民批准该州任何核能设施的选址的法律，参众两院通过联合决议，支持研究先进核能发电的可行性，包括在关闭燃煤电厂时选址先进反应堆的经济可行性
印第安纳州	2022 年 3 月	参议院第 271 号法案	该法案 2022 年 1 月由印第安纳州参议员埃里克·科赫提出，修改了电力公司的法规，并通过《关于印第安纳州选址小型模块化反应堆的规则》，2022 年 3 月 18 日该法案被签署成为法律
内布拉斯加州	2022 年 1 月	参议员 LB1100	参议员布鲁斯·博斯特曼提议该州从 2021 年《美国救援计划法案》获得 100 万美元联邦资金，用于研究将现有发电设施转变为先进核电厂的可行性
西弗吉尼亚州	2022 年 2 月	州长	州长吉姆·贾斯蒂斯签署了一项法案，解除了 1996 年对核项目的禁令，强调了核能作为煤炭的清洁替代品的潜力
俄克拉荷马州	2022 年 2 月	参议员 SB 1794	参议员内森·达姆撰写了 SB 1794，提议该州环境质量部与能源和环境部长办公室合作研究 2024 年前建立核设施的可行性
俄亥俄州	2022 年 3 月	众议院第 434 号法案	众议院通过由俄亥俄州核发展局制定的第 434 号法案，即《先进核技术帮助人类活力（ANTHEM）法案》，该法案已提交俄亥俄州参议院投票

注：根据 2022 年 7 月 6 日发布的《推进核能：评估美国清洁能源未来的部署、投资和影响》报告整理。

美国突破研究所的研究表明：①将美国的清洁能源转型与先进核能相结合，到 2035 年先进核电站建设的累积资本投资可能达到 150 亿～2200 亿美元，到 2050 年将增长到 8300 亿～1.1 万亿美元。早期的资本投资和边做边学导致项目成本大幅降低，先进核技术的电力成本趋于平缓，从而在全国范围内大规模部署新反应堆。②先进反应堆的广泛商业部署始于 21 世纪 30 年代初期，随着电力部门的发展而加速，到 2050 年提供的国内清洁发电量约占 20%～48%，即 1400～3600 TW·h/ 年。到 2035 年，美国国内部署的先进核电总装机容量将达到 19～48 GW，到 2040 年达到 54～150 GW，到 2050 年将增长到 190～470 GW。③美国部署先进核能可能带来如下经济效益和气候效益：包含先进核电的美国清洁能源转型路径有助于降低未来国家清洁能源系统的成本；来自先进核电站的低排放热量和蒸汽可以为重工业和化工等难以脱碳的行业提供可靠的清洁能源；清洁的先进核反应堆可以利用现成的基础设施为化石燃料发电厂重新供电，增加经济投资，并促进当地社区的公正转型；未来成功的核电行业将在核电站的制造、建设、运营和维护方面创造新的就业机会，仅到 2050 年就创造运营和维护方面的永久性工作岗位 74 000～223 000 个；先进核电的成功示范和商业化将使美国在全球清洁能源转型的关键时刻成为清洁技术的领导者。④要实现上述部署目标，需要采取联邦贷款担保、环境影响预审和可行性研究、监管许可现代化和收费改革、技术中立的清洁能源税收抵免、将核能纳入国家清洁能源的组合标准、支持先进核电项目出口等政策举措。

第二，制定核能相关战略，支持核能技术发展。①实施《全面能源战略》。2014年实施《全面能源战略》，强化部署研发小型模块化反应堆、聚变能等，形成了从基础研究、应用研发、示范到最终市场解决方案的完整创新链与产业链。②实施《国家安全战略》。2020年4月，美国能源部发布了《重塑美国核能竞争优势：确保国家安全战略》报告，从核燃料供应链安全、先进技术研发、核技术出口及政府职能等方面提出了具体措施，振兴壮大核工业，增强核能出口竞争力，重构全球核工业领导地位。③实施《国家气候战略》。2021年1月，美国总统拜登就职后将气候安全提升到国家安全的战略高度，即刻宣布美国重返《巴黎协定》，确定了2030年美国温室气体排放量较2005年减少50%～52%，2050年实现碳中和的目标。为此，白宫发布了《国家气候战略》《迈向2050年净零排放长期战略》等。一是在国际上美国重塑气候变化多边合作的全球领导力；二是在美国国内，通过核能等清洁能源投资和科技创新等一系列多领域的配套政策，加大核能等清洁技术创新投资力度，大幅降低核能、可再生氢等关键清洁能源的成本，大力倡导推动清洁电力生产，推动能源领域的绿色转型，实现全社会2050年净零目标，同时创造大量优质就业机会，重振美国经济。④实施《太空能源战略》。2021年，能源部发布《太空能源战略》，将为美国太空用户开发具有太空能力的能源技术（包括核能源和非核能源），探索能源管理系统在太空任务中的潜在应用，并推进太空系统的创新能源生成、收集、储存、分配、使用、耗散和热管理技术；启动太空动力行动计划，提出开发和部署未来太空放射性同位素动力系统及发展地面和推进太空核裂变动力系统的目标，实施设计、测试和演示表面裂变系统及热核推进先进技术等关键行动，进一步提高能源部在下一代太空探索中的作用。⑤实施《维护供应链安全以大力推进清洁能源转型的综合战略》。2022年2月，美国能源部发布《核供应链深度评估报告》及《维护供应链安全以大力推进清洁能源转型的综合战略》，详细阐述了美国核供应链的发展，明确了核供应链发展的战略举措和目标，旨在通过推进核供应链发展来重振美国核工业，助力实现2050年净零排放目标，维护美国在核技术方面的全球领先地位。⑥制定实施《广泛的铀战略》。2022年5月6日，世界核新闻报道，美国能源部正在制定一项"广泛的铀战略"，建立完整的美国铀供应链，确保铀的稳定供应以满足美国的国家需求。该战略工作由新被任命的核能助理部长凯瑟琳·赫夫（Kathryn Huff）负责。目前，美国能源部已经成立了一个由赫夫领导的跨部门团队，负责制定完整的铀战略。2020年，美国国会曾给能源部拨款7500万美元以购买战略铀储备。2020年，美国进口的铀大部分用于为其核反应堆提供动力。根据美国能源信息署的数据，2020年，美国民用核动力反应堆所有者和运营商购买的铀中有47%来自哈萨克斯坦、俄罗斯和乌兹别克斯坦。加拿大和澳大利亚原产的铀合计占34%[①]。通过实施上述一系

[①] World Nuclear News.DOE working on its uranium strategy – Granholm［EB/OL］.（2022-05-06）［2022-07-10］. https://www.world-nuclear-news.org/Articles/DOE-working-on-its-uranium-strategy-Granholm.

列核能相关战略，美国不断加大先进核能部署规模，实现关键核能技术新突破，构建了美国先进核能技术体系。美国是全球核电发展的先驱，2021年底其核电机组数、核电装机容量和发电量位居全球第一。

第三，实施一系列研发计划，落实核能技术部署。一是持续支持核能科学研究，确保核能技术源头的领先地位。美国通过能源部科学办公室，持续支持核能科学研究。2023财年，预算为能源部科学办公室提供77.99亿美元，相较2022财年增长约11%，相较2021财年执行预算增长约8.9%。包括高能物理项目11.22亿美元，占14.4%；核物理项目7.39亿美元，占9.5%；聚变能科学项目7.23亿美元，占9.3%等。二是启动实施NEET计划项目。2011年，美国能源部核能办公室（DOE-ONE）启动了NEET项目，直接支持研究、开发和演示现有反应堆并开发新的先进反应堆和与燃料循环技术相关的交叉技术。先进传感器和仪器（ASI）是更广泛的NEET交叉技术开发（CTD）计划的一部分，计划促进必要的ASI研发，支持生产与部署创新和先进的传感器、仪器及控制，并分析当前的核能示范，从而设计先进的反应堆。这些先进技术对于DOE-ONE实现研发任务目标至关重要。ASI计划通过资助研究来提高核工业的监测和控制能力，刺激了测量科学领域的创新。这些能力对于开发能够降低成本、提高效率和先进反应堆运行安全性的研究解决方案至关重要。它们在材料试验反应堆（MTR）中也起着至关重要的作用，可以用于测量基于辐射的实验的环境条件，并监测未来核能系统的新燃料和材料开发与鉴定行为。截至2021财年，NEET-ASI已总计支持79个项目，经费总额为58 391 632美元，其中竞争性地资助了43个项目，经费合计36 563 523美元（表3.2）[①]。这些项目成功地推动了DOE-ONE正在开发的测量、控制和广泛管理核能系统的最新技术水平，其中一些技术有可能影响核能以外的系统和技术。

表3.2　2011—2021年美国NEET计划项目的情况

年份	项目/个	年度经费/美元	实施年限	支持领域
2011	3	1 366 886	3	ASI主题下核能大学项目的一个变革性部分
2012	10	7 622 000	3	解决核能研发计划确定的一系列共同和交叉需求
2013	3	1 199 664	2	设计定制耐辐射电子系统和量化软件可靠性的方法
2014	6	5 963 480	3	先进传感器、通信和数字监控
2015	2	1 979 000	3	数字监测和控制
2016	3	2 986 535	3	核电站通信
2017	4	3 888 688	3	先进传感器

① DOE.Advanced Sensors and Instrumentation Project Summaries［EB/OL］.［2021-09-30］.https://www.energy.gov/ sites/default/files/2021-09/ne-asi-project-summaries-2021.pdf.

续表

年份	项目 / 个	年度经费 / 美元	实施年限	支持领域
2018	5	5 000 000	3	传感器、大数据分析和增材制造应用
	1	1 500 000	2	提高打印传感器能力
	1	5 300 000	持续	在 I2 下继续进行直接资助的研究
2019	5	4 500 000	3	传感器、数字监测和核电站通信
	1	5 500 000	持续	在 I2 下继续直接资助研究
2020	2	2 000 000	3	先进传感器和数字监测与控制
	17	4 500 000	持续	继续在 I2 下开展工作
	1	300 000	持续	风险告知预测分析
2021	15	4 785 379	持续	继续直接支持研究工作
合计	79	58 391 632	—	—

三是通过美国 DOE 先进能源研究计划（ARPA-E），支持核能技术的早期研发部署。ARPA-E 支持核能研发从 2015 年第三轮（OPEN 2015，1.25 亿美元）开始资助，投资 1400 万美元资助了 6 个核能建模项目，2018 年第四轮（OPEN 2018）资助了 1.99 亿美元，2020 年投入 3200 万美元启动热核聚变能突破计划资助 15 个项目，2021 年第五轮（OPEN 2021）资助了 1.75 亿美元。2015 年以来，代表性的 ARPA-E 资助项目如表 3.3 所示。

表 3.3 2015—2021 年 ARPA-E 资助的代表性核能技术项目

轮次	项目名称	资助项目数 / 个	资助金额 / 万美元
第三轮 OPEN 2015	建模增强创新开拓核能复兴（MEITNER）	6	1400.00
第四轮 OPEN 2018	剪切流稳定 Z 箍缩聚变堆电极技术的发展	1	676.70
	被动辐射冷却膜	1	277.70
	用于低放射性紧凑聚变装置的新型射频等离子体加热	1	125.00
	HIT-TD：经济聚变电站的等离子体驱动技术演示	1	300.00
2019 财年 OPEN+ （Cohort 1）	核反应堆间隔栅的增材制造	1	100.00
	用于核能和先进制造的 MEMS 射频加速器	1	360.00
	嵌入式热管核混合反应堆的先进制造	1	355.20
	用于快速、经济的先进反应堆部署的多金属层状复合材料	1	169.40
	使用创新的高通量方法加速熔盐技术的材料设计	1	186.20

续表

轮次	项目名称	资助项目数 / 个	资助金额 / 万美元
2019 财年征集新项目领域的主题 D	绝对中子率测量和非热 / 热核聚变区分	1	132.70
	用于转换聚变能概念的便携式中子和软 X 射线诊断	1	63.00
	便携式诊断包，用于光谱测量转换聚变能装置中的关键等离子体参数	1	110.60
	用于推进创新聚变概念的 LLE 诊断资源团队	1	100.00
	用于变革性 ARPA-E 聚变能源研发的便携式能源诊断	1	29.00
2019 财年征集新项目领域的主题 F	通过原位碳表征和反应器设计优化熔盐甲烷热解	1	199.80
2020 年热核聚变能突破计划	聚焦聚变能的概念开发、组件技术开发与团队能力建设	15	3200.00
第五轮 OPEN 2021	高熵合金的先进制造，作为聚变发电的具有成本效益的等离子体表面组件	1	311.50
	研究一种极端简单的熔盐（氟化锂和氟化铍混合物）方法在聚变电站氚育种中的可行性	1	306.20
	经济的质子——硼 11 聚变	1	150.00
	用过的核燃料的非中子嬗变	1	300.00
	用于惯性聚变能量和激光等离子体不稳定性控制的长波激光器	1	201.20
	用于液体燃料熔盐反应堆材料衡算和控制的微流控阿尔法光谱仪	1	241.90
	先进的设施设计和 AI/ML 使保障措施能够建立安全、经济的快堆燃料回收	1	360.00

由表 3.3 可见，2015 年美国通过 ARPA-E 计划，支持了先进前沿核能技术的早期研发，确保美国核能领域的领先地位。例如，2020 年 4 月 7 日，美国能源部投入 3200 万美元支持突破热核聚变能源（BETHE）计划的 15 个项目，主要支持三类聚变能研究：①概念开发，提高不太成熟、固有成本较低的聚变能概念的性能；②组件技术开发，可显著降低较高成本及更成熟聚变能概念的资本成本；③提高团队能力，以改进 / 适应和应用现有能力（如理论 / 建模、机器学习或工程设计 / 制造），加速开发多个概念模型[①]。BETHE 计划支持从"技术到市场"，旨在建立聚变能商业化的道路，包括公共、私人和慈善合作伙伴关系，致力于开发适时的、商业上可行的聚变能，增加低成本聚变概念的数量和性能

---

① Arpa-e.BETHE— Breakthroughs enabling thermonuclear-fusion energy［EB/OL］.（2020-04-06）［2021-07-12］. https://arpa-e.energy.gov/sites/default/files/documents/files/BETHE_Project_Descriptions_04062020_FINAL.pdf.

水平。2022 年 5 月 25 日，DOE 推动实施 3 个帮助实现先进核能的 ARPA-E 计划[①]：①通过建模强化创新开拓核能振兴（Modeling-Enhanced Innovations Trailblazing Nuclear Energy Reinvigoration，MEITNER）计划降低资本成本。核工业面临的最大挑战之一是按时、按预算建造新电厂。ARPA-E 的 MEITNER 计划确定并开发新技术，以帮助降低建造先进反应堆系统的成本。选择了 10 个项目来开发新的使能技术。这些创新包括通过新的模块化或先进制造技术降低建设成本，以及通过机器人、自主控制和先进传感器降低运营费用。所有这些都可以帮助实现美国国内核供应链的现代化，并使新的核电站在经济上更具吸引力，便于建造和运营。②通过智能核资产管理发电（Generating Electricity Managed by Intelligent Nuclear Assets，GEMINA）计划降低运维成本。尽管核工业在美国表现出色，但近 1/4 的美国核电示范堆正面临财务困难。大约 80% 的反应堆总发电成本归因于运营和维护费用。ARPA-E 的 GEMINA 计划正在寻求将先进反应堆发电厂的固定运营和维护成本大幅削减至当前反应堆的 10 倍。2021 年，有 9 个项目正在开发用于先进反应堆设计的数字孪生或类似技术。团队正在利用人工智能、先进的控制系统、预测性维护和其他前沿突破来帮助通知与优化先进核电站设计的运维程序。总体目标是使先进反应堆机组的固定运营和维护成本达到近 2 美元 /（MW·h）——最终使先进核电站更加经济、灵活和高效。③通过优化核废料和先进反应堆处理系统（Optimizing Nuclear Waste and Advanced Reactor Disposal Systems，ONWARDS）计划大幅减少乏核燃料量，旨在开发突破性技术，帮助将永久处置所需的乏核燃料量减少 10 倍。11 个项目团队专注于改进燃料循环利用、核材料核算的保障措施及开发跨越多个反应堆类别的高效处理核废料技术。ONWARDS 计划实现先进反应堆废料处理的全球后端处置成本在 1 美元 /（MW·h）的范围内。2022 年 3 月 15 日，ARPA-E 还启动了单独将废核料（UNF）放射性同位素转化为能量的项目（Converting UNF Radioisotopes into Energy，CURIE），重点关注改进现有反应堆乏核燃料后处理方法的技术。这些努力不仅可以减少处置所需的乏核燃料量，还可以为新的快堆设计提供安全的国内原料供应。

四是通过核能大学计划支持大学培养未来核能领导者。美国能源部核能办公室（DOE-ONE）为完成其使命，2009 年创建核能大学计划（NEUP），投资培养下一代核能领导者并推进以大学为主导的核创新，旨在通过一项举措巩固对大学的支持，并将大学研究更好地整合到核能办公室的技术计划中。NEUP 由美国高校合作进行研发（R&D）、加强基础设施并支持学生教育，从而帮助维持世界一流的核能和劳动力能力。NEUP 的目标是通过以下方式支持美国大学的杰出、前沿和创新研究：①管理 NEUP 研发奖励，核能办公室支持大学、国家实验室和工业界联合研发以实现振兴核教育的目标，并通过联合创新核研究（CINR）项目支持核能办公室发布的研发路线图中所定义的研发计划目标。②吸引最聪明

---

① DOE Office of Nuclear Energy.3 early-stage R&D programs transforming the nuclear industry［EB/OL］.（2022-05-25）［2022-07-12］.https://www.energy.gov/ne/articles/3-early-stage-rd-programs-transforming-nuclear-industry.

的学生投身核专业，并通过奖学金和研究金奖励支持国家在核能相关工程和相关核科学方面的智力资本，如健康物理学、核材料科学、放射化学和应用核物理学。③改善相关大学和学院的基础设施，开展核能相关研发，并通过资助基础设施来培养学生。2020年，美国DOE宣布为28个州的93个先进核技术项目提供超过6500万美元，对核能研究、跨领域技术开发、设施准入和基础设施进行资助[①]，主要包括以下几个方面。一是核能大学计划资助5510万美元，其中3860万美元支持24个州的57所大学主导的核能研发项目；570万美元用于支持21所大学领导的项目改进研究堆和基础设施；1080万美元资助3个为期3年的综合研究项目（IRP），明确解决了影响核能办公室的任务目标及高度复杂的技术问题。二是核能使能技术（NEET）500万美元，资助由DOE国家实验室和美国大学领导的5个交叉研究项目，开发先进传感器和仪器及先进制造方法用于多个核反应堆工厂与燃料应用。三是核科学用户设施（NSUF）500万美元，资助DOE选择了1个行业、3个DOE国家实验室和3所大学主导的项目，这些项目将利用NSUF的能力来研究重要的核燃料和材料应用。凭借NEUP、NEET与NSUF的资助项目，自2009年以来，DOE核能办公室已授予项目金额超过8亿美元，以继续确保美国在清洁能源创新方面的领导地位，并通过竞争机会培训下一代核工程师和科学家。

五是通过DOE的小企业创新研究（SBIR）和小企业技术转让（STTR）计划支持核能技术研发。根据对SBIR和STTR资助项目的统计，2014—2020年美国DOE核能办公室、科学办公室、聚变能科学办公室等对核能科学与技术进行资助（表3.4）[②]。

表3.4 2014—2020年DOE的SBIR和STTR计划资助的太阳能技术项目

年份	SBIR/STTR	阶段	主题	支持项目/个	合计金额/美元
2014	SBIR/STTR	I	核能高效材料、先进核能技术、核物理加速器技术、聚变科学与技术、瞬态测试研发、核废料处理	58	11 148 252.68
	SBIR/STTR	II	核能高效材料、聚变能先进技术与材料、聚变科学与技术、核物理工具、探测与技术、先进核能技术	24	26 526 514.00
2015	SBIR/STTR	I	核能高效材料、核物理加速器技术、聚变科学与技术、先进核能技术、低温等离子体、高能密度等离子体与惯性聚变能等	60	9 139 129.88
	SBIR/STTR	II	核能高效材料、核物理加速器技术、聚变科学与技术、先进核能技术、核物理工具、探测与技术、核废料先进技术、低温等离子体等	34	35 018 759.74

① DOE. Department of energy invests \$65 million at national laboratories and American universities to advance nuclear technology［EB/OL］.（2020-06-18）［2022-03-12］.https://www.energy.gov/ articles /department-energy-invests-65-million-national-laboratories-and-american-universities.

② DOE.FY14-20_SBIR-STTR_awards［EB/OL］.［2022-06-10］.https://science.osti.gov/-/media/sbir/excel/FY14-20_SBIR-STTR_Awards.xlsx.

续表

年份	SBIR/STTR	阶段	主题	支持项目/个	合计金额/美元
2016	SBIR/STTR	I	核能高效材料、核物理工具、探测与技术、核物理加速器技术、低温等离子体、先进核能技术、先进的空间动力和推进系统、核废料先进技术等	70	13 523 476.05
	SBIR/STTR	II	核能高效材料、核物理加速器技术及电子设计和制造、聚变科学与技术、先进核能技术、聚变能先进技术与材料、高能密度等离子体与惯性聚变能	31	31 882 428.09
2017	SBIR/STTR	I	核能高效材料，核物理电子设计和制造，工具、探测与技术，加速器技术，低温等离子体，聚变科学与技术，先进核能技术等	76	11 394 853.88
	SBIR/STTR	II	核物理工具、探测与技术、加速器技术、软件与管理、聚变科学与技术、先进核能技术、高温材料等	37	36 449 506.66
2018	SBIR/STTR	I	核能高效材料、核物理工具、探测与技术、加速器技术、低温等离子体、聚变科学与技术、先进核能技术等	86	12 915 625.30
	SBIR/STTR	II	核能高温材料、核物理工具、探测与技术、加速器技术、软件与管理、聚变科学与技术、聚变能先进技术与材料、先进核能技术、核废料先进技术等	45	44 641 337.77
2019	SBIR/STTR	I	核能高效材料，核物理软件与数据管理，工具、探测与技术，加速器技术，低温等离子体，聚变科学与技术，聚变能先进技术与材料，先进核能技术等	87	15 420 999.00
	SBIR/STTR	II	核能高温材料，核物理工具、探测与技术，软件与数据管理，加速器技术，聚变科学与技术，聚变能先进技术与材料，等离子体应用，先进核能技术、核科学用户设施，核废料先进技术等	48	48 798 157.00
2020	SBIR/STTR	I	核能高效材料，核物理电子设计和制造，加速器技术，工具、探测与技术，聚变材料，超导体，低温等离子体与微电子，惯性聚变能，先进核能技术等	76	15 251 798.00
	SBIR/STTR	II	核能高温材料、核物理加速器技术、工具、探测与技术，电子设计与制造、聚变科学与技术、聚变能先进技术与材料、高能密度等离子体与惯性聚变能、先进核能技术等	40	42 503 939.00
合计	SBIR	I		513	88 794 134.79
	SBIR	II		259	265 820 642.30
	总计			772	354 614 777.10

由表 3.4 可见，2014—2020 年美国 DOE 核能相关办公室通过 SBIR 和 STTR 计划对核能技术资助的项目总数为 772 个，费用总额约为 3.55 亿美元，其中第一阶段项目总数为 513 个，费用总额约为 8879 万美元，占总经费的 25%，第二阶段项目总数为 259 个，费

用总额约为 2.66 美元，占总经费的 75%。研究主题涵盖了核能的基础研究、应用研究及应用示范等各个方面，充分发挥了美国中小企业在核能全创新链中的作用。

第四，通过 DOE 贷款项目办公室（LPO）贷款担保计划支持核能技术发展。根据 2005 年《能源法》第 XVII 条授权的创新清洁能源贷款担保计划，LPO 为创新清洁能源核项目提供 109 亿美元的贷款担保权，支持在美国建设减少、避免或隔离温室气体排放的创新核能和前端核项目，其中包括专门用于前端项目的 20 亿美元[①]。2014 年 12 月 10 日，美国 DOE 发布了先进核能项目贷款担保招标书，其中提供 125 亿美元来支持创新核能项目，这是作为美国政府《全面能源战略》的一部分，DOE 已经确定了招标中感兴趣的 4 个关键技术领域：先进核反应堆、小型模块化反应堆、现有核设施的升级及前端核项目[②]。2017 年 9 月 29 日，为了进一步支持阿尔文·沃格特尔（Alvin W. Vogtle）发电厂建设两座先进核反应堆，美国 DOE 宣布有条件承诺向沃格特尔所有者提供贷款担保高达 37 亿美元[③]：向佐治亚电力公司（GPC）提供 16.7 亿美元，向奥格尔索普电力公司（OPC）提供 26 亿美元，向佐治亚市政电力局（MEAG Power）的 3 个子公司提供 4.15 亿美元。DOE 已经向 GPC、OPC 和 MEAG 电力子公司提供了贷款担保 83 亿美元，以支持建设 Vogtle 3 号和 4 号机组。Vogtle 项目是 30 多年来在美国获得许可并开始建设的代表了美国首次部署新技术的第一座新核电站，采用西屋 AP1000® 核反应堆，是美国重启核电的关键项目，DOE 的 LPO 为其提供了超过 120 亿美元，成为美国最大的清洁能源发电厂。一旦上线，这些新的核反应堆预计每年将提供清洁电力超过 1700 万 MW·h，为超过 160 万户美国家庭供电，同时每年避免 CO_2 排放近 1000 万吨。2019 年 3 月 22 日，DOE 已就资助 Vogtle 3 号和 4 号机组的继续建设提供 37 亿美元额外贷款担保[④]。这是美国唯一在建的先进核能建设项目。2022 年 2 月 11 日，美国 DOE 发布了关于实施《两党基础设施法 60 亿美元民用核信用（CNC）计划》的意向通知与信息征询。该计划允许美国商业反应堆业主或运营商申请认证并竞标信用贷款，以支持反应堆的持续运行[⑤]。2023 财年，美国《预算法案》

① Loan Programs Office. Innovative clean enercy loan cuarantees［EB/OL］.［2022−07−12］. https://www.energy.gov/ lpo/ innovative−clean−energy−loan −guarantees.

② DOE.Department energy issues final 125 billion advanced nuclear energy loan guarantee［EB/OL］.［2021−04−20］. https:// www.energy.gov/articles/department−energy−issues−final−125−billion−advanced−nuclear−energy−loan−guarantee.

③ DOE.Secretary perry announces conditional commitment to support continued construction of vogtle advanced nuclear energy project［EB/OL］.（2017−09−29）［2021−04−20］.https://www.energy.gov/articles/ secretary−perry−announces− conditional−commitment−support−continued−construction−vogtle.

④ DOE.Secretary perry announces financial close on additional loan cuarantees during trip to vogtle advanced nuclear energy project［EB/OL］.（2019−03−22）［2022−03−10］.https://www.energy.gov/articles/ secretary−perry−announces−financial− close−additional−loan−guarantees−during−trip−vogtle.

⑤ DOE.Civil nuclear credit program［EB/OL］.［2021−03−10］.https://www.energy.gov/ne/civil−nuclea r−credit−program.

中为民用核信贷提供信贷资金 11.99 亿美元，支持民用核技术发展[1]。

第五，通过大规模交付清洁能源示范计划项目，启动或加快部署核能技术。清洁能源示范办公室（OCED）成立于 2021 年，是一个技术中立的办公室，作为项目管理卓越中心，实施《两党基础设施法》中数十亿美元的商业规模的关键示范项目，并支持应用计划和其他办公室，以确保整个 DOE 连续支持实施资本密集型的后期技术示范项目。根据《两党基础设施法》授权，实施先进反应堆示范项目计划，清洁能源示范办公室提供 24.77 亿美元，采用合作协议的资助机制，支持国内核工业合作伙伴、国家实验室及工程和建筑公司推动两个先进核反应堆发电的大型示范，为现有先进反应堆示范计划（DE-FOA-0002271）提供担保资金，可用期限为直到用完为止[2]。

第六，美国通过各州与国家实验室联合，支持核能部署。2022 年 5 月 9 日，世界核信息网报道，美国怀俄明州与爱达荷国家实验室（INL）的运营承包商巴特尔能源联盟（Batelle Energy Alliance）签署了一份为期 5 年的合作研究、开发、示范和部署先进的能源技术（其中特别关注先进核技术）谅解备忘录，旨在持续发挥 INL 在怀俄明州全面能源战略中的关键作用，利用 INL 和怀俄明州利益相关者的战略、能力、见解、伙伴关系和活动，为不断变化的全球市场提供脱碳解决方案，造福怀俄明州和美国，确保怀俄明州在前沿先进能源技术、应用和劳动力方面居于领导地位。该谅解备忘录强调的具体领域包括先进核技术，全生命周期的核燃料循环，氢气的生产、运输、消费和工业应用，以及其他先进能源系统，此外还鼓励合作，确保对铀和核工业工人的培训与教育[3]。

可见，美国通过实施上述一系列核能法律法规、产业政策、科研资助项目，为美国核能技术研发及其市场的稳健发展提供了强有力的资金保障与服务支撑。截至 2022 年 5 月底，美国正在运行的核反应堆如表 3.5 所示[4]。

表 3.5　美国正在运行的核反应堆一览

反应堆名称	堆类	参考单位功率/MW	反应堆名称	堆类	参考单位功率/MW
阿肯色州核一号 1	压水堆	836	海狸谷 2	压水堆	905
阿肯色州核一号 2	压水堆	988	编织木 1	压水堆	1194
海狸谷 1	压水堆	908	编织木 2	压水堆	1160

[1] DOE. 5 key takeaways from the nuclear energy FY2023 budget request [EB/OL].（2022-06-06）[2022-07-10]. https://www.energy.gov/ne/articles/5-key-takeaways-nuclear-energy-fy2023-budget-request.

[2] Office of Clean Energy Demonstrations.Advanced reactor demonstration projects [EB/OL].[2022-07-12]. https://www.energy.gov/bil/advanced-reactor-demonstration-program.

[3] Wyoming-INL sign MoU on advanced nuclear developm [EB/OL].[2022-07-12]. https://www.world-nuclear-news.org/Articles/Wyoming,-INL-sign-MoU-on-advanced-nuclear-developm.

[4] World Nuclear Association.Nuclear power in the USA appendix 1 Us operating n [EB/OL].[2022-08-10]. https://world-nuclear.org/information-library/country-profiles/countries-t-z/appendices/nuclear-power-in-the-usa-appendix-1-us-operating-n.aspx.

续表

反应堆名称	堆类	参考单位功率 / MW	反应堆名称	堆类	参考单位功率 / MW
布朗斯渡轮 1	沸水堆	1200	利默里克 1	沸水堆	1134
布朗斯渡轮 2	沸水堆	1200	利默里克 2	沸水堆	1134
布朗斯渡轮 3	沸水堆	1210	麦奎尔 1	压水堆	1158
不伦瑞克 1	沸水堆	938	麦奎尔 2	压水堆	1158
不伦瑞克 2	沸水堆	932	磨石 2	压水堆	869
拜伦 1	压水堆	1164	磨石 3	压水堆	1210
拜伦 2	压水堆	1136	蒙蒂塞洛	沸水堆	628
卡拉威 1	压水堆	1215	九英里点 1	沸水堆	613
卡尔弗特悬崖 1	压水堆	877	九英里点 2	沸水堆	1277
卡尔弗特悬崖 2	压水堆	855	北安娜 1	压水堆	948
卡托巴 1	压水堆	1160	北安娜 2	压水堆	944
卡托巴 2	压水堆	1150	奥科尼 1	压水堆	847
克林顿 1	沸水堆	1062	奥科尼 2	压水堆	848
哥伦比亚	沸水堆	1131	奥科尼 3	压水堆	859
科曼奇峰 1	压水堆	1205	帕洛佛得角 1	压水堆	1311
科曼奇峰 2	压水堆	1195	帕洛佛得角 2	压水堆	1314
库珀	沸水堆	769	帕洛佛得角 3	压水堆	1312
戴维斯贝斯 1	压水堆	894	桃底 2	沸水堆	1300
暗黑破坏神峡谷 1	压水堆	1138	桃底 3	沸水堆	1331
暗黑破坏神峡谷 2	压水堆	1118	佩里 1	沸水堆	1240
唐纳德·C. 库克 1	压水堆	1030	点海滩 1	压水堆	591
唐纳德·C. 库克 2	压水堆	1168	点海滩 2	压水堆	591
德累斯顿 2	沸水堆	894	草原岛 1	压水堆	522
德累斯顿 3	沸水堆	879	草原岛 2	压水堆	519
埃德温 I. 孵化 1	沸水堆	876	四联城市 1	沸水堆	908
埃德温 I. 孵化 2	沸水堆	883	四城市 2	沸水堆	911
恩里科·费米 2	沸水堆	1115	重新吉娜	压水堆	560
菲茨帕特里克	沸水堆	813	河湾 1	沸水堆	967
大海湾 1	沸水堆	1401	塞勒姆 1	压水堆	1169
HB 罗宾逊 2	压水堆	741	塞勒姆 2	压水堆	1158
哈里斯 1	压水堆	964	西布鲁克 1	压水堆	1246
希望溪 1	沸水堆	1172	红杉 1	压水堆	1152
约瑟夫·M. 法利 1	压水堆	874	红杉 2	压水堆	1139
约瑟夫·M. 法利 2	压水堆	883	南得克萨斯项目 1	压水堆	1280
拉萨尔 1	沸水堆	1137	南得克萨斯项目 2	压水堆	1280
拉萨尔 2	沸水堆	1140	圣露西 1	压水堆	981

续表

反应堆名称	堆类	参考单位功率 /MW	反应堆名称	堆类	参考单位功率 /MW
圣露西 2	压水堆	987	维吉尔 C. 夏季 1	压水堆	973
萨里 1	压水堆	838	沃格特尔 1	压水堆	1150
萨里 2	压水堆	838	沃格特尔 2	压水堆	1152
Susquehanna 蒸汽发电站 1	沸水堆	1257	沃特福德 3	压水堆	1168
Susquehanna 蒸汽发电站 2	沸水堆	1257	瓦特棒 1	压水堆	1157
土耳其岬 3	压水堆	837	瓦特酒吧 2	压水堆	1164
土耳其岬 4	压水堆	821	狼溪	压水堆	1200

（2）日本的核能技术部署

核能在日本能源结构中占据重要地位，截至 2022 年 6 月底，日本有 33 座可运营的反应堆，总装机容量为 31.7 GW；在建反应堆 2 座，总装机容量为 2.653 GW；反应堆关闭 27 座，总装机容量为 17.128 GW[①]。日本的核能发展与其长期以来重视核能技术部署密不可分，具体表现在如下方面。

首先，日本出台与核能相关的法律与政策，支持核能发展。1955 年，日本通过了《原子能基本法》（第 186 号法案），确立了日本对于核能利用的基本理念，严格限制核技术用于和平目的，提倡民主方法、自主管理、透明化三项原则，奠定了核研究活动的基础，并促进核能国际合作。根据该法，1956 年日本成立了原子能委员会（JAEC）以促进核能的开发和利用，同时还成立了核安全委员会（NSC）、科学技术署、日本原子能研究所（JAERI）和原子燃料公司（1967 年更名为 PNC）等与核能相关的组织。在《原子能基本法》基础上，日本政府颁布了《原子炉等规制法》（1957 年第 166 号法案）、《放射性同位素等辐射危害防护法》等次级法律法规，明确具体的内阁条例、部级规章和通告。2005 年，JNC 和 JAERI 合并成立了隶属于文部科学省（MEXT）的日本原子能机构（JAEA）。JAEA 现在是一个主要的综合核研发组织。2002 年 3 月，日本政府宣布将依赖核能来实现《京都议定书》设定的温室气体减排目标。2002 年 6 月，日本新的能源政策法规定了能源安全和稳定供应的基本原则，赋予政府更大权力来建立促进经济增长的能源基础设施。2002 年 11 月，日本政府宣布将首次对煤炭征税，并对 METI 能源特别账户中的石油、天然气和 LPG 征税，从 2003 年 10 月起净增税总额约为 100 亿日元，与此同时，METI 将减

① World Nuclear Association.Nuclear power in Japan［EB/OL］.［2022-08-10］. https://world-nuclear.org/information-library/country-profiles/countries-g-n/japan-nuclear-power.aspx.

少包括适用于核电的电力开发税15.7%，即每年500亿日元，且计划于2005—2007年实施包括碳税在内的涉及更全面的环境税体系。2005年7月，原子能委员会（JAEC）重申了日本核电的政策方向，并确认将当前的重点放在轻水堆上，2030年后核电总发电量的目标是"30%～40%或更多"，包括用先进的轻水反应堆替换现有电厂。快中子增殖反应堆将在商业上引入，但要到2050年左右。2010年，日本出台《核能政策框架》。2011年7月，日本民主党内阁办公室成立了能源与环境委员会（Enecan或EEC），将其作为国家政策部门的一部分，就日本到2050年的能源未来提出建议。2012年4月，为新设"核能监管厅"进行法律立案，根据福岛核事故修改了《核设施防灾对策》；2012年10月31日，日本核监管委员会颁布了新的《灾害对策指针》，将核电经营者对事故的解决对策上升到法律监管层面，对于与核能相关的许可申请也做出了新的技术性要求，提高了标准，并且赋予其法律效应。

其次，日本通过制定一系列与核能相关的能源战略，指导核能的持续发展。一是修订《创新创造战略》。2019年10月，JAEA提出了一个名为"JAEA 2050+"的未来愿景，为实现"新时代核科学与技术"核能领域与其他领域的融合、推动解决全球气候变化问题，设想了确保能源供应、实现理想的未来社会（社会5.0）的目标；概述了为实现这些目标，JAEA设定的目标和采取的行动，加强核能创新活动，应对广泛的社会需求，并积极将其技术种子带入社会实施，继续支持核能对未来社会的贡献。2020年11月，日本原子能机构修订了《创新创造战略》，以实现未来愿景"JAEA 2050+"中提出的"新时代核科学与技术"。考虑到新冠疫情大流行对实现碳中和和创新的重要性，该次修订澄清了以下4项政策举措：①加强开放创新举措；②加强社会保障实施；③创新活动的管理；④根据《创新创造战略》第一版中的活动分析和评估，加强研发能力，旨在创建一个稳定产生创新的组织。JAEA计划确定活动的细节，并实施这些活动，从而通过与各种领域的融合，通过开放式创新为社会发展做出贡献[①]。二是发布实施《绿色增长战略》。2020年12月25日，日本经济产业省发布《绿色增长战略》，提出到2050年实现碳中和目标，构建"零碳社会"：预计到2050年，该战略每年将为日本创造近2万亿美元的经济增长。为落实上述目标，该战略提出了核能产业具体的发展目标和重点发展任务，制定了日本核能产业绿色增长实施计划，稳步重启日本核电，支持具有高端制造能力的日本企业与美国、英国、加拿大等国加强核技术创新平台合作，加速开发小型模块化反应堆（SMR）、高温气冷堆及核聚变等下一代创新核反应堆，制定SMR、高温气冷堆及核聚变在2021—2025年、2030年、2040年及2050年增长路线图，并出台法律制度、预算、标准、金融、税收、公共采

① JAEA.Japan atomic energy agency 2021［EB/OL］.［2022-03-16］.https://www.jaea.go.jp/english/publication/ annual_report/2021.pdf.

购等政策工具，推动核能技术开发、示范及商业化应用[①]。

再次，实施一系列核能研究计划，支持核能技术研发。1954 年，日本开始实施核研究计划，当时用于核能的预算为 2.3 亿日元。1975 年，国际贸易和工业部（MITI）和核电行业发起了使用浓缩铀的轻水反应堆（LWR）改进和标准化计划，旨在到 1985 年将LWR 设计标准化为 3 个阶段。在第 1 阶段和第 2 阶段，将修改现有的沸水反应堆（BWR）和压水反应堆（PWR）设计以改进其运行和维护。该计划的第 3 阶段涉及将反应堆尺寸增加到 1300 ～ 1400 MW 并对设计进行重大更改。这些将是高级 BWR（ABWR）和高级PWR（APWR）。1999 年，JNC 启动了一项快中子增殖反应堆（FBR）计划，对有前景的概念进行审查，到 2005 年制订 FBR 发展计划，到 2015 年建立 FBR 技术体系。JNC 研究的第 2 阶段侧重于 4 种基本反应堆设计：使用 MOX 和金属燃料进行钠冷却、使用氮化物和 MOX 燃料进行氦冷却、使用氮化物和金属燃料进行铅铋共晶冷却及使用 MOX 进行超临界水冷汽油。所有这些都涉及封闭的燃料循环，并考虑了 3 种后处理路线：高级水法、氧化物电积和金属高温处理（电冶金精炼）。这项工作与第 4 代核电倡议有关，日本在钠冷却 FBR 方面一直发挥着主导作用。2001 年 7 月，日本内阁批准了经济产业大臣（METI）提交的 10 年能源计划，呼吁将核能发电量增加约 30%（13 000 MW），计划到 2011 年，公用事业公司将拥有运行的新核电站多达 12 座。事实上，在那 10 年中只有 5 座（净值为 5358 MW）上线。2008 年，在日本政府的"凉爽地球 50"（"Cool Earth 50"）能源创新技术计划的背景下，日本原子能机构（JAEA）模拟了到 2050 年将 CO_2 排放量减少 54%（以 2000 年为基准），到 2100 年减少 90%，这将导致核能在 2100 年一次贡献约占能源的60%（与 2008 年的 10% 相比），其余的 10% 来自可再生能源（当时 5%）和 30% 化石燃料（从当时 85% 下降）。这意味着核能贡献了 51% 的减排量。2014 年，METI 于 2 月提出、4 月通过了新的第 4 个基本能源计划，表示核能是关键的基本负荷电源，"支撑能源供需结构稳定的重要动力"，将继续安全使用，以实现稳定和负担得起的能源供应应对全球变暖，但应降低对核能的依赖程度；而且乏燃料将受到更多关注，推动快堆的研发和核燃料循环。2015 年 6 月，日本政府批准《2030 年发电计划》，提出到 2030 年，核能占20% ～ 22%，可再生能源占 22% ～ 24%，液化天然气占 27%，煤炭占 26%。其目标是到2030 年将 CO_2 排放量在 2013 年的基础上减少 21.9%，将能源自给率从 2012 年的 6.3% 提高到 24.3%。2016 年 1 月，日本内阁批准"第 5 期科学技术基本计划"。2017 年 7 月，日本原子能委员会制定了"核能基本政策"。2018 年 7 月，日本政府公布了《第五期能源基本计划》，首次将可再生能源定位为 2050 年的"主力能源"，坚持继续发展核电，到 2030年，日本核电降至 20% ～ 22%，能源自给率从 2016 年的 8% 提升至 2030 年的 24%[②]。

① METI.4 Nuclear industry［EB/OL］.（2020-12-25）［2021-03-20］. https://www.meti.go.jp/english/policy/ energy_environment/global_warming/ggs2050/pdf/04_nuclear_r.pdf.
② 中华人民共和国科学技术部.国际科学技术发展报告 2019［R］.北京：科学技术文献出版社，2019：279.

2018 年 12 月，日本经济产业省（METI）批准了发展国内快堆的更新计划，要求一个新的快堆在 2050 年之前投入使用，其规格将在 2024 年左右确定。2019 年，通过实现主管部门指定的中 / 长期核能目标，JAEA 积极促进日本全国核能的开发和使用，提高日本和海外核能的安全性。2020 年，根据日本的各种国家能源政策，JAEA 的中 / 长期核能计划主要包括：采取措施确保实现以安全为重的业务运营目标；重点加强与东京电力公司福岛第一核电站事故响应相关的研发、为核安全监管和安全研究提供技术支持、改进核安全的研发及有助于核不扩散和核安全的活动、核领域的基础研究及人力资源开发、快堆和先进反应堆的研发、与核燃料循环有关的研发（如后处理、燃料制造及放射性废物的处理和处置）、Tsuruga 退役示范部门的活动及加强工业界、学术界、政府合作并确保社会信任的活动等（JAEA，2021）。根据 2021 年 JAEA 年度报告，2005—2020 财年的核能研发费用与员工人数变化情况如图 3.2 所示。

图 3.2　2005—2020 财年日本的核能研发费用与员工人数变化

由图 3.2 可见，2005 年 10 月 1 日，JAEA 开始启动后当年预算为 2094 亿日元，逐年下降到 2012 年的 1770 亿日元，随后逐渐增加到 2015 年的 1954 亿日元，2016 年由于国家量子与辐射科学技术研究所成立，从 JAEA 独立出来，因此 JAEA 预算与员工人数均发生了变化，2016 年 JAEA 预算为 1488 亿日元，后逐步递增至 2020 年的 1560 亿日元，员工人数则从 2005 年的 4338 人持续下降到 2020 年的 3116 人。

2021 年 10 月，日本内阁批准了由自然资源和能源局（ANRE）与一个咨询委员会在公众咨询后制定的《2030 年的新发电计划》，其中提出的 2030 年 20%～22% 的核电目标与 2015 年计划中的目标相同，但包括地热和水电的可再生能源大幅提高至 36%～38%。氢气和氨的占比均为 1%。该计划将需要重启另外 10 座反应堆。

总之，日本通过出台与核能相关的法律法规、战略与计划，支持核能研发与部署，积极促进日本全国核能的开发和使用，提高日本和海外核能的安全性，并推动核能创造创新。根据世界核协会数据，截至 2022 年 6 月底，日本正在运营的核反应堆情况如表 3.6 所示。

表 3.6　日本正在运营的核反应堆一览

应堆名称	模型	堆型	参考单位功率 /MW	并网时间
玄界 3	M（4 环）	压水堆	1127	1993 年 6 月
玄界 4	M（4 环）	压水堆	1127	1996 年 11 月
滨冈 3	BWR-5	沸水堆	1056	1987 年 1 月
滨冈 4	BWR-5	沸水堆	1092	1993 年 1 月
滨冈 5	ABWR	沸水堆	1325	2004 年 4 月
东通 1（东北）	BWR-5	沸水堆	1067	2005 年 3 月
井方 3	M（三环）	压水堆	846	1994 年 3 月
柏崎刈羽 1	BWR-5	沸水堆	1067	1985 年 2 月
柏崎刈羽 2	BWR-5	沸水堆	1067	1990 年 2 月
柏崎刈羽 3	BWR-5	沸水堆	1067	1992 年 12 月
柏崎刈羽 4	BWR-5	沸水堆	1067	1993 年 12 月
柏崎刈羽 5	BWR-5	沸水堆	1067	1989 年 9 月
柏崎刈羽 6	ABWR	沸水堆	1315	1996 年 1 月
柏崎刈羽 7	ABWR	沸水堆	1315	1996 年 12 月
美滨 3	M（三环）	压水堆	780	1976 年 2 月
大喜 3	M（4 环）	压水堆	1127	1991 年 6 月
大喜 4	M（4 环）	压水堆	1127	1992 年 6 月
女川 2	BWR-5	沸水堆	796	1994 年 12 月
女川 3	BWR-5	沸水堆	796	2001 年 5 月
仙台 1	M（三环）	压水堆	846	1983 年 9 月
仙台 2	M（三环）	压水堆	846	1985 年 4 月
石卡 1	BWR-5	沸水堆	505	1993 年 1 月
石卡 2	ABWR	沸水堆	1108	2005 年 7 月
岛根 2	BWR-5	沸水堆	789	1988 年 7 月
高滨 1	M（三环）	压水堆	780	1974 年 3 月
高滨 2	M（三环）	压水堆	780	1975 年 1 月
高滨 3	M（三环）	压水堆	830	1984 年 5 月
高滨 4	M（三环）	压水堆	830	1984 年 11 月
东海 2	BWR-5	沸水堆	1060	1978 年 3 月
泊 1	M（2 环）	压水堆	550	1988 年 12 月
泊 2	M（2 环）	压水堆	550	1990 年 8 月
泊 3	M（三环）	压水堆	866	2009 年 3 月
敦贺 2	M（4 环）	压水堆	1108	1986 年 6 月

文献来源：World Nuclear Association.Nuclear power in Japan [EB/OL]. [2022-08-10]. https://world-nuclear.org/information-library/country-profiles/countries-g-n/japan-nuclear-power.aspx.

（3）欧盟的核能技术部署

1958 年，6 个国家成立欧洲经济共同体自由贸易区并于 1993 年更名为欧盟（EU）。英国于 1973 年加入欧盟，又于 2020 年 1 月离开欧盟。目前，欧盟（EU）由欧洲大陆的 27 个国家组成，总人口约为 4.5 亿人，欧盟 1/4 的电力依赖核电，而基荷电力的比例更高。核能提供一半的低碳电力 [①]。分析欧盟的核能技术部署，主要体现在如下几个方面。

第一，欧盟重要核能方面的研究，为支撑核能部署提供支持。一是能源联盟研究报告。2015 年 11 月，欧洲共同体（简称"欧共体"）发布了关于能源联盟状况的第一份报告，强调电力的重点是实时电力市场、长期投资和能源供应以外的供需平衡服务等。欧共体指出，具有约束力的可再生能源国家的目标并不适合单一的欧盟市场，并且产能机制的跨境会产生问题。2015 年底，欧共体通过了欧洲能源联盟的愿景，重点确定了脱碳和供应安全的政策。2017 年，欧共体第二次能源联盟状况报告承认核电的作用，否则无法实现欧盟到 2050 年脱碳超过 80% 的目标，并强调以一致的方式使用所有可用的工具以加强核能投资工作。2021 年 2 月，欧洲保守派和改革派（ECR）及欧洲议会复兴欧洲小组委托欧共体研究了欧盟到 2050 年实现气候中和雄心的 3 个关键问题：2050 年和 2100 年，欧盟气候中和对全球平均大气温度的影响；与捷克和荷兰的核能相比，风能和太阳能的空间（陆地和海洋）要求；这两个国家的风能，太阳能和核能成本。研究发现，在现实情况下，如果两国完全或主要依赖风能和太阳能，则没有足够的土地来满足其所有电力需求，而核能比可再生能源更具成本效益。同时，即使考虑到改进太阳能和风电场的主要效率，到 2050 年核能仍将是更便宜的选择。二是欧洲核贸易协会支持核能制氢。2021 年 5 月 4 日，欧洲核贸易协会（Foratom）发表了一份关于核能在低碳和制氢市场中的文件。Foratom 认为氢技术是可以帮助欧洲实现 2050 年碳中和目标的关键技术之一，提出了系列政策建议：应肯定低碳的核电在欧盟氢战略中发挥的积极作用，氢的分类和来源保证应该基于氢源的碳强度的详细生命周期评估，应该优先评估核能制氢的系统成本，支持所有低碳氢项目的创新和研发、应该认识到以前在欧洲和国际层面上对核电制氢的研究，并在欧盟氢能战略中推动相关研究成果转化，以及设置地平线欧洲（Horizon Europe）和原子能共同体（EURATOM）行动计划之间的协同效应并应该增加 R&D 项目与低碳制氢投入等。

第二，欧盟重视核能相关法律法规与政策。2012 年能源效率指令（EED）制定了一套约束性措施，帮助欧盟在 2020 年前实现 20% 的能源效率目标。根据该指令，所有欧盟国家都必须在能源链的各个阶段更有效地使用能源。2018 年 12 月，修订后的指令生效，2030 年的效率目标至少为 32.5%。2019 年 12 月 11 日，欧盟委员会通过了"欧洲绿色协议"，提出到 2050 年欧洲将成为全球首个"碳中和"地区（CO_2 净排放量降为零），为此

---

① World Nuclear Association.Nuclear power in European union［EB/OL］.［2022-08-10］. https://www.world-nuclear.org/information-library/country-profiles/others/european-union.aspx.

欧盟制定了详细的路线图和政策框架，将发展重点聚焦在清洁能源、循环经济、数字科技等方面，政策措施覆盖工业、农业、交通、能源等几乎所有经济领域，以加快欧盟经济从传统模式向可持续发展模式转型，推动欧盟"绿色发展"。2021年6月28日，欧盟通过了首部《气候变化法》，从法律上要求27个成员国在2030年前将温室气体排放量在1990年的基础上削减55%，并在2050年前成为净零排放经济体。2021年7月14日，欧盟委员会公布落实2030年碳减排目标的一揽子提案，要求各成员国实施能源产品税收制度，制定合适的激励机制，将能源产品的税收与欧盟的能源和气候政策保持一致，推进清洁能源技术创新，保障和完善单一市场并支持加快向绿色能源系统转型，推动欧盟如期实现2030年较1990年减排55%的气候目标。2022年2月2日，欧盟委员会投票通过绿色分类法规，支持将核电和天然气归类为绿色能源，旨在指导私人投资于可持续经济活动，帮助应对气候变化的分类系统。2022年7月6日，欧洲议会确认了核能与天然气的过渡能源地位，相关项目符合欧盟绿色投资规则，未来可能吸引数十亿欧元资金。

第三，欧盟出台核能相关战略，支持核能发展。2014年4月，法国总统奥朗德与波兰总理图斯克提出一项关于成立欧盟能源联盟的共同倡议，以降低欧盟国家在能源上对俄罗斯的依赖。2014年5月，在欧盟能源进口依存度超过50%的背景下，欧盟委员会提出了新的欧洲能源安全战略，强调欧洲核工业对能源安全发挥着重要作用，并且"欧盟核工业在包括浓缩和后处理在内的全链条技术上处于领先地位"。建议欧盟将核电归类为本土生产，欧洲原子能联营供应机构应负责确保核燃料的多样化供应，既适用于欧盟现有的核电厂，也适用于即将建造的核电厂。2015年2月25日，欧盟正式公布能源联盟的总体构架，将28个成员国的能源政策统一为欧盟能源政策。根据欧盟成员国达成的共识，能源联盟将遵循五大原则：确保能源供应安全；建立完全一体化、具有竞争力的内部能源市场；降低能源需求，提高能源效率；加强利用再生资源；加强研究、创新以发展绿色技术。此外，能源联盟范围将不局限于欧盟成员国自身，欧盟也希望能与周边其他国家开展密切合作。

第四，欧盟实施系列研究计划，加强核能关键技术研发。一是实施战略能源技术计划。在欧盟第七研发框架计划（FP7）的资助支持下，2007年《欧洲战略性能源技术计划》（European Strategic Energy Technology Plan，SET-Plan）开始实施，重点关注风能、太阳能、核裂变能等公共和私营研发与示范（RD&D），为保障消费者在能源市场的权益寻找技术解决方案。2015年9月，根据新一届欧盟委员会确定的欧盟"能源联盟"战略目标，欧盟委员会再次推出经过重新整合的新版SET-Plan，致力于围绕共同目标，加强欧盟委员会、成员国、区域、工业界、科技界和利益相关方之间的相互协同，统筹研发创新资源，确保可再生能源技术及其产业的世界领先水平，扶持能源消费/生产用户的广泛参与，加速智能能源系统建设，强化提高核能技术应用部署，提高核电技术的安全可靠等级，优化配置成果共享，加速欧盟低碳能源体系转型升级。二是实施"欧洲地平线"计划。2013 年 6 月 25 日，欧盟理事会、欧洲议会及欧盟委员会就欧盟新一轮框架研发计划——《地平线 2020》（2014—2020 年）多年期预算达成一致，并于 2014 年按时启动，共投入约 770.28 亿欧元，比第七研发框架计划的 505 亿欧元增加了 52.5%。到 2020 年，欧盟研发与创新投入要占欧盟总财政预算的 8.6%。2015 年底，《地平线 2020》决定在原有基础上增加新能源技术研发创新投入，确保欧盟战略能源技术及产业的世界领先水平。在《地平线 2020》下面设有欧洲原子能共同体（EURATOM）关于核研究和培训的研究计划，旨在提高核安全和辐射防护水平，保证核动力能源系统长期、无碳、安全、高效的运行，其预算为 5 年一轮，不同于欧盟"多年度财政框架"规定的 7 年一轮。2014—2018 年，欧洲原子能共同体预算为 16.03 亿欧元，2019—2020 年预算为 7.7 亿欧元[①]。2021 年 1 月，实施的第九研发框架计划："欧洲地平线"（Horizon Europe）（2021—2027 年），预算总经费达 955.17 亿欧元，是世界上规模最大的政府科技计划。原子能研究与培训项目作为地平线欧洲的重要补充，其有关的预算经费为 19.81 亿欧元，其中核聚变预算为 5.83 亿欧元、核裂变预算为 2.66 亿欧元、联合研究中心预算为 5.32 亿欧元。2021 年 6 月 17 日，欧盟委员会宣布其"地平线欧洲"研发框架计划第一阶段（2021—2022 年）资助方案正式通过，明确了未来两年的研发目标和具体主题。其中 EURATOM 资助重点包括以下几点。①核安全：核电站和研究堆的安全运行；先进和创新的核能系统设计及核燃料的安全性；轻水反应堆乏燃料的多次循环利用；用于核能的先进结构材料；高温反应堆的安全性；未来核裂变和核聚变电厂的许可程序、代码和标准的协调一致；开发聚变和裂变设施的氚管理技术。②乏燃料和放射性废物的管理和退役：在废物管理和退役方面协调应用国际监管框架。③核科学和电离辐射应用、辐射防护、应急准备：欧洲辐射防护和电离辐射检测研究的伙伴关系；医用放射性核素的安全使用和可靠供应；核技术的跨部门协同和新应用。④欧盟内部核领域的专业知识和能力：欧洲核研究设施；提升欧洲核技术能力；核技术相关社会-经济问题；支持 Euratom 国家联络机构之间的跨国合作；支持可持续核能技术平台以应对电离辐射的跨部门挑战和非电力应用。

第五，欧盟主要国家支持核能技术研发部署。一是法国。2018 年 11 月 27 日，法国总统马克龙发布了"能源发展多年计划"，确立了法国 2018—2028 年能源发展路线图，可再生能源投资总额达 710 亿欧元。根据该计划，到 2035 年法国发电量 900 MW 的 14 个反应堆将停运，届时核电占比将降至 50%[②]。2021 年 10 月，法国总统马克龙发布"法国 2030 计划"，宣布延长所有可延长的核反应堆的寿命，同时确保安全，未来 5 年将投入 300 亿欧元，推动创新型小型核反应堆、绿氢、工业脱碳、绿色汽车、低碳飞机等十大战略性领域的产业发展，其中投入 10 亿欧元发展颠覆性、创新型小型核反应堆，投入 80 亿

① 钟蓉，徐离永，董克勤，等.欧盟"地平线 2020"计划（Horizon 2020）[EB/OL].（2019-09-05）[2022-07-12].https://www.sciping.com/29981.html.
② 中华人民共和国科学技术部.国际科学技术发展报告 2019 [R].北京：科学技术文献出版社，2019：82.

欧元发展绿氢与工业脱碳，实现核能—绿氢—可再生能源三位一体的发展模式 ①。2022 年 2 月 10 日，法国总统马克龙宣布了面向 2050 年的"法国能源计划"。为了应对气候变化和电力需求增长的挑战，确保 2050 年碳中和目标实现，法国将大力发展可再生能源和核能。法国宣布从 2028 年开始建造 6 座新的大型反应堆，费用约为 500 亿欧元，第一座将于 2035 年投入运营，2050 年再建设 8 座反应堆。此外，法国政府还要求在保障安全运营的前提下，将目前在运核反应堆的使用寿命从 40 年延长至 50 年。通过上述措施，2050 年将新增核电装机容量 25 GW②。二是其他欧洲国家。2009 年，波兰经济部的报告将核能确定为主要发电方案中最具成本效益的 CO_2 减排方法。2010 年 11 月，波兰经济部制订了一项新的核电计划并于 2011 年 1 月获得政府批准，2011 年 5 月，波兰议会通过了修改《国家核能法》的立法，"为建立涵盖整个投资过程的透明和稳定的监管框架提供条件"，由国家原子能机构（Panstwowa Agencja Atomistyki，PAA）负责监督工厂的建设、管理工厂的运营。2018 年 11 月，能源部公布了波兰到 2040 年的《能源政策草案》（EPP2040），重申了开发 6～9 GW 的核能计划。2019 年 5 月，对草案进行了修订，预计 2033 年将完成 6 个 1～1.5 GW 机组中的第一个，每个后续机组每两年跟进一次，以取代燃煤发电。2020 年 10 月，波兰气候部宣布加快实施核电计划，建造大型反应堆总容量为 6～9 GW，要求在 2021 年进行核能技术选型，并在 2022 年签署第一个工厂的最终合同。2021 年 2 月，波兰内阁正式通过能源政策。2021 年 4 月，波兰财政部投资 5.31 亿兹罗提（1.4 亿美元），收购国有的波兰能源集团（Polska Grupa Energetyczna SA，PGE），建立了一家国有公司——波兰核电站（Polskie Elektrownie Jądrowe，PEJ）来领导投资，预计第一个机组于 2033 年上线，每两年再增加一个机组。波兰拟通过国际合作引进国外技术以加快国内核电建设。2021 年 3 月，波兰政府批准了一项与美国的合作协议，同年 6 月，美国贸易与发展署向波兰核电厂提供赠款，以协助西屋公司和柏克德公司进行前端工程与设计研究，以期建造 AP1000 反应堆并将其作为波兰第一座核电厂③。2022 年，波兰政府同意部署基于美国技术的小型模块化反应堆（SMR），以取代现有的燃煤热电厂。2022 年 3 月，比利时政府决定采取必要措施，将两座反应堆的寿命延长 10 年，直至 2035 年。2022 年，荷兰开展了关于建造两座新核电站的讨论。2011 年，德国决定到 2022 年实现全面废止核电。2017 年 5 月，经全民公投瑞士通过了《能源战略 2050》，从 2018 年 1 月 1 日起，瑞士不再新建核电站，并在未来不再使用核能。

① L' Élysée.Reprendre en main notre destin énergétique! ［EB/OL］.（2022-02-10）［2022-08-12］. https://www.elysee.fr/emmanuel-macron/2022/02/10/reprendre-en-main-notre-destin-energetique.

② Ecologie. Audit EPR2 NucAdvisor accuracy synthese［EB/OL］.（2022-02-18）［2022-08-12］. https://www.ecologie.gouv.fr/sites/default/files/2022.02.18_Audit_EPR2_NucAdvisor_Accuracy_Synthese.pdf.

③ World Nuclear Association.Nuclear power in Poland［EB/OL］.［2022-08-12］. https://www.world-nuclear.org/information-library/country-profiles/countries-o-s/poland.aspx.

（4）英国的核能技术部署

英国比较重视核能技术的部署，主要体现在如下几个方面。

首先，制定法律法规与政策，支持核能等清洁能源技术发展。一是出台《气候变化法》。2008年颁布《气候变化法》（CCA），设定了到2050年温室气体排放量比20世纪90年代水平至少减少80%的目标。CCA要求英国政府制定具有法律约束力的5年"碳预算"，以确保实现2050年目标。为此，英国将传统发电厂退役，同时启动包括核能在内的新能源发电项目。2019年6月，根据政府间气候变化专门委员会（IPCC）关于全球升温1.5℃的特别报告，英国修订了CCA，承诺到2050年实现100%的排放减少——"净零"。2021年，由根据CCA成立的气候变化委员会（CCC）发布了第六次碳预算报告（涵盖2033—2037年），设定了相对于1990年水平到2035年将温室气体排放量减少80%的目标。二是制定聚变能源监管框架。2022年6月21日，英国政府确认当前核聚变研发机构监管机构为环境署（EA）和健康与安全执行局（HSE），负责监管英国所有计划中的聚变原型能源设施；政府在法律上明确：聚变能源的监管框架必须继续基于现有的最佳证据和技术专长，坚持监管机构和聚变开发商明确分离，并保持二者之间的适当接触，以确保安全有效推出聚变能。2021年10月，英国政府发布了《迈向聚变能源：英国聚变能战略》（Towards Fusion Energy: The UK Fusion Strategy），提出了英国聚变能源监管框架的建议，监管涵盖职业和公共健康与安全、环境保护、规划同意书、第三方责任、放射性物质的安全和保障等方面。并据此征求公众、工业界、学术界和其他利益相关者的意见与建议。英国政府现在着手实施关于聚变能源监管的提议，利用能源安全法案消除当前法律框架中的任何尚存的不确定性，希望在2040年之前交付世界上第一座原型聚变能发电厂，以此来展示聚变能源的商业可行性[①]。

其次，实施核能相关战略，推动核能技术发展。2017年10月，英国发布《清洁增长战略》，拟投入4.6亿英镑用于支持未来核燃料、新核制造技术、回收和后处理及先进反应堆设计等领域的工作[②]。2021年10月，英国政府发布《净零战略》，提出了英国实现2050年净零排放承诺的重要举措，支持英国向清洁能源和绿色技术转型，逐步实现净零排放目标，决定最终投资大型核电站，并启动一个新的1.2亿英镑的未来核扶持基金，保留未来核技术的选项，如小型模块化反应堆及包括北威尔士Wylfa在内的多个潜在场地。2022年4月7日，英国发布实施《英国能源安全战略》，计划到2050年开发核电24 GW，

① World nuclear news.UK developing regulatory framework for fusion [EB/OL]. (2022-06-21) [2022-08-12]. https://www.world-nuclear-news.org/Articles/UK-developing-regulatory-framework-for-fusion.

② HM Government. The clean growth strategy: leading the way to a low carbon future [EB/OL]. [2022-03-15]. https://assets.publishing.service.gov.uk/government/uploads/system/uploads/attachment_data/file/700496/ clean-growth-strategy-correction-april-2018.pdf.

占英国预计电力需求的 25% 左右，为此，政府提供新的先进核能资助，承诺提供 17 亿英镑推动核项目能够在议会中发挥作用，投资 1 亿英镑帮助开发 Sizewell C 核电项目，投资 2.1 亿英镑与劳斯莱斯合作开发小型模块化反应堆，宣布设立 1.2 亿英镑的未来核能扶持基金，以推进新的核能项目。

再次，实施系列计划，支持核能技术研发。英国政府 2019 年宣布，将在 4 年内投资 2.2 亿英镑，推进"用于能源生产的球形托卡马克"（STEP）概念设计，目标是在 2040 年前建成一座球形托卡马克商业聚变电厂。在 2020 年 12 月发布的能源白皮书《推动我们的净零碳排放未来》中，英国政府将核能确定为实现净零碳排放目标所需的清洁能源之一。2020 年 11 月，英国政府发布了《绿色工业革命十点计划》，宣布投资 120 亿英镑用于推进新的和先进的核电等 10 个领域。其中，政府承诺将投资 5.25 亿英镑用于发展大型和小型核电站，包括研发小型模块化反应堆（SMR），该反应堆预计可支持工作岗位多达 10 000 个。这说明英国政府进一步认可了新核电，且再次认为其在转型中扮演着不可或缺的角色。2021 年 6 月 24 日，英国国家核实验室（NNL）发布了《燃料净零：清洁能源未来的先进燃料循环路线图》（Fuelling Net Zero: Advanced Fuel Cycle Roadmaps for a Clean Energy Future），该路线图是通过先进燃料循环计划（AFCP）由 NNL 与英国商业、能源和工业战略部（BEIS）领导，确定了英国在燃料循环研究、开发和示范（RD&D）方面的领先地位，将促使英国的政策制定者和工业界能够为核能的未来做出规划，到 2050 年实现温室气体净零排放。该路线图指出，核燃料循环对于核技术在未来能源系统脱碳方面的作用至关重要，英国要实现清洁能源的目标，必须研发先进核燃料和燃料循环技术，且政府需要与行业进行紧密的合作，加快制定战略性规划。这份路线图将帮助英国决策者和业界人士为实现 2050 年净零排放目标更好地开展核工业未来发展的规划工作。

最后，通过核能基金等支持先进核能技术研发。2021 年 11 月 9 日，英国商业、能源和工业战略部宣布将在"先进核能基金"框架下投入 2.1 亿英镑，推进 SMR 技术研发。英国政府已提供 1800 万英镑资助完成了 SMR 第一阶段的概念设计。此次资助将支持劳斯莱斯（Rolls-Royce）公司低成本 SMR 项目的第二阶段研发工作，进行进一步开发反应堆概念设计，使其能够通过核监管办公室的通用设计评估程序，并评估其在英国部署的可行性，推进在 21 世纪 30 年代初期实现 SMR 示范。劳斯莱斯公司正开发的 SMR 每个机组的预期发电能力为 470 MW，寿命预计为 60 年。该项目的 SMR 基于压水反应堆技术，第二阶段重点关注通过多种核能制造工艺革新，缩短建造时间并减少方案的不确定性。2022 年 5 月 13 日，英国 BEIS 宣布，启动 1.2 亿英镑的未来核能扶持基金（Future Nuclear Enabling Fund），将其作为英国核能复兴的一部分，根据英国能源安全战略的承诺，将提供有针对性、竞争性的政府赠款，支持在英国各地开发包括 SMR 在内的新核能项目，刺激行业竞争并释放整个英国的投资，有助于实现英国政府到 2030 年批准建设 8 座新反应堆、到 2050 年生产高达 24 GW 核电的宏伟目标[①]。

总之，通过系列法律法规与计划的部署，英国的核电取得了较快的发展，将在未来电力中扮演重要角色。截至 2022 年 7 月，英国核电装机容量约 6.5 GW，核电占比约 15%，其中正在运营反应堆 5883 MW（表 3.7），在建反应堆 3260 MW，关闭反应堆 7755 MW，大多数现有核电机组将在 2030 年末退役，但新一代核电站正在建设中，英国政府计划到 2050 年新增核电装机容量 24 GW，提供电力约 25%[②]。

表 3.7   英国正在运营的核反应堆情况

反应堆名称	模型	反应堆类型	参考单位功率 /MW	建设开始	第一次并网
哈特尔普尔 A 1	AGR	GCR	590	1968 年 10 月	1983 年 8 月
哈特尔普尔 A 2	AGR	GCR	595	1968 年 10 月	1984 年 10 月
海舍姆 A 1	AGR	GCR	485	1970 年 12 月	1983 年 7 月
海舍姆 A 2	AGR	GCR	575	1970 年 12 月	1984 年 10 月
海舍姆 B 1	AGR	GCR	620	1980 年 8 月	1988 年 7 月
海舍姆 B 2	AGR	GCR	620	1980 年 8 月	1988 年 11 月
赛斯韦尔 B	SNUPPS	压水堆	1198	1988 年 7 月	1995 年 2 月
通尼斯 1	AGR	GCR	595	1980 年 8 月	1988 年 5 月
通尼斯 2	AGR	GCR	605	1980 年 8 月	1989 年 2 月

（5）其他国家的核能技术部署

下面分别介绍一下加拿大、韩国、印度等国的核能技术研发部署。

首先，加拿大比较重视核能的研发部署。一是不断整修与翻新已有反应堆。基于2015 年安大略省批准对达灵顿的 4 个核机组和布鲁斯的其余 6 个机组进行整修（延长寿命）的决定（前两个机组已经翻新），2015 年计划投资 260 亿加元的核电项目是北美最大的清洁能源项目之一。达灵顿的第一台机组 2 号机组于 2016 年 10 月开始停运翻新，并于 2020 年 6 月恢复商业运营。布鲁斯第一台进行翻新的机组是 6 号机组，该机组于 2020 年 1 月开始停运，预计 2024 年将返回服役。二是大力部署 SMR。2018 年，加拿大自然资源部（NRCan）发布了 SMR 路线图，该路线图基于 SMR 的核技术发展计划。2019 年 12 月，新不伦瑞克省和萨斯喀彻温省同意与安大略省合作推进 SMR 的开发和部署，以应对气候变化、区域能源需求、经济发展及研究和创新机会。除此之外，加拿大核安全委员会（CNSC）有一个预先许可的供应商设计审查流程，以根据供应商的反应堆技术评估核电站设计，约有 10 座小型反应堆，装机容量达 300 MW。此外，加拿大核实验室（CNL）

① HM Government.Fund to secure our energy supply and boost cutting edge nuclear projects opens for business［EB/OL］.（2022–05–13）［2022–07–15］.https://www.gov.uk/government/news/fund–to–secure–our–energy–supply–and–boost–cutting–edge–nuclear– projects–opens–for–business.

② World Nuclear Association.Nuclear power in the United Kingdom［EB/OL］.［2022–07–15］. https://www.world–nuclear.org/information–library/country–profiles/countries–t–z/united–kingdom.aspx.

发布了意向邀请书，从而产生了近 20 份关于 CNL 管理的场址选址 SMR 的提案。CNL 的目标是到 2026 年在其 Chalk River 站点建立一个新的 SMR。2020 年 12 月，NRCan 发布了 SMR 行动计划，响应了 SMR 路线图中的 53 条建议，为加拿大开发、示范和部署 SMR 制定了步骤。该计划设想第一批机组在 21 世纪 20 年代后期上线。三是加拿大各省联合发布 SMR 战略计划。2022 年 3 月 30 日，世界核新闻网报道，加拿大安大略省、萨斯喀彻温省、新不伦瑞克省和阿尔伯塔省以省级电力公司 2021 年发布的可行性研究为基础，联合发布了一项关于《部署 SMR 的战略计划》的报告，指出 SMR 的发展将支持加拿大国内能源需求，抑制温室气体排放，并将加拿大定位为清洁技术和应对气候变化的全球领导者，这为开发和部署 SMR 指明了道路。该战略计划确定了 SMR 开发和部署的 5 个优先领域：通过推动 3 个独立的 SMR 发展项目（涵盖并网和离网应用），将加拿大定位为全球 SMR 技术的出口国；促进强有力的核监管框架，重点关注公众和环境的健康与安全，同时确保合理的成本和时间表；确保联邦政府对新的 SMR 技术的财政和政策支持承诺，这将在全国范围内带来巨大的经济效益并帮助实现减排目标；为土著社区和公众参与创造机会；与联邦政府和核运营商合作，为 SMR 制订强有力的核废料管理计划。该计划拟开发 3 个独立的 SMR 技术项目。一是到 2028 年，将在安大略省达灵顿核电站建造一个电网规模达 300 MW 的 SMR 项目，随后在萨斯喀彻温省建造机组，第一台机组预计 2034 年投入使用。二是到 2029 年将在新不伦瑞克开发两台 ARC-100 先进的钠冷快中子 SMR 并在 Point Lepreau 核电站全面运行。三是拟在安大略省的联邦政府拥有的 Chalk River 实验室建造新型 5 MW 微型 SMR，并在 2026 年投入使用。截至 2022 年 8 月，加拿大约 15% 的电力来自核电，正在运营反应堆 19 座，主要位于安大略省，提供核电装机容量为 13.6 GW，关键反应堆 6 座，约 2143 MW。

其次，韩国重视核能技术部署。2020 年 12 月，韩国政府制定《2050 碳中和推进战略》，推动韩国实现 2050 年碳中和目标。2021 年 3 月，韩国政府制定《碳中和研发战略》，提出准确认识先进绿氢、核能、储能、CCUS 等前沿技术对实现双碳目标的重要性。2022 年 3 月 25 日起开始实施《碳中和与绿色增长基本法》，将引入"温室气体减排认知预算"和"气候变化影响评价"体系，制定绿色增长政策，培育支援绿色产业，加大对绿色金融、技术开发事业等投资规模，促进企业的绿色经营和绿色技术的开发及商业化。2022 年 5 月 17 日，韩国 SK 集团与美国 TerraPower 签署了一份谅解备忘录，共同合作开发 SMR 所需的"下一代技术"，确保 SMR 核心技术并将其商业化，为培育韩国下一代核电站产业做出贡献，支持与核电站相关的新技术并增强整个核电站产业生态系统的活力，助力实现 SK 的碳减排承诺[①]。截至 2022 年 6 月，韩国正在运营反应堆 25 座，核电装机容量 24 431 MW，提供了韩国约 1/3 的电力；在建反应堆 3 座，装机容量 4020 MW；关闭反应堆 2 座，装机容量 1237 MW。韩国是世界上著名的核能国家之一，广泛出口其技术。

---

① World nuclear news.Korean conglomerate to cooperate with TerraPower［EB/OL］.［2022-08-15］. https://www.world-nuclear-news.org/Articles/Korean-conglomerate-to-cooperate-with-TerraPower.

根据签订的价值 200 亿美元合同，目前韩国正在参与阿联酋第一座核电站的建设[①]。

最后，印度政府致力于发展其核电能力。作为其大规模基础设施发展计划的一部分，印度实施了本土的核电计划，制定了雄心勃勃的目标来增加核电装机容量。印度政府的"第 12 个五年计划（2012—2017 年）"的目标是投资 2470 亿美元，增加核电装机容量 94 GW。到 2032 年，该计划要求核电装机容量为 63 GW。由于较早的贸易禁令和缺乏本土铀，印度一直通过独特地开发核燃料循环来开发其钍资源。自 2010 年以来，印度民事责任法与国际公约之间的不兼容从根本上限制了外国提供核能技术。截至 2022 年 5 月，印度正在运营反应堆 22 座，装机容量 6795 MW；在建反应堆 8 座，装机容量 6028 MW[②]。

3.2 核能技术研发

美国、日本、法国、英国、德国等主要国家非常重视核能技术的研发，下面重点分析 2001—2020 年主要国家核能技术的研发投入状况。

（1）美国核能技术研发

美国的核能技术研发投入自 2001 年约 42 100.8 万美元逐步递增到 2005 年的 96 984.5 万美元，2006 年降至 82 812.4 万美元后递增至 2008 年的 116 402.4 万美元，2009 年降至约 100 825.8 万美元后又递增至 2011 年的 141 863.1 万美元，达到历史最高纪录，随后快速下降到 2013 年约 82 425.9 万美元，最后逐步递增至 2020 年的 138 516.9 万美元，总体上美国核能技术研发呈现先逐步增长到急剧下降再到逐步递增的发展态势（图 3.3）。

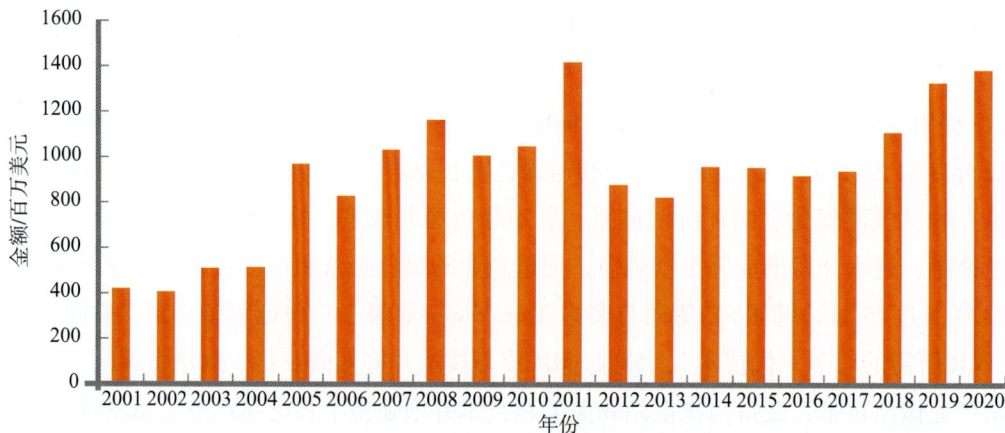

图 3.3 2001—2020 年美国核能技术研发情况（根据 OECD 2021 年 9 月 22 日数据绘制）

---

① World Nuclear Association.Nuclear power in South Korea［EB/OL］.［2022–08–15］.https://www.world–nuclear.org/information–library/country–profiles/countries–o–s/south–korea.aspx.

② World Nuclear Association.Nuclear power in India［EB/OL］.［2022–08–15］.https://www.world–nuclear.org/information–library/country–profiles/countries–g–n/india.aspx.

（2）日本核能技术研发

日本的核能技术研发投入自 2001 年约 263 652.5 万美元增加到 2002 年约 293 403.1 万美元，为历史最高纪录，随后逐步降低至 2011 年的 190 620.3 万美元，由于福岛核事故的影响，2012 年研发投入稍微增至 209 693.6 万美元后，2013 年又下降至 125 563.6 万美元，2014 年再增至 158 265.8 万美元后，逐步递减至 2020 年的 99 199.9 万美元，总体上，日本核能技术研发呈现先增加再逐步下降的发展态势（图 3.4）。

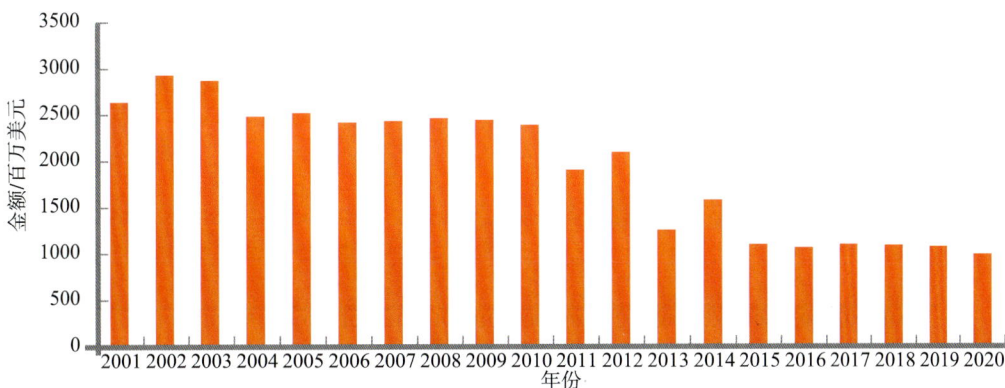

图 3.4　2001—2020 年日本核能技术研发情况（根据 OECD 2021 年 10 月 27 日数据绘制）

（3）法国核能技术研发

法国的核能技术研发投入自 2001 年约 54 165.7 万美元增至 2003 年的 84 665.4 万美元，逐步降低至 2006 年的 76 303.1 万美元，又逐步递增到 2008 年的 79 837.6 万美元，再逐步降低到 2010 年的 73 460.9 万美元，逐步增至 2012 年的 90 559.6 万美元，逐步递减到 2016 年的 72 864.8 万美元，随后再逐步递增至 2019 年的 87 540.2 万美元，2020 年回落到 86 661.0 万美元，总体上法国核能技术研发投入呈现从递增到递减的循环发展态势（图 3.5）。

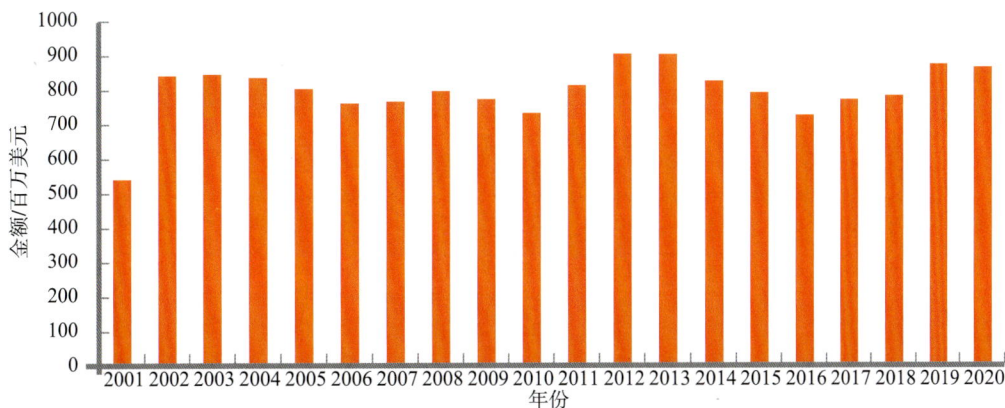

图 3.5　2001—2020 年法国核能技术研发情况（根据 OECD 2021 年 10 月 27 日数据绘制）

（4）英国核能技术研发

英国的核能技术研发投入自 2001 年约 2878.7 万美元逐步递增到 2010 年的 11 149.2 万美元，2011 年回落到 7037.2 万美元，2012 年增至 9620.4 万美元后递减到 2014 年的约 8195.3 万美元，2015 年增加到 18 340.5 万美元，2016 年回落到 16 931.8 万美元后快速递增至 2020 年的 40 755.5 万美元，总体上英国核能技术研发呈现出逐步增长的发展态势（图 3.6）。

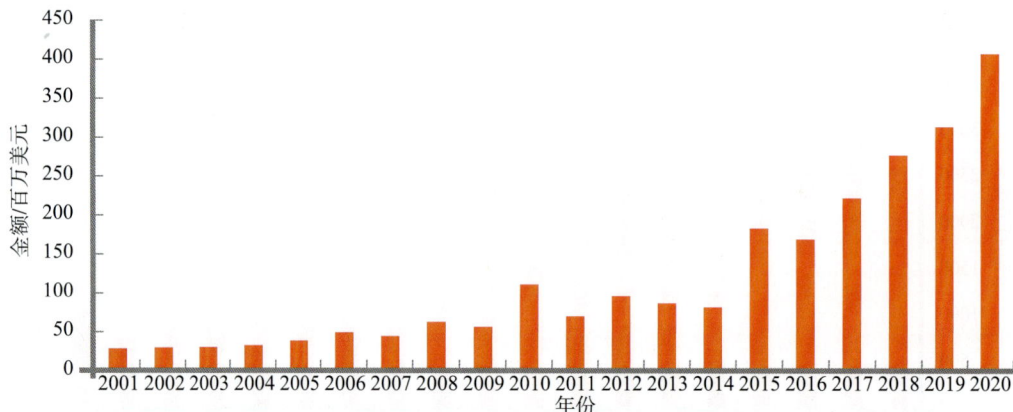

图 3.6　2001—2020 年英国核能技术研发情况（根据 OECD 2021 年 10 月 27 日数据绘制）

（5）德国核能技术研发

德国的核能技术研发投入自 2001 年约 18 696.6 万美元下降到 2002 年的 17 092.6 万美元，随后逐步递增到 2009 年的 28 748.4 万美元，2010 年回落到 27 155.6 万美元，2011 年增至历史最高点 29 329.8 万美元，由于受弃核政策的影响，从此逐步递减到 2020 年的 24 569.4 万美元，总体上德国核能技术研发呈现从逐步增长到缓慢递减的发展态势（图 3.7）。

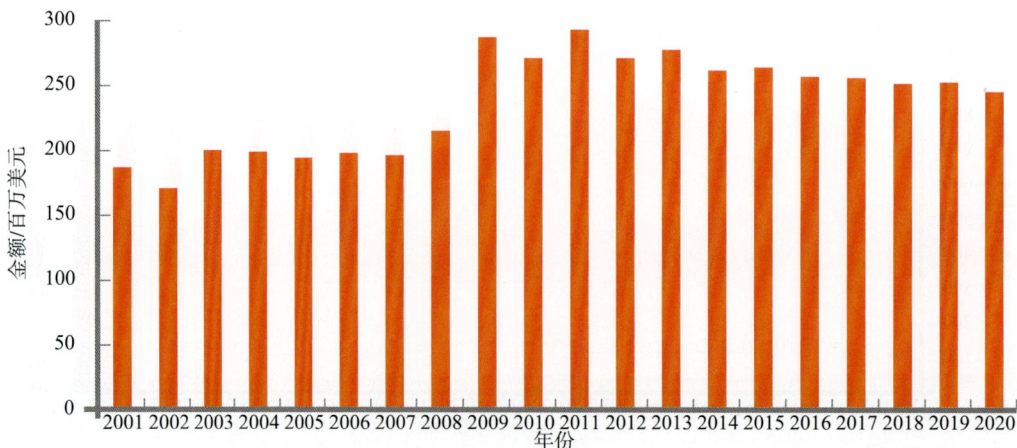

图 3.7　2001—2020 年德国核能技术研发情况（根据 OECD 2021 年 9 月 22 日数据绘制）

（6）加拿大核能技术研发

加拿大的核能技术研发投入自 2001 年约 6556.4 万美元增至 2002 年的 6701.3 万美元，2003 年降低至 5643.2 万美元后，又快速递增到 2007 年的 21 870.6 万美元，2008 年回落至 18 251.0 万美元后又快速增至 2009 年的 28 680.2 万美元，为历史最高点，随后快速递减到 2013 年的 7712.1 万美元，逐步递增至 2015 年的 13 593.8 万美元后又逐步递减至 2019 年的 9300.7 万美元，2020 年增至 10 923.0 万美元，总体上加拿大核能技术研发资助总量偏小，呈现先递增再递减的发展态势（图 3.8）。

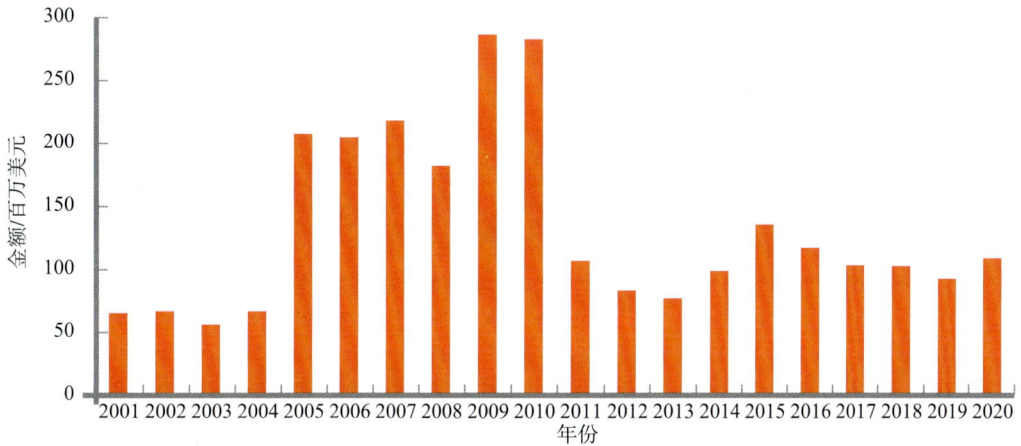

图 3.8　2001—2020 年加拿大核能技术研发情况（根据 OECD 2021 年 9 月 22 日数据绘制）

3.3　核能技术进展

3.3.1　核能论文计量分析

核能的主题词主要包括 Nuclear energy；Atomic energy；Nuclear power；Nuclear physics；Nuclear engineering 及 Nuclear industry 等。各级检索词如表 3.8 所示。

表 3.8　核能各级检索词

一级检索词	二级检索词	三级检索词
Fission	Fission Reactions*；Nuclear Fission；Nuclear Fuels--Fission*；Uranium and Alloys--Fission*；Fission Products Criticality	
Fusion	Fusion reactions*	Inertial Confinement Fusion；Laser Fusion；Thermonuclear Reactions

一级检索词	二级检索词	三级检索词
Nuclear Explosions	Uranium Carbide; Site Selection; Wastewater Disposal; Nuclear Materials; Nuclear Magnetic Logging	
Fuels	Nuclear Fuels; Spent Fuels	Mixed Oxide Fuels; Nuclear Fuel Accounting; Nuclear Fuel Elements; Nuclear Fuel Pellets; Spent Fuels
Nuclear Power	Nuclear Power Plants	
Radioactive Wastes	Radiation Decontamination;Radioactive Waste Disposal; Radioactive Waste Encapsulation;Radioactive Waste Storage; Radioactive Waste Transportation;Radioactive Waste Vitrification; Radioactivity	
Nuclear Reactors	First-generation Reactor; Second-generation Reactor; Third-generation Reactor; Fourth-generation Reactor	Breeder Reactors; Breeding Blankets; Containment Vessels; Control Rods; Decommissioning (Nuclear Reactors); Educational Nuclear Reactors; Experimental Reactors; Fast Reactors;Fusion Reactors; Gas Cooled Reactors; High Temperature Gas Reactors; High Temperature Reactors;Liquid Metal Cooled Reactors; Mobile Nuclear Reactors; Molten Salt Reactor; Nuclear Reactor Licensing; Nuclear Reactor Reflectors; Particle Injectors; Pebble Bed Reactors; Pressure Tube Reactors; Process Heat Reactors; Reactivity (nuclear); Reactor Cores; Reactor Operation; Reactor Shutdowns; Research Reactors; Small Nuclear Reactors; Underwater Reactors; Water Cooled Reactors

　　论文数据不仅承载了基础研究成果等显性信息，而且还隐藏了重要的情报信息。在科睿唯安（Clarivate Analytics，原汤森路透—知识产权与科技）开发的信息服务平台 Web of ScienceTM 核心合集数据库选择 Science Citation Index Expanded（SCI-EXPANDED）作为核能技术论文研究数据的来源，依据表 3.8 中的检索词，限定时间范围为 2000 年 1 月 1 日至 2021 年 12 月 31 日，文献类型选择为 "article"，最终得到 46 941 条记录。以此为基础对核能技术从年度论文发表数量变化趋势、高被引论文发表趋势、主要论文发表国家、主要论文发表机构、主要研究热点等多维度进行文献计量分析。

（1）全球核能技术年度论文发表数量变化趋势

图 3.9 为 2000—2021 年以核能为主题的论文随时间分布的状况。总体上看，核能技术相关研究成果不断增加，特别是 2010 年后全球核能论文数量增长较快。在 2010 年前（包括 2010 年），2003 年发文量最低，仅有 1063 篇，且平均每年发文量约为 1427 篇，2005 年开始达到平均水平。2010 年后，2021 年发文量最高，达 4393 篇，平均每年发文量约为 3147 篇，2017 年达到平均水平。

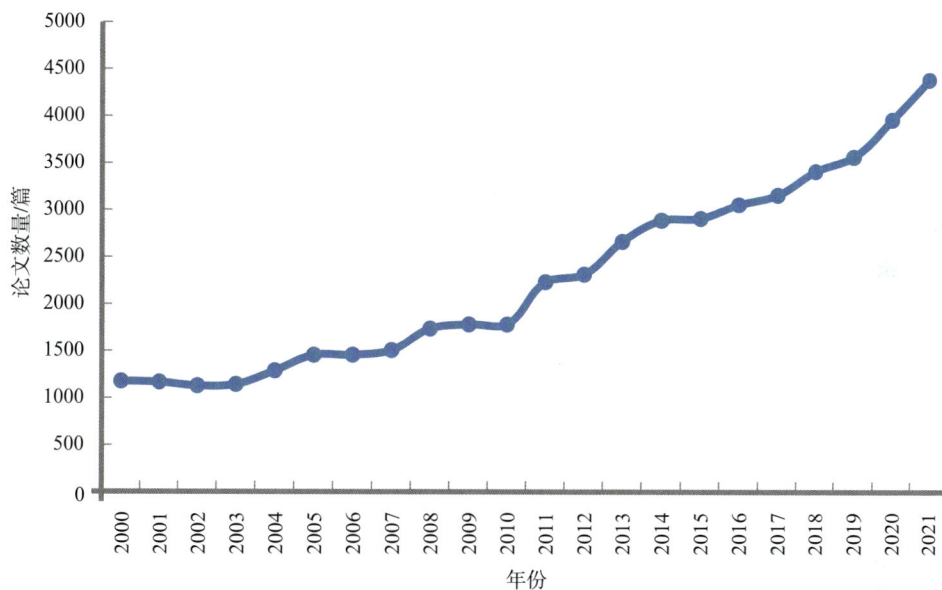

图 3.9　2000—2021 年全球核能技术论文分布情况

相比之下，2010 年前论文数量增长较慢，核能技术的发展处于停滞期，甚至在 2001 年左右相关研究有所减少。主要是因为包括美国的三哩岛核泄漏事故（1979 年）和苏联的切尔诺贝利事故（1986 年）发生后，人们对核设施在技术、制度和文化上的脆弱性，以及在设计、管理和操作此类复杂系统时的不可靠性产生了担忧，导致对核能产业的投入削减。核能发展进入了一段停滞期。

2010 年后，尽管 2011 年日本发生了福岛核事故，对全球核能技术产生了不利影响，但是为应对环境变化及能源需求的增长，各国开始寻求更高安全性、更高功率的新一代先进核电技术，这促进核能技术的发展，这也正是第四代核电技术蓬勃发展的时期。预计未来核能技术的相关研究将持续保持增长态势。

（2）全球核能技术高被引论文发表趋势

图 3.10 为 2012—2021 年以核能为主题的高被引文献随时间分布情况。2012—2021

年有高被引论文 119 篇。总体上看，核能技术高被引论文数量在 2012—2016 年逐渐减少，2016—2019 年又开始增多，但增减数量变化不大（相邻年份间仅增或减 1 ～ 2 篇）。相比之下，2020 年前后发生变化的数量为 3 篇。值得注意的是，在 119 篇高被引论文中，美国有 59 篇，中国有 34 篇，德国有 20 篇。在某种程度上，这些国家掌握着核能的关键技术（表 3.9）。

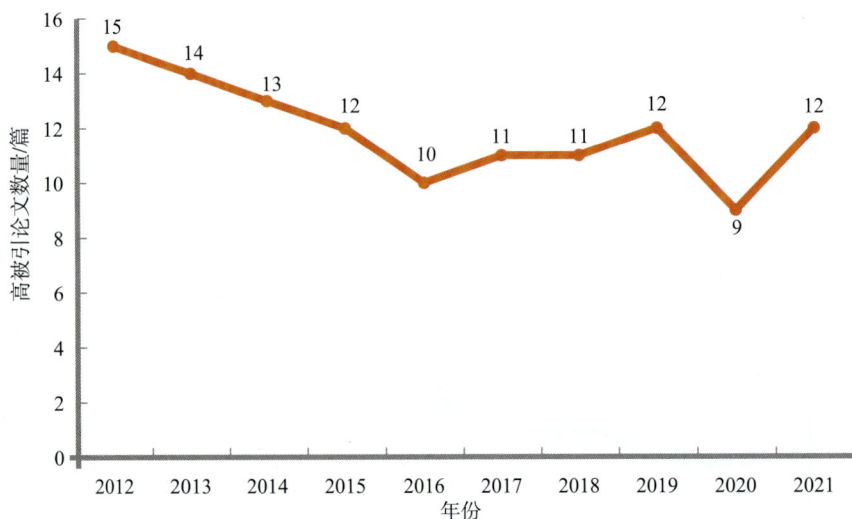

图 3.10　2012—2021 年全球核能技术高被引论文分布情况

由表 3.9 可见，2000—2021 年全球核能技术排名前十的高被引论文中 2003 年、2011 年出现超高被引论文，这意味着这两篇论文对核能技术产生巨大的推动发展作用。如 2003 年的论文 *First results from KamLAND: evidence for reactor antineutrino disappearance*，揭示了反应堆中微子消失的辐射探测和测量，极大鼓舞了中微子实验物理界，为未来的中微子实验指明了前进的方向。2011 年的论文 *ENDF/B-VII.1 nuclear Data for Science and Technology：Cross Sections，Covariances，Fission Product Yields and Decay Data* 中发现，中子反应截面覆盖面的广度增加，从 393 个核素增加到 423 个核素；裂变产物（Mo、Tc、Rh、Ag、Cs、Nd、Sm、Eu 的同位素）和中子吸收材料（Cd、Gd）对热中子反应的修饰；裂变产物产率提高裂变光谱中子和入射在 Pu-239 上的 14 MeV 中子等。这些发现对于核临界评估（特别是对钛、锰、铬、锆和钨的评估）、快堆中的裂变和捕获反应速率测量值评估起到了显而易见的作用。

表 3.9 2001—2021 年核能技术全球排名前 10 的高被引论文

序号	论文题目	关键词	机构	作者	国别	发表年份	合计被引用次数/次
1	First Results from KamLAND: Evidence for Reactor Antineutrino Disappearance	Neutron Fission-Products;;Spectrum	Tohoku University	Eguchi K 等	日本	2003	2226
2	ENDF/B-VII.1 Nuclear Data for Science and Technology: Cross Sections, Covariances, Fission Product Yields and Decay Data	Neutron-Induced-Fissionresonance Parameter;Analysis Energy-Rangespectrum;N+Pu-239 Thermal-Neutrons Data; Library Capture U-235 Pu-242 Scattering	United States Department of Energy	Chadwick M. B. 等	美国	2011	1804
3	Predominant Autoantibody Production by Early Human B Cell Precursors	Immunoglobulin; Heavy ChainGeneantibody; Expression Repertoirepoly Reactivity Lymphocytes; Selection Region Mice	EHelmholtz Association	Meffre 等	德国	2003	1435
4	JENDL-4.0: A New Library for Nuclear Science and Engineering	JENDL-4.0; Nuclear Data Evaluation;Cross SectionNuclear Model Calculation ;Experimental Data; Actinoid Fission Product;Light Element;Structural Material	Japan Atomic Energy Agency	Shibata Keiichi 等	日本	2011	1403
5	Observation of Reactor Electron Antineutrinos Disappearance in the RENO Experiment	NeutronFission;Produtrs Long-Base;Linese ArchoscillationsSpectra Pu-239 Energy	Korea University	Ahn J. K. 等	韩国	2012	1372

续表

序号	论文题目	关键词	机构	作者	国别	发表年份	合计被引用次数/次
6	Materials Challenges in Nuclear Energy	Nuclear Materials;Radiation Effects Stress;Corrosion Cracking;Structural Alloys (Steels and Nickel Base);Nuclear Fuels	University of Tennessee Knoxville、University of Michigan System	Zinkle S. J.; Was G. S.	美国	2013	1273
7	Design, Preparation and Properties of Non-oxide CMCs for Application in Engines and Nuclear Reactors:An Overview	Ceramic-Matrix Composites (CMC);SiC-Matrix Composites;Interphases	CEA	Naslain R	法国	2004	1236
8	Technical Note: The Lagrangian Particle Dispersion Model FLEXPART Version 6.2	Atmospheric Deposition、Stochasticmodels、Trajectories、ParamfterizationTransport、Cloud、Validation、Convection、Gradient、Scheme	University of Vienna	Stohl A 等	奥地利	2005	1229
9	Separation of CO_2 from Flue Gas: A Review	Carbon-dioxi、Dedevelment Program、Removal、Membranes、Capture、Phase、Cycle	University of Tennessee Knoxville、United States Department of Energy	Aaron D; Tsouris C	美国	2005	1140
10	STIRPAT, IPAT and ImPACT: Analytic Tools for Unpacking the Driving Forces of Environmental Impacts	IPAT; STIRPAT; ImPACT; CO_2 Emissions; Ecological Footprint; Energy Environmental Kuznets Curve; Ecological Elasticity	University of Oregon、Washington State University、University of Vermont	York R; Rosa E A; Dietz T	美国	2003	1131

从不同学科、不同期刊观察核能技术的发展情况如表 3.10 所示。

表 3.10 2000—2021 年核能技术论文学科、期刊分布情况

序号	学科分布		期刊分布	
	学科	论文 / 篇	期刊	论文 / 篇
1	Nuclear Science Technology	17 965	*ANNALS OF NUCLEAR ENERGY*	2120
2	Chemistry	8105	*NUCLEAR ENGINEERING AND DESIGN*	2103
3	Physics	7379	*JOURNAL OF NUCLEAR MATERIALS*	1745
4	Materials Science	6198	*PROGRESS IN NUCLEAR ENERGY*	1109
5	Engineering	5374	*JOURNAL OF RADIOANALYTICAL AND NUCLEAR CHEMISTRY*	1054
6	Environmental Sciences Ecology	4195	*NUCLEAR ENGINEERING AND TECHNOLOGY*	925
7	Science Technology Other Topics	1929	*NUCLEAR TECHNOLOGY*	914
8	Energy Fuels	1918	*JOURNAL OF ENVIRONMENTAL RADIOACTIVITY*	835
9	Radiology Nuclear Medicine Medical Imaging	1841	*JOURNAL OF NUCLEAR SCIENCE AND TECHNOLOGY*	786
10	Instruments Instrumentation	1632	*ATOMIC ENERGY*	649

由表 3.10 可见，2000—2021 年核能论文的学科分布主要包括核能科学技术 17 965 篇、化学 8105 篇、物理 7379 篇、材料科学 6198 篇、工程 5374 篇、环境科学生态学 4195 篇、科技其他主题 1929 篇、能源燃料 1918 篇、放射学核医学医学影像 1841 篇、仪器仪表 1632 篇，这说明核能是一个跨学科交叉的复合型领域。论文主要发表在《核能年鉴》（2120 篇）、《核工程与设计》（2103 篇）、《核材料杂志》（1745 篇）、《核能进展》（1109 篇）、《放射分析与核化学杂志》（1054 篇）、《核工程与技术》（925 篇）、《原子能》（914 篇）等期刊上，论文研究内容不仅包括核能技术基本原理，还包括涉及原子堆的材料、对环境的影响研究等。

（3）全球核能技术主要论文发表国家

一个国家的科研项目投入占比反映了其对科技创新的重视程度和综合国力水平，论文作为基础研究，其产出在一定程度上代表了该国对某项技术的掌握程度和话语权。图3.11是对2000—2021年全球核能技术论文发表数量排名前15位的国家的可视化呈现，横坐标表示该国在核能技术方面的论文发表数量，纵坐标表示其平均被引次数（2000—2021年所有论文总被引次数／所有论文数量）。

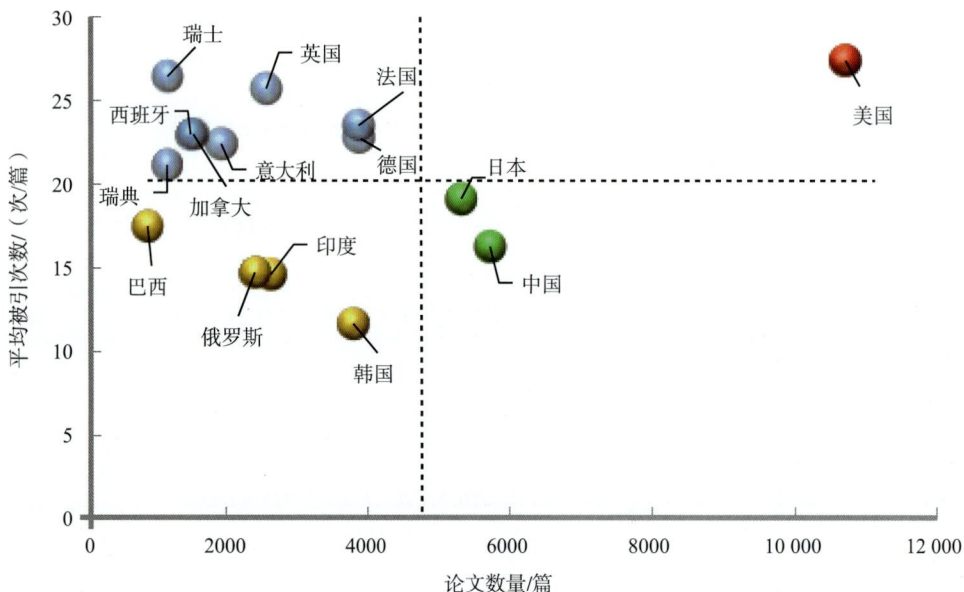

图3.11　2000—2021年全球核能技术论文发表数量排名前15位的国家

2000—2021年，全球核能技术论文发表数量排名前15位的国家有美国、中国、日本、德国、法国、韩国、印度、英国、俄罗斯、意大利、西班牙、加拿大、瑞士、瑞典、巴西。可见，前15位国家之间论文数量和平均被引次数有明显的差别，以发表论文数量为5000篇、平均被引次数为20次／篇为分界线，可以清晰地将这15个国家划分在4个象限内。

第一象限内仅有美国一个国家，2000—2021年发表了10 688篇，每篇平均被引27次。可以看到，美国无论是对核能技术的关注度，还是对核能技术的高质量研究都具有极大的优势，这说明美国核能技术在国际上具有绝对的核心竞争力。

第二象限内有西班牙、瑞典、英国等8个国家。这类国家发表论文的数量不算多，但论文质量却较高。也就是说，在第二象限内，越往西北角延伸的国家，越值得关注，因为他们掌握着核能的部分核心技术，具有较强的核心竞争力。例如，瑞士发表论文数量仅为1107篇，但每篇论文的被引次数高达26次。再如，英国发表论文数量为2512篇，每篇论文的被引次数高达 25 次。究其根本，这些国家对核能依赖较大，瑞士逾 40% 的电力来自核能[①]，英国计划到 2024 年至少再建一座核电站，并为 SMR、先进反应堆及核聚变反应堆提供支持，目标是到 2050 年将核电装机容量增至 40 GW，以此降低对石油、天然气等化石能源的依赖[②]。

第三象限内有巴西、俄罗斯、印度、韩国 4 个国家。这类国家发表论文的数量不多，论文质量也相对较低。相比之下，韩国虽发表论文数量为 3747 篇，但每篇论文的被引次数仅 11 次，是所有国家中论文平均被引次数最低的国家。

第四象限内有日本和中国 2 个国家。这两个国家发表论文的数量多，但论文质量整体有待提升，尤其是中国。日本发表论文数量为 5273 篇，每篇论文的被引次数为 19 次。对于日本来说，本身就非常缺能源，所以核能是他们非常依赖的。2022 年 11 月，日本经济产业省制定了关于今后核能政策的行动计划方案，其中包括"推进开发和建设采用新安全机制的新一代创新核反应堆"。关于建设新一代创新核反应堆，首先将改建已决定废弃的核电站[③]。中国发表核能论文数量为 5688 篇，是发文量仅次于美国的国家。但每篇论文的被引次数仅 16 次，在所有国家中排行倒数第四。这间接地反映出中国在核能技术方面的关注度很大，国家也愿意大力支持，但是核心竞争力有待提升。下一步，不仅应关注论文的产出量，更要在核能关键技术突破方面做好基础研究工作。

2000—2021 年，核能技术论文发表数量排名前五的国家有：美国、中国、日本、德国、法国（图 3.12）。整体来看，美国一直领先于其他国家，且年发文量是日本、德国、法国等国家的两倍多，从 2000 年发表的 294 篇到 2021 年发表的 893 篇。中国 2020 年后发文量超过了美国。中国在 15 个国家中发展最为迅速。从 2000 年发表的 34 篇到 2021 年发表的 1000 篇。日本、德国、法国 3 国在 2010 年前发文量相当，核能技术发展较为平稳，在 100 ~ 150 篇浮动。2010 年后，日本论文数量赶超德国与法国。在福岛核事故后，开始关注核能产生的负面影响。

① 中国核网.民意调查：瑞士公民可能不会放弃核能［EB/OL］.（2016-10-25）［2022-08-15］. http://www.nuclear.net. cn/portal.php?mod=view&aid=1124.

② 中青在线.担忧能源危机，英国加速建造核能设施［EB/OL］.（2022-04-14）［2022-08-15］. http://news.cyol.com/ gb/articles/2022-04/14/content_KWQo5HBPN.html.

③ 快科技.核污水要排海！日本不放弃核能：重启废弃核电站　改建成新一代反应堆［EB/OL］.（2022-11-28）［2022-12-04］. https://news.mydrivers.com/1/875/875658.htm.

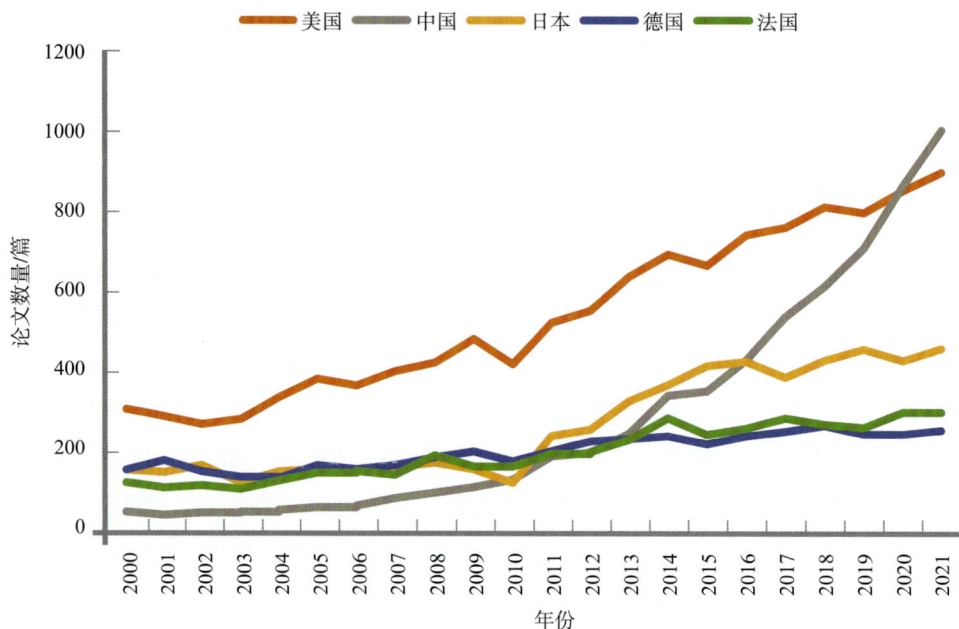

图 3.12　2000—2021 年全球核能技术排名前五的国家论文逐年分布情况

（4）全球核能技术主要论文发表机构

　　机构在核能技术的论文发表数量一定程度上体现了其技术关注度。图 3.13 呈现了 2000—2021 年全球核能技术论文发表数量排名前 15 位的机构。发文量最多的是美国能源部，以 4059 篇文章遥遥领先于其他国家，是排名第二的法国研究型大学联盟的两倍多。不同国家排名前十五的机构中有：5 家美国机构，美国能源部排名第一、加利福尼亚大学第十一、橡树岭国家实验室第十二、洛斯阿拉莫斯国家实验室第十三和爱达荷国家实验室第十五。4 家法国机构，法国研究型大学联盟第二、法国原子能和替代能源委员会第三、法国国家科学研究中心第四和巴黎萨克雷大学第九。剩余韩国、日本、中国、德国、印度、俄罗斯分别有 1 家机构上榜，分别是韩国原子能研究所、日本原子能研究机构、中国科学院、亥姆霍兹联合会、巴巴原子研究中心和俄罗斯科学院。

　　相比之下，美国和法国以"一超"的实力领先其他国家。美国总论文数量达 7263 篇，美国能源部是核心机构。法国在核能技术的研究上看似仅次于美国，总论文数量达 6157 篇，但全球排名前五的机构中，法国占了 3 家，且这 3 家机构实力相当，发文数量均在 1500 篇以上。除美国和法国的机构研发实力超强外，其他国家水平相当。中国仅中国科学院进入排名前十五的机构，在剩余机构中处于中游水平。

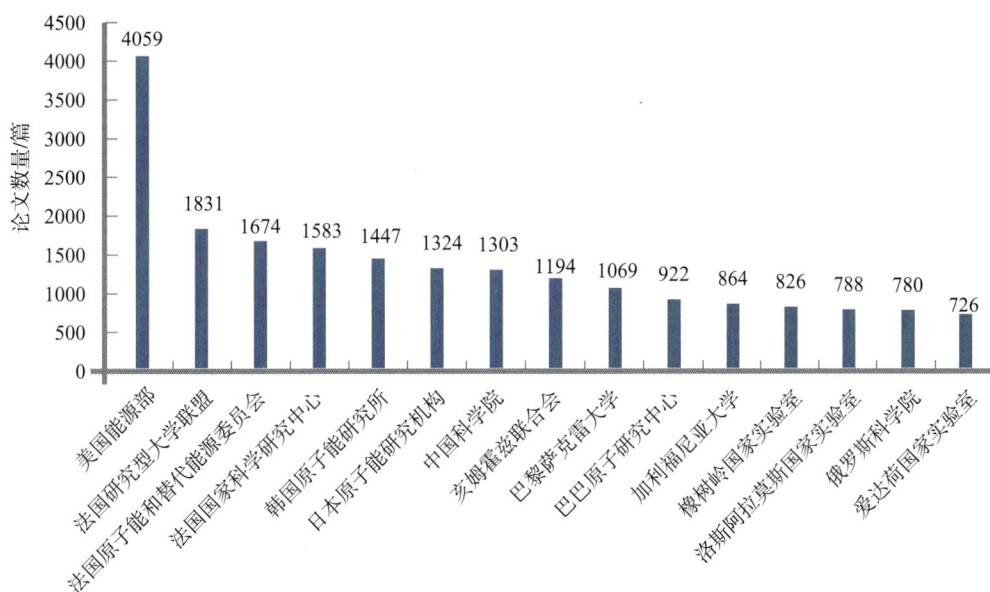

图 3.13　2000—2021 年全球核能技术论文发表数量排名前 15 位机构

发文量全球前五的机构分别为美国能源部、法国研究型大学联盟、法国原子能和替代能源委员会、法国国家科学研究中心、韩国原子能研究所。图 3.14 刻画了 2000—2021 年全球核能技术排名前五的机构论文逐年分布情况。可以发现，美国能源部在文献数量上遥遥领先剩余 4 家机构，其余 4 家机构发文数量相当。此外，在有共同波动变化的同时又各具特色。

这 5 家机构整体上都呈现发文量上升的趋势，在 2000 年发文量都稳定在 50 篇左右。在 2006 年、2015 年都迎来发文量的回落。

美国能源部发文量从 2001 年的 59 篇持续增长到 2005 年的 110 篇，到 2006 年降至 93 篇，与剩余 4 家机构还未产生巨大差距；2006—2009 年，发文量迎来拉开差距后的第一波高峰；2011—2014 年持续增长至 297 篇迎来该时间段的最高波峰，尤其是 2012—2014 年增长迅猛；之后至 2015 年又持续回落至 234 篇；2015 年以后波动性增长，呈现出隔年"一降一增"趋势，2021 年发文量达到新高峰 367 篇。

法国研究型大学联盟、法国原子能和替代能源委员会、法国国家科学研究中心 3 家研究机构发文量趋势基本一致，发文量从 2001 年的 50 篇左右持续增长到 2021 年的 130 篇左右。区别在于法国研究型大学联盟年发文量略高于另外两家机构。

韩国原子能研究所在 2008 年前，以相对较少的发文量追赶其他机构，甚至 2008—2014 年与其他机构不相上下。但在 2014 年后，发文量波动性巨大，呈现出波动性变化的发展趋势。

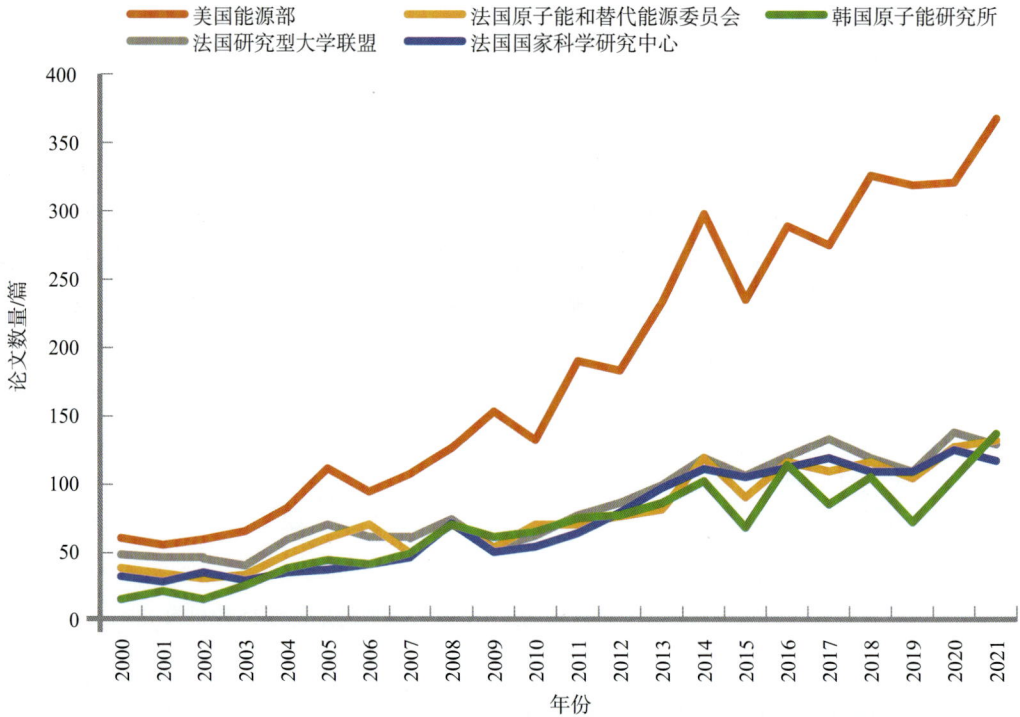

图 3.14　2000—2021 年全球核能技术排名前五的机构论文逐年分布情况

（5）全球核电技术主要研究热点

在更新迭代的核能技术中，美国政府对核电界共同研究开发的第三代核电技术不够满意：未考虑防止核扩散的要求，经济性不够理想。为了强化防止核扩散的要求和进一步改善经济性，提出要研究开发第四代核电站。第四代核电技术是指待开发的核电技术，其主要特征是防止核扩散、具有更好的经济性、安全性高和废物产生量少。第四代核电技术相关工作尚处于开始阶段，主要由大学教授、科研单位专家进行理论政策探讨。所提出的性能指标要求仅是原则性的，需要深化研究的工作还很多，还要经过方方面面的审查认可。距离做实质性的堆型选择、堆型研究开发还有较大距离。第四代核电技术已不仅局限于核电技术，而是提出了更具有整体意义的"核能系统"概念。可以期待，第四代核电系统将具有更好的安全性、经济竞争力，核废物量少，可有效防止核扩散，代表了先进核能系统的发展趋势和技术前沿。因此，了解最新核能技术的进展，有必要以第四代核电技术作为研究重点。

以 2002 年 GIF 一致同意开发的 6 种第四代核电站概念堆系统为关键词，深入了解最新的技术热点。具体包括气冷快堆（Gas-cooled Fast Reactor，GFR）、铅合金液态金属冷快堆（Lead-cooled Fast Reactor，LFR）、熔盐反应堆（Molten Salt Reactor，MSR）、液态钠冷快堆（Sodium-cooled Fast Reactor，SFR）、超高温气冷堆（Very High Temperaiure Reactor，VHTR）、超临界水冷堆（Super Critical Watcr-cooled Reactor，SCWR）[①]，检索式 为（AB=（"Gas-cooled Fast Reactor" OR "Lead- cooled Fast Reactor" OR "Molten Salt Reactor" OR "Sodium-cooled Fast Reactor" OR "Very High Temperaiure Reactor" OR "Super Critical Watcr-cooled Reactor"））OR（TS=Reactor* AND TI=（"Gas-cooled Fast" OR "Lead-cooled Fast" OR "Molten Salt" OR "Sodium-cooled Fas" OR "Very High Temperaiure" OR "Super Critical Watcr-cooled"））。选择文献类型为"article"，检索日期为 2023 年 10 月 23 日，最终在 wos 核心合集中得到 2201 条记录。以这些结果的关键词为研究对象，构建第四代核电技术论文关键词聚类网络，如图 3.15 所示。

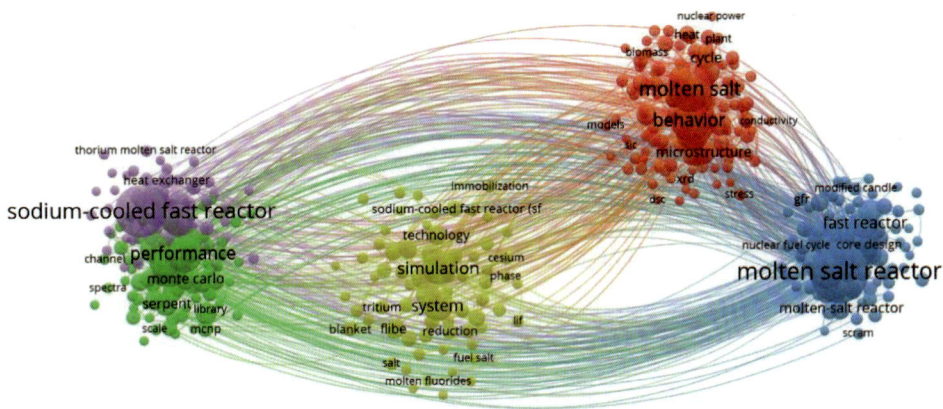

图 3.15　2000—2021 年第四代核电技术论文关键词聚类网络

利用 VOSviewer 软件对 2000—2021 年核能领域论文中出现的高频关键词（词频 ≥ 5，共 413 个）进行聚类分析。从高频关键词聚类的网络图可以看出，第四代核电技术领域的研究重点集中在第四代核反应堆熔盐堆研发、钠冷快堆研发及反应堆性能、模拟仿真、材料等方面。

将上述 5 个方面具体展开：①类（蓝色聚类区域）Molten Salt Reactor，即熔盐堆。熔盐堆作为面积最大的节点，是核能领域研究热点之一。不同于现役的第二、第三代反应堆和其他第四代反应堆所使用的固体核燃料，熔盐堆是第四代反应堆中唯一采用液体燃料的堆型，因而研究热点除了包括核燃料循环核心设计、快反应堆、CANDLE 反应堆等，还包括液体燃料系统。②类（紫色聚类区域）是液态钠冷快堆（Sodium-cooled Fast Reactor）。钠冷快堆是第四代核反应堆中研发进展最快、最接近商业核电厂需要的堆型。该研究热

[①] 中国核电网. 先进核能系统——第四代核电技术［EB/OL］.（2021-11-17）［2022-08-15］. https://www.cnnpn.cn/article/26550.html.

点主要聚焦换热器、冷却式快速反应器、蒸汽发生器等方面。③类（绿色聚类区域）主要集中于核反应堆性能，研究热点包括蒙特卡罗模拟法（Monte Carlo）、反应堆程序（如MCNP或者Serpent）、反应谱（Spectra）、规模（Scale）等。④类（黄色聚类区域）主要集中模拟仿真方面的研究，研究热点包括技术、系统、钠冷快堆、燃料盐（Fuel Salt）、熔融氟化物（Molten Fluorides）、氚（Tritium）、金属钠（Sodium）和铯（Cesium）等。⑤类（红色聚类区域）主要围绕熔盐堆的机制、过程、材料、设计及建造等方面进行研究，研究热点包括行为、微结构、循环、热、电导率、发电厂等。

整体来看，第四代反应堆的特点是冷却剂，可以是水、氦、液态金属或熔盐。还可以通过其在中子光谱中的位置来区分。也就是说，在热中子光谱或快中子光谱中，后者引起裂变的中子是由核反应产生的，并且不会减慢速度，因此反应堆以非常高的中子能量运行，而前者反应堆使用慢化剂来减慢反应，这发生在较低的中子能量中。

小型模块化反应堆（SMR）成为研究热点，被各核电强国视为"抢占未来发展先机的战略前沿"。小堆由于其多用途、模块化、部署灵活、投资规模小等特点，能够在未来能源体系中发挥多种功能，成为大型核电机组的低碳能源补充，具备替代小型化石能源机组的潜力，是主要核电国家加紧研发部署的技术。从全球应用看，中国已经在第四代核电技术中处于领先位置，位于中国海南省长江核电站的ACP100小型模块化反应堆示范项目的设备安装工作已经开始。NuScale Power计划在美国建造第一座NuScale小型模块化反应堆发电厂。美国的Holtec国际公司和韩国的现代工程与建筑公司已同意加快核合作计划，统筹设计完成SMR-160先进小型模块化反应堆其余系统和工厂的设施结构。安大略省发电公司的达林顿基地现在正在进行现场准备，这是加拿大第一个电网规模的小型模块化反应堆。同时，捷克共和国Temelín核电站场址已经完成拟议的SMR的初步地质调查。

先进核燃料及循环技术快速兴起。为支撑未来堆型的发展，各种先进核燃料及高性能材料，如事故容错燃料、高熵合金材料等研究方兴未艾。基于材料基因工程的多尺度、多组元的材料设计、研发方法、验证方法，为新型核能材料的创新提供了重要机遇。同时，为落实废物最小化原则和环境友好化原则，高减容废物处理技术和清洁解控技术的研究也成了运维及退役技术中的研究热点。

此外，数字技术、大数据、云计算、人工智能等前沿技术在核电领域的工程应用成为行业科技创新的新方向，如智能控制和智慧运维。

核能的应用方式已由传统大型发电厂为主，拓展到分布式发电、海水淡化、城市和工业园区供热、可移动热源等更多方面。

3.3.2 核能专利计量分析

第四代核电技术作为新一代的核能技术，相关工作尚处于开始阶段，因此全球各主要国家均高度重视在新一代核电技术领域的专利布局。考虑到专利检索结果的准确性与全面性，减少数据噪声对分析结果的影响，本章仍将（Gas-cooled Fast Reactor，GFR）（Lead-cooled Fast Reactor，LFR）（Molten Salt Reactor，MSR）（Sodium-cooled Fast Reactor，SFR）（Very High Temperaiure Reactor，VHTR）（Super Critical Watcr-cooled Reactor，SCWR）作为关键检索词，聚焦这 6 种堆型开展专利分析。专利数据来源于 Innography 数据库，检索式为（Gas-cooled Fast Reactor）OR（Lead- cooled Fast Reactor）OR（Molten Salt Reactor）OR（Sodium-cooled Fast Reactor）OR（Very High Temperaiure Reactor）OR（Super Critical Watcr-cooled Reactor），检索时间为 2000 年 1 月 1 日至 2021 年 12 月 31 日。共检索出第四代核电技术相关专利 6825 项。总体而言，第四代核电技术创新呈现出高速发展的态势，专利布局主要围绕熔盐、原材料、核反应堆、熔盐反应器、膜、反应堆堆芯、搅拌等方向进行。

（1）全球第四代核电技术专利年度申请趋势

2000—2021 年，全球第四代核电技术专利申请数量为 6825 项，从 2000 年仅有的 9 项专利，发展到 2017 年的 930 项，再到 2021 年的 418 项，专利申请量呈现先增长后下降的变化趋势（图 3.16）。整体而言，第四代核电技术发展分为 4 个阶段。

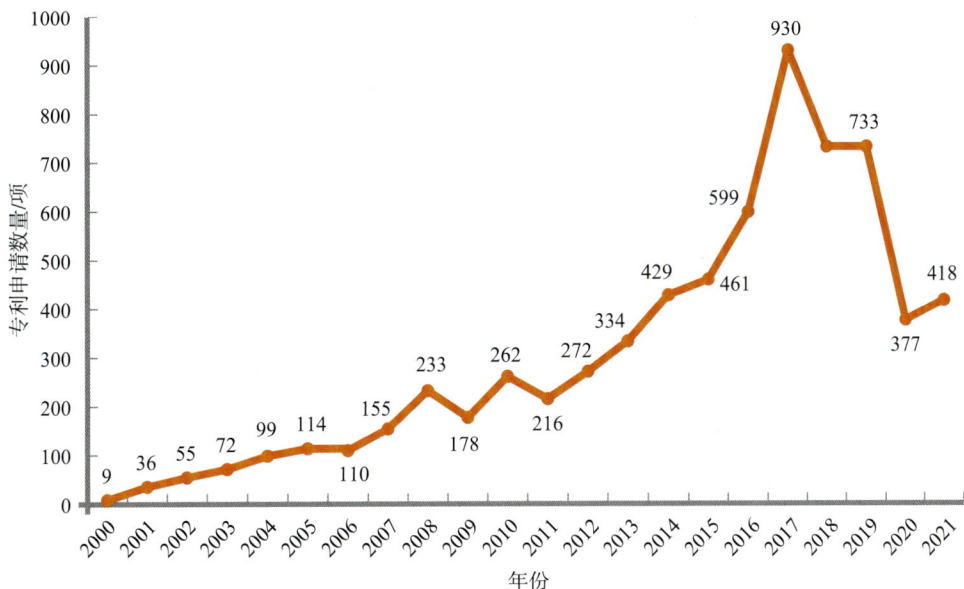

图 3.16 2000—2021 年全球第四代核电技术专利申请趋势

第一个阶段为初始发展阶段，时间节点为 2000—2006 年。虽然每年稳步增长，但专利数量整体不多。产生这一现象的核心原因是 2001 年多国才完成第四代核电技术系统的设计，整个技术处在起步探索阶段。像熔盐成分主要集中在对含钙、氯成分的研究上，碳质材料主要集中在如何实现热解、熔融材料、合成气等。该阶段的发明者多来自美国、日本，主要是加州大学、陶氏公司、LG 化学等有研发基础的机构。

第二个阶段为波动发展阶段，时间节点为 2007—2011 年。专利数量已经有了很大的增长，但各年份专利数量呈现"一增一减"的模式。

第三个阶段为高速增长阶段，时间节点为 2012—2017 年。2012—2017 年，专利年均增长率为 27.9%。在这个时间段，中国的一大批机构迅速申请了大量高质量专利，如中国科学院、中国石油、大地电力有限公司等。2017 年也堪称固态电池领域发展的里程碑，此后的一系列重要事件促进了核能技术的高速发展。例如，我国山东荣成石岛湾高温气冷堆核电站示范工程 1 号反应堆完成发电机初始负荷运行试验评价，设备国产化率高达 93.4%，送电成功使之一跃成为全球首个并网发电的第四代高温气冷堆核电项目。它的并网发电标志着我国的第四代核电高温气冷堆技术已从"实验室"成功实现了"工程应用"[①]。其所产生的热量，能够满足乙醇提纯、石油化工、制氢等领域绝大部分热源需求。

第四个阶段为逆向增长阶段，时间节点为 2018—2021 年。与 2017 年相比，2018 年、2019 年专利申请量出现明显下滑趋势，专利申请数量停留在 733 项。2020 和 2021 年受疫情影响，相关专利申请更是断崖式下跌，分别仅为 377 项和 413 项。然而，核电因其清洁、高效、灵活的特性，成为绿色低碳能源体系中重要一员，其势必是各国实现碳达峰、碳中和的目标的主要技术支撑。

（2）第四代核电技术专利申请区域分布

图 3.17 显示的是 2000—2021 年第四代核电技术全球 TOP 15 专利技术来源国。位列前十五的国家分别为中国、美国、日本、韩国、法国、德国、英国、俄罗斯、加拿大、意大利、印度、荷兰、丹麦、瑞典和挪威。22 年间，这 15 个国家共申请了 7000 项专利，基本代表了世界的专利申请的总体分布情况。很显然，这些国家掌握了第四代核电技术领域很大的主动权。其中，于前 2 位的中国和美国共申请了 5223 项，占前 15 个国家专利申请总量的 74.6%。前 5 位国家共申请了 6013 项，占前 15 个国家专利申请总量的 85.9%。这 15 个国家大致分为 4 个梯队，呈现"一超一强五领先，其他国家后跟进"的分布格局。

---

① 科普大世界. 又一个世界第一！我国掌握第四代核电技术，石岛湾高温气冷堆发电［EB/OL］.（2021–12–20）［2022–12–05］.https://baijiahao.baidu.com/s?id=1719671590062569300.

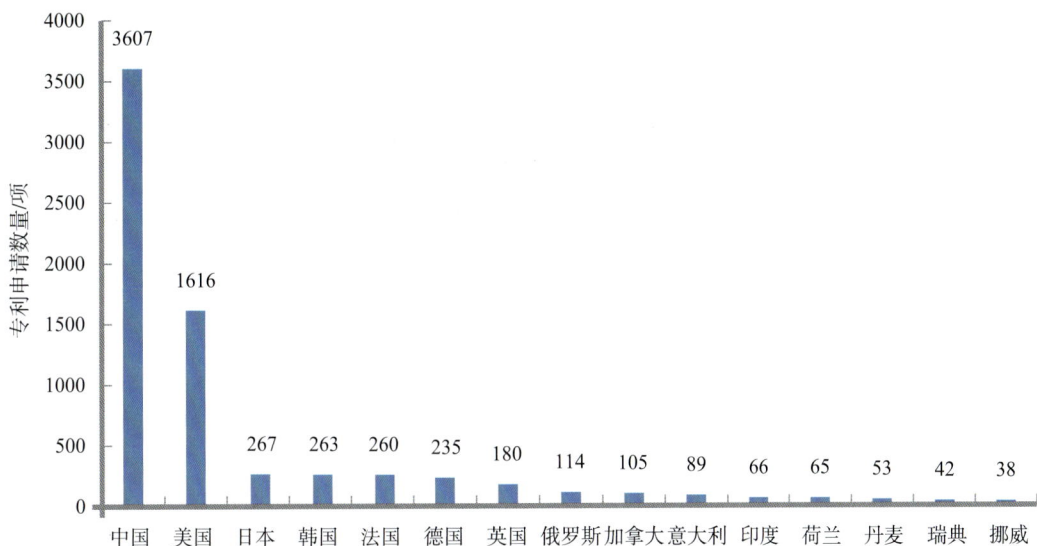

图 3.17 2000—2021 年第四代核电技术全球 TOP 15 专利技术来源国

首先，仅中国处于第一梯队，专利申请数量为 3607 项，且申请专利数量以"一超"的实力远远领先于其他国家。从图 3.17 可以看出，来自中国的专利申请量处于绝对领先地位，是唯一超过 3000 项的国家，是第 2 名美国的两倍多。中国在整体的核电技术上处于后发国家，但在新一代核电技术上已经超过美国，位列世界第一。

其次，仅美国处于第二梯队，专利申请数量为 1616 项，且申请专利数量以"一强"的实力远远领先于其他国家。从图 3.17 可以看出，来自美国的专利申请量虽不如中国，但仍远多于其他国家，是第 3 名的 6 倍多。

再次，日本、韩国、法国、德国、英国这 5 个国家处于第三梯队，专利申请数量大部分处在 250 项左右，也就是在 200 ~ 300 项。相比之下，这 5 个国家没有像中国、美国那样完全碾压其他国家的实力，但在全球范围内仍是第四代核电技术的有力掌握者，排名第七的英国比排名第八的俄罗斯专利申请数量多 57.9%。换言之，这 5 个国家整体处于第四代核电技术的领先地位。

最后，剩余的俄罗斯、加拿大等 8 国处于第四梯队，专利申请数量大部分在 100 项范围内，仅俄罗斯、加拿大超过 100 项，分别为 114 项和 105 项。这 8 个国家的第四代核电技术相对数量较少，也在致力于技术研发，跟随其他国家。

图 3.18 显示的是 2000—2021 年第四代核电技术专利申请量最高的 5 个国家各年份专利申请量的变化情况，可以得到以下 3 个结论。

第一，在 5 个国家中，中国是第四代核电技术发展最快的国家，美国次之，日本、韩国和法国水平相当。其中，中国在 2009—2016 年专利数量激增，到 2016 年专利申请数量达到顶峰，为 587 项。2016 年后，专利申请数量逐年减少，到 2021 年为 206 项。美国在 2010 年前的专利申请数量高于中国，2010 年后专利申请数量较为稳定，在 50 ～ 100 项浮动。2017 年申请的专利是近些年最多的一年，为 183 项。日本、韩国和法国 22 年间的专利申请数量较少，最高值未超过 50 项，平均每年申请 11 项左右。

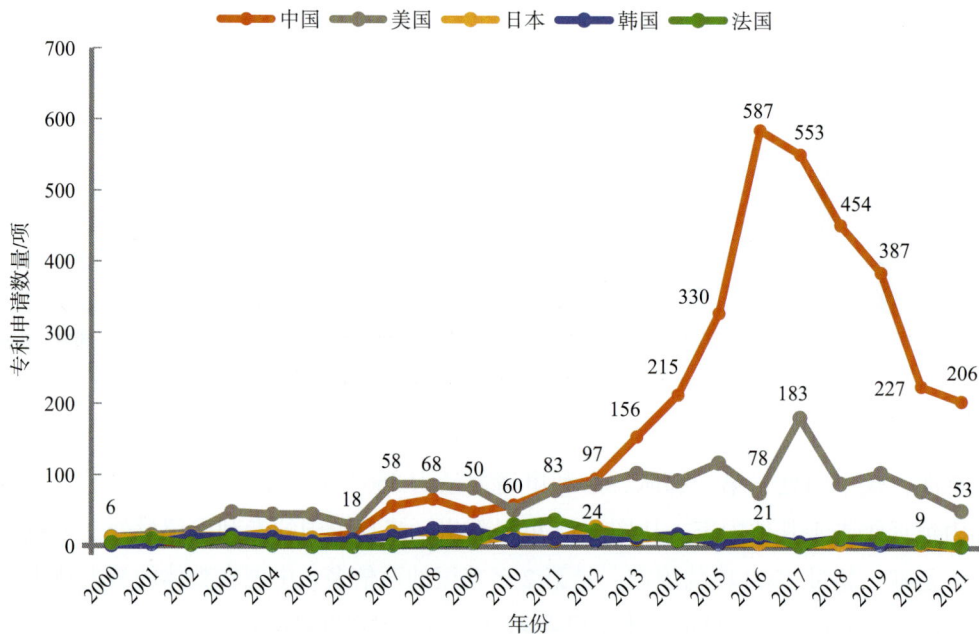

图 3.18　2000—2021 年第四代核电技术专利申请量 TOP 5 国家的专利申请分布情况

第二，2006 年前，各国都处于第四代核电技术探索阶段，相关专利申请数量极少。美国略微领先，在 2003 年、2004 年、2005 年专利申请数量高达 49 项、46 项、46 项。日本也相较发展较早，每年申请 10 多项甚至二十几项专利。剩余国家每年的专利申请量仅几项，至多十几项。美国和日本这种领先的地位来自两国政府在核能领域的超前部署，以及前几代核电技术深厚的积累。2006—2010 年，第四代核电技术缓慢发展。各国申请专利数量虽均有增加，但在小幅度的波动。2010 年为标志性一年，此后第四代核电技术快速发展，尤其是中国的专利申请数量远高于其他国家。

第三，从最终授权的专利看，中国的 3000 多项专利申请中仅 272 项未得到授权，可见中国在第四代核电技术上不仅专利数量多，且专利质量高。未来在这一领域，中国的发展优势显而易见。美国的专利质量也很高，1000 多项专利中仅 56 项未授权。

图 3.19 显示的是 2000—2021 年受理第四代核电专利最多的 15 个国家 / 机构情况，分别为中国、美国、世界知识产权组织（WIPO）、日本、欧洲专利局（EPO）、韩国、法国、德国、英国、匈牙利、西班牙、意大利、土耳其、比利时和列支敦士登，共受理了 8633 项专利。由图 3.19 可见，中国受理的专利为 3774 项，是全球范围内受理核能专利最

多的国家，超过全球受理总量的 1/3。美国受理的专利为 976 项，是全球范围内受理核能专利第二多的国家。但与中国相比，美国受理专利数量仅为中国的 1/4 左右。世界知识产权组织受理的专利居世界第三，为 463 项。

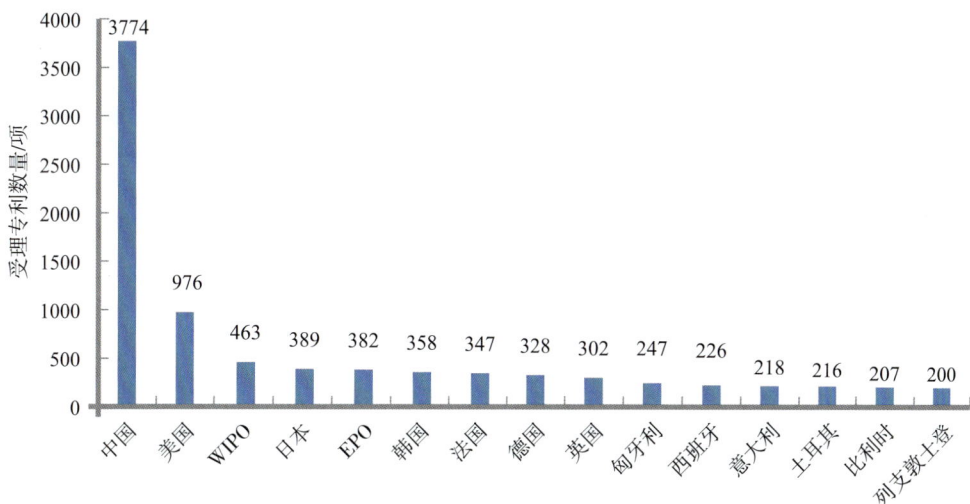

图 3.19　2000—2021 年全球核电技术 TOP 15 专利受理国 / 机构

对比来看，中国和美国不仅是专利申请量最高的国家，同样也是受理专利最多的国家。一方面说明中美在新一代核电领域世界领先的实力；另一方面说明了中美也是世界核能的主要市场与竞争地。之后，日本以 389 项位居世界第 4，与第 5 位的欧洲专利局相差不大。一般来说，在 WIPO 与 EPO 申请的专利更具价值，但 WIPO 申请的专利总量比 EPO 多 81 件。韩国、法国、德国、英国四国受理的专利均在 300～400 项，也是重点受理的国家。剩余的国家受理的专利均在 200～300 项。

一方面，亚洲已经变成全球新一代核电专利的主要受理地，在技术竞争中逐渐掌握了主动权；另一方面，欧洲国家仍然吸引着世界各国核能企业，也是重要的推动者。

（3）第四代核电技术主要专利权人

图 3.20 显示的是 2000—2021 年第四代核电技术专利申请量最多的前 15 位专利权人排名，共申请了 1695 项专利。其中，中国有 5 家专利权人上榜，包括中国科学院、中国原子能科学研究院、中国石油化工股份有限公司、中国东北大学和西安交通大学，分别位列第一、第三、第七、第十、第十一，共申请了 697 项专利，占 15 家专利权人申请量的 41.1%。同时可以看到，中国科学院最具实力，中国原子能科学研究院次之。这两家科研院所、两家高校和一家企业，代表着中国在新一代核电技术上真正做到了产学研并行。

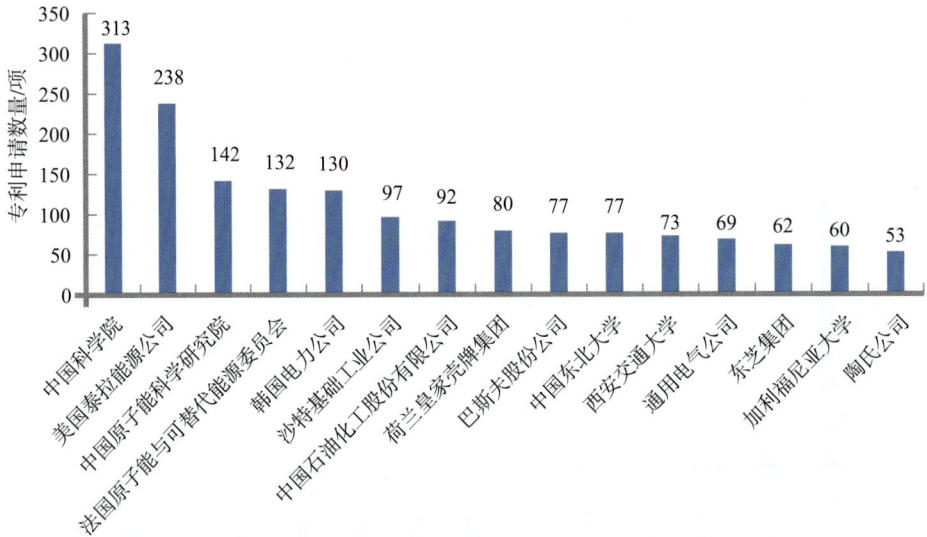

图 3.20　2000—2021 年第四代核电技术全球 TOP 15 专利权人

美国有 4 家专利权人上榜，包括美国泰拉能源公司、通用电气公司、加利福尼亚大学和陶氏公司，分别位于第二、第十二、第十四、第十五，共申请了 420 件专利，占 15 家专利权人申请量的 28.95%。在美国，新一代核电技术的研发主要依靠大型企业，高校占比略低。可以看到，中美两国的专利权人申请量超过了全部专利权人申请量的一半，具有很强的技术实力。

除此之外，法国、韩国、沙特阿拉伯、荷兰、德国和日本分别有一家专利权人上榜，均以企业为研发主力，依次是法国原子能与可替代能源委员会、韩国电力公司、沙特基础工业公司、荷兰皇家壳牌集团、巴斯夫股份公司和东芝集团，分别位于第四、第五、第六、第八、第九和第十三，共申请了 578 项专利。

图 3.21 显示的是新一代核电技术专利申请量最高的 5 家专利权人各年份专利申请量变化。整体来看，以 2006 年为分水岭：2006 年前，5 家专利权人申请量相对较少；2006 年后，专利数量开始大幅波动性变化。

由图 3.21 可见，2006 年前，5 家专利权人基本没有展开专利申请，像美国泰拉能源公司、中国原子能科学研究院 6 年来连续零申请量。中国科学院和法国原子能与可替代能源委员会 6 年来专利申请量总和未超过 10 项。仅有韩国电力公司专利申请量较多，在2003 年申请了 6 年来单年最多的 10 项专利，但总量也仅 24 项。

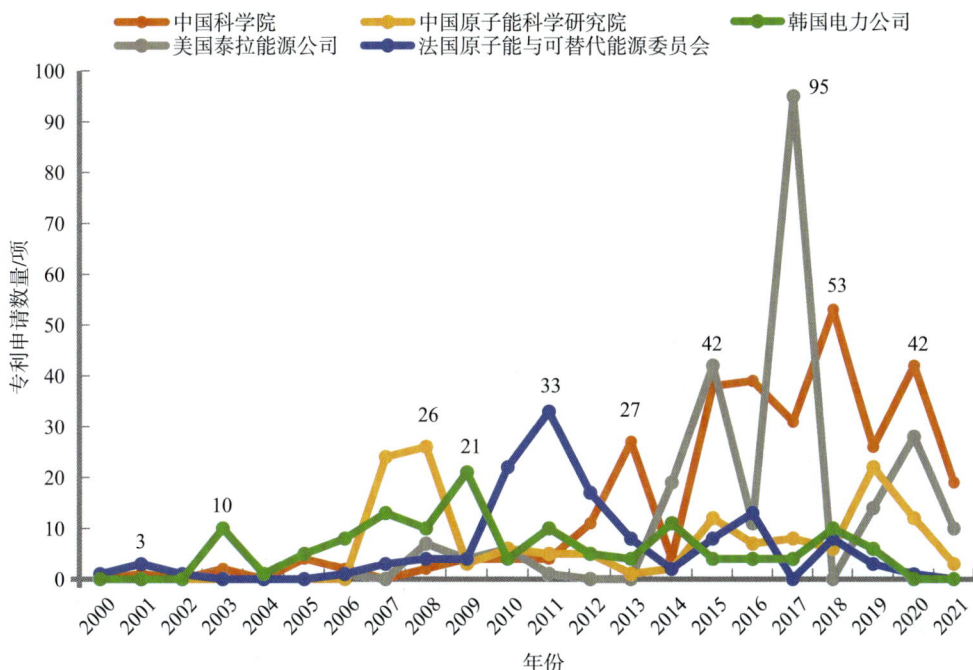

图 3.21　2000—2021 年全球核电技术 TOP 5 专利权人专利逐年分布情况

2006 年后，5 家专利权人开始集中发力，但各自的申请巅峰有所不同。中国科学院在 2011 年后开始大量申请，相比其他专利权人相对滞后，但专利申请数量却在逐渐增多，在 2018 年专利申请量达到最多，为 53 项。美国泰拉能源公司的专利大量申请于 2013 年后，在 2015 年直接申请了 42 项，在 2017 年的申请量更是高达 95 项。中国原子能科学研究院在 2007—2008 年申请专利数量较多，在 2008 年申请了 26 项，2009—2011 年申请量较少，年申请量均未超 10 项，随后增至 2013 年的 27 项，2014 年骤降至 4 项后开始波动式增至 2018 年的 53 项，2019 年又降至 26 项，2020 年增至 42 项后 2021 年再降至 19 项。法国原子能与可替代能源委员会申请时间集中在 2010—2013 年，在 2011 年申请量最多，为 33 项。韩国电力公司 2009 年申请了 21 项，与法国原子能与可替代能源委员会情况类似，近两年数量接近于零。

（4）核电主要专利技术领域分布

表 3.11 显示的是第四代核电技术专利在 IPC 分类上的分布情况，表中仅统计了类别数量前 10 位的 IPC 号，总共涉及 1508 项专利。

由表 3.11 可见，IPC 分类涉及的内容大致可分为 3 种。

第一种是核电的核心——核反应堆，如 G21C 1/00、G21C 3/00、G21C 19/00、G21C 15/00、G21C 17/00、G21C 7/00。该类型专利数量最多，为 1078 项，占全部专利的 71.5%，主要

涉及的是反应堆类型，反应堆燃料元件及其组装，用于反应堆中处理、装卸或简化装卸燃料或其他材料的设备，装有堆芯的压力容器中的冷却装置，特殊冷却剂的选择，检测装置，核反应控制。其中，反应堆类型包括裂变反应堆、池式反应堆、非均匀反应堆、卵石层式反应堆、镁诺克斯型（Magnox）反应堆等。反应堆装置包括传热、隔热、冷却、壳外、壳内、涂层、裂变增殖、监测等。关于核反应的控制，包括反应堆材料的自调整性、可燃毒物的控制、吸收材料控制、元件的位移／变形、电路控制等。

表 3.11　2000—2021 年核电 TOP 10 专利技术领域（IPC 分类）

序号	IPC 分类号	IPC 注释	专利数量 / 项
1	G21C 1/00	反应堆类型	372
2	G21C 3/00	反应堆燃料元件及其组装；用作反应堆燃料元件的材料的选择	256
3	G21C 19/00	用于反应堆，如在其压力容器中处理、装卸或简化装卸燃料或其他材料的设备	152
4	G21C 15/00	装有堆芯的压力容器中的冷却装置；特殊冷却剂的选择	148
5	G21C 17/00	检测装置	79
6	G21C 7/00	核反应控制	71
7	C01B 3/00	氢	157
8	C01B 33/00	硅	107
9	C01B 32/00	碳；其化合物优先；过碳酸盐；碳黑	62
10	C08G 63/00	由在高分子主链上形成羧酸酯键的反应制得的高分子化合物（聚酯－酰胺类；聚酯－酰亚胺类）	104

第二种 IPC 分类主要是核反应中涉及的原料。该类型专利数量为 326 项，占全部专利的 21.6%。如 C01B 3/00、C01B 33/00、C01B 32/00。例如，从含氢混合气中分离氢、用固体碳质物料生产水煤气或合成气、碳热还原工艺、CO 和 CO_2 处理、制备硅、甲硅烷的分解等。

第三种是由在高分子主链上形成羧酸酯键的反应制得的高分子化合物，该类型专利数量为 104 项，占全部专利的 6.9%。具体包括非金属或其相互形成的化合物，化合物聚合后处理、干燥、回收、改性等。

（5）第四代核电技术主要专利主题分布

对检索出的 7472 项专利进行主题聚类，共得到 20 类一级主题。这里取前 10 位的专利主题（表 3.12）进行分析。

由表 3.12 可以看到，主要集中在熔盐、原材料、搅拌、快堆、反应堆芯、纳米技术、核燃料、裂变、反应器和液体燃料。不同一级主题下包含多类二级主题。从产业链角度看，专利申请涉及整个核能产业链。从上游原材料（如铀）的开采加工精炼、转化浓缩和核燃料组件制造，到中游核电设备制造环节，如堆芯容器、电厂运行控制系统、专设的安全设施处理系统等，再到下游的核电站建设运营及废燃料处理等。基本上，这些第四代反应堆的特点是其冷却剂，可以是水、氦、液态金属或熔盐。它们还根据其在中子谱中的运行位置进行区分，看其是在热中子谱还是在快中子谱中。在后者中，导致裂变的中子是由核反应产生的，没有被减缓，因此反应堆在非常高的中子能量下运行；而在前者中，反应堆使用慢化剂来减缓反应，这发生在较低的中子能量下[①]。有一点值得注意的是，未在聚类的主题中看到大数据、云计算、人工智能等前沿技术的大量应用。

表 3.12　2000—2021 年第四代核电技术 TOP 10 专利主题

序号	一级主题	二级主题
1	熔盐	核反应堆、熔盐反应堆、技术领域、膜、燃料盐、再循环、熔融盐、铀、碱金属、反应器容器、液态金属、还原剂、熔点、金属氧化物、离子液体、控制棒、传热介质、稀土、一氧化碳、控制系统
2	原材料	纯度、废水、反应混合物、活性成分、分子筛、氯化氢
3	搅拌	盐溶液、水溶液、去离子水、反应炉、硫酸、盐酸、季铵盐、磷酸
4	快堆	钠冷快速反应器、蒸汽发生器、超临界二氧化碳
5	反应堆芯	熔融燃料、安全壳囊泡、核反应堆堆芯
6	纳米技术	复合材料、过渡金属、重金属
7	核燃料	燃料组件、乏核燃料
8	裂变	核裂变、裂变产物、核裂变反应堆、堆芯容器
9	反应器	反应器系统、催化剂床、传热流体
10	液体燃料	合成（煤）气、碳质材料、Fischer- 托普施反应堆

整体而言，我国第四代核电事业蓬勃发展，无论是规模还是技术，都已进入世界先进行列。然而，我国核能发展依然存在一些问题，如核能建成和运营成本较高，燃料、设备能不能跟上？这些限制核能发展以及核废料处理价格昂贵，难度大等经济性、安全性难题亟待解决。核能作为我国清洁低碳能源，对我国的发展发挥重要作用。疫情发生后，美国等西方国家对我国高新技术的全面封锁和打压，无疑增加了我国核能发展外部环境的不确定性。我国仍需提前预判和做好应对措施，确保我国核能发展地位和领先优势[②]。

3.3.3　核能最新技术进展

2020 年以来，与全球核能技术相关的关键材料、关键技术与核心设备等方面的突破及进展表现如下。

---

① 中国核电网.第四代反应堆，核电的未来［EB/OL］.（2022-04-18）［2022-12-06］. https://www.cnnpn.cn/article/30243.html.

② 网易.第四代核电技术——钍基熔盐堆［EB/OL］.（2022-06-17）［2022-12-06］. https://www.163.com/dy/article/HA2FPALA0553BCEC.html.

（1）关键材料

1）鞍山钢铁开发四代核电快堆项目用 316H 不锈钢

2020 年 1 月 13 日，鞍山钢铁公司成功实现四代核电 600 MW 示范快堆项目 316H 奥氏体不锈钢产品的开发，并完成首批合同供货，解决了该产品从无到有、"卡脖子"的难题。作为示范快堆，该项目对装备的安全性要求极为严格，关键装备主要采用 316H 奥氏体不锈钢。但在综合性能与组织方面，与常规 316H 奥氏体不锈钢有着极大的区别，尤其在钢中铁素体、晶粒度、晶间腐蚀及钢板头、尾性能均匀性要求方面近于苛刻，以至于在开发期间，国外老牌核电用不锈钢生产企业认为材料设计不合理，拒绝投标。鞍山钢铁核电用钢项目团队全面承担了项目研发、生产及供货任务，克服不锈钢研发不足、生产经验少，产品涉及单位众多、工序繁杂及技术指标要求严格等诸多不利因素，充分发挥鞍钢集团优势，依靠远在广州的鞍钢联众的不锈钢冶炼、鞍钢铸钢公司的电渣重熔、鞍钢股份的钢锭开坯、轧制、固溶处理及酸洗钝化，建立了该钢种适宜的生产工艺路线。这对于推动四代核电 600 MW 示范快堆项目，引领行业发展，具有重要的战略意义。

2）三代核电国产化核级锆材正式入堆服役

2020 年 3 月，随着国家电投海阳核电 1 号机组首次大修结束，由国核锆业生产的三代核电核级锆材正式入堆服役，标志着我国成功实现核级锆材国产化目标，改写了我国长期以来核级锆材全部依赖进口的局面，打破了长期制约我国核电发展的瓶颈。核级锆材作为反应堆核燃料元件的结构材料，是核电站不可或缺的关键材料，长期以来，我国核级锆材全部依赖进口。为完成 AP1000 核级锆材国产化和自主化的国家使命，位于宝鸡高新区的国核锆业，按照三代核电核级锆材国产化自主化安排，制订了 A、B、C 3 条路线推进核级锆材国产化进程，逐步完成了从"进口管坯、进口原料到实现国产原料"的合格性鉴定。2016 年 4 月 15 日，海阳首炉换料锆材生产正式开始。2017 年 4 月 30 日，海阳核电站完成首炉换料用 AP1000 核级锆合金管棒材合同生产、检验工作。2018 年 1 月，国核锆业圆满完成了海阳核电项目首炉换料的产品验收与交付。国产化 AP1000 核级锆材正式入堆，将承担起核电安全第一道保护屏障的重大责任。

3）澳大利亚与英国联合开发氢硼聚变燃料

2021 年 8 月 12 日，世界核新闻（World-nuclear-news）报道，澳大利亚和英国政府已签署意向书，建立合作伙伴关系，合作研发清洁氢、碳捕获和利用、碳捕获和储存、包括先进核设计和使能技术的小型模块化反应堆（SMR）、包括绿色钢的低排放材料和土壤碳测量等 6 项关键技术，支持清洁氢和 SMR 在内的低排放解决方案。同时，澳大利亚研究委员会（ARC）已向一个新启动的迪肯大学前沿材料研究所和 HB11 能源控股公司之间的联合项目提供资金 57 万澳元，通过合成富含硼 11 的硼化氢和吸附氢的氮化硼纳米片来开发氢硼聚变燃料材料，有可能将澳大利亚重新确立为聚变研究和清洁能源技术的领导者。激光质子–硼聚变反应是一种无辐射的核能源，但由于缺乏有效的燃料材料而限制了反应速率。由 ARC 资助的研究的预期成果包括两种新的储氢纳米材料、相关的新合成技术和清洁安全的核动力源，这有助于减少 CO_2 排放。

4）攀钢研制核电用关键功能材料

2021 年 10 月，攀钢研究院科研人员在实验室成功制备出 4 件核电领域用功能材料的中试样件，验证了熔炼、热加工工艺可靠性。超高硼不锈钢具有优异的热中子吸收屏蔽性能，其在核反应控制棒、反应堆屏蔽体、乏燃料贮存格架、乏燃料运输容器、乏燃料后处理等领域具有非常高的应用价值，是我国核电领域急需的一种关键功能材料。硼含量越高，材料的热中子吸收性能越好。但是，高硼不锈钢的凝固组织中存在大量粗大的硬脆共晶硼化物，导致热塑性非常差，其在热加工过程中容易产生严重的表面龟裂、边部开裂甚至碎裂。因其工艺窗口特别狭窄，制造难度非常大，导致该关键材料长期依赖进口。为解决核电乏燃料贮存用热中子吸收屏蔽关键材料高硼不锈钢管材的进口替代问题，研究院与东北大学协同创新，研制了中试级别的新合金体系高硼不锈钢，突破了高硼不锈钢热加工开裂的瓶颈技术问题，打通熔炼和热成型工艺，成功制备出高硼不锈钢锻件，为下一步工程化研制奠定了基础。

（2）先进核电技术

1）中国熔盐反应堆获准启动

2022 年 8 月 9 日，中国科学院上海应用物理研究所（SINAP）已获生态环境部批准启动 2 MWt 实验性钍动力熔盐反应堆（TMSR–LF1），2018 年 9 月在甘肃省武威开工建设，原计划于 2024 年完成，实际上 2021 年 8 月已完成。TMSR–LF1 将使用浓缩到 20% 以下的 U–235 燃料，钍库存量约为 50 kg，转化率约为 0.1。将使用具有 99.95% Li–7 的氟锂铍（FLiBe）毯，燃料为 UF4。该项目预计将分批启动，初期部分在线换料并去除气态衰变产物，但在 5～8 年后排放所有燃料盐，用于裂变产物的后处理和分离及小锕系元素的储存。它将继续循环利用盐、铀和钍，并在线分离裂变产物和次要锕系元素。反应堆的钍裂变将从约 20% 提高到 80%。如果 TMSR–LF1 成功，中国计划到 2030 年建造一个容量为 373 MW 的反应堆。由于该反应堆不需要水来冷却，故能在沙漠地区运行，中国政府计划在西部人烟稀少的沙漠和平原上建设更多项目。

美国橡树岭国家实验室的熔盐反应堆实验于 20 世纪 60 年代进行。2011 年 1 月，中国科学院启动了一项 30 亿元（约 4.44 亿美元）的液态氟化钍反应堆（LFTR）研发计划，旨在自主研发全部的关键核心技术，该反应堆被称为钍增殖型熔盐反应堆（Th–MSR 或 TMSR），也被称为氟化盐冷却高温反应堆（FHR）。该研发工作由上海嘉定 SINAP 的 TMSR 中心负责。

2）太空核电是国际原子能机构和联合国未来关注的焦点

2022 年 2 月 21 日，世界核新闻报道，国际原子能机构（IAEA）专家表示，核技术长期以来在重要的太空任务中发挥着至关重要的作用，但未来的太空任务可能会依赖核动力系统。目前，可供选择的核动力系统有 3 种：一是核热推进（NTP），即核裂变反应堆加热液体推进剂，将其转化为气体（如氢气），通过喷嘴膨胀以提供推力并推动航天器。与传统的化学火箭相比，NTP 可将前往火星的旅行时间缩短至 25%。二是核电推进（NEP），将反应堆的热能转化为电能。NEP 的推力较小但连续，燃料效率更高，速度更快，可将传统化学火箭的火星旅行时间缩短 60%。三是未来可能的核聚变火箭，其研究工作正在进行中，该火箭将拥有直接聚变驱动（DFD），可将聚变反应中产生的带电粒子的能量直接转化为推进力，可产生比其他系统高几个数量级的特定功率，从而减少行程时间并增加有效载荷，使我们能更快地到达深空目的地。除为火箭提供推力外，核反应堆也可为太空船上的宇航员进行扩展探索任务或在其他星球上长期生活提供电力。联合国外层空间事务办公室科学和技术小组委员会也一直关注太空核电安全，负责审议太空中的核技术及为实现各种目的而可能被商业实体和相关国家使用等问题。

3）印度试验反应堆达到运行里程碑

2022 年 3 月 8 日，国际核新闻网报道，印度的快中子增殖试验堆（FBTR）首次达到设计功率 40 MW 的水平，距其首次运行已超过 35 年。该反应堆为钍基封闭燃料循环的准备工作发挥了基础作用，此前其容量被限制在 32 MW。FBTR 是卡尔帕卡姆英迪拉·甘地原子研究中心（IGCAR）的两座民用研究反应堆之一。基于法国 Rapsodie 型反应堆，钠冷机组于 1985 年首次启动，功率为 10.5 MWt，它是世界上第一个使用混合钚碳化铀作为驱动燃料的反应堆。2005 年，FBTR 的燃料循环被关闭，实现了世界首次 100 GWd/t 燃料的后处理。功率逐渐增加，但在 2018 年达到最大值 32 MW。2011 年，宣布 FBTR 将寿命延长 20 年，到 2030 年，对下一代快堆所需的先进金属燃料和堆芯结构材料进行大规模辐照。2004 年，在 Kalpakkam 开始 500 MW 的原型快中子增殖反应堆（PFBR）工作，该原型堆于 2022 年 10 月完工。

4）法国 Inria 与 Framatome 合作开发数字核安全解决方案

2022 年 6 月 17 日，世界核新闻报道，法马通（Framatome）和法国国家数字科学与技术研究所（French National Institute for Research in Digital Science and Technology）Inria 已建立战略合作伙伴关系，加快研究开发可用于整合数字创新的互补技能，简化核电厂的设计、制造、运营、维护或退役流程，促进核工业的长期进步和提高运营安全性。该伙伴关系确定的研究主题包括数字安全、网络安全、复杂元模型的嵌入式实现、工业应用案例、量子计算、数据科学和人工智能。合作形式主要包括论文监督、研究项目的合作和定期交流、联合挑战、联合响应项目招标、孵化初创企业、实施特别继续教育系统软件、开发软件技术等。合作范围涵盖从确定受工业案例启发的研究主题到技术发展及创建技术初创企业等所有领域。

5）核能是实现气候目标的关键

2022 年 6 月 30 日，世界核新闻报道，国际能源署（IEA）发布特别报告：《核电与安全能源转型：从今天的挑战到明天的清洁能源系统》（*Nuclear power and secure energy transitions: from today's challenges to tomorrow's clean energy systems*），强调核能是未来低碳、可持续、有效和安全的主要能源之一。截至 2019 年底，有 19 个国家正在建设核反应堆，核能将"卷土重来"，预计 2020—2050 年，核能在实现全球零排放的道路上装机容量将翻一番。自 2017 年以来开工建设的 31 座反应堆中，来自俄罗斯或中国的有 27 座。该报告向各国政府和工业界提出政策建议，主要包括延长现有电厂的使用寿命、重视核电站的低排放、建立新反应堆融资框架、推进高效的安全监管、加快开发和部署小型模块化反应堆（SMR）等。建议在 2050 年愿景中"所有对技术开放的国家"都需要建核电站，到 2050 年一半的减排量将来自 SMR 等技术。因此，建议相关国家政府支持投资 SMR，并进行监管改革，发挥 SMR 在 2030 年能源转型中的重要作用。

6）美国首次成功实现核聚变反应"净能量增益"

2022 年 12 月 13 日，美国能源部宣布，由美国政府资助的加州劳伦斯·利弗莫尔国家实验室（LLNL），首次成功在核聚变反应中实现"净能量增益"，即聚变反应产生的能量大于促发该反应的镭射能量。据悉，实验向目标输入了 2.05 MJ 能量，产生了聚变能量输出 3.15 MJ，能量产出比达 50% 以上。这一突破性成果是一项"里程碑式的成就"，预计将帮助人类在实现零碳排放能源的进程中迈出关键一步。当然，正如加州劳伦斯·利弗莫尔国家实验室主任金·布迪尔（Kim Budil）所说，如果想将这一成果商业化，核聚变技术仍有"重大障碍"需要克服，可能还需要几十年的努力和投资。

（3）核心部件 / 设备

1）人造太阳"心脏"安装开启

2020 年 4 月 21 日，国际热核聚变实验堆（ITER）组织在法国举办杜瓦底座移交仪式。杜瓦底座是托卡马克装置压力容器的底座，承担着重要安全屏障作用，是托卡马克装置安装的第一个重大组件，吊装重量 1200 吨，设备最终就位偏差不超过 2 mm，吊装操作难度大、测量技术要求高，其安装精度、进度都对主体结构及重要部件安装产生重要影响。2019 年 9 月，中核集团牵头的中法联合体正式与 ITER 组织签订了 TAC1 安装合同。TAC1 安装标段工程好比核电站核岛里的反应堆、人体心脏，主要工作是安装杜瓦结构及其和真空容器之间所有的系统。吊装安装杜瓦底座是该标段第一个重要工程节点。中法联合体团队按期开展杜瓦底座接收及吊装准备工作，为"人造太阳"核心设备后续安装工作创造有利条件，也为全球核能在疫情挑战下"逆行"增强了信心。这是中国向核能高端市场迈出的实质性步伐，将为我国深度参与聚变能国际合作、自主设计建造未来中国聚变堆奠定坚实基础。

2）加拿大与英国合作开发小型模块堆燃料

2020 年 4 月，根据中国能源研究会核能专委会报道，在加拿大核研究计划（CNRI）资助下，加拿大核实验室（CNL）与英国 Moltex 能源公司（Moltex Energy）签署了一项合作协议。在 CNRI 项目框架下，CNL 将为 Moltex 能源公司提供专业设备准备、安装及调试方面的支持服务：一是为 Moltex 能源公司 300 MW 级稳定盐反应堆（Stable Salt Reactor）燃料开发提供支持工作。二是为减少氧化物核废料示范项目（ONWARD）第二、第三阶段工作提供支持，探索从核废料到稳定盐（WATSS）燃料转化技术的商业化可行性。该技术旨在将坎杜堆（CANDU）乏燃料转化为新型燃料以用于稳定盐反应堆。

3）中国成功研制三代核电最新型控制棒驱动机构

2020 年 5 月，中国核动力研究设计院和四川华都核设备制造有限公司联合研制了 ML-C 型控制棒驱动机构，采用了 440 级耐高温电磁线圈，长寿命、耐磨损钩爪组件，耐高温一体化棒位探测器和一体化全镍基密封壳等关键技术，大幅提升了其耐温性能和运行寿命，在完成 1200 万步热态寿命试验后，又顺利通过了抗震试验，该抗震试验环境相当于 8.5 度抗震烈度，在该烈度下房屋将遭受严重破坏或坍塌。抗震试验的成功标志着该型驱动机构正式研制成功。ML-C 型控制棒驱动机构是"华龙一号"控制棒驱动机构的全新升级，是世界上寿命最长、可靠性最高的三代核电站控制棒驱动机构，整体技术处于世界领先水平，为行业树立了新的技术标杆，为进一步提高"华龙一号"国际竞争力，抢占国内外核电市场，践行核电"走出去"和"一带一路"倡议奠定了坚实基础。

4）BWXT 宣布反应堆组件 3D 打印新进展

2020 年 11 月 24 日，世界核新闻网报道，BWXT 公司与橡树岭国家实验室（ORNL）合作开发了新增材制造技术，可用于设计和制造由高温合金和难熔金属制成的反应堆组件，这些组件可以应用于现有的和先进的反应堆，在非常高的温度下，利用这些合金和金属制造零件可以进一步加快先进反应堆的发展。2018 年 4 月，BWXT 获得资助资金 540 万美元，并与 ORNL 合作分担研发成本，旨在开发在核部件和子部件制造过程中实施增材制造的能力，以产生国家规范组织和监管机构可接受的材料结构和强度。BWXT 表示，它现在已经展示了能够将增材制造能力用于生产核部件的镍基超级合金和难熔金属基合金。公司还完成了组件级别的认证，从而可以更有效地认证复杂几何形状中配置的核材料。增材制造技术将为核工业带来变革，因为增材制造技术能够创造传统制造技术无法实现的形状。此外，验证增材制造高温超级合金和难熔金属的能力，设计关键部件使其具有改进的热能管理、更高的安全裕度和耐事故性。

5）中核集团成功自主研制窄间隙氩弧焊接机器人

2020 年 12 月 8 日，由中核集团五公司技术创新团队历时 2 年多时间，从设计、加工、组装到调试，先后攻破 20 余项技术难点，成功研制了窄间隙氩弧焊接机器人，并完成焊接稳定性试验。此次使用第三代核电站主管道热段材质、规格相同的模拟件进行焊接验证试验，模拟件焊接无损检测一次合格，再次验证了装备整体功能的稳定性，为后续核电工程主管道焊接全面应用奠定了坚实基础。这是我国核电行业首个自主研制的窄间隙氩弧焊接机器人，标志着国内已具备高精尖核电焊接装备自主研制能力，实现了核电关键核心建造装备的自主化，有力保障实施核电"走出去"战略。

6）ORNL 首创的 3D 打印核燃料组件投入使用

2020 年 12 月 3 日，世界核新闻报道，法马通（Framatome）宣布，由美国能源部的橡树岭国家实验室（ORNL）与田纳西河谷管理局（Tennessee Valley Authority）合作制造的 3D 打印燃料组件通道紧固件首次装入美国商业反应堆。该项目是 2019 年 ORNL 启动"转型挑战反应堆"（Transformational Challenge Reactor，TCR）计划的一部分，旨在到 2023 年设计、制造和运营示范性增材制造的微型反应堆。这 4 个组件在 2021 年初装入 TVA 的布朗斯费里核电站。通道紧固件将燃料通道固定到组件。它们使用增材制造技术（3D 打印）在 ORNL 进行了印刷，并安装在位于华盛顿州里奇兰（Richland）的 Framatome 核燃料制造工厂的 Atrium10XM 沸水反应堆燃料组件上。传统上，槽钢紧固件是用铸件制造的，需要精密加工。增材制造技术按照计算机设计的模型将材料分层沉积，以形成精确的形状，而无需随后进行雕刻或机加工。这是一种更有效地实现这些组件严格规格的方法，是 Framatome 和核能产业的重大进步，将有助于降低成本，同时保持工厂制造的安全性和可靠性。

7）加拿大首次制造 TRISO 核燃料

2021 年 4 月，加拿大核实验室的全陶瓷微封装（FCM）燃料芯块项目为美国超安全核技术公司微型模块化反应堆制造出先进核燃料芯块。这是加拿大首次制造 3 层各向同性包覆（TRISO）核燃料。该项目得到 2019 年启动的"加拿大核研究倡议"计划的资助，目的是通过推动研发，加快小型模块化反应堆在加拿大的应用。成功制造出这种创新设计的核燃料，代表加拿大小型模块化反应堆研究达到了重要的里程碑，表明该公司具有必要的专业知识和能力，可将这种先进燃料从概念设计转变为产品。

8）我国首台百吨级自主设计制造乏燃料运输容器下线

2021 年 6 月 30 日，我国自主设计制造的百吨级乏燃料运输容器——CNSC 乏燃料运输容器顺利下线。作为乏燃料运输工作的不可或缺的关键设备，CNSC 乏燃料运输容器是我国自主研发制造的运输核电站乏燃料组件的专用设备，能装载 21 组乏燃料组件。按照要求进行了跌落、火烧等安全性验证试验，能够保证乏燃料货包的安全运输，将进一步夯实中核集团乏燃料运输保障能力。CNSC 乏燃料运输容器即将投入核电站乏燃料运输工作中，进一步提高我国乏燃料运输能力，发挥核电作为一种清洁能源的自身优势，为国家碳中和重大战略目标提供有力支撑。

9）石墨构件抗震试验支承件顺利交付

2022年9月29日，上海电气核电集团承制的"石墨构件抗震试验支承件加工及组装"项目通过验收。在石墨构件抗震试验支承件（以下简称"支承件"）加工及组装项目实施的过程中，核电集团从设计到制造，完成一整套支承件的生产加工，并顺利完成压簧组件与石墨组件的联合装调，圆满交付一套满足开展振动试验要求的支承件。项目委托单位清华核能与新能源技术研究院对核电集团第一个完工交付承制项目给予高度肯定。该项目的实施，不仅提高了核电集团的科研和技术能力，同时还开启双方合作的新篇章。

10）中国"人造太阳"刷新纪录

2023年4月12日，中国科学院合肥物质科学研究院等离子体物理研究所EAST大科学团队经过多年的聚力攻关，解决了长时间尺度下的等离子体位形约束、高功率射频波加热与电流驱动、等离子体与壁相互作用、关键分布参数的实时诊断等系列前沿物理和技术集成问题，EAST拥有核心技术200多项、专利2000余项，汇聚"超高温""超低温""超高真空""超强磁场""超大电流"等尖端技术，通过上百万个零部件协同工作，成功实现稳态高约束模式等离子体运行403秒，刷新2017年的101秒，创造了托卡马克装置高约束模式运行新纪录，对探索未来的聚变堆前沿物理问题，提升核聚变能源经济性、可行性，加快实现聚变能发电具有重要意义。

4 氢能技术部署、研发与进展

氢能在全球应对气候变化、实现能源清洁转型中发挥越来越重要的作用。中国氢能联盟的数据显示：截至 2021 年底，全球在营加氢站达到 659 座，其中，我国加氢站数量位居世界第一。国家能源局通过统筹推进加氢网络建设，截至 2022 年 6 月底全国已建成加氢站超 270 座。2022 年 6 月 7 日，欧盟委员会发布的《2021 年燃料电池和氢能观察报告》（Fuel Cell and Hydrogen Observatory，FCHO）显示，到 2020 年底，欧洲氢气总产量估计为每年 11.4 吨，氢气消耗量估计为每年 8.6 吨，平均产能利用率为 76%；预计 2021 年将部署新电解槽容量约 36 MW，总装机容量达 135 MW；到 2021 年底，欧洲有 170 个加氢站站点投入运行，比 2020 年增加了 11%[①]。图 4.1 显示了新能源氢能光伏应用场景。

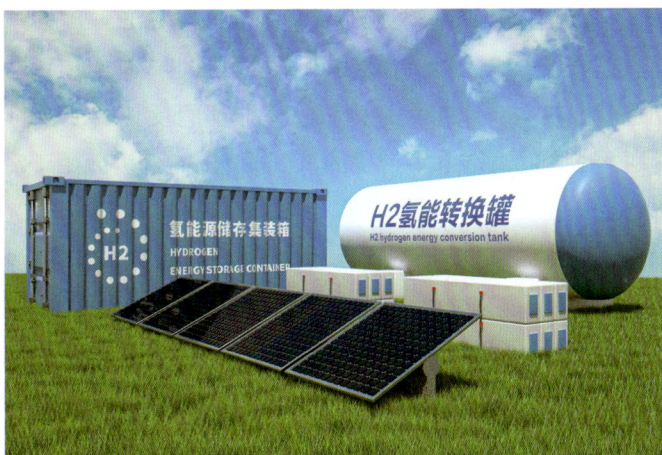

图 4.1　新能源氢能光伏应用场景

4.1　氢能技术部署

（1）美国的氢能技术部署

美国从氢能相关法律法规、战略与计划等 3 个方面加强氢能部署。

首先，美国通过相关法律法规支持氢能发展。一是联邦政府层面非常重视制定与氢能相关的法律法规。美国是最早出台氢能政策的国家之一。1990 年，美国颁布《氢能研究、开发及示范法案》（1990 年），从"发现、目的、定义"3 个角度阐述氢能将为美国降低

---

① Fuel Cell and Hydrogen Observatory.Hydrogen energy and fuel cell development report 2022［EB/OL］.（2022-06-07）
　［2022-12-07］. https://www.fchobservatory.eu/reports.

对传统能源依赖做出巨大贡献，并制定了较为详细的 5 年研究计划以突破制氢、储氢、输运和氢能利用环节中的关键技术。1996 年，美国颁布《氢能前景法案》，决定在 1996—2001 年投入 1.6 亿美元用于氢能的生产、储运和应用技术的研究与开发，并着重论证与展示将氢能用于工业、住宅、运输等方面的技术可行性。为了更好地发展氢能，美国能源部（DOE）在 2002 年发布了《国家氢能路线图》；2004 年美国 DOE 发布了《氢立场计划》，明确氢能产业发展要经过研发示范、市场转化、基础建设和市场扩张、完成向氢能社会转化等 4 个阶段，并从 2004 年开始持续开展氢能与燃料电池项目计划。为了鼓励氢能和燃料电池的发展，2005 年美国国会出台了《能源法》，明确提出 2015 年之前实现氢燃料电池和加氢设施商业化运行的目标，提供财政和经费支持氢燃料电池研发，推动进行氢能示范性及商业性应用，满足运输、工业、商业及住宅等方面的需求。2012 年，美国国会重新修订了《能源法》中关于氢燃料电池的扶持政策，包括抵免税收、氢燃料电池汽车、氢储存、氢制备及加氢站等基础设施的资金支持政策。2021 年 11 月 15 日，美国总统拜登签署了《基础设施投资和就业法》（又称 BFI 法案）。整个法案预算为 1.2 万亿美元，联邦将拨出 95 亿美元用于支持氢能领域，包括 2022—2026 年拨款 80 亿美元用于建设至少 4 个区域清洁氢中心（H_2Hubs），将其用作氢燃料生产地点，用于供暖、交通和制造业等领域，将创造就业机会，以扩大清洁氢在工业部门及其他领域的使用；10 亿美元用于清洁氢电解计划，以降低清洁电力产生的氢气成本；5 亿美元用于清洁氢制造和回收计划，以支持设备制造和强大的国内供应链。2022 年 6 月 6 日，美国 DOE 宣布根据《两党基础设施法》授权，投资 80 亿美元正式启动建设全国性的区域清洁氢中心，创建氢气生产商、消费者和当地连接基础设施的网络，推动建造弹性电网，加速清洁氢的生产、加工、交付、储存和最终使用（包括工业部门的创新用途），加快清洁能源发展，创造高薪工作并启动美国的清洁氢经济，这对美国到 2035 年实现 100% 清洁电网、到 2050 年实现净零碳排放的战略目标至关重要[①]。二是美国各州颁布了诸多推动氢能发展的政策。2016 年，美国数个州政府颁布支持氢能发展的相关政策，共同签署了《州零排放车辆项目谅解备忘录》，支持燃料电池产品逐步投入市场，包括氢燃料电池汽车税收减免，在工厂、居民区等地安装部署燃料电池发电系统等，计划到 2025 年发展 330 万辆包括氢燃料电池汽车的新能源汽车。例如，2016 年美国佛罗里达州的法律规定：在一定期限内对氢能车及其所用材料、加氢站建设的年度营业税征收上限为 200 万美元。美国加利福尼亚州《新能源汽车补偿法》规定，向氢能燃料电池汽车购买者提供 5000 ~ 6500 美元的补贴，对可再生氢比例达到 33% 的加氢站给予财政补贴，加州政府一共拨款 2 亿美元于 2024 年之前建设公共加氢站不少于 100 个，并宣布将于 2030 年实现上路新车全部为零排放汽车。2022

① DOE.DOE launches bipartisan infrastructure law's $8 billion program for clean hydrogen hubs across U.S.［EB/OL］.（2022-06-06）［2022-12-07］.https://www.energy.gov/articles/doe-launches-bipartisan-infrastructure-laws -8-billion-program-clean-hydrogen-hubs-across.

年 2 月，美国南加州天然气公司（SoCalGas）计划在洛杉矶工业盆地建设据称是美国最大的专用绿色氢气配送基础设施，每天能够取代柴油燃料多达 300 万加仑。该计划要求使用 25 ～ 35 GW 的弃电及新风能和太阳能，加上储能 2 GW，为 10 ～ 20 GW 的电解槽提供动力，以生产氢气，这些氢气将流经新干线和配电线 250 ～ 750 英里（402 ～ 1207 千米）。该项目将耗资数十亿美元，还将使多达 4 个天然气发电厂转换为使用绿色氢运行。

其次，美国制定了与氢能相关的发展战略与规划，支持氢能部署与发展。一是制定能源相关战略，支持氢能发展。2002 年 2 月，美国 DOE 发布了《2030 年及以后美国转向氢经济的国家愿景》，提出了为了在氢能系统的开发方面取得重大进展，联邦和州政府需要实施和维持一致的能源政策行动，将氢能提升为优先事项，以应对能源安全、能源独立和气候变化挑战；要成功实现氢能愿景，需要按照美国国家能源政策的要求，在氢能开发方面建立强有力的公私伙伴关系，必须集中精力寻找合作开发和使用氢能的新方法，企业、政府、大学和国家实验室需要合作制定国家氢能路线图，需要解决涵盖研究、开发、测试、公共宣传及教育，以及氢气生产、交付和氢能系统的移动和固定应用的规范与标准[①]。2014 年，美国颁布《全面能源战略》，确定了氢能在交通转型中的引领作用。2021 年 11 月 1 日，美国白宫公布《迈向 2050 年净零排放长期战略》，提出在未来 30 年内，通过投资清洁电力、交通和建筑电气化、工业转型，减少甲烷和其他非 CO_2 温室气体排放，使美国沿着温控 1.5 ℃ 的路径，支撑构建可持续、具有韧性和公平的发展愿景，到 2030 年美国涵盖所有行业和所有温室气体的国家自主贡献较 2005 年减少 50% ～ 52%；到 2035 年实现 100% 零碳电力的目标；不迟于 2050 年实现整个社会经济系统的净零排放（包括国际航空、海运等）。其中，加强氢能等清洁技术的研发部署，持续创新以降低氢能成本；制定轻型、中型和重型车辆的燃料经济性与排放标准，激励零排放车辆和发展清洁燃料，加快氢燃料替代；投资加氢站基础设施建设等，对于加快氢能技术与产业发展具有重大推动作用。二是制定氢能相关发展战略或规划，加快氢能研发部署，推动氢能发展。①发布《氢能经济路线图》。2019 年 11 月 7 日，美国燃料电池与氢能协会（FCHEA）发布了美国《氢能经济路线图》，该路线图总结了过去 10 年美国能源部对氢能和燃料电池的资助每年有 1 亿 ～ 2.8 亿美元，自 2017 年以来每年约有 1.5 亿美元，这种补贴政策对于促进氢能产业发展具有非常重要的意义和作用；全方位介绍了美国未来 30 年氢能产业规划，预计到 2022 年底，美国所有细分市场的氢气市场总量将达到 1200 万吨，2025 年美国燃料电池汽车运营数目将达到 20 万辆，叉车达到 12.5 万辆，建设加氢站 1180 座，氢气需求量达到 1300 万吨；2030 年燃料电池汽车达到 530 万辆，加氢站达到 7100 座，实现氢能大规模应用，到 2050 年满足美国能源需求的 15%，因此呼吁美国政府及产业界协同共进构建氢能未来。该路线图强调了氢能作为可再生能源在多个领域的适用性。氢能可以实现规模存储

---

① DOE.A national vision of america's transition to a hydrogen econimy— to 2030 and beyond [EB/OL]. [2022-12-07]. https://www.hydrogen.energy.gov/pdfs/vision_doc.pdf.

及运输，而下游应用覆盖交通运输、固定式发电及工业应用等。氢能规模化应用可以减少 CO_2 排放，提升地区能源供应可靠性，同时氢作为储能介质能够进一步带动风电、光伏、核能、水力发电等诸多可再生能源的部署。②实施《氢战略：实现低碳经济》。2020 年 7 月，美国 DOE 化石能源办公室发布《氢战略：实现低碳经济》。目前，美国 99% 的氢生产来自化石燃料，其中 95% 通过天然气利用蒸汽甲烷重整制取、4% 通过天然气的部分氧化及煤气化制取，只有 1% 的氢通过电解制取。化石能源办公室过去 30 年的经验与研发重点集中在化石燃料，启动了清洁煤与碳管理办公室的"氢研发计划"及石油天然气办公室的"氢研发计划"，支持化石燃料制氢。加速发展氢经济需要研发支撑，研发重点将主要集中在利用气化与再造技术生产碳中性氢，大规模氢运输设施，大规模现场与地质氢储存及氢用于发电、燃料与制造等 4 个领域[①]。③实施《氢能计划发展规划》。2020 年 11 月，美国 DOE 在 2002 年规划基础上，发布了最新版《氢能计划发展规划》，提出未来 10 年及更长时期氢能研究、开发和示范的总体战略框架，并设定了到 2030 年美国氢能发展的技术和经济指标，其主要内容包括以下 3 个方面：一是设定氢能全链条中重点发展技术和经济指标，通过技术创新，提高技术稳定性和效率，降低成本，加快氢能技术或产品的商业化应用。二是通过研究可再生能源、化石能源和核能制氢技术，开发多种氢源；通过开发氢能分配先进技术、储氢介质及储氢设施，满足各种规模的氢储运需求；通过进一步开发高性能燃料电池和合成燃料产品等，拓展氢能应用领域。三是开展氢能标准的研究和制定，美国计划开展标准化制造流程、质量控制和优化制造设计等研究，期望制定适用、统一的标准，保障氢能生产、输配、储存和应用等安全性、规模化、统一化和质量流程，以提供最佳实践经验和做法。该规划反映了美国 DOE 对开展协调的研发活动的关注，以使氢技术能够在多个应用和部门中采用，它包括以下内容。DOE 内从事氢相关活动的各个办公室制订的各种计划和文件：包括化石能源办公室的《氢战略：实现低碳经济》，能源效率和可再生能源办公室下属的氢气和燃料电池技术办公室"多年研发计划"，核能办公室的《综合能源系统 2020 路线图》和科学办公室的《氢经济基础研究需求》。该规划将继续定期修订所有项目办公室的研发计划，以反映技术进步、项目变更、政策决策和基于利益相关者输入与审查的更新[②]。④氢能及碳管理战略愿景。2022 年 4 月 15 日，美国 DOE 化石能源和碳管理办公室（FECM）发布《化石能源和碳管理在实现温室气体净零排放中的作用》战略愿景报告，重点针对点源碳捕集，CO_2 转化，碳去除，专用、可靠的碳封存和运输，氢能及碳管理，关键矿产，甲烷减排等 7 项化石能源技术主题提出了未来研发方

① DOE.Hydrogen strategy: enabling a low-corbon economy［EB/OL］.（2020-07-01）［2022-12-07］. https://www.energy. gov/sites/prod/files/2020/07/f76/USDOE_FE_Hydrogen_Strategy_July2020.pdf.

② DOE.Department of energy hydrogen program plan［EB/OL］.（2020-11-01）［2022-12-09］. https://www.hydrogen.energy. gov/pdfs/hydrogen-program-plan-2020.pdf.

向。其中，氢能及碳管理主要包括以下几个方面[①]。一是氢能存储及分配基础设施：氢能安全研究（短期，6 个月内），评估氢燃气轮机、氢燃料固体氧化物燃料电池（SOFC）及通过天然气重整、固体燃料气化或 SOEC 批量生产氢气问题；用于长期储能的地质储氢研究（中期，5 年内），将与 DOE 其他部门合作开展储氢设施材料、地质特征、安全法规和技术经济性评估等研究；区域清洁氢中心（中期，10 年内），通过部署氢基础设施区域中心以形成规模经济，包括通过 CO_2、氢气和增值化学品的生产、运输与存储加速清洁氢能中心部署，实施成本分摊的试点项目并建立示范规模设施以验证其技术经济性等；部署先进制氢技术（长期，20 年内），将利用 CCS 等技术使用碳基原料开发先进制氢方法，包括工艺优化、材料改进和系统集成等。二是配备 CCS 的模块化气化制氢。进一步研发废塑料（或城市固废）、生物质和废煤等相关气化技术，降低成本并实现模块化生产，将 10 ~ 25 MW 联合气化技术示范用于清洁制氢，到 2050 年实现净零或负温室气体排放。三是可逆固体氧化物燃料电池。将与 DOE 氢能和燃料电池技术办公室合作，示范一个模块化可逆固体氧化物燃料电池系统，以根据电网需求生产氢气或电力。四是氢燃气轮机。将利用现有火电厂设施示范验证下一代清洁制氢和氢燃气轮机技术，尤其关注验证使用混氢及纯氢燃料的燃气轮机的低氮氧化物（NOx）燃烧技术。五是清洁氢中心。将选择至少 4 个区域清洁氢中心进行开发，其中至少一个将示范配备 CCS 的碳基燃料制氢。2022 年 9 月，DOE 发布了《国家清洁氢战略和路线图》草案，该草案提供了当今美国氢气生产、运输、储存和使用的概况，以及清洁氢气在促进各部门国家目标方面所能提供的机会。清洁氢的战略机遇包括：到 2030 年每年有 1000 万吨，到 2040 年每年有 2000 万吨，到 2050 年每年 5000 万吨。这些需求情景决定了清洁氢脱碳应用的途径[②]。与 2005 年相比，使用清洁氢可以减少美国约 10% 的排放量，这与美国《长期气候战略》的情况一致。这些方案基于提高直接电气化或使用生物燃料的成本竞争力，以满足特定部门和需求替代品较少的地方。该路线图草案的基础是确定使用清洁氢的战略性与重大影响、降低清洁氢成本及关注区域网络 3 个关键战略的优先次序，确保清洁氢成为一种有效的脱碳工具，并为美国带来最大利益。

最后，实施一系列研发计划，落实氢能技术部署。一是通过美国能源效率和可再生能源办公室（EERE）等持续支持氢能研究与开发，确保氢能技术处于领先地位。①近年来，研发预算支持氢能发展。美国通过能源效率与可再生能源办公室在 2019 财年、2020 财年、2021 财年在氢能与燃料电池领域执行预算分别为 1.2 亿美元、1.5 亿美元及 1.1 亿美元，2023 财年氢能与燃料电池领域预算申请为 1.1 亿美元，持续支持氢能研究与开发。2023

① DOE.Strategic vision: the role of fossil energy and carbon management in achieving net-zero greenhouse gas emissions［EB/OL］.（2022-04-22）［2022-12-10］.https://www.energy.gov/sites/default/files/2022-04/2022-Strategic-Vision-The-Role-of-Fossil-Energy-and-Carbon-Management-in-Achieving-Net-Zero-Greenhouse-Gas-Emissions_Updated-4.28.22.pdf.

② DOE.DOE national clean hydrogen strategy and roadmap［EB/OL］.［2022-12-10］. https://www.hydrogen.energy.gov/pdfs/clean-hydrogen-strategy-roadmap.pdf.

财年预算为区域清洁氢气中心项目提供 1.14 亿美元，为清洁能源示范项目提供 1.12 亿美元等。②加强国际研发合作，支持氢能发展。2020 年 10 月，DOE 的能源效率和可再生能源办公室与荷兰经济事务和气候政策部气候和能源总局发布了一份意向声明（SOI），在收集、分析和共享氢气生产与基础设施技术信息方面进行合作。作为 SOI 的一部分，DOE 的技术转移办公室（OTT）将利用 DOE 国家实验室的技术专长和最先进的设备与设施，验证电解槽的性能和耐久性，此类电解槽使用水和电生产可再生氢气。荷兰经济事务和气候政策部部长埃里克·韦伯斯（Eric Wiebes）于 2020 年 3 月致函荷兰议会，主张采取积极的国际政策，降低可持续的氢成本，并建立新的国际伙伴关系。美国和荷兰将通过两国都参与的现有全球氢能伙伴关系进行协调，包括国际氢能和燃料电池伙伴计划（IPHE）及国际能源署等。③启动 H_2 双城计划，支持氢能全球部署。2021 年 11 月 10 日，DOE 能源效率和可再生能源宣布启动 H_2 双城计划（H_2 Twin Cities），作为在英国格拉斯哥举行的 COP26 活动的一部分，加强美国应对气候变化的承诺。H_2 双城计划是清洁能源部长级会议下的一项倡议，旨在将世界各地的社区加强合作、分享想法、相互学习并加速发展，特别是在城市和市政当局层面，加速氢能的部署。通过 H_2 双城计划，将在配对城市和社区之间建立全球合作伙伴关系，以形成一个更大的氢最佳实践社区，加强合作并扩大氢部署的范围，以减少全球排放。2011 年，世界各地大规模部署氢和燃料电池技术的社区与地区数量有限。在世界各地的城市与社区分享最佳实践和经验教训，有可能加速和增加氢能技术的全球部署与采用。这些新的以氢为基础的伙伴关系可以帮助建立牢固的国际联系，并加强全球对环境正义、社会公平和增加清洁能源工作的承诺。在 H_2 双城计划下，任何国家的任何城市只要承诺推进氢能和燃料电池技术，都可以与另一个城市建立联系并表达有兴趣加强合作，以申请资金支持以下两个 H_2 双城合作伙伴之一：一是来自不同国家的和城市配对的兄弟城市，这些城市已经处于部署氢和燃料电池技术的最前沿，在最终用途接受、基础设施建设和社区意识方面拥有丰富的经验；二是来自不同国家的和城市配对的师徒城市（Mentor-Mentee Cities），这些城市的氢实施水平存在显著差异，导师式城市将与学徒式城市分享经验，致力于部署未来氢技术[1]。④加强清洁氢技术和电网弹性的研究、开发与示范部署。2022 年 7 月 27 日，DOE 能源效率和可再生能源办公室发布潜在的资助意向通知，将通过太阳能氢燃料生产的先进途径、高分辨率氢传感技术、基于材料的储氢和运输系统的演示及为中型和重型车辆开发高性能、耐用、低成本的燃料电池组件等多个领域推进研发工作，加速清洁氢技术和电网弹性的研究、开发和示范（RD&D），拟资助资金将推动实现拜登政府的目标，即到 2035 年实现无碳电力，到 2050 年实现整个经济的净零碳排放。拟资助资金还将寻求建立一个电网弹性大学联盟，与美国、加拿大和墨西哥的大学之间达成协议，以促进关于最佳实践和跨境依赖的信息共享。该联盟将与部落、州、地区、行业、公用事业

① DOE.DOE helps launch H_2 twin cities to accelerate global hydrogen deployment [EB/OL]. (2021-11-10) [2022-12-10]. https://www.energy.gov/eere/articles/doe-helps-launch-h2-twin-cities-accelerate-global-hydrogen-deployment.

和其他利益相关者合作，以支持电网弹性规划和试点项目，使这些项目成为其他项目的榜样。DOE 设想以合作协议的形式授予多项财政资助，执行期限为 2～4 年。DOE 鼓励包括学术界、工业界和国家实验室等跨多个技术学科的利益相关者组成申请团队[①]。2022 年 8 月 23 日，DOE 能源效率和可再生能源办公室宣布提供 4000 万美元，以推进开发和部署清洁氢技术。为了进一步使电网脱碳，美国 DOE 还启动了一个价值 2000 万美元的大学研究联盟，以帮助各州和部落社区成功实施"电网弹性计划"并实现脱碳目标。通过降低清洁氢的成本并利用行业对清洁技术进行投资，美国 DOE 朝着到 2050 年实现净零碳经济的目标迈进一大步[②]。

二是通过 DOE 的氢和燃料电池技术办公室（HFTO）支持"氢能攻关计划"项目。2021 年 6 月 22 日，美国 DOE 启动了"氢能攻关（Hydrogen Shot）计划"，为美国就业计划中的清洁氢能部署建立了框架和基础，其中包括支持示范项目，旨在 10 年内将清洁氢的生产成本降至 1 美元 /kg。工业界开始实施清洁氢项目以减少排放，但在大规模应用方面仍存在许多障碍。但是如果实现了"氢气攻关计划"目标，清洁氢气使用量至少增加 5 倍。美国工业界的一项估计显示，到 2050 年，CO_2 排放量将减少 16%，到 2030 年，氢能产业每年收入将达到 1400 亿美元，创造就业机会 70 万个。《两党基础设施法案》为该计划的实施制定了中短期目标（2022—2026 年），并将清洁氢的生产成本降至 2026 年的 2 美元 / kg，而对技术路线和产能无任何具体要求。该计划将催化任何氢的创新途径，有可能实现可再生能源、核能和热转化等目标，为美国不同地区提供激励[③]。

三是通过 DOE 的先进制造办公室（AMO）支持氢能制造技术。2022 年 6 月 16 日，美国 DOE 宣布先进制造办公室拟投入 5790 万美元选择资助 30 个项目，有助于美国工业部门脱碳、推进清洁能源制造并提高美国的经济竞争力。这些项目将推动整个经济体减少碳排放而进行制造创新。其中，Diakont 先进技术公司与桑迪亚国家实验室、Exelon、麻省理工学院和 ADL Ventures 合作，获得资助 2 000 000 美元，支持验证 Al/Al_2O_3 涂层组合物的性能，并开发将其应用于天然气管道的工艺和工具。可以证明，这些涂层可以减轻氢脆效应，并使高浓度的清洁氢气与天然气分布混合，从而实现脱碳；南加州大学将与通用电气研究中心、匹兹堡大学和弗吉尼亚大学合作，获得资助 2 000 000 美元，开发并展示如何利用先进的概率机器学习方法提高氢气涡轮燃烧的热障涂层耐久性和喷涂工艺，该技术

---

① DOE.Biden-harris administration launches new solar initiatives to lower electricity bills and create clean energy jobs［EB/OL］.（2022-07-27）［2022-12-10］. https://www.energy.gov/eere/articles/doe-issues-notice-intent-provide- funding-clean-hydrogen-and-grid- resilience-projects.

② DOE.DOE announces \$60 million to advance clean hydrogen technologies and decarbonize grid［EB/OL］.（2022-08-23）［2022-12-10］. https://www.energy.gov/articles/doe-announces-60-million-advance-clean-hydrogen-technologies-and-decarbonize-grid.

③ DOE.Hydrogen shot: an introduction［EB/OL］.（2021-08-06）［2022-12-10］. https://www.energy.gov/sites/ default/files/2021-08/factsheet-hydrogen-shot-introduction-august2021.pdf.

可用于陆基燃气轮机、先进的核反应堆、熔盐热交换器等 [①]。

四是通过美国 DOE 先进能源研究计划（ARPA-E），支持氢能技术的研发部署。ARPA-E 支持氢能研发：2018 年第四轮（OPEN 2018）资助了 279.80 万亿美元；2019 财年 OPEN+（Cohort 3）资助了 4 个项目，合计 1442.00 万美元，征集新项目领域的主题 F 资助 4 个项目，合计 639.00 万美元；2021 年第五轮（OPEN 2021）资助 8 个项目，合计 1753.20 万美元。2018 年以来，代表性的 ARPA-E 资助氢能项目如表 4.1 所示。

表 4.1　2018—2021 年 ARPA-E 资助的代表性氢能技术项目

轮次	项目名称	项目数/个	金额/万美元
第四轮 OPEN 2018	通过过程强化和集成高效生产氢气和氨	1	204.80
	光催化氨分解制氢	1	75.00
2019 财年 OPEN+（Cohort 3）	将碳氢化合物转化为可回收材料，用于金属置换，具有正氢输出	1	330.00
	高价值、节能的碳产品和清洁的甲烷氢气	1	348.00
	通过金属盐中间体从天然气中提取二氧化碳、游离氢和固体碳	1	369.00
	高通量甲烷热解制低成本氢气	1	395.00
	合计	4	1442.00
2019 财年征集新项目领域的主题 F	甲烷电热转化为氢气和高价值碳纤维	1	150.00
	甲烷热解共合成氢气和高价值碳产品	1	146.50
	通过原位碳表征和反应器设计优化熔盐甲烷热解	1	199.80
	甲烷直接热解制氢和碳化硅（DMPH$_2$SiC）	1	142.70
	合计	4	639.00
第五轮 OPEN 2021	回转窑反应器中氢等离子体直接还原铁的零排放过程	1	120.00
	高氢再热燃气轮机的提升火焰燃烧	1	157.20
	通过综合电化学、化学和生物途径，利用废弃混凝土和二氧化碳，推进低碳建筑环境	1	250.00
	水介导的电化学二氧化碳去除，生产副产品低压氢气	1	100.00
	用于 700 巴下直接产生高压氢的混合电化学和催化压缩系统	1	220.00
	基于超薄质子传导氧化膜的高容量电解槽	1	337.60
	模块化氧化还原脱氢强化烯基苯生产	1	186.20
	氢蒸汽喷射中冷涡轮发动机（HyS Ⅱ TE）	1	382.20
	合计	8	1753.20

① DOE.DOE awards $57.9 million to reduce industrial emissions and manufacture clean energy technologies［EB/OL］.（2022-06-16）［2022-12-12］.https://www.energy.gov/eere/amo/doe-awards-579-million-reduce-industrial-emissions-and-manufacture-clean-energy.

可见，美国通过 ARPA-E 计划，持续支持氢能技术的研发，抢占氢能领域的制高点。

五是通过 DOE 贷款项目办公室（LPO）贷款担保计划支持氢能技术发展。根据 2005 年《能源法》第 XVII 条授权的"创新清洁能源贷款担保计划"（Innovative Clean Energy Loan Guarantee Program），LPO 为创新清洁能源项目提供贷款担保权。2022 年 6 月 8 日，美国 DOE 宣布已完成对犹他州先进清洁能源储存项目的贷款担保 5.044 亿美元，这是自 2014 年以来 DOE 贷款项目办公室（LPO）为新清洁能源技术项目提供的第一笔贷款担保。贷款担保将有助于为世界上最大的清洁储氢设施的建设提供资金，该设施能够提供长期低成本的季节性储能，进一步提高电网的稳定性。该项目是位于犹他州三角洲的设施，将结合 220 MW 的碱性电解和两个 450 万桶的巨大盐洞来储存清洁的氢气，预计将创造建筑岗位多达 400 个和运营岗位 25 个，推进到 2050 年实现净零排放的气候和清洁能源部署目标。随着该项贷款担保的结束，LPO 现在拥有创新清洁能源项目的剩余贷款担保权为 25 亿美元。自 2021 年初以来，LPO 进行了重大更改，以改进其"创新清洁能源贷款担保计划""部落能源贷款担保计划（Tribal Energy Loan Guarantee Program）"①。

六是通过多部门协同行动支持氢能技术研发。①美国 DOE 化石能源办公室（FE）煤炭"FIRST（Flexible、Innovative、Resilient、Small、Transformative）计划"支持氢能相关技术研发。2020 年 10 月 28 日，DOE 宣布，经过充分谈判，DOE 煤炭"FIRST 计划"选择净零碳电厂和氢电厂 4 个项目，投资 8000 万美元，以分担研发成本。DOE 对煤炭"FIRST 计划"的早期研究是支持发展碳排放量为零的电力和氢能发电厂。这些工厂将以煤炭、天然气、生物质和废塑料为燃料，并采用碳捕集、利用和封存（CCUS）技术。煤炭"FIRST 计划"能源工厂将使用能够提高效率并实现净零排放的创新技术，能够灵活运行以满足电网需求。2020 年 12 月 15 日，DOE 的化石能源办公室宣布，在大学涡轮系统研究（University Turbines Systems Research，UTSR）计划的基础上，投入联邦资金 640 万美元，专注于分摊联邦研究与开发氢燃料的研发费用。UTSR 计划进行前沿研究，以提高燃气轮机的效率和性能，同时降低排放。人们对使用清洁燃烧的燃料氢气进行涡轮发电产生了兴趣。化石燃料产生的氢气，再加上碳的捕集、利用和储存，可以产生低成本的氢气，并产生净负碳排放。可以将废塑料添加到燃料混合物中，以产生大量的氢气，并减轻塑料对环境的影响。该 FOA 专注于基础研究和应用研究，以使氢气能够用作燃气轮机燃料。选定的项目将以大学为基地，支持解决以纯氢、氢和天然气混合物及其他无碳含氢燃料为燃料的燃气轮机的科学挑战和应用工程问题，研究组合循环和简单循环应用中的燃烧问题。②通过 DOE 的化石能源和碳管理办公室（FECM）支持研究先进清洁氢技术。2022 年 5 月 19 日，美国 DOE 的 FECM 宣布提供 2490 万美元资助 6 个研发项目，旨在支持推动清洁氢发电的发展，提高新型氢技术的性能、可靠性和灵活性。DOE 将与私营公

① DOE.DOE announces first loan guarantee for a clean energy project in nearly a decade［EB/OL］.（2022-06-08）［2022-06-10］. https://www.energy.gov/articles/doe-announces-first-loan-guarantee-clean-energy-project-nearly-decade.

司合作研究先进的技术解决方案，拟支持的 6 个项目分别如下。一是北卡罗纳州八河资本（8 Rivers Capital）公司项目（1 412 863 美元）：将完成一项新制氢工厂的工程设计研究，该工厂每天生产 1 亿标准立方英尺的 99.97% 纯氢气并捕获 90% ～ 99% 的 CO_2 排放。二是伊利诺伊州天然气工艺研究院（Gas Technology Institute）项目（3 000 000 美元）：将研究在燃气轮机中使用氨氢混合燃料，并拟加强氨作为清洁低碳燃料用于发电的研究。三是南卡罗来纳州通用电气公司（General Electric Company）项目（5 986 440 美元）：将开发和测试使用 100% 氢气的天然气 – 氢气混合燃料的燃气轮机部件，以研究和解决与燃烧高活性氢燃料相关的燃烧挑战。四是纽约通用电气公司的项目（6 999 923 美元）：将研究氢燃料涡轮机部件的运行，使其能显著提高简单循环和联合循环发电应用的燃气轮机效率。五是康涅狄格州雷神技术研究中心（Raytheon Technologies Research Center）项目（4 499 999 美元）：使用增加氢含量的天然气 – 氢混合燃料，开发和测试高温钻井平台中天然气涡轮发动机部件的有效性。六是康涅狄格州雷神技术研究中心项目（2 999 219 美元）：将研发和测试一种以氨为燃料的燃气轮机燃烧器，该燃烧器产生的 N_2O 排放量低，具有强大的可操作性和稳定性，效率超过 99.99%[①]。③DOE 氢和燃料电池技术办公室（HFTO）及核能办公室（ONE）联合支持核能制氢技术的研发部署。2021 年 10 月 7 日，美国 DOE 宣布提供 2000 万美元资金，其中 DOE 氢和燃料电池技术办公室的 1200 万美元、DOE 核能办公室的 800 万美元，用于展示利用核能生产清洁氢的技术。这种创新方法将使清洁氢成为零碳电力的来源，并代表核电厂产出除电力之外的重要经济产品。该项目位于亚利桑那州凤凰城的 Palo Verde 核电站。利用核能生产清洁氢气，由 PNW Hydrogen LLC 牵头，将在 DOE 的 H₂@Scale 愿景上取得进展，在多个领域实现清洁氢气，并帮助 DOE 实现在 10 年内每 1 kg 氢气 1 美元的目标。在需求旺盛的时候，6 吨储存的氢气将用于生产电力约 200 MW，还可用于制造化学品和其他燃料。该项目将提供有关将核能与制氢技术相结合的见解，并为未来的大规模清洁制氢部署提供信息[②]。④DOE 的能源效率与可再生能源办公室（EERE）和化石能源办公室联合支持下一代清洁氢技术发展。2021 年 7 月 7 日，美国 DOE 宣布拨款 5250 万美元，资助 31 个项目，以推进下一代清洁氢气技术，并支持 DOE 宣布的"氢能攻关计划"，降低成本，加速清洁氢领域的突破，使其在美国应对气候危机的承诺方面发挥重要作用。其中，EERE 投入 3600 万美元支持以下主题的 19 个项目：电解水制氢工艺，生物和电化学方法的清洁制氢，专为重型应用而设计的更高效、更耐用燃料电池子系统和组件，国内氢供应链组件和加氢技术，分析评估燃料电池

① DOE.DOE announces nearly $25 million to study advanced clean hydrogen technologies for electricity generation［EB/OL］.（2022-05-19）［2022-05-24］.https://www.energy.gov/articles/doe-announces-nearly-25-million-study-advanced-clean-hydrogen-technologies-electricity.

② DOE.DOE announces $20 million to produce clean hydrogen from nuclear power［EB/OL］.（2021-10-07）［2021-10-12］.https://www.energy.gov/articles/doe-announces-20-million-produce-clean-hydrogen-nuclear-power.

系统的成本和性能、制氢途径和储氢的技术；FECM 投入 1650 万美元支持 12 个项目，重点研发以下内容：高温可逆固体氧化物电池（SOC）材料中的降解机制和途径，使用可逆固体氧化物电池（R-SOC）系统生产氢气的性能、可靠性和耐用性，改进材料、制造工艺和微观结构来降低 R-SOC 制氢技术的成本，来自蒸汽甲烷重整厂的商业规模先进碳捕集、利用与封存（CCUS）系统的初始工程设计，以及开发 100% 氢气及氢气和天然气混合物作为燃料的燃气轮机燃烧系统等。⑤通过 DOE 清洁能源示范办公室和氢燃料电池技术办公室跨办公室协作启动区域氢中心建设计划。2022 年 6 月 6 日，美国 DOE 宣布根据《两党基础设施法》授权，投资 80 亿美元启动建设全国性的区域清洁氢中心（H₂Hubs），创建氢气生产商、消费者和当地连接基础设施的网络，推动由美国工人建造弹性电网，加速清洁氢的生产、加工、交付、储存和最终使用（包括工业部门的创新用途），加快清洁能源发展，创造高薪工作并启动美国的清洁氢经济，这对实现美国到 2035 年 100% 清洁电网、到 2050 年净零碳排放的战略目标至关重要。氢能有可能使包括重型运输和钢铁制造在内的多个经济部门脱碳，创造高薪工作，并为由清洁能源驱动的电网铺平道路。现在，美国每年生产氢气约 1000 万吨，而全球每年生产氢气约 9000 万吨。美国大部分氢气通过蒸汽甲烷重整天然气制取，但水电解制氢技术是一种新兴的可使用太阳能、风能和核能等清洁电力制氢途径，目前美国已有数十个装置。DOE 清洁能源示范办公室和氢燃料电池技术办公室跨办公室协作，并考虑环境正义、社区参与、基于共识的选址、公平和劳动力发展等因素来遴选拟支持的区域氢中心。DOE 将选择优先考虑就业机会并解决氢原料、最终用途及地理多样性的方案。2021 年，DOE 曾推出"氢能攻关计划"，拟在 10 年内将清洁氢气的成本降至每 1 kg 清洁氢气 1 美元 ①。

七是通过州或企业支持氢能技术与产业发展。①支持建设加氢站。2020 年 12 月，美国加州能源委员会（CEC）批准了一项计划，拟投资多达 1.15 亿美元，以增加该州氢燃料电池电动汽车（FCEV）的加氢站数量。到 2020 年底，这笔资金几乎使加州的投资翻了一番，并帮助加州实现其部署公共加氢站 200 座的目标。该计划还支持州长加文·纽索姆（Gavin Newsom）的行政命令，到 2035 年逐步停止销售新的汽油动力乘用车，通过提供必要的基础设施，以满足未来 10 年内越来越多的零排放汽车（ZEV）的燃料需求。虽然纯电动汽车（BEV）是该州最常见的 ZEV，但被租赁或出售的 FCEV 也超过 8000 辆。根据这项计划，到 2027 年，该州将新建多达 111 座氢燃料站，包括许多乘用车、卡车和公共汽车多用途使用的加氢站。项目资金总额每年都要经过国家预算和 CEC 的批准。②支持企业建设绿氢配送基础设施。2022 年 2 月，美国南加州天然气公司（SoCalGas）计划在洛杉矶工业盆地建设美国最大的专用绿色氢气配送基础设施，每天能够取代柴油燃

---

① DOE.DOE launches bipartisan infrastructure law's $8 billion program for clean hydrogen hubs across U.S.［EB/OL］.（2022-06-06）［2022-06-10］.https://www.energy.gov/articles/doe-launches-bipartisan-infrastructure-laws-8-billion-program-clean-hydrogen-hubs-across.

料多达 300 万加仑。该计划要求使用弃电、新风能和太阳能达 25 ～ 35 GW，加上储能 2 GW，为 10 ～ 20 GW 的电解槽提供动力，以生产氢气，这些氢气将流经 250 ～ 750 英里（402 ～ 1207 千米）的新干线和配电线。该项目将耗资数十亿美元，还将使 4 个天然气发电厂转换为使用绿氢运行。③支持企业将氢能技术成果商业化。根据 PNNL 技术跟踪的 1976—2017 年的最新能源技术商业化项目总计 527 项，通过整理，与氢能有关的商业化相关项目共计 10 项[①]，如表 4.2 所示。④支持企业通过国际合作推动绿氢生产。2021 年 1 月，美国普拉格能源（Plug Power）从韩国 SK 集团筹集了 15 亿美元，用于促进使用氢燃料电池和绿色氢电解槽，从而为整个亚洲市场提供更清洁的能源。到 2024 年，该公司的目标是每天生产燃料电池 85 吨，每年生产燃料电池单元 25 000 个，年销售额 12 亿美元。该公司 2021 年 11 月用筹集的 10 亿美元开设一家大型工厂，2021 年底在纽约州罗切斯特市投入运营，届时该公司每年将生产燃料电池 1.5 GW 和电解槽约 500 MW。

表 4.2　2010—2017 年 PNNL 技术跟踪的商业化项目一览

序号	技术名称	实施单位	年份
1	用于氢气分离的高比表面积 - 体积超薄膜	T3 科学有限责任公司	2017
2	可再生能源低成本制氢	质子现场（Nel ASA 独资）	2017
3	检测磁带™：早期预警可视氢泄漏检测器	Element One 股份有限公司	2015
4	用于 5000 psi 制氢的家用加油设备的单元化设计	Giner 股份有限公司	2015
5	氢气回收系统	可持续创新有限责任公司	2014
6	加利福尼亚加氢站	空气产品和化学品股份有限公司	2013
7	智能色素™：可见氢气检漏材料	HySense 技术有限公司（被 Nitto, Inc. 收购）	2013
8	用于低成本制氢的堆叠式结构反应器（SSR®）	Catacel Corporation（Johnson Matthey 工艺技术公司全资拥有）	2012
9	泰坦™：气体运输车用高压储氢罐	六角林肯复合材料股份有限公司	2012
10	用于能源应用的氢气安全传感器	Nexeris 有限责任公司	2010

可见，美国通过实施上述一系列氢能法律法规、产业政策，由 DOE 的能源效率与可再生能源办公室、氢与燃料电池技术办公室、先进制造办公室、贷款项目办公室，DOE 下属多个办公室协同支持的科研资助项目，以及地方与企业建设加氢站及绿氢配送基础

① PNNL.An investigation of innovative energy technologies entering the market between 2009–2015, enabled by EEREfunded R&D［EB/OL］.（2021–08–12）［2022–12–10］. https://www.energy.gov/sites/default/files/2021–11/ An%20 Investigation%20of%20Innovative%20Energy%20Technologies%20 Entering%20the%20Market%20between%202009% 20-%202015%2C%20Enabled%20by%20EERE–funded%20R%26D_0.pdf.

设施等，为美国氢能技术研发及其成果市场化的稳健发展提供了强有力的资金保障与服务支撑。

（2）日本的氢能技术部署

日本通过法律法规、战略规划与科技计划等方面进行氢能技术的相关部署，具体表现如下。

首先，日本通过相关法律法规与政策，积极推进氢能的利用。2022 年 3 月 1 日，日本内阁决定对《合理使用能源法》和其他法案进行部分修订，以建立稳定的能源供应和需求结构，旨在为实现"第六次能源计划"中 2050 年碳中和及 2030 财年温室气体减排目标，建立促进日本能源供求结构转变并确保稳定的能源供应系统[①]。①《合理使用能源法》，其修改内容包括在能源利用合理化（提高能源消费强度等）中加入非化石能源；呼吁工厂从化石能源向非化石能源转型（提高非化石能源使用率）；将当前的"电力需求平衡"转变为"电力需求优化"，并为用电企业制定指导方针，以促进从电力需求向可再生能源输出控制的转变，并在供需紧张时减少需求；此外，要求电力公司制订有助于优化电力需求的措施计划；据此，将《合理使用能源法》名称修改为《能源合理利用与非化石能源转化法》。②促进能源供应商使用非化石能源和有效利用化石能源原材料的法案（强化法案），将定位不明确的氢、氨定位为非化石能源，推广使用脱碳燃料；就连 CCS 火力发电（Thermal Power with CCS）也将合法定位并推广使用；基于此，法律名称将被修改为"促进能源供应商环保使用能源和有效利用化石能源原材料的法律"。③日本石油、天然气和金属国家公司法（JOGMEC 法），增加氢气、氨气等生产和储存的投资业务等；将根据对第（一）、第（二）、第（四）、第（五）项的修改，完善规定。基于此，法律名称将修改为"独立行政管理机构能源和金属国家公司法"，组织名称将更改为"独立行政管理机构能源和金属国家公司"。

其次，日本通过制订一系列战略与能源基本计划，支持氢能技术发展，建设"氢能社会"。日本自 2013 年先后推出了《日本再复兴战略》、《第四期能源基本计划》、《氢能基本战略》、《氢能燃料电池技术开发战略》、《绿色增长战略》及《第六期能源基本计划》等战略举措（表 4.3），加快氢能战略部署，持续推动氢能技术发展。

---

① 经済産業省．「安定的なエネルギー需給構造の確立を図るためのエネルギーの使用の合理化等に関する法律等の一部を改正する法律案」が閣議決定されました［EB/OL］．（2022-03-01）［2022-03-10］. https://www.meti.go.jp/press/2021/03/20220301002/20220301002.html.

表 4.3　日本 2013 年以来支持氢能部署的相关战略与计划

年份	战略 / 计划	主要内容
2013	日本再复兴战略	把发展氢能源提升为国策，并启动加氢站建设的前期工作
2014	第四期能源基本计划	以 2002 年制定的能源政策基本法为基础，是继 2003 年、2007 年、2010 年之后的第四次计划，指明了能源政策的基本方向，将氢能源定位为与电力和热能并列的核心二次能源，并提出建设"氢能社会"的愿景
2014	氢能 / 燃料动力锂电池战略发展路线图	由氢能 / 燃料动力锂电池战略协会发布，提出了到 2025 年快速扩大氢能的使用范围；2025—2030 年全面引入氢发电和建立大规模氢能供应系统；从 2040 年开始，确立零 CO_2 的供氢系统
2016	能源环境技术创新战略 2050	4 月由日本政府综合科技创新会议（CSTI）发布，支持研发先进的制氢、储氢和氢燃料发电技术，扩大使用范围，大规模发展氢能供给技术，构建零排放的"氢能社会"
2017	氢能基本战略	是日本"第五期能源基本计划"的一部分，提出到 2030 年实现每年氢能产量 30 万吨，成本降至每标准立方米 30 日元（1 日元约合 0.05 元）；实现发电装机规模 100 万 kW，发电单价降至 17 日元 /（kW·h）；实现加氢站扩建至 900 座，氢燃料电池汽车、氢燃料电池巴士分别增至 80 万辆、1200 辆，以及向 530 万家庭普及"家用燃料电池热电联供系统"；发展"可再生能源制氢"；到 2050 年每年实现氢使用规模达 500 万～1000 万吨，将氢能发电成本降至与天然气发电同等水平
2019	氢能燃料电池技术开发战略	促进固体高分子燃料电池、固体燃料电池、氢能基础设施等研发
2020	绿色增长战略	由经济产业省发布，提出到 2050 年实现碳中和目标，构建"零碳社会"：预计到 2050 年，该战略每年将为日本创造经济增长近 2 万亿美元。为落实上述目标，该战略提出通过扩大氢能部署，到 2030 年将年度氢气供应量增至 300 万吨，成本降至 30 日元 /Nm³；到 2050 年达到 2000 万吨，氢气供应成本降至 20 日元 /Nm³，氢能相较于化石燃料具有较强竞争力；制定了 2021—2025 年、2030 年、2040 年、2050 年氢应用（交通、发电、炼铁、化工、燃料电池等）、氢运输与分配、氢生产及与海上风电、氨燃料、碳循环、生活方式等跨领域产业具体的发展目标、重点发展任务、增长路线图等，并出台法律制度、预算、标准、金融、税收、公共采购等政策工具，推动氢能技术开发、示范及商业化应用
2021	2050 碳中和绿色增长战略	由 2020 年底"绿色增长战略"更新而成，将氢能作为 14 个重点发展领域之一，计划未来 10 年投入 3700 亿日元扶植氢能产业；到 2030 年实现氢能供应量 300 万吨，2050 年实现氢能年供应量 2000 万吨；推动氢能炼钢、水电解等技术发展；建设稳定的氨供应链，2030 年前普及"20% 氨、80% 煤炭"混燃发电，2050 年实现纯氨发电
2021	第六期能源基本计划	提出到 2030 年氢能在能源结构中的占比要达到 1%，确立了面向 2050 年碳中和的长期目标及面向 2030 年的具体能源措施与实施方案

　　由表 4.3 可见，日本政府非常重视氢能战略部署。尤其是 2021 年 10 月底又发布了"第六期能源基本计划"，围绕应对气候变化和日本能源供需结构转型两大核心目标，沿用并进一步强化"第五期能源基本计划"中的"3E+S"能源政策基本方针，强调氢能及清洁

氨的利用目标，强化实现氢能社会，日本将氢能作为应对气候变化和2050年碳中和目标的主要动力源，并提出推动发展清洁氨以扩大需求侧的氢能应用规模。计划至2030年氢与氨的需求量均将达到300万吨/年，成本分别维持在30日元/Nm³与10日元/Nm³，引进并普及燃气发电中30%的氢气混合燃烧、纯氢燃烧及煤炭20%氨气混合燃烧。整体而言，日本未来将通过加强氢能技术研发，持续扩大产业投资，强化规模效应，建立政企协力合作模式、氢能国际供应链、地方氢能社会模式、氢能技术国际标准化等，以加快推动氢能社会建设进度。

再次，通过绿色创新基金支持氢能研发。日本新能源产业技术综合开发机构（NEDO）设立总额为2万亿日元的"绿色创新基金"，为大型氢供应链建设、可再生能源制氢及下一代飞机开发、船舶开发、智能出行、燃料制造、塑料制造等氢气应用场景提供资金支持。2021年5月18日，日本政府表示将从绿色创新基金中拨款3700亿日元（约合34亿美元）用于两个项目，以在未来10年内加速研发和促进氢的使用。其中一个项目获得高达3000亿日元，通过建立大规模的氢气供应链，促进对清洁燃料的需求。另一个项目获得700亿日元，将利用可再生能源产生的电能，通过水电解开发一个大规模、低成本的制氢系统。这两个项目旨在帮助日本实现2050年的碳中和目标。2021年6月16日，日本国家研究开发公司NEDO网站发布了利用可再生能源等电力的水电解制氢及大型氢供应链建设两类"绿色创新基金项目"招募信息。一是利用可再生能源等电力的水电解制氢项目。从降低使用水电解槽制氢的成本、有效地利用所产生的氢及构建应该瞄准的社会实施模型的角度来开展以下主题。①水电解槽大型化技术开发，"电力多元转换"（Power-to-X）大规模示范项目：具体包括水电解槽规模化、模块化技术开发（最迟预计2030年实现碱性100 MW系统和PEM型100 MW系统，可实现量产和规模化）；开发将膜和催化剂等重要部件安装在水电解槽上的技术，从而降低成本和提高效率；实施用氢供热需求和工业流程脱碳示范。②建立水电解槽性能评价技术项目，评估碱性水电解槽和PEM水电解槽500 kW左右电池组在各种运行条件（模拟可再生能源的输出波动、高压运行）下的性能（效率、耐久性等）。第1个研发项目从2021年到2030年最长为10年，第2个研发项目从2021年到2025年最长为5年。但是，每个业务都会设置一个阶段，并会观察进度以确定是否继续。因此，作为一般规则，最初的合同或授予决定期应为最晚阶段的实施时间。二是大型氢供应链建设项目。通过国际氢供应链的建设，降低氢供应成本，构建氢能大规模利用以供应氢的社会实施模式等。①国际氢供应链技术建立及液化氢相关设备评价基地建设项目，研发内容包括：a.推动氢输运技术规模化（预期实现商业规模20万吨/年以上），开发高效化技术示范。b.液化氢相关材料评价基地开发。从选择能够满足液化氢生产、运输/储存和利用阶段多样化需求的合适材料的角度，通过评价、分析备好基材上极低温范围内的金属母材和焊接构件的拉伸、裂纹扩展、断裂韧性等，生成材料数据库。此外，将为材料和液化氢储罐的标准化或法规审查做出贡献，并支持新材料的开发。

c. 创新液化、加氢、脱氢技术。进一步降低液化氢或 MCH 的运输成本，实现 2050 年的成本目标，进一步提高液化过程、MCH 生产、脱氢过程等环节的效率，这些环节占运输过程中的大部分，造成大量的能耗。研发内容 a 和 c 从 2021 年到 2030 年最长为 10 年，研发内容 b 从 2021 年到 2025 年最长为 5 年。②氢能发电技术示范（共烧、独烧）研发项目。为实现与天然气发电同等的发电效率，针对氢发电特有的回火、燃烧振动、NOx 值增加等问题采取措施，在该项目中使用了氢气燃烧室。燃烧器（容积比 30%）和纯氢燃烧器分别安装在火力发电厂上，开发负荷跟踪运行的氢气供应技术，通过实机演示，验证发电厂燃烧稳定性。研发时间从 2021 年到 2030 年最长为 10 年。在实施大型氢供应链建设项目时，NEDO 计划在 2025 年举行的日本国际博览会（大阪 / 关西博览会）上将展示和利用该项目的中间成果。

最后，通过国内外合作推动氢能部署与发展。2020 年 1 月，澳大利亚与日本达成氢能源合作协议。在墨尔本举行的日澳部长级经济对话期间，北澳大利亚资源部部长马特·卡纳万（Matt Canavan）和日本经济产业大臣梶山弘志（Kajiyama Hiroshi）签署了关于氢能与燃料电池合作的联合声明。澳大利亚和日本都坚定地致力于合作，将氢作为一种清洁、安全、廉价和可持续的能源加以利用。基于能源和资源贸易的成功经验，澳大利亚和日本将充分利用氢气带来的机会。2020 年 3 月 7 日，日本 NEDO、东芝能源系统解决方案公司（ESS）、东北电力公司（Tohoku Electric Power Co.Inc.）和岩谷公司（Iwatani Corporation）宣布，自 2018 年以来一直在福岛县纳木镇建造的福岛氢能研究基地（FH_2R）已于 2020 年 2 月底完工，这是世界上最大的具有可再生能源 10 MW 级氢气生产单元。FH_2R 的氢产量可达 1200 Nm^3/h（额定功率运行）。可再生能源的输出波动很大，因此 FH_2R 将根据电网的供需情况进行调整，以便在建立低成本、绿色制氢技术的同时，最大限度地利用这种能源。FH_2R 生产的氢还将用于为固定式氢燃料电池系统提供动力，并为移动设备、燃料电池汽车和公共汽车等提供动力。

（3）欧盟的氢能技术部署

欧盟对氢能技术非常重视，其相关部署体现在如下几个方面。

第一，出台氢能相关法律法规，支持氢能技术研发。欧盟为了更好地应对能源和气候变化的挑战，实现其减排目标，非常重视氢能技术的发展。2016 年，欧盟发布《可再生能源指令》，明确提出氢能将作为能源系统的重要组成部分，并且大力推进"燃料电池和氢能实施计划"，推进氢能和燃料电池的能源供应和在交通方面的应用。2018 年底，欧盟颁布了修订后的《可再生能源指令》（RED Ⅱ），强调只有使用绿电生产的氢才能算是"绿"氢，支持绿氢技术发展，主要是为交通部门设定了使用可再生燃料的比例。绿氢是非生物源的可再生液体和气体运输燃料的重要组成部分。为此，提出了两种情景：一是位于绿电占比 >90% 的电力竞价区并与发电设施直连的制氢设施；二是制氢设施使用网上电力且所处价区的绿电占比低于 90%。氢是否可贴"纯绿"标签取决于用的电是不是"纯绿"。针对电的"纯绿"属性，《可再生能源指令》要求欧盟委员会制定明确细则。2021年6月28日，欧洲理事会发表公报称，欧盟国家最终通过了《欧洲气候法》，更新了此前《欧洲绿色协议》的政治承诺，明确承诺在 2030 年底温室气体排放量较 1990 年至少减少 55% 的目标，使得到 2050 年欧盟实现"气候中立"成为一项具有约束力的义务，该法案更加突出了氢能的重要性，为欧盟各国在 2050 年实现碳中和的目标铺平了道路。2021年7月，欧洲提出"适合减排 55%"（"Fit for 55%"）一揽子新法案，其中加快绿氢发展是重要的组成部分。随着减碳要求的加强，欧盟氢气的使用量将快速增长，为控制制氢产生的排放，欧盟对绿氢发展进行严格要求。要求非生物基可再生能源制氢（新能源制氢）在终端用氢（含原料应用）占比达到 40%，而 2035 年更是要求比例达到 70%。修正案提出了低碳氢的概念，即生产过程中温室气体减排量超过 70% 的氢才能算作低碳氢，2030 年低碳氢（含绿氢）在氢能中的占比不低于 50%。交通领域低碳氢使用比例要求翻倍，2028年在交通用能中的占比达到 2.6%，2030 年需达到 5%，而原提案仅要求 2030 年达到 2.6%。该法严格要求制造绿氢的电力必须来源于成员国能源和气候计划中的可再生能源。为此，制氢设备可以直接连接可再生能源发电设备，但如果采用购买电力的方式，需要确保购买的绿电满足制氢需求并保证按时进行电力平衡。

第二，欧盟制定了氢能战略等支持氢能发展。一是制定《欧洲氢能路线图》。成立于2008 年的氢能源和燃料电池联盟（FCH-JU）是欧洲推动氢能发展的重要团体，多年来积极关注氢燃料电池领域。2019 年 2 月，氢能源和燃料电池联盟发布《欧洲氢能路线图》，明确了欧洲在氢燃料电池汽车、氢能发电、家庭和建筑物用氢、工业制氢方面的具体目标，并为实现所设目标提供了 8 项战略性建议。预计到 2050 年，氢能可占欧洲最终能源需求的 24%，并创造 8200 亿欧元（约合 6.4 万亿元人民币）的市场，同时为保证氢能及燃料电池汽车的发展，提出到 2040 年规划建成加氢站 15 000 座。2019 年 11 月，欧盟委员会常务副主席弗兰斯·蒂默曼斯（Frans Timmermans）在氢能和燃料电池联盟利益攸关方论坛上提出，2030 年以前投资 520 亿欧元，通过发展氢能实现全欧洲的零碳排放目标，创造就业岗位 85 万个。欧盟委员会十分认可 2010—2019 年各成员国在氢能发展方面取得的成绩，为了保持这一优势，提出在制氢、储运、应用等领域加速技术研发，实现氢能价值链关键环节的规模化发展，并确保清洁氢技术的安全集中部署。2019 年，德国、爱尔兰、比利时、瑞士、法国、英国等经济强国也为氢能发展提出与本国产业相结合的路线图或规划。2020 年初，为加速欧洲工业脱碳并保持欧洲工业领先地位，欧盟委员会最新发布的《欧洲工业战略》提出优先成立清洁氢联盟，随后搭建低碳工业联盟、工业云平台和原材料联盟。二是制定氢能战略。2020 年 7 月 8 日，欧盟理事会、欧洲议会通过了《气候中和的欧洲氢能战略》，为欧洲未来 30 年清洁能源特别是氢能的发展指明了方向，将降低可再生能源成本并加速发展相关技术，扩大可再生能源制氢在所有难以去碳化领域进行大规模应用，最终实现 2050 年"气候中性"的目标。该战略提出了欧洲氢能技术 3 个发展阶段：第一阶段（2020—2024 年），发展目标是降低现有制氢过程的碳排放并扩大氢能的应用领域，将其从现有的化学工业领域扩展到其他领域。欧盟计划在 2024 年前安装可再生氢电解槽至少 6 GW 并生产可再生氢高达 100 万吨，实现现有氢脱碳。第二阶段（2025—2030 年），氢需要成为综合能源系统的内在组成部分，到 2030 年欧盟安装可再生氢电解槽至少 40 GW 且可再生能源制氢产量高达 1000 万吨；氢能将逐渐扩展到钢铁冶炼、卡车、轨道交通及海上运输等新领域。在第二阶段，氢能仍将在靠近应用端或者可再生能源资源丰富的地区生产，只能实现区域生态能源系统。第三阶段（2031—2050 年），可再生氢技术应成熟并大规模部署，到 2050 年大约 1/4 的可再生电力可能用于生产可再生氢，以覆盖可能不可行的其他替代方案或成本更高的所有难以脱碳的部门。该战略明确了欧盟的氢能投资议程，2020—2030 年，对电解槽的投资可能在 240 亿～ 420 亿欧元，同时扩大规模需要 2200 亿～ 3400 亿欧元，并将 80 ～ 120 GW 的太阳能和风能生产能力直接连接到电解槽，以提供必要的电力；对一半现有工厂进行碳捕获和储存改造的投资约为 110 亿欧元；氢运输、分配和储存及加氢站需要投资 650 亿欧元。从 2020 年到 2050 年，欧盟的氢生产能力投资将达到 1800 亿～ 4700 亿欧元。另外，使最终用途部门适应氢消费和氢基燃料也需要大量投资。例如，将一个即将报废的典型欧盟钢铁装置转化为适应氢能的装置需要 1.6 亿～ 2.0 亿欧元。在道路运输部门，额外推出 400 座小型加氢站（目前为 100 座）可能需要投资 8.5 亿～ 10.0 亿欧元[1]。为实施《欧洲氢能战略》，欧盟委员会在 2020 年 7 月 8 日宣布成立"欧洲清洁氢联盟"，由相关产业领导者、民间机构、国家及地区能源官员和欧洲投资银行共同发起，由欧洲风能协会和欧洲光伏产业协会等欧洲可再生能源组织组成，想要建立一个高水平、跨学科的合作网络，旨在为氢能的大量生产提供投资，以满足欧盟国家对清洁氢能的需求，促进欧洲可再生能源产业发展。联盟将为政策制定提供具体建议，以扩大可再生氢市场。该联盟还呼吁企业进行研究和示范，同时加大投资力度，更快地将氢能新技术推向市场。随着清洁氢联盟的运营，欧盟将通过 100% 可再生电能制氢，确保欧洲在可再生氢领域的世界领先地位。三是欧盟所属各国也纷纷制定各自的《氢能战略》。①德国的《国家氢能战略》。2020 年，德国发布《国家氢能战略》，高度重视"绿色氢能源"，总投资 90 亿欧元，推出 38 项具体措施，涵盖氢的生产制造和应用等多个方面：在生产领域，致力于革新传统电解水制氢的生产方式。亥姆霍茨柏林研究中心太阳能燃料研究所正在开发可廉价生产的新型光合电极和催化剂，把电解槽和太阳电池结合起来，以此把太阳光直接用来分解水。在存储领域，研究氢的各种存储与运输可能性，如地下储氢、利用现有天然气存储设施储氢、固态储氢等。亥姆霍茨柏林研究中心利用粉状金属有效提高储氢效能，在室温和压力 10 ～ 50 巴的情况下实现储氢。目前，在研

---

[1] EUROPEAN COMMISSION.A hydrogen strategy for a climate-neutral urope ［EB/OL］.（2020-07-08）［2021-04-12］. https://eur-lex.europa.eu/legal-content/EN/TXT/?uri=CELEX:52020DC0301.

的紧凑型金属氢化物储氢器体积只有同类气罐的 1/10。在运输领域，除了利用德国发达的天然气管网传输氢气外，还根据氢可与不饱和有机化合物反应形成能量丰富液体的特点，正在开发有机液体氢化物储氢技术，使氢能像石油一样存储或运输。在应用领域，德国专注于改善氢燃料电池的效率、寿命和性能。此外，德国还从系统分析视角把氢技术整合入能源系统。弗劳恩霍夫算法和科学计算研究所成功开发软件，可以使电力公司能够分析和转移负载，并将存储设施集成到城市基础设施中，通过交叉能源管理提高效率。②法国的氢能相关战略。2003 年，法国确定采用可持续发展战略，重点关注核能安全性能、可替代能源的效能及调整所有清洁和节能工艺，氢作为能源媒介，在基础研究与技术应用研究方面均得到法国政府支持。2015 年，法国颁布《绿色增长能源转型法》，在该法律框架下出台了《国家低碳战略》，并于 2020 年发布修订版《国家低碳战略》，确定了氢能作为法国低碳能源的优先发展领域。2020 年 9 月，法国发布《绿色氢能战略》，提出到 2030 年投入 72 亿欧元推动氢能技术研发、产业化发展和创造就业，其中 2020—2022 年将投入 20 亿欧元，目标是到 2030 年建设可再生电解槽 6.5 GW，绿色氢能产量达到 60 万吨，减排 CO_2 超过 600 万吨。为此采取三大举措：支持研发创新和人才培养，到 2023 年投入 6.5 亿欧元，由法国科研署启动"氢能应用"优先研究基金会，支持氢能电池、储氢、电解槽等关键技术研发；预计投入 15 亿欧元加速氢能产业化发展，支持电解槽规模化以降低生产成本，加强与欧盟合作，推动设立欧洲共同利益重要项目（IPCEI），支持建设氢能超级工厂；发展氢能工业和氢能交通，推动氢能在金属冶炼等工业领域替代化石能源，研发特殊用途和长途公路货运等氢能重型车辆、氢能船舶、氢能飞机。2021 年，法国成立国家氢能委员会，旨在成为氢能发展的全球领军者：法国政府计划 2022 年投资 20 亿欧元、到 2030 年投资 70 亿欧元以推动氢能生产与应用；法国两大能源巨头道达尔和恩吉公司宣布合作投资建设法国最大的绿色制氢项目 Mssshylia，预计 2024 年投产运营，实现日产绿氢 5 万吨[①]。③西班牙的氢能战略。2020 年 10 月 7 日，欧盟动态（Euractiv）报道，10 月 6 日，西班牙发布《氢能战略》，提出了一项促进清洁氢气生产的计划，旨在建设足够的基础设施，使其在欧洲氢市场上扮演重要角色。氢被视为实现国际碳排放目标的关键能源。西班牙希望凭借其发达的天然气储存和运输系统，以及充足的阳光和多风的山坡，使其成为可再生能源发电厂的首选地点，最终将有助于其生产足够的燃料并进行出口。西班牙估计，2021—2030 年西班牙"氢动力计划"将耗资 89 亿欧元。预计这些资金大部分来自私营部门，但政府可能会支持创造就业机会的项目。西班牙能源与环境部发表声明称，西班牙的目标是到 2030 年安装电解槽 4 GW，以将水分解为氢气和氧气，这是欧盟 40 GW 目标的 1/10。同时，计划在 2024 年之前以 300 ~ 600 MW 的功率运行。西班牙每年工业消耗化石氢近 50 万吨，该计划用可再生能源替代化石氢的 1/4，

① 中华人民共和国科学技术部 .2022 国际科学技术发展报告［R］.北京：科学技术文献出版社，2022：66.

并在西班牙的公路和铁路上投入数千辆氢动力汽车。

第三，欧洲出台了一系列支持氢能发展的计划与政策，鼓励和支持氢能技术的发展。一是燃料电池与氢能联合行动计划。2008 年，欧盟出台了燃料电池与氢能联合行动计划项目，明确提出 2009—2013 年投入 9400 万欧元，用于支持氢能和燃料电池相关技术的研究与发展。2011 年，欧盟又投入 5300 万欧元支持"H₂movesScandinavia"项目，该项目旨在提高车用氢技术和燃料电池制造技术。2013 年，欧盟启动了"Horizon2020 计划"，拟投入 22 亿欧元用于氢能和燃料电池产业，另外，欧盟为了使已经建有加氢站的成员国之间实现互通，投资 1230 万欧元，建设 77 座加氢站，来实现氢能在欧盟内部的互通。二是燃料电池与氢能技术联合研究计划。2017 年，欧洲能源研究联盟（EERA）启动，该联盟是由超过 250 家公共科研机构及高校组成的欧洲最大的低碳能源研究非营利性协会，作为欧洲发展氢能的另一重要推力，2019 年 6 月，EERA 发布第 4 版"燃料电池与氢能技术联合研究计划（2018—2030 年）"，该计划更新了欧盟 2030 年以前实现氢能大规模部署及商业化的目标及路线，主要涵盖电解质，催化剂与电极，电堆材料与设计，燃料电池系统，建模、验证与诊断，氢气生产与处理，氢气储存等 7 个技术领域，其总体目标是使 EERA 所属各单位的中长期科研目标与提升并保持欧洲燃料电池与氢能基础科学技术中长期竞争力的目标相一致，确保 EERA 所属各单位在以上领域保持中长期竞争力，提出了 7 个领域的研究重点和关键项目，同时明确了各领域实施优先级和预算，如表 4.4 所示。

表 4.4　EERA 提出的各子领域研发重点及预算情况

子领域计划	研发重点	项目数量 / 个	资助预算 / 万欧元
电解质	燃料电池和电解质隔膜输送过程研究	4	2400
	电解质材料降解过程及其减缓方法研究	5	4600
	新型膜材料和薄膜电解质沉积方法	6	4200
	膜电极界面电解质研究	2	1000
	实际工况下膜电极组件电解质的性能和耐久性验证	4	1800
催化剂与电极	燃料电池和电解槽电化学过程与材料基础研究	5	3600
	电极、催化剂和载体的设计与开发策略	8	6500
	催化剂性能提升	3	3200
	材料集成、电极设计与制造	3	5200
电堆材料与设计	连接件和双极板	8	4400
	接触和气体分布研究	5	2200
	电堆密封性	10	3400
	传感器新型设计	3	1400
	电堆与 BOP 新型设计	7	3200

续表

子领域计划	研发重点	项目数量/个	资助预算/万欧元
燃料电池系统	系统组件材料开发	7	1800
	组件/功能开发	3	1500
	固体氧化物燃料电池系统开发	4	1500
	燃料电池和电解槽传感器及诊断工具	2	1000
	系统控制	2	1400
建模、验证与诊断	燃料电池组件建模	4	1000
	燃料电池单元、双极板建模及实验验证	4	900
	燃料电池电堆建模	2	800
	系统建模与控制	5	1400
	开发表征工具	4	1100
氢气生产与处理	生物质/生物废物制氢	4	2000
	藻类制氢	3	3600
	水热解制氢	1	600
	更高效的光催化制氢	6	1600
	氢气压缩、液化和净化	4	1000
	其他制氢方法的安全、规范与标准	4	800
氢气储存	压缩储氢和液态储氢	4	600
	储氢材料	15	2400
	储氢系统	5	900
合计	—	156	73 000

由表4.4可见，EERA计划投入7.3亿欧元以支持156个重点研究项目。其中，燃料电池和氢能两个领域计划分别投入5.95亿欧元和1.35亿欧元，预算占比分别为81.5%和18.5%。燃料电池领域则重点关注"催化剂/电极"，经费占比近31.1%，目标是开发新一代的高活性、低成本和长寿命的催化剂/电极。

三是通过欧盟"可再生能源电力计划"支持氢能发展。2022年5月18日，欧盟委员会提出了"欧盟可再生能源电力（REPowerEU）计划"，旨在减少对俄罗斯化石燃料的依赖，快速推进绿色转型，从结构上改变欧洲能源系统。欧洲清洁能源迅速替代化石燃料是"REPowerEU计划"提出的4项关键行动之一。欧盟委员会建议在太阳能、清洁氢、生物甲烷等多领域制订行动计划，将可再生能源指令的目标从2021年的40%提高到2030年45%，可再生能源总发电能力达1236 GW。欧洲恢复和复原力基金（Recovery and Resilience Facility，RRF）是"REPowerEU计划"的核心，主要支持跨境的国家基础设施及绿色能源项目的投融资。根据"REPowerEU计划"，到2030年欧盟需要投资2860亿欧元，其中关键氢能设施投资 270 亿欧元[①]。2022 年 9 月 14 日，欧盟委员会主席乌苏拉·冯德莱恩（Ursula von der Leyen）在第三次发表国情咨文时宣布："氢气可以改变欧洲的游戏规则。我们需要将氢能源经济从小众转向规模化。通过'REPowerEU 计划'，我们将 2030 年的目标提高了一倍，即每年在欧盟生产可再生氢气 1000 万吨。为了实现这一目标，我们必须创造一个氢气市场，以弥补投资缺口，连接未来的氢气供需。"因此，欧盟委员会计划创建一个新的欧洲氢能银行（European Hydrogen Bank），投资 30 亿欧元建立一个未来的氢市场，将帮助保证氢气的购买，为未来经济发展提供动力。

四是欧盟支持各国的研究计划。2020 年 10 月，欧盟研究与创新基金向挪威试点项目拨款 800 万欧元，支持研发一艘以零排放氢气为动力的原型船托皮卡氢气船（Topeka），该船使用 1000 kW·h 的电池和一个特殊的氢燃料电池，使其驶往挪威沿海水域去运送货物并向地区供应氢气。2021 年 7 月，德国最大的炼油厂拥有欧洲同类工厂中由壳牌和欧盟共同建造的最大电解槽 Refhyne 项目。壳牌计划到 2024 年前建造欧洲最大的氢生产技术应用项目，比现在的电解槽大 10 倍，目的是为德国工业提供绿色氢，能够应对能源供应的波动，使其适用于来自风能和太阳能的可变可再生电力。该工厂首先对炼油过程进行脱碳，然后帮助平衡电网。该项目由欧盟资助的燃料电池和氢联合企业负责指导。该联合企业由欧盟委员会、欧洲氢能工业组织和欧洲氢能研究所（Hydrogen Europe Research）组成，并提供 1000 万欧元，相当于该项目资金的 50%。如果有足够的可再生电力，电解槽将以 10 MW 的容量每年生产绿氢约 1300 吨。2021 年初，德国柏林启动了 H2Global 计划，旨在通过支持开发欧盟以外未开发的可再生资源，满足欧盟对可再生氢的需求，预计未来几年该需求将显著增加。2021 年 12 月，欧盟委员会根据欧盟国家援助规则批准了一项 9 亿欧元的德国计划，涵盖约 500 MW 的电解槽项目，补贴支持非欧盟国家可再生氢的生产，然后这些氢将供欧盟其他国家进口和销售。该计划有助于欧盟的环境目标，符合欧洲绿色协议，不会过度扭曲单一市场的竞争。因为德国无法在其境内从可再生能源中生产足够多的低成本绿氢，所以，德国已与加拿大、智利、日本、摩洛哥、沙特阿拉伯、阿拉伯联合酋长国签署合作协议，打造绿氢合作伙伴关系。

五是欧盟成员国实施一系列计划以支持氢能研发。2019 年 7 月，德国计划每年投资 1 亿欧元用于氢技术的研究，这可能是未来德国的下一个顶级支出和最大业务。德国尝试研究如何在大型实验室中使用氢，如在热力市场、运输部门和工业部门中将氢能作为大规模应用的能源载体，到 2020 年取得初步成果。德国希望成为氢能技术发展的全球领导者，未来当欧盟成员国以越来越快的速度脱碳时，氢能技术将成为德国下一个最大的出口技术——它可能是一项 10 亿美元的业务。2020 年 1 月，德国举行专门的海上风电招标，推动以工业规模生产绿色氢气。德国能源部在一份 21 页的文件草案中提出了 34 项措施，其

---

① European Commission.REPowerEU: a plan to rapidly reduce dependence on Russian fossil fuels and fast forward the green transition［EB/OL］.（2022-05-18）［2022-05-20］.https://ec.europa.eu /commission/presscorner/detail/en/IP_22_3131.

中包括设立海上专属制氢区域，强调将指定可用于海上风电生产氢气的区域、必要的基础设施及为生产可再生能源而进行额外招标。氢能战略的提案包括数十亿欧元的支持，并强调德国需要建立强大的国内绿氢市场，才能成为氢能技术的世界领导者。该提案指出，欧洲联盟，特别是北海地区，在地理位置上适合风力发电，并且可实现盈利，具有生产绿氢的巨大潜力。该提案还指出，部分氢供应来自非欧盟国家，这些地区可以以非常低廉的价格大规模生产可再生能源。对于氢气的国内供应，草案中建议德国增加利用可再生能源生产氢气的电解能力达 3 ～ 5 GW，目标是到 2030 年，德国能满足其无碳氢气需求约 20%。2020 年 5 月，德国天然气管道运营商提出了一项计划，建立一个 746 英里（约 1200 千米）的氢气传输管网，将氢气输送到全国各地，这将是全球最大规模的氢气传输管道。这座耗资 6.6 亿欧元（合 7.158 亿美元）的氢管网被称为"H₂ StartNetz2030"，它将把北莱茵-威斯特法伦州和下萨克森州的消费中心与德国北部的 31 个用于制氢的绿色天然气项目连接起来，并且还与德国南部相接。H₂ StartNetz2030 的长度超过 1200 千米，是将国家氢管网愿景变为现实的第一步。在现有天然气网络的基础上，德国将出现一个全新的能源网络，这将使钢铁或化工等行业有可能成为气候中性的行业。2020 年 8 月，德国批准了 Westkuste 100 可再生氢项目，旨在利用海上风能生产绿色氢气，并利用过程中产生的废热和氧气。该项目是德国首例，获得了 8900 万欧元的融资支持，并得到能源部批准的 3000 万欧元。该项目计划将绿氢用于生产燃料，并接入天然气管网。最新的批准资金推动项目第一阶段工作的实施，计划运行 5 年。作为初始阶段的一部分，一家新成立的合资企业 H₂ Westkuster 将建造一个 30 MW 的电解槽，该电解槽将利用海上风能产生绿色氢气，它将提供有关设备的操作、维护、控制和电网兼容性的信息。该项目下一阶段的目标是由海上风电场发电，将发电量扩大到 700 MW。2020 年 11 月，意大利和德国的铁路运营商转向氢能，德国铁路公司（Deutsche Bahn）与西门子（Siemens）合作，以使火车网络更加环保。意大利第二大火车区域运营商 Ferrovie Nord Milano 已从法国制造商阿尔斯通（Alstom）订购了 6 辆氢燃料火车，总投资额超过 1.6 亿欧元。由于将于 2023 年投入使用，这些列车将代替布雷西亚（Brescia）和伊塞奥（Iseo）之间 100 千米长线路上的柴油机车，该线路尚未电气化。火车将由阿尔斯通（Alstom）在意大利建造。Ferrovie Nord Milano 打算在应于 2023 年建成的加油站使用蒸汽甲烷重整制得的氢气和连接的碳捕集系统（所谓的"蓝氢"）为火车加氢。最终计划仍在审查中。2020 年 12 月，德国联邦经济事务与能源部部长彼得·阿尔特迈尔（Peter Altmaier）向西门子能源（Siemens Energy）首席执行官克里斯蒂安·布鲁赫（Christian Bruch）递交了一份批准通知书，批准为智利一个绿色氢项目提供资金 823 万欧元，这使得"哈鲁-奥尼"（Haru-Oni）PtX 项目成为国家氢能战略下第一个从刺激计划中获得了与氢气相关项目的资金。2021 年 2 月，德国能源供应商 EWE 希望在 1000 米深处建立一个容量为 500 立方米的试验洞穴，随后该公司与德国航空航天中心（DLR）合作，已经开始在柏林附近的吕德斯多夫建造储氢洞穴，于 2022

年春季投入使用。DLR 网络能源系统研究所将对储存期间和从洞穴中提取出来的氢气质量进行检测。

六是欧盟范围内的企业支持氢能研发。2020 年 7 月，欧洲航空航天巨头——空中客车公司认为，氢能是使航空旅行脱碳的最有前途的技术之一，并希望将其作为在 2035 年之前推出的零排放飞机计划的一部分。2020 年 7 月 17 日，来自 9 个欧盟成员国的 11 家欧洲天然气基础设施公司提出了一项计划，到 2040 年建立一个专用的氢气管道网络，该网络将近 23 000 千米，并与天然气管网并行使用。传输系统运营商 Enagás、Energinet，比利时的 Fluxys、Gasunie、GRTgaz、NET4GAS、OGE、ONTRAS、Snam、Swedegas（Nordion Energi）、Teréga 和咨询公司 Guidehouse 共同制定的远景报告中介绍了"欧洲氢主干管网"。拟议的网络将贯穿德国、法国、意大利、西班牙、荷兰、比利时、捷克、丹麦、瑞典和瑞士。"欧洲氢主干管网"将连接欧洲未来的氢气供需中心，如产业集群、碳捕集和封存地点及大规模可再生电力生产基地，包括北海的海上风电场和欧洲南部的太阳能发电厂。2021 年 7 月，智利矿业和能源部部长胡安·卡洛斯·乔贝特与德国联邦经济和能源部部长彼得·阿尔特迈尔（Peter Altmaier）在智利总统皮涅拉和德国总理默克尔会谈的框架内就加强在绿氢问题上的合作签署一项联合声明。声明称，两部委同意在现有的 2019 年智利 – 德国能源伙伴关系内成立一个绿氢工作组，目的是促进国外供应链的发展，分享安全法规和程序方面的知识与经验。工作组将设法查明投资和公司联盟的机会、可行的项目并促进研究与发展，并将在 12 个月后确保评估工作的连续性。德国政府通过寻求与智利等绿氢出口国建立安全伙伴关系，以实现国内目标。2021 年 7 月，在获得荷兰政府 360 万欧元的补贴后，英国独立石油生产商海王星能源公司（Neptune Energy）推进在运营的石油或天然气平台上建造世界上第一个海上绿氢项目的计划。该公司将在其位于北海、距离荷兰海岸 13 千米的 Q13a–A 平台上主持 PosHYdon 项目，该项目投资 1000 万欧元，将由海上风电提供动力，旨在验证海上风能、天然气和氢气的整合。该公司的目标是在 2～3 年内开始生产氢气。360 万欧元的补贴由荷兰企业局根据其示范能源和气候创新计划提供，用于可再生能源开发。2021 年 12 月，全球能源巨头 Engie 的工程部门 Tractebel 公布了世界上第一个利用地下盐穴进行大规模海上氢加工和储存的计划。其储存海上风力产生的氢气（H_2）的概念是，在绿氢被抽回海岸之前，利用这些洞穴储存绿氢，有助于使供应与生产和需求峰值保持一致，并在海上建立"氢中心"。该项目团队表示，假设海上风能为 2 GW，其设计包括压力在高达 180 巴（bar）下处理盐层中的 H_2 的储存和压缩机平台，并且其规模可以上下扩展以满足特定项目的需求。

第四，通过欧盟绿色创新基金支持氢能产业化发展。欧盟绿色创新基金作为欧盟应对气候变化一揽子计划（"适合减排 55%"计划）的一部分，是欧盟绿色新政的重要举措之一。欧盟绿色创新基金 2020—2030 年将提供约 380 亿欧元，支持欧洲创新企业开发推动绿色转型所需的氢能、可再生能源、碳捕获和储存及储能等突破性技术，加快创新低碳技术的商业示范，为市场带来欧洲脱碳工业解决方案并支持其向气候中和转型。欧盟绿色创新基金形成持续支持大型产业化示范项目的动态机制，涉及的领域与国家不断拓展，支持力度不断加大，加快欧盟能源绿色转型。2022 年 4 月，第 1 轮欧盟绿色创新基金投资 11 亿欧元，资助氢能、碳捕获和储存及可再生能源等 7 个大规模项目，旨在运营的前 10 年减少超过 7600 万吨的 CO_2 当量，其中与氢能有关的项目包括氢冶炼、可持续氢和碳回收项目（SHARC）等；2022 年 7 月，第 2 轮欧盟绿色创新基金投资 18 亿欧元，资助来自法国、荷兰、德国、瑞典等 9 个国家的 17 个大型创新清洁技术项目，帮助将突破性技术推向能源密集型行业、氢能、可再生能源及其关键部件制造、碳捕获和储存及能源储存等领域，其中与氢能有关的项目包括荷兰氢，熔合、再利用、回收，碳 2 业务，以及启动工业和流动性绿氢价值链等 4 个项目，如表 4.5 所示。与第 1 轮相比，欧盟绿色创新基金第 2 轮资助资金增加了 7 亿欧元，支持项目数量增加了一倍多，将支持国家地理范围扩大到更多国家（包括东欧国家），并加快了申请和评估进程。第 3 轮资助征集于 2023 年底开展，资助资金达 30 亿欧元，支持欧盟不再依赖俄罗斯的化石燃料，快速推进绿色转型。

表 4.5 欧盟绿色创新基金第 1、第 2 轮与氢能有关的大型项目

轮次	项目名称	申报行业	地点	项目描述
1	氢突破炼铁技术示范项目（Hybritt 示范）	钢铁	瑞典	该项目位于瑞典的 Oxelösund 和 Gällivare，将用绿氢生产和使用等气候中性技术取代化石能源技术，旨在彻底改变欧洲钢铁工业。该项目在运营的前 10 年内有可能避免排放 CO_2 1430 万吨。此外，它将使用与钢铁生产部门的主要气候效益相关的技术
1	可持续氢和碳回收项目（SHARC）	氢与碳捕获	芬兰	该项目位于芬兰波沃炼油厂，将减少温室气体排放，从化石燃料制氢转向可再生氢生产（通过引入电解）和应用碳捕获技术的氢生产。在运营的前 10 年，SHARC 将避免 CO_2 排放超过 400 万吨
2	荷兰氢（HH）	氢	荷兰	荷兰氢气公司将促进绿色氢气的生产、分销和使用。该项目将使用荷兰海上风电以提供 400 MW 电解槽（2025 年前为 200 MW，2027 年前为 400 MW）。生产的氢气将通过一条新的高容量"开放式"40 千米管道供应给佩尼斯炼油厂，以替代道路燃料生产中的化石衍生氢气。氢气还将用于为比利时和荷兰的重型卡车加油。关键创新：系统规模的突破；研发新型高电流密度电解槽技术；关于签订和运营间歇氢气供应的开放式管道的协议；开发炼油厂的新型控制系统，具有间歇氢气供应和使用副产品氧气等特性
2	熔合、再利用、回收（FUREC）	氢	荷兰	FUREC 将处理不可回收的固体废物流，并将其主要转化为氢气。该工艺将首先部署在荷兰格林的切梅洛特，这是一个主要的化学品集群，具有良好的废物收集物流能力，并具有未来 CO_2 利用和储存的潜力。该项目的产能每年生产氢气 5.4 万 t，在 10 年的项目期间，与当前灰氢生产工艺相比，避免了超过 360 万 tCO_2 当量的排放

续表

轮次	项目名称	申报行业	地点	项目描述
2	碳2业务（C2B）	水泥和石灰	德国	项目将在德国Lägerdorf水泥厂部署第二代氧燃料碳捕获工艺，每年捕获100多万吨CO_2，并将其作为进一步加工成合成甲醇的原料。 捕获技术将用纯氧代替燃烧空气，产生富含CO_2的烟气，在随后的碳处理装置中对其进行干燥、加压和净化。第二代氧燃料技术可以完全消除气体再循环的需要。为了利用CO_2和供应O_2，氢燃料水泥厂将并入HySCALE100项目（德国预先选定的IPCEI氢气项目，IPCEI项目编号为35），该项目将在该地区修建一台500 MW（第一阶段）和2 GW（放大）电解槽及一座大型甲醇合成厂及甲醇制烯烃路线
	启动工业和流动性绿氢价值链：高度集成、灵活的大型200 MW水电解槽制绿氢和氧（ELYgator）	氢	荷兰	位于荷兰特涅岑的ELYgator 200 MW电解项目将每年生产可再生氢15 500吨。该项目的目标是展示一种创新的、高度灵活的大型电解槽，完全采用可再生能源，并完全融入跨境工业盆地。灵活的电解槽调度将遵循风能和太阳能发电规律。因此，当生产更多电力时，工厂将使用更多电力。这可以防止电网拥塞，有助于电网稳定，为电网中利用更多的可再生能源铺平道路。生产的可再生氢符合法规要求，将在供应链上完全可追溯，燃料电池可随时供应工业和交通领域的难减排行业

第五，与欧盟或国际组织加强合作，以支持氢能产业化发展。2022年2月23日，欧盟委员会提出建立10个新的欧洲伙伴关系提案，并为绿色和数字转型投资近100亿美元。其中，清洁氢伙伴关系（Clean Hydrogen Partnership）以欧洲燃料电池和氢能联合组织（FCH JU）项目为基础，加快开发和部署欧洲清洁氢技术产业链，并将专注于生产、运输和储存清洁氢，为重工业和重型运输工业降低碳排放而努力。2022年2月28日，欧洲清洁氢伙伴关系宣布投资3.005亿欧元启动首次氢能项目征集活动，共41个氢能项目入选，包括10个可再生氢生产项目、11个氢储运项目、8个交通运输项目、4个热电项目、5个交叉项目、2个"氢谷"（Hydrogen Valleys）建设项目及1个"战略研究挑战"项目。2022年3月10日，澳大利亚可再生能源署（ARENA）启动了德国－澳大利亚氢创新和技术孵化器（HyGATE）的第一轮融资。HyGATE将资助世界的创新试点、试验和示范项目。成功的项目可以通过技术创新、降低成本、跨国合作和知识共享、价格透明等方式支持可再生氢技术的发展。HyGATE资金将支持澳大利亚与德国工业和研究合作伙伴合作的项目。HyGATE项目是2021年德国、澳大利亚政府签署氢能协议达成的3项重要举措之一，是一项联合资助计划，旨在帮助降低氢技术的成本，澳大利亚出资5000万美元、德国出资5000万欧元 [①]。2022年9月15日，国际可再生能源署（IRENA）报道，德国于

---

① DCCEEW.Funding available for collaborative german australian renewable hydrogen projects［EB/OL］.（2022–03–10）［2022–04–02］.https://www.dcceew.gov.au/about/news/funding–available–for–collaborative–german–australian–renewable–hydrogen–projects.

2022 年担任七国集团（G7）轮值主席国，为期 12 个月。G7 议程的一个重要部分是确定低碳和可再生氢及其衍生物（如氨和电子燃料）在难以实现电气化的脱碳行业中的作用。作为回应，G7 发起了氢行动公约（HAP），以加强 G7 成员之间在发展绿色和低碳氢价值链方面的合作。IRENA 正在协助 G7 轮值主席国确定 HAP 的范围，并协助加强 G7 成员之间的合作，通过 G7 成员国的氢外交、需求创造、产业政策、标准和创新及全球氢认证和相关标准的分析，加速氢的部署和氢衍生物价值链的发展，重点是氢贸易。这是第三次 G7 HAP 研讨会。在研讨会上，IRENA 展示了分析结果和 G7 审查的建议。该研讨会是第一次展示分析结果和建议的会议，是制定 G7 HAP 范围的重要一步。

综上所述，欧盟发布实施与氢能相关的法律法规、战略规划及一系列计划，支持氢能技术研发与产业化发展，力争在全球未来氢能发展中占有一席之地。

（4）英国的氢能技术部署

英国非常重视氢能技术，从法律法规、战略与计划政策等方面支持氢能发展。

第一，英国发布、修订与实施《气候变化法》，为未来 30 年内英国经济全领域的绿色工业革命赋予了最具约束力的立法保障，并保持目标的长期稳健性。自 2008 年英国《气候变化法》出台以来开始实施碳预算制度，到 2019 年碳排放已经比 1990 年减少了 41%。根据 2020 年 9 月提高的自主贡献目标，英国将于 2030 年减排至少 68%。同时，英国政府已根据 2050 年碳中和目标调整了碳预算力度，于 2020 年推出了第六次全国碳预算，计划在 2035 年前将碳排放减少 78%。英国通过修改法案成为首个将碳中和纳入法律的欧洲国家。2019 年，英国政府根据《巴黎协定》提升减排力度，将 2008 年《气候变化法》原定的"2050 年较 1990 年水平减少 80%"目标，提高到"2050 年实现净零排放"，同时要求定期进行气候变化风险评估。这为氢能等绿色能源的发展提供了良好的法律法规保障。

第二，英国制定了氢能相关的战略，提出技术路线图，支持氢能发展。2021 年 2 月，由英国商业、能源与清洁增长部部长和核工业协会（NIA）主席共同主持的核工业委员会（NIC）发布了《氢能路线图》，到 2050 年核能将满足英国清洁氢需求的 1/3。根据英国气候变化委员会估计，到 2050 年，英国需要产生 4 倍的清洁能源及 225 TW·h 的低碳氢才能完成脱碳。《氢能路线图》提出了到 2050 年氢能将占英国清洁能源的 40%。据估计，到 2050 年，所有类型的 12 ～ 13 GW 核反应堆都可以利用电解、利用余热的蒸汽电解和热化学水分解来生产绿氢，产能将达 75 TW·h。最常见方法是蒸汽甲烷重整，成本低，但每 1 kg 氢气释放 10 kg CO_2。2021 年 8 月 17 日，英国商业、能源和工业战略部（Department of Business，Energy & Industrial Strategy）发布《英国氢能战略》。该战略明确了 2020—2030 年英国推动氢能发展的举措，预期到 2030 年氢能生产规模达到 5 GW、经济产值达到 9 亿英镑，这将有利于推动英国实现第六次碳预算和净零排放的承诺。该战略主要内容包括如下 5 个部分：第 1 部分阐述低碳氢的情况，简要概述了低碳氢的生产和使用现

状，解释了其在实现净零排放方面的潜在作用。解释了在满足碳预算的情况下，如何实现
2030 年的减排目标，以及实现就业和经济增长。之后阐述了战略框架，包括 2030 年的愿
景、指导行动的原则、要克服的挑战及 2030 年的关键成果。最后概述了权力下放国家在
英国氢燃料发展史中的重要作用，以及政府如何与权力下放政府密切合作，帮助氢燃料为
减排做出贡献，并在英国各地带来经济利益。第 2 部分为战略的核心，阐述了发展英国氢
经济的全系统方法。以 2020 年路线图开始，该路线图阐述了与工业界的合作共识，即氢
经济在未来 10 年将如何发展，以及需要采取什么措施来实施。之后依次考虑了氢价值链
的各个部分——从生产到网络和存储，再到在工业、电力、建筑和运输中的使用——概述
了将采取的行动，以实现 2030 年的目标，并将氢定位为进一步扩大碳预算和净零的途径。
最后，它考虑了英国将如何在 2030 年前发展一个繁荣的氢市场——包括建立支撑氢市场
的监管框架及确保其与能源系统的协调，以及提高认识并确保潜在氢用户购买。第 3 部分
解释了如何努力确保英国各地抓住来自蓬勃发展的氢经济的机遇——从其他低碳技术的发
展中学习，并从一开始就将其纳入他们的方法中。它阐述了英国各地将如何做：在整个氢
价值链上建立世界级、可持续的供应链；创造高质量的就业机会和高技能行业，以推动区
域增长，确保他们在适当的时间、适当的地点拥有适当的技能；最大限度地发挥他们的研
究和创新优势，以加快成本降低和技术部署，并利用英国世界领先的专业知识创造一个有
吸引力的环境，确保英国项目的正确投资，同时最大限度地利用低碳氢能经济带来的未来
出口机会。第 4 部分在此基础上展示了英国如何与其他领先的氢能国家合作，推动低碳氢
能开发的全球领导地位，以支持世界向零排放转型。它阐述了英国在推动氢能创新和政策
多边合作的许多关键机构中的积极作用，以及英国积极寻求与关键合作伙伴国家进一步合
作的机会，以努力促进繁荣的国内、区域和最终的国际发展的氢市场。第 5 部分总结了该
战略，阐述了如何跟踪进展，以确保按照第 1 部分中规定的原则和结果及第 2 部分中的路
线图发展英国氢经济。本部分解释了他们的方法——将如何灵活、透明、高效、前瞻性地
监控进展——并列出他们将用于跟踪的指标及他们如何根据结果提交的潜在指标。这将有
助于确保他们能够实现 2030 年的目标，实现低碳氢能经济的愿景，推动实现碳预算六和
净零排放目标，同时充分利用氢能为英国带来的机遇。2022 年 4 月 7 日，英国发布实施
《英国能源安全战略》，其中正在推动实施《绿色工业革命十点计划》，将创造绿色就业机
会 68 000 个和私人投资 220 亿英镑。绿色工业革命十点计划中的驱动低碳氢的增长计划
方面包括以下内容：一是向 ITM 的 Gigastack 项目授予 750 万英镑，该项目是市场的先行
者，随着时间的推移，有可能创造工作岗位多达 2000 个；二是准备投入 1 亿英镑支持初
始电解项目；三是 2022 年 4 月底推出净零氢基金 2.4 亿英镑；四是制定了氢商业模式合
同的指示性条款指南 [①]。2022 年 4 月 8 日，英国商业、能源和工业战略部发布《氢能投资

---

① BEIS.British energy security strategy［EB/OL］.［2022-07-27］. https://assets.publishing.service.gov.uk/government/uploads/
system/uploads/attachment_data/file/1069969/ british-energy-security-strategy-web-accessible.pdf.

者路线图：引领净零》(*Hydrogen Investor Roadmap: Leading the Way to Net Zero*)。该路线图作为英国《绿色工业革命十点计划》的一部分，总结了政府支持蓬勃发展的英国低碳氢经济发展的政策，突出了从生产、传输和储存到潜在的最终用途（包括电力、运输和供暖）氢价值链的投资机会。2035 年，英国在氢经济方面拟实施的实质性计划包括：2022 年启动净零氢基金，颁布低碳氢标准。2023 年，启动第二波净零氢基金并在试验社区利用 100% 氢气供热。2024 年，完成运输和仓储业务模式设计。2025 年，将调动私人投资超过 90 亿英镑，支持建设或投入运营的低碳氢生产能力达 2 GW。2030 年，支持工作岗位超过 12 000 个，确保英国拥有可靠、安全的能源，同时继续朝着《气候变化法》中规定的目标前进。2030 年，将低碳氢产能提高一倍，达到 10 GW，其中至少一半来自电解氢①。

　　第三，英国实施《绿色工业革命十点计划》等支持氢能研发部署。2020 年 5 月 22 日，英国政府宣布了一项 4000 万英镑的"清洁发展基金计划"，支持低碳电力、废物回收、运输和建筑领域的初创公司。该基金向英国初创企业提供包括电力、建筑物的废物管理、供暖和运输等领域低碳及可持续解决方案，支持英国实现 2050 年"净零排放目标"，2020 年，政府正在寻求更广泛的私营部门投资。预计到 2021 年秋季，这笔资金可能达到 1 亿英镑。该基金将由清洁发展投资管理有限公司管理。2020 年 11 月 18 日，英国首相鲍里斯·约翰逊发布了《绿色工业革命十点计划》，宣布新投资 120 亿英镑用于推进海上风电，推动低碳氢增长，提供新的和先进的核电，加速向零排放汽车转变，支持绿色公共交通、自行车和步行，建造零碳飞机和绿色船只，建设更环保的建筑，投资碳捕获、利用和储存，保护自然环境及绿色金融与创新等 10 个领域。其中，英国已拨出高达 5 亿英镑用于发展氢能经济。政府与工业界合作设立净零氢能基金，提供资金 2.4 亿英镑，争取在 2030 年之前将低碳氢的产量提高到 5 GW，将其用于工业、交通、电力和家庭供暖。政府还计划在家庭取暖和烹饪方面尝试使用氢气，计划在 2023 年建成英国第一个"氢社区(Hydrogen Neighbourhood)"，在 2025 年建成"氢村(Hydrogen Village)"，并在 2030 年建成第一座"氢镇(Hydrogen Town)"。这些举措受到了业界的广泛欢迎，认为氢在净零转型中起着至关重要的作用。2021 年 3 月 30 日，英国商业、能源和工业战略部(BEIS)投资部部长格里姆斯通(Gerry Grimstone)宣布，将对电池技术、电动汽车供应链和氢能汽车进行开创性研究，并提供政府资助超过 3000 万英镑。22 项研究获得资金 940 万英镑，包括在康沃尔郡(Cornwall)建造一座工厂的提议，该工厂将生产用于电动汽车电池的锂；在柴郡(Cheshire)建造一座专门用于生产电动汽车发动机磁铁的工厂；以及提议在拉夫伯勒为汽车和货车建造轻量储氢装置。2021 年 5 月 24 日，英国 BEIS 报道，英国政府为履行《绿色工业革命十点计划》中提出的承诺，将投入 6000 万英镑用于支持英国低碳氢的发展，并确定和扩大更有效的解决方案，以利用电力从水中制取清洁氢。这将推动英国

① GOV.UK.Hydrogen investor roadmap: leading the way to net zero［EB/OL］.（2022-04-08）［2022-04-16］. https://www.gov.uk/government/publications/hydrogen-investor-roadmap-leading-the-way-to-net-zero.

的关键行业使用低碳氢，包括从火车、轮船等运输工具使用氢气作为燃料到英国工厂和家庭中的供暖系统使用氢气供暖。这项资金将有助于创造《绿色工业革命十点计划》中规定的氢工作岗位 8000 个，帮助英国走在未来绿色技术的前列，同时支持英国工业降低成本、保持竞争力和保护就业机会。它们提高了能源效率，加快向绿色经济转型，到 2035 年英国排放量将比 1990 年减少 78%，到 2050 年实现净零排放。2022 年 1 月，英国 BEIS 启动一项计划，支持开发利用可持续生物质和废物生产氢气的技术，通过 BECCS（具有碳捕获和储存的生物能源）过程产生氢气。该计划的第一阶段将向原料预处理、气化组件和新型生物氢技术等 3 个类别的项目提供政府资金 500 万英镑，以验证其创新的可行性。最有前途的项目能够在第二阶段获得更多资金支持。

第四，英国支持企业投资氢能技术研发，推动氢能产业发展。2021 年 8 月，英国石油公司宣布，Teesside（H₂Teesside）的清洁氢设施将于 2030 年完工。Teesside 项目计划生产蓝氢高达 1 GW，占英国氢气目标的 20%，这个蓝氢生产设施将成为英国最大的氢气生产设施。H₂Teesside 将使该地区成为英国的第一个氢运输枢纽，每年捕获并储存 CO₂ 200 万吨，相当于捕捉 100 万户英国家庭取暖所产生的排放。一旦在 2030 年完成，工业氢集群将在 Teesside 创造就业机会，同时也能推动该地区的工业脱碳。

第五，支持国际合作以推动氢能发展。2021 年 11 月，英国国家核实验室（NNL）与挪威的保证和风险管理供应商 DNV 进行合作，探索是否有可能将先进的核技术制取的氢气使用英国天然气网络进行输送。此次合作将使核能和天然气部门更深入地了解优先事项，评估监管、安全、选址和经济等方面的障碍并提出下一步措施。来自核电和天然气行业的组织将通过两家公司各自的网络参与其中，这将有助于汇集几十年的经验。核能制取氢气与天然气网络的合作将提供更深入的证据，以支持政府的关键政策决定：即将于 2026 年做出的关于氢气在建筑物和供暖中的作用的决定。该计划是先进核技能与创新园区（ANSIC）试点项目的一部分，位于斯普林菲尔德核许可站点的 NNL 普雷斯顿实验室，由 BEIS 资助，以促进先进核技术（ANTs）的学术研究和工业创新。

第六，英国通过制定氢能相关标准，引领氢能发展方向。2022 年 5 月 23 日，英国 BEIS 更新了《英国低碳氢标：温室气体和可持续性标准指南》（*UK Low Carbon Hydrogen Standard: Guidance on the Greenhouse Gas Emissions and Sustainability Criteria*），旨在加快实施《英国氢能战略》和《能源安全战略》，加强国家的核安全、生物安全和网络安全，确保由英国政府支持的新的低碳氢生产为实现其温室气体减排目标做出贡献。低碳氢是指满足制氢的温室气体排放强度为 20 g CO₂e/MJLHV（每兆焦低热值制氢所产生的 CO₂ 当量克数）或更低。该标准详细规定了与制氢相关的排放量计算方法，指出生产商为证明其制氢符合要求而应采取的步骤：①生产的氢气必须是低碳氢。②计算截至"生产点"（Point of Production）的温室气体排放量，应考虑原料供应、能源供应、输入材料、流程、逃逸的非 CO₂、CCS 过程和基础设施、CO₂ 封存、压缩和净化等方面的排放量。③在排放量计算中，需要考虑满足理论最小压力 3 MPa 及理论最小纯度 99.9%（体积百分比）相关的排放量。④在排放量计算中包括与 CO_2 捕获、压缩、运输和储存相关的排放量：虽然一些相关基础设施可能位于生产点之外，但相关排放量是通过制氢产生的，在标准范围内应予以考虑。⑤电力使用说明。⑥制订逃逸氢排放的风险减缓计划，包括风险降低计划与风险计划。总之，该标准规定了电解制氢、天然气重整制氢（含碳捕获和储存）、生物质 / 废物转化制氢（有 / 无碳捕获和储存）等途径的具体标准。

（5）其他国家的氢能技术部署

下面主要介绍一下韩国、加拿大、澳大利亚等国家的氢能部署情况。

首先，韩国比较重视氢能技术研发的部署。2020 年 12 月，韩国政府制定《2050 碳中和推进战略》，推动韩国实现 2050 年碳中和目标。为进一步支持战略的有效实施，2021年 3 月，韩国政府制定了《碳中和研发战略》，提出准确认识绿氢、储能、先进核能、CCUS 等前沿技术对实现双碳目标的重要性，2021 年 9 月 14 日，韩国科学技术信息通信部发布《碳中和技术创新促进战略——十大核心技术开发方向》，提出氢能等十大核心技术为韩国实现碳中和技术创新的重要手段。加大氢能部署：一是氢气生产。开发具有更大生产能力的化石燃料制氢技术和水电解制氢技术，推动其实证和商业化，将绿氢生产单价从 2021 年的 13 000 韩元 / kg 降至 2030 年的 3500 韩元 / kg。二是氢气存储与运输。开发液化氢存储技术、化学法储氢技术和氢气高效运输技术，推动其商业化，到 2028 年将氢气提取效率从 2 Nm^3/h 增加到 1000 Nm^3/h。三是氢气发电。开发燃料电池分布式发电系统及氢气和氨气涡轮机，推动其商业化，将氢气发电单价从 2021 年的 250 韩元 /（kW·h）降低到 2030 年的 141 韩元 /（kW·h）[①]。2021 年 12 月，韩国产业通商资源部发布"2050碳中和能源技术路线图"，确定了清洁燃料、燃料电池、太阳能、绿氢等 13 个大领域 197项核心技术研发方案，推进电用氢涡轮技术等研发。

其次，加拿大从国家到地方均制定了氢能战略，支持氢能发展。从国家层面看，2020年 12 月 17 日，加拿大政府发布《联邦氢能国家战略》，旨在使加拿大成为全球前三氢生产国，并为实现这一目标制定了许多行业和产业具体目标。加拿大在氢能方面具有六大优势：一是具有低碳能源、化石燃料、CO_2 储存能力、生物质供应和淡水资源等原料；二是具有氢燃料电池及碳捕获、利用和储存等创新产业优势；三是有能力规模化应用氢，通过政府、工业界和学术界扩大氢能国际合作；四是靠近出口市场，具备向美国、亚洲和欧洲运输的能力；五是加拿大被确定为十大氢生产国；六是加拿大希望跻身全球三大氢生产国之列。加拿大《氢能国家战略》详细阐述了氢的生产、分配、储存和最终用途，制定了近期目标（2020—2025 年）、中期目标（2025—2030 年）和长期目标（2030—2050 年），

① 张丽娟，陈奕彤. 韩国确定碳中和十大核心技术开发方向［J］. 科技中国，2022（3）：98-100.

3个阶段的氢气产量将分别达到300万吨/年、400万吨/年和2000万吨/年；氢气提供的总能量占比将分别达到1.6%、6.2%和30%；在温室气体减排方面，到2030年，通过氢气使得温室气体减排量达到4500万吨，而2060年将达到1.9亿吨。2020—2025年，加拿大通过一系列举措为"氢经济"奠定基础，包括开发全新的和氢气供应与分配相关的基础设施；大力推动氢能产业创新投资；引进"碳定价"制度，完善相应监管制度。2025—2030年，加拿大实现氢能产业多样化发展，具体举措包括：将氢燃料电池应用至汽车领域，使氢燃料电池汽车进入快速应用阶段；将氢气和天然气混合后应用于工业、建筑和化工生产领域，并进行商业化试点；将氢能并入电网，作为一种可持续的能源载体，助力能源系统实现碳中和。2030—2050年，加拿大实现氢能产业快速发展，利用"氢经济"为社会高质量发展"赋能"。从地方层面看，加拿大安大略省发布低碳氢能战略。2022年3月31日，加拿大不列颠哥伦比亚省（British Columbia，B.C.）发布《不列颠哥伦比亚省氢能战略：不列颠哥伦比亚省能源转型的可持续路径》（B.C. Hydrogen Strategy：A sustainable Pathway for B.C.'s Energy Transition）[①]，以实现创造经济发展和就业机会、减少温室气体排放、促进能源多样性、促进创新和投资、加强合作等目标，提升安大略省低碳氢的生产能力。该战略包括在短期（2020—2025年）、中期（2025—2030年）和长期（2030年以后）采取的63项行动，提出8项具体措施与行动：一是启动尼亚加拉瀑布氢气生产试点。阿图拉电力（Atura Power）建议使用亚当贝克爵士水力发电站的电力在尼亚加拉瀑布生产氢气，使其成为安大略省电力系统提供电网调节服务的一部分。二是确定安大略省的氢中心社区。阿图拉电力努力在全省范围内确定氢"中心"的战略位置，利用现有电力基础设施和安大略省的清洁电网、低碳氢需求相匹配。三是评估布鲁斯电力公司制氢机会的可行性。布鲁斯电力公司将启动一项可行性研究，探索利用布鲁斯核电站过剩能源生产氢气的机会，并支持该地区的卓越中心。四是制定可中断电价。安大略省将通过拟议的可中断电价试点，努力降低电价，以支持低碳氢气生产。该试点将为大型电力消费者提供由于使用低碳氢气所降低电价方面的服务。能源部还将就可能有助于进一步发展安大略省低碳氢经济的其他电价进行磋商。五是支持储氢和电网整合试点。安大略省将要求独立电力系统运营商报告项目选项，以支持储氢和电网整合试点项目。六是通过使用低碳氢来实现工业转型。安大略省正在采取措施，通过向现成的低碳工艺和氢能设备转型，支持工业用能逐步淘汰使用煤炭。七是安大略省碳封存和存储监管框架咨询。安大略省提议修改《石油、天然气和盐资源法》和《采矿法》框架，以便在公有土地上开展碳封存活动，从而为使用天然气生产低碳氢提供机会。八是支持正在进行的氢研究。安大略省正在与加拿大自然资源部合作以支持两个独立的氢研究项目，推进该省的氢开发。自2003年以来，加拿大先后在氢能源技术利用方面提出了"氢能村计划"、"氢能公路计划"和"温哥华氢燃料电池汽车计划"等多项

---

① British Columbia Office of the Premier. B.C. moves to streamline hydrogen projects to ensure clean energy future［EB/OL］.（2022-03-31）［2022-04-10］.https://news.gov.bc.ca/releases/2022PREM0018-000464.

开发计划，旨在改进现有氢能技术和燃料电池技术的性能与质量，发展氢基础设施和供应链，降低价格，重视增强消费者和投资者对氢能的认识程度，为氢能产业的商业化和社会化创造条件。

最后，澳大利亚实施《国家氢能战略》及设立氢推动基金以支持氢能发展。2018 年 8 月，澳大利亚出台了两份报告——澳大利亚联邦科学与工业研究组织（CSIRO）发布的《国家氢能发展路线图：迈向经济可持续发展的氢能产业》报告和阿兰·芬克尔领导的氢战略小组发布的《澳大利亚未来之氢》报告，这两份报告为澳大利亚氢能产业的发展提供了蓝图。2019 年，澳大利亚发布《国家氢能战略》，提出了包括清洁、安全、创新、竞争性、就业与繁荣、支持社区、氢出口、投资者信心、氢能力等 15 条衡量指标，并从监管、税收、技术、国际合作等维度提出了 57 条具体行动举措，联合行动以国家协调、发展产能、满足当地需求为主题，树立监管、国际交往、创新及研发、职业技能、劳动力和社区等方面对氢能发展的信心。这些行动考虑了与氢相关的出口、运输、工业使用、天然气网络、电力系统，以及诸如安全、技术和环境影响等跨领域发展的氢能问题，为澳大利亚充分挖掘绿氢潜力指明了中长期发展方向，力争于 2030 年实现绿氢出口商业化。可见，澳大利亚《国家氢能战略》通过协调和促进政府、产业界及社会各界的行动，使澳大利亚到 2030 年发展成全球领先的清洁氢能供应国。政府政策和扶持机制将推动澳大利亚的能源投资优先流向氢能，自 2017 年以来，澳大利亚已为 50 多个氢能相关项目拨款超过 10 亿澳元。2020 年 5 月 4 日，澳大利亚政府宣布设立发展基金以支持氢动力项目。清洁能源金融公司（CEFC）将管理 3 亿美元的氢推进基金。作为早期的优先事项，CEFC 将寻求投资 ARENA 可再生氢部署融资中的项目。ARENA 是一项 7000 万美元的资助计划，旨在验证大规模电解制氢的技术和商业可行性[①]。

（6）中国的氢能技术部署

我国在发展氢能方面最具有重要意义的是将"推动充电、加氢等设施建设"首次写进 2019 年《政府工作报告》，并先后出台多个配套规划和政策，推动氢能研发、制备、储运和应用链条不断完善。根据 2019 年《政府工作报告》的有关精神，国家各部委积极发布落实政策，财政部首先发布《关于进一步完善新能源汽车推广应用财政补贴政策的通知》，将新能源汽车购置补贴转为支持充电及加氢基础设施"短板"建设和配套运营服务，充分意识到加氢站的重要性。2019 年 10 月，国家能源委员会明确提出探索氢能商业化路径，随后科技部以"科技冬奥"为主题发布有关"氢能出行"关键技术研发和应用示范的立项指南，力图通过 2022 年北京冬奥会推动氢能发展。2019 年 11 月，发展改革委等 15 部委联合发布《关于推动先进制造业和现代服务业深度融合发展的实施意见》，提出要推动氢能产

---

① DCCEEW.Government announces $300m advancing hydrogen fund［EB/OL］.（2022-05-04）［2022-05-12］. https://www.energy.gov.au/news-media/news/government-announces-300m-advancing-hydrogen-fund.

业创新、集聚发展，完善氢能制备、储运、加注等设施和服务。2019 年底，工业和信息化部出台政策，将未来 15 年的新能源汽车产业发展与氢能的储运和基础设施建设充分结合。自 2020 年起，国家统计局将氢能纳入能源统计，氢能将成为我国能源结构的重要组成。

2020 年 9 月，四部委联合发布《关于扩大战略性新兴产业投资培育壮大新增长点增长极的指导意见》，加快新能源发展，加快制氢加氢设施建设。2020 年 12 月，《新时代的中国能源发展》白皮书指出，支持新技术新模式新业态发展，加速发展绿氢制取、储运和应用等氢能产业链技术装备，促进氢能燃料电池技术链、氢燃料电池汽车产业链发展。2021 年 2 月 22 日，国务院发布《关于加快建立健全绿色低碳循环发展经济体系的指导意见》，指出大力发展氢能，加强加氢站等配套设施建设。随着氢能政策的制定与完善，大批的氢能示范项目也陆续开展。

据不完全统计，截至 2020 年底，全国在建和已建加氢站 180 余座，主要集中在广东、山东、河北等地。北京、上海、四川、广东、江苏、浙江、山东、安徽、湖北、山西、福建、海南等多个省市发布了"十四五"或中长期的氢能产业发展规划。

2021 年 4 月 16 日，山东省与科技部签署了"氢进万家"科技示范工程框架协议，将带动氢能供应体系建设、加氢站等配套设施建设和氢能关联产业发展，为加快我国能源结构转型升级，实现"双碳"目标奠定基础。

2022 年 3 月 23 日，发展改革委发布《氢能产业发展中长期规划（2021—2035 年）》[①]，科学分析了我国氢能产业的发展现状，明确了氢能在我国能源绿色低碳转型中的战略定位、总体要求和发展目标，从氢能创新体系、基础设施、多元应用、政策保障、组织实施等几个方面构建了我国氢能战略发展的路线图。这是国家首次将氢能产业列入国家中长期能源发展规划并出台单独文件，将氢能定位为国家未来能源体系的重要组成部分，又将其作为终端实现绿色低碳转型的重要载体，为我国氢能产业中长期发展路线描绘了宏伟蓝图。

国家能源局数据显示，通过统筹推进加氢网络建设，截至 2022 年 6 月底全国已建成加氢站超 270 座。氢燃料电池行业研究机构香橙会氢能数据库最新数据显示，截至 2022 年末，我国已建成加氢站共 310 座，居全球第一[②]。其中，央企是加氢站的主力军，中国石化旗下的石化机械在投资平台公开表示，截至 2022 年底，中国石化已在全国建成 98 座加氢站，到 2025 年将建成最少 600 座，力争 1000 座加氢站，加氢站网络总加注能力 12 万吨 / 年[③]。

① 中华人民共和国中央人民政府 . 国家发展改革委、国家能源局联合印发《氢能产业发展中长期规划（2021—2035 年）》[EB/OL]. （2022—03—24）[2022—06—16]. http://www.gov.cn/xinwen/2022—03/24/conten _5680973.htm.

② 东方财富网 . 机构：2022 年末我国已建成加氢站 310 座 [EB/OL]. （2023—02—06）[2023—02—18]. https://finance.eastmoney.com/a/202302062628860594.html.

③ 山东国能电力设计有限公司 . 到 2025 年，中国石化将建成保底 600 座加氢站 [EB/OL]. [2023—03—18]. http://www.dianlishejiyuan.com/nd.jsp?id=573.

4.2　氢能技术研发

美国、日本、法国、英国、德国、加拿大等国家比较重视氢能技术的研发，下面重点分析近年来这些国家氢能技术的研发状况。

（1）美国氢能技术研发

美国自 2003 年启动氢燃料计划，在 2004—2008 年中投入 12 亿美元，重点研究与氢生产、储存和运输有关的技术，促进氢燃料电池汽车技术和氢基础设施技术在 2015 年前实现商业化应用。

美国的氢能技术研发投入自 2004 年约 10 781.2 万美元较快地增加到 2006 年的 17 683.3 万美元，逐步递减至 2010 年的 15 480.5 万美元后快速下降到 2015 年约 3709.2 万美元，总体上美国氢能技术研发呈现先逐步增长到缓慢下降，再到急剧下降的发展态势（图 4.2）。

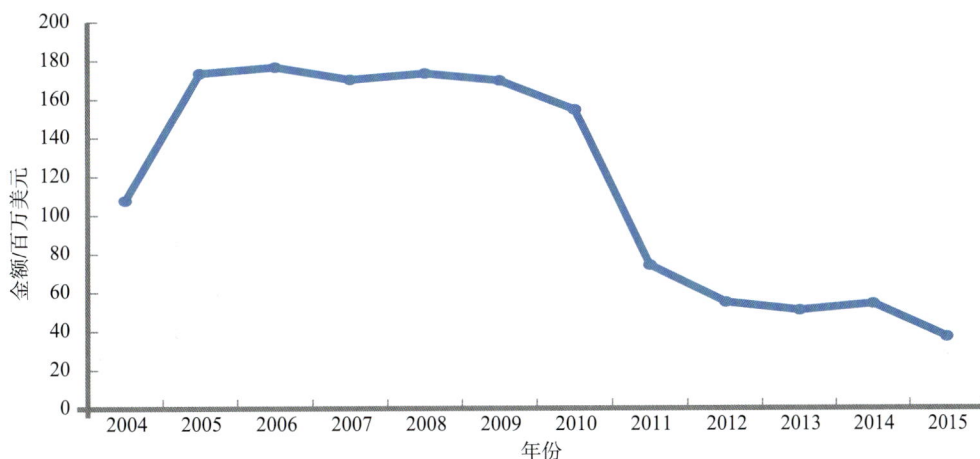

图 4.2　2004—2015 年美国氢能技术研发情况（根据 OECD 2021 年 9 月 22 日数据绘制）

2017 财年美国能源部预算报告显示：2016 财年氢燃料技术执行预算为 4105 万美元，2017 财年氢燃料技术申请预算为 4450 万美元，投资研发氢能技术，研发将专注于降低氢生产、压缩、运输和储存成本的技术和材料，以使可再生资源中的氢气成本在 2020 年前降至每加仑汽油当量 4.00 美元以下。由于可再生氢生产对实现碳减排目标至关重要，2017 财年资金的增加将推动可再生资源制氢的长期研发，包括高温水裂解及其他途径的努力、新型氢气输送方法的开发及尖端的高能量密度氢气储存技术，从而扩大了未来可再生氢的有效途径。

2018 财年美国能源部申请氢燃料研发预算为 2900 万美元，该子计划将专注于氢生产、交付和储存的早期应用材料研发。该计划将停止较低优先级和后期的研究，以开发低成本700 巴的复合储罐，推动工厂部件的储存平衡和低温压缩车载储氢工作。由于工业界更愿意为这类工作提供资金支持，因此，美国能源部已停止支持开发生产和交付氢气的接近商业化技术工作。

2019 财年美国能源部申请氢能研发预算 3800 万美元，其中氢燃料研发预算 1900 万美元，该子计划将专注于制氢和车载储存的早期应用材料研发。该计划将停止支持开发低成本 700 巴的复合储罐，推动工厂部件的储存平衡和低温压缩储氢工作，以便将子计划资源集中在最关键技术的早期研发阶段。近期，氢气生产和交付技术开发工作也已停止，以便更加注重早期应用研发。车站基础设施和 H$_2$@Scale 活动将移至氢基础设施研发子计划。氢基础设施研发预算经费 1900 万美元，新的子计划将在氢燃料研发之前开展的工作基础上，重点关注应用材料研究和早期部件与工艺开发，以使工业领域能够开发和部署新型氢基础设施与散装储存技术，包括先进的概念，以支持 H$_2$@Scale 项目及氢站基础设施。该子计划还将进行早期研发，以提高国家关键基础设施的安全性和韧性，H$_2$@Scale 包括研发 H$_2$ 储能、材料兼容性和创新 H$_2$ 载体，有助于支撑美国强大的国内经济和能源独立性、安全性与韧性。

2020 财年美国能源部申请氢能研发预算为 3500 万美元。一是氢燃料研发预算为 2000 万美元，将强调应用材料研究和早期部件与工艺开发，以支持行业开发和部署能够利用多种国内能源的新型氢生产与储存技术。制氢强调能够彻底改变能源行业的长期可再生能源选择，如先进的水分离。其他概念包括生物制氢、将天然气直接转化为氢气和有价值的碳基副产品，而不包括传统的重整生产氢气并产生 CO$_2$。与当今的系统相比，氢存储工作将继续专注于先进存储技术的早期应用研发，该技术可在较小的压力下提供高能量密度和较高的往返效率。这些基于材料的技术也适用于天然气储存，如用于中型和重型应用。二是氢基础设施研发预算为 1500 万美元，支持研发及 H$_2$@Scale 这一概念创新，推动在多个行业中将氢气作为能源载体。通过在发电量超过负荷时生产氢气，电解槽可以防止可再生能源的削减，支持电网的稳定性和弹性，同时还可以为各个行业的最终用户生产原料。例如，从现有基本负荷和可变发电资产生产的氢气可以储存、分配并用作工业工艺或建筑供热的燃料，或用作运输、固定电力和工业部门的化学原料，这样就创造了额外的收入流。该计划侧重于模块化、可扩展的概念，推动协调氢气的生产、输送和储存、液化、材料开发及与不同电力的集成配合。研发也将继续促进氢能安全，解决监管、规范和标准所遇到的障碍。

2021 财年美国能源部预算报告显示：氢技术（原氢燃料研发和氢基础设施研发）2020 年执行预算为 7000 万美元，2021 年申请预算为 2300 万美元，该子计划将侧重于氢生产、储存的早期应用材料研发，并将整合前氢基础设施次级计划的活动。该计划将减少 HydroGEN 联合体内的工作，直到上一年活动产生成果，并将减少仅针对轻型车辆分配的基础设施的相关研发。该计划将侧重于研发同一地点大规模生产和利用的相关技术，而不是远距离交付技术。研发还将专注于创新、低成本、耐用的材料和组件，以实现氢输送／基础设施成本的阶梯式提高，适用于 FCEV 以外的应用（如低温泵、压缩机、液化、分配、喷嘴、软管、密封件、管道金属和其他组件）。与材料相关的研究，如储氢，将应用人工智能技术、机器学习和其他计算工具。此外，研发将与关键矿物倡议相协调，强调在电解槽技术中减少使用常规的贵金属。

（2）日本氢能技术研发

日本的氢能技术研发投入自 2004 年约 12 967.5 万美元逐步降低至 2010 年的 3529.7 万美元，逐步递增至 2012 年的 6097.2 万美元后，2013 年又下降至 3078.2 万美元，随后快速递增至 2019 年的 22 952.1 万美元，2020 年下降至 20 960.4 万美元，总体上日本氢能技术研发呈现先下降再逐步增加的发展态势（图 4.3）。

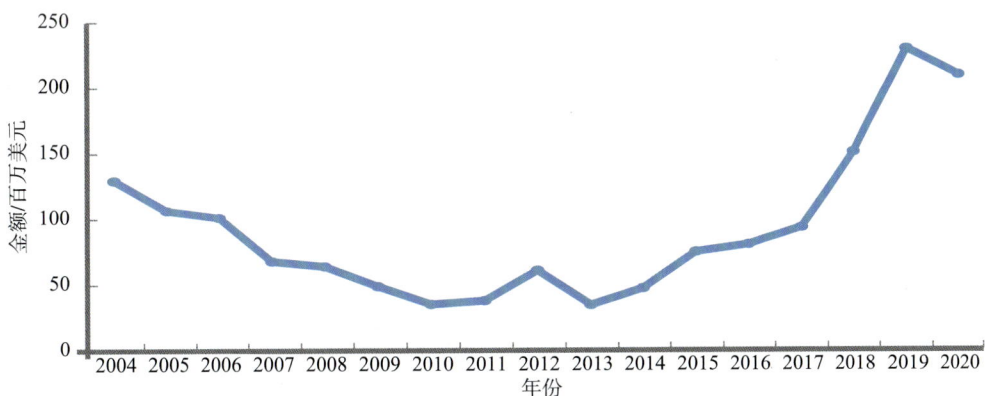

图 4.3　2004—2020 年日本氢能技术研发情况（根据 OECD 2021 年 10 月 27 日数据绘制）

（3）法国氢能技术研发

法国的氢能技术研发投入自 2002 年约 3186.1 万美元增至 2003 年的 4421.0 万美元，2004 年降低至 2028.9 万美元，又较快地递增至 2009 年的 6299.7 万美元，再逐步降低至 2012 年的 3574.7 万美元，2013 年回增至 4289.2 万美元后逐步下降至 2016 年的 3184.1 万美元，最后逐步增至 2020 年的 5471.4 万美元，总体上法国氢能技术研发投入呈现从递增到递减再递增的发展态势（图 4.4）。

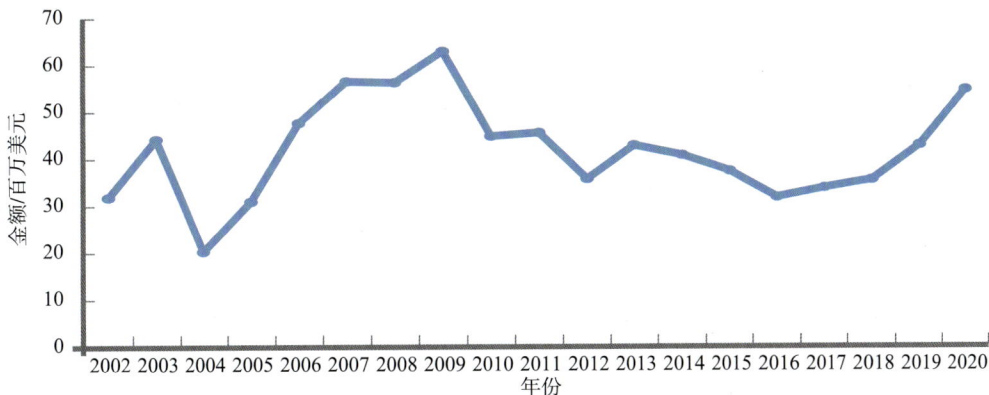

图 4.4　2002—2020 年法国氢能技术研发情况（根据 OECD 2021 年 10 月 27 日数据绘制）

（4）英国氢能技术研发

英国的氢能技术研发投入自 2004 年约 274.5 万美元逐步递增至 2010 年的 926.0 万美元，随后递减至 2012 年约 373.8 万美元，2013 年增至 1130.3 万美元后又波动式降低至 2017 年的 595.3 万美元，最后快速递增至 2020 年的 3826.5 万美元，总体上英国氢能技术研发总量偏小，呈现出前期波浪式增长，后期快速递增的发展态势（图 4.5）。

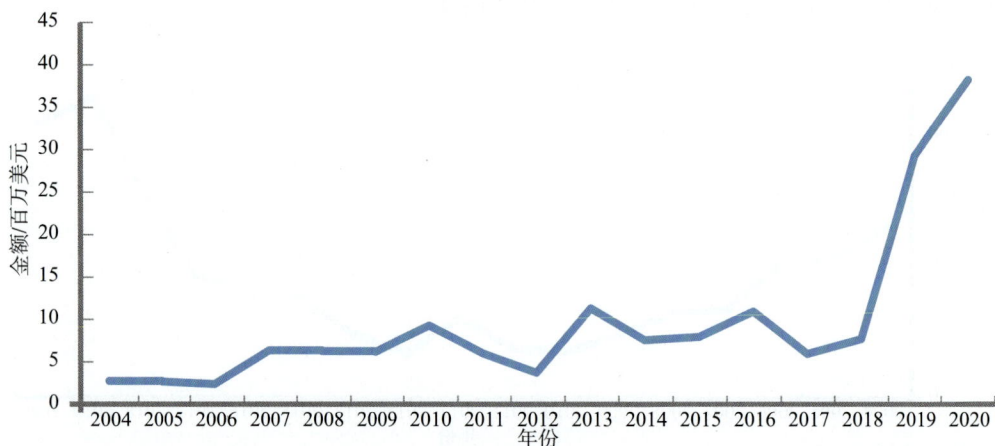

图 4.5　2004—2020 年英国氢能技术研发情况（根据 OECD 2021 年 10 月 27 日数据绘制）

（5）德国氢能技术研发

德国的氢能技术研发投入自 2005 年约 42.6 万美元逐步递增到 2013 年的 935.4 万美元，递减至 2015 年的 375.1 万美元后，随着德国推动能源的绿色转型，氢能研发投入逐步快速增长至 2020 年的 4872.8 万美元，总体上德国氢能技术研发呈现先缓慢增长后快速增长的发展态势（图 4.6）。

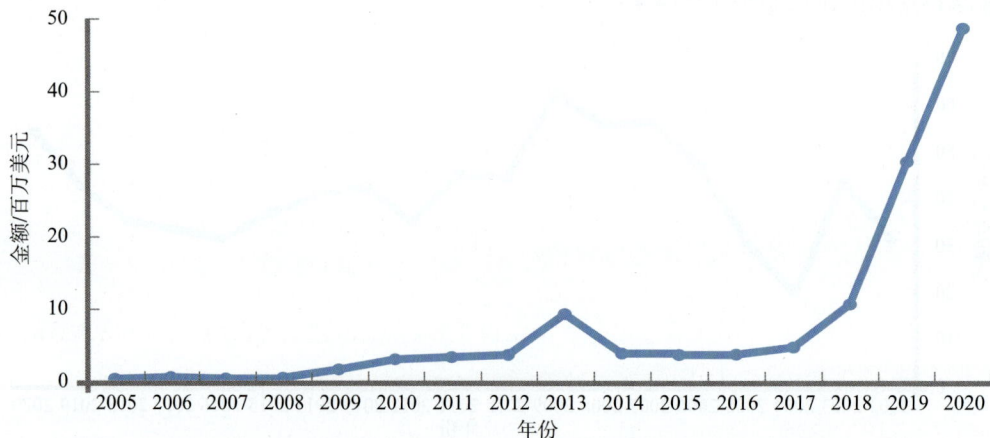

图 4.6　2005—2020 年德国氢能技术研发情况（根据 OECD 2021 年 9 月 22 日数据绘制）

（6）加拿大氢能技术研发

加拿大的氢能技术研发投入自 2004 年约 1868.5 万美元波浪式降低至 2015 年的 247.4 万美元后，又逐步递增至 2019 年的 774.6 万美元，2020 年猛增至 2931.3 万美元，达到历史新高，总体上加拿大氢能技术研发资助总量偏小，呈现先阶梯形下降再逐步增长的发展态势（图 4.7）。

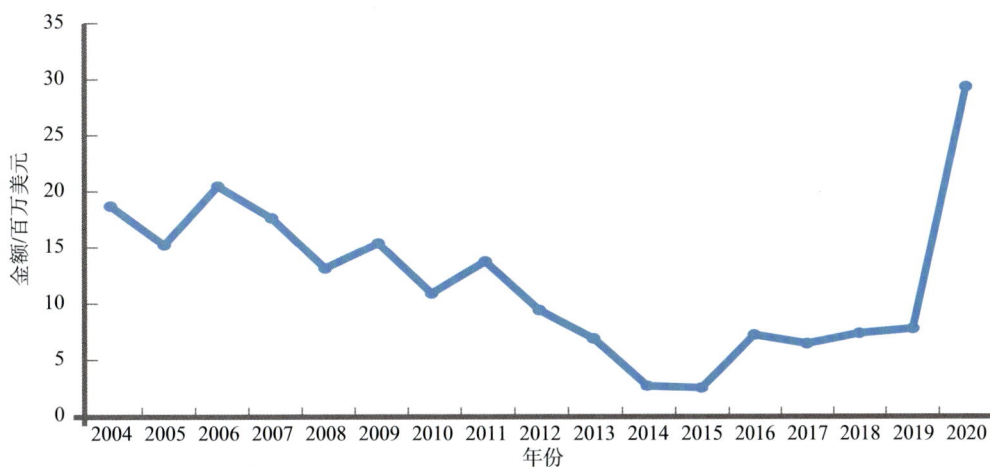

图 4.7　2004—2020 年加拿大氢能技术研发情况（根据 OECD 2021 年 9 月 22 日数据绘制）

4.3　氢能技术进展

4.3.1　绿氢论文计量分析

绿氢是氢能未来发展的重要方向。为了比较系统全面地了解绿氢基础研究方面的进展情况，本书利用 Web of Science 数据库平台检索得到 2001—2021 年全球在绿氢领域收录的 Science Citation Index Expanded（SCIE）论文，论文检索式为 TS=（（"hydrogen generation*" OR "hydrogen production*" OR "hydrogen evolution*" OR "making of hydrogen" OR "hydrogen transport*" OR "Hydrogen storage*" OR "Hydrogen utilization*" OR "Hydrogen energy"）AND（"renewable*" OR "solar*" OR "wind*" OR "electroly*" OR "bio*" OR "geotherm*" OR "ocean*" OR "marine*" OR "tidal*" OR "wave*"））OR TI=（（"hydrogen generation*" OR "hydrogen production*" OR "hydrogen evolution*" OR "making of hydrogen" OR "hydrogen transport*" OR "Hydrogen storage*" OR "Hydrogen utilization*" OR "Hydrogen energy"）AND（"renewable*" OR "solar*" OR "wind*" OR "electroly*" OR "bio*" OR "geotherm*" OR "ocean*" OR "marine*" OR "tidal*" OR "wave*"））。下面就绿氢技术论文有关进展进行分析。

（1）全球绿氢技术论文年度发表趋势

由图 4.8 可知，2001—2021 年，全球绿氢技术领域论文发表量共计 50 911 篇。全球绿氢技术论文发表量在 2001—2007 年间呈缓慢增长趋势，由 2001 年的 154 篇增至 2007 年的 657 篇。从 2008 年开始，论文发表量由 999 篇增至 2021 年的 7611 篇，呈现大幅增长趋势，全球掀起绿氢技术的研究热潮，绿氢技术基础研究领域快速发展。

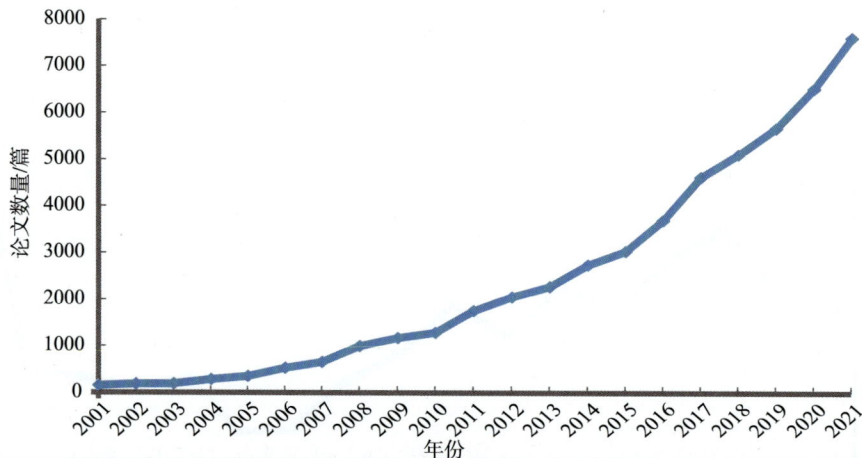

图 4.8　2001—2021 年全球绿氢技术论文逐年分布情况

由图 4.9 可知，2001—2021 年，全球绿氢技术领域高被引论文发表量共计 1968 篇。自 2012 年起开始出现高被引论文 91 篇，高被引论文发表量在 2012—2015 年呈缓慢增长趋势，2015 年高被引论文为 143 篇，高质量基础研究成果不多。从 2016 年开始，全球高被引论文发表量增速加快，由 191 篇增至 2020 年的 291 篇，高质量基础研究成果不断增加，2021 年回落至 268 篇。

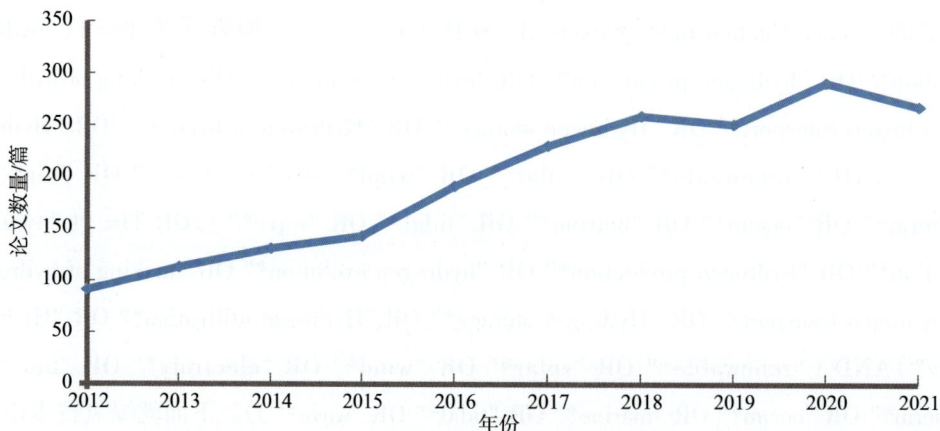

图 4.9　2012—2021 年全球绿氢技术高被引论文逐年分布情况

（2）绿氢技术主要论文发表国家

由图 4.10 可知，全球绿氢技术领域论文发表量最多的国家依次是中国、美国、韩国、印度、日本、德国等。其中，中国论文发表量累计为 19 317 篇，占全球论文发表量的 37.94%，遥遥领先于其他国家。美国的论文发表量累计为 6726 篇，占全球的 13.2%，居全球第二，但不到中国论文数量的一半。其后韩国和印度的论文数量均约 3200 篇，不到美国论文数量的一半。然而，美国的论文平均被引用次数居全球首位，达到 75.43 次，高于中国的 44.14 次，中国和美国的论文引用情况差距较大。德国和日本的论文平均被引次数分别为 56.69 和 56.08，也明显高于中国，表明中国在高影响力学术成果的积累方面仍有待加强。在其余国家中，澳大利亚和英国的绿氢论文数量虽然相对较少，分别为 1765 篇和 1734 篇，但论文被引用情况较优，分别是 71.11 次和 56.08 次。

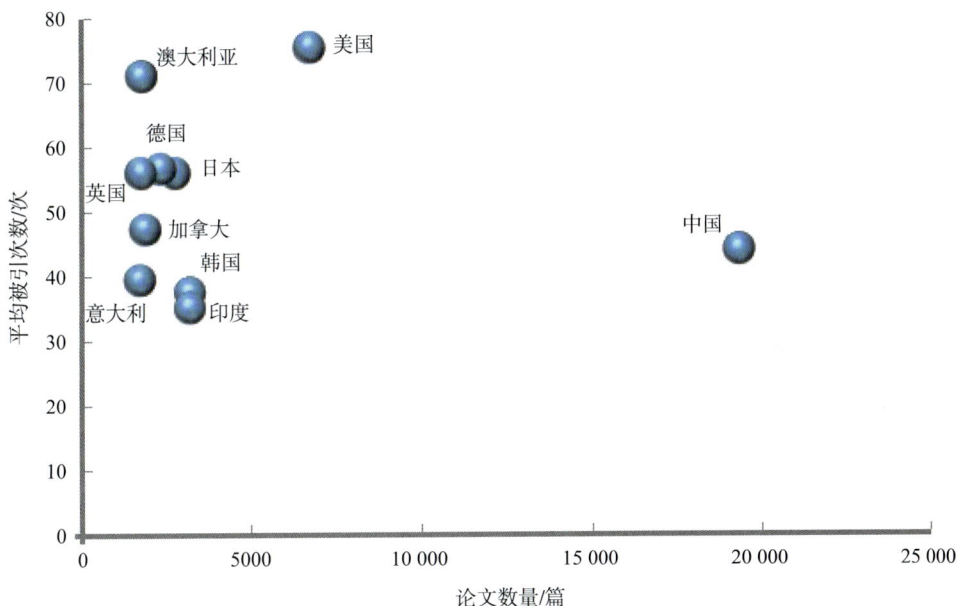

图 4.10　2001—2021 年全球绿氢相关论文发表 TOP 10 国家分布情况

由图 4.11 可知，中国绿氢技术领域论文发表量在 2001—2010 年呈缓慢增长趋势。2011 年之后，论文发表量呈现大幅增长趋势，2021 年达 3771 篇，绿氢技术基础研究领域快速发展。美国绿氢技术领域论文发表量在 2001—2007 年间呈缓慢增长趋势，2008 年之后，论文发表量增速加快，论文数量 2008 年达 177 篇，于 2019 年达到峰值 646 篇，相关基础研究进展加快。韩国绿氢技术领域论文发表量在 2001—2010 年间呈缓慢增长趋势，从 2011 年开始论文发表量增速加快，从 2017 年开始论文发表量增速进一步加快，2021 年达 531 篇，相关基础研究进展加快。印度绿氢技术领域论文发表量在 2001—2010 年间呈缓慢增长趋势，从 2011 年开始论文发表量增速加快，近两年论文发表量快速增加，2021 年达 643 篇，相关基础研究进展加快。日本绿氢技术领域论文发表量在 2001—2010 年间呈缓慢增长趋势，由 2001 年的 27 篇增至 2010 年底的 96 篇，从 2011 年开始论文发表量增速加快，近 5 年论文发表量增速进一步加快，由 2011 年的 110 篇增加至 2021 年的 296 篇，相关基础研究进展加快。

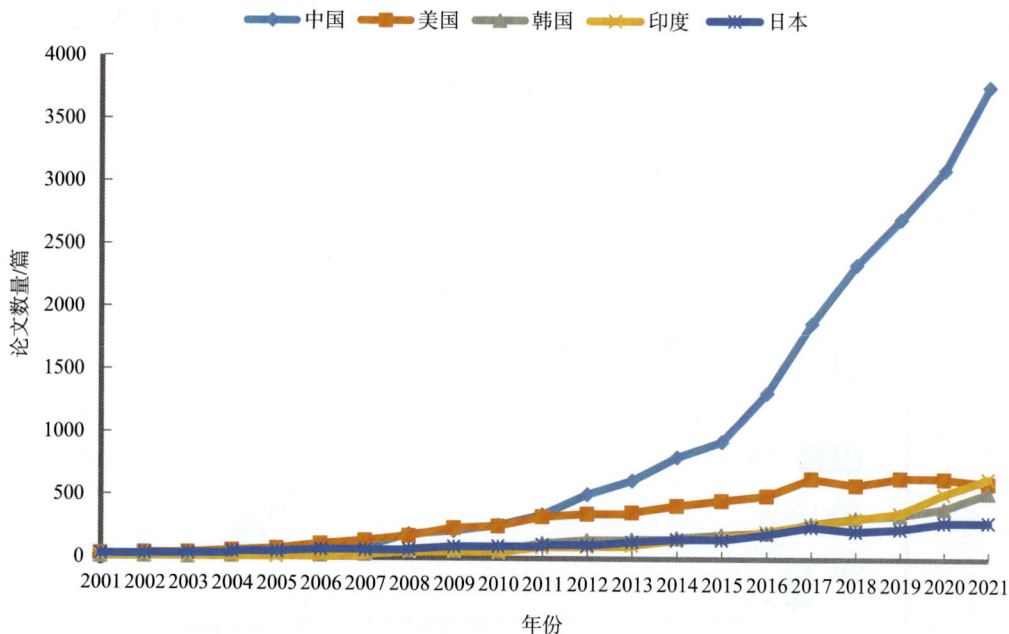

图 4.11　2001—2021 年绿氢技术 TOP 5 国家论文逐年分布情况

（3）绿氢技术全球主要论文发表机构

由图 4.12 可知，在全球绿氢技术领域论文发表量最多的机构 / 组织依次是中国科学院、美国能源部、法国国家科学研究中心、印度理工学院系统、UDICE 法国研究型大学等，其在绿氢技术基础研究领域的创新能力较强。在我国，中国科学院论文发表量遥遥领先，是我国在绿氢技术基础研究领域创新的中坚力量，其次是西安交通大学、哈尔滨工业大学、清华大学、天津大学等。

由图 4.13 可知，中国科学院绿氢技术领域论文发表量累计 3360 篇，论文发表量在 2001—2010 年间呈缓慢增长趋势，在绿氢技术基础研究领域进展缓慢。2011 年之后，论文发表量呈现波浪式大幅增长趋势，2021 年达 509 篇，绿氢技术基础研究领域快速发展。美国能源部绿氢技术领域论文发表量累计 1253 篇，论文发表量在 2001—2008 年间呈缓慢增长趋势，2009 年之后，论文发表量增速加快，呈波浪式增长趋势，论文数量于 2019

年达到峰值122篇。法国国家科学研究中心绿氢技术领域论文发表量累计1128篇，论文发表量在2001—2007年间呈缓慢增长趋势，从2008年开始论文发表量增速加快，呈波浪式增长趋势，论文数量于2020年达到峰值141篇。印度理工学院系统绿氢技术领域论文发表量累计779篇，论文发表量在2001—2010年间呈缓慢增长趋势，从2011年开始论文发表量增速加快，2021年达154篇，呈波浪式增长趋势。UDICE法国研究型大学绿氢技术领域论文发表量累计740篇，论文发表量在2001—2007年间呈缓慢增长趋势，从2008年开始论文发表量增速加快，呈波浪式增长趋势，论文数量于2020年达到峰值84篇。

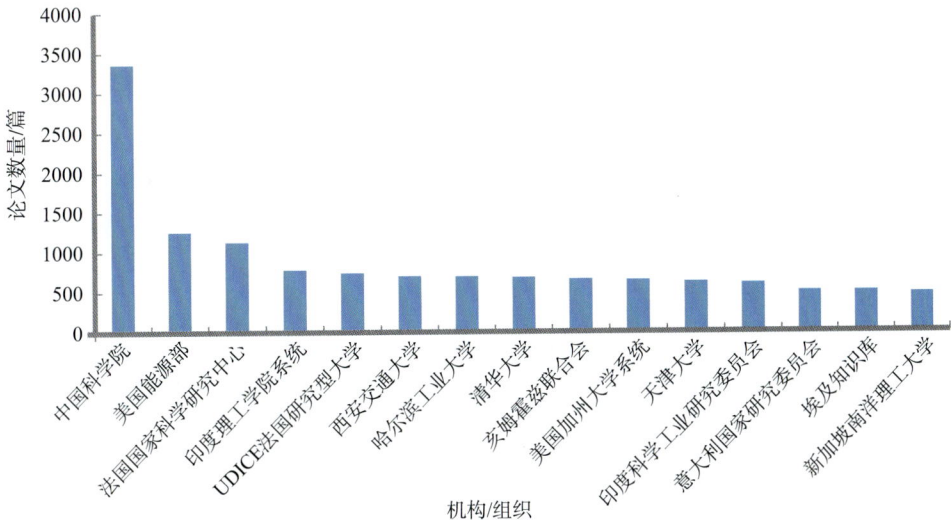

图 4.12　2001—2021 年绿氢技术全球论文发表数量 TOP 15 机构 / 组织

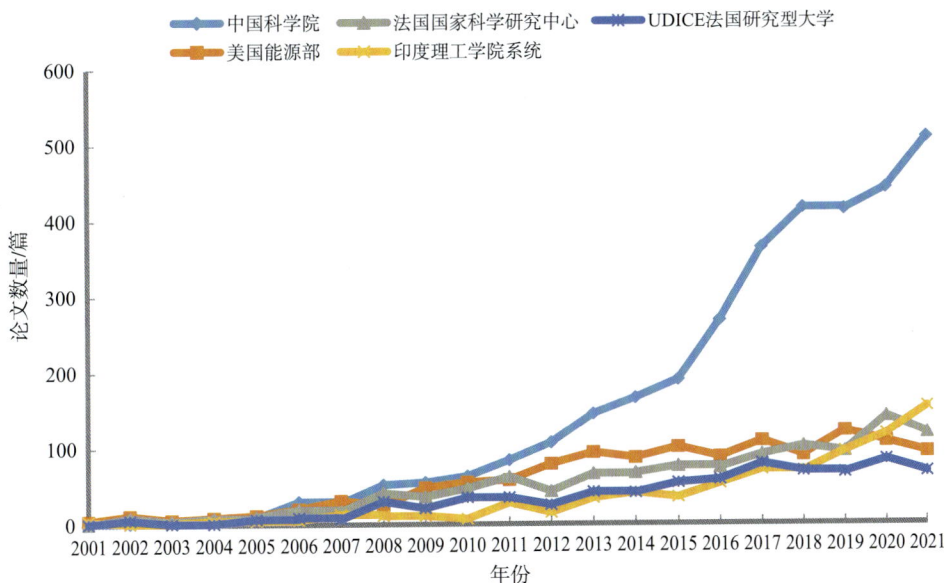

图 4.13　2001—2021 年绿氢技术 TOP 5 机构 / 组织论文逐年分布情况

（4）绿氢技术主要高被引论文

由表 4.6 可以看出，全球在绿氢技术领域发表的论文主要集中在化学物理、能源燃料、电化学、材料科学交叉学科、工程化学等学科方向。*International Journal of Hydrogen Energy*、*Journal of Materials Chemistry A*、*Bioresource Technology*、*Applied Catalysis B Environmental*、*Electrochimica Acta* 等期刊在期刊分布上位居前列。全球绿氢技术领域论文累计 50 911 篇，篇均被引次数达 42.83 次。高被引论文 1968 篇，占比为 3.87%，高被引论文 h 指数达 390，热点论文 51 篇。由表 4.7 可以看出，被引用量排名前十的高被引论文主要集中在电解水制氢、太阳能制氢、生物质制氢及氢储存等研究方向，主要研究机构是美国加州理工学院，其次是德国马克斯·普朗克胶体与界面研究所、日本东京大学等。

表 4.6　2001—2021 年绿氢技术论文学科、期刊及被引情况

序号	学科分布		期刊分布		论文数量及被引情况	
	学科	论文/篇	期刊	论文/篇		
1	化学物理	24 004	International Journal of Hydrogen Energy	12 514	论文/篇	50 911
2	能源燃料	22 464	Journal of Materials Chemistry A	1113	被引次数/次	2 180 402
3	电化学	15 765	Bioresource Technology	942	篇均被引次数/次	42.83
4	材料科学交叉学科	10 260	Applied Catalysis B Environmental	930	高被引论文/篇	1968
5	化学交叉学科	7290	Electrochimica Acta	821	高被引论文占比	3.87%
6	工程化学	6542	Acs Applied Materials Interfaces	764	高被引论文 h 指数	390
7	纳米科学与纳米技术	4457	Journal of Power Sources	646	高被引论文被引频次/次	575 455
8	应用物理学	4137	Chemical Engineering Journal	612	高被引论文被引频次（去除自引）/次	559 987
9	环境工程	2719	Journal of Physical Chemistry C	551	高被引论文篇均被引次数/次	292.41
10	生物技术与应用微生物学	2539	Rsc Advances	543	热点论文/篇	51

表 4.7　2001—2021 年绿氢技术全球 TOP 10 高被引论文

序号	论文题目	关键词	机构	作者	国别	发表年份	合计被引用次数/次
1	A Metal-free Polymeric Photocatalyst for Hydrogen Production from Water under Visible Light	Solid-Solution; H-2 Evolution; Irradiation; Catalysts; Oxynitride; Reduction; Oxidation; Cleavage; Cluster; Oxygen	马克斯·普朗克胶体与界面研究所	Wang Xinchen; Maeda Kazuhik; Thomas Arne; Takanab Kazuhir; Xin Gan; Carlsson Johan; Domen Kazunar; Antonietti Markus	德国	2009	8385
2	Heterogeneous Photocatalyst Materials for Water Splitting	Visible-Light Irradiation; (Ga1-Xznx) (N1-Xox) Solid-Solution; Ag-Loaded Bivo4; Photoassisted Hydrogen-Production; Coordinated D (10) Configuration; Highly Efficient Decomposition; Aqueous-Methanol Solution; Pentagonal Prism Tunnel; P-Block Metal; H-2 Evolution	东京大学	Kudo Akihiko; Miseki Yugo	日本	2009	7855
3	Solar Water Splitting Cells	Hydrogen-Evolution Reaction; Visible-Light Irradiation; Level Injection Conditions; Transfer Rate Constants; Quasi-Fermi Levels; P-Type Silicon; Tungsten Carbide Cathodes; Oxygen-Evolving Catalyst; Transition-Metal Oxides; H-2 Evolution	加州理工学院	Walter Michael; Warren Emily; McKone James; Boettcher Shannon W.; Mi Qixi; Santori Elizabeth A.; Lewis Nathan S.	美国	2010	7121
4	Powering the Planet: Chemical Challenges in Solar Energy Utilization	Oxidative Addition; Electron-Transfer; Electrochemical Reduction; Homogeneous Catalysis; Hydrogen Evolution; Active-Site; O-H; Water; Complexes; CO_2	加州理工学院	Lewis Nathan S.; Nocera Daniel G.	美国	2006	6087
5	Biodiesel from Microalgae	Bubble-Column Bioreactors; Tubular Photobioreactors; Phaeodactylum-Tricornutum; Hydrogen-Production; Airlift Reactors; Outdoor Photobioreactors; Botryococcus-Braunii; Liquid Circulation; Algal Cultivation; Solar Irradiance	梅西大学	Chisti Yusuf	新西兰	2007	6081

续表

序号	论文题目	关键词	机构	作者	国别	发表年份	合计被引用次数/次
6	Synthesis of Transportation Fuels from Biomass: Chemistry, Catalysts, and Engineering	Biological Hydrogen-Production; Cellulose Pyrolysis Kinetics; Fischer-Tropsch Synthesis; Methanol-To-Hydrocarbons; Gas Cleaning Catalysts; Dilute-Acid Hydrolysis; Rubber-Producing Crops; Fluidized-Bed; Steam-Gasification; Hot Gas	巴伦西亚理工大学	Huber George W.; Iborra Sara; Corma Avelino	西班牙	2006	5813
7	Graphitic Carbon Nitride (g-C3N4)-Based Photocatalysts for Artificial Photosynthesis and Environmental Remediation: Are We a Step Closer To Achieving Sustainability?	In-Situ Synthesis; Metal-Organic Frameworks; Visible-Light Photocatalysis; Reduced Graphene Oxide; G-C3n4 Quantum Dots; Enhanced Hydrogen Evolution; Interfacial Charge-Transfer; Z-Scheme Photocatalyst; Reactive 001 Facets; One-Pot Synthesis	马来西亚莫纳什大学	Ong Wee-Jun; Tan Lling-Lling; Ng Yun Hau; Yong Siek-Ting; Chai Siang-Piao	马来西亚	2016	4011
8	MoS2 Nanoparticles Grown on Graphene: An Advanced Catalyst for the Hydrogen Evolution Reaction	Oxidation; Hybrid; Water; H-2	美国斯坦福大学	Li Yanguang; Wang Hailiang; Xie Liming; Liang Yongye; Hong Guosong; Dai Hongjie	美国	2011	3967
9	Benchmarking Heterogeneous Electrocatalysts for the Oxygen Evolution Reaction	Double-Layer Capacitance; Hydrogen Evolution; Artificial Photosynthesis; Faradaic Reactions; Splitting Water; Surface-Area; Electrodes; Behavior; Nickel; Oxidation	加州理工学院	McCrory Charles C. L.; Jung Suho; Peters Jonas C.; Jaramillo Thomas F.	美国	2013	3897
10	Advanced Materials for Energy Storage	Lithium-Ion Battery; Enhanced Hydrogen Storage; Double-Layer Capacitors; Carbide-Derived Carbons; Metal-Organic Frameworks; High-Rate Performance; Core-Shell Nanowires; Sno2 Hollow Spheres; N-H System; Anode Material	中国科学院沈阳金属研究所	Liu Chang; Li Feng; Ma Lai-Peng; Cheng Hui-Ming	中国	2010	3735

（5）绿氢技术主要研究热点

利用 VOSviewer 软件，对全球绿氢技术领域的高被引论文进行关键词共现分析（取出现频次 50 次以上的关键词，共计 62 个），如图 4.14 所示。

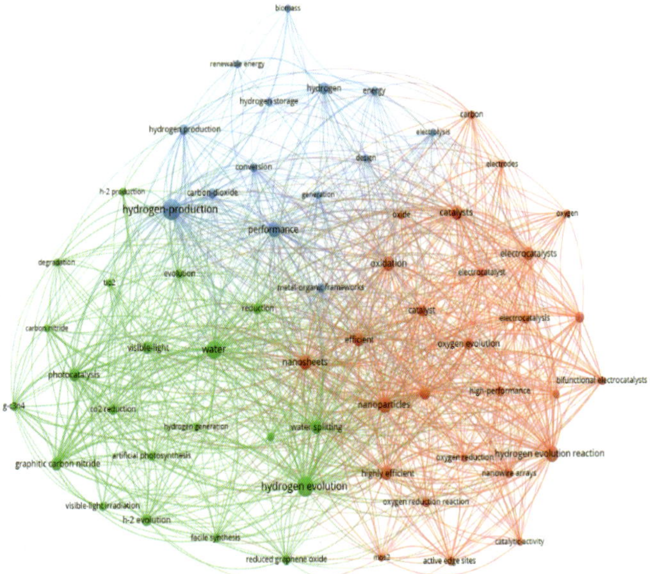

图 4.14 2001—2021 年绿氢技术高被引论文关键词共现图谱

由图 4.14 可以看出，全球绿氢技术基础研究领域重点关注（电解水等）制氢（电 / 光催化、氧化）、纳米或石墨烯制 / 储氢材料、储氢等研究方向。

4.3.2 绿氢专利计量分析

本小节研究 2001—2021 年利用 Innography 检索系统全球及重点机构在绿氢技术领域的专利申请情况（专利同族扩展，按照专利申请年份统计），专利检索式为（@（abstract, claims,title ）（（ "hydrogen generation*" OR "hydrogen production*" OR "hydrogen evolution*" OR "making of hydrogen" OR "hydrogen transport*" OR "Hydrogen storage*" OR "Hydrogen utilization*" OR "Hydrogen energy"）AND（ "renewable*" OR "solar*" OR "wind*" OR "electroly*" OR "bio*" OR "geotherm*" OR "ocean*" OR "marine*" OR "tidal*" OR "wave*"）））。由于从专利申请到专利公开一般有 18 个月的滞后期，因此 2021 年的专利数据仅供参考。

（1）全球绿氢技术专利年度申请趋势

由图 4.15 可知，全球绿氢技术专利申请量累计 15 809 件，专利申请量 2001—2008 年呈缓慢增长趋势，由 2001 年的 301 件增至 2008 年的 582 件，2009 年回落至 512 件，全球在绿氢技术应用研究领域进展缓慢。2010 年之后专利申请量由 727 件增至 2011 年的

765 件，逐步回落至 2013 年的 666 件后整体呈现快速增长趋势，到 2021 年增至 1652 件，说明绿氢技术应用研究进展加快。

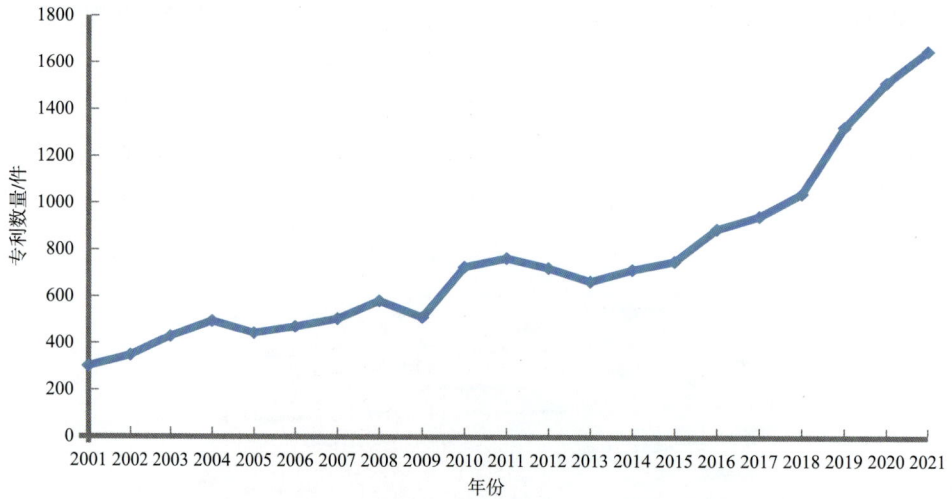

图 4.15　2001—2021 年全球绿氢技术专利逐年分布情况

（2）绿氢技术专利申请区域分布

由图 4.16 可知，在全球绿氢技术领域专利申请量最多的国家依次是中国、日本、美国、韩国、德国等，其在绿氢技术应用研究领域的创新能力较强。其中，中国专利申请量累计为 6501 件，占全球的 41.12%，遥遥领先于其他国家。日本专利申请量累计为 3588 件，占全球的 22.7%，居全球第二。美国专利申请量累计为 2149 件，占全球的 13.59%，居全球第三，不到中国专利申请量的 1/3。

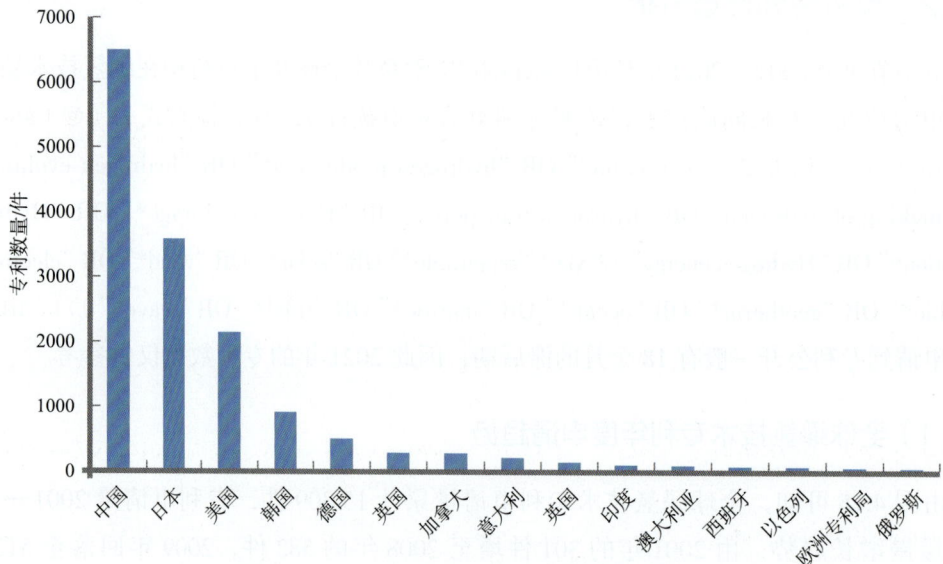

图 4.16　2001—2021 年全球绿氢技术专利申请量 TOP 15 来源国

由图 4.17 可知，中国绿氢技术领域专利申请量在 2001—2006 年间呈缓慢增长趋势，在绿氢技术应用研究领域进展缓慢。2007—2014 年，专利申请量增幅加快，绿氢技术应用研究领域较快发展。从 2015 年开始，专利申请量迅猛增加，由 347 件增至 2021 年的 1364 件。说明中国绿氢技术应用研究领域飞快发展。日本绿氢技术领域专利申请量一直呈相对平缓发展趋势，2005 年、2011 年和 2018 年分别达到小峰值（228 件、215 件、212 件），2019—2021 年日本专利申请量呈下降趋势。美国绿氢技术领域专利申请量也呈相对平缓发展趋势，2006 年达到小峰值（137 件），近些年专利申请量呈下降趋势。韩国绿氢技术领域专利申请量 2011—2018 年呈相对平缓发展趋势，2019—2020 年专利申请量增幅加快，2020 年达 115 件，2021 年又有下降趋势。德国绿氢技术领域专利申请量也呈相对平缓发展趋势，2014 年达到小峰值（55 件），随后德国绿氢专利申请量呈下降趋势，到 2021 年仅有 13 件。

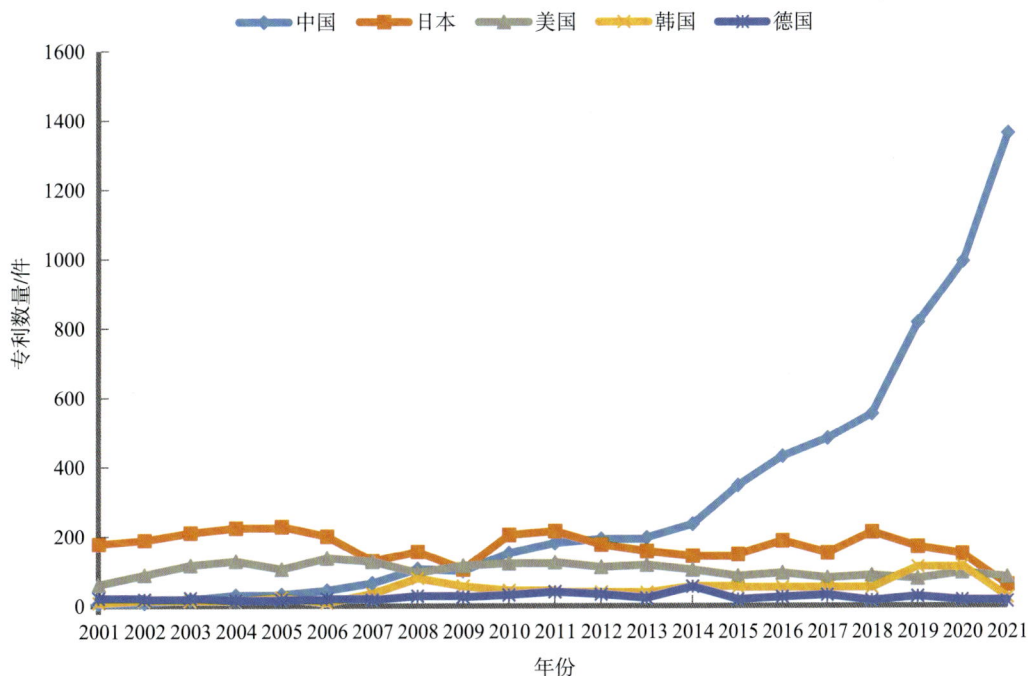

图 4.17　2001—2021 年绿氢技术领域专利申请量 TOP 5 国家专利逐年分布情况

由图 4.18 可知，在全球绿氢技术领域受理专利数量居前 15 位的国家 / 地区情况。

全球绿氢技术 TOP 15 专利受理国 / 地区依次是中国（6936 件）、日本（2499 件）、美国（1648 件）、世界知识产权组织（1615 件）、韩国（915 件）、欧洲专利局（712 件）等。其中，中国受理的专利量遥遥领先，表明中国在绿氢技术领域具有较强研发产出，未来具有较为广阔的市场前景。

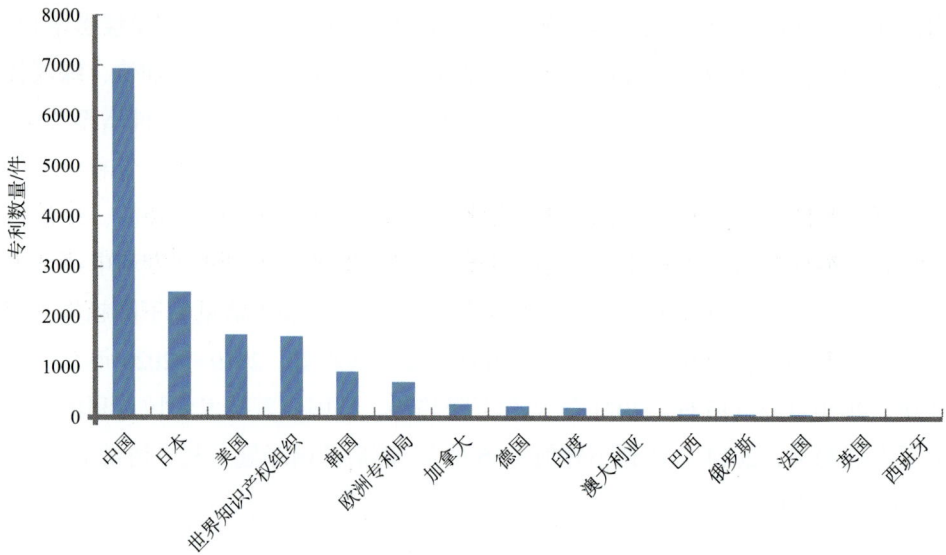

图 4.18　2001–2021 年全球绿氢技术 TOP 15 专利受理国 / 地区

（3）绿氢技术主要专利权人

由图 4.19 可知，在全球绿氢技术领域申请专利居于前 15 位的专利权人依次是日本松下（672 件）、中国科学院（318 件）、日本丰田汽车（238 件）、日本东芝（210 件）、意大利迪诺拉（154 件）等，可见，日本在绿氢技术应用研究领域的创新能力较强。中国紧随日本之后，其中中国科学院专利申请量较为领先，达 318 件，其次是清华大学 90 件、西安交通大学 86 件及浙江大学 80 件。

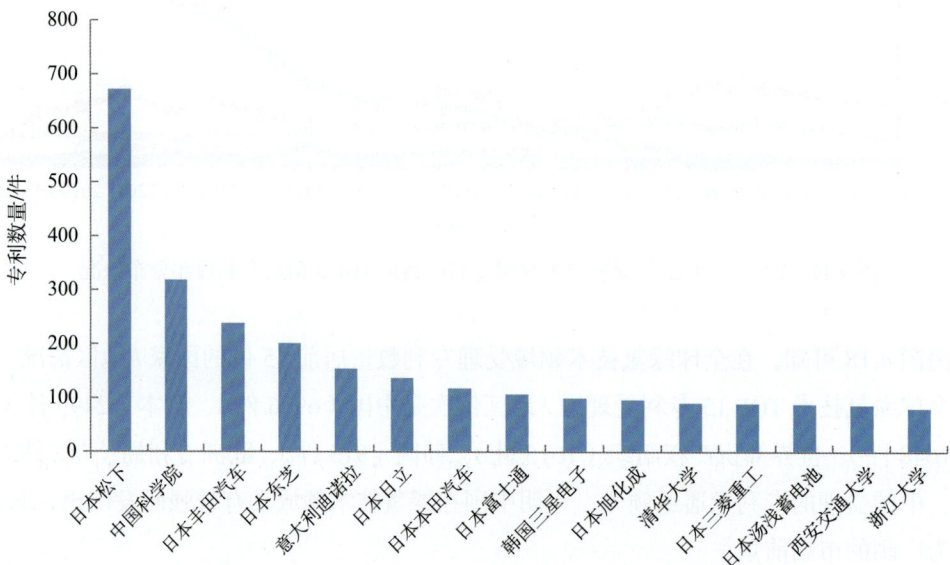

图 4.19　2001—2021 年全球绿氢技术 TOP 15 专利权人

由图 4.20 可知，日本松下绿氢技术领域专利申请量累计达 672 件，专利申请量呈波浪式变化，于 2003 年达到小峰值（60 件），之后整体呈下降趋势。中国科学院绿氢技术领域专利申请量累计达 318 件，专利申请量在 2001—2010 年间呈缓慢增长趋势，从 2011 年开始专利申请量增幅加快，整体呈波浪式上升趋势。日本丰田汽车绿氢技术领域专利申请量累计有 238 件，专利申请量呈波浪式变化，于 2005 年达到小峰值 46 件，之后整体呈下降趋势。日本东芝绿氢技术领域专利申请量累计有 201 件，专利申请量呈波浪式上升趋势，于 2015 年达到小峰值 33 件，之后整体呈下降趋势。意大利迪诺拉绿氢技术领域专利申请量累计有 154 件，专利申请量呈波浪式变化，于 2011 年达到小峰值 27 件，之后整体呈下降趋势。

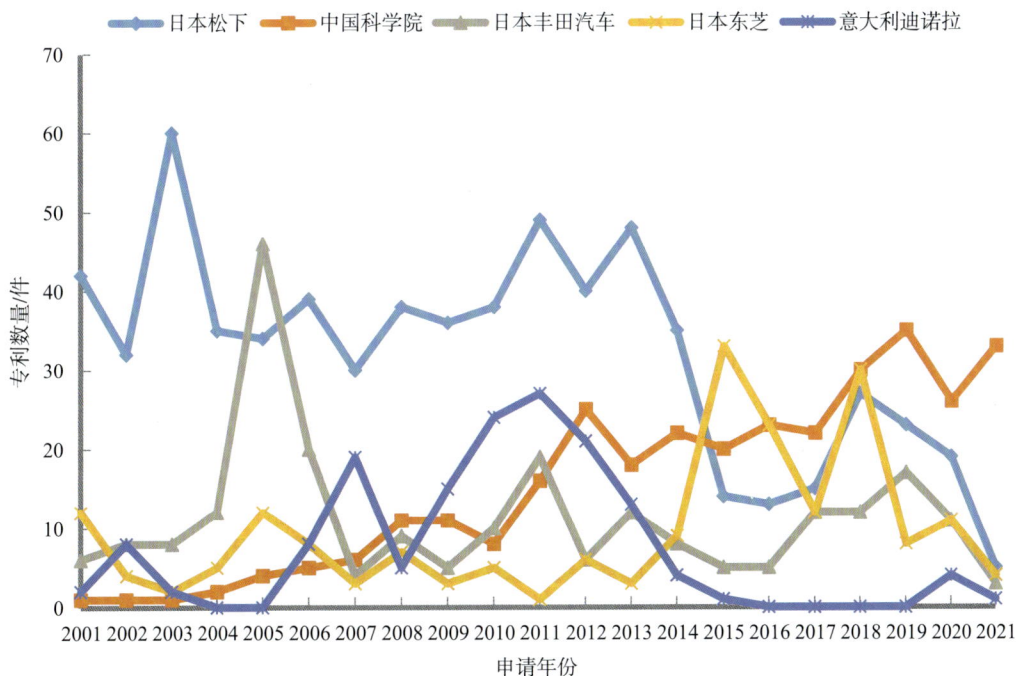

图 4.20　2001—2021 年全球绿氢技术 TOP 5 专利权人专利逐年分布情况

（4）绿氢技术重点研发投入情况

对排名 TOP 10 专利权人的研发能力进行分析，由表 4.8 可以看出，日本松下和中国科学院不仅专利数量多，分别达 672 件和 318 件，发明人次数较多，分别达 2582 人次和 1407 人次，而且发明人数也较多，分别达 443 人和 808 人。从"每项专利平均投入人次数"来看，中国科学院的人力成本投入量最高，达 4.42 人次 / 件；其次是日本东芝 4.04 人次 / 件、日本松下 3.84 人次 / 件和韩国三星电子 3.73 人次 / 件。从"平均每人专利数"来看，意大利迪诺拉的发明人研发绿氢技术的效率最高，达 3.28 件 / 人，其次是日本富士通 2.02 件 / 人、日本旭化成 1.75 件 / 人和日本松下 1.52 件 / 人。

表4.8　2001—2021年绿氢技术TOP 10专利权人研发投入统计

排名	专利权人	专利数量 /件	发明人次数 /人次	发明人数 /人	每项专利平均投入人次数 /（人次/件）	平均每人专利数 /（件/人）
1	日本松下	672	2582	443	3.84	1.52
2	中国科学院	318	1407	808	4.42	0.39
3	日本丰田汽车	238	777	305	3.26	0.78
4	日本东芝	201	813	225	4.04	0.89
5	意大利迪诺拉	154	471	47	3.06	3.28
6	日本日立	137	509	210	3.71	0.65
7	日本本田汽车	118	322	87	2.73	1.36
8	日本富士通	107	396	53	3.70	2.02
9	韩国三星电子	99	369	83	3.73	1.19
10	日本旭化成	96	287	55	2.99	1.75

（5）绿氢主要专利技术领域分布

对全球绿氢技术专利数据进行 IPC 分类号统计，得到排名前 10 位的专利技术领域，如表 4.9 所示。由表 4.9 可以看出，全球绿氢专利技术主要分布在电解水制氢（C25B 1/00）、氢的分离净化（C01B 3/00）、燃料电池（H01M 8/00）、电极及电极制造（H01M 4/00、C25B 11/00）等方向领域。

表4.9　2001—2021年绿氢TOP 10专利技术领域

排名	IPC 分类号	IPC 号注释	专利数量 /件
1	C25B 1/00	无机化合物或非金属的电解生产	1534
2	C01B 3/00	氢；含氢混合气；从含氢混合气中分离氢；氢的净化	1288
3	H01M 8/00	燃料电池；及其制造	1235
4	H01M 4/00	电极	807
5	C25B 11/00	电极；不包含在其他位置的电极制造	717
6	C25B 9/00	电解槽或其组合件；电解槽构件；电解槽构件的组合件，如电极 - 膜组合件	589
7	B01J 27/00	包含卤素、硫、硒、碲、磷或氮的元素或化合物的催化剂；包含碳化合物的催化剂	451
8	H01M 10/00	二次电池；及其制造	442
9	H02J 3/00	交流干线或交流配电网络的电路装置	407
10	B01J 23/00	不包含在 B01J 21/00 组中的，包含金属或金属氧化物或氢氧化物的催化剂	333

2001—2021 年，绿氢 TOP 5 技术专利逐年分布情况如图 4.21 所示。由图 4.21 可知，2001—2015 年，电解水制氢（C25B 1/00）、电极制造（C25B 11/00）和燃料电池（H01M 8/00）技术专利量呈波浪式缓慢增长，2015 年之后，电解水制氢和电极制造技术专利量快速增加，是 2018—2021 年绿氢技术领域的研究热点，其次是燃料电池技术。氢的分离净化（C01B 3/00）和电极（H01M 4/00）技术专利量整体呈波浪式变化趋势，氢的分离净化技术专利量于 2020 年达到小峰值 97 件，电极技术专利量于 2019 年达到小峰值 59 件。

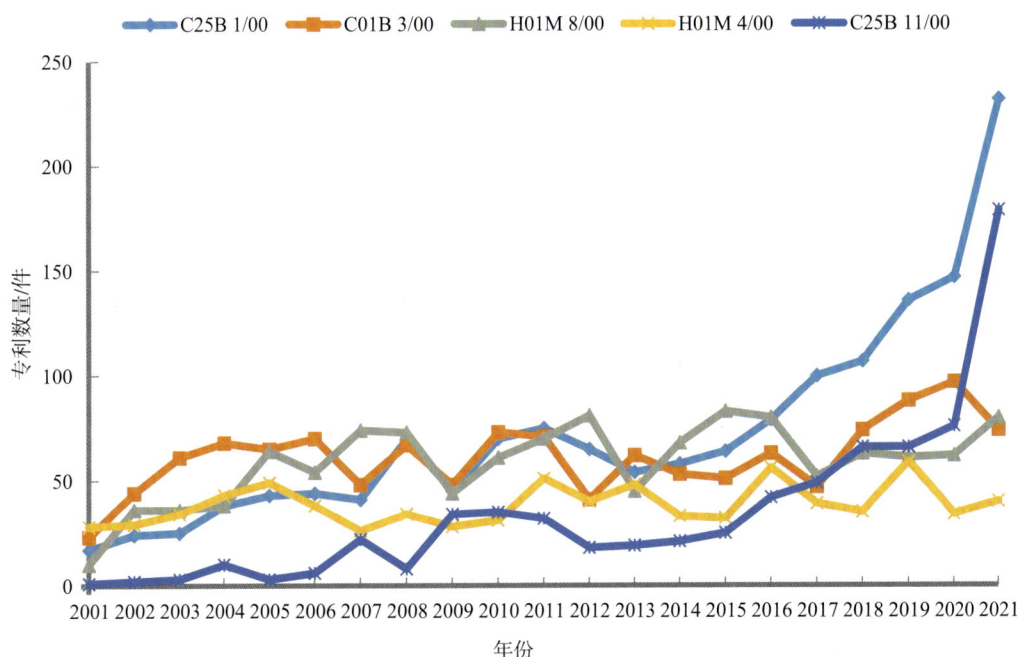

图 4.21　2001—2021 年绿氢 TOP 5 技术专利逐年分布情况

4.3.3　氢能最新技术进展

下面主要从 2019 年以来近 3 年的关键材料、技术工艺、核心设备等方面的突破列举一些氢能关键技术进展。

（1）关键材料

1）英国发现由氢化锰制成的新材料

2019 年，英国兰卡斯特大学的大卫·安东内利（David Antonelli）教授领导的一个国际研究小组发现了一种由氢化锰制成的新材料，可提供有效的储氢解决方案。这种新材料将用于制造燃料箱内的分子筛、储存氢气并与氢燃料系统中的燃料电池一起工作。这种称为 KMH-1（Kubas 锰氢化物 -1）的材料能够制作出比现有氢燃料更便宜、更方便和能量更密集的储罐，并且显著优于用电池给车辆供电。该材料的制造成本非常低，而且它能储存的能量密度远远高于锂离子电池。

2）美国研发出低成本的磷化钴催化剂

2019 年，来自美国斯坦福大学、美国能源部 SLAC 国家加速器实验室（SLAC National Accelerator Laboratory）及 Nel Hydrogen 氢能源公司的研究人员研发出低成本的磷化钴催化剂，并首次应用于商用聚合物电解质膜（Polymer Electrolyte Membrane，PEM）电解槽。这是朝着清洁化和大规模化制氢迈出的重要一步，弥合了数十年来实验室规模的非铂族（Non-Platinum Group，NPG）催化剂开发与商用规模电解槽运行之间的差距，为替代非铂族析氢催化剂的商业应用提供了参考。

3）新氢燃料净化膜

2021 年 3 月 9 日，《油气日报》报道，由日本名古屋工业大学岩本裕次教授领导的研究团队与法国研究团队合作，成功验证了一种能高效选择性地分离光电化学反应生产氢气的新型"聚碳硅烷"（PCS）膜，提供了一种有吸引力的氢气纯化技术。研究成果发表在《分离与纯化技术》杂志上。目前，在不同环境条件下从气体混合物（称为"合成气"）中有效分离氢气是一项挑战。研究团队首先开发了一种有机 - 无机杂化聚合物膜，该膜主要由在基于氧化铝（Al_2O_3）的多孔载体上形成的 PCS 聚合物组成。随后，在光电化学反应条件下对其进行了测试。研究结果表明，无论所提供的环境条件如何，PCS 膜均表现出有效的氢气分离效果。新型 PCS 膜的开发和示范应用，将会限制使用化石燃料，支持使用氢燃料，加快迈向氢基社会。

4）美国开发出一种高通量材料筛选法

2021 年 6 月，美国宾夕法尼亚州立大学、康奈尔大学和 NREL 组成的一个多学科研究团队展示了一种有效的筛选工艺，成功地实现了最大限度地提高太阳能发电氢燃料材料的发现率。该团队利用已知和预测材料的在线开放访问存储库，检查了材料工程数据库中列出的化合物，开发了一种高通量材料筛选的计算方法，将超过 70 000 种不同化合物的清单缩小到 6 种有希望的光催化剂候选物，以识别适合制氢过程的光催化剂特性材料，当将其添加到水中时可实现太阳能制氢过程。

5）日本研发出高效的亚胺钙（CaNH）负载的镍催化剂

2021 年 8 月，日本东京工业大学的科学家们开发出了一种高效的亚胺钙（CaNH）负载的镍催化剂，可以在比传统镍催化剂所需的温度低 100℃ 下分解氨，实现良好的氨转化，提高了催化性能。这种新催化剂更接近可持续地生产氢燃料的目标。研究团队发现，CaNH 的存在导致在催化剂表面形成 NH^{2-} 空位。研究人员还开发了计算模型并进行了同位素标记实验，以了解催化剂表面发生的情况。计算时提出了 Mars-van Krevelen 机制，该机制涉及氨吸附到 CaNH 表面，在 NH^{2-} 空位处活化，形成氮气和氢气，最后由 Ni 纳米颗粒促进空位再生。高活性和耐用的 Ni/CaNH 催化剂可以成功地用于氨氢转化。此外，该研究对催化机制的深入了解可用于开发新一代催化剂。

6）美国开发出新型催化剂

2022年2月，美国能源部艾姆斯实验室（Ames Laboratory）及其合作者开发出一种由氢和碳组成的新型催化剂，可以催化裂解液态有机载氢体（LOHCs）中的碳氢键，可以轻松高效地从储氢材料中提取氢气。该过程在温和的温度和正常的大气条件下进行，不使用金属或添加剂。这一突破提供了一个在运输和其他应用中采用氢燃料的新解决方案。

（2）技术工艺

1）英国实现低成本光解水制氢

2019年，英国巴斯大学（University of Bath）可持续化学技术中心成功开发了新的太阳电池并进行了实验，直接利用太阳能从水中分解制造了更便宜和更清洁的氢燃料。相比硅基太阳电池，钙钛矿太阳电池制造成本更低并且可以容易地印刷到材料表面。它们还可以在低光照条件下工作，产生比硅电池更高的电压，可以用于为设备供电，而无须插入电源。钙钛矿太阳电池产生的电压高于硅基电池，但仍然不足以单独用来分解水。为了解决这一问题，该团队通过增加催化剂以降低驱动反应所需的能量需求，实现了低成本光解水制氢。

2）英国使用零排放氢燃料电池来供热和发电

2020年9月，英国一个大型基础设施项目的建筑工地开始使用零排放氢燃料电池来提供足够的供热和发电，从而消除了对于柴油发电机的需求。该氢燃料电池系统将用于英国林肯郡的一个站点，该站点为维京环互连项目提供服务，至少有6～8个月不会并网，因此需要一个离网系统。该系统于2020年8月由西门子能源公司安装，其套件安装在一个运输集装箱内。工地内部已安装了可重复使用的管道，将热水输送到需要的地方，同时还安装了电池存储系统，以帮助提高效率并削平电力需求的峰值。

3）德国公司联合利用风能制氢

2021年3月，Salzgitter、Avacon和林德等3家公司宣布投产"Wind Hydrogen Salzgitter-WindH$_2$"项目，将利用风能制氢。这是德国此类唯一一个项目。WindH$_2$是Salzgitter公司SALCOS项目的核心组成部分，SALCOS是一个低CO_2炼钢技术项目。SALCOS使用可再生能源制氢，取代了以前冶炼铁矿石所需的碳。SALCOS正在运行的3座高炉将逐渐被直接还原装置和电弧炉的组合所取代。该方法旨在实现几乎无CO_2排放的长期钢铁生产。到2050年，钢铁生产的这种转变可以减少CO_2排放95%左右。

4）美国开发出一种新的水分解工艺

2022年1月，美国佐治亚理工学院（GTRI）的研究人员开发了一种新的水分解工艺和材料，可最大限度地提高生产绿色氢气的效率，使其成为工业合作伙伴负担得起且可获得的选择，这些合作伙伴希望将绿色氢转化为可再生能源储存，而不是传统的会造成碳排放的天然气制备氢气技术。

5）日本发现水解氢的新方法

2022 年 2 月，由日本 RIKEN 可持续资源科学中心（CSRS）中村龙平（Ryuhei Nakamura）领导的研究团队发现了一种从水中生产氢气的新的可持续且实用的方法。与目前的方法不同，新方法不需要昂贵或供不应求的稀有金属。相反，现在可以使用钴和锰这两种相当常见的金属来生产用于燃料电池和农业肥料的氢。

（3）核心设备

1）英国试验氢动力列车

2020 年 9 月，一列氢动力列车在英国英格兰西米德兰兹郡进行试验，成功完成了首次运行。这辆由伯明翰大学和波特布鲁克机车车辆公司（Porterbrook）的团队开发的 HydroFLEX 列车使用了氢燃料电池，它仅使用氢和氧气来发电、供热和供水。火车的一节车厢内安装了一系列的动力组件。这项技术包括一个氢燃料箱、燃料电池和锂离子电池。到 2023 年，这项技术有望能够用于改造已经投入使用的列车。试验中使用的列车是一个"演示装置"。在提到客户需求时，该公司还表示计划将 HydroFLEX 投入生产。这些试验得到了英国交通部 75 万英镑（约合 96 万美元）资助，而伯明翰大学和波特布鲁克机车车辆公司已经投入资金超过 100 万英镑。

2）日本推出世界上最大的制氢装置

2020 年 3 月 16 日，可再生能源世界网（Renewable Energy World）报道，日本的联合财团已经启动了福岛氢能研究计划（FH$_2$R），开发一种由可再生能源驱动的 10 MW 级制氢装置。FH$_2$R 位于福岛县，自 2018 年以来一直在建设中。该财团由新能源和工业技术开发组织（NEDO）、东芝能源系统与解决方案公司（Toshiba ESS）、东北电力有限公司、岩谷公司组成。FH$_2$R 使用的可再生能源波动很大，因此，FH$_2$R 将根据电网的供需进行调整，以便在建立低成本绿色氢气生产技术的同时最大程度地利用这种能源。FH$_2$R 在一个 18 万平方米的场地上使用 20 MW 的太阳能发电设施及来自电网的电力，在可再生能源供电的 10 MW 级制氢装置中进行水的电解，每小时生产、储存和供应氢气的能力（额定功率运行）高达 1200 Nm^3。FH$_2$R 产生的氢气还将用于为固定式氢燃料电池系统提供动力，并为机动设备、燃料电池汽车和公共汽车等提供动力。

3）德国推出第一款适合大规模生产的标准化电解槽

2022 年 3 月 1 日，德国 Enapter 清洁技术公司推出一种万能的绿氢生产解决方案：第四代阴离子交换膜电解槽（AEM Electrolyser）EL 4.0，旨在通过标准化太阳能模块，成功实现绿氢制取技术产业化、快速普及并降低成本，推动绿氢市场发展。EL 4.0 有交流、直流、风冷或水冷 4 种可供选择的版本，比以前的型号更轻、更小，且通过了 ISO 22734 认证。该技术结合了碱性电解槽的低成本材料的优点及 PEM 电解槽的紧凑尺寸与灵活性，标准化模块可堆叠并组合用于任何规模的项目，世界各地拥有 100 多个安装 EL 4.0 的集成合作伙伴，可推动从能源到交通、工业和建筑环境等各领域的脱碳。该设备尺寸为 482 mm × 635 mm × 266 mm，重量为 38 kg，使用 Enapter 的 EMS 完全自动化监控。该产品在市场推出前就已有 400 多份订单，2022 年由 Enapter 意大利比萨工厂生产，2022 年夏季批量生产首批交付，2023 年逐步实现 Enapter 的 EL 4.0 量产计划 10 000 个 / 月。

4）德国西门子交付第一辆氢动力列车

2022 年 3 月 15 日，西门子交通（Siemens Mobility）和巴伐利亚地区铁路（Bayerische Regiobahn，BRB）签署了创新原型车的租赁合同，标志着德国巴伐利亚的第一辆氢动力列车正在成型。氢动力列车是在西门子交通 Mireo Plus 平台的基础上开发的，可提供电池供电版本及传统的电力驱动版本。氢引擎驱动的主要部件是屋顶安装的燃料电池。最新一代两车氢动力列车组（Two-car Hydrogen-powered Trainset）于 2022 年春季向公众展示。该列车计划于 2023 年年中在奥格斯堡 – 福森（Augsburg-Füssen）等路线上进行测试。巴伐利亚地区铁路网络的最初试点运营计划为 30 个月。该列车预计于 2024 年 1 月正式投入客运服务。

5）德国开发了用于储氢的新型生物电池

2022 年 5 月 25 日，德国法兰克福歌德大学沃尔克·米勒（Volker Müller）教授领导的一个微生物学家小组，借助基因工程开发了潜在细菌储氢系统的模型：白天，细菌通过把光解水制取的绿氢与 CO_2 结合生成甲酸（该反应是完全可逆的，反应方向完全由起始材料和最终产物的浓度控制）；夜间，生物反应器中的氢气浓度降低，细菌开始再次从甲酸中释放氢气。在此基础上，研究人员利用细菌成功地开发出一种用于储氢的新型生物电池，利用细菌控制氢气的储存和释放。这是应对气候变化、寻找碳中性能源的重要一步。研究发现：这种新型生物电池将 CO_2 合成为甲酸及将甲酸分解的速率是有史以来最快的，是其他生物或化学催化剂的数倍；而且，与化学催化剂不同，细菌在 30℃ 和常压下进行反应，不需要稀有金属或高温和高压等极端条件。这为未来利用可再生能源进行储氢提供了切实可行的解决方案。研究成果已于 2022 年 5 月 20 日发表在《焦耳》（Joule）杂志上。

6）日本研发出新型传感器

2022 年 2 月，日本筑波大学（University of Tsukuba）系统与信息工程研究生院的科学家推出了一种新技术，可检测到氢燃料电池因水过量或不足而导致效率下降的时间。通过使用测量磁通量密度的传感器，可以无创地监测产生的电流量，发出问题信号。这项研究可能会产生新的技术，提高氢燃料电池可靠性，同时显著减少汽车的碳足迹。

7）日本丰田开发出便携式氢气罐原型

2022 年 6 月 2 日，丰田和其子公司 Woven Planet 研究一系列可行的碳中和途径，并看好氢能发展前景，已开发出便携式氢气罐（Hydrogen Cartridge）的工作原型，将在多地进行概念验证试验，从而促进氢能的日常运输和供应，为家庭内外的日常生活提供动力。

丰田和 Woven Planet 与日本 ENEO 株式会社一起致力于建立一个全面的氢基供应链，旨在加快和简化氢气生产、运输和日常使用。氢气罐具有以下特点：一是便携且成本低，原型尺寸为 400 毫米 ×180 毫米，重量为 5 kg，可在不使用管道的情况下将氢气带到人们生活、工作和娱乐中。二是方便更换且可快速充电。三是容量灵活，允许广泛的日常应用。四是小型基础设施，可满足偏远和未通电地区的能源需求，并在发生灾难时迅速部署。未来，丰田及其商业伙伴积极参与日本政府正在推动的一系列氢能研究，不断开发更多实用的氢气罐，继续提高其流动性及能量密度，促进氢能早期的安全采用，加快氢能更广泛的应用。

8）全球首列智慧氢能源市域列车下线

2022 年 12 月 28 日，中车长客股份公司联合成都轨道集团共同研制了具有自主知识产权的全球首列氢能源市域列车，该列车于成都中车长客生产基地下线。该列车采用"复兴号"关键核心技术，4 辆编组，最高时速 160 千米 / 小时，内置"氢能动力"系统，将为车辆运用提供强劲持久的动力源，可实现超长续航 600 千米。氢能源市域列车采用氢燃料电池和超级电容相结合的能源供应方式，替代原有接触网供电方案，能量由氢气和氧气在氢燃料电池中进行电化学反应产生，反应产物仅为水，无任何氮硫副产物，并且反应过程平稳，噪声小，因而具备环保、零碳的特征。该列车最大载客量将达到 1502 人（按 9 人 / 平方米）。在智能控制方面，车辆采用最高等级的自动驾驶技术，赋予车辆自动唤醒、自动启停、自动回库等智能行车功能。采用车 – 车通信系统，优化了车辆控制流程，极大地提升列车运行效率和安全可靠性。在智能监控方面，设置多个智能检测系统，数千个智能传感器，像带着随车医生，可随时自体检、自感知。此外，该车首次采用 5G 大容量车地通信，实现车地信息传输的多网融合，以大数据分析技术对列车运行状态进行评估，保障行车安全。在智能交互方面，应用 OLED 车窗、双曲面屏、超薄屏等智能化乘客信息显示技术，实现视频直播观看，出行信息查询；采用智能照明系统，可根据车外环境自动调节亮度及色温，提升乘坐体验。

5 燃料电池技术部署、研发与进展

    2022 年 6 月 7 日，燃料电池和氢能观察（Fuel Cell and Hydrogen Observatory，FCHO）发布《2022 年氢能和燃料电池发展报告》，该报告显示：受 2020 年全球疫情影响，燃料电池行业强劲反弹。2021 年，全球燃料电池系统出货量增长 75.7%，总计 2330.4 MW，其中发往欧洲的出货量从 2020 年的 149 MW 增至 2021 年的 197.8 MW，增长了 33%。2021 年，欧洲注册了 3885 辆新的燃料电池汽车，比 2020 年增加了 36%。2021—2022 年，在燃料电池技术、氢技术安全和测量协议等领域发布了 11 项新标准。未来几年，多项标准将被取代。2014—2021 年的全球专利数据显示了燃料电池行业研发活动的演变。专利总数有所增加，东南亚汽车公司专利申请最多，移动燃料电池专利申请的数量远远超过便携式和固定燃料电池[①]。未来燃料电池堆如图 5.1 所示。

图 5.1　未来燃料电池堆示意

5.1　燃料电池技术部署

（1）美国的燃料电池技术部署

    美国比较重视燃料电池技术的研发部署，主要表现在以下几个方面。

    首先，美国出台相关法律法规与政策，支持燃料电池技术的发展。2011 年 9 月，美

[①] Fuel Cell and Hydrogen Observatory.Hydrogen energy and fuel cell development report 2022［EB/OL］.（2022-06-07）［2022-12-07］. https://www.fchobservatory.eu/reports.

国国会通过《能源法》(*Energy Policy Act*，2005 年)、《能源独立和安全法案》(*Energy Independence and Security Act*，2007 年)及《美国复苏和再投资法案》(*American Recovery and Reinvestment Act*，2009 年)，呼吁开发燃料电池等清洁的能源技术。美国能源部(DOE)响应国会呼吁，正在与工业界、学术界和其他利益相关者合作应对这一挑战，根据相关法律授权，依法开发、推进和促进燃料电池(DOE 新兴清洁能源技术研发活动组合的一部分)等关键能源技术的广泛使用。根据《两党基础设施法》(*Bipartisan Infrastructure Law*，2021 年)，基础设施投资将支持新建、改造和扩建商业设施及制造示范和电池回收。该法授权投资 70 多亿美元来加强美国电池供应链，其中包括在不进行新的开采的情况下生产和回收关键矿物，并为国内制造业采购材料。此外，《两党基础设施法》(2021 年)还授权投资电动汽车充电器 75 亿美元、电动公交巴士 50 亿美元及清洁和电动校车 5 亿美元。2022 年 5 月 2 日，美国 DOE 宣布，DOE 能源效率和可再生能源办公室与由 DOE 组织结构调整新创建的制造和供应链办公室的首次合作，确保 DOE 有效实施《两党基础设施法》(2021 年)和《能源法》(2020 年)中规定的清洁能源投资。根据《两党基础设施法》(2021 年)获得资金 31 亿美元，用来支持美国生产更多的电池和组件，加强国内供应链建设，避免或减轻供应链中断，创造高薪工作，并帮助降低家庭成本。DOE 还宣布单独拨款 6000 万美元，以支持为电动汽车供电的电池的二次使用，以及将材料回收到电池供应链的新工艺。此次拨款旨在到 2030 年使电动汽车占美国所有汽车销量的一半[①]。

其次，制定能源发展战略，支持燃料电池技术发展。2011 年 9 月，美国 DOE 发布"氢和燃料电池技术研究、开发和示范的综合战略计划"(An Integrated Strategic Plan for the Research, Development, and Demonstration of Hydrogen and Fuel Cell Technologies)，启动美国 DOE "氢和燃料电池计划"，支持 DOE 战略计划中所述的 DOE 任务，并实现以下关键目标：目标 1 是促进国家能源系统及时、清洁和高效转型，确保美国在清洁能源技术方面的领导地位；目标 2 是保持美国在科学和工程领域的努力，将其作为经济繁荣的基石，在战略领域有明确的引领作用；目标 3 是建立一个可操作且适应性强的框架，将所有部门利益相关者的最佳智慧结合起来，最大限度地完成任务。由 DOE 协调(包括能源效率和可再生能源办公室、科学办公室、核能办公室和化石能源办公室等)开展活动，联邦实验室、大学、非营利机构、政府机构和行业进行项目实施、制订计划目标及确定优先支持领域，全面系统分析氢和燃料电池的优势，通过跨基础研究、竞争前的全方位活动解决氢和燃料电池面临的所有技术和非技术障碍，利用独立的系统集成来确保协调好计划的各个要素，并保证计划目标得到应用研发、技术验证和演示。该计划的研发战略保持了包容性、技术中立，同时在燃料电池研发、制造研发、技术验证、基础科学研究等特定技术领域和

---

① DOE.DOE Announces \$45 million to develop more efficient electric vehicle batteries [EB/OL]. (2022-05-03)[2022-05-05]. https://www.energy.gov/articles/doe-announces-45-million-develop-more-efficient-electric-vehicle-batteries.

应用中开展重点工作。其中，燃料电池研发旨在通过燃料电池堆和电厂部件平衡方面的进步，提高燃料电池系统的耐久性、降低成本和提高性能；制造研发致力于开发和展示先进制造技术与降低燃料电池系统成本的工艺；技术验证在部署之前演示和验证预商业化技术；基础科学研究旨在推进基础科学知识并实现突破，从而推动燃料电池的应用研发[①]。2014 年实施《全面能源战略》，强化部署研发燃料电池等技术，形成从基础研究、应用研发、示范到最终市场解决方案的完整创新链与产业链。2021 年 1 月，美国总统拜登就职后将气候安全提升到国家安全的战略高度，即刻宣布美国重返《巴黎协定》，确定了 2030 年美国温室气体排放较 2005 年水平减少 50% ~ 52%，2050 年实现碳中和的目标。为此，白宫发布了《国家气候战略》《迈向 2050 年净零排放目标的长期战略》等。一是在国际上重塑美国气候变化多边合作的全球领导力地位；二是在美国国内通过清洁能源投资和科技创新等一系列多领域的配套政策，加大燃料电池等清洁技术创新投资力度，大幅降低燃料电池等关键清洁能源的成本，大力倡导推动清洁电力生产，推动能源领域的绿色转型，实现全社会 2050 年净零排放目标，同时创造大量优质就业机会，重振美国经济。通过上述一系列能源战略的实施，美国不断扩大燃料电池的规模，实现关键技术新突破，构建美国新型清洁能源技术体系。

再次，实施一系列研发计划，加大燃料电池部署。美国 DOE 通过其能源效率和可再生能源办公室（EERE）、燃料电池技术办公室（FCTO）、化石能源办公室（FE）、基础能源科学办公室（BES）和先进能源研究项目（ARPA-E）、小企业创新研究（SBIR）/ 小企业技术转让（STTR）计划等支持燃料电池研发项目。一是实施多年研究、开发和示范（MYRD&D）计划。2003 年首次发布该计划，2005 年修订，2012 年进行了重大修订，以反映科学进步和不断变化的技术格局。对 MYRD&D 计划的任何修订均通过严格的变更控制流程。该计划主要研发用于运输、固定和早期市场应用的先进燃料电池技术，强调实现高效率和耐久性及降低燃料电池堆的材料与制造成本，主要包括开发成本更低、性能更好的设备系统平衡（BOP）组件，如空气压缩机、燃料处理器、传感器及水和热管理系统。该计划还支持开发实验诊断和理论模型，深化对反应机制的基本理解，并优化材料结构和技术配置，其目标是开发 65% 峰值效率的直接氢燃料电池运输电力系统，可实现 5000 小时的耐久性（最终 8000 小时），并在 2020 年前以 40 美元 / kW 的成本大规模生产（最终 30 美元 / kW）；开发利用天然气运行的分布式发电和微型热电联产燃料电池系统（5 kW），到 2020 年实现发电效率为 45% 和耐久性达 60 000 小时，设备成本为 1500 美元 / kW；到 2020 年开发中型热电联产系统（100 kW ~ 3 MW），实现发电效率为 50%、热电联产效率达 90% 和耐久性达 80 000 小时，天然气运行成本为 1500 美元 / kW，沼气运行成本为

① DOE.The department of energy hydrogen and fuel cells program plan［EB/OL］.［2011-09-10］. https://www.energy.gov/sites/default/files/2014/03/f12/program_plan2011.pdf.

2100 美元 / kW[①]。2018 年 1 月，美国 DOE 发布的《2017 年美国燃料电池各州发展状况报告》显示：DOE 一直与行业和地方政府合作，将演示和验证反馈给早期研发的技术应用（表 5.1），FCTO 基金已启用了美国氢和燃料电池专利 650 项，其中被私营企业商业化技术已有 30 多项，超过 75 项技术在未来 3 ~ 5 年内具有商业化潜力，这些都可以追溯到 FCTO 支持的研发项目[②]。

表 5.1　2017 年美国代表性州的燃料电池发展情况

州名	资助主题	资助详情	资助类型
亚拉巴马	材料处理设备	195 辆氢动力插塞式燃料电池叉车在梅赛德斯 - 奔驰工厂（万斯）运行	均为商业部署，由燃料电池制造商、大学 H_2/FC R&D、联邦研发资金、组件 / 服务供应商联合资助
	大型固定式燃料电池	2016 年末，燃料电池能源公司和埃克森美孚公司宣布在詹姆斯·M·巴里 2.7 GW 的发电站测试新型熔融碳酸盐燃料电池碳捕获技术	
	小型固定燃料电池	燃料电池为政府、公用事业、铁路和电信场所使用的设备提供可靠的备用电源	
阿拉斯加	小型固定燃料电池	为位于政府场所的几个远程无线电发射塔供电。一个燃料电池为基奈峡湾国家公园的冰川自然中心提供动力。该中心于 2003 年首次安装了燃料电池，并于 2012 年用 Altrex 公司生产的丙烷替代	政府部署
亚利桑那	材料处理设备	葡萄酒和烈酒经销商 Young's Market 在其凤凰城的新配送中心使用插电式燃料电池和氢燃料设备为工业车辆提供动力	材料处理设备为商业部署，小型固定燃料电池为商业与政府部署。由大学 H_2/FC R&D、联邦研发资金、组件 / 服务供应商资助
	小型固定燃料电池	燃料电池为 18 个 AT&T 站点提供备用电源；燃料电池为政府和铁路站点提供备用电源	
阿肯色	小型固定燃料电池	DOE 资助大学项目：阿肯色大学小石城分校 Tansel Karabacak 博士获得为期 3 年 50 万美元资助，开发用于交通应用的燃料电池。40 万美元来自美国 DOE 授予康涅狄格州联合技术研究中心的资助项目，该大学将增加配套资金 10 万美元	商业部署，由燃料电池制造商、大学 H_2/FC R&D、联邦研发资金、组件 / 服务供应商联合资助
加利福尼亚	燃料电池汽车	2016 年 1 月至 2017 年 7 月，加利福尼亚州出售或租赁了近 1500 辆燃料电池汽车	均为商业部署、政府部署及倡议 / 奖励 / 资金支持，由燃料电池制造商、大学 H_2/FC R&D、联邦研发资金、加氢站、组件 / 服务供应商及州联盟等联合资助
	加氢站	截至 2017 年 7 月，加利福尼亚州已开设 29 座零售氢气站。该州每年提供资金高达 2000 万美元，直到建成 100 座零售氢站	
	加氢站、燃料电池公交车	每天 19 辆燃料电池驱动的公共汽车在东湾区、科切拉谷、奥兰治县和加利福尼亚大学欧文分校运行，计划部署更多	

① OE.Fuel cell technologies office multi-year research, development, and demonstration plan-section 3.4 fuel cells［EB/OL］.［2022-11-15］.https://www.energy.gov/sites/default/files/2017/05/f34/fcto_myrdd_fuel_cells.pdf.

② DOE EERE.State of the states: fuel cells in America 2017［EB/OL］.（2018-01-12）［2022-12-12］. https://www.energy.gov/sites/default/files/2018/06/f53/fcto_state_of_states_2017_0.pdf.

续表

州名	资助主题	资助详情	资助类型
加利福尼亚	材料处理设备、加氢站	燃料电池叉车至少部署在可口可乐（San Leandro）、克罗格（Compton）、宝洁（Oxnard）、Sysco（Riverside）和温科食品（Modesto）运营的5个配送中心	
	其他燃料电池汽车、加氢站	洛杉矶和长滩的港口将测试来自Hydrogenics/Daimler和丰田的燃料电池驱动的drayage卡车，以及来自BAE/Kenworth、美国混合动力和TransPower的燃料电池系列扩展电动卡车，该项目已获得SCAQMD和DOE资助；UPS与DOE合作部署一辆带有燃料电池范围扩展器的电动运载工具，车辆将在萨克拉门托地区的日常运行中进行测试	
	大型固定式燃料电池	截至2017年8月2日，该基金资助固定式燃料电池近175MW，并安装或计划安装400多个系统，最近安装燃料电池的机构包括宜家商店、加利福尼亚州立大学圣马科斯分校、河滨地区水质控制厂、圣丽塔监狱和图拉雷污水处理厂	
	小型固定燃料电池	为电信、政府、铁路和公用事业场所提供备用电源	
科罗拉多	燃料电池汽车、加氢站	几个燃料电池汽车由位于Golden的国家可再生能源实验室（NREL）的工作人员驱动；2009年NREL在博尔德以南的国家风能技术中心开设第一座氢燃料研究站，这是风能制氢项目的一部分，研究通过风电电解生产可再生氢；2015年NREL开设一个700巴的氢燃料加油站，测试燃料电池汽车与基础设施部件和系统，并改进可再生氢生产方法；由通用汽车公司和陆军坦克汽车研究、开发和工程中心（TARDEC）开发的由燃料电池驱动的雪佛兰科罗拉多ZH$_2$原型车正在卡森堡进行测试	燃料电池汽车为政府部署，加氢站为政府部署及倡议/奖励/资金支持，材料处理设备为商业部署，小型固定燃料电池为商业部署和政府部署，由燃料电池制造商、大学H$_2$/FC R&D、联邦研发资金、组件/服务供应商及州联盟等联合资助
	材料处理设备、加氢站	零售食品连锁店克罗格在其斯台普顿配送中心经营着120辆插电式燃料电池叉车	
	小型固定燃料电池	为FAA位置的无线电功率发射器/接收器供电，为石油和天然气钻井现场的设备提供主电源，并为前端和电缆调制解调器终端系统提供备用电源	
康涅狄格	加氢站	液空集团已签订了哈特福德的氢燃料加油站长期租赁协议，该加油站将成为东北州氢燃料加油网络的一部分，该网络由丰田和液化空气集团在东北部开发	

续表

州名	资助主题	资助详情	资助类型
康涅狄格	大型固定式燃料电池	该州目前正在运行或计划运行 64 MW 以上的大型固定式燃料电池，包括在爱迪地区高中、康涅狄格州中部州立大学、哈特福德/帕克维尔微电网、宜家、米德尔顿高中、瑙加图克废水处理、新英国高中、新伦敦海军潜艇基地、辉瑞、谢尔顿高中和三一学院的燃料电池。其中包括来自康涅狄格州的燃料电池能源公司和斗山燃料电池美国公司，以及 Bloom Energy 的系统	加氢站为商业部署支持，大型固定式燃料电池为商业部署及倡议/奖励/资金支持，小型固定燃料电池为商业部署，由燃料电池制造商、大学 H_2/FC R&D、联邦研发资金、组件/服务供应商及州联盟等联合资助
	小型固定燃料电池	小型固定燃料电池为该州的电信设备提供备用电源	
特拉华	燃料电池公交车	特拉华大学校园每天都有用燃料电池驱动的公交车	商业部署，由燃料电池制造商、大学 H_2/FC R&D、氢供应商、联邦研发资金、组件/服务供应商等资助
	大型固定式燃料电池	德尔玛瓦电力公司在其两个变电站安装了 30 MW 的燃料电池，为大约 22 000 户家庭提供足够的电网电力	
佛罗里达	材料处理设备	联合天然食品公司（United Natural Foods）在其萨拉索塔配送中心经营 65 辆插塞式动力燃料电池叉车	材料处理设备为商业部署，小型固定燃料电池为商业部署和政府部署，由大学 H_2/FC R&D、联邦研发资金、组件/服务供应商等资助
	小型固定燃料电池	为全州的电信站点提供备用电源，包括 130 多个 T-Mobile/MetroPCS 站点；Sunrail 通勤列车网络使用太阳能燃料电池系统为佛罗里达州一个缺乏电网电力的安全信号设备供电；还为该州的政府场所提供备用电源	
佐治亚	燃料电池汽车	由通用汽车和陆军坦克汽车研究、开发和工程中心（TARDEC）开发的由燃料电池驱动的雪佛兰科罗拉多 ZH_2 原型于 2017 年在本宁堡进行测试	燃料电池汽车为政府部署，材料处理设备为商业部署，小型固定燃料电池为商业部署和政府部署，由燃料电池制造商、大学 H_2/FC R&D、组件/服务供应商等资助
	材料处理设备	燃料电池叉车在佐治亚州的两个配送中心运营：使用 157 辆燃料电池叉车的罗氏（罗马）和卡特（布拉塞尔顿）。燃料电池由插头供电；家得宝计划在其萨凡纳配送中心部署燃料电池叉车	
	小型固定燃料电池	总部位于亚特兰大的 SouthernLINC Wireless 正在其无线网络中的多达 500 个 LTE 站点部署氢燃料电池，其中包括乔治亚电力站点；联邦航空管理局利用燃料电池为两个远程发射器接收器（RTR）供电；为该州的铁路设备提供备用电源	

资料来源：DOE EERE.State of the states: fuel cells in America 2017[EB/OL].[2022-06-07]. https://www.energy.gov/sites/default/files/2018/06/f53/fcto_state_of_states_2017_0.pdf.

二是通过美国 DOE 先进能源研究计划（ARPA-E）。ARPA-E 除了设立特定领域主题研究计划外，还每 3 年开展一次开放式项目招标计划。OPEN 招标计划于 2009 年推出，旨在支持非共识探索研究和机会型探索研究，避免遗漏在主题研究领域之外的创新思想。2009 年第一轮开放式招标（OPEN 2009）资助了 1.67 亿美元，2012 年第二轮（OPEN 2012）资助了 1.3 亿美元，2015 年第三轮（OPEN 2015）资助了 1.25 亿美元，2018 年第四轮（OPEN 2018）资助了 1.99 亿美元，2021 年第五轮（OPEN 2021）资助了 1.75 亿美元。五轮 ARPA-E 资助都有燃料电池技术相关的项目[①]，每一轮代表性的 ARPA-E 资助项目如表 5.2 所示。

表 5.2　2009—2021 年五轮 ARPA-E 资助的代表性燃料电池项目

轮次	项目名称	资助项目数/个	资助金额/万美元
第一轮 OPEN 2009	电燃料	13	4800.0
第二轮 OPEN 2012	甲烷转化为电力和燃料	1	60.0
	甲烷制甲醇燃料：低温过程	1	80.0
	运输用中温燃料电池	1	210.0
第三轮 OPEN 2015	燃料电池汽车用无贵金属再生氢电极	1	279.0
第四轮 OPEN 2018	模块化超稳定碱性交换离聚物，实现高性能燃料电池和电解槽系统	1	170.0
	用于乙醇燃料车辆的金属支撑 SOFC	1	317.0
	新型聚合物增强可充电铝碱性电池技术	1	200.0
	用于 80～230℃ 燃料电池的稳定二酸配位季铵聚合物	1	290.0
	具有电纺 3D 结的双极膜	1	96.5
	采用新的空气 CO_2 去除技术的先进碱膜 H_2/空气燃料电池系统	1	198.0
第五轮 OPEN 2021	基于可扩展固体氧化物燃料电池的附加制造电化学芯片	1	154.0
	超高功率密度燃料电池用无离聚物电极	1	322.0

2022 年 2 月 14 日，ARPA-E 宣布启动第五轮开放招标计划（OPEN 2021），1.75 亿美元优先资助支持应对清洁能源挑战的新方法的高影响、高风险技术，共支持 68 个由 22 个州的大学、国家实验室和私营公司牵头的研发项目，燃料电池是其推进的广泛技术领域之一，其中卡内基梅隆大学获得 322 万美元资助，承担开发更高效的燃料电池项目，实现美国汽车电气化，为卡车和 SUV 提供低成本、高效率的燃料电池，确保美国在未来燃料电

[①] ARPA-E.Advanced research projects agency-energy annual report for FY 2019［EB/OL］.（2021-06-12）［2022-06-07］. https://arpa-e.energy.gov/sites/default/files/ARPA-E%20FY19%20Annual%20Report%20to%20Congress_FINAL.pdf.

池技术中的全球领导地位，并助力美国 2050 年实现净零排放目标[①]。

三是通过 DOE 的系列资助计划。①投资 3 亿美元进行可持续交通研究。2020 年 1 月 23 日，美国 DOE 副部长马克·W·梅内兹斯（Mark W. Menezes）在华盛顿车展上宣布，DOE 将投资近 3 亿美元，用于研究和开发可持续交通资源与技术。这项投资分为 3 个单独的资助机会公告（FOA）支持 DOE 的可持续交通目标，即确保随着运输系统的转变，消费者拥有成本低、清洁和高效的家用能源选择，从而为家庭和企业提供更多选择方式以满足他们的出行需求。每个 FOA 包含多个主题，这些主题将支持 DOE 的目标，即为消费者和企业提供一系列技术。能源效率和可再生能源办公室（EERE）将代表 3 个运输部门（车辆、燃料电池和生物能源技术办公室）发布 3 个资助 FOA。其中，与燃料电池有关的有两个主题：一是 FY20 车辆技术办公室（VTO）多主题资助 1.33 亿美元，由 DOE 的车辆技术办公室发布，该主题解决了先进电池和电气化的重点，先进的发动机和燃料技术，包括越野应用技术、轻质材料、新的出行技术（节能出行系统）；二是 H_2@Scale 新市场资助 6400 万美元，由 DOE 的燃料电池技术办公室（FCTO）发布，推进投资 DOE 的 H_2@Scale 计划的主题领域，将支持创新的氢概念，从而鼓励市场扩展并扩大氢生产、储存、运输和使用的规模，包括重型卡车、数据中心和钢铁生产[②]。②燃料电池技术孵化器计划。2014 年 3 月 5 日，能源效率和可再生能源办公室（EERE）的（FCTO）宣布启动"燃料电池技术孵化器计划"，支持燃料电池和氢燃料技术的创新。FCTO 旨在识别 FCTO 的战略计划或项目组合中尚未涉及的具有潜在影响的技术。预计将对显著推进 FCTO 使命的任何有影响力的想法"开放"，一些预期的特定领域包括不含铂族金属（PGM）的催化剂和膜电极组件、用于固定储能的基于燃料电池的电化学转换装置、完全创新的氢气生产和输送技术（包括软管、仪表、压缩机等）、突破性的低压储氢材料、氢基础设施（低成本、标准化撬装式氢燃料站的制造解决方案）及解决基础设施成本的改变游戏规则的商业模式 / 财务方法等[③]。③支持燃料电池专利技术。2018 年 1 月，美国 DOE 报告称，DOE 能源效率和可再生能源办公室内的燃料电池技术办公室资金已启用支持 650 项美国氢与燃料电池专利。此外，超过 30 项技术已被私营企业商业化，75 项技术在未来 3 ～ 5 年内具有商业

① DOE.DOE announces $175 million for novel clean energy technology projects［EB/OL］.（2022-02-14）［2022-07-12］. https://www.energy.gov/articles/doe-announces-175-million-novel-clean-energy-technology-projects.

② DOE.Department of energy announces nearly $300 million for sustainable transportation research［EB/OL］.（2020-01-23）［2022-07-12］.https://www.energy.gov/articles/department-energy-nnounces-nearly-300-million-sustainable-transportation-research.

③ DOE.EERE announces notice of intent to issue fuel cell technologies incubator: innovations in fuel cell and hydrogen fuels［EB/OL］.（2014-03-05）［2022-07-12］.https://www.energy.gov/eere/fuelcells/articles/ eere-announces-notice-intent-issue-fuel-cell-technologies- incubator.

化的潜力，所有这些都可以追溯到 FCTO 支持的燃料电池研发项目[1]。

四是通过 DOE 的小企业创新研究（SBIR）计划和小企业技术转让（STTR）计划对燃料电池技术予以支持。根据对 SBIR 和 STTR、技术转移办公室（TTO）资助项目的统计，2014—2020 年美国 DOE 能源效率和可再生能源办公室对燃料电池技术资助情况[2] 如表 5.3 所示。

表 5.3　2014—2020 年 DOE 的 SBIR 和 STTR 资助的燃料电池技术项目

年份	SBIR/STTR	阶段	主题	支持项目/个	合计金额/美元
2014	SBIR	I	用于废物运输的燃料电池－电动混合动力卡车原型及燃料电池电动卡车的演示	2	298 308.00
2015	SBIR/TTO	I	用于质子交换膜材料在线质量控制的交叉偏振近紫外检测器、用于公用事业或市政 MD 或 HD 斗式卡车的燃料电池－电池－电动混合动力车	2	596 616.00
	SBIR	II	基于成本效益高的铝化工艺的 SOFC 保护涂层、新型高性能水蒸气膜可提高燃料电池效率和降低成本	2	1 841 400.00
2016	SBIR/STTR	I	开发用于低于 80 K 制冷应用的低成本磁热纳米材料、开发下一代磁热材料	2	304 999.00
	SBIR/TTO	II	用于 PEM 材料在线质量控制的交叉偏振近紫外/可见光检测器	1	999 120.66
2017	SBIR	I	用于降低成本和质量 PEM 燃料电池的包覆成型板、个人消费燃料电池汽车的紧急加氢器	2	299 984.93
	STTR	II	用于磁热制冷的低成本合金	1	1 000 000.00
2018	SBIR	I	700 巴导热复合储氢罐、快速充注降温相变材料子系统、高效储氢智能储罐	3	449 937.52
	SBIR	II	个人消费燃料电池汽车的紧急加氢器、PEM 材料在线质量控制的交叉极化近紫外/可见光检测器	2	1 997 778.41
2019	SBIR/STTR	I	纳米结构质子交换膜，燃料电池用分段和块状碳氢离子对膜，改进的燃料电池用离聚物和膜，用于长期 H2 分配的高压低温复合喷嘴，用于高压的块体金属玻璃喷嘴的热塑性成型的低温氢燃料，薄膜氢传感器开发、测试和集成到低成本无线传感系统等	10	2 419 304.00
	SBIR/STTR	II	高效智能储氢罐，低成本磁热制冷合金	2	2 150 000.00

[1] DOE EERE.State of the states: fuel cells in America 2017［EB/OL］.（2018-01-12）［2022-12-12］. https://www.energy.gov/ sites/default/files/2018/06/f53/fcto_state_of_states_2017_0.pdf.

[2] DOE.FY14-20_SBIR-STTR_Awards［EB/OL］.［2022-06-10］.https://science.osti.gov/~/media/sbir/excel/FY14-20_SBIR-STTR_Awards.xlsx.

续表

年份	SBIR/STTR	阶段	主题	支持项目/个	合计金额/美元
2020	SBIR	I	通过利用海上风能和 PEM 电解协同效应降低 H_2 总成本、海上风力发电低成本制氢、用于海上风电制氢的 AEM 水电解槽、用于固体氧化物燃料电池的多变量、分布式、实时光纤传感系统等	9	2 096 285.00
	SBIR	II	用于燃料电池的改进的离聚物和膜,用于长期 H_2 分配的高压、低温复合喷嘴,用于检测氢燃料箱上碳纤维复合材料外包装损坏的车载监测方法,用于在线质量控制的 PEM 材料	4	3 369 846.00
合计	SBIR	I		30	6 465 434.45
	SBIR	II		12	11 358 145.07
		总计		42	17 823 579.52

由表 5.3 可见,2014—2020 年美国 DOE 能源效率和可再生能源办公室通过 SBIR 和 STTR 计划对燃料电池技术资助的项目总数为 42 项,费用总额约为 1782.36 万美元,其中第一阶段项目总数为 30 个,费用总额为 646.54 万美元,占总经费的 36.3%;第二阶段项目总数为 12 个,费用总额为 1135.81 万美元,占总经费的 63.7%。

五是通过美国 DOE 化石能源办公室支持固体氧化物燃料电池(SOFC)技术。2017 年 9 月 6 日,美国 DOE 化石能源办公室投入 1020 万美元资助 16 个项目,支持固体氧化物燃料电池原型系统测试和核心技术开发,为首个燃料电池系统开发可靠和强大的 SOFC 技术。应用研究项目将解决 SOFC 技术的成本和可靠性面临的技术问题,并对旨在验证这些问题的解决方案的集成原型系统项目进行现场测试[①],具体主题领域、研究对象、承担单位及资助金额等情况如表 5.4 所示。

表 5.4 2017 年 9 月美国 DOE 化石能源办公室资助 SOFC 情况

主题领域	研究内容	承担单位	资助金额/美元
SOFC 原型系统测试	LGFCS SOFC 原型系统测试:250 kW 集成 SOFC 系统,在一定环境下至少运行 5000 小时	LG 燃料电池系统公司(俄亥俄州北坎顿)	DOE:5 696 566;非 DOE:1 424 142
核心技术发展	作为固体氧化物燃料电池电极的核壳异质结构	波士顿大学(马萨诸塞州波士顿)	DOE:300 000;非 DOE:75 000
	耐铬中毒的自清洁阴极	波士顿大学(马萨诸塞州波士顿)	DOE:300 000;非 DOE:75 000

① DOE.DOE selects projects to advance solid oxide fuel cell technology [EB/OL]. (2017-09-06) [2022-07-06]. https://www.energy.gov/fecm/articles/doe-selects-projects-advance-solid-oxide-fuel-cell-technology.

续表

主题领域	研究内容	承担单位	资助金额 / 美元
核心技术发展	运行应力及其对基于 LSM 的 SOFC 阴极降解的影响	凯斯西储大学（俄亥俄州克利夫兰）	DOE：300 000；非 DOE：75 500
	用于耐用固体氧化物燃料电池的高活性和耐污染阴极	佐治亚理工学院（佐治亚州亚特兰大）	DOE：300 000；非 DOE：75 000
	ALD 稳定的纳米复合 SOFC 阴极的降解和性能研究	密歇根州立大学（密歇根州东兰辛）	DOE：300 000；非 DOE：77 763
	用于固体氧化物燃料电池的超高温阳极循环风机	莫霍克创新技术公司（纽约州奥尔巴尼）	DOE：299 055；非 DOE：74 764
	通过二次相形成提高镍基 SOFC 阳极的弹性和耐久性	蒙大拿州立大学（蒙大拿州博兹曼）	DOE：300 000；非 DOE：75 000
	SOFC 制造的高通量、在线涂层计量开发	Redox Power Systems（马里兰州学院公园）	DOE：299 984；非 DOE：74 996
	开发用于制造 SOFC 系统的可靠陶瓷组件的敏捷且具有成本效益的路线	圣戈班研发中心（马萨诸塞州诺斯伯勒）	DOE：287 217；非 DOE：71 804
	用于 SOFC 阴极侧接触应用的低成本、高耐用性、尖晶石基接触材料的开发和验证	田纳西理工大学（田纳西州库克维尔）	DOE：300 000；非 DOE：76 960
	固体氧化物燃料电池内部重整和热管理的先进阳极	康涅狄格大学（康涅狄格州斯托尔斯）	DOE：300 000；非 DOE：75 000
	通过原子层沉积实现纳米结构阴极的成本效益稳定	宾夕法尼亚大学（宾夕法尼亚州费城）	DOE：300 000；非 DOE：75 000
	用于实时监控的强大光学传感器技术	匹兹堡大学（宾夕法尼亚州匹兹堡）	DOE：300 000；非 DOE：83 957
	开发低成本、坚固耐用的阴极材料以支持 SOFC 商业化	南卡罗来纳大学（南卡罗来纳州哥伦比亚）	DOE：300 000；非 DOE：75 000
	按需设计显着提高 SOFC 性能和耐久性的阴极内表面结构	西弗吉尼亚大学（西弗吉尼亚州摩根敦）	DOE：300 000；非 DOE：77 177

六是通过推动燃料电池商业化项目，加快燃料电池技术成果转移转化。PNNL 技术跟踪 1976—2017 年的最新能源技术商业化项目，总计 527 个，通过整理，与燃料电池有关的商业化相关项目共计 20 个[①]，具体如表 5.5 所示。

---

① 来源：https://www.energy.gov/sites/default/files/2021-11/An%20Investigation%20of%20Innovative%20Energy%20Technologies%20Entering%20the%20Market%20between%202009%20-%202015%2C%20Enabled%20by%20EERE-funded%20R%26D_0.pdf.

表 5.5　2010—2017 年 PNNL 技术跟踪的燃料电池商业化项目一览

序号	年份	技术名称	实施单位
1	2016	燃料电池涡轮压缩机	霍尼韦尔国际股份有限公司
2	2016	低成本 3～10 kW 管状 SOFC 电力系统	Atrex Energy 股份有限公司
3	2016	燃料电池系统	Nuvera Fuel CellsLLC
4	2015	以可再生燃料为燃料电池为手机供电	Neah Power
5	2015	ANSYS Fluent：汽车电池计算机辅助设计工具（CAEBAT）	通用汽车公司（GM）
6	2015	新型催化燃料重整	InnovaTek 股份有限公司
7	2015	关键电池材料的工艺开发和放大	阿贡国家实验室（ANL）
8	2013	通过车辆电气化推进运输 -Ram 1500 PHEV	克莱斯勒有限责任公司（dba FCA US LLC）
9	2013	混合动力应用中的燃料电池技术	Nuvera Fuel Cells，Inc.（由歇斯里耶鲁集团全资拥有）
10	2013	插电式混合动力（PHEV）车辆技术进步	通用汽车公司（GM）
11	2012	便携式消费电子产品用硅基固体氧化物燃料电池	Lilliputian Systems 股份有限公司
12	2012	紧凑型多燃料固体氧化物燃料电池（SOFC）系统	技术管理股份有限公司
13	2012	膜电极组件用气体扩散电极的高速、低成本制造	巴斯夫燃料电池公司（股份有限公司）
14	2011	生物燃料固体氧化物燃料电池	SulfaTrap 股份有限公司
15	2011	燃料电池动力系统	Plug Power 股份有限公司
16	2011	质子交换膜电解制氢	质子现场（Nel ASA 独资）
17	2011	太阳能和燃料电池制造中的在线质量和过程控制	超声波技术公司（股份有限公司）
18	2011	低成本 PEM 燃料电池金属双极板	TreadStone 技术股份有限公司
19	2011	采用先进低成本膜的 PEM 电解槽	Enginer 股份有限公司
20	2011	新型热电联用燃料电池沼气净化吸附剂	SufaTrap，股份有限公司

可见，美国通过实施上述一系列燃料电池政策、科研资助项目，为美国燃料电池技术研发及其市场的稳健发展提供了强有力的资金保障与服务支撑。

（2）日本的燃料电池技术部署

日本非常重视燃料电池技术的研发部署。日本对燃料电池的研究始于 21 世纪 60 年代，当时大阪大学、京都大学、松下电器、三洋电机等大学和企业就开始研究碱溶液型燃料电池。为了开发能够替代石油的新能源技术，1980 年日本政府成立了新能源开发机构（NEDO），其为隶属于通产省的国立科研机构，1998 年将研究范围扩大到产业技术，燃料电池是其重要的研究课题之一，进入 21 世纪，日本更是持续支持燃料电池的研发。系统梳理日本关于燃料电池的部署，主要包括如下几个方面。

第一，日本制定燃料电池相关战略，支持燃料电池技术发展。2004 年 5 月 19 日，内阁经济咨询会议审议的《新产业创新战略》，将燃料电池产业列为国家重点推进的七大新兴战略产业之首。根据该战略，政府提出固体高分子型（PEFC）燃料电池到 2010 年要装备 5 万辆汽车，定置型燃料电池的总发电能力要达到 220 万 kW；到 2020 年，上述两个数字要分别达到汽车 500 万辆和发电能力 1000 万 kW，使国内市场规模达到 1 万亿日元[①]。2013 年 6 月，通过《科学技术创新综合战略》，要实现清洁、经济的能源系统，利用革新性技术扩大可再生能源供应，到 2030 年前提高固定式燃料电池的效率和耐用性。2013 年发布《日本再复兴战略》，把氢能上升为国家战略，2014 年进行了修订，呼吁建设"氢能源社会"，支持燃料电池发展。2014 年发布《氢能及燃料电池战略路线图》，明确 2025 年、2030 年和 2040 年 3 个阶段发展目标。2017 年发布《氢能源基本战略》，从交通、氢能供应、氢能应用 3 个方面提出了具体发展目标，计划 2050 年燃料电池汽车全面普及。2019 年 3 月，日本政府公布了《氢能与燃料电池路线图》，其中与燃料电池有关的主要措施是降低氢燃料电池汽车（FCV）价格，使燃料电池汽车与混合动力车的价格差距缩小到 70 万日元，2020 年实现燃料电池汽车产能达到 4 万辆，2025 年达到 20 万辆，2030 年达到 80 万辆[②]。2020 年 12 月 25 日，日本经济产业省发布《绿色增长战略》，提出到 2050 年实现碳中和目标，构建"零碳社会"：预计到 2050 年，该战略每年将为日本创造近 2 万亿美元的经济增长。为落实上述目标，该战略提出了汽车和蓄电池具体的发展目标与重点发展任务，未来 10 年大力推进电动汽车部署，强化动力电池、燃料电池、发动机等电动汽船相关技术开发，完成供应链、价值链等，制定了 2021—2025 年、2030 年、2040 年、2050 年燃料电池等产业具体的发展目标、重点发展任务、增长路线图等，并出台法律制度、预算、标准、金融、税收、公共采购等政策工具，推动燃料电池技术开发、示范及商业化应用。

第二，实施燃料电池支持计划，推动燃料电池技术研发。一是日本经济产业省确定启动了"2001 年后燃料电池长期开发计划"，指出未来将主要开发固体高分子型（PEFC）、熔融碳酸盐型（MCFC）及固体氧化物型（SOFC）等各种新型的燃料电池[③]。2003 财年，日本在纳米技术与材料领域启动"应用碳纳米管的燃料电池开发计划"，支持燃料电池研发。二是日本实施"氢燃料电池实证（Japan Hydrogen Fuel Cell，JHFC）计划"。JHFC 计划于 2004 年启动，其正式名称为"固体高分子燃料电池（质子交换膜燃料电池，PEFC）系统实证等研究，"其目标为：①当采用燃料电池汽车及氢能供应设备时，通过技术分析予以明确其获得怎样的节能效果与减少排放多少 CO_2；②当采用燃料电池汽车及氢能供应设备时，必须制定有关其使用安全性的标准、法规，通过该计划的实施获得有关安全性标准、法规的数据。③通过该计划的实施向全社会展示燃料电池及氢能的重要性，以吸引社会的重视，使民众获得启发。其特点是：①这是日本首次进行的实证实验；②通过同时运

① 王宏业 . 日本燃料电池研究进展［J］. 全球科技经济瞭望，2004（10）：59-61.
② 中华人民共和国科学技术部 .2020 国际科学技术发展报告［R］. 北京：科学技术文献出版社，2020：87.
③ 朱莉 . 日本燃料电池的长期开发计划［J］. 国际化工信息，2001（2）:25.

转各种燃料制氢的设备，对制氢性能作对比，这也是世界上进行的最早的相关实验；③该计划为国家级计划，由日本经济产业省支持并主导实施。日本燃料电池汽车引入计划包括3个阶段：第一期（2000—2005年），这是氢燃料基础性供应设施的建设与燃料电池汽车的技术性的实证试验阶段。第二期（2005—2010年）则进入实用性的初始阶段，到2010年燃料电池汽车投入应用5万辆。第三期（2010—2020年）则为扩大应用阶段，到2020年投入燃料电池汽车500万辆[①]。在由日本经济产业省支持的燃料电池计划中，日本汽车研究所（JARl）承担的燃料电池汽车的实车行驶试验及性能试验，由日本工程振兴协会（ENAA）承担的制氢及供应设备的建设与运行试验，成为JHFC计划的重要组成部分。三是实施系列"能源基本计划"，持续支持燃料电池技术。"能源基本计划"是日本中长期的能源政策指导方针。从2002年开始的日本第二期"科学技术基本计划"中，作为四大重点战略领域之一的环境领域是重要组成部分，燃料电池的研发得到经济产业省、国土交通省和文部省有关计划的重点资助。经济产业省、国土交通省等有关省厅2002年举行了"燃料电池实用化联络会议"，并从预算、政府采购，以及修改有关燃料电池管理的法律等方面促进日本燃料电池的开发。在2002年度的预算中，日本政府用于燃料电池的经费达230亿日元（合2亿美元），2002年由经济产业省正式推出"固体高分子型燃料电池和氢能利用基本计划"，其研究内容包括固体高分子型燃料电池发电性能、使用寿命、制造成本等基本技术，到2004年已投入482亿日元。2003年，日本第一次制定"能源基本计划"，此后历经多次修订。2014年，日本实施的第四期"能源基本计划"，将氢能定位为与电力和热能并列的核心二次能源，并提出建设"氢能社会"愿景。2018年7月3日，日本经济产业省公布了第五期"能源基本计划"，提出了面向2030年及2050年的能源中长期发展战略，未来发展方向是压缩核电、降低化石能源依赖度、举政府之力加快发展可再生能源、推进日本能源转型，其中提出全面实施《氢能基本战略》的相关政策措施，积极推进氢燃料发电、氢燃料汽车发展，推进"氢能社会"的构建[②]。2021年10月22日，日本内阁公布第六期"能源基本计划"，制定了到2030年温室气体排放量较2013年减少46%并努力争取减排50%、到2050年实现碳中和目标的能源政策实施路径，其中在交通运输领域进一步部署燃料电池汽车和卡车；在建筑领域，推动使用纯氢燃料电池等固定式燃料电池，进一步降低燃料电池制造成本[③]。

第三，通过补贴政策支持燃料电池发展。①政府设立"民用燃料电池补助金"制度对消费者进行补助。2009年，每台燃料电池汽车补助高达140万日元，随着技术进步和

① 石平宝. 日本氢燃料电池实证计划第一期实施报告总结［J］. 汽车与配件，2008（26）：32-35.

② 経済産業省. 第5次エネルギー基本計画［EB/OL］.［2022-03-10］. http://www.enecho.meti.go.jp/category/others/basic_plan/pdf/180703.pdf.

③ 経済産業省. 第6次エネルギー基本計画が閣議決定されました［EB/OL］.［2022-03-10］. https://www.enecho.meti.go.jp/en/category/others/basic_plan/pdf/6th_outline.pdf.

量产化及机器成本的降低，政府补助金每年不断下调，2014 年的固体高分子型燃料电池（Polymer Electrolyte Fuel Cell，PEFC）每台最多补贴 38 万日元。政府原计划 2015 年全面退出，但为进一步推广普及家用燃料电池，从 2016 年度开始又继续推行新的补助制度，补助设定基准价格和最高限价（包括设备费和安装费），促进厂家逐年递减市场价格。2016 年的基准价格设定为：PEFC 为 127 万日元，固体氧化物燃料电池（Solid Oxide Fuel Cell，SOFC）为 157 万亿日元；最高限价 PEFC 设定为 142 万日元，SOFC 为 169 万日元；低于基准价格的 PEFC 和 SOFC 补助金分别为 15 万日元和 19 万日元，高于基准价格但低于最高限价的 PEFC 和 SOFC 补助金减半，分别补助 7 万日元和 9 万日元，高于最高限价则不得进行补贴。各个地方政府对于本地消费者也有不同的补贴政策。②燃料电池汽车补助政策。2014 年 12 月，丰田燃料电池汽车在全球市场公开销售，车辆含税价格为 724 万日元。日本政府制定了"清洁能源汽车补助金"政策，每台补助车价差额的 2/3，其中丰田 Mirai 为 202 万日元，本田 Clarity 为 208 万日元。用户还可享受新能源汽车的减免税优惠，消费者实际购入价格约为 500 万日元。另外，自治地方对购入燃料电池汽车进行部分补助。东京都再另行补助日本政府补助额的一半，每台补助约 100 万日元；爱知县则另行补助日本政府补助额的 1/3，每台补助约 76 万日元[1]。这些补助政策推动了日本燃料电池汽车的发展。

第四，通过试点项目等加快燃料电池技术产业化步伐。日本经济产业省的能源厅实施了 2002—2005 年氢和燃料电池试点项目，旨在推进使用氢燃料的燃料电池汽车在公路行驶和供氢设施的试点实验。该项目 2003 财年的预算为 39 亿日元[2]。通用、戴姆勒、克莱斯勒、丰田、日产、本田、日本汽车研究所等企业和机构决定参与此项目。而日本工程振兴协会负责评估试点实验的数据。2009 年，日本发布《燃料电池汽车和加氢站 2015 年商业化路线图》，明确指出 2011—2015 年开展燃料电池汽车技术验证和市场示范。2020 年 10 月，日本新能源产业技术综合开发机构（NEDO）宣布将在 2020—2024 年间开展"燃料电池大规模利用的官产学研联合研发项目"，旨在整合政府、研究机构和产业界研发力量，开展联合攻关，解决燃料电池商业化应用面临的诸如耐久性、成本问题等一系列技术挑战，其中基础技术开发领域的主题重点围绕聚合物电解质燃料电池（PEFC）和固体氧化物燃料电池（SOFC）开展，以进一步提升上述两种电池的性能和耐久性，降低成本，以期在 2030 年后实现商用；在燃料电池多用途应用技术开发领域，除了常规的固定式发电、道路交通运输应用领域，NEDO 将联合相关的企业开拓燃料电池更多广阔的应用空间，如探索在船舶、航空领域的应用潜力。该项目的目标是在 2030 年后实现燃料电池的规模化商业应用，助力日本构建氢能社会，并强化日本在全球燃料电池市场的领先地

① 顾阿伦，孟翔宇，刘滨，等 . 氢能在日本能源发展战略中的地位与作用 [J]. 中国经贸导刊 ,2019(17): 35-37.

② 王玲 . 日本燃料电池研发的现状与进展 [J]. 全球科技经济瞭望，2006（7）：59-60.

位。2021 年 10 月，NEDO 宣布将在"燃料电池大规模扩展应用产学研协同攻关项目"框架下投入 66.7 亿日元支持 3 个子项目共 24 个研发主题，其中基础技术开发子项目重点开发 PEFC 技术；先进技术开发子项目重点开发 PEFC、SOFC 和储氢技术；燃料电池多功能应用技术子项目重点开发将燃料电池用于汽车、固定应用及更多用途的技术，将支持相关技术示范及创新的生产和检测技术。这些项目推进日本燃料电池研发以进一步增强日本的技术竞争力，建立稳固的全球市场领先地位。

第五，日本通过绿色创新基金支持燃料电池技术研发，降低燃料电池成本。在日本的 CO_2 排放总量中来自汽车的排放量占 16%，其中 40% 来自货运等商用车辆。为应对全球变暖，汽车电动化在全球范围内加速推进，卡车、客车、出租车等商用车的占用率高、能耗高、续航里程短、充电时间短。为推动日本电动汽车（EV）和燃料电池汽车（FCV）等电动汽车的商业化应用，NEDO 根据经济产业省和国土交通省制订的"研发／社会实施计划"支持"构建智能交通社会"项目。2022 年 7 月 19 日，日本绿色创新基金启动项目支持"构建与 EV/FCV 运行管理相结合的能源管理系统，打造智慧出行社会"，旨在通过开发能源管理技术、构建与运营管理相结合的能源管理体系，将"交通业务成本"和"社会成本"都控制在可接受的范围内，构建一个智能移动社会，实现整个社会和个体运输公司的能源使用与运营管理的优化，推动商用车电动化。该项目拟在 2022—2030 年投入预算 1130 亿日元，其中委托业务的上限为 110 亿日元，补贴业务的上限为 1020 亿日元。其研发内容包括：一是当商用电动汽车和燃料电池汽车普及时，研究和开发旨在优化能源利用、温室气体排放和运营路线的模拟系统，并验证其实用性；二是通过研发能源管理与交通运输企业运营管理相结合，推动电动汽车和燃料电池汽车的大规模商用[①]。

可见，日本通过出台燃料电池相关战略，实施燃料电池研发计划、补贴支持政策、试点项目及绿色创新基金项目等，多层次支持燃料电池技术的研究开发，强化了日本在燃料电池领域的研发优势，加快了燃料电池技术的发展。

（3）欧盟的燃料电池技术部署

欧盟一直重视燃料电池的研发部署，主要体现在如下几个方面。

第一，欧盟通过燃料电池相关战略支持燃料电池技术发展。2003 年，欧盟发布《氢能和燃料电池我们未来的前景》，制定了欧洲向氢经济转型的近期（2003—2010 年）、中期（2010—2020 年）和长期（2020—2050 年）3 个阶段的主要研发与示范路线图。2019 年 2 月 12 日，燃料电池和氢能联合组织（FCH JU）发布了"欧洲氢能路线图"，该路线图根据 17 个欧洲主要工业参与者的意见制定，将为大约 4200 万辆大型汽车、170 万辆卡

---

① 国立研究開発法人新エネルギー・産業技術総合開発機構. グリーンイノベーション基金事業、「スマートモビリティ社会の構築」に着手 [EB/OL]. （2021–11–19）[2022–07–29]. https://www.nedo.go.jp/news/press/AA5_101560.html.

车、25 万辆公共汽车和超 5500 辆列车提供燃料。2020 年，欧洲燃料电池和氢能联合组织发布《欧洲氢能路线图》，提出氢是卡车领域最有发展潜力的脱碳选择，到 2030 年将推广 4.5 万辆氢燃料电池卡车和巴士。

第二，欧盟通过系列框架计划对燃料电池技术开发提供了大量的研发支持。从第四个框架计划（1994—1998）到"地平线欧洲"（2021—2027），实施了 6 个连续资助计划，支持燃料电池研发，如表 5.6 所示。而"地平线欧洲"（2021—2027）是继欧盟第八个框架计划"地平线 2020"（2014—2020）后，欧盟将于 2021—2027 年落实的第九个国际性综合科技计划。

表 5.6　欧盟系列框架计划下燃料电池部署情况

年份	计划名称	主要部署
1994—1998	第四个框架计划	投入 5400 万美元，支持 35 个燃料电池项目，其中质子交换膜燃料电池研发获得资助最多，约 3000 万美元
1999—2002	第五个框架计划	投入约 3000 万美元，支持 10 个燃料电池项目
2003—2006	第六个框架计划	在能源领域投入 8.1 亿欧元，在地面交通领域投入 6.1 亿欧元，其中燃料电池研究作为优先发展领域，越来越重视燃料电池汽车示范项目，重点放在大量的运输应用上
2007—2013	第七个框架计划	预算为 9.4 亿欧元，项目持续了 6 年，完成了燃料电池第 1 阶段任务。该计划项目成功支持了基础研究、技术开发、燃料电池的示范活动，并获得了欧盟的广泛认可
2014—2020	第八个框架计划：地平线 2020	共投入约 770.28 亿欧元，比第七个框架计划的 505 亿欧元增加了 52.5%。其中燃料电池和氢领域欧盟与企业各投入 7 亿欧元，合计至少 13.3 亿欧元支持燃料电池技术
2021—2027	第九个框架计划：地平线欧洲	共投入 941 亿欧元，其中 2021—2022 年投入约 1500 万欧元将超高功率燃料电池完全集成到船舶设计中以提高多种燃料的效率；投入 1500 万～2000 万欧元资助电动汽车和燃料电池汽车的模块化多动力总成零排放系统

由表 5.6 可见，欧盟从 20 世纪末到 21 世纪前 20 年对燃料电池研发做出了持续部署，旨在研发燃料电池技术，抢占技术制高点。

第三，欧盟实施燃料电池与氢能联合行动计划项目，以支持燃料电池技术研发。2003 年，欧盟 25 国联合开展了《欧洲氢能和燃料电池技术平台》项目，针对氢能和燃料电池的关键领域进行重点攻关。2008 年，欧洲工业委员会和研究机构等发起了《燃料电池与氢能联合行动计划项目》（FCH JU），旨在制定和实施一项有针对性的研发计划，燃料电池主要专注的应用领域（AA）是：AA 3，用于供热和发电的固定燃料电池，用于高效、分布式和多样化的能源生产；AA 4，用于早期市场的燃料电池，以促进燃料电池和氢气的商业使用。此外，该计划还解决了法规、规范和标准（RCS）等交叉问题，这些问题对燃料电池技术部署和社会接受至关重要。2011 年，欧盟报告预计：2014—2020 年部门投资燃料电池总额约 179 亿欧元，主要用于实施 FCH 技术路线图并为早期市场应用提供支持，其中约 64 亿欧元专门用于研发和示范活动，同时需要 115 亿欧元的投资来支持市场应用活动，如表 5.7 所示①。

表 5.7　欧盟 2014—2020 年部门资助燃料电池项目资金分布情况　单位：百万欧元

	研发项目	示范项目	市场引入项目	合计
运输与加油	500	2171	9429	12 100
生产	330	492	984	1806
加氢站	1465	135	659	2259
早期市场	830	178	409	1417
法规、规范和标准	150	150	0	300
合计	3275	3126	11 481	17 882

这种投资应该在社会和私营部门之间共享，因此应用计划越接近市场，行业的财务份额就越大，表 5.8 显示了各主体对燃料电池资助的贡献。

表 5.8　欧盟 2014—2020 年部门资助燃料电池项目资金来源情况　单位：亿欧元

	研发项目	示范项目	市场引入项目	合计
工业	50%	约 50%	70%～90%	100～140
欧盟	30%～35%	30%～40%	10%～20%	25～40
国家 / 区域	国家计划	10%～20%	10%～20%	20～40
需要的新财政工具		√	√	

由表 5.8 可见，对于燃料电池研发和示范项目，通常会以赠款和补贴的形式寻求约 30%～50% 的 EC 资金，资助范围从应用研究到示范和灯塔项目。

2013 年，欧盟委员会资助 14 亿欧元启动了第二阶段（2014—2024 年）的《燃料电池与氢能联合行动计划项目》，目标是将燃料电池系统成本降低 90%，以及将燃料电池发电效率提高 1‰，力争可以利用可再生能源电力发展大规模制氢，以促进氢燃料电池汽车产业的发展。2015 年和 2016 年，欧洲氢能交通（Hydrogen Mobility Europe）投入 1.7 亿欧元先后启动了 H₂ME1 计划项目（2015 年 6 月至 2020 年 11 月）和扩建项目 H₂ME 2（2016 年 5 月至 2022 年 6 月），建造了新的加氢站，仅这两个项目就资助并分析了 37 座新的加氢站，以测试德国、法国、丹麦和英国的不同加氢网络增长战略，对欧洲氢燃料汽车的可

① Europa.Fuel cell and hydrogen technologies in Europe 2011: financial and technology outlook on the European sector ambition 2014– 2020 ［EB/OL］.［2021–09–10］. https://www.clean–hydrogen.europa.eu/ system/files/2014–09/111026%2520FCH%2520technologies%2520in%2520Europe%2520–%2520Financial%2520and%2520technology%2520outlook%25202014%2520–%25202020_0.pdf.

行性和竞争性进行评价分析，加快氢燃料汽车的使用。欧洲各地也部署了燃料电池汽车、面包车和卡车车队，以评估现实世界的使用情况。根据 2017 年欧盟的《燃料电池和氢能技术：欧洲迈向绿色世界之旅》报告显示[①]：到 2020 年，FCH JU 的目标是开发非常高效的燃料电池系统；继续在许多国家成功示范和推广燃料电池在家庭与企业中的应用，并提供更清洁的交通解决方案。展望 2030 年，在 FCH JU 的支持下，燃料电池汽车、公交车和发电机将成为许多人负担得起且方便的选择。考虑到欧洲 2030 年的气候和能源目标，燃料电池和氢气将为实现温室气体排放量减少 40%、可再生能源占欧洲能源需求的 27% 的目标做出重大贡献。到 2050 年，欧洲希望通过 FCH JU 的努力推动燃料电池汽车市场扩张并促进以燃料电池为动力的零排放运输发展。来自燃料电池发电机和氢气的零碳可再生能源将成为日常现实，推动完成 FCH JU 的绿色世界之旅。

第四，欧盟通过绿色创新基金支持燃料电池研发。该基金支持欧盟对气候中和转型所需的下一代技术进行新的投资，重点支持电池、风能和太阳能、电解槽、燃料电池和热泵等关键部件的制造，支持开发和首次部署技术与解决方案，使能源密集型行业脱碳，促进可再生能源和储能（包括电池储能和储氢）发展，并加强净零供应链，使具有先发优势的公司能够成为全球清洁技术领导者，并支持所有成员国展示其创新的零碳和近零碳技术并进入市场，从而实现广泛的复制推广。例如，根据欧盟委员会 2020 年 12 月 1 日第 C（2020）8188 号决定启动征集的首次小规模项目，2021 年 12 月 10 日，第一次小规模提案征集中选定资助项目 30 个，资助总额 1 亿欧元，还为 10 个被拒绝的小规模项目提供了项目发展援助，其中就有法国的 HyPush 项目，该项目首次在货运中实施并运营电池和燃料电池相结合的推进船[②]。

第五，欧盟重视燃料电池标准化工作，确保欧盟燃料电池技术的领先地位。①欧盟和美国推动燃料电池技术标准国际化。2013 年，欧盟联合研究中心同美国 DOE 阿贡国家实验室签署聚合物电解质燃料电池测试程序协议，标志着双方迈出了燃料电池技术标准国际化的第一步。协议的签署有利于双方在燃料电池测试技术与测试方法上的相互协调与标准化，扩大双方关于燃料电池技术的信息交流与数据交换，加速燃料电池技术的商业化应用进程[③]。世界上燃料电池主要存在两大类性能测试方法和五大类负荷曲线，包括占空比的耐久性测试方法。其中，美国以动态应力测试法为主。而欧盟以新欧洲驾驶循环模拟汽车功率测试法为主。仅不同测试方法很可能导致不同技术发展路线，包括国际燃料电池技术

① Office of the European Union. Fuel cell and hydrogen technology: europe's journey to a greener world［EB/OL］.（2017–05–17）［2021–03–16］.https://www.clean–hydrogen.europa.eu/ system/files/2017–11/2017_FCH%2520Book_webVersion%2520%2528ID%25202910546%2529.pdf.

② Europe Innovation Fund.List and description of projects awarded［EB/OL］.［2022–04–20］. https://climate.ec.europa.eu/ system/files/2021–11/policy_if_pre–selected_projects_en.pdf.

③ Anon. 美国和欧盟推动燃料电池技术标准国际化［J］.轻工标准与质量，2013（5）：63.

参数的对比交换，必将延迟燃料电池技术的商业化应用。欧盟和美国通过加强燃料电池这一战略能源新兴技术领域的科技合作，积极推动燃料电池技术标准的国际化。②欧盟开展燃料电池技术标准化项目。2014年，欧盟展开了一项针对固体氧化物燃料电池（SOFC）及固体氧化物电解池（SOEC）的能源技术标准化项目（SOCTESQA），旨在为SOFC和SOEC能源技术制定统一的标准，以促进燃料电池技术的发展。该项目主要由丹麦负责推进。SOFC通过电化学反应可将燃料中存储的能量直接转化为电能；SOEC可看作是SOFC的逆反应，可直接将电能转化为氢气，为后期发电供能。但长期以来由于缺乏统一的标准，阻碍了SOFC及SOEC技术的发展和商业化推广[①]。未来的能源系统将取决于能量转化效率及能量存储能力，尽管各国研究机构对SOFC及SOEC进行了多年的研究，但至今仍没有一个国际公认的标准。在此次项目中，丹麦研究机构将整合欧洲几十年来的高温固体氧化物燃料电池的研究、示范及测试经验，整理出一套具有更广泛应用价值的研究、测试流程标准。此项目已得到欧洲多个国际及机构的支持，涵盖了SOFC及SOEC的原材料、生产、测试及评估等部门，这对该项目的顺利进行提供了良好的基础。③欧盟标准化联合机构支持欧盟新标准化战略。2022年2月4日，欧洲标准化委员会（CEN）和欧洲电工标准化委员会（CENELEC）表示欢迎和支持新的欧洲标准化战略，重申加强欧盟标准制定方面的领导地位，以支持欧洲企业在人工智能、网络安全、氢能、电池等战略行业的全球竞争力，加快欧盟实现绿色和数字化双转型的伟大目标[②]。CEN和CENELEC成员将利用他们对ISO及国际电工委员会（IEC）的影响，制定一致的欧洲倡议，加强协调一致的影响力，发挥全球领导作用。

第六，欧盟成员国支持燃料电池研发。2006年，德国联邦政府发布了"燃料电池技术国家创新计划（Nationales Innovations Programm）"，2008年，德国联邦交通部又发布了促进该计划的实施方针。2009年，德国联邦政府为促进电动汽车应用和市场推广，制定了由联邦交通部重点负责的"电动汽车示范区项目"和"电动汽车展示项目"，这两个项目各选择4个地区作为电动汽车的示范推广区域[③]。截至2016年，该计划投资了14亿欧元用于燃料电池研究和工业推广，燃料电池已经达到了应用和市场开发水平，培育了燃料电池企业近500个。从2016年开始，该计划进入第二阶段（2016—2019），计划投资2.5亿欧元以促进燃料电池市场的培育、可再生能源生产氢气的研究和加油站加氢气设施的集成。2021年，德国联邦经济和能源部在燃料电池与氢技术研发方面推出新的"氢和燃料

① ANON. 欧盟展开燃料电池技术标准化项目 丹麦负责推进［J］. 电源技术，2014，38（12）:2206-2207.

② CEN-CENELEC. CEN and CENELEC welcome the new European standardization strategy［EB/OL］.（2022-02-04）［2022-05-10］. https://www.cencenelec.eu/news-and-events/news/2022/press-release/cen-and-cenelec-welcome-the-new-european-standardization-strategy/.

③ Bundesministerium fuer Verkehrunddigitale Infrastruktur. Foerderrichtlinie fuer das nationale innovations programm wasserstoff-undbrennstoffzellentechnologie［EB/OL］.（2015-03-02）［2020-09-21］. http://www.bmvi.de/SharedDocs/DE/Artikel/G/foerderrichtlinie-innovationsprogramm-wasserstoffbrennstoffzellentechnologie.html?nn=12830 7/.

电池技术国家创新计划（NIP）"，该计划拟提供资金超过 13 亿欧元，持续到 2025 年，其目标是支持燃料电池创新技术市场化，进一步开发尚未进入市场的创新技术，推动研发和市场激活措施，有针对性地解决工业需求，支持建设德国本土的燃料电池生产基地[①]。

（4）其他国家的燃料电池技术部署

首先，英国重视燃料电池研发。2021 年发布的《国家氢能战略》提出，将运输视为氢能产业的最大组成部分之一，2024 年前开展氢燃料电池重卡示范项目并逐步扩大在交通运输行业的使用，同时正在讨论研究非零碳排放的重型货运车辆淘汰机制。2021 年 3 月 30 日，英国商业、能源和工业战略部发布，英国政府拟投资 3000 万英镑促进电池和氢能汽车的发展。其主要内容包括：①政府拨款 940 万英镑用于 22 项研究，以开发创新的汽车技术，其中包括氢能汽车和锂萃取装置。②政府支持的法拉第研究所（Faraday Institution）将提供 2260 万英镑，用于对电池安全性和可持续性进行重要研究，主要研究内容包括：围绕扑灭锂离子电池火灾的最佳方法达成共识；通过调查锂离子电池中电池故障的根本原因来确保电池安全；研究提高固态电池安全性的长期潜力，并显著增加电动汽车充电后的行驶距离；回收和再利用电池，增加未来汽车供应链的可持续性。③政府支持"绿色工业革命 10 点计划"，到 2030 年逐步淘汰新汽油和柴油汽车，并促进领先地区的就业和技能，加速这些地区从新冠病毒流行病中恢复，推动绿色环保出行。

其次，韩国持续燃料电池研发。2003 年 8 月，韩国政府召开了由财政部、科技部、产业资源部等 12 个部门 163 位专家参加的"下一代成长动力战略产业报告会"，从市场规模、战略性、市场和技术发展变化趋势、国际竞争力、提高产业生产力效果等角度选出了下一代电池、下一代半导体、智能型家庭网络等十大战略产业，制定了下一代电池（包括无公害电池、燃料电池等）战略产业发展技术及支持措施，有计划地开发燃料电池的核心技术，提高燃料电池的生产能力和国际竞争力。2019 年，韩国发布《氢能经济发展路线图》，提出采取研发措施重点发展氢燃料电池汽车等，以求到 2040 年累计生产 620 万辆氢燃料电池汽车，建设 1200 座加氢站，使韩国氢燃料电池汽车和燃料电池的国际市场占有率达到世界第一；同时普及发电用氢燃料电池装置，使其发电量达到 15 GW，相当于韩国 2018 年全年发电总量的 7%～8%，普及家庭用及建筑用氢燃料电池发电装置，使其发电总量达 2.1 GW[②]。

综上所述，正是由于美国、日本、英国、韩国等国家或地区大力部署与支持燃料电池技术，才推动全球燃料电池技术的发展。

---

① 中华人民共和国科学技术部 .2022 国际科学技术发展报告［R］.北京：科学技术文献出版社，2022：162.
② 中华人民共和国科学技术部 .2020 国际科学技术发展报告［R］.北京：科学技术文献出版社，2020：87-88.

5.2 燃料电池技术研发

美国、日本、法国、英国、德国等主要国家比较重视燃料电池技术的研发，下面重点分析近年来主要国家燃料电池技术的研发投入状况。

（1）美国的燃料电池技术研发

美国的燃料电池技术研发投入自 2004 年约 9282.5 万美元递增到 2005 年的 23 560.1 万美元，又逐步递减至 2008 年的 21 342.4 万美元，2009 年增加到 25 595.2 万美元后再逐步递减到 2012 年的 7718.0 万美元，2013 年回增到 10 756.9 万美元后递减到 2015 年的 9353.9 万美元，美国燃料电池技术研发总体上呈现先增长后下降的发展态势（图 5.2）。

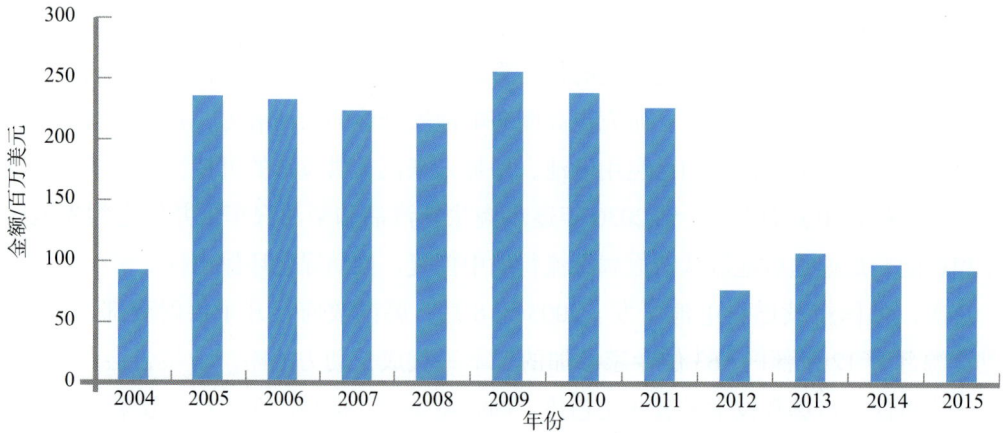

图 5.2   2004—2015 年美国燃料电池技术研发情况（根据 OECD 2021 年 9 月 22 日数据绘制）

2017 财年，美国能源部预算报告显示：2016 财年，燃料电池技术执行预算 3500 万美元，重点关注堆组件研发、系统和电厂组件平衡等领域，还提供资源快速推进开发燃料电池组件和系统制造的质量控制工具，旨在实现降低成本和提高燃料电池系统耐久性的目标，到 2020 年实现目标成本为 40 美元 / kW，耐久性为 5000 小时，相当于 15 万英里（1 英里 =1.609 千米）。2017 财年，燃料电池技术申请预算 3500 万美元，重点关注堆组件研发、系统和工厂组件平衡等领域。

2018 财年，燃料电池申请研发预算 1500 万美元，该子计划将停止或大幅减少低 PGM 催化剂的后期和较低优先级研究、工厂研发平衡及系统相关操作和性能验证，并将资金集中在远离市场的早期创新上，以获得足够的行业投资，如识别和测试无 PGM 催化剂的研究。

2019 财年，美国 DOE 申请燃料电池研发预算 1900 万美元，该计划专注于早期创新，如无 PGM 催化剂，并减少低 PGM 催化剂的工作、工厂研发平衡及系统相关操作和性能验证。该子计划还将减少对燃料电池性能和耐久性（FC-PAD）的资助，并鼓励工业界与国家实验室合作，利用其独特的资源和能力，将耐久性工作转移到工业界。该子计划将启动对膜、催化剂和电极等组件的早期研发，以优化它们，使其用于存储能量并根据需要发电的机组可逆燃料电池，以支持超越电池的技术。

2020 财年，美国 DOE 申请燃料电池研发预算 800 万美元，将专注于研发具有运输和交叉应用潜力的早期燃料电池组件。将更加重视轻型车辆以外的运输应用的研发，如中型和重型车辆、海运、铁路和航空。早期研究包括催化剂、膜、电极、燃料电池性能和耐久性等方面。资金将集中于研究，该行业要么没有技术能力，要么离市场太远，暂时还没有引起足够的行业关注。

2021 财年，美国能源部预算报告显示：燃料电池技术（原燃料电池研发）2020 年执行预算 2600 万美元，2021 年申请预算 800 万美元，将侧重于早期研发，以降低运输和交叉应用的成本，提高耐用性、效率和性能。努力使用人工智能技术、计算工具和高通量方法，以确定具有实现相关应用所需活性和耐久性的潜力的材料（如催化剂）。通过大幅减少所需的贵金属数量，推动该项研究工作配合关键矿物倡议中有关行动，将减少对铂和其他关键材料的依赖。该子项目将减少对燃料电池性能和耐久性（FC-PAD）的资助，后期工作将增加对私营部门的依赖。该子项目还将推迟可逆燃料电池的研发工作，直到前期启动的创新项目的反馈能够告知未来的研发方向。燃料电池研发更加注重系统和工厂研发平衡。

（2）日本的燃料电池技术研发

日本的燃料电池技术研发投入自 2004 年约 8793.5 万美元逐步递增到 2008 年的 14 503.2 万美元，随后逐步递减至 2011 年的 6319.2 万美元，后递增到 2013 年的 7883.0 万美元，随后递减至 2017 年的 4656.0 万美元，最后逐步递增到 2020 年的 9708.9 万美元，日本燃料电池技术研发总体上呈现先递增、后递减再递增的循环发展态势（图 5.3）。

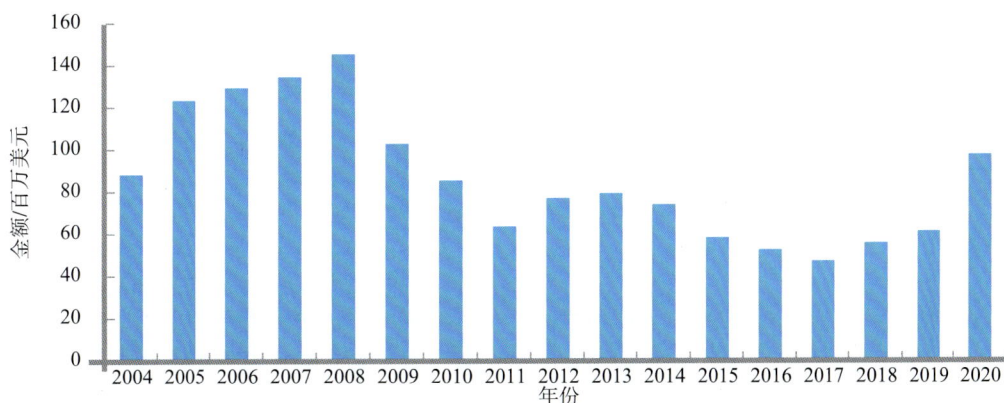

图 5.3　2004—2020 年日本燃料电池技术研发情况（根据 OECD 2021 年 10 月 27 日数据绘制）

（3）法国的燃料电池技术研发

法国的燃料电池技术研发投入自 2002 年约 2684.4 万美元快速增至 2005 年的 10 968.7 万美元，2006 年回落至 10 023.6 万美元，2007 年增至 10 538.5 万美元后先降低到 2008 年的 10 275.2 万美元，再快速地递减至 2012 年的 3712.4 万美元，2013 年回增到 4439.6 万美元后缓慢下降到 2020 年的 2210.9 万美元，总体上法国燃料电池技术研发投入呈现从快速递增到快速递减再到缓慢下降的发展态势（图 5.4）。

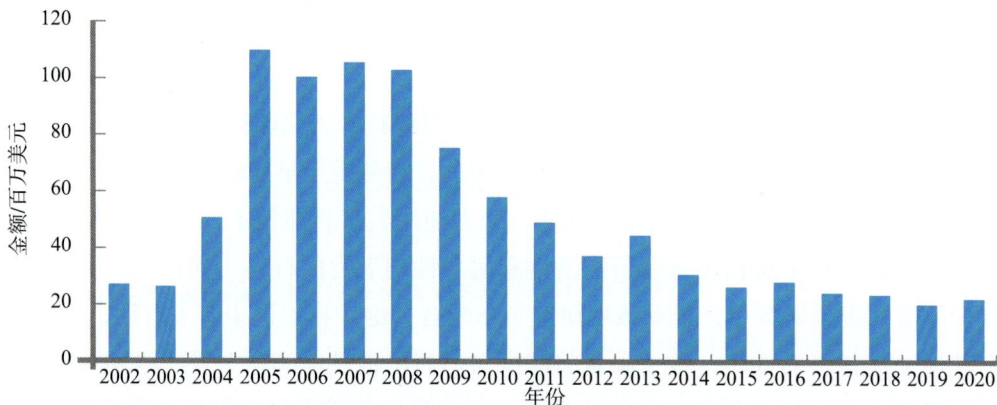

图 5.4　2002—2020 年法国燃料电池技术研发情况（据 OECD 2021 年 10 月 27 日数据绘制）

（4）英国的燃料电池技术研发

英国的燃料电池技术研发投入自 2004 年约 219.2 万美元递减到 2005 年的 164.2 万美元，2006 年快速递增到 1008.3 万美元，随后递减到 2008 年的 169.5 万美元，后快速递增至 2010 年的 2042.9 万美元，又递减至 2012 年的 1695.4 万美元，2013 年递增到最高点 2211.0 万美元后，快速递减至 2015 年的 740.5 万美元，缓慢增加至 2017 年的 913.3 万美元后，最后递减至 2020 年的 434.7 万美元。英国燃料电池技术研发总量总体上偏小，呈现出先递增后递减的发展态势（图 5.5）。

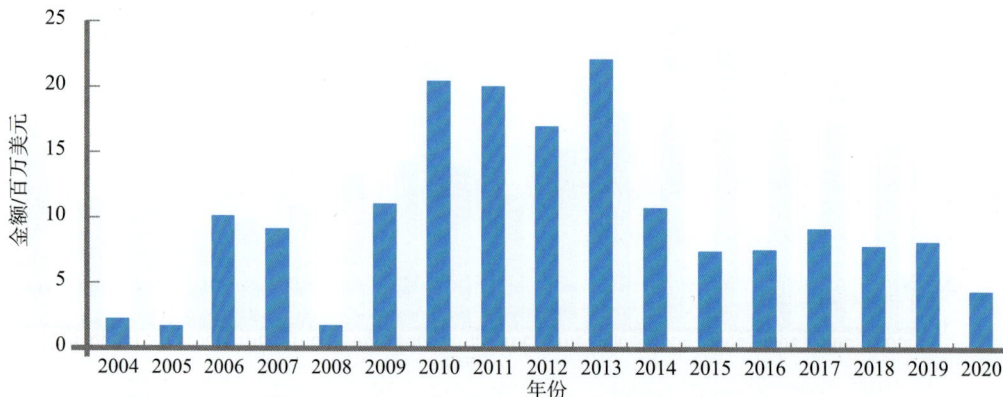

图 5.5　2004—2020 年英国燃料电池技术研发情况（据 OECD 2021 年 10 月 27 日数据绘制）

（5）德国的燃料电池技术研发

德国的燃料电池技术研发投入自 2004 年约 3729.5 万美元递减到 2005 年的 3086.4 万美元，较快递增到 2007 年的 4248.3 万美元，再递减到 2009 年的 3047.7 万美元后 2010 年回调至 3117.0 万美元，2011 年剧减至 397.8 万美元，快速递增到 2013 年的 2500.8 万美元后，递减到 2015 年的 2062.1 万美元，尽管 2016 年和 2017 年研发数据缺失，但 2018 年的研发投入仅有 509 万美元，2019 年研发投入较快增长到 2204.0 万美元，2020 年回落到 1981.1 万美元，德国燃料电池技术研发总体上呈现先下降后增长再下降的循环递减式发展态势（图 5.6）。

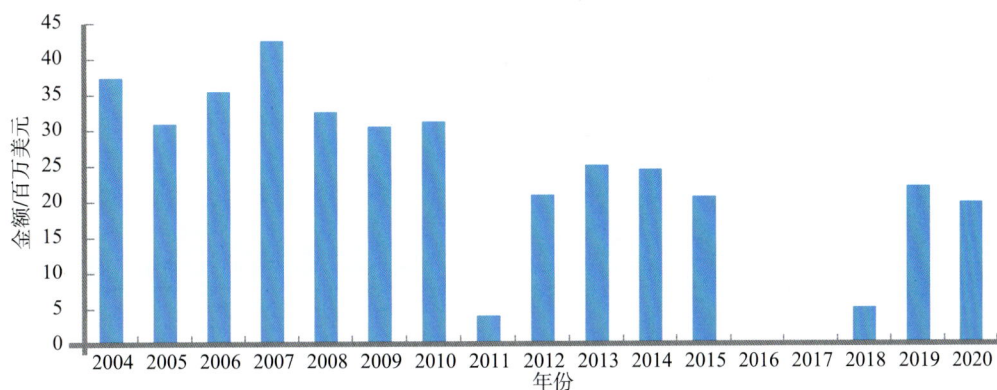

图 5.6 2004—2020 年德国燃料电池技术研发情况（根据 OECD 2021 年 9 月 22 日数据绘制）

（6）韩国的燃料电池技术研发

韩国的燃料电池技术研发投入自 2004 年的 2403.8 万美元递减到 2005 年 1962.0 万美元，快速递增至 2008 年的最高值 6850.4 万美元后递减至 2015 年的 2478.6 万美元，2016 年回增至 2851.6 万美元后又逐步递减到 2019 年的 1935.3 万美元，2020 年回增至 2897.7 万美元，韩国燃料电池技术研发资助总体上呈现先递增后递减的发展态势（图 5.7）。

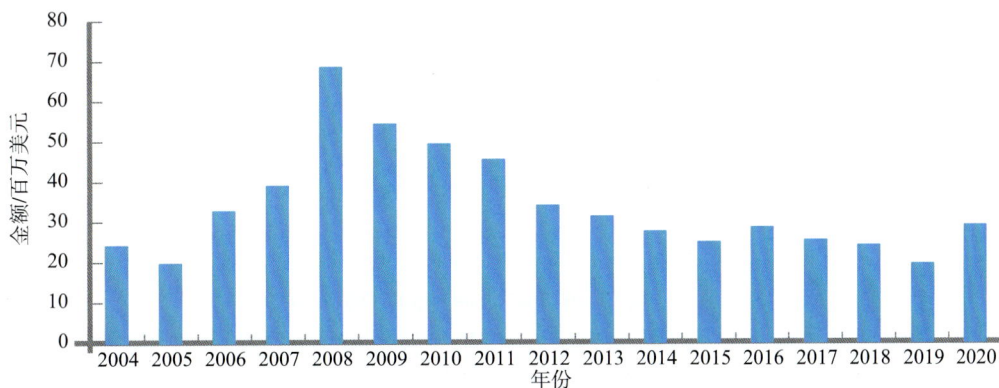

图 5.7 2004—2020 年韩国燃料电池技术研发情况（据 OECD 2021 年 9 月 22 日数据绘制）

（7）加拿大的燃料电池技术研发

加拿大的燃料电池技术研发投入自 2004 年约 1897.4 万美元递增到 2006 年的 3130.9 万美元，2007 年降至 1792.0 万美元后 2008 年剧增至 4944.1 万美元，递减至 2013 年的 711.5 万美元后，又逐步递增至 2017 年的 1039.3 万美元，2018 年降至 493.5 万美元后逐步递增到 2020 年的 629.0 万美元，加拿大燃料电池技术研发资助总体上总量不高，呈现先较快增长再较快下降后维持在较低的研发投入态势（图 5.8）。

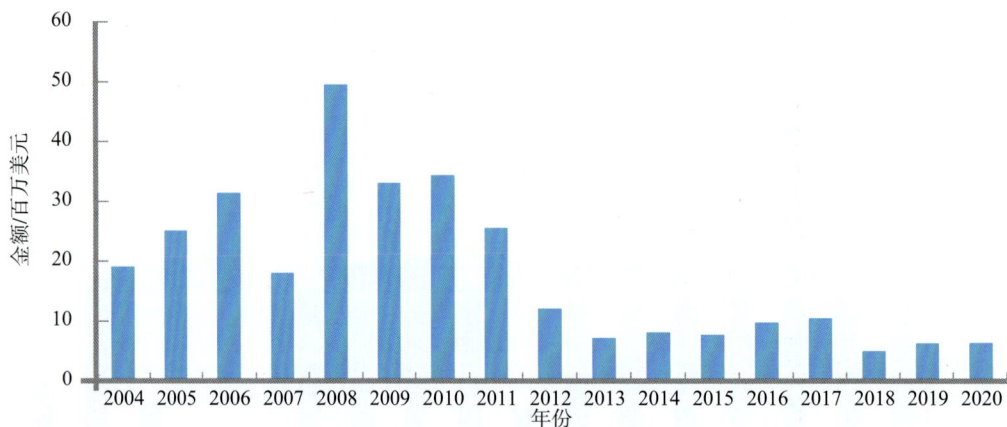

图 5.8　2004—2020 年加拿大燃料电池技术研发情况（根据 OECD 2021 年 9 月 22 日数据绘制）

（8）丹麦的燃料电池技术研发

丹麦的燃料电池技术研发投入自 2004 年约 1178.3 万美元快速递增到 2007 年 3516.3 万美元后，快速递减至 2010 年的 1384.0 万美元，又递增到 2012 年的 2727.0 万美元，2013 年减到 1225.9 万美元后又增至 2014 年的 2161.4 万美元，最后递减到 2020 年的 294.3 万美元，丹麦的燃料电池技术研发资助总体上总量不高，呈现先递增后递减、再递增又递减的发展态势（图 5.9）。

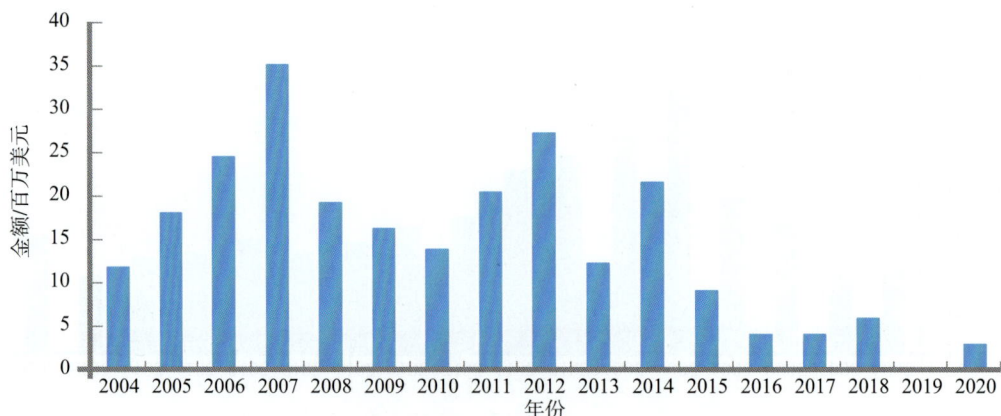

图 5.9　2004—2020 年丹麦燃料电池技术研发情况（据 OECD 2021 年 9 月 22 日数据绘制）

5.3 燃料电池技术进展

固体氧化物燃料电池（Solid Oxide Fuel Cell，SOFC）是按电解质类型作为划分依据的一种无卡诺循环，效率远高于其他发电设备，是以 CO_2 和水作为主要产物的电化学反应燃料电池装置。

SOFC 集效率、效能、环保和成本等优势于一身。一是 SOFC 发电效率和热电联供效率双高：自身发电效率接近 60%，在与热气轮机联用时效率更上一层楼，可达 80% 以上；余热温度高达 $400 \sim 600℃$，热电联供效率达 90% 以上。二是具备绿色环保可持续的特点：用水量仅占传统发电用水量的 2%。三是成本性价比优势明显：SOFC 适应性强易于模块化组装；燃料选用范围广（可使用天然气、煤制气、生物质气、甲醇等），且不需要贵金属催化剂，是一种具有应用前景的燃料电池。

5.3.1 SOFC 论文计量分析

论文数据不仅承载了基础研究成果等显性信息，而且还隐藏了重要的情报信息。在 Clarivate Analytics（科睿唯安，原汤森路透—知识产权与科技事业部）开发的信息服务平台 Web of ScienceTM 核心合集数据库选择 Science Citation Index Expanded（SCI-EXPANDED）、Social Sciences Citation Index（SSCI）和 Conference Proceedings Citation Index-Science（CPCI-S）3 种具有国际认可度的引文索引工具作为论文研究数据的来源，检索式为：(TI=（（SOFC*）OR（Solid NEAR/3 Oxide NEAR/3Fuel NEAR/3 Cell*）OR（Solid NEAR/2 Oxide NEAR/2Cell*）OR（Solid NEAR/1 Electrolyte NEAR/1 Fuel NEAR/1 Cell*）））OR（AK=（（SOFC*）OR（Solid NEAR/3Oxide NEAR/3 Fuel NEAR/3 Cell*）OR（Solid NEAR/2Oxide NEAR/2 Cell*）））OR（AB=（（SOFC*）OR（Solid NEAR/0 Oxide NEAR/0 Fuel NEAR/0 Cell*）））），限定时间范围为 2001 年 1 月 1 日至 2021 年 12 月 12 日，共命中 24 714 条相关记录。将社论材料、新闻、修订、书籍章节、信函等题材的相关记录剔除后，得到 24 491 条目标。以下对 SOFC 从全球论文年度发表数量变化趋势、主要论文发表国家、全球主要论文发表机构、主要高被引论文和主要研究热点进行文献计量分析。

（1）全球 SOFC 论文年度发表数量变化趋势

2001—2021 年，SOFC 领域相关的文献数量年度分布如图 5.10 所示。

图 5.10　2001—2021 年 SOFC 全球论文逐年分布情况

　　由图 5.10 可见，2003 年增长速度最快，为 64.19%，2007 年发文量为 1175 篇，首次突破 1000 篇，2011 年发文量达到近 20 年的最大值 1811 篇。按照变化趋势，20 年间的文献数量发表情况可以分为两个阶段。

　　第一阶段，SOFC 快速增长期（2001—2009 年）。该阶段有关 SOFC 的发文量迅速攀升，表明科研工作者对于 SOFC 的关注度持续升温、基础研究不断加强。一方面，进入 21 世纪，化石能源危机日益凸显，燃料电池具有使用可再生能源、将化学能转换为电能、无污染、可移动等特点，是未来可替代能源的一种解决方案，备受各国关注；另一方面，随着经济社会不断发展，世界各国对能源的需求日益增大，同时也面临着严重的环境问题，燃料电池作为一种副产物只有热、电和水的清洁能源，受到全球各国的高度关注，从而加速了燃料电池研究的快速升温。

　　第二阶段，SOFC"欣欣向荣"期（2010—2021 年）。本阶段 SOFC 经历了快速发展期后，进入一段相对稳定的高速发展期，论文发表量在 1560 篇附近波动。一方面，在经历多年的基础研究后，该领域已在材料、电解质、技术和方法等方面积累了一定的基础研究成果，于 2011 年达到了发文量峰值 1811 篇；另一方面，随着 SOFC 研究的不断深入及支持政策和研发技术的不断突破，研究进入持续攻关阶段，论文发表量持续处于 1360 篇左右。可以预见，随着 2020 年全球"双碳"战略的提出，有关 SOFC 的研究未来可能迎来新一轮的高潮。

（2）SOFC 主要论文发表国家

　　一个国家的科研项目投入占比反映了其对科技创新的重视程度和综合国力水平，论文作为基础研究产出在一定程度上代表了该国对某项技术的掌握程度和话语权。图 5.11 是对 2001—2021 年 SOFC 论文发表数量 TOP 10 国家的可视化呈现，横坐标表示该国在全球国家中的排名，纵坐标是其近 20 年的总发文数量。

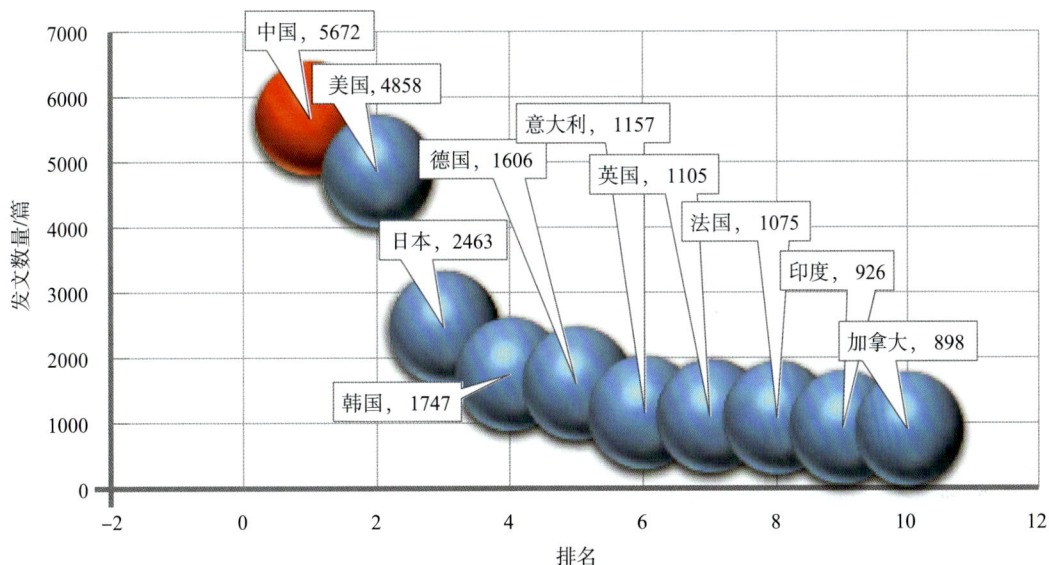

图 5.11 2001—2021 年 SOFC 论文发表数量 TOP 10 国家

由图 5.11 可见，2001—2021 年 SOFC 论文发表数量 TOP 10 国家有中国、美国、日本、韩国、德国、意大利、英国、法国、印度和加拿大。可以看出，前十国家之间发文量也有明显的差别，可以将其分为 3 个梯队。一是中国、美国为第一梯队。中国、美国发文数量遥遥领先，分别达到 5672 篇、4858 篇，位列第一、第二，约是第 3 名日本发文数量的 2 倍。二是日本、韩国等为第二梯队。日本、韩国、德国、意大利、英国和法国发文数量在 1000 篇以上 2500 篇以下，排名为第三至第八。三是印度和加拿大为第三梯队，发文数量分别是 926 篇和 898 篇，位于第九和第十。从区域分布角度来看，前 10 名国家主要分布在亚洲、欧洲和北美洲，其中，位于亚洲的国家有 4 个，分别是中国、日本、韩国和印度；位于欧洲的国家有 4 个，分别是德国、意大利、英国和法国；位于北美洲的国家有 2 个，分别是美国和加拿大。从经济发展水平来看，可以把前 10 名的国家分为两类：第一类是包括美国、日本、韩国、德国、意大利、英国、法国和加拿大在内的发达国家；第二类是以中国和印度为代表的发展中国家。

位于亚洲地区的发展中国家的中国以 5672 篇的发文数量排名世界第一，超过了众多发达国家，表明中国在 SOFC 基础研究上成绩斐然。笔者以为有如下两点原因：一是能源需求大，促使中国加速对于可替代清洁能源的研究。目前，中国人口大约有 14 亿人，世界总人口约 65 亿人，占比约为 21.5%，中国仍然是世界第一人口大国，对于能源的需求在一定程度上倒逼 SOFC 等清洁能源技术研究的快速发展。二是足量的基础研究平台正向推动了 SOFC 基础研究的高速增长。教育部发布的《2021 年全国教育事业发展统计公报》数据显示，全国共有各级各类学校 52.93 万所，其中高等学校 3012 所，可培养研究生的科研机构 233 所；来自高校及科研院所的科研工作者就 SOFC 的研究对于中国相关文献发文数量提升做出了贡献。

（3）SOFC 技术全球主要论文发表机构

机构关于 SOFC 技术的论文发表数量在一定程度上体现了其技术关注度。图 5.12 呈现了 2001—2021 年 SOFC 全球论文发表数量排名前 15 位的机构。中国的中国科学院、中国科学技术大学、哈尔滨工业大学、华中科技大学及南京理工大学等 5 家机构上榜，分别排名第一、第六、第十一、第十三和第十四，中国科学院以发文量 1319 篇傲居机构发文量榜首。德国赫姆霍兹研究中心协会和德国尤里希研究中心 2 家机构，分别排名第三和第七；2 家法国机构是法国国家科学研究中心和法国研究型大学 UDICE，分别排名第四和第八；2 家日本机构是日本先进工业科学技术研究所和日本九州国立大学，分别排名第十和第十五；1 家美国机构是美国能源部，排名第二；1 家丹麦机构是丹麦科技大学，排名第五；1 家英国机构是伦敦帝国理工学院，排名第九；1 家西班牙机构是西班牙国家研究委员会 CSIC，排名第十二。

SOFC 发文量全球前五的机构分别是中国科学院、美国能源部、德国赫姆霍兹研究中心协会、法国国家科学研究中心和丹麦科技大学，其中只有中国科学院和美国能源部突破 1000 篇。

图 5.13 刻画了全球排名前五的机构在 2001—2021 年 SOFC 发文数量趋势变化情况，可以发现 5 家机构的发文数量变化趋势基本相同，波动变化的同时又各具特色。

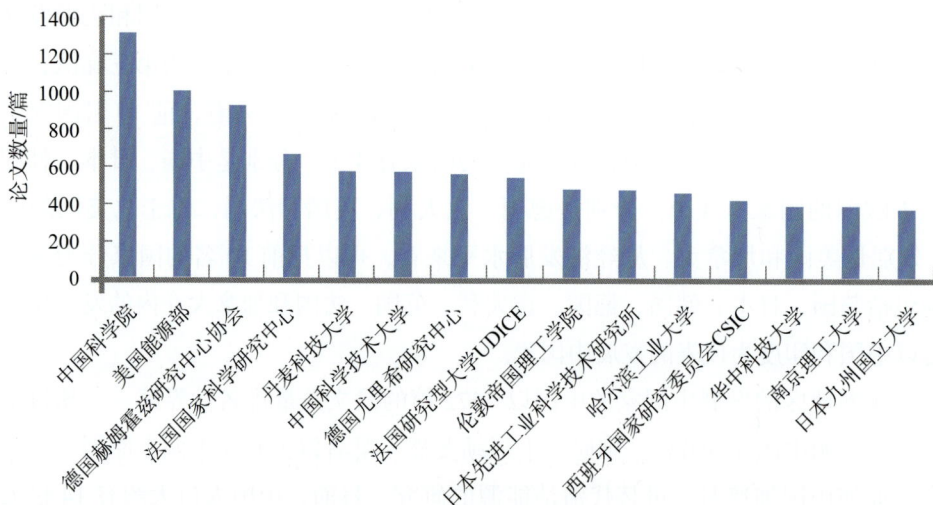

图 5.12　2001—2021 年 SOFC 全球论文发表数量排名前十五的机构

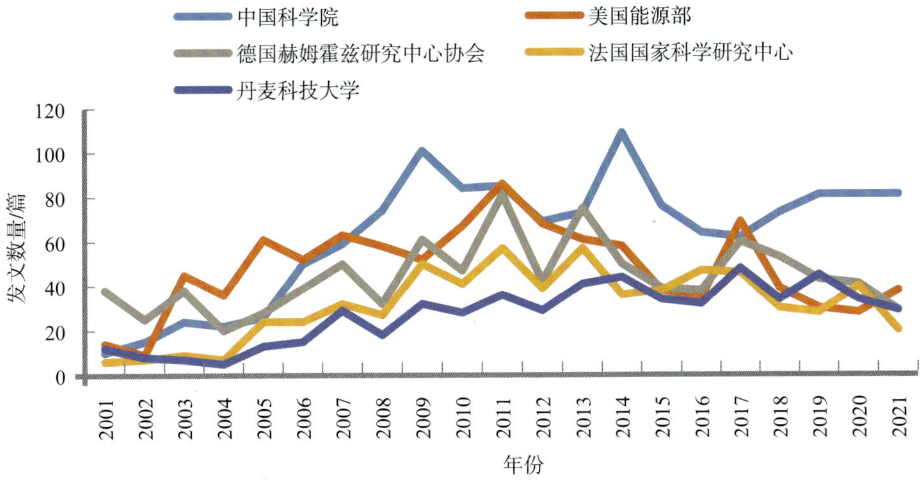

图 5.13　2001—2021 年 SOFC 排名前五的机构发文数量趋势变化情况

由图 5.13 可见，首先，中国科学院年 SOFC 发文数量从 2001 年的 10 篇持续增长到 2009 年的 101 篇，迎来第一波高峰；2010—2012 年，发文量有所回落；2013—2014 年，持续增长至 109 篇迎来第二次波峰；之后至 2017 年又持续回落至 62 篇；2018—2021 年，保持相对稳定，每年发文数量为 81 篇。

其次，美国能源部 2001—2007 年 SOFC 发文数量呈现出隔年"一降一增"的循环上升趋势，由 2001 年的 14 篇下降到 2002 年的 9 篇，2003 年增至 45 篇，2004 年降至 36 篇，2005 年 61 篇，2006 年 52 篇，2007 年又增至 63 篇；2008 年、2009 年分别降至 58 篇、52 篇，2010 年、2011 年又分别增至 67 篇、86 篇，2011 年发文数量达到最大值；2012—2016 年连续 5 年持续走低，由 2012 年的 68 篇下降到 2016 年的 38 篇；2017 年回升到 68 篇后又持续走低，2020 年仅有 28 篇，2021 年又增至 38 篇。

最后，德国 SOFC 的研发能力高于法国与丹麦。德国赫姆霍兹研究中心协会、法国国家科学研究中心和丹麦科技大学 3 家研究机构 SOFC 发文量趋势线基本一致，区别在于首年德国赫姆霍兹研究中心协会年发文数量最多，为 38 篇，而法国国家科学研究中心首年发文数量最少，仅为 12 篇。

（4）SOFC 技术主要高被引论文

高被引论文在关注度、认可度和权威性上具备一定优势，是一个非常重要的科研指标。表 5.9 列出了 2001—2021 年 SOFC 全球排名前十（TOP 10）的高被引论文，其中：有一半出自美国，合计被引用次数分别为 2564 次、1861 次、1664 次、1025 次、998 次；两篇出自英国，合计被引用次数分别为 1298 次和 1051 次，其余 3 篇分别出自德国、印度和意大利，对应被引用次数分别为 1740 次、1500 次和 1138 次。

表 5.9　2001—2021 年 SOFC 全球 TOP 10 高被引论文

序号	论文题目	关键词	机构	作者	国别	发表年份	合计被引次数/次
1	A High-performance Cathode for the Next Generation of Solid-oxide Fuel Cells	Oxygen Permeation; Membranes;Electrolyte;Stability	California Institute of Technology	Shao ZP; Haile SM	USA	2004	2564
2	Factors Governing Oxygen Reduction in Solid oxide Fuel Cell Cathodes	Yttria-stabilized Zirconia; Sr-doped LAMNO$_3$; Temperature Coulometric Titration; Surface Exchange Coefficients;Anodic Polarization Phenomena;Reference Electrode Placement; Chromium-containing Alloy;Ion Conducting MembranesVapor-phaseProcesses;Double-layer Cathodes	Department of Chemical Engineering, University of Washington	Adler SB	USA	2004	1861
3	Proton-conducting Oxides	Conductivity; Diffusion; Perovskite; Fuel Cell; Methane Reforming; SOFC; Separator; BaZrO$_3$	Max Planck Inst Festkorperforsch, Germany	Kreuer K D	Germany	2003	1740
4	Lowering the Temperature of Solid Oxide Fuel Cells	High-performance; Bilayer Electrolytes; Anode Materials; Ion Conductors; Sofc Cathodes; It-sofc; Conductivity; Ceria; Microstructure; Perovskites	Univ Maryland, Energy Res Ctr USA	Wachsman Eric D; Lee Kang Taek	USA	2011	1664
5	A Review on Fundamentals and Applications of Electrophoretic Deposition (EPD)	Yttria-stabilized Zirconia; Oxide Fuel -cells; Electrochemical Vapor-deposition; Thin-films; Electrolyte Films; Matrix Composites; Hydroxyapatte Coatings; Ceramic Coatings; Micro-laminate; Alumina	CSIR, Colloids & Mat Chem Grp, Reg Res Lab,India	Besra Laxmidhar; Liu Meilin	India	2007	1500

续表

序号	论文题目	关键词	机构	作者	国别	发表年份	合计被引次数 / 次
6	Advanced Anodes for High-temperature Fuel Cells	Direct-oxidation; Electrical-properties; Carbon Deposition; Potential Anode; Methange; SOFC; Ceria; Stabilities; Catalysis	Univ London Imperial Coll Sci Technol & Med, Dept Mat, England	Atkinson A; Barnett S; Gorte RJ; Irvine JTS; Mcevoy AJ; et.al.	England	2004	1298
7	Solid Oxide Fuel Cells (SOFCs): A Review of an Environmentally Clean and Efficient Source of Energy	Energy;Environment;Solid Electrolytes;Electrodes	Univ Roma Tor Vergata, Dept Chem Sci & Technol, Italy	Stambouli AB; Traversa E	Italy	2002	1138
8	Intermediate Temperature Solid Oxide Fuel Cells	Anode Materials; Ion Conductors; Zebra Battery; Electrolytes; Ttchnology; Ceria; Transport; Cathodes; Systems	UCL, Ctr CO2 Technol, England	Brett Daniel J. L.; Atkinson Alan;Brandon Nigel P.; et.al.	England	2008	1051
9	Materials for Solid Oxide Fuel Cells	Oxygen-ion Conduction; Ceria-based Electrolytes; La(SR)FeO3 Sofc Cathode; Magnesium-doped LaGaO3; Electrical-properties; Perovskite-type; Electrochemical Properties; Crystal-structure; Anode Materials; Direct Oxidation	Univ Houston, Dept Chem, Univ Pk,USA	Jacobson Allan J.	USA	2010	1025
10	A Brief Review of Atomic Layer Deposition: From Fundamentals to Applications	Yttria-stabilized Zirconia; CIGS Solar-cells; Thin-films; Buffer Layers; Fuel-cells; Metal; ALD; Chemistry; Growth; Photovolatics	Stanford Univ, Dept Mat Sci & Engn, USA	Johnson Richard W.; Hultqvist Adam; Bent Stacey F.	USA	2014	998

2001—2021 年，SOFC 全球 TOP 10 高被引论文主要涉及性能、材料、技术和应用等内容。合计被引用次数最高的论文是来自美国的 Shao 等学者于 2004 年发表的 *A High—Performance Cathode for the Next Generation of Solid-Oxide Fuel Cells*，该文聚焦于氧渗透率、薄膜、电解液等下一代 SOFC 高性能材料，具备较高的学术参考价值。第二篇高被引论文是 *Factors Governing Oxygen Reduction in Solid Oxide Fuel Cell Cathodes*，主要研究了 SOFC 阴极中控制氧还原的因素。第三篇为 *Proton—Conducting Oxides* 聚焦关键词"导电性""扩散""钙钛矿""分离器""$BaZrO_3$"等。第四篇高被引论文 *Lowering the Temperature of Solid Oxide Fuel Cells* 主要研究了如何降低 SOFC 工作状态下的温度。第五篇高被引论文 *A Review on Fundamentals and Applications of Electrophoretic Deposition*（EPD）是一篇关于电泳沉积（EPD）的基本原理及应用综述。第六篇 *Advanced Anodes for High-Temperature Fuel Cells* 主要介绍了高温工况下的一种优质阳极材料。第七篇 *Solid Oxide Fuel Cells*（SOFCs）: *a Review of an Environmentally Clean and Efficient Source of Energy* 和第八篇 *Intermediate Temperature Solid Oxide Fuel Cells* 介绍了 SOFC 作为一种清洁、高效能源的优势。第九篇 *Materials for Solid Oxide Fuel Cells* 主要介绍了 SOFC 的电极材料。第十篇 *A Brief Review of Atomic Layer Deposition: from Fundamentals to Applications* 简要回顾了原子层沉积技术：从基础到应用。

（5）SOFC 主要研究热点

关键词高度凝练了一篇文献的主要研究内容和范围，是一篇文章的核心组成部分。对特定技术领域的文章的关键词进行共现分析，可以揭示该技术领域研究热点。图 5.14 是 2001—2021 年 SOFC 技术全球论文关键词共现图谱。

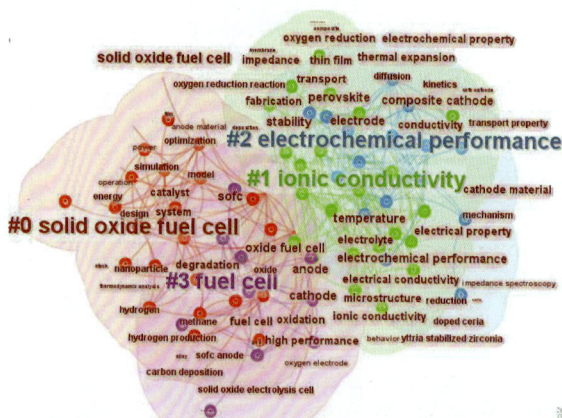

图 5.14　2001—2021 年 SOFC 技术全球论文关键词共现图谱

由图 5.14 可以看出，图形显示出如下 4 个主要聚类。

①红色小圆环代表的聚类 1（#0 Solid Oxide Fuel Cell）是 SOFC，其包含的词汇有：氢、甲烷、钙钛矿、热力学分析、氧化、能量、碳沉积等，可以将聚类 1 概括为"SOFC 的基

本原理"。SOFC 作为一种新型清洁能源，氢燃料电池、甲烷燃料电池等都是近年来研究的热点，将在碳达峰和碳中和战略中发挥重大作用。

②绿色小圆环代表的聚类 2 是离子电导率（#1 Ionic Conductivity），涉及的词汇簇有表现、微观结构、导电性、温度、阳极、阴极材料、导电率、电解液、机制等。

③蓝色小圆环代表的聚类 3 是电化学性能（#2 Electrochemical Performance），涉及的词汇簇有传导、扩散、热膨胀、氧化还原反应、阻抗、传输特、动力学、电极等，涉及 SOFC 工作工况下性能的热点研究。

④粉色小圆环代表的聚类 4 是燃料电池（#3 Fuel Cell），涉及的词汇簇有阳极材料、阴极、退化、纳米颗粒、氧电极、复合、高性能等，可以将该聚类概括为"材料"研究，聚焦于电极、电解质、薄膜等材料的选用与改进。

5.3.2 SOFC 专利计量分析

本研究专利数据来源于 INNOGRAPHY，这是美国知识产权管理和技术公司 CPA GLOBAL 集团之独立子公司，该公司拥有高端专利分析数据库，数据来源丰富，包括全球 102 个国家的专利，同时包含来自 PACER（美国联邦法院电子备案系统）的全部专利诉讼数据及 ITC（国际贸易委员会）关于美国 337 调查的法律案件，并且收录了来自邓白氏及美国证券交易委员会的专利权人财务数据。因此，INNOGRAPHY 可以将专利 – 商业 – 法律等各方面信息结合在一起形成结构化分析方案。

（1）全球 SOFC 技术专利年度申请趋势

通过反复试检索，最终确定检索式为：Keywords:（@（title）"SOFC*" OR "solid Oxide Fuel Cell*"），共检索到 SOFC 技术相关专利 22 480 项，在 2001—2021 年的时间跨度内有 19 972 项。在此期间，全球 SOFC 技术专利逐年申请分布情况如图 5.15 所示。

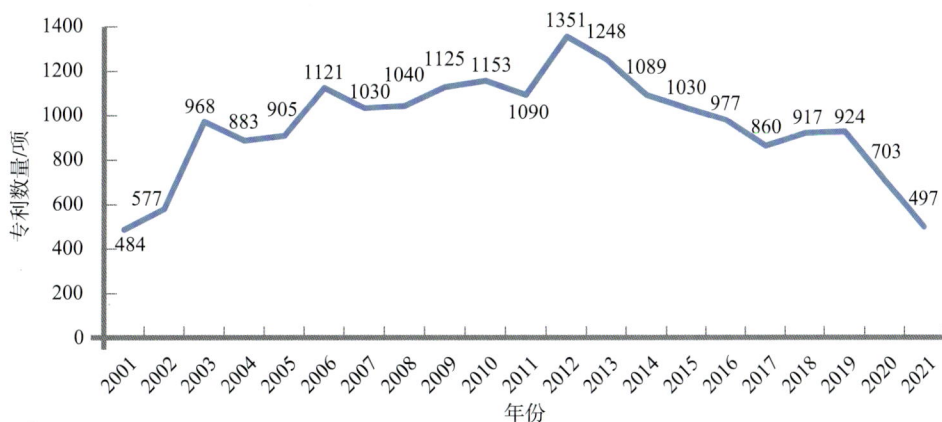

图 5.15　2001—2021 年全球 SOFC 技术专利逐年申请分布情况

2001—2021 年，全球 SOFC 技术专利逐年申请分布情况大致可以划分为 3 个阶段：第一阶段技术发展期（2001—2005 年），专利年申请量快速增长，从 2001 年的 484 项到 2003 年的 968 项，年申请量翻了一番，增速高达 100%，随后回落到 2005 年的 905 项，可见这一时期全球开始聚焦于 SOFC 技术的研发和布局；第二阶段技术迸发期（2006—2015 年），专利年申请量稳定在 1000 项以上，全球投身于 SOFC 技术研发的热潮中且专利技术成果显著，2006 年专利申请量 1121 项，2007 年回落到 1030 项，随后逐步增长，在 2012 年年申请量高达 1351 项，这一时期对全球 SOFC 技术的贡献率达 56.5%，实现了 SOFC 技术的快速积累；第三阶段技术成熟期（2016—2021 年），专利年申请量又回落到 1000 项以下并呈现逐年递减的趋势，到 2021 年 SOFC 专利申请量仅有 497 项，在一定程度上反映了 SOFC 技术经过几十年的发展趋于成熟。

（2）SOFC 技术专利申请区域分布

在 19 972 项目标专利中，明确司法管辖区域的有 19 965 项，包括有准确的专利申请区域 12 679 项和有准确的专利授权区域 7286 项；相关信息不明确专利数 7 项。2001—2021 年，SOFC 全球前十五的专利技术来源国 / 组织相关情况如图 5.16 所示。

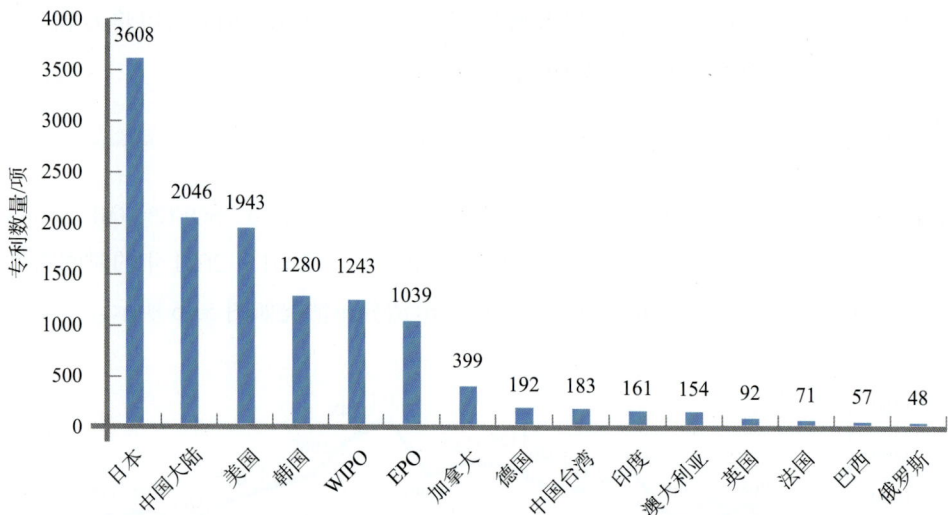

图 5.16　2001—2021 年 SOFC 全球前十五的专利技术来源国 / 组织

以技术贡献度来区分不同国家 / 组织在 SOFC 技术中的实力更具有直观性和区分度。在 SOFC 排名前十五的专利技术来源国 / 组织中共有专利 12 516 项，可以划分为 4 个梯队：第一梯队是前 3 名，日本、中国大陆和美国，专利数量分别为 3608 项、2046 项和 1943 项，分别占全球 SOFC 技术专利的 28.8%、16.3% 和 15.5%，对全球 SOFC 技术贡献度为 60.6%。第二梯队是韩国、WIPO 和 EPO，它们的专利数量分别为 1280 项、1243 项和

1039 项，分别占全球 SOFC 技术专利的 10.2%、9.9% 和 8.3%，对全球 SOFC 技术贡献度为 28.4%。第三梯队是加拿大、德国、中国台湾、印度和澳大利亚，它们的专利数量分别为 399 项、192 项、183 项、161 项和 154 项，分别占全球 SOFC 技术专利的 3.19%、1.53%、1.46%、1.29% 和 1.23%，对全球 SOFC 技术贡献度为 8.70%。第四梯队是英国、法国、巴西和俄罗斯，它们的专利数量分别为 92 项、71 项、57 项和 48 项，分别占全球 SOFC 技术专利的 0.74%、0.57%、0.46% 和 0.38%，对全球 SOFC 技术贡献度为 2.14%。可以看出，全球 SOFC 技术主要集中在日本、中国大陆和美国等少数国家。

对 SOFC 排名前五的国家专利申请趋势进一步分析，可把握主要技术来源国 / 组织对于该技术的研究趋势。由图 5.17 可见，日本遵循快速上升、小幅波动、快速下降的趋势且比其他国家 / 地区提前进入下降趋势，这可能与日本 SOFC 技术发展较为领先有关，也可能是日本 2009 年以来 SOFC 的研发投入下降造成的。中国大陆对 SOFC 技术研究遵循逐步上升到下降的发展趋势，并于 2017 年年申请量超过日本。除日本和中国大陆外，其余（美国、韩国和 WIPO）3 个国家 / 组织趋势线变化基本一致，均为缓慢上升、小幅波动、缓慢下降。

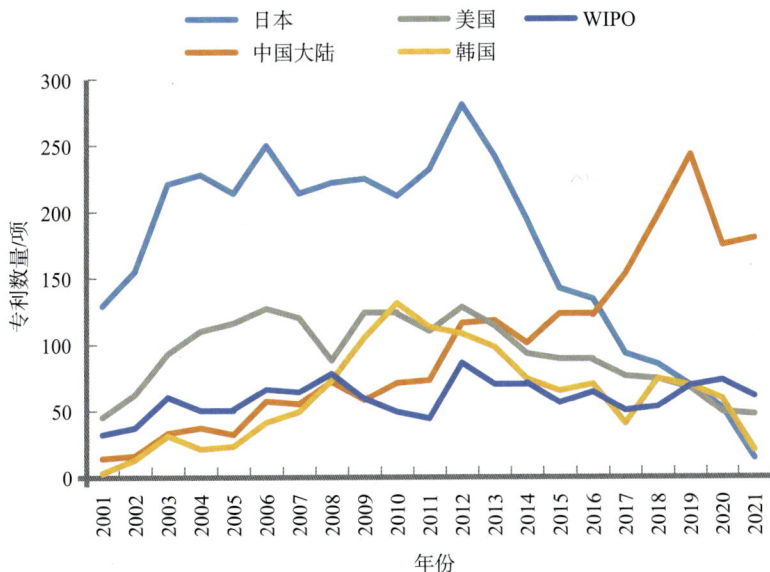

图 5.17　2001—2021 年 SOFC 排名前五的国家专利逐年分布情况

如图 5.18 是对 2001—2021 年 SOFC 全球排名前十五的专利受理国家 / 组织的可视化展示。在 TOP 15 专利受理国家 / 组织中共有专利 7150 项，专利受理量前 3 名依然是日本、中国大陆和美国，分别为 2112 项、1469 项和 1222 项，分别占全球 SOFC 技术专利总受理量的 29.5%、20.5% 和 17.1%。韩国和 EPO 的 SOFC 专利授权量分别为 902 项和 555 项，分别占全球 SOFC 技术专利授权量的 12.6% 和 7.8%。加拿大、中国台湾和俄罗斯 SOFC 的专利授权量分别为 178 项、142 项和 116 项，分别占全球 SOFC 技术专利授权量的 2.49%、1.99% 和 1.62%；澳大利亚、德国、西班牙、法国、丹麦、英国和印度 SOFC 专利授权量分别为 97 项、77 项、70 项、58 项、55 项、50 项和 47 项，分别占全球 SOFC 技术专利授权量的 1.36%、1.08%、0.98%、0.81%、0.77%、0.70% 和 0.66%。

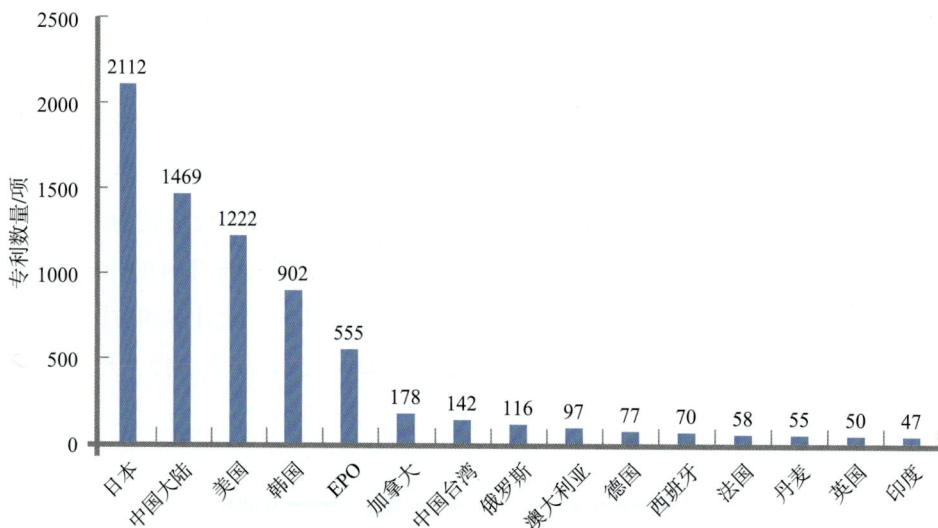

图 5.18   2001—2021 年 SOFC 全球排名前十五的专利受理国家 / 组织

从受理国家 / 组织所属区域分布来看，亚洲地区包括日本、中国大陆、韩国、中国台湾、俄罗斯和印度在内共受理 SOFC 专利 4788 项，占全部 SOFC 专利受理量的 66.97%；美洲地区包括美国、加拿大，共受理 SOFC 专利 1400 项，占全部 SOFC 专利受理量的 19.58%；欧洲地区包括 EPO、德国、西班牙、法国、丹麦和英国，共受理 SOFC 专利 865 项，占全部 SOFC 专利受理量的 12.10%；大洋洲的澳大利亚受理 SOFC 专利 97 项，占全部 SOFC 专利受理量的 1.36%。

（3）SOFC 技术主要专利权人

由图 5.19 可见，从专利权人所属国籍拥有专利数量来看：2001—2021 年 SOFC 全球排名前十五的专利权人中排名第一的是日本，有东陶有限公司、日产汽车公司、三菱重工有限公司、大阪煤气株式会社等 9 家；排名第二的是法国，有法国原子能和替代能源委员会、圣戈班公司 2 家；美国布鲁姆能源公司、英国谷神星电力控股有限公司、韩国 LG 化学和中国科学院代表美国、英国、韩国及中国均有 1 家入选，并列第三。

从专利权人自身拥有专利数量来看：专利拥有量排名第一的日本东陶有限公司，拥有专利 932 项，是一个生产、销售民用及商业设施用卫浴、洁具及相关设备的厂家，其产品和技术在 SOFC 专利布局将助力环保与节能融入生活之中。专利拥有量排名第二的日产汽车有限公司（Nissan Motor Co., Ltd.），是一家日本跨国汽车制造商，拥有专利 619 项，在世界新能源汽车浪潮的推动下，该公司加大在 SOFC 技术的研发布局以助力汽车产业转型。专利拥有量排名第三的法国原子能和替代能源委员会，是法国政府资助的一个公共研究机构，拥有专利 509 项，研究领域包括能源、国防和安全、信息技术与卫生技术。专利拥有量排名第四的英国谷神星电力控股有限公司（Ceres Power Holdings PLC），是一家致力于燃料电池技术的开发和商业化燃料电池技术与工程的公司，拥有专利 445 项。专利拥有量排名第八的韩国 LG 化学（321 项），与宁德时代、新能源科技、亿纬锂能等都是电池领域头部企业。专利拥有量排名第十二的中国科学院，拥有专利 287 项，是唯一一家进入前十五的中国机构，代表着中国 SOFC 科学基础研究的先进水平。

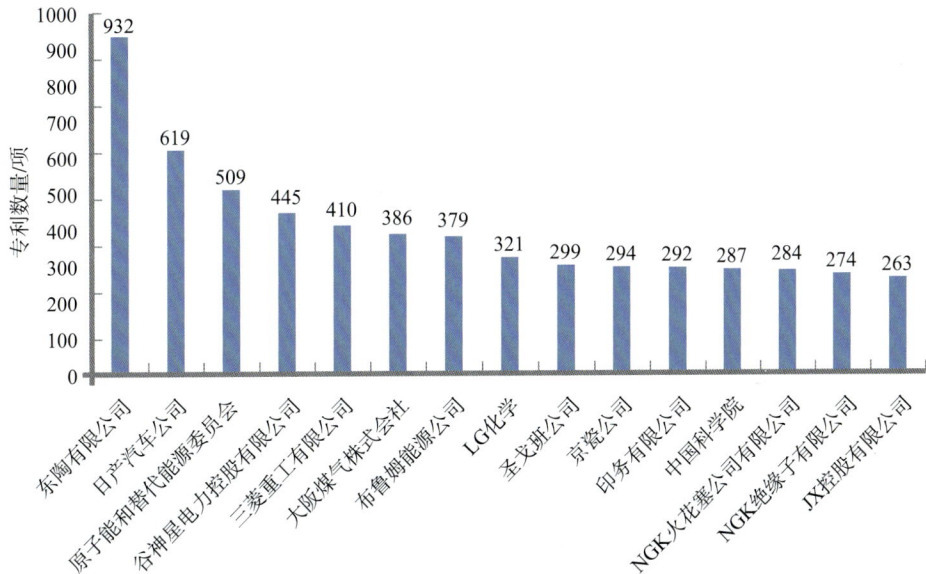

图 5.19　2001—2021 年 SOFC 全球排名前十五的专利权人

　　图 5.20 是对 2001—2021 年 SOFC 排名前五的专利权人专利逐年分布情况的可视化展示。东陶有限公司、谷神星电力控股有限公司、原子能和替代能源委员会、三菱重工有限公司 SOFC 专利逐年分布趋势基本一致，呈现为"缓慢增长、快速增长、下降"的曲线。2001—2007 年日产汽车公司一直处于领先地位，随后至 2014 年经历一段低迷期，被东陶有限公司、原子能和替代能源委员会和三菱重工有限公司赶超；2015—2016 年又加快了 SOFC 专利布局，2017—2021 年又快速下降，日产汽车公司的 SOFC 专利布局主要集中在 2001—2005 年及 2015—2017 年。东陶有限公司 SOFC 技术专利由 2001 年逐步增长到 2004 年后开始下降到 2007 年，随后快速增长到 2010 年，经过 2011 年和 2012 年的回调后

又快速增至 2013 年的历史最高值，最后快速下降到 2018 年的 6 项，2019 年回升至 9 项后，2020 年及 2021 年没有专利产出，可见，东陶有限公司 SOFC 布局主要集中在 2009—2016 年。

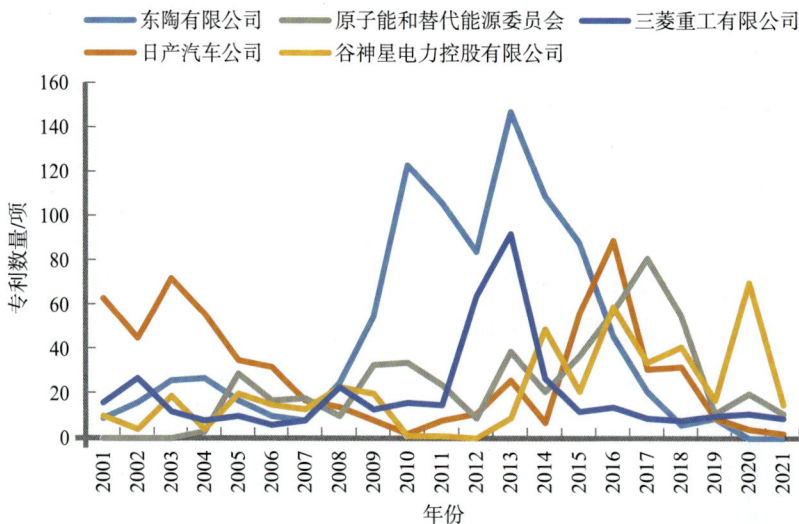

图 5.20　2001—2021 年 SOFC 排名前五的专利权人专利逐年分布情况

（4）SOFC 技术重点研发人员投入情况

从专利数量、发明人次数、每项专利平均投入人次数和平均每人专利数几项指标对 2001—2021 年 SOFC 技术排名前十（TOP 10）专利权人研发投入统计情况进行了分析，如表 5.10 所示。

表 5.10　2001—2021 年 SOFC 技术前十专利权人研发投入统计

序号	专利权人	专利数量 / 项	发明人次数 / 人次	发明人数 / 人	每项专利平均投入人次数 /（人次 / 项）	平均每人专利数 /（项 / 人）
1	东陶有限公司	932	5367	101	5.76	9.23
2	日产汽车公司	619	1922	154	3.11	4.02
3	原子能和替代能源委员会	509	1498	109	2.94	4.67
4	谷神星电力控股有限公司	445	1821	159	4.09	2.80
5	三菱重工有限公司	410	1329	152	3.24	2.70
6	大阪煤气株式会社	386	1430	77	3.70	5.01
7	布鲁姆能源公司	379	1526	124	4.03	3.06
8	LG 化学公司	321	1828	86	5.69	3.73

序号	专利权人	专利数量 / 项	发明人次数 / 人次	发明人数 / 人	每项专利平均投入人次数 / （人次 / 项）	平均每人专利数 / （项 / 人）
9	圣戈班公司	299	846	63	2.83	4.75
10	京瓷公司	294	549	81	1.87	3.63

由表 5.10 可见，东陶有限公司专利数量为 932 项，发明人次数为 5367 人次，每项专利平均投入人次数为 5.76 人次 / 项，平均每人专利数为 9.23 项 / 人，均排名世界第一，发明人数为 101 人，排世界第五位。日产汽车公司专利数量为 619 项，发明人次数为 1922 人次，均排名世界第二，每项专利平均投入人次数为 3.11 人次 / 项，居世界第七，平均每人专利数为 4.02 项，居世界第五。原子能和替代能源委员会专利数量为 509 项排名第三，发明人数为 109 人，发明人次数为 1498 人次，每项专利平均投入人次数为 2.94 人次 / 项，平均每人专利数 4.67 项。谷神星电力控股有限公司专利数量为 445 项排名第四，发明人数为 159 人，发明人次数为 1821 人次，每项专利平均投入人次数为 4.09 人次 / 项，平均每人专利数为 2.80 项。三菱重工有限公司专利数量为 410 项排名第五，发明人数为 152 人，发明人次数为 1329 人次，每项专利平均投入人次数为 3.24 人次 / 项，平均每人专利数为 2.70 项。大阪煤气株式会社专利数量为 386 项排名第六，发明人数为 77 人，发明人次数为 1430 人次，每项专利平均投入人次数为 3.70 人次 / 项，平均每人专利数 5.01 项。布鲁姆能源公司专利数量为 379 项排名第七，发明人数为 124 人，发明人次数为 1526 人次，每项专利平均投入人次数为 4.03 人次 / 项，平均每人专利数 3.06 项。LG 化学公司专利数量为 321 项排名第八，发明人数为 86 人，发明人次数为 1828 人次，每项专利平均投入人次数为 5.69 人次 / 项，平均每人专利数 3.73 项。圣戈班公司专利数量为 299 项排名第九，发明人数为 63 人，发明人次数为 846 人次，每项专利平均投入人次数为 2.83 人次 / 项，平均每人专利数 4.75 项。京瓷公司专利数量为 294 项排名第十，发明人数为 81 人，发明人次数为 549 人次，每项专利平均投入人次数为 1.87 人次 / 项，平均每人专利数 3.63 项。

（5）SOFC 主要专利技术领域分布

国际专利分类法是国际上通用的专利文献分类法，每 5 年修改一次。用国际专利分类法进行分类而得到的分类号称为国际专利分类号，通常缩写为 IPC 分类号。一个完整的 IPC 分类号由部、大类、小类、大组、小组 5 个部分组合而成，国际专利分类法将全球所有发明 / 实用新型专利分为 A（人类生活必需）、B（作业、运输）、C（化学、冶金）、D（纺织、造纸）、E（固定建筑物）、F（机械工程）、G（物理）和 H（电学）8 个部。IPC 分类号是使各国专利文献获得统一分类的一种工具。对于专利检索人员来说，分类号可以助力快捷地获取技术和法律上的情报、检索某产品所属技术领域的专利信息。对 2001–2021 年 SOFC 排名前十的专利技术领域（IPC 分类）进行统计如表 5.11 所示。

表 5.11　2001—2021 年 SOFC 排名前十的专利技术领域（IPC 分类）

序号	IPC 分类号	IPC 注释	专利数量 /项
1	H01M 8/00	燃料电池及其制造	13 159
2	H01M 4/00	电极	2842
3	C04B 35/00	以成分为特征的陶瓷成型制品；陶瓷组合物（含有不用作宏观增强剂的，粘接在碳化物、金刚石、氧化物、硼化物、氮化物、硅化物上的游离金属，如陶瓷或其他金属化合物等，其他如氧氮化合物或硫化物等入 C22C 类）；准备制造陶瓷制品的无机化合物的加工粉末	360
4	H01M 2/00	非活性部件的结构零件或制造方法	315
5	C01B 3/00	氢；含氢混合气；从含氢混合气中分离氢；氢的净化（用固体碳质物料生产水煤气或合成气入 C10J）	169
6	C22C 38/00	铁基合金，如合金钢	148
7	C25B 9/00	电解槽或其组合件；电解槽构件；电解槽构件的组合件，如电极 - 膜组合件，与工艺相关的电解槽特征	137
8	B01D 53/00	气体或蒸汽的分离；从气体中回收挥发性溶剂的蒸汽；废气如发动机废气、烟气、烟雾、烟道气或气溶胶的化学或生物净化（通过冷凝作用回收挥发性溶剂入 B01D5/00：升华入 B01D7/00：冷凝阱，冷挡板入 B01D8/00：难凝聚的气体和空气用液化方法分离入 F25J3/00）	88
9	C25B 1/00	无机化合物或非金属的电解生产	86
10	B05D 5/00	对表面涂抹液体或其他流体以获得特殊表面效果，提高光洁度或结构的工艺	75

由表 5.11 可见，专利数量排名第一的 IPC 分类号为 H01M 8/00，含义为"燃料电池及其制造"，共计 13 159 项专利。专利数量排名第二的 IPC 分类号为 H01M 4/00，含义为"电极"，共计 2842 项专利。专利数量排名第三的 IPC 分类号为 C04B 35/00，含义为"以成分为特征的陶瓷成型制品；陶瓷组合物（含有不用作宏观增强剂的，粘接在碳化物、金刚石、氧化物、硼化物、氮化物、硅化物上的游离金属，例如陶瓷或其他金属化合物等，其他如氮氧化合物或硫化物等入 C22C 类）；准备制造陶瓷制品的无机化合物的加工粉末"，共计 360 项专利。专利数量排名第四的 IPC 分类号为 H01M 2/00，含义为"非活性部件的结构零件或制造方法"，共计 315 项专利。专利数量排名第五的 IPC 分类号为 C01B 3/00，含义为"氢；含氢混合气；从含氢混合气中分离氢；氢的净化（用固体碳质物料生产水煤

气或合成气入 C10J）"，共计 169 项专利。专利数量排名第六的 IPC 分类号为 C22C 38/00，含义为"铁基合金，如合金钢"，共计 148 项专利。专利数量排名第七的 IPC 分类号为 C25B 9/00，含义为"电解槽或其组合件；电解槽构件；电解槽构件的组合件，如电极 – 膜组合件，与工艺相关的电解槽特征"，共计 137 项专利。专利数量排名第八的 IPC 分类号为 B01D 53/00，含义为"气体或蒸汽的分离；从气体中回收挥发性溶剂的蒸汽；废气如发动机废气、烟气、烟雾、烟道气或气溶胶的化学或生物净化（通过冷凝作用回收挥发性溶剂入 B01D5/00: 升华入 B01D7/00: 冷凝阱，冷挡板入 B01D8/00: 难凝聚的气体和空气用液化方法分离入 F25J3/00）"，共计 88 项专利。专利数量排名第九的 IPC 分类号为 C25B 1/00，含义为"无机化合物或非金属的电解生产"，共计 86 项专利。专利数量排名第十的 IPC 分类号为 B05D 5/00，含义为"对表面涂抹液体或其他流体以获得特殊表面效果，提高光洁度或结构的工艺"，共计 75 项专利。

2001—2021 年 SOFC 排名前五的技术专利主要分布在 H（电学）部、C（化学、冶金）部和 B（作业、运输）部，分别是 H010 小类（基本电气元件）、C040 小类（水泥；混凝土；人造石；陶瓷；耐火材料）、C010 小类（无机化学）、C250 小类（电解或电泳工艺；其所用设备）和 B010 小类（一般的物理或化学的方法或装置），如图 5.21 所示。

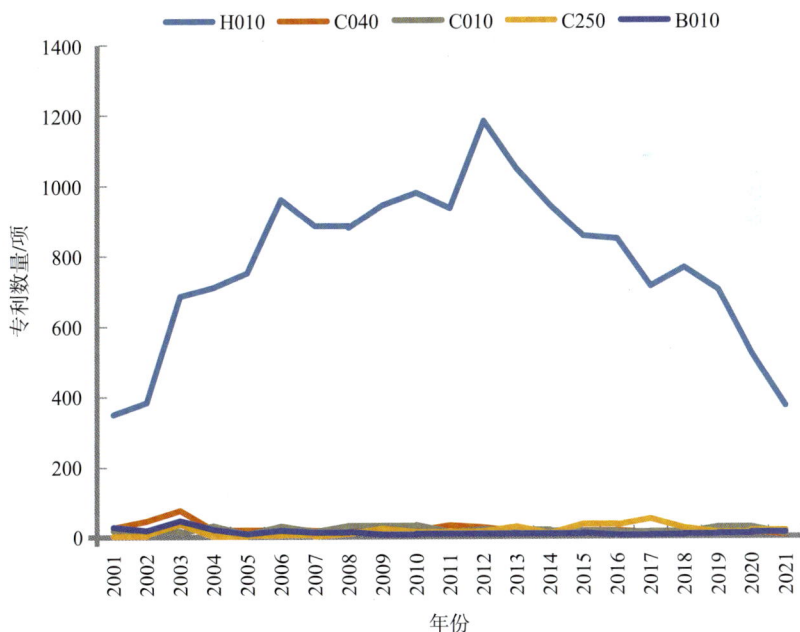

图 5.21　2001—2021 年 SOFC 排名前五的技术专利逐年分布情况

由图 5.21 可见，从专利数量来看，SOFC 排名第一的技术是 H010 小类，有 16 440 项专利。此小类专利数量在 2001—2006 年逐年增加；2007—2012 年在波动中增加，并于

2012 年达到年专利数量最大值 1185 项；2013—2021 年逐年递减。

C040 小类专利数量有 449 项，2001—2003 年专利数量逐年递增并于 2003 年达到年专利数量最大值 75 项；2004—2021 年专利数量在 5～32 项波动并趋于稳定。C010 小类有专利 403 项，专利逐年分布趋于平缓并在 6～33 项波动。C250 小类有专利 350 项，专利数量除在 2003 年、2013 年和 2017 年附近有所波动外整体趋于平缓。B010 小类有专利 270 项，专利数量在 2003 年达到最大值 46 项，整体趋于平缓。

5.3.3　燃料电池最新技术进展

燃料电池 2019—2022 年在关键材料、关键技术等方面的突破与进展如下。

（1）关键材料

1）国际研发团队研发出无碳载体、自支撑电催化剂

2020 年 8 月 24 日，丹麦、德国和瑞士的研究团队在 *Nature Materials* 上发布新的研究成果，研发出可供氢燃料电池汽车用的无碳载体、自支撑电催化剂，不仅提高了催化剂的活性和稳定性，且在高温和高电流密度条件下可稳定运行，使燃料电池更为耐用。该新型催化剂具有多孔的 Pt-CoO 纳米结构，使得电化学表面积较大，而高比活性和电化学表面积相结合产生的质量活性也较高，从而提高了催化剂的活性及稳定性。研究人员使用阴极溅射的特殊工艺，将铂或钴通过离子轰击而溶解、雾化，释放的气态原子凝结为黏合剂层，再经过后续处理，可以形成多孔的 Pt-CoO 纳米结构，从而使催化剂具有较大的电化学表面积，同时具有自支撑性而无须碳载体。测试结果表明，在低温和干燥条件下，催化剂的活性优于 Pt/C，而且在高温、高电流密度和低湿化条件下也可稳定运行。

2）新型聚合物材料

2020 年 12 月，由美国洛斯·阿拉莫斯国家实验室、德国斯图加特大学、美国新墨西哥大学、桑迪亚国家实验室组成的研究团队在氢燃料电池的设计上获得突破，合作完成一种新型聚合物材料，其既能达到散热要求，又能维持燃料电池运作所需的高温。在此基础上，研究团队发明了一种基于聚苯乙烯膦酸燃料电池使用的质子导体，可以在没有水、200℃的条件下，仍然保持很高的质子导电率。研究成果发表在《自然·材料》期刊上。

3）新型纳米粒子质子燃料电池催化剂

2021 年 8 月 25 日，中国科学技术大学的吴长征教授巧妙地利用微孔碳（Mesopore Carbon）为模板，制备了核壳结构的纳米粒子（其外壳是铂，内核是铂和其他金属的合金），合成了新型的纳米粒子质子燃料电池催化剂。该纳米粒子相比于之前的成果粒径更小，大约只有 2.3 纳米，核壳结构还给外部的铂引入了额外的应力，从而增强了其催化活性，而且可控，其效率相比于 2020 年的商业催化剂效率提升了 6～15 倍且更加持久，该纳米催化剂的单位质量活性（MA 效率）达到了 6 倍；在经过 30 000 次循环使用后，商用

铂碳催化剂的效率降低到最初效率的 1/3，而此时纳米催化剂效率依然保持了最初效率的 81.5%，故此时 MA 效率达到了铂碳催化剂的 15 倍，并且这些纳米粒子负载于多孔碳上，也避免了催化过程中因聚集而失效，因此催化效果更加持久[1]。研究成果发表于《美国国家科学院院刊》上。

4）掺氮、碳涂层的镍阳极

2022 年 3 月，美国康奈尔大学（Cornell University）的研究人员设计出一种镍基电催化剂，其外壳大小为 2 纳米，由氮掺杂碳制成。研究的氢燃料电池有一个被碳壳包围的由实心镍核组成的阳极（氢被氧化）催化剂。镍电极表面上氧化镍物质显著减慢了氢氧化反应，该氮掺杂碳涂层用作保护层并增强氢氧化反应动力学，使反应更快、更有效；镍电极上石墨烯涂层防止形成氧化镍，从而大大提高了电极的寿命。当与钴锰阴极（氧气被还原）配对时，所得到的完全不含贵金属的氢燃料电池每平方厘米输出电力超过 200 mW。研究发现，掺氮、碳涂层的镍阳极可催化氢燃料电池中的基本反应，其成本远低于当前使用的贵金属。该发现将可以加速扩展氢燃料电池的应用，如汽车等使用高效清洁能源的领域，相关成果已发表在《美国国家科学院院刊》上。

5）混合电催化剂材料

2022 年 6 月 2 日，香港科技大学化学与生物工程系邵敏华教授团队设计了一种由原子分散的 Pt 与 Fe 单原子和 Pt-Fe 合金纳米粒子组成的混合电催化剂。其 Pt 质量活性是燃料电池中商业 Pt/C 的 3.7 倍。更重要的是，阴极中 Pt 负载量低的燃料电池（0.015 mg Pt/cm^2）依然具有出色的耐久性，在 100 000 次循环后还可以保持 97% 的活性，并且在 0.6 V 下没有出现明显的电流下降，时间超过 200 小时。而且该设计不仅减少了 80% 的铂金投入，而且在电池的耐久性方面也创下了历史最高纪录[2]。该成果不仅是迄今为止世界上最耐用的氢电池，而且更具有成本效益，为全球更广泛地应用绿色能源铺平了道路。相关成果已发表于《自然催化》杂志上。

6）铁基催化剂的新突破

2022 年 7 月 7 日，纽约州立大学布法罗分校（State University of New York at Buffalo）工程与应用科学学院化学和生物工程教授吴刚（Gang Wu）博士领导的团队实现了铁基催化剂的新突破，该研究先将 4 个氮原子黏合到铁上，然后将材料嵌入几层石墨烯中，通过对局部几何和化学结构进行精确的原子控制，得到一种性能大幅改进的铁基催化剂，它被认为是迄今为止生产的最有效的铁基催化剂，超过了美国能源部 2025 年电流密度的目标，接近铂族催化剂的耐久性等级，实现了美国能源部为燃料电池研究确定的高效、耐用和廉

[1] H, R J, H, et al.Subsize Pt-based intermetallic compound enables long-term cyclic mass activity for fuel-cell oxygen reduction [J].PNAS, 2021, 118(35): e2104026118.

[2] XIAO F, WANG Q, XU G L, et al.Atomically dispersed Pt and Fe sites and Pt-Fe nanoparticles for durable proton exchange membrane fuel cells [J]. Nature catalysis, 2022, 5:503-512.

价 3 个主要目标。铁基催化剂有可能使燃料电池，特别是氢燃料电池，在商业用途上更加实惠，随着研究人员计划进一步改进催化剂的后续研究，其技术进步将加速燃料电池的商业化，可能导致一场绿色电力革命。研究成果发表在《自然能源》杂志上。

（2）关键技术

1）日本进行 MgBOX 移动燃料电池海试

2019 年 3 月 12 日，日本船用可再生能源技术公司 Eco Marine Power（EMP）将与日本古川电池有限公司（Furukawa Battery）及多家船东合作，使用 MgBOX 燃料电池或空气电池进行评估海试。这些海试将帮助确认这种创新的应急电池如何能被最佳存储并在船舶上使用。一旦海试成功，MgBOX 电池将被推广至全球各种船型、海上平台及其他海上领域。MgBOX 是一种小型便携式应急镁（Mg）空气电池，由古川电池研发，能长期存储，只需简单地添加淡水或者盐水就能激活，激活后能通过一个 USB 适配器盒或者集线盒提供长达 5 d 的电源。USB 适配器盒位于 MgBOX 电池里，能连接各种装置，包括小型照明设备、移动电话和智能电话等，也能多次为小型便携式装置充电。MgBOX 装置可置于船上的不同位置，包括轮机舱、发动机控制房、船员住宿区和乘客紧急聚集区等。在加水前，装置仅重 1.6 kg，挪动方便。在获得船东的海试反馈后，公司将进一步研究 MgBOX 燃料电池，2019 年中期在全球销售此产品。

2）利用汗水发电的可穿戴生物燃料电池

2020 年 4 月 14 日，《生物燃料日报》（Bio Fuel Daily）报道，日本东京科学大学的希坦达（Isao Shitanda）副教授领导的一组科学家提出了一种生物燃料电池阵列的新型设计方案，通过使用汗液中的化学物质——乳酸盐来产生足够的功率，以在短时间内驱动生物传感器和无线通信设备。该研究中的新生物燃料电池主要由防水纸基底组成，在该基底上串联和并联了多个生物燃料电池，电池的数量取决于所需的输出电压和功率。整个生物燃料电池阵列看起来像一个可以戴在手臂上的纸绷带。在每个电池中，乳酸盐和电极中存在的酶之间产生电化学反应形成电流，该电流流向由导电碳糊制成的普通集电器。该生物燃料电池相较于现有基于乳酸盐的生物燃料电池的优势有两点：一是由于特定材料的选用及巧妙的布局，整个装置可以通过丝网印刷来制造，同时实现低成本的大规模生产。二是改善了乳酸盐输送到电极的方式。纸层被用于收集汗水，将汗水流至上面的多颗生物燃料电池，电池再负责将汗水中的乳酸转换成电力。这些优势使生物燃料电池阵列表现出很强的输送电能能力，可产生电压 3.66 V 和输出功率 4.3 MW，明显高于以前报道的乳酸生物燃料电池。

3）欧洲 StasHH 联盟制定首个重型应用的燃料电池模块标准

2022 年 3 月 24 日，欧洲 StasHH 联盟（European StasHH consortium）为重型应用的燃料电池模块制定了有史以来的第一个重大里程碑式的标准，旨在通过制定有关物理尺寸及物理和数字接口的明确规则，在全球范围内影响燃料电池模块的统一开发。该标准是欧洲主要燃料电池模块供应商、原始设备制造商及研究、测试、工程和知识机构达成共识的结果。该标准由尺寸定义、物理接口和应用程序编程接口组成，定义了燃料电池模块 3 种基本尺寸：A、B 和 C。基本尺寸可叠加，形成 AA、BB 和 BBB 等衍生产品[①]。根据这些尺寸制造的燃料电池模块允许在范围内的任何重型应用中使用，包括铁路、水上、道路和越野等不同应用场景。该标准主要包括：①将燃料电池模块基本尺寸的宽度和高度分别设定为 700 毫米和 340 毫米；不同类型的长度不同，A 为 1020 毫米，B 为 1360 毫米，C 为 1700 毫米。燃料电池模块组件，如燃料电池堆、供气系统、冷却系统、氢气再循环系统和控制系统，都包含在这些尺寸内。燃料电池模块供应商可以确定自己的功率输出。②燃料电池模块物理互连区域为系统和应用提供液压、气动、电气和电压连接的接口。在 StasHH 标准中也根据燃料电池模块的长度 – 高度侧和 / 或宽度 – 高度侧的长度与深度进行了定义。③定义了数字接口，允许燃料电池模块、系统和应用程序之间的通信，以及与现有和新应用程序的数字集成。

4）硫化物全固态锂离子电池开发新突破

中国科学院青岛能源所武建飞研究员带领的先进储能材料与技术研究组，坚持关键材料与工艺技术研发为一体，深耕硫化物全固态锂离子电池领域的基础科学问题和电池规模化制备技术，近年来取得了一系列突破性进展。团队致力于开发高性能硫化物固体电解质，利用高通量计算方法，开发出高电导率的硫化物固体电解质，其室温离子电导率均达到国际水平，并已建立硫化物固体电解质中试生产线，具备公斤级批量制备能力。2022 年 3 月 21 日，团队在已有基础上又取得关键性进展[②]：针对硫化物电解质空气稳定性的研究，通过软酸 Sb_{5+} 和硬碱 O_{2-} 对 $Li_{10}SnP_2S_{12}$ 电解质进行双掺杂，一方面束缚了 S_{2-} 从晶格中逃逸，避免生成 H_2S；另一方面增强了 P–S 键的强度，抑制了电解质在高电位下氧化为 P_2S_5 和 S。在 –10℃露点下，空气稳定性较 Li_6PS_5Cl 提高近 20 倍，从而获得了兼具高离子电导率、电化学稳定性和空气稳定性的硫化物电解质材料。相关成果发表在 *ChemElectroChem* 上。目前团队完成了实验室技术制造，已建立一条全固态软包电池实验室生产线，探索出硫化物全固态电池生产模式，为推动高性能、低成本、大容量、高安全硫化物全固态软包电池的工业化生产奠定基础。

---

① StasHH.European StasHH Consortium define–standard fuel cel modules heavy duty appliations［J/OL］.[2022–05–12]. https://stashh.eu/european–%E2%80%98stashh%E2%80%99–consortium–defines–standard–fuel–cell–modules–heavyduty–appliations.

② GAO J，SUN X L，WANG C，et al. Sb，O cosubstituted Li10SnP2S12 with high electro–chemicalstability and air stability for all–solid–state lithium batteries［J］. Chem electro chem，2022，9（12）：e202200156.

6 CCUS 技术部署、研发与进展

作为应对气候变化的关键技术之一，碳捕获、利用与封存（CCUS）广为世人关注，图 6.1 是发电厂烟囱中排放的 CO_2 示意图。

图 6.1　发电厂烟囱中排放的 CO_2 示意

根据 2021 年 4 月 IEA 发布的《2021 年全球能源评论》数据，1990—2020 年全球能源 CO_2 排放呈现逐步递增的发展态势，在经济复苏和清洁能源政策的推动下，2020 年 12 月全球与能源相关的 CO_2 排放量比 2019 年同期高 2%[①]（图 6.2）。

[①] IEA.Global energy review 2021［EB/OL］.（2021–04–20）［2021–04–21］. https://www.iea.org/news/global-carbon-dioxide-emissions-are-set-for-their-second-biggest-increase-in-history.

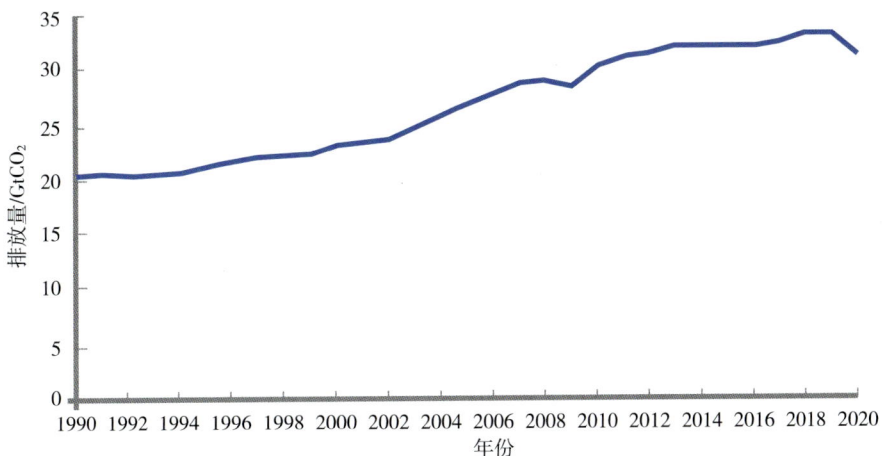

图 6.2　1990—2020 年全球能源 CO_2 排放量

2022 年 9 月，IEA 发布的《碳捕获、利用和封存（CCUS）跟踪》报告显示[①]：目前，全球商业运营的捕获设施约有 35 个，年总捕获 CO_2 能力近 4500 万吨（图 6.3）。近年来，许多新的捕获设施已经上线，包括 2019 年澳大利亚的戈尔贡 CO_2 注入项目、2020 年与加拿大阿尔伯塔省碳干线相连的两个捕获设施、2020 年日本第一个具有碳捕获的大型生物能源项目，以及 2021 年中国石化化工厂和国华金杰煤电厂等 2 个捕获设施。2021 年，全球 6 个 CCUS 项目做出了积极的最终投资决策；一旦投入使用，这些项目每年将捕获 CO_2 约 650 万吨。

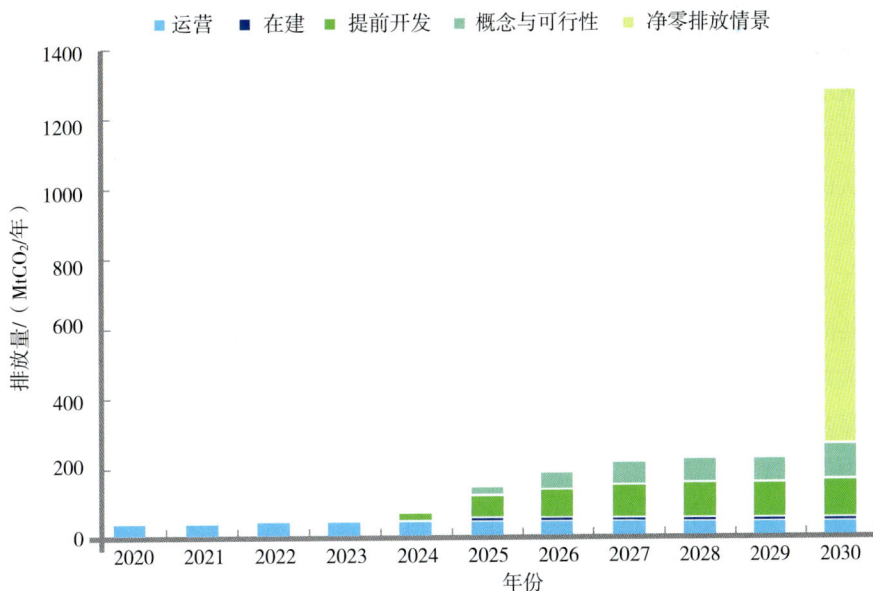

图 6.3　2020—2030 年大规模 CO_2 捕获项目的能力与净零排放情景的对比

---

① IEA.Carbon capture，utilisation and storage tracking repor［EB/OL］.［2023-04-20］. https://www.iea.org/reports/carbon-capture-utilisation-and-storage-2.

6.1　CCUS 技术部署

（1）美国的 CCUS 技术部署

美国非常重视 CCUS 的研发部署，具体体现在如下几个方面。

第一，通过相关法律法规推动 CCUS 部署。一是实施《两党基础设施法》。2021 年 11 月 15 日，美国总统拜登在白宫正式签署《两党基础设施法》，支持碳捕获、直接空气捕获和工业碳减排资金超过 100 亿美元，其中与 CCUS 相关的内容包括：①《两党基础设施法》条款扩大了能源部的碳捕获技术计划，包括部署碳捕获利用和储存技术所需的 CO_2 运输基础设施计划，如研究和开发、大型试点、示范、前端工程和设计等符合条件与用途的项目计划。②碳储存验证和测试，将建立碳储存的研究、开发和示范项目，包括开发新的或扩大的商业大型碳汇项目和符合条件与用途的与 CO_2 相关的运输基础设施，为项目开发的可行性、场地特征、许可和施工提供资金。③支持直接空气捕获技术商业化奖竞赛：要求能源部负责制定获奖竞赛流程的要求及被选中的获奖竞赛项目的监测和验证程序，并根据处置、注入或利用点捕获和验证合格的 CO_2 吨数，要求应将有奖竞赛项目授予具有合格的直接空气捕获设施的项目。④孤立井场封堵、修复和恢复：无文件记录的孤立井项目旨在寻找和表征孤立井，并确定这些井的物理位置、甲烷排放、井筒完整性和其他环境影响。美国能源部与州政府加强与州际石油和天然气契约委员会（IOGCC）合作，成立了一个由 5 个国家实验室组成的研究联盟，以开发先进技术和最佳操作实践，在美国各地寻找并表征无证孤井。⑤支持商业化前直接空气捕获奖竞赛：允许重新授权项目，以促进碳捕获技术的研究、开发、示范和商业应用。⑥支持区域直接空气捕获中心研发：旨在建立一个计划，DOE 应为该计划提供资金，有助于资助 4 个区域直接空气捕捉中心的合格项目。⑦碳利用计划：将为州和地方政府制订一项赠款计划，以采购和使用捕获的碳氧化物衍生的产品，从该计划获得的赠款可用于采购和使用商业化或工业化产品，这些产品使用或来源于人为碳氧化物，并且与现有技术、工艺和产品相比，其生命周期内温室气体排放量显著减少。二是实施《碳基础设施融资和创新法（CIFIA）》，该法授权提供 21 亿美元，用于为大型共同载体 CO_2 交通基础设施项目提供联邦政府融资，包括 CCUS 技术必须在未来几十年内大规模部署，以减少工业部门难以减排的 CO_2。CIFIA 将通过资助建设共享 CO_2 运输和储存基础设施项目来支持部署 CCUS 技术[①]。可见，《两党基础设施法》和《碳基础设施融资和创新法》等为美国 CCUS 的部署保驾护航。

第二，通过美国 DOE 先进能源研究计划（ARPA-E），支持 CCUS 研发。2009 年，DOE 的 ARPA-E 通过第一轮公开征集研发先进碳捕获的创新材料和工艺技术（IMPACCT），共

---

① DOE.Office of fossil energy and carbon management（FECM）[EB/OL].[2022-05-20]. https://www.energy.gov/diversity/doe-justice40-covered-programs.

投资 4000 万美元，资助了 15 个 IMPACCT 项目①。2022 年 6 月 13 日，美国 ARPA-E 宣布将利用碳储存结构吸收大气中的碳排放（Harnessing Emissions into Structures Taking Inputs from the Atmosphere，HESTIA），提供 3900 万美元资助 18 个项目，旨在开发能将建筑物转变为净碳储存结构的技术，支持更清洁的大气并推进到 2050 年实现零排放的国家气候目标②。此次资助的代表性团队包括：一是国家可再生能源实验室，资助金额 2 476 145 美元，将把纤维素与菌丝体结合起来，开发出一种具有成本效益的生物基绝缘材料。二是普渡大学，资助金额 958 245 美元，将开发一种具有钢铁强度、自我修复能力的变革性"活"木材，利用木材和微生物结合的碳封存优势，促进健康的森林管理和国家生物经济发展。三是田纳西州诺克斯维尔的 SkyNano 有限公司，资助金额 2 000 000 美元，将开发一种含有生物衍生天然纤维、机械和功能特性优异的复合面板，使建筑内部表面保持负碳足迹。四是宾夕法尼亚大学，资助金额 2 407 390 美元，开发一种具有最大化碳吸收表面积的高性能地板系统，使用新型吸碳混凝土混合物作为建筑材料，利用该建筑材料及其他生物基碳储存材料对零件进行 3D 打印，从而设计一种负碳中型建筑结构。除 HESTIA 计划外，ARPA-E 还宣布通过 HESTIA 探索性主题向华盛顿大学及加州大学戴维斯分校共提供资金 500 万美元，支持开发必要的生命周期评估工具和框架，旨在将建筑物转变为净碳储存结构。

第三，通过 DOE 科学办公室支持 CCUS 研发。2021 年 3 月 5 日，美国 DOE 宣布将投入高达 2400 万美元，支持突破性研究，并开发全新和更有效的 CO_2 直接空气捕获技术方法，直接从空气中去除 CO_2。该技术将复制植物和树木吸收 CO_2 的原理，直接从空气中捕获 CO_2，将有助于创造高薪就业机会，推进美国应对气候变化的进程，并实现到 2050 年净零排放的目标。DOE 支持在基础科学和应用科学两个层面寻求除碳解决方案。这项通过 DOE 科学办公室发布的资助公告，补充了 DOE 能源效率和可再生能源办公室及化石能源办公室资助的直接空气捕获方面的最新应用研究成果。国家实验室、大学、行业和非营利组织都有资格申请该计划资金，并根据同行评审进行选择。DOE 科学办公室的基础能源科学办公室（BES）正在资助单个研究人员和更大团队的关于 CCUS、CO_2 直接空气捕获等技术的探索性及基础性研究工作。

第四，通过 DOE 化石能源和碳管理办公室资助 CCUS 相关研发。化石能源和碳管理办公室负责资助与管理与 CCUS 相关的研究、开发、示范和部署项目，推动发电和工业资源领域脱碳，其技术工作的优先领域包括点源碳捕获、CO_2 转化、CO_2 去除、专用和可靠

① ARPA-E.Advanced research projects agency-energy annual report for FY 2019［EB/OL］.（2021-06-03）［2022-05-10］. https://arpa-e.energy.gov/sites/default/files/ARPA-E%20FY19%20Annual%20Report%20to%20Congress_FINAL.pdf.

② DOE.DOE announces $39 million for research and development to turn buildings into carbon storage structures［EB/OL］.（2022-06-13）［2022-06-20］.https://www.energy.gov/articles/doe-announces-39-million-research-and-development-turn-buildings-carbon-storage-structures.

的碳储存与运输、氢与碳管理、甲烷减排和关键矿产生产。2021 年 8 月 17 日，DOE 宣布为 9 个研究项目提供 2400 万美元，探索和开发从空气中捕获与储存碳的新方法，推进具有成本效益的碳捕集技术。这 9 个项目由 2 个国家实验室和 7 所大学领导，其中包括历史悠久的黑人大学：北卡罗来纳农工州立大学。涉及的主题包括发现新材料、化学物质和从空气中提取 CO_2 的工艺，以及研究对 CO_2 进行捕获、封存或再利用相结合的实验和计算。入选的代表性项目包括[①]：一是华盛顿州立大学和俄克拉何马州立大学的项目，资助金额 480 万美元，将使用节能方法将捕获的 CO_2 转化为有用的产品。二是伊利诺伊大学、橡树岭国家实验室和凯斯西储大学的项目，资助金额 900 万美元，将推进使用电或光来控制 CO_2 捕获和 / 或释放的新方法。三是北卡罗来纳农工州立大学、俄勒冈州立大学和劳伦斯伯克利国家实验室的项目，资助金额 660 万美元，将探索具有提高 CO_2 捕获和再生效率潜力的新材料与化合物。四是西北大学的项目，资助金额 330 万美元，将研究有前景的碳捕获系统的动态行为如何影响它们的 CO_2 捕获和释放。DOE 的资助机会公告向大学、国家实验室、行业和非营利研究组织开放，并根据同行评审选择项目。项目持续时间长达 3 年，其中 2021 财年提供 800 万美元，年度资金视国会拨款而定。每个奖项的最终细节取决于 DOE 和获奖者之间的谈判。2022 年 5 月 5 日，美国 DOE 化石能源和碳管理办公室宣布投入 23.41 亿美元支持三类碳减排投资，以推进多样化的碳管理方法，减少 CO_2 污染、应对气候变化的影响并创造高薪工作，同时优先考虑社区参与和环境正义相关的项目。碳减排投资包括[②]：一是由《两党基础设施法》资助 22.5 亿美元，支持碳存储以保证设施企业（CarbonSAFE）倡议，加速地质碳储存项目，而每个项目能永久储存捕获的 CO_2 至少 5000 万吨，相当于大约每年 1000 万辆汽油动力汽车的排放量；二是额外增加投资 4500 万美元，支持"CarbonSAFE 的第二阶段——储存复杂可行性"研究，旨在改进工艺技术，以安全、高效、经济地定义和评估商业规模的陆上和海上 CO_2 储存场所；三是额外投资 4600 万美元，将加强碳管理开发技术，检查商业可行性和技术差距，同时还检查从公用事业和工业来源或大气中去除、捕获、转化或储存 CO_2 技术的环境影响和正义影响。2022 年 5 月 19 日，美国 DOE 根据《两党基础设施法》授权，投资 35 亿美元支持实施"区域直接空气捕获中心计划"，将支持建立 4 个大型区域直接空气捕获中心，以直接从空气中捕获和储存 CO_2。该计划在开发和部署 4 个区域直接空气捕获中心的过程中，都强调环境正义、社区参与、基于共识的选址、公平和劳动力发展，并打造国内供应链及提升国内制造业等。每个中心都包含一个 CO_2 清除项目网络，都将展示大气碳去除的交付和储存或

① DOE.DOE announces $24 million to capture carbon emissions directly from air［EB/OL］.（2021-05-17）［2021-05-19］. https://www.energy.gov/articles/doe-announces-24-million-capture-carbon-emissions-directly-air.

② DOE.Biden-harris administration announces over $2.3 billion investment to cut U.S. carbon pollution［EB/OL］.（2022-05-05）［2022-05-07）.https://www.energy.gov/articles/biden-harris-administration-announces-over-23-billion-investment-cut-us-carbon-pollution.

最终使用。这些中心每年将有能力从一个机构或多个相互连接的机构中捕获并永久储存大气中的 CO_2 至少 100 万吨[①]。

第五，通过 DOE 化石能源办公室和碳管理国家能源技术实验室（NETL）联合资助 CCUS 研发。2021 年 5 月 28 日，DOE 宣布投入近 400 万美元用于 4 个研发项目，以设计新方法来识别和降低地下 CO_2 储存设施中地震破坏与 CO_2 泄漏的风险。CO_2 地质封存方面的进步将有助于扩大碳捕获工作，防止美国地下水受到污染，并使美国更接近到 2050 年实现净零排放的宏伟目标。以下 4 个选定的项目将着手解决与长期商业化规模的 CO_2 封存相关的挑战，着重改进碳储存综合体中使用的监测工具，监测盖层（地表下无法传输气体的坚硬岩石层）密封完整性，并开发预测 CO_2 储存过程期间地震活动强度及潜在泄漏危险的方法。一是休斯敦大学（得克萨斯州休斯敦市）的项目，资助金额 799 932 美元，将开发和测试具有成本效益的地震数据处理技术，包括一个自动检测 3D 地震偏移图像断层的系统。二是威廉马什赖斯大学（得克萨斯州休斯敦市）的项目，资助金额 1 195 213 美元，正在开发一种监测密封完整性的新策略，可能提供一个强大的平台，通过重新激活的断层或断裂带识别 CO_2 泄漏。三是巴特尔纪念研究所（Battelle Memorial Institute）（俄亥俄州哥伦布市）的项目，资助金额 799 354 美元，正在开发一种基于声发射（AE）的技术，以预测 CO_2 通过地质碳储存（GCS）系统中限制层的位置和运动。四是新墨西哥矿业技术研究所（新墨西哥州索科罗市）的项目，资助金额 1 199 965 美元，将部署最新的现场技术，如利用一种新型地球化学技术，使用钻屑和岩心来定位断层并评估它们对地下流体系统的影响。这些项目将由 DOE 化石能源办公室和碳管理 NETL 管理，支持实现 DOE 碳储存计划中先进储存研发技术平台的目标。DOE 化石能源办公室资助研发的项目，旨在降低发电、工业资源的成本和脱碳，并从大气中去除 CO_2，进一步促进国家能源的可持续利用。2021 年 6 月 15 日，美国 DOE 化石能源办公室和碳管理国家能源技术实验室联合宣布向 6 个研发项目提供联邦资金 1200 万美元，推进直接空气捕捉（DAC）技术，这是一种从大气中提取 CO_2 的 CO_2 去除方法。这些项目由亚利桑那州、北卡罗来纳州、伊利诺伊州和堪萨斯州的大学与实验室牵头，目前正在开发工具以增加 DAC 捕获的 CO_2 量，降低材料成本，并提高碳去除作业的能源效率。主要包括以下 6 个项目：一是北卡罗来纳州 Cormetech 有限公司的项目，资助金额 1 500 000 美元，开发一种 DAC 接触器，使用移动及捕获空气和 CO_2 的工艺与材料，将最大限度地增加从大气中捕获的 CO_2 量，同时减少运行所需的能量。二是北卡罗来纳州三角研究园三角研究所启动低成本风电驱动的 DAC 系统的早期测试项目，资助金额 1 500 000 美元，团队将设计、制造和测试由低成本风能驱动的早期 DAC 接触器，增加 DAC 技术操作的效率。三是北卡罗来纳州 Susteon 有

[①] DOE.Biden administration launches \$3.5 billion program to capture carbon pollution from the air［EB/OL］.（2022-05-19）［2022-05-20］. https://www.energy.gov/articles/biden-administration-launches-35-billion-program-capture-carbon-pollution-air-0.

限公司为新型 DAC 技术开发高容量可再生材料项目，资助金额 1 500 000 美元，计划通过开发一种既能再生又能捕获和容纳大量 CO_2 的结构化材料来降低 DAC 运行的成本。通过开发能够捕获更多 CO_2 的新材料，可以减少运行系统所需的能源量，从而降低总体成本。6 个选定项目中的 3 个项目还将探讨在 3 个不同地理位置、不同气候条件下的 DAC 运营，努力建立有史以来第一个每年可捕获 10 万吨 CO_2 的 DAC 系统。目前，没有任何现有的 DAC 系统具有这种 CO_2 排放能力。四是堪萨斯州 Black&Veatch 公司的执行 DAC 技术的早期工程设计项目，资助金额 2 500 000 美元，将开发 DAC 系统的初步工程设计，该系统将放置在得克萨斯州敖德萨、亚拉巴马州巴克和伊利诺伊州鹅溪，旨在每年从大气中捕获 10 万吨 CO_2。五是爱尔兰都柏林硅王国控股有限公司（Silicon Kingdom Holdings Limited）利用商业规模的 DAC 系统实施 3 个碳农场的初始设计项目，资助金额 2 500 000 美元，将使用吸收 CO_2 的商业规模的被动 DAC 系统完成 3 个初始设计。该设计由亚利桑那州立大学（亚利桑那州）开发，旨在每天稳定捕获 CO_2 1000 吨。六是伊利诺伊大学利用低碳能源驱动商业规模的 DAC 运营项目，资助金额 2 499 798 美元，将开发大规模直接空气捕捉的初步设计，并与合作伙伴设计完善，在怀俄明州、路易斯安那州和加利福尼亚州的地下设施永久中储存 CO_2。除了研究不同气候条件的影响外，该项目还将衡量使用不同低碳能源（如地热、太阳能、风能或废热）以减少 DAC 技术生命周期碳排放的影响。

第六，通过 DOE 先进制造办公室支持研发将建筑物转变为碳储存结构的技术。2022 年 6 月 16 日，美国 DOE 宣布选择 30 个项目，其将获得先进制造办公室（AMO）资助的 5790 万美元，这有助于美国工业部门脱碳、推进清洁能源制造并提高美国的经济竞争力。这些项目将推动整个经济体减少碳排放所需的制造创新。其中，福特、橡树岭国家实验室和 Troy Polymers 公司合作获得 2 493 748 美元资助，开发一种支持人工智能的多元醇分子平台，用于从废弃的 CO_2 中生产脱碳聚氨酯（PU）泡沫。该项目将增加多元醇中的 CO_2 含量，同时实现制造汽车座椅聚氨酯所需的热和流变性能[1]。

第七，通过 DOE 贷款项目办公室支持发电厂及工业碳捕集技术。2021 年 4 月 23 日，DOE 发布了《白宫关于煤炭和发电厂社区经济振兴的报告》，拟投资 7500 万美元，支持为发电厂和工厂安装碳捕获与储存技术的定制工程设计；投资 1950 万美元支持从煤矿和燃煤发电厂留下的废物中提取关键矿物材料，这对于制造用于电动汽车及其他清洁能源技术的电池、磁体和其他重要组件至关重要。这些研究不仅有助于美国领导下一代产业，而且还可激发相关领域工人参与，赋权、振兴、保护美国的能源社区并创造就业机会。跨部门工作组还确定了联邦资金近 380 亿美元，支持能源社区进行基础设施改造、环境修复、工会创造就业、社区振兴等。作为该工作的一部分，DOE 贷款项目办公室拟投资 85 亿美元，部署研发碳捕集技术，推动实现除发电厂外的水泥、钢铁和其他工业产品的低碳

---

[1] DOE.AMO fy 2021 multi-topic FOA［EB/OL］.（2021-06-16）［2022-03-10］.https://www.energy.gov/ eere/amo/amo-fy-2021-multi-topic-foa.

制造[①]。

可见，美国根据联邦政府 CCUS 的相关法律法规及 DOE 下属的不同办公室针对 CCUS 的研发部署，确保美国在 CCUS 技术领域处于全球领先地位。

（2）日本的 CCUS 技术部署

日本非常重视 CCUS 技术的研发部署，具体体现在如下几个方面。

第一，日本政府通过制定能源相关战略支持 CCUS 技术研发。2013 年 6 月，日本发布《科学技术创新综合战略》，要实现清洁、经济的能源系统，利用革新性技术扩大可再生能源供应，到 2020 年实现 CCUS 技术的实际应用。2016 年 4 月 19 日，日本政府综合科学技术创新会议（CSTI）发布了《能源环境技术创新战略 2050》，支持开发先进高效的 CO_2 分离、回收、循环利用技术（如 CCUS、生物固碳和人工光合作用等），实现碳排放减半的目标。2018 年 7 月 3 日，日本政府发布了第五期《能源战略规划》，提出了日本能源转型战略的新目标、新路径和新方向，重新设定了更加现实的一系列数据指标：第一，提高能源自给率，将日本能源自给率由 2016 年的 8% 提升到 2030 年的 24%；第二，增加零排放电力比例，将日本零排放发电能源的比率在 2030 年提升到 44%；第三，将日本能源产生的 CO_2 排放量从 2016 年的 11.3 亿吨降到 2030 年的 9.3 亿吨左右；第四，日本首次设定了"2050 年实现能源转型和脱碳化"的目标[②]。为实现这些目标，该规划提出了促进化石燃料资源的自主开发、高效清洁利用、CCUS 技术等措施，助力实现从"低碳化"迈向"脱碳化"的能源转型目标。2020 年 12 月 25 日，日本经济产业省发布《绿色增长战略》，提出到 2050 年实现碳中和目标，构建"零碳社会"：预计到 2050 年，该战略每年将为日本创造近 2 万亿美元。为落实上述目标，该战略提出了 14 个碳循环产业绿色增长实施计划的具体碳回收利用发展目标和重点发展任务，主要包括 CO_2 制混凝土、CO_2 制燃料（藻类生物燃料）、CO_2 制化学品（人工光合作用制塑料原料）、分离回收设备及从大气中直接回收 CO_2 等[③]。为此，该战略提出了日本碳循环产业绿色增长路线图，明确了 CCUS 各项技术的开发阶段、示范阶段、规范化部署和成本降低阶段及商业化应用阶段，提出了法律法规、税收、公共采购、标准等具体政策工具，通过碳循环产业的发展，推进社会普及 CCS，降低成本，提高日本碳循环产业的竞争力。

第二，日本新能源和工业技术开发组织（NEDO）支持开发使用 CO_2 等原料的塑料制造技术项目。该项目中与塑料原料生产相关的 4 项碳回收技术，包括热源无碳化石脑油

[①] DOE.DOE Announces $109.5 million to support jobs and economic growth in coal and power plant communities［EB/OL］.（2021-04-23）［2021-04-24］. https://www.energy.gov/articles/doe-announces –1095-million-support-jobs-and-economic-growth-coal-and-power-plant.

[②] 中华人民共和国科学技术部 .2019 国际科学技术发展报告［R］.北京：科学技术文献出版社，2019：279.

[③] METI.Carbon recycling（carbon recycling/material industry）［EB/OL］.（2020-12-25）［2021-03-20］.https://www.meti.go.jp/english/policy/energy_environment/global_warming/ggs2050/pdf/11_carbon_recycle.pdf.

分解炉先进技术、废塑料和废橡胶制造化工产品技术、功能性化工产品制造技术、以醇为原料的化学制造技术。其中，针对开发热源无碳化的石脑油分解炉先进技术，计划到2030年，开发出以不排放CO_2的氨、氢等为热源，对石脑油进行热分解的分解炉和燃烧器，实现制造时的能源消耗和成本与现在的石脑油分解炉技术相当；利用废塑料和废橡胶制造化工产品技术，将开发通过气化废塑料和废橡胶、热分解和利用生物质等技术显著减少CO_2排放并降低制造成本，旨在到2030年实现每年数千至数万吨/年的规模化示范，与目前的化学再生塑料相比，将制造成本降低20%；利用CO_2开发功能性化工产品制造技术，通过确立由CO_2制造聚碳酸酯、聚氨酯等技术，将实现在减少CO_2排放的同时进一步提高其功能性，旨在到2030年完成数百到数千吨/年的规模化示范，实现与现成产品同价的目标；开发以醇为原料的化学制造技术，将支持开发一种实现高转换效率（转换效率为10%或更高）的光催化剂，并通过降低人工光合作用面板的制造成本和提高耐久性来降低氢气生产成本（30日元/Nm^3或更低），此外还研发了一项技术，确立了以氢气和CO_2为原料，经由醇类等制造乙烯与丙烯等基础化学品，收率达到80%～90%并将制造过程中的CO_2排放量减少到几乎为零[①]。

第三，NEDO支持开发使用CO_2的混凝土制造技术。该项目主要包括以下几个方面。①开发可减少CO_2排放并使固定量最大化的混凝土，到2030年，减少与材料制造、运输、施工等相关的CO_2排放量，增加CO_2固定量，建立降低成本的CO_2减排量并实现了现有的固碳量最大化的混凝土制造体系和产品。②开发与CO_2减排/定量最大化与混凝土质量控制/定量评估方法相关的技术，到2030年，日本将建立减少CO_2排放和最大化固定量的混凝土质量控制方法，并实现国际标准化。③设计与论证水泥制造过程中的CO_2捕集技术，旨在到2030年建立一种CO_2回收型水泥制造工艺，该工艺几乎可以回收来自石灰石的所有CO_2，并实现与现有CO_2回收方法（化学吸收法、胺法）同等或更大的成本降低。④建立使用各种钙源的碳酸盐氯化物技术，旨在在确保质量的指导方针下，到2030年实现从回收的CO_2和废物中高效、经济地生产碳酸盐并将其用作水泥原料的技术[②]。

第四，NEDO支持开发使用CO_2等的燃料制造技术。作为实现无碳社会的多种选择之一，日本有必要推动碳再生燃料的技术发展。因此，NEDO支持开发合成燃料、可持续航空燃料（SAF）、合成甲烷和绿色LPG的气体燃料等方面的项目。①开发与提高合成燃料产量，作为提高液体燃料转化率的技术，将开发一种集成制造工艺，以高效大规模地生产CO_2和氢气的合成燃料，旨在到2030年实现中试规模（假设300B/天规模）液体燃料转

① NEDO.「CO_2等を用いたプラスチック原料製造技術開発」プロジェクトに関する研究開発・社会実装計画（关于"使用CO_2等的塑料原料制造技术开发"项目的研究开发・社会安装计划）[EB/OL].（2021-10-15）[2022-07-29]. https://www.nedo.go.jp/content/100938350.pdf.

② NEDO.「CO_2を用いたコンクリート等製造技術開発」プロジェクトに関する研究開発・社会実装計画（关于"利用CO_2进行混凝土等制造技术开发"项目的研究开发和社会实施计划）[EB/OL].（2021-10-15）[2022-07-29]. https://www.nedo.go.jp/content/100938441.pdf.

化率达 80%，到 2040 年实现自持商业化。②开发与可持续航空燃料（SAF）制造相关的技术，将建立酒精至 JET 技术（Alcohol to JET），利用乙醇制造可持续航空燃料，预计将进行大规模生产，旨在到 2030 年在飞机上安装燃料，将实现液体燃料转化率达 50% 或更多且制造成本为 100 日元 / 升。③开发与合成甲烷生产相关的创新技术，将建立一项甲烷化技术，以有效地利用从可再生能源产生的氢气和从发电厂回收的 CO_2 中合成甲烷，旨在到 2030 年其能源转换效率达到 60% 以上。④开发不依赖化石燃料的绿色液化石油气合成技术，建立以氢气和 CO 为原料，经甲醇、二甲醚合成的无化石燃料液化石油气（绿色液化石油气）合成技术，到 2030 年，以商品化为目标确立合成技术的生产率为 50%[1]。

第五，NEDO 支持开发 CO_2 分离回收等技术。日本在全球率先建立了 CO_2 浓度在 10% 以下的低压、低浓度 CO_2 分离回收技术，此外还扩建了 CO_2 分离回收设备和材料，在加强日本的碳循环市场国际竞争力的同时，其目标是将其成果与 开发 DAC（直接空气捕获）等负排放技术联系起来。该项目主要包括以下几个方面。①从天然气发电尾气中大规模 CO_2 分离回收技术开发与示范，以大规模天然气发电废气为目标，确认从技术开发到 2030 年实现目标：CO_2 分离回收成本在 2000 日元 / 吨 CO_2 以下，工厂实际气体示范为 10 t/d 或更多。②中小型工厂废气 CO_2 分离回收技术开发与示范等，针对来自热电联产系统、锅炉、热处理炉和石脑油裂解炉的废气，到 2030 年实现技术开发成本为 2000 日元 / 吨 CO_2 或更低。③建立 CO_2 分离材料标准评价的共同基础，为加快发展低压低浓度废气分离材料，建立 CO_2 实际气体分离回收标准评价基地[2]。2022 年 5 月 13 日，日本 NEDO 利用绿色创新基金项目，启动了低压低浓度 CO_2 低成本分离回收技术开发与示范项目，实施期为 2022—2030 年，预算为 382 亿日元，主要研究内容包括从天然气发电尾气中大规模 CO_2 分离回收技术开发与示范、中小型工厂废气 CO_2 分离回收技术的开发与示范，以及 CO_2 分离材料标准评价等[3]。

可见，日本政府对 CCUS 技术研发进行了系统部署，旨在确保日本 CCUS 技术领先。

（3）欧盟的 CCUS 技术部署

欧盟从法律法规、规划战略、科技计划、绿色创新基金等方面支持 CCUS 的研发部署。

第一，欧盟出台系列法律法规，为 CCUS 的部署保驾护航。2000 年欧盟开始启动"欧

① NEDO.「CO₂ 等を用いた燃料製造技術開発」プロジェクトに関する研究開発・社会実装計画（关于"利用 CO₂ 等进行燃料制造技术开发"项目的研究开发和社会实施计划）［EB/OL］.（2022-01-20）［2022-07-29］. https://www.nedo.go.jp/content/100941592.pdf.

② NEDO.「CO₂ の分離回収等技術開発」プロジェクトに関する 研究開発・社会実装計画（关关于"CO₂ 的分离回收等技术开发"项目的研究开发·社会实施计划）［EB/OL］.（2022-01-20）［2022-07-29］. https://www.nedo.go.jp/content/100941489.pdf .

③ NEDO. グリーンイノベーション基金事業で、圧力が低く、CO₂ 濃度の低い排気ガスから CO₂ を分離回収する技術開発に着手［EB/OL］.（2022-05-13）［2022-07-29］.https://www.nedo.go.jp/news/press/AA5_101541.html.

洲气候变化计划",2009 年最终通过"能源气候一揽子计划",该计划提出了排放权交易机制、成员国配套措施任务分配、CCUS、可再生能源、汽车 CO_2 排放、燃料质量等 6 项内容,奠定了欧洲为应对气候变化法采取的"分散立法模式"与"计划归总模式"相结合的基本格局。2018 年,欧盟出台《关于能源联盟与气候行动的治理 2018/1999 条例》(以下简称《2018/1999 条例》),使欧盟迎来从分散立法走向专门立法的转折,该条例主要针对成员国气候行动的制定及报告评估机制做了框架性的法律规定。2020 年 3 月 4 日,欧盟委员会在《2018/1999 条例》的基础上向欧洲议会及理事会提交《欧洲气候法》提案(全称为《关于建立实现气候中和的框架及修改欧盟 2018/1999 条例的条例》),该法作为欧盟委员会 2019 年 12 月提出的《欧洲绿色协议》的核心部分,推出欧盟首个气候中和立法,将 2050 年达成"气候中和"规定为具有法律约束力的目标。2021 年 6 月 28 日,欧洲议会和理事会通过了《欧洲气候法》(第 2021/1119 号),将 2050 年"气候中和"目标纳入欧盟法律,提出基于 CCS 及碳捕获和使用(CCU)技术的解决方案可以在脱碳方面发挥作用,特别是对于选择该技术的成员国来说,可以减轻工业过程中碳排放。所有成员国应共同实现 2050 年全欧盟气候中和目标,成员国、欧洲议会、理事会和委员会应采取必要措施以实现这一目标。"[1]2023 年 3 月 16 日,欧盟委员会发布了《净零工业法案》,把加速 CO_2 捕获作为其重要的支柱,消除主要障碍,推动发展 CCUS 作为经济可行的气候解决方案,到 2030 年将在欧盟战略 CO_2 储存点注入能力达到 5000 万吨,并把扩大欧盟清洁技术的生产规模,确保欧盟为清洁能源转型做好充分准备[2]。可见,欧盟先后出台了一系列能源与温室气体减排的指令,包括《欧洲气候法》及《净零工业法案》,形成了一套系统的气候法律框架,支持 CCS 等清洁能源技术研发部署,加快了欧盟绿色清洁化转型。

第二,欧盟制定相关规划与战略以支持 CCUS 研发。2014 年欧盟制定《碳捕集、利用与封存(CCUS)技术工作路线图》,鼓励通过多渠道金融投资支持 CCUS 技术、推动 CCUS 产业发展。2018 年 11 月欧盟委员会发布了《共享一个清洁地球的欧盟长期战略》文件(A Clean Planet for all: a European strategic long-term vision for a prosperous, modern, competitive and climate neutral economy),提出 2050 年将欧洲建成繁荣、现代化、具有竞争力和气候中性的经济体的远景目标,将 CCUS 作为实现欧盟碳中和目标的七大战略技术领域之一,需要通过碳捕获和储存解决剩余的 CO_2 排放,为此,提出如果 CCUS 要在未来 10 年内大规模实现,还需要在能源密集型产业、生物质和碳中和的合成燃料厂进行更多的研究、创新和示范工作,CCUS 包括与运输和存储网络相关的新的基础设施。为了发挥 CCUS 的潜力,有必要采取有力的行动,以确保在欧盟内建造示范和商业设施,并解决一些成员国的

---

① European Commission.Regulations〔EB/OL〕.(2023-03-16)〔2023-03-18〕. https://eur-lex.europa.eu/legal-content/EN/TXT/PDF/?uri=CELEX:32021R1119&from=EN.

② European Commission.Net-zero industry act: making the EU the home of clean technologies manufacturing and green jobs〔EB/OL〕.(2023-03-16)〔2023-03-18〕. https://ec.europa.eu/commission/presscorner/detail/en/ ip_23_1665.

公众舆论关切[①]。2020 年 7 月欧盟发布《欧盟能源系统一体化战略》，旨在刺激绿色复苏并加强欧盟在太阳能、可再生氢、CCUS 等清洁能源技术方面的领先地位，为水泥生产等难以脱碳的行业推广清洁能源技术，实现碳捕获、储存和使用，支持深度脱碳[②]。

第三，欧盟通过系列研发计划支持 CCUS 技术研发。欧盟"地平线 2020"的计划周期为 7 年（2014—2020 年），预算总额约为 770.28 亿欧元，重点关注卓越科研（244.41 亿欧元）、产业领导力（170.16 亿欧元）及社会挑战（296.79 亿欧元）三大战略优先领域，而社会挑战领域又汇集各领域、技术和学科的资源与知识，包括社会科学和人文科学，涵盖从研究到市场的所有活动，新的专注点在创新活动，如试点、示范、试验平台及公共采购和市场转化，其中安全、清洁和高效能源领域 2014—2020 年预算为 59.31 亿欧元，主要支持能源效率、CCUS 等低碳技术及智能城市和社区三类领先领域[③]。2021 年 1 月，欧盟开始实施《第九期研发框架计划"地平线欧洲"（2021—2027）》，总预算达 955.17 亿欧元，是世界上规模最大的政府科技计划，体现了欧盟的施政重点，将绿色和数字双转型作为重点支持方向，其中"气候、能源与交通"科研集群预算为 151.23 亿欧元，支持气候科学与解决方案、能源供给、能源转型、能源存储等领域，以便让能源和交通行业对气候与环境更友好、更高效、更智慧、更安全、更具竞争力、更有弹性；"数字、工业与空间"科研集群布局支持关键数字技术、新兴使能技术、CCUS 等低碳和清洁工业、循环工业等十大科研领域，旨在把欧盟技术主权牢牢掌握在自己手中。

第四，通过"欧盟排放交易体系创新基金"支持 CCUS 技术研发。这是全球最大的以应对气候变化为宗旨的项目资助机制之一，将为包括 CCUS 在内的低碳技术投资 100 亿欧元，帮助实现 2050 年欧盟碳中和的目标。创新基金为期 10 年，计划于 2020 年启动第一批征集，并持续到 2030 年。2022 年 4 月第一轮创新基金投资 11 亿欧元，资助比利时、瑞典、西班牙等 6 个国家的能源密集型行业、氢能、碳捕获利用和储存及可再生能源等 7 个大规模项目，旨在运营的前 10 年减少超过 76 兆吨的 CO_2 当量；2022 年 7 月，第二轮创新基金投资 18 亿欧元，资助来自法国、荷兰、德国、瑞典等 9 个国家的 17 个大型创新清洁技术项目，帮助将突破性技术推向氢能、可再生能源及其关键部件制造、碳捕获与储存基础设施及能源储存等领域。与第一轮相比，第二轮资助资金增加了 63.6%，支持项目数量增加了一倍多，支持国家增加了 50%。前两轮欧盟创新基金支持的 CCS 有关项目共 10 个，如表 6.1 所示。

[①] European Commission.A clean planet for all: a European strategic long-term vision for a prosperous, modern, competitive and climate neutral economy [EB/OL].（2018-11-28）[2020-01-18]. https://eur-lex.europa.eu/ legal-content/EN/TXT/?uri=CELEX:52018DC077.

[②] European Commission.EU energy system integration strategy [EB/OL].（2020-07-08）[2021-04-10]. https://ec.europa.eu/commission/presscorner/detail/en/fs_20_1295.

[③] European Commission.Horizon the EU framework programme for research and innovation [EB/OL].[2020-03-16]. http://ec.europa.eu/programmes/horizon2020/en.

表 6.1 欧盟创新基金第 1 轮与第二轮支持的 CCS 大型项目

序号	项目名称	申报行业	地点	项目描述
第 1 轮资助项目	Kairos@C	碳捕获和储存	比利时	该项目位于比利时安特卫普港，旨在创建第一条也是最大的跨境碳捕获和储存价值链，以捕获、液化、运输和永久储存 CO_2，将部署几项开创性技术，这些技术有可能在其运行的头 10 年内避免向大气排放 14 吨 CO_2
	斯德哥尔摩的生物能源碳捕获和储存（BECCS）	生物质发电与 CCS	瑞典	该项目旨在斯德哥尔摩现有的热电生物质发电厂建立一个全面的 BECCS 设施，将 CO_2 捕集与热回收相结合，该项目在运营的前 10 年将避免 CO_2 排放 783 万吨。这超过了 2018 年瑞典公共部门发电和供热产生的温室气体排放总量
	可持续氢和碳回收项目（SHARC）	氢与碳捕获	芬兰	该项目位于芬兰波沃炼油厂，将减少温室气体排放，从化石燃料制氢转向生产可再生氢（通过引入电解）并将碳捕获技术应用到氢生产中。在运营的前 10 年，SHARC 项目将避免 CO_2 排放超过 400 万吨
第 2 轮资助项目	C2B 碳 2 业务	水泥和石灰	德国	C2B 将在位于德国 Lägerdorf 水泥厂中部署第二代氧燃料碳捕获工艺，每年捕获 $CO_2$100 多万吨，并将其作为进一步加工成合成甲醇的原料。捕获技术将用纯氧代燃烧空气，产生富含 CO_2 的烟气，在随后的碳处理装置中对其进行干燥、加压和净化。第二代氧燃料技术可以完全消除气体再循环问题
	ANRAV-CCUS 是创新利益相关者支持的 CCUS 价值链	水泥和石灰	保加利亚	ANRAV 有志成为东欧第一个全链 CCUS 集群项目，支持巴尔干地区到 2030 年实现其气候目标，通过陆上和海上管道系统连接保加利亚 Devnya 水泥厂的 CO_2 捕集设施，并在黑海枯竭气田中进行海上永久储存。该项目将利用加拉塔枯竭海上气田已确定的 CO_2 封存潜力，为保加利亚及罗马尼亚和希腊实现经济上可行的 CCUS 集群
	Coda——一个高度可扩展、具有成本效益的 CO_2 矿物储存中心	碳捕获和存储基础设施	冰岛	Coda 码头将建设一个高度可扩展的陆上碳矿物储存码头，预计 CO_2 储存能力为 8.8 亿吨。Coda 终端的预计储存成本为 13 欧元 / 吨 CO_2，将大大降低 CO_2 储存的成本和风险，同时还将释放玄武岩全球储存容量 >100 000 吉吨。Coda 终端概念建立在 Carbfix 技术的基础上，将捕获的 CO_2 溶解在水中并注入玄武岩地层。Dan Unity CO_2 是第一家专门从事 CO_2 海上运输的公司，将管理 Coda 码头的运输。低压罐设计和推进方面的创新解决方案可确保将运输碳足迹降至最低。根据海上距离，成本范围为 24 ～ 34 欧元 / 吨 CO_2，项目可以采购的绿色燃料可选溢价为 6 ～ 9 欧元 / 吨 CO_2
	AIR：通过与世界规模电解装置集成的第一种碳捕获和利用工艺，生产可持续的甲醇	化学制品	瑞典	该项目将利用碳捕获和利用技术，将 CO_2、残余物流、可再生氢和沼气转化为甲醇，从而创建一个大型、商业化和可持续的甲醇工厂。通过以新的创新方式结合经验证的技术，并将这些技术整合到现有的化工生产中，Perstorp 将成为第一家使用这种综合生产理念的化工生产商，也是第一家用可持续甲醇替代其欧洲生产厂（每年 20 万吨）所有化石甲醇的化工生产企业，从而在价值链的下游提供可持续和负担得起的产品。Perstorp 将建造甲醇厂，FORTUM 和 Uniper 将从新的电解厂供应可再生氢

续表

序号	项目名称	申报行业	地点	项目描述
第 2 轮资助项目	HySkies：合作开发可持续航空燃料	炼油厂	瑞典	HySkies 将在瑞典建立一个大型合成可持续航空燃料生产设施，实现并调试在运行环境中的电解槽装置，在废物发电厂安装和运行 CO_2 捕获设施，实现大规模合成可持续航空燃料，生产可持续航空燃料等主要产品；证明电解、碳捕获、气体发酵和酒精喷射工艺集成系统的技术与经济可行性，通过充分的开发、传播和沟通，验证系统的技术经济性和环境友好性，并最大限度地提高影响和认识
	KUJAWY GO4ECOPLANET	水泥和石灰	波兰	该项目旨在创建一个端到端的 CCS 链，从 Kujawy 水泥厂的 CO_2 捕集和液化开始，通过火车将 CO_2 运输到格但斯克码头，并将 CO_2 运送到海上储存地点。液化空气公司将作为技术供应商，引进适用于直接捕获烟气的 Cryocap 技术。该目标包括成为第一家负碳水泥厂，率先在东欧启动战略性脱碳基础设施项目，在棕地水泥厂进行创新高效的基于电的碳捕获概念的示范；展示可在水泥厂复制的高度可扩展的 CCS 链，确保欧盟在低碳水泥领域的领先地位
	CalCC：第一个用于石灰生产的工业规模碳捕获，并与密相 CO_2 的共享管道相结合，将 CO_2 输送至沿海枢纽	水泥和石灰	法国	该项目将利用液化空气公司的 Cryocap 技术捕获石灰生产（煅烧）过程中产生的 CO_2，并将其永久储存在近海地质构造中。拟议的 CCS 项目将涵盖从捕获到地质储存的整个 CO_2 价值链，通过密相、液化和船运等共享管道，运输 CO_2 等，将 CO_2 运至北海的地质存储，每年将永久储存 CO_2 约 61 万吨。故该项目将成为上法兰西地区的一个锚定项目，通过石灰生产及其碳捕获、CO_2 运输及难以减排的钢铁、水泥和石灰行业之间的协同作用，形成了最先进的技术，并将为敦刻尔克地区 CO_2 中心的发展铺平道路

第五，欧盟成员国积极部署 CCUS 技术。2015 年，法国颁布《绿色增长能源转型法》（LTECV）并在此框架下出台了《国家低碳战略》（SNBC），建立了碳预算机制，确定了交通、建筑、农业、工业、能源和垃圾循环领域的阶段性减排目标，并提出了相应的实现路径。2020 年，法国政府公布了最新修订的《国家低碳战略》，提出依靠 CCUS、碳利用技术，加速促进能源转型，确保实现欧盟确定的 2030 年减排 55% 的目标，预计到 2050 年实现碳捕获总量达 1500 万吨。法国环境与能源控制署 2020 年公布了"关于法国 CCUS 技术前景的意见"，其中把 CCUS 主要作为实现法国 2050 年碳中和的辅助手段，确定了敦刻尔克、勒阿弗尔和拉克 3 个工业密集区为主要的 CCUS 实施地区，90% 的碳储存将位于北海海域。2021 年 10 月，法国宣布"2030 投资计划"将投入 50 亿欧元用于工业脱碳，实现手段就是依靠碳捕获和储存设备等。2022 年 12 月 21 日，德国联邦政府通过了《CO_2 储存法》评估报告。该法案要求联邦政府每 4 年提交一次评估报告。新报告涵盖了 CCUS 和碳捕获与利用（CCU），介绍了技术进步、最新科学发现及 CCUS 对减缓气候变化的潜在贡献，提出了对法律框架进行相应修改的初步建议，以便能够运输 CO_2，并为此建立必要

的基础设施[1]。根据该报告，德国联邦政府将于 2023 年制定《碳管理战略》。作为欧盟人均碳排放最高的国家，2020 年底荷兰政府已拨款 20 亿欧元支持在北海开发 CCUS 项目，该计划涉及石油巨头壳牌公司及埃克森美孚公司，拟在 2024 年投入运营，预计将使欧洲最大海港周围的工业区碳排放量减少约 10%。

可见，欧盟及其成员国非常重视 CCUS 技术研发部署，大力支持 CCUS 技术发展，抢占 CCUS 技术的制高点与主动权。

（4）其他国家的 CCUS 技术部署

英国、韩国、澳大利亚等国家均根据各自发展需求对 CCUS 技术作出相应的部署，支持 CCUS 技术发展。

第一，英国从战略、计划等方面支持 CCUS 研发。英国是全球 CCUS 开发和部署的领导者之一，拥有全球一流的工业经验和领先的资本投资环境，有利于推动创新、发展和增长。2020 年 11 月，英国政府发布了《绿色工业革命十点计划》，宣布新投资 120 亿英镑，支持推进碳捕获、利用和储存等 10 个领域发展，其中英国政府将投入大量资金，加强部署 CCUS 技术，实现到 2030 年利用碳捕获技术从空气中捕获 10 兆吨 CO_2 的新目标。为在 21 世纪 20 年代中期之前开发两个碳捕获集群，已宣布额外提供 2 亿英镑，并计划在 2030 年再投资两个碳捕获集群，使 CCUS 总投资达到 10 亿英镑，预计这些承诺将支持工作岗位多达 50 000 个。2021 年 5 月 24 日，英国商业、能源和工业战略部将投入 1.665 亿英镑推动绿色工业革命所需的碳捕获、温室气体去除等关键技术的发展，其中 2000 万英镑支持开发下一代 CCUS 技术，以便在 2030 年之前实现规模化部署；2000 万英镑用于建立一个新的虚拟工业脱碳研究和创新中心，加速关键高耗能行业的脱碳，这些行业目前对英国的排放做出了重大贡献；1650 万英镑通过工业能源转型基金开发新技术和新工艺，帮助能源密集型部门减少排放，同时减少能源支出。这些获得资助的项目将有助于泰特莱尔、BAE 系统和 Celsa 制造等能源密集型企业受益，在英国创造高收入的绿色就业岗位超过 60 000 个，降低业务成本，帮助振兴工业中心地带。2021 年 10 月，英国政府发布《净零战略》，提出了英国为实现 2050 年净零排放承诺将采取的主要举措，其中设立 10 亿英镑的储能、CCUS 基础设施基金和 3.15 亿英镑的工业能源转型基金[2]。2022 年 4 月 7 日，英国政府发布实施《英国能源安全战略》，其中正在推动实施"十点计划"，将创造绿色就业机会 68 000 个和私人投资 220 亿英镑，其投资 CCUS，承诺 10 亿英镑的公共投资，以使英国的产业集群脱碳，宣布了蒂塞德、亨伯和默西塞德的前两个集群，启动了工业能源

[1] BMWK.Evaluierungsbericht der bundesregierung zum kohlendioxid-speicherungsgesetz（KSpG）[EB/OL].（2022-12-21）[2023-01-04].https://www.bmwk.de/Redaktion/DE/Downloads/Energiedaten/ evaluierungsbericht-bundesregierung-kspg.pdf?__blob=publicationFile&v=10.

[2] 中华人民共和国科学技术部.2022 国际科学技术发展报告［R］.北京：科学技术文献出版社，2022：144.

转型基金第二阶段，向脱碳技术拨款 6000 万英镑，2022 年 5 月和 10 月又交付了 1 亿英镑[1]。2022 年 4 月 8 日，英国商业、能源和工业战略部发布《CCUS 投资者路线图：碳捕获和全球机遇》（CCUS Investor Roadmap: Capturing Carbon and a Global Opportunity），发挥英国作为欧洲最大的 CO_2 存储容量潜在合作伙伴之一（英国大陆架的 CO_2 存储容量估计为 78 Gt）的作用，使其成为 CCUS 技术最具吸引力的国家之一。该路线图作为英国"十点计划"的一部分，总结了政府和行业当前 CCUS 的参与情况及进一步与投资者合作实现国家 CCUS 目标的机会，介绍了政府和行业对在英国部署 CCUS 的联合承诺，并提出了实现 4 个 CCUS 低碳产业集群的方法，到 2030 年在整个经济中每年捕获 CO_2 20 ~ 30 Mt，启动 1.4 亿英镑的工业脱碳和氢收入支持计划（Industrial Decarbonisation & Hydrogen Revenue Support Scheme），2025 年 CCUS 技术制氢达到 1 GW，2030 年 CCUS 技术制氢达到 10 GW，2035 年提供完全脱碳的电力系统，到 2050 年帮助实现英国的净零排放目标[2]。

第二，韩国通过实施碳中和相关战略支持 CCUS 技术部署。2020 年 12 月，韩国政府制定《2050 碳中和推进战略》，推动韩国实现 2050 年碳中和目标。为进一步支持战略的有效实施，2021 年 9 月 14 日，韩国科学技术信息通信部发布《碳中和技术创新促进战略——十大核心技术开发方向》，提出太阳能和风能、氢能、生物能源、CCUS 等十大核心技术，将其作为韩国实现碳中和技术创新的重要手段。其中关于 CCUS 部署如下：一是捕集 CO_2。实证燃烧后 CO_2 尾气捕集技术，开发相关工业工程和其他捕集技术，到 2030 年将 CO_2 捕集成本从目前的 60 ~ 70 美元 / 吨降低到 30 美元 / 吨。二是封存 CO_2。推动 CO_2 高效封存商业化进程，到 2050 年实现大规模封存。三是利用 CO_2。以 CO_2 为原料开发替代燃料和化学品，并优化相关工艺，提高商业化水平[3]。

第三，澳大利亚重视 CCUS 技术部署。2019 年，西澳政府开始运营的戈尔贡减排系统是当时世界上第二大碳储项目，每年注入 CO_2 340 万吨到 400 万吨。2020 年，澳大利亚联邦政府拨款 5000 万澳元，支持 CCUS 试点基金的碳捕获项目。2021 年，联邦政府拨款 2.637 亿澳元支持 CCS/CCUS 项目和中心发展。2021 年 8 月，澳大利亚联邦科学与工业研究组织（CSIRO）编制发布了《CO_2 利用图线图》，认为澳大利亚在该领域有 CO_2 直接利用、矿物碳酸化、将 CO_2 转化为化学品和燃料及生物转化等 4 个机会方向[4]。

总之，正是由于世界各国对 CCUS 的大力支持，从法律法规、战略规划、科技计划、研发基金等不同角度进行了部署，为全球 CCUS 的未来发展打下了良好基础。

[1] HM Government. British energy security strategy [J/OL].[2022-05-10]. https://assets.publishing.service.gov.uk/government/uploads/system/uploads/attachment_data/file/1069969/ british-energy-security-strategy-web-accessible.pdf.
[2] BEIS.Carbon capture, usage and storage（CCUS）: investor roadmap [EB/OL].（2022-04-08）[2022-04-12]. https://www.gov.uk/government/publications/carbon-capture-usage-and-storage-ccus-investor-roadmap.
[3] 张丽娟，陈奕彤 . 韩国确定碳中和十大核心技术开发方向 [J]. 科技中国 ,2022（3）: 98-100.
[4] 中华人民共和国科学技术部 .2022 国际科学技术发展报告 [R]. 北京：科学技术文献出版社，2022：349.

6.2　CCUS 技术研发

美国、日本、法国、英国、德国等主要国家比较重视 CCUS 技术的研发，下面重点分析近年来主要国家 CCUS 技术的研发状况。

（1）美国 CCUS 技术研发

美国的 CCUS 技术研发投入自 2004 年约 5279 万美元递增到 2008 年的 23 207.5 万美元，2009 年由于实施《复兴再投资法》，使美国的 CCUS 研发经费猛增至历史最高点 265 759.0 万美元，随后 2010 年快速回落到约 26 588.7 万美元，2011 年增至 33 574.1 万美元后，2012 年降至 20 356.1 万美元，此后基本维持在 2 亿美元，到 2020 年研发经费为 23 630.0 万美元，美国 CCUS 技术研发总体上呈现先增长后下降的发展态势（图 6.4）。

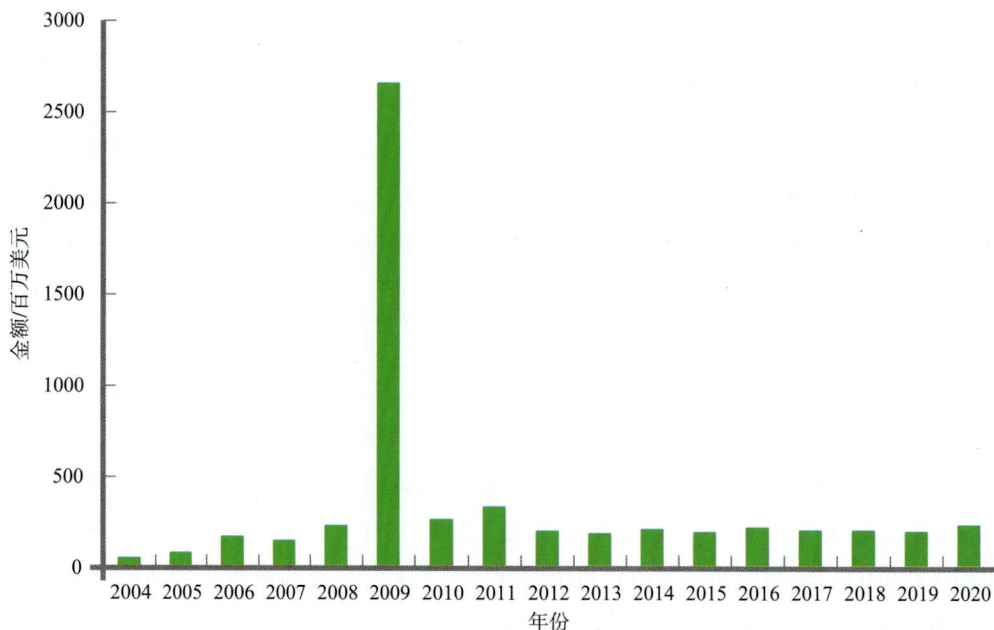

图 6.4　2004—2020 年美国 CCUS 技术研发情况（根据 OECD 2021 年 9 月 22 日数据绘制）

（2）日本 CCUS 技术研发

日本的 CCUS 技术研发投入自 2004 年 2501.0 万美元降至 2005 年 1291.2 万美元后快速递增到 2009 年的 12 001.6 万美元，2010 年回落到 10 461.5 万美元后逐步递增至 2012 年的 15 065.6 万美元，随后递减到 2016 年的 7947.5 万美元，又递增至 2018 年的历史最高点 15 967.9 万美元，最后逐步递减到 2020 年的 13 347.4 万美元，日本 CCUS 技术研发总体上呈现先递增、递减到再递增、递减的发展态势（图 6.5）。

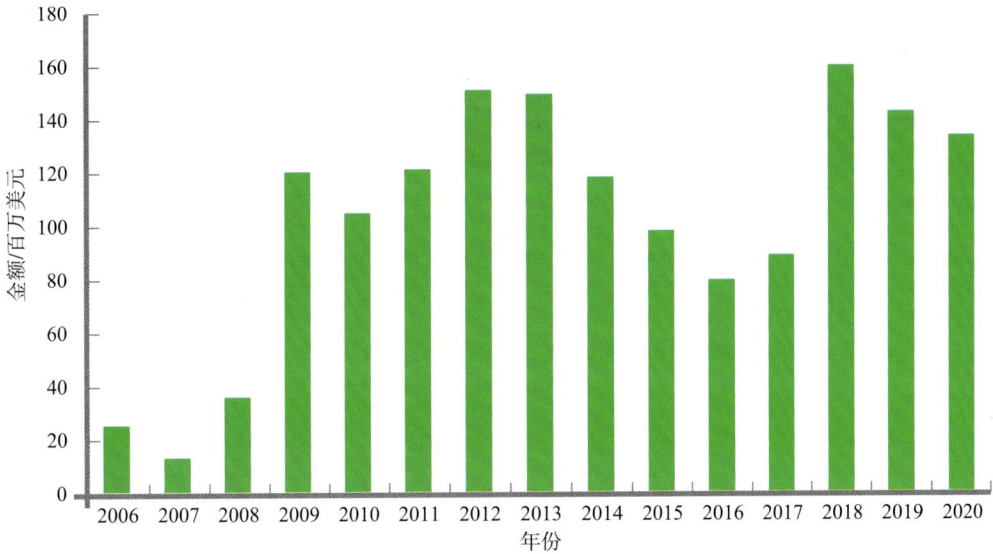

图 6.5　2006—2020 年日本 CCUS 技术研发情况（根据 OECD 2021 年 10 月 27 日数据绘制）

（3）法国 CCUS 技术研发

法国的 CCUS 技术研发投入自 2002 年约 505.4 万美元缓慢增至 2005 年的 1737.8 万美元，2006 年突增至 4493.6 万美元后缓慢增至 2008 年的 5087.4 万美元，2009 年剧增至历史最高点 11 175.1 万美元后快速递减到 2017 年的 2061.5 万美元，最后逐步递增至 2020 年的 3586.4 万美元，总体上法国 CCUS 技术研发投入呈现从递增到递减再递增的发展态势（图 6.6）。

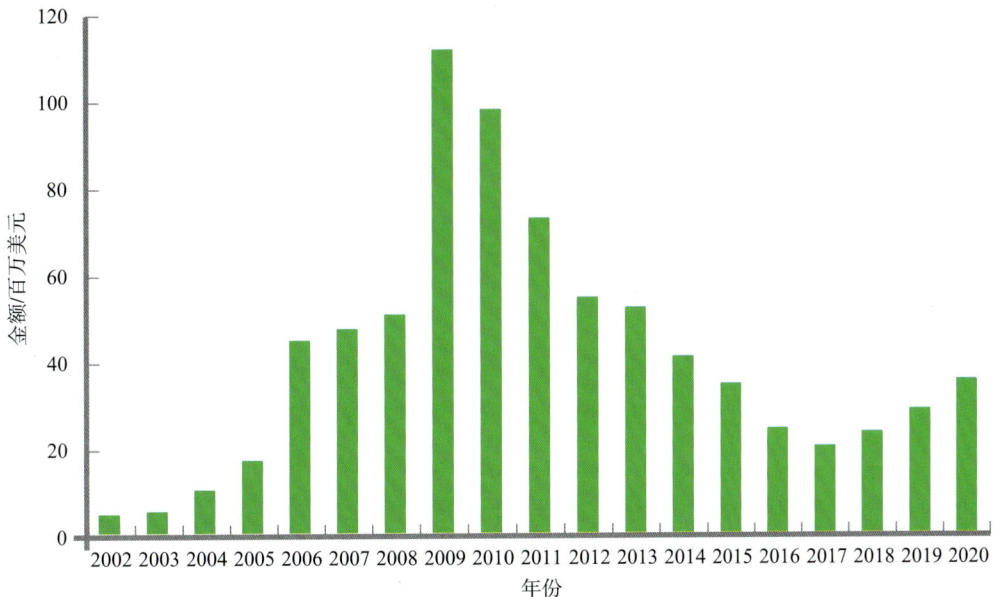

图 6.6　2002—2020 年法国 CCUS 技术研发情况（据 OECD 2021 年 10 月 27 日数据绘制）

（4）英国 CCUS 技术研发

英国的 CCUS 技术研发投入自 2004 年约 924.2 万美元递增到 2005 年的 1169.9 万美元，2006 年剧减到 10.8 万美元后再递增到 2008 年的 49.5 万美元，快速递增至 2010 年的 8500.6 万美元，又递减至 2013 年的 3857.3 万美元，2014 年突增到 9214.1 万美元，达到历史最高点，2015 年剧减至 1445.5 万美元，逐步增加至 2017 年的 2963.3 万美元，2018 年减至 926.3 万美元后逐步递增至 2020 年的 3908.2 万美元，英国 CCUS 技术研发总体上偏小，呈现出先递增后递减再递增的发展态势（图 6.7）。

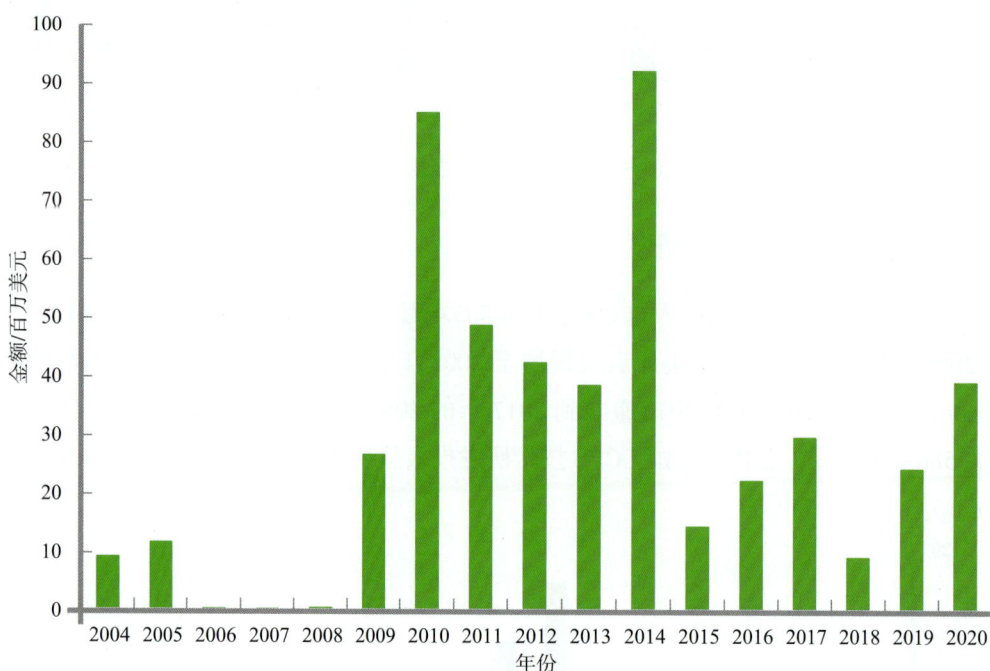

图 6.7 2004—2020 年英国 CCUS 技术研发情况（据 OECD 2021 年 10 月 27 日数据绘制）

（5）德国 CCUS 技术研发

德国的 CCUS 技术研发投入自 2004 年约 638.4 万美元递减到 2008 年的 391.1 万美元，2009 年递增至 1743.8 万美元，再递减到 2011 年的 729.4 万美元，2012 年剧增至 2177.1 万美元后递减到 2015 年的 911.0 万美元，快速递增到 2018 年的 5015.0 万美元，2019 年研发投入快速递减到 635.6 万美元，2020 年回增到 2902.5 万美元，德国 CCUS 技术研发总体上呈现出递减、递增的循环上升式的发展态势（图 6.8）。

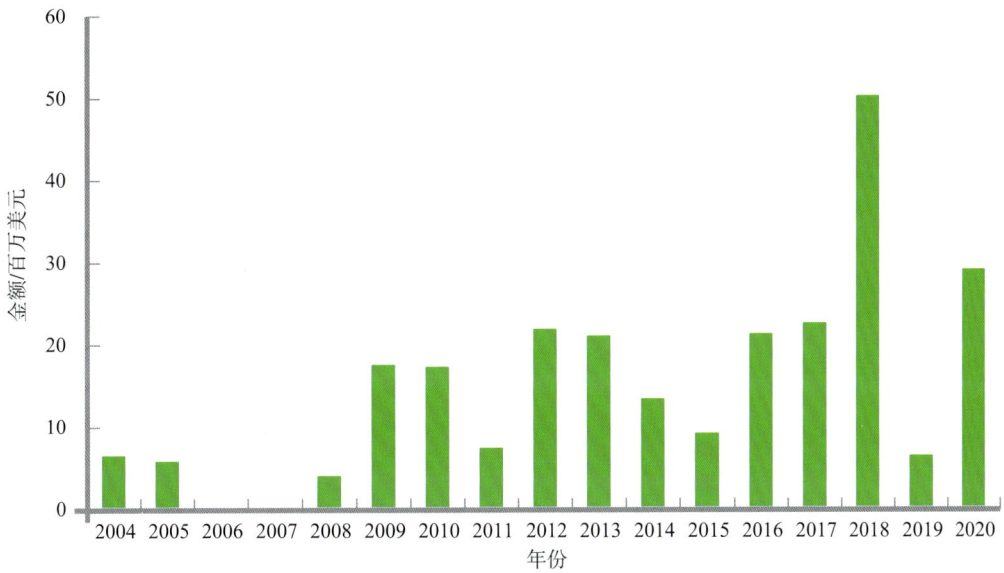

图 6.8　2004—2020 年德国 CCUS 技术研发情况（根据 OECD 2021 年 9 月 22 日数据绘制）

（6）韩国 CCUS 技术研发

韩国的 CCUS 技术研发投入自 2004 年的 137.3 万美元快速递增到 2011 年 3157.3 万美元，2012 年递减至 2677.0 万美元后又回增到 2013 年的 3365.4 万美元，达到历史最高值，随后递减至 2020 年的 1434.1 万美元，韩国 CCUS 技术研发总体上呈现先递增后递减的发展态势（图 6.9）。

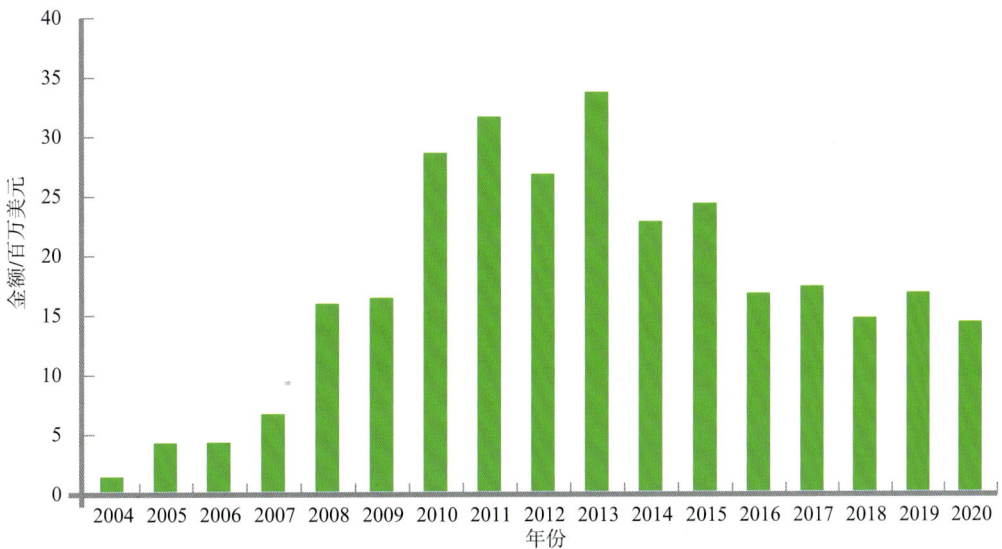

图 6.9　2004—2020 年韩国 CCUS 技术研发情况（据 OECD 2021 年 9 月 22 日数据绘制）

（7）加拿大 CCUS 技术研发

加拿大的 CCUS 技术研发投入自 2004 年约 1724.5 万美元下降到 2005 年 1228.9 万美元，先缓慢增长到 2008 年 1891.8 万美元后快速增至 2013 年的 34 721.8 万美元，达到历史最高值，2014 年快速回落至 13 871.4 万美元，2015 年增至 15 987.6 万美元后 2016 年骤降至 4104.5 万美元，随后递增至 2018 年的 14 511.7 万美元，2019 年降至 6531.5 万美元，2020 年又增至 12 538.0 万美元，加拿大 CCUS 技术研发总体上呈现先递增再递减的发展态势（图 6.10）。

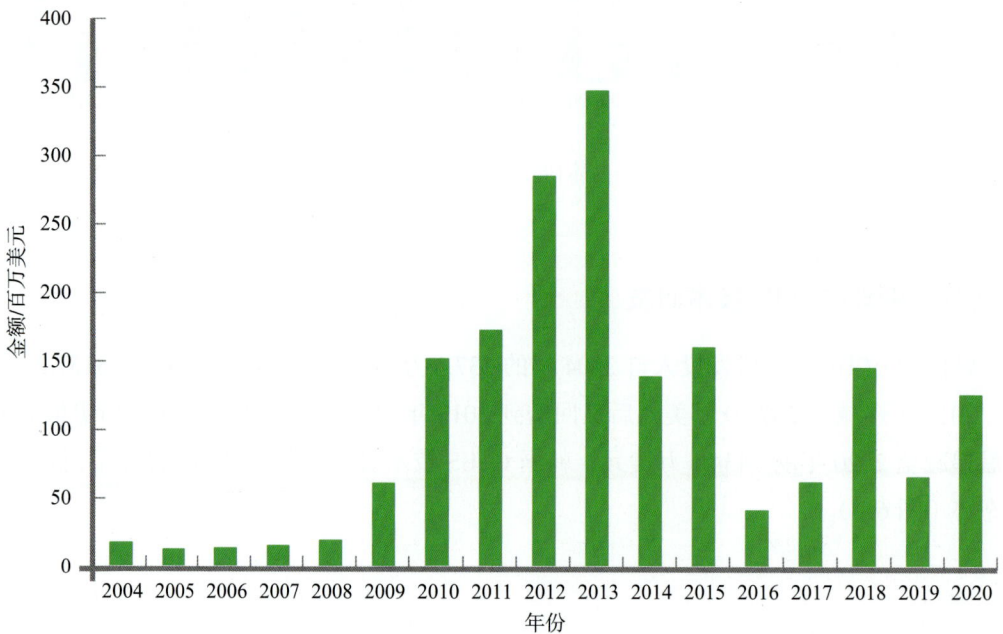

图 6.10   2004—2020 年加拿大 CCUS 技术研发情况（根据 OECD 2021 年 9 月 22 日数据绘制）

（8）澳大利亚 CCUS 技术研发

澳大利亚的 CCUS 技术研发投入自 2007 年约 9.5 万美元递增到 2012 年 26 199.4 万美元后，快速递减至 2015 年的 1359.3 万美元，又递增到 2016 年的 1976.8 万美元后递减到 2019 年的 514.4 万美元，澳大利亚的 CCUS 技术研发总体上总量不高，呈现先递增再递减的发展态势（图 6.11）。

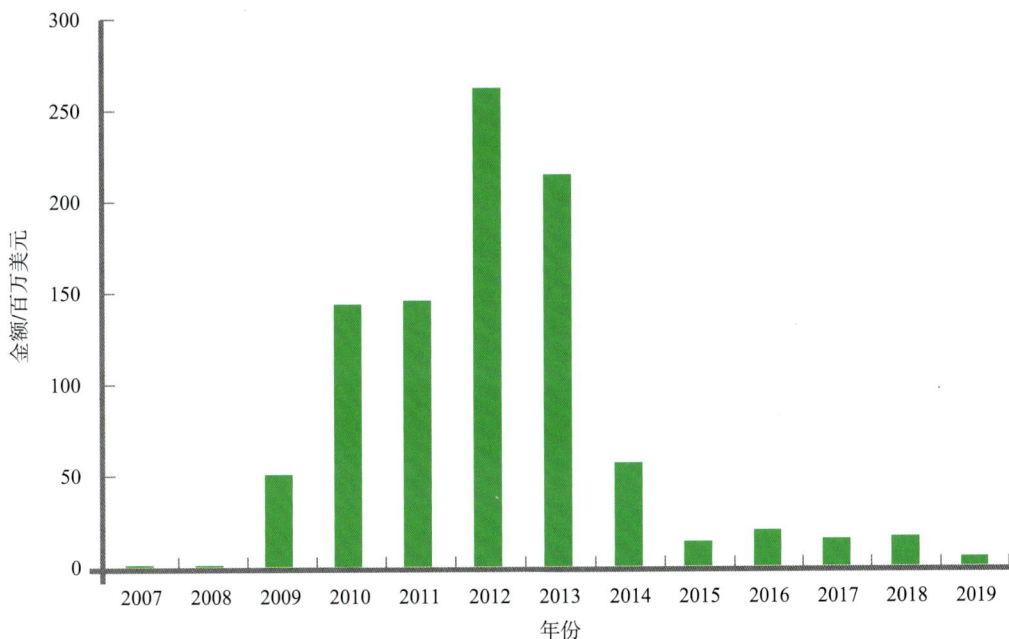

图 6.11　2007—2019 年澳大利亚 CCUS 技术研发情况（据 OECD 2021 年 9 月 22 日数据绘制）

6.3　CCUS 技术进展

　　针对 CCUS 技术的前沿基础研究和技术应用进展，本节采用文献计量法对专利、论文进行分析，有利于深入了解 CCUS 技术的发展过程、发展趋势和存在差距，从而为 CCUS 领域技术人员提供参考，进一步促进相关技术的创新发展。对于最新技术研究进展简要进行介绍，供相关研究人员参考。

6.3.1　CCUS 论文计量分析

　　本节的论文数据来源于 Web of Science（WOS）数据库核心合集，主要分析 CCUS 技术基础研究的发展态势，从主体、标题、摘要 3 个核心字段进行检索，采用的检索式为 "TS=（Carbon Capture, Utilization and Storage）OR TS=（Carbon Capture and Storage）OR TS=（Carbon Capture and Sequestration）OR TS=（Carbon Capture, Use and Storage）OR TS=（Carbon Capture, Utilization and Sequestration）OR TS=（Carbon Capture, Use and Sequestration）OR TS=（CCUS）OR TI=（Carbon Capture, Utilization and Storage）OR TI=（Carbon Capture and Storage）OR TI=（Carbon Capture and Sequestration）OR TI=（Carbon Capture, Use and Storage）OR TI=（Carbon Capture, Utilization and Sequestration）OR TI=（Carbon Capture, Use and Sequestration）OR TI=（CCUS）OR AB=（Carbon Capture, Utilization and Storage）OR AB=（Carbon Capture and Storag）OR AB=（Carbon Capture and Sequestration）OR AB=（Carbon

Capture, Use and Storage）OR AB=（Carbon Capture, Utilization and Sequestration）OR AB=（Carbon Capture, Use and Sequestration）"，检索范围从 2001 年 1 月 1 日至 2021 年 12 月 31 日，检索时间是 2022 年 6 月 12 日，精炼文献类型为"论文"，经过清洗、去重和排除与 CCUS 无关的论文后，共得到 12 518 篇论文。

（1）全球 CCUS 技术论文年度发表趋势

在检索到的全球 CCUS 技术的相关论文中，2001—2021 年的论文发表数量年度变化趋势如图 6.12 所示。

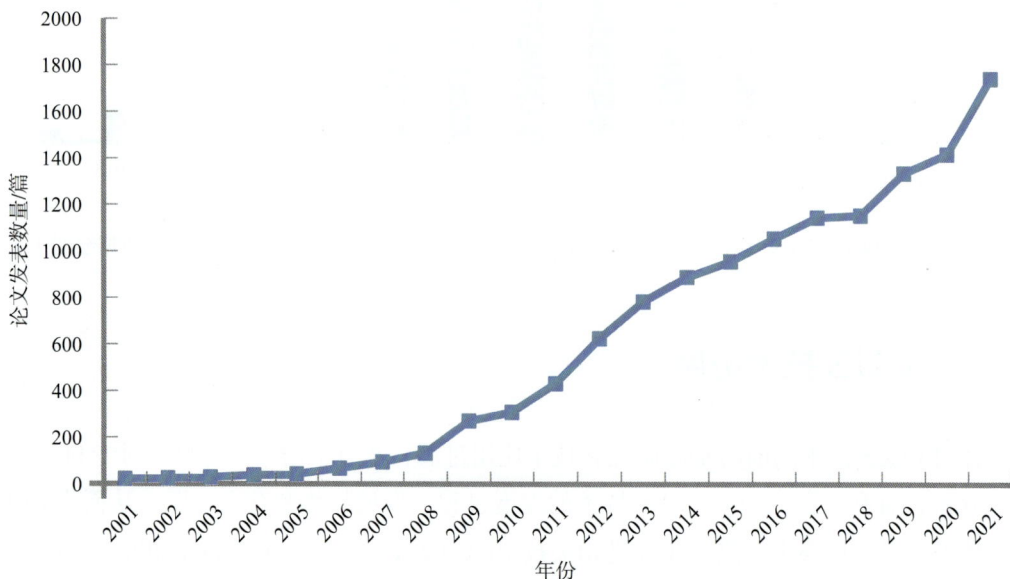

图 6.12　2001—2021 年全球 CCUS 技术论文逐年分布情况

2001—2008 年，全球 CCUS 技术相关论文发表量呈现小幅增长的趋势，由 2001 年的 20 篇增至 2008 年的 131 篇，表明 CCUS 技术的科学、基础研究已经处于爬坡阶段，但进展仍较为缓慢，仍处于起步阶段。

2009—2021 年，全球 CCUS 技术相关论文数量从 2009 年的 270 篇，上升到 2021 年的 1741 篇，呈现大幅增长趋势，表明 CCUS 技术的科学、基础研究已经处于快速发展阶段，相关理论进展迅速，基础研究迅猛发展。

（2）CCUS 技术主要论文发表国家

通过对全球不同国家 / 地区的 CCUS 技术的论文发表情况进行分析，可以挖掘 CCUS 技术在各个国家 / 地区的发展情况，借此分析 CCUS 技术的基础研究在全球的布局情况（图 6.13）。

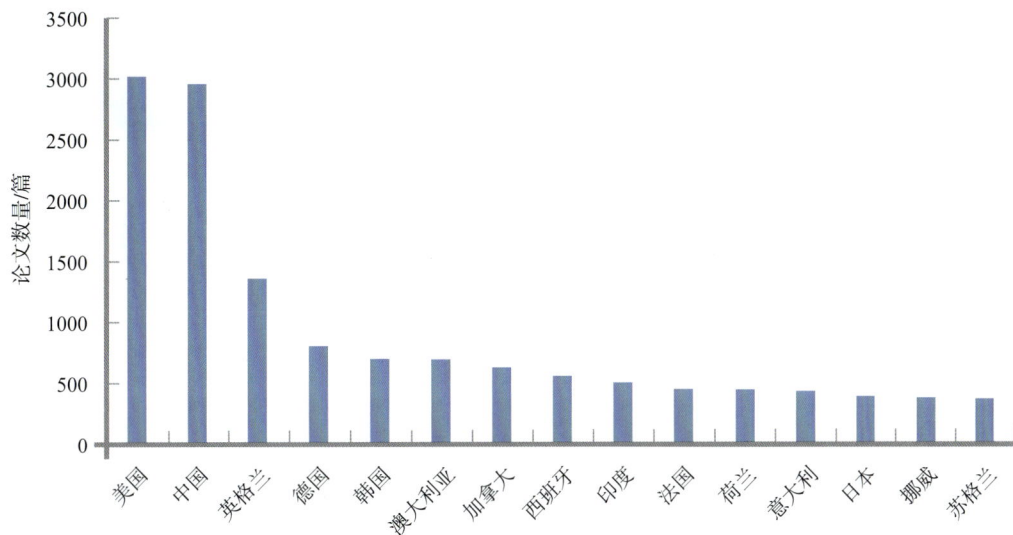

图 6.13　2001—2021 年 CCUS 技术论文发表数量排名前 15 位的国家 / 地区

　　如图 6.13 所示，CCUS 技术论文发表数量排名前 15 位的国家 / 地区分别是美国、中国、英格兰、德国、韩国、澳大利亚、加拿大、西班牙、印度、法国、荷兰、意大利、日本、挪威及苏格兰。在这 15 个国家 / 地区中，存在明显的论文发表数量差异。目前在全球 CCUS 技术的基础研究格局中，美国与中国属于第一梯队，论文发表数量分别为 3021 篇、2960 篇，论文发表数量占前 15 国家总量的比例分别为 21.95%、21.51%，中美两国合计占比达 43.46%，可以看出，美国与中国在 CCUS 技术的基础研究方面占据绝对的优势。英格兰、德国、韩国、澳大利亚、加拿大占据第二梯队，论文发表数量分别为 1365 篇、809 篇、704 篇、699 篇、633 篇，论文发表数量占前 15 国家总量的比例分别为 9.92%、5.88%、5.12%、5.08%、4.60%，五国合计占比达 30.59%。西班牙、印度、法国、荷兰、意大利、日本、挪威及苏格兰属于第三梯队，论文发表数量分别为 563 篇、509 篇、454 篇、451 篇、438 篇、396 篇、384 篇、375 篇，论文发表数量占前 15 国家总量的比例分别为 4.09%、3.70%、3.30%、3.28%、3.18%、2.88%、2.79%、2.73%，八国合计占比达 25.95%。

　　为了更好地展示主要国家在 CCUS 技术基础研究上的质量，针对 CCUS 技术论文发表数量排名前 10 位的国家 / 地区，进行论文单篇引用的统计，如图 6.14 所示。

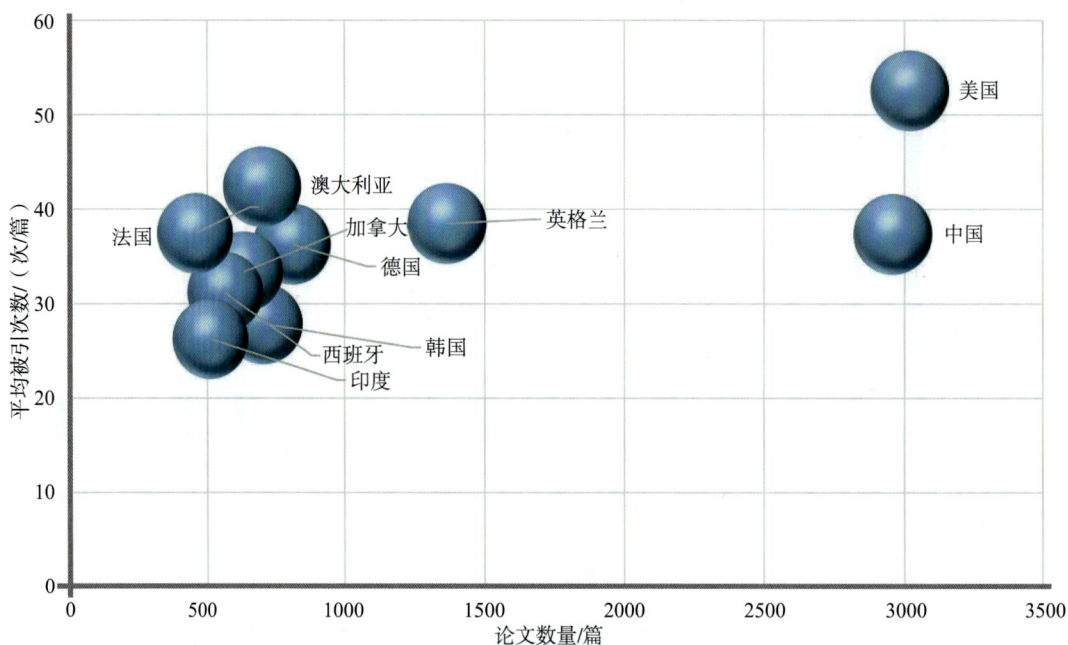

图 6.14　2001—2021 年 CCUS 技术论文发表数量排名前 10 位的国家 / 地区

结合图 6.13、图 6.14 所示，中国、美国两个国家所发表的 CCUS 技术相关论文数量明显高于其他几个国家 / 地区；在英格兰、德国、韩国等其他 8 个国家 / 地区中，英格兰发表 CCUS 技术相关论文数量显然高于其他国家。从论文的被引用情况来看，美国论文的平均被引用次数为全球论文申请数量前 15 位国家中的最高，为 52.53 次 / 篇，属于第一梯队；其次是澳大利亚、英格兰、法国、中国及德国，平均被引次数分别为 42.36 次 / 篇、38.48 次 / 篇、37.44 次 / 篇、37.37 次 / 篇、36.29 次 / 篇，属于第二梯队。从图 6.14 可以看出，中国与澳大利亚、英格兰的平均被引次数的差距已经较小，论文质量在不断提升。加拿大、西班牙、韩国、印度的平均被引次数分别为 33.37 次 / 篇、31.22 次 / 篇、27.86 次 / 篇、26.30 次 / 篇，属于第三梯队。

（3）CCUS 技术全球主要论文发表机构

对全球 CCUS 技术论文发表机构进行分析，可以发现在 CCUS 技术的基础研究领域的主要研究团队情况，明确其擅长的 CCUS 具体基础研究领域，从而获取有益的技术信息。本节对 CCUS 技术在 2001—2021 年的主要论文发表机构进行了分析，选取排名前 15 位的研究机构进行对比，如图 6.15 所示。

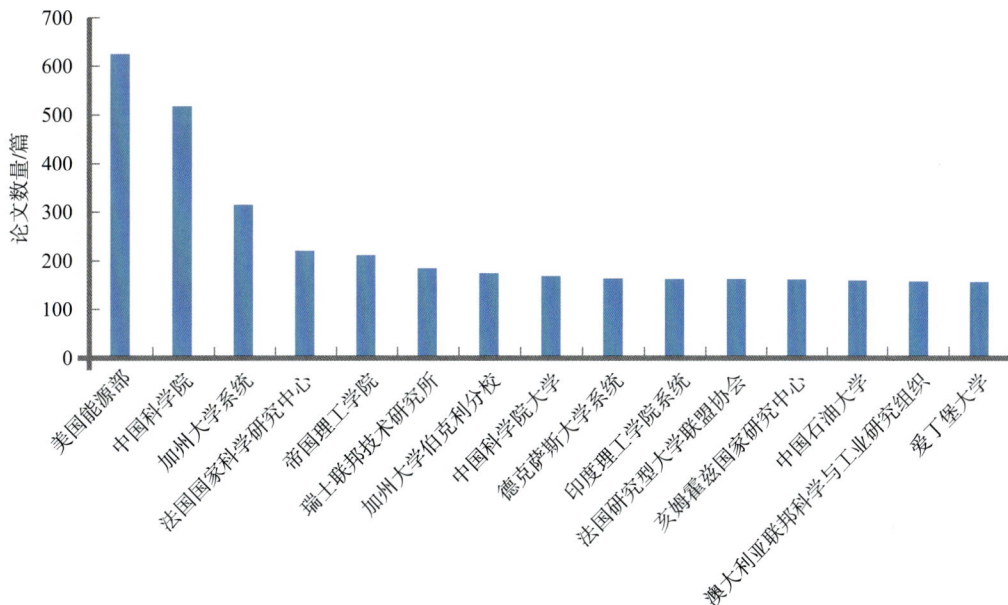

图 6.15　2001—2021 年 CCUS 技术全球论文发表数量排名前 15 位的机构

全球 CCUS 相关论文发表排名前 15 位的研究机构分布在 8 个国家，分别是美国、中国、法国、英国、瑞士、印度、德国及澳大利亚，包含政府行政部门、科研院所、联盟协会、研究组织等，如图 6.15 所示。由图 6.15 可知，美国包含美国能源部、加州大学系统、加州大学伯克利分校、得克萨斯大学系统 4 所研究机构，2001—2021 年发表 CCUS 论文数分别为 626 篇、316 篇、176 篇、165 篇；中国包含中国科学院、中国科学院大学、中国石油大学 3 所研究机构，2001—2021 年发表 CCUS 论文数分别为 519 篇、170 篇、161 篇；法国包含法国国家科学研究中心、法国研究型大学联盟协会 2 家研究机构，2001—2021 年发表 CCUS 论文数分别为 222 篇、164 篇；英国包含帝国理工学院、爱丁堡大学 2 家研究机构，2001—2021 年发表 CCUS 论文数分别为 213 篇、158 篇；瑞士包含 1 家研究院所，即瑞士联邦技术研究所，2001—2021 年发表 CCUS 论文数为 186 篇；印度包含 1 家研究院所，即印度理工学院系统，2001—2021 年发表 CCUS 论文数为 164 篇；德国包含 1 家研究院所，即亥姆霍兹国家研究中心，2001—2021 年发表 CCUS 论文数为 163 篇；澳大利亚包含 1 家研究院所，即澳大利亚联邦科学与工业研究组织，2001—2021 年发表 CCUS 论文数为 159 篇。

由图 6.15 可知，美国能源部、中国科学院、法国国家科学研究中心、帝国理工学院、瑞士联邦技术研究所、印度理工学院系统、澳大利亚联邦科学与工业研究组织分别是美国、中国、法国、英国、瑞士、印度、澳大利亚在 CCUS 技术基础研究领域的主要创新力量。基于此，选取以上 7 家作为代表性研究院所进行重点对比研究。各研究机构的论文发表年度变化趋势如图 6.16 所示。

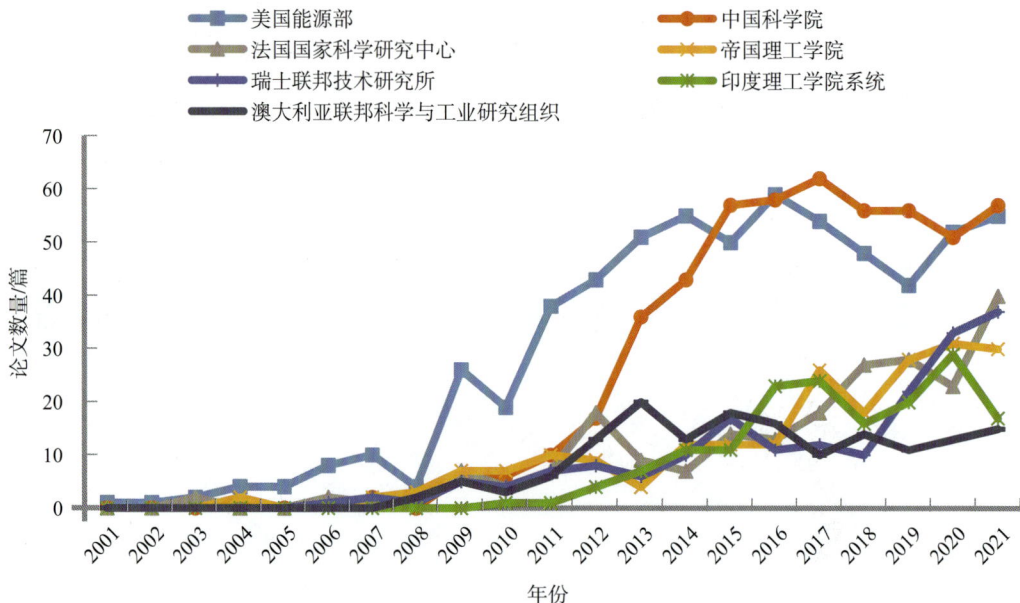

图 6.16   2001—2021 年代表 CCUS 技术的 7 家机构论文逐年分布情况

由图 6.16 可以发现，从 2001 年到 2021 年，7 家研究机构的 CCUS 技术的基础研究都实现了大幅增长，但还是明显形成了两个梯队。其中，美国能源部、中国科学院作为中美的代表研究结构，位于第一梯队；法国国家科学研究中心、帝国理工学院、瑞士联邦技术研究所、印度理工学院系统、澳大利亚联邦科学与工业研究组织，位于第二梯队。2001—2008 年，7 家机构的论文发表量均呈现出缓慢增长的趋势，但美国能源部由 2001 年的 1 篇逐步递增到 2007 年的 10 篇，2008 年回落到 4 篇，其他 6 个国家的年度论文发表量基本维持在 4 篇以内。从 2008 年之后，美国能源部的 CCUS 技术相关论文先增至 2009 年的 26 篇，2010 年回落到 19 篇，然后逐步递增到 2014 年的 55 篇，2015 年回落到 50 篇后又反弹到 2016 年的 59 篇，随后递减到 2019 年的 42 篇，最后递增到 2021 年的 55 篇；中国科学院的 CCUS 技术相关论文呈现出迅速上升趋势，由 2009 年的 6 篇增至 2017 年的 62 篇（其中 2015 年达 57 篇，首次超过美国），随后递减到 2020 年的 51 篇，2021 年又回增到 57 篇。法国、瑞士等其他 5 家研究机构总体上也实现了较快增长，其中法国国家科学研究中心 CCUS 技术相关的年度论文发表量由 2009 年的 7 篇增至 2012 年的 18 篇，随后递减到 2014 年的 7 篇后又逐步递增到 2019 年的 28 篇，2020 年回落到 23 篇后 2021 年达到 40 篇，说明在 CCUS 基础研究方面具有较大的提升；瑞士联邦技术研究所由 2009 年 5 篇增至 2015 年的 17 篇，回落到 2018 年 10 篇后又逐步递增到 2021 年的 37 篇；帝国理工学院的 CCUS 技术相关论文由 2009 年的 7 篇增至 2011 年的 10 篇，随后递减到 2013 年的 4 篇，递增到 2017 年的 26 篇后回落到 2018 年的 18 篇，最后又增长到 2020 年的 31 篇，2021 年回落到 30 篇；印度理工学院系统的 CCUS 技术相关论文由 2010 年的 1 篇逐步增至 2017 年的 24 篇，2018 年回落到 16 篇后又增长到 2020 年的 29 篇，2021 年回落到 17 篇；澳大利亚联邦科学与工业研究组织的 CCUS 技术相关论文由 2009 年的 5 篇回落到 2010 年的 3 篇后，逐步递增到 2013 年的最高值 20 篇，2014 年回落到 13 篇，2015 年增至 18 篇后波动式下降到 2019 年的 11 篇，最后逐步递增到 2021 年的 15 篇。综上可见，2008—2021 年 7 家研究机构在 CCUS 技术基础研究方面虽然发展速度不同，但基础研究能力均获得了不同程度的提升。

（4）CCUS 技术主要高被引论文

高被引文献施引规律的探究可以在一定程度上探析高质量论文的理论基础和知识构成。高被引全称为高频次被引用，它可以用于期刊也可以用于论文，一篇论文是高被引论文说明该论文的被引用率很高。高被引论文一般都是学术价值极高、专业影响力极大的文章，学术界对此有量化的标准，近 10 年被引用频次达到前百分之一的论文就属于高被引论文，高被引论文的作者通常都是专业内有很深造诣的专家学者，因此，针对高被引论文的分析研究，可以有效挖掘相关技术的当前研究方向及趋势。表 6.2 列举了 2001—2021 年，全球高被引排名前 10 位的 CCUS 相关论文。

由表 6.2 可知，2001—2021 年 CCUS 技术全球高被引论文排名最高的 10 篇论文，来自美国的占据一半，有 5 篇，分别来自斯坦福大学、得克萨斯农工大学、加州大学伯克利分校，被引次数分别为 2411 次、1091 次、884 次、884 次、823 次，可见，斯坦福大学、得克萨斯农工大学、加州大学伯克利分校是美国研究 CCUS 技术的主要机构。中国的高被引论文有 3 篇，分别来自浙江大学、福州大学及中国科学院，被引次数分别为 825 次、778 次、750 次。西班牙的巴塞罗那自治大学 1 篇 CCUS 论文，被引次数为 894 次。巴西的圣保罗大学 1 篇 CCUS 论文，被引次数为 743 次。其中高被引排名最高的 5 篇论文中，有 4 篇来自美国。

表 6.2 2001—2021 年 CCUS 技术全球前 10 位的高被引论文

序号	论文题目	关键词	机构	作者	国别	发表年份	合计被引用次数／次
1	The Path Towards Sustainable Energy	Carbon-dioxide; Hydrogen Evolution; Solar-cells; Capture; Surfaces; Reduction; Battery; Storage; CO_2; Electrodes	斯坦福大学	Chu Steven, Cui Yi, Liu Nian	美国	2018	2411
2	Electroreduction of Carbon Monoxide to Liquid Fuel on Oxide-derived Nanocrystalline Copper	Electrochemical Reduction; CO_2 Electroreduction; Conversion; Hydrocarbons; Catalysts; Electrode; Insights; Dioxide	斯坦福大学	Li Christina W, Ciston Jim, Kanan Matthew W.	美国	2014	1091
3	Classifying and Valuing Ecosystem Services for Urban Planning	Cities; Urban Ecosystems; Ecosystem Services; Ecosystem Disservices; Resilience; Valuation; Green Infrastructure; Urban Planning	巴塞罗那自治大学	Gomez-Baggethun Erik, Barton David N.	西班牙	2013	894
4	Recent Advances in Gas Storage and Separation Using Metal-organic Frameworks	Carbon-dioxide Capture; Mixed-matrix-membranes; High Methane Storage; Hydrogen Storage; Working Capacity; Room-temperature; CO_2 Capture; Coordination Sites; Ammonia Uptake; Close-packing	得克萨斯农工大学	Li Hao, Wang Kecheng, Sun Yujia, Lollar Christina T., Li Jialuo, Zhou Hongcai	美国	2018	884

续表

序号	论文题目	关键词	机构	作者	国别	发表年份	合计被引用次数/次
5	Evaluating Metal-organic Frameworks for Natural Gas Storage	Pressure Methane Adsorption; Carbon-dioxide Capture; Hydrogen Adsorption; High-capacity; Coordiantion-polymer; Supercritical Methane; Microporous Materials; Thermal-expansion; Current Records; Small Molecules	加州大学伯克利分校	Mason Jarad A., Veenstra Mike, Long Jeffrey R.	美国	2014	884
6	Pore Chemistry and Size Control in Hybrid Porous Materials for Acetylene Capture from Ethylene	Metal-organic Frameworks; Methane Storage; Carbon-dioxide; CO_2; Adsorption; Functionalities; Separation; Removal	浙江大学	Cui Xili, Chen Kaijie, Xing Huabin, Yang Qiwei, Krishna Rajamani, Bao Zongbi, Wu Hui, Zhou Wei, Dong Xinglong, Han Yu, i Bin Ren Qilong, Zaworotko, Michael J., Chen Banglin	中国	2016	825
7	Cooperative Insertion of CO_2 in Diamine-appended Metal-organic Frameworks	Carbon-dioxide Capture; Total-energy Calculations; Coordination Polymer; Crystal-structure; Adsorption; Pseudopotential	加州大学伯克利分校	McDonald Thomas M., Mason Jarad A., Kong Xueqian, Bloch Eric D., Gygi David, Dani Alessandro, Crocella Valentina, Giordanino Filippo, Odoh Samuel O., Drisdell Walter S., Vlaisavljevich Bess, Dzubak Allison L., Poloni Roberta, Schnell Sondre K., Planas Nora, Lee Kyuho, Pascal Tod, Wan Liwen F., Prendergast David, Neaton Jeffrey B., Smit Berend, Kortright Jeffrey B., Gagliardi Laura, Bordiga Silvia, Reimer Jeffrey A., Long Jeffrey R.	美国	2015	823

续表

序号	论文题目	关键词	机构	作者	国别	发表年份	合计被引用次数/次
8	Polycondensation of Thiourea Into Carbon Nitride Semiconductors as Visible Light Photocatalysts	Hydrogen-production; Hybrid Material; Solid-solution; Surface-area; Doped TIO_2; Water; Oxidation; Irradiation; Evolution; Oxide	福州大学	Zhang Guigang, Zhang Jinshui, Zhang Mingwen, Wang Xinchen	中国	2012	778
9	The Importance of Anabolism in Microbial Control over Soil Carbon Storage	Organic-matter; Temperature Sensitivity; Litter Decomposition; Vegetation Type; Biomass Carbon; Climate-change; Sequestration	中国科学院	Liang Chao, Schimel Joshua P., Jastrow Julie D.	中国	2017	750
10	Eco-efficient Cements: Potential Economically Viable Solutions for a Low-CO_2 Cement-based Materials Industry	Limestone; Concrete; Waste; CO_2	圣保罗大学	Scrivener Karen L., John Vanderley M., Gartner Ellis M.	巴西	2019	743

2001—2021 年，CCUS 技术高被引论文数量全球排名前 10 位的高被引国家 / 地区如图 6.17 所示。由图 6.17 可见，2001—2021 年 CCUS 技术高被引论文数量全球排名前 10 位的高被引国家 / 地区可以分为 3 个梯队：高被引国家第一梯队是美国、中国，CCUS 技术高被引论文数量分别为 87 篇、81 篇；高被引国家第二梯队是英格兰、荷兰、澳大利亚、德国，CCUS 技术高被引论文数量分别为 32 篇、27 篇、25 篇、20 篇；高被引国家第三梯队是瑞士、法国、日本、加拿大，CCUS 技术高被引论文数量分别为 13 篇、12 篇、12 篇、11 篇。

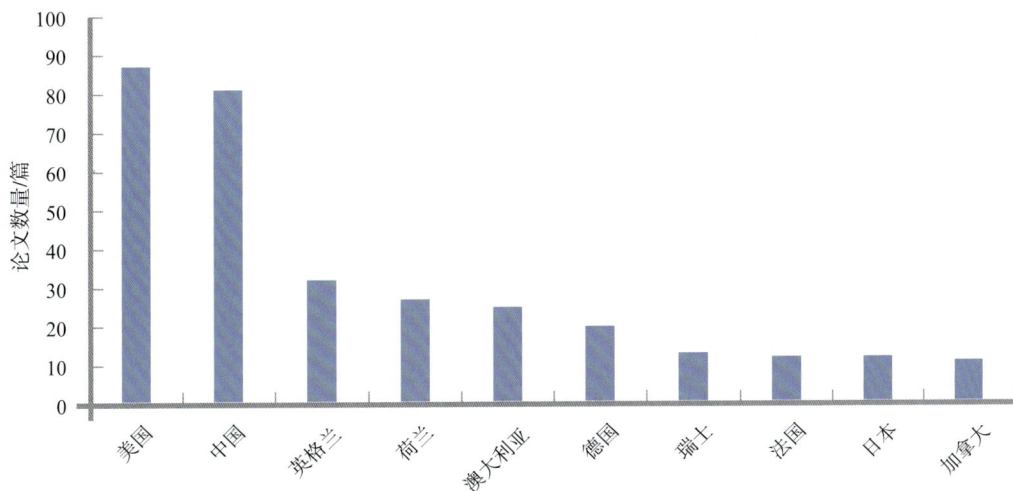

图 6.17 2001—2021 年 CCUS 技术全球排名前 10 位的高被引国家

如表 6.2、图 6.17 所示，美国、中国的 CCUS 技术相关论文的高被引率最高，在 CCUS 的相关研究中被引用的次数最多，说明美国、中国在 CCUS 技术的基础研究方面具有极高的学术价值、极大的专业影响力。

（5）CCUS 技术主要研究热点

共词分析法是利用文献集中单词对共同出现的情况，来确定该文献集各词汇所代表各主题之间的关系。然而专利数据中不存在关键词字段，因此需要从专利的标题、摘要字段中抽取出高频词作为关键词。本节统计 CCUS 专利文献中关键词两两之间在同一篇文献中出现的频率，构建由这些关键词所组成的共词网络，如图 6.18 所示。

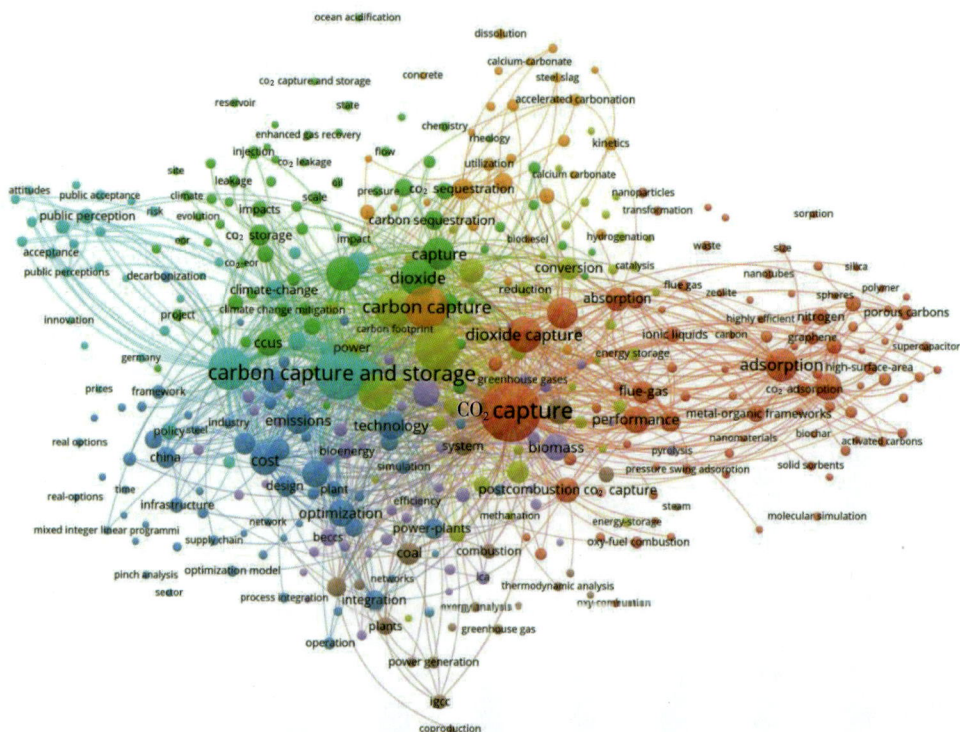

图 6.18　2001—2021 年 CCUS 技术全球论文关键词共现图谱

在图 6.18 的关键词共现图谱中，节点代表从论文中提取的关键词，其大小代表关键词的出现频次，边代表关键词之间的关联关系，网络结构密度代表网络内关键字节点关联性强度。节点越大代表了该技术关键词的出现频率越高，边越粗代表了技术关键词关联性越强，簇越密集代表了 CCUS 专利下该技术主题关注度越高，因此能够从关键词共现网络中发现技术主题及热点关键词分布。从图 6.18 中可以发现，"CO_2 capture""carbon capture and storage""dioxide capture""carbon capture"是 CCUS 技术相关论文中关注度较高的关键词。

6.3.2　CCUS 专利计量分析

本书涉及的专利数据来源于 Innography 国际专利数据库，其拥有超过 1.5 亿项全球专利数据，覆盖 126 个国家和地区。本节主要分析 CCUS 技术发展态势，从标题、摘要和权利要求 3 个方面进行检索，检索式为"@（abstract, pclaims, title）（（'Carbon Capture and Storage'）or（'Carbon Capture and Sequestration'）or（'Carbon Capture, Utilization and Storage'）or（'Carbon Capture, Use and Storage'）or（'Carbon Capture, Utilization and Sequestration'）or（'Carbon Capture, Use and Sequestration'））"。检索范围从 2001 年 1 月 1 日至 2021 年 12 月 31 日，检索时间是 2022 年 6 月 12 日。此外，由于发明专利申请存在多版本的重复数据，因此只检索最新显示的公开发明专利文本，最终共检索得到 7583 条专利记录。

（1）全球 CCUS 技术专利年度申请趋势

在检索到的全球 CCUS 技术的相关专利中，2001—2021 年的专利申请数量年度变化趋势如图 6.19 所示。

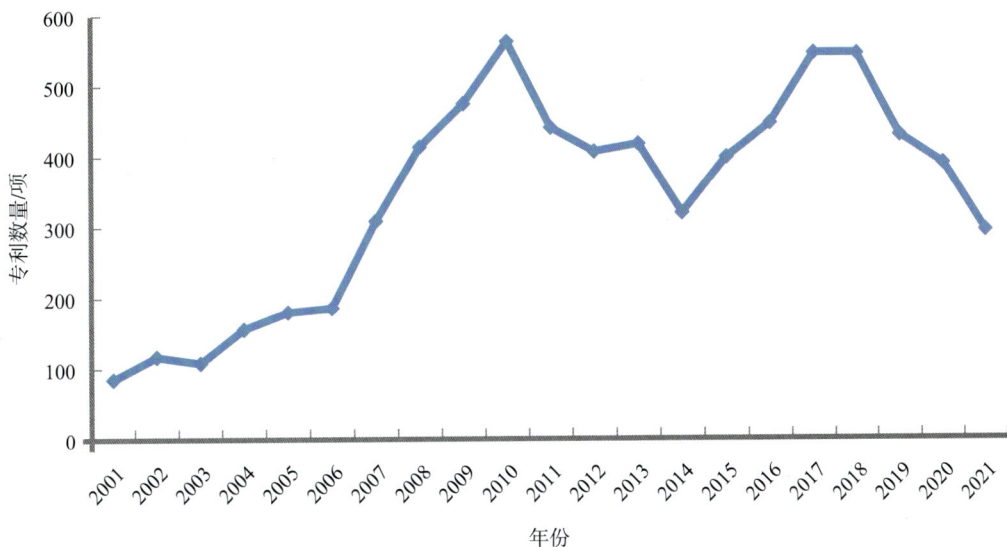

图 6.19　2001—2021 年 CCUS 技术专利逐年分布情况（优先权年）

从图 6.19 所展示的技术生命周期视角可以看出全球 CCUS 技术专利发展趋势，其大致可分为 3 个阶段。

2001—2006 年为起步发展阶段，专利申请数量每年均未超过 200 项，该阶段属于 CCUS 技术发展的起步期。专利数量从 2001 年的 84 项缓慢小幅上升到 2006 年的 185 项，体现了 CCUS 技术的萌芽发展态势。

2007—2010 年为快速发展阶段，专利申请量进入快速上升时期，专利申请量从 2007 年的 308 项快速上升到 2010 年的 562 项，这也是所有时期申请数量的峰值。该阶段属于 CCUS 技术发展的成长期。

2011—2021 年为相对成熟阶段，专利申请量出现了大幅的回落、回升再回落阶段，年专利申请量从 2010 年的 562 项回落到 2014 年的 319 项，回升到 2017 年的 545 项，最后再次逐步回落到 2021 年的 294 项。该阶段与前两个发展阶段相比，专利申请数量虽然有较大起伏，但整体申请量仍然处于较高的水平，这表明 CCUS 技术发展进入相对成熟期。

总体而言，全球 CCUS 技术的热度一直处于高位，技术创新与变革速度很快，说明全球对 CCUS 技术的基础研发投入与产出一直在增加。这与全球联合推动并履行《联合国气候变化框架公约》（1992 年）、《京都议定书》（1997 年）和《巴黎协定》（2015 年）等国际公约，要把升幅控制在 2℃ 以内，同时尽力不超过 1.5℃ 的目标息息相关。

（2）CCUS 技术专利申请区域分布

通过对全球不同国家 / 地区的 CCUS 专利申请、受理情况进行分析，可以探索 CCUS 技术在各个国家 / 地区的发展情况，借此分析 CCUS 技术专利的应用在全球的布局情况。

如图 6.20 所示，全球 CCUS 专利申请排名前 15 位的国家分别是美国、中国、日本、韩国、英国、法国、德国、加拿大、澳大利亚、印度、南非、巴西、西班牙、沙特阿拉伯及瑞士。在这 15 个国家中，存在明显的申请数量差异。其中，在目前全球 CCUS 技术发展布局中，美国的专利申请数量处于专利申请的第一梯队，专利申请数量达 2882 项。中国、日本、韩国的专利申请数量处于专利申请的第二梯队，专利申请数量分别为 1661 项、580 项、493 项。英国、法国、德国、加拿大、澳大利亚的专利申请数量处于专利申请的第三梯队，专利申请数量分别为 246 项、223 项、203 项、164 项、160 项。印度、南非、巴西、西班牙、沙特阿拉伯、瑞士处于第四梯队，专利申请数量分别为 93 项、86 项、78 项、63 项、63 项、51 项。可见，美国在 CCUS 技术布局方面占据绝对的领先优势，中国紧随其后，在 CCUS 技术研发上比日本、韩国等其他国家具有相对领先优势。

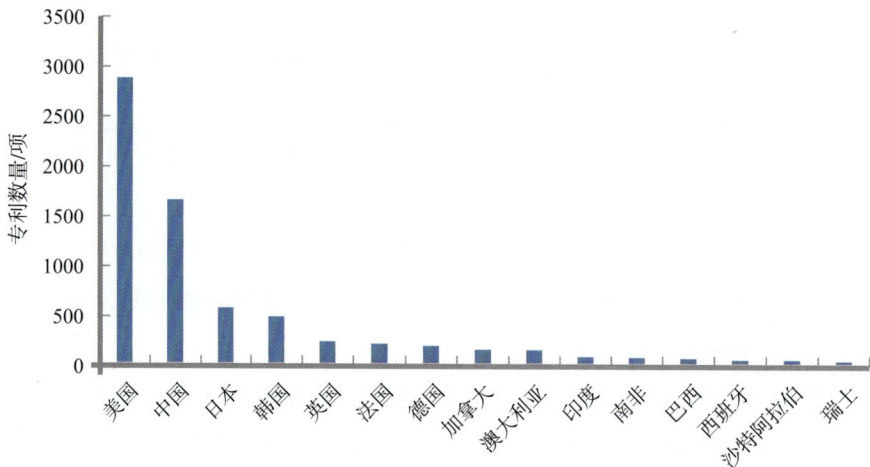

图 6.20　2001—2021 年 CCUS 技术全球排名前 15 位的专利技术来源国

从图 6.21 中可以看出，CCUS 专利主要受理地及专利数量为中国 2117 项、美国 1418 项、世界知识产权组织 769 项、日本 657 项、韩国 571 项、欧洲专利局 466 项、英国 444 项、德国 434 项、法国 433 项、西班牙 371 项、意大利 322 项、加拿大 317 项、瑞士 322 项、荷兰 321 项及列支敦士登 309 项。其中，中国是最大的专利受理地，美国紧随其后，这表明在全球 CCUS 技术市场中，中国与美国是最具有吸引力的目标市场国。

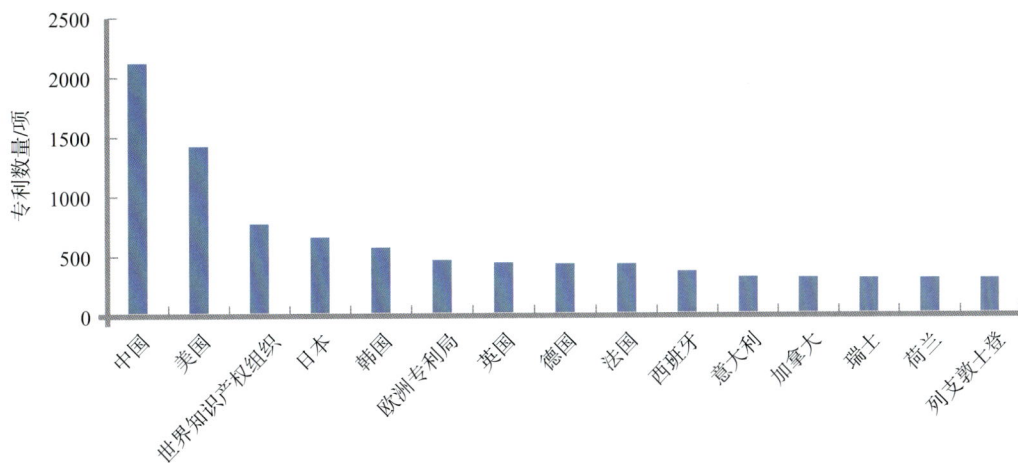

图 6.21　2001—2021 年 CCUS 技术全球排名前 15 位的专利受理国 / 地区

为了体现专利技术流动情况，绘制桑基图如图 6.22 所示。本节选择专利申请排名前五的美国、中国、日本、韩国、英国作为技术流动分析国，并仅保留申请数量大于 100 件的流动数据。

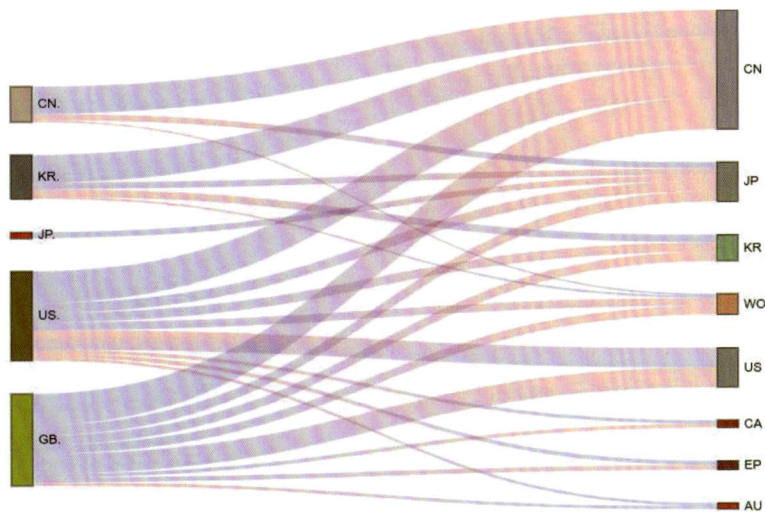

图 6.22　2001—2021 年全球五大技术来源国与目标国的 CCUS 专利流动情况

从图 6.22 可以看出，在多个国家或组织进行 CCUS 专利申请均能达到 100 件以上的国家是英国，其次是美国、韩国、中国、日本，即英国、美国在全球的 CCUS 专利布局最为广泛。美国作为最大的技术来源国，其最大的申请目标国是中国，然后是在美国国内的申请，再者是世界知识产权组织、日本、韩国，最后是欧洲专利局、加拿大和澳大利亚。中国作为第二大技术来源国，主要的专利都是国内申请，其次是日本和世界知识产权组织。日本的专利申请集中在本国。韩国的专利申请绝大多数在中国，其次是韩国、日本、世界知识产权组织。英国的前两大专利申请目标是中国、美国，其次是世界知识产权组织、日本、韩国，最后是欧洲专利局、加拿大和澳大利亚。

（3）CCUS 技术主要专利权人

通过对全球 CCUS 技术专利申请的专利权人进行分析，可以对单个专利权人展开挖掘，明确其擅长的 CCUS 具体研究技术领域，还可以了解目标企业在各领域的研究团队情况，从而获取有益的技术信息。本节对 CCUS 技术在 2001—2021 年的主要专利权人进行了分析，选取排名前 15 位的专利权人（机构）进行对比，如图 6.23 所示。

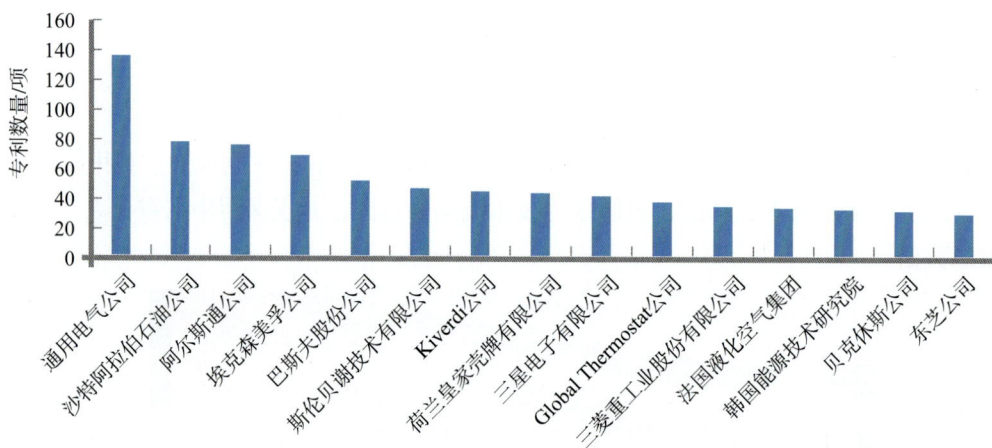

图 6.23　2001—2021 年 CCUS 技术全球排名前 15 位的专利权人

全球 CCUS 相关专利申请排名前 15 位的专利权人包括 14 家公司、1 家研究院，如图 6.23 所示。14 家公司来自 7 个国家，其中美国公司有 6 家，分别是通用电气公司 136 项、埃克森美孚公司 69 项、斯伦贝谢技术有限公司 47 项、Kiverdi 公司 45 项、Global Thermostat 公司 38 项、贝克休斯公司 32 项；法国公司有 2 家，分别是阿尔斯通公司 76 项、法国液化空气集团 34 项；日本公司有 2 家，分别是三菱重工业股份有限公司 35 项、东芝公司 30 项；沙特阿拉伯石油公司专利申请量为 78 项；德国公司有 1 家，即巴斯夫股份公司，专利申请量为 52 项；荷兰公司有 1 家，即荷兰皇家壳牌有限公司，专利申请量为 44 项；韩国公司有 1 家，即三星电子有限公司，专利申请量为 42 项。其中的唯一一家研究院是韩国能源技术研究院专利申请量 33 项。每一家企业 / 研究院都围绕自身优势业务与碳减排进行了融合发展，形成了自身的专利布局。

由图 6.23 可知，通用电气公司、沙特阿拉伯石油公司、阿尔斯通公司、巴斯夫股份公司、荷兰皇家壳牌有限公司、三星电子有限公司、三菱重工业股份有限公司分别是美国、沙特阿拉伯、法国、德国、荷兰、韩国、日本在 CCUS 技术应用研究领域的主要创新力量。基于此，选取以上 7 个专利权人作为代表性创新机构进行重点对比研究。

各专利权人的专利申请量年度变化趋势如图 6.24 所示。

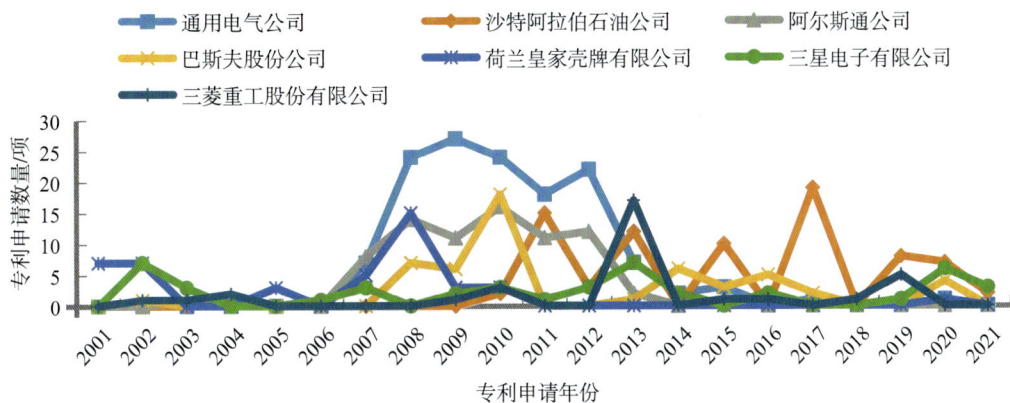

图 6.24　2001—2021 年 CCUS 技术排名前 7 位的专利权人专利逐年分布情况

由图 6.24 可以发现，7 个专利权人的 CCUS 技术的专利布局时间有较大的不同，申请数量的变化都呈现出比较大的波动。其中，通用电气公司的申请年份集中在 2008—2012 年，对应年份的专利申请量分别是 24 项、27 项、24 项、18 项、22 项；沙特阿拉伯石油公司的高产专利申请年份及专利申请数量分别是 2011 年 15 项、2013 年 12 项、2015 年 10 项、2017 年 19 项，2019 年专利申请数量由 8 项逐步降到 2021 年的 2 项；阿尔斯通公司的专利集中申请年份及专利数量分别是 2008 年 14 项、2009 年 11 项、2010 年 16 项、2011 年 11 项、2012 年 12 项；巴斯夫股份公司的专利申请年份比较零散，专利申请较多的年份分别是 2008 年 7 项，2009 年 6 项，2010 年的申请数量达到高峰为 18 项，2014 年 6 项及 2016 年 5 项；荷兰皇家壳牌有限公司的专利申请数量较多年份分别是 2001 年及 2002 年均为 7 项，2007 年 5 项，2008 年达到峰值 15 项；三星电子有限公司的专利申请年份比较分散，且专利申请量不大，专利申请量较多的年份有 2002 年 7 项、2013 年 7 项、2020 年 6 项；日本的三菱重工股份有限公司年专利申请数量的峰值是 2013 年 17 项，较多的专利申请年份是 2010 年 3 项、2019 年 5 项。综上可见，7 个专利权人 CCUS 技术专利申请最频繁的年份主要集中在 2008—2013 年。

（4）CCUS 主要专利技术领域分布

通过对全球 CCUS 技术在 2001—2021 年的专利申请数据进行 IPC 分类号统计，可以得出 CCUS 技术在 20 年内主要研究领域。本节对 CCUS 技术的国际专利分类号（International Patent Classification，IPC）子类、IPC 大组进行了技术领域的分析对比。

CCUS 技术相关专利在 IPC 子类的分布如图 6.25 所示，IPC 子类的分类注释如表 6.3

所示。可见，2001—2021 年 CCUS 排名前 10 位子类专利申请量占专利总申请量的比例为 80%，其中 B01D 类专利申请量最多，达 1469 项，占专利总申请量的比例为 34%；C01B 类专利申请量达 327 项，占专利总申请量的比例为 8%；G01N 类专利申请量达 301 项，占专利总申请量的比例为 7%；B01J 类及 H01M 类的专利申请量分别达 264 项、252 项，占专利总申请量的比例均约为 6%。

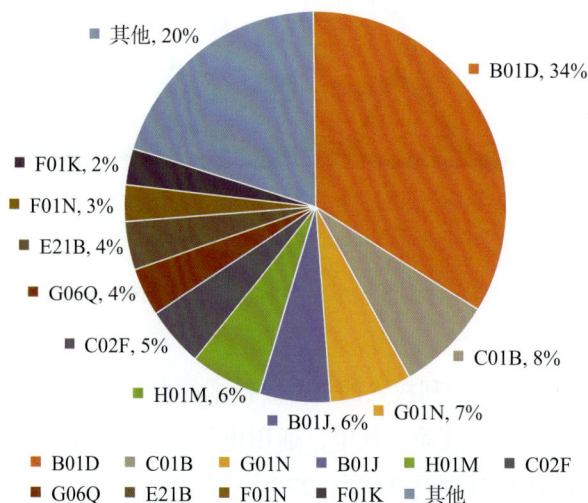

图 6.25　2001—2021 年 CCUS 技术前 10 位的 IPC 子类分布

表 6.3　2001—2021 年 CCUS 技术前 10 位的 IPC 子类分类注释

IPC 分类号	分类号说明	专利申请数量 / 项
B01D	分离（用湿法从固体中分离固体入 B03B、B03D，用风力跳汰机或摇床入 B03B，用其他干法入 B07；固体物料从固体物料或流体中的磁或静电分离，利用高压电场的分离入 B03C；离心机、涡旋装置入 B04B；涡旋装置入 B04C；用于从含液物料中挤出液体的压力机本身入 B30B9/02）	1469
C01B	非金属元素；其化合物（制备元素或 CO_2 以外无机化合物的发酵或用酶工艺入 C12P3/00；用电解法或电泳法生产非金属元素或无机化合物入 C25B）	327
G01N	借助于测定材料的化学或物理性质来测试或分析材料（除免疫测定法以外包括酶或微生物的测量或试验入 C12M、C12Q）	301
B01J	化学或物理方法，如催化作用或胶体化学、其有关设备	264
H01M	用于直接转变化学能为电能的方法或装置，如电池组	252
C02F	水、废水、污水或污泥的处理（通过在物质中产生化学变化使有害的化学物质无害或降低危害的方法入 A62D3/00；分离、沉淀箱或过滤设备入 B01D；有关处理水、废水或污水生产装置的水运容器的特殊设备，如用于制备淡水入 B63J；为防止水的腐蚀用的添加物质入 C23F；放射性废液的处理入 G21F9/04）	227

IPC 分类号	分类号说明	专利申请数量 / 项
G06Q	专门适用于行政、商业、金融、管理、监督或预测目的的数据处理系统或方法；其他类目不包含的专门适用于行政、商业、金融、管理、监督或预测目的的处理系统或方法	190
E21B	土层或岩石的钻进（采矿、采石入 E21C；开凿立井、掘进平巷或隧洞入 E21D）；从井中开采油、气、水、可溶解或可熔化物质或矿物泥浆	171
F01N	一般机器或发动机的气流消音器或排气装置；内燃机的气流消音器或排气装置（与车辆中的推进装置的排气相关的装置入 B60K13/00；燃烧空气进气消音器，专门适用于或装在内燃机中的入 F02M35/00；一般的噪声防止或衰减入 G10K11/16）	142
F01K	蒸汽机装置；贮汽器；不包含在其他类目中的发动机装置；应用特殊工作流体或循环的发动机（燃气轮机或喷射推进装置入 F02；蒸汽发生入 F22；核动力装置，及其发动机装置入 G21D）	136

CCUS 技术相关专利在 IPC 大组的分布如图 6.26 所示，IPC 大组的分类注释如表 6.4 所示。可见，2001—2021 年 CCUS 技术排名前 10 位的 IPC 大组分布占专利总量的比例达 85%，其中 B01D 53/00 的专利申请量达 1324 项，占专利总量的比例为 50%；H01M 8/00、C01B 3/00、F01N 3/00 的专利申请量分别为 131 项、123 项及 122 项，占专利总量的比例均约为 5%；G01N 33/00、E21B 43/00 的专利申请量分别为 106 项、104 项，占专利总量的比例均约为 4%；B01J 20/00、C12M 1/00、C02F 1/00 及 C02F 9/00 的专利申请量分别为 92 项、88 项、82 项及 74 项，占专利总量的比例均约为 3%。

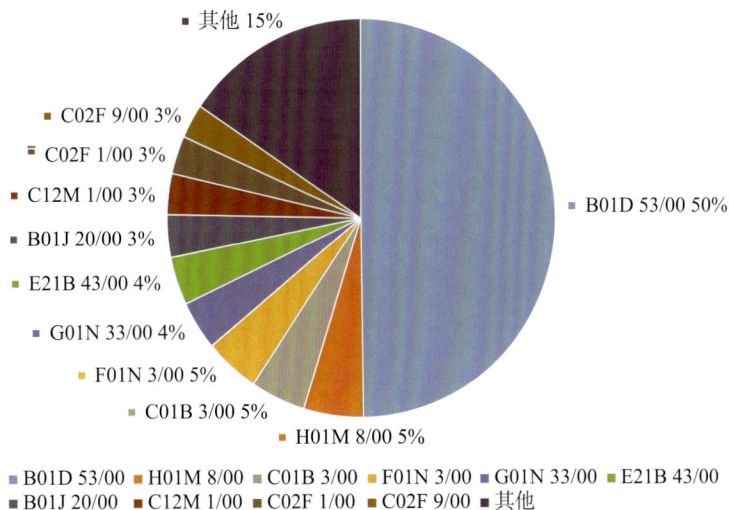

图 6.26　2001—2021 年 CCUS 技术前 10 位的 IPC 大组分布

表 6.4 2001—2021 年 CCUS 技术前 10 位的 IPC 大组分类注释

IPC 分类号	分类号说明	专利申请数量 / 项
B01D 53/00	气体或蒸汽的分离；从气体中回收挥发性溶剂的蒸汽；废气如发动机废气、烟气、烟雾、烟道气或气溶胶的化学或生物净化	1324
H01M 8/00	燃料电池及其制造	131
C01B 3/00	氢；含氢混合气；从含氢混合气中分离氢；氢的净化	123
F01N 3/00	一般机器或发动机的气流消音器或排气装置；内燃机的气流消音器或排气装置	122
G01N 33/00	借助于测定材料的化学或物理性质来测试或分析材料	106
E21B 43/00	从井中开采油、气、水、可溶解或可熔化物质或矿物泥浆的方法或设备	104
B01J 20/00	固体吸附剂组合物或过滤助剂组合物；用于色谱的吸附剂；用于制备、再生或再活化的方法	92
C12M 1/00	酶学或微生物学装置	88
C02F 1/00	水、废水或污水的处理	82
C02F 9/00	水、废水或污水的多级处理	74

由表6.3、表6.4可知，全球CCUS技术专利主要集中在气体或蒸汽的分离方法、装置、设备，挥发性溶剂的蒸汽回收，化学或生物净化等，以及燃料电池、氢净化、废水或污水的多级处理等领域。

6.3.3 CCUS 最新技术进展

下面主要从关键材料、关键技术、核心设备等方面归纳 2020—2023 年全球 CCS/CCUS 的技术突破与进展。

（1）关键材料

1）新技术能让 CO_2 捕集材料"深呼吸"

如何高效捕获并利用人类排放的 CO_2 是科学家关注的焦点。"膜分离法"是一种新兴的 CO_2 捕获技术，具有高效节能、操作简单的特点。2020 年 7 月，天津大学大气环境与生物能源团队针对"膜分离法捕获 CO_2"，打破了以水和乙醇作为聚醚嵌段聚酰胺膜材料制备溶剂的常规做法，经过反复实验，探究不同溶剂对膜气体分离性能的影响，发现以 N-甲基吡咯烷酮作为制备溶剂，成功研发出新型混合基质膜制备技术，生成的膜材料中碳纳米管分布更加均匀，"更透气"，有效提升了膜材料气体分离效能和速率，具备优异的 CO_2 捕获性能。相关成果已作为封面文章发表在国际期刊《温室气体：科学与技术》上[1]。

---

① 陈曦. 新技术能让二氧化碳捕集材料"深呼吸"［N/OL］.（2020-07-07）［2021-04-16］. https:// www.nsfc.gov.cn/publish/portal0/tab446/info78212.htm.

研究团队用这种新技术制备的混合基质膜，CO_2 分离性能接近当前此类膜材料的理论分离上限。新技术为膜分离法捕获 CO_2 提供了新思路，能为未来燃煤电厂和化工企业处理烟气提供有力支持，将在控制温室气体排放等领域发挥重大作用。

2）使用含镍催化剂生产多碳产品的可能性得到验证

2022 年 6 月，新加坡国立大学、苏黎世联邦理工学院及西班牙加泰罗尼亚化学研究所等联合研究团队发现由无机氧化镍（INO）（如磷酸镍）衍生催化剂对 CO_2RR 具有极高的活性，碳质产物的总法拉第效率（FE）高达约 30%。这些催化剂以相关的选择性（FE ≈ 16%）将 CO_2 还原为碳氢化合物，其中 C_{3+} 碳氢化合物最为突出[1]。C3 至 C6 烃产品的法拉第效率为 6.5%，部分电流密度为 $j=0.91\ mA/cm^2$，超过了最先进的铜基和任何其他已知材料。通过理论和实验研究证实，团队确定了与 Ni-O 键相关的 $Ni\delta+$ 催化位点的存在。$Ni\delta+$ 位点适度结合 CO，从而防止它们中毒。研究发现 Ni 位点的极化对于调整关键反应中间体的吸附强度至关重要，这使得 CO_2 的排放能够以持续的方式进行。团队预测了一系列能够通过与铜不同的机制生产长链碳氢化合物的催化剂，可能有助于推动全球生产合成燃料的净零碳循环的发展。该成果发表在 *Nature Catalysis* 杂志上。

3）伯克利发明一种简单、廉价的 CO_2 捕获材料

2022 年 8 月 4 日，美国加州大学伯克利分校网站显示，伯克利的化学家们利用一种叫三聚氰胺的廉价聚合物创造了一种廉价、简单且节能的 CO_2 捕获方法。合成三聚氰胺材料的工艺可能会被扩大规模使用，用来捕获汽车尾气或其他可移动 CO_2 源的排放。这种新材料制作简单，主要需要现成的三聚氰胺粉（目前每吨约 40 美元）及甲醛和三聚氰酸。研究员们在研究中专注于更便宜的捕获和封存材料设计，并阐明了 CO_2 与材料之间的相互作用机制。该工作创造了一种利用多孔网络实现 CO_2 可持续捕获的通用工业化方法。测试证实，甲醛处理过的三聚氰胺在一定程度上吸附了 CO_2，但通过添加另一种二乙烯三胺（含胺化学物质 DETA）结合 CO_2，可以大大改善吸附效果。研究表明，三聚氰酸与三聚氰胺分子形成强大的氢键，有助于稳定 DETA，防止其在碳捕获和再生的重复循环中从三聚氰胺孔中浸出[2]。这种开孔三聚氰酸能多次循环 CO_2。与其他一些材料相比，实际上 CO_2 的吸附速度相当快。因此，这种在实验室规模捕获 CO_2 的材料能满足实际应用方面的所有要求，而且制造起来非常便宜和容易。

4）新材料可在 CO_2 排放前就将其过滤且成本极低

2022 年 11 月 2 日，根据美国国家标准与技术研究所（NIST）的一项最新研究，一种简单、经济且可能重复使用的甲酸铝（ALF）材料，它可将从燃煤发电厂的烟囱中排出的 CO_2 从其他气体中分离出来，因此有望帮助解决从化石燃料发电厂排放的废气中去除 CO_2

---

① ZHOU Y S, ANTONIO J M, FEDERCIO D, et al.Long-chain hydrocarbons by CO_2 electroreduction using polarized nickel catalysts [J]. Nature catalysis，2022（5）:545-554.

② 王欢 .CO_2 捕获和封存（CCS）技术创新集锦 [J]. 中国地质，2022，49（5）:1708-1710.

问题。这项研究成果已发表在了《科学进展》杂志上[①]。甲酸铝相对于其他高性能的 CO_2 吸附剂，是由两种很容易找到的物质组成的，可由氢氧化铝和甲酸制成，其性能很好、整体稳定且制造简单，因此可创造足够的 ALF 供广泛使用，而且成本低廉，其成本将低于 1 美元 /kg，这比具有类似性能的其他材料的成本低 100 倍。低成本是很重要的，因为单个工厂的碳捕获可能需要多达数万吨的过滤材料。不过，尽管 ALF 材料颇具潜力，但还不能立即开始运用。工程师们需要设计一个工艺技术来大规模制造 ALF。燃煤电厂也需要一个兼容性测试过程，需要在洗涤烟气之前降低烟气的湿度。此外，捕获 CO_2 之后如何处理也是一个主要问题。尽管如此，相信经过科学家们的不懈努力，这将是一个有助于应对气候变暖的解决方案。

5）合金化策略提高 CO_2 的电催化转化

2023 年 3 月 9 日，中国科学院大连化学物理研究所研究员肖建平团队和南京大学研究员钟苗团队合作，通过合金化策略增加了电化学还原 CO_2 反应中关键中间体的不对称吸附，从而改善 C-C 耦合活性，最终实现 C_{2+} 产物法拉第效率达（91 ± 2）%，其中乙烯为（73 ± 2）%[②]。相关成果发表在《自然通讯》上。

电化学还原 CO_2 制备高附加值化学品或燃料，是一种解决环境和能源可持续性问题的方法。但 CO_2 利用效率和还原选择性控制仍然具有挑战性。该团队基于自主开发的图论和反应相图分析算法，根据全局能量最优准则筛选出活性曲线顶点的 CuZn 合金催化剂，并预测其具有增加 C_{2+} 产物选择性的潜力。实验制备的纳米多孔 $Cu_{0.9}Zn_{0.1}$ 高选择性催化剂在弱酸性（pH=4）电解质中 C_{2+} 单程产率为（31 ± 2）%，CO_2 单程利用率超过 80%。该催化剂提供了丰富的 CuZnZn 和 CuZnCu 位点，具有不对称的 CO 吸附能，对于提高 CO_2 的电催化转化至关重要。研究发现，CO 在锌上的吸附比铜弱，将 CuZn 合金化可使表面二元位点具备不对称的 CO 吸附能力，从而提高 C-C 偶联反应活性，有效促进了 CO_2 到 C_{2+} 的还原。

（2）关键技术

1）CO_2 高效转化为生物燃料

作为一种"负碳"的光合细胞工厂，工业微藻能将阳光、海水和 CO_2 规模化地转化为油脂与氢，服务于洁净能源的供给。但是藻类基因组的大片段操作通常极为困难，长期阻碍着藻类底盘细胞的开发。针对这一瓶颈问题，2021 年 3 月 14 日，青岛能源所单细胞

① HAYDEN A E,DINESH MULLANGI, ZEYU DENG,et al.Aluminum formate，Al（HCOO）3: An earth-abundant, scalable, and highly selective material for CO_2 capture［J/OL］.Science advances ，2022. 8（44）［2022-12-12］.https://www.science.org/doi/10.1126/sciadv.ade1473.

② ZHANG J, GUO C, FANG S, et al. Accelerating electrochemical CO_2 reduction to multi-carbon products via asymmetric intermediate binding at confined nanointerfaces［EB/OL］.［2022-12-12］. https://doi.org/10.1038/s41467-023-36926-x.

中心建立了精确可控的藻类染色体大片段 DNA 切除技术，设计了一种基于 CRISPR/Cas 的"染色体手术刀"，通过两条用于定义剪切位置的向导 RNA（gRNA）的共表达，实现了位于 30 号染色体 5' 端的基因组中最大 LER 中目标片段（81 Kb）的精确删除，同时发现，"染色体手术"后，染色体末端端粒能够自动重生，这导致长达 110 Kb 的 30 号染色体 5' 端臂（占该染色体长度的 22%、含 24 个基因）得以一次性地切除。在此基础上，研究人员通过同时表达 4 条 gRNA，实现了分别位于 30 号与 9 号染色体上的最长和次长的两个 LER（最大删除合计 214 Kb，含 52 个基因）在同一细胞中的并行切除。首次示范了 >100 Kb DNA 片段的单重与连续删减，从而为"最小藻类基因组"的设计和"最简植物底盘细胞"的构建打开了大门，而且研究发现，尽管经历了这些染色体大片段切除手术，微藻细胞的生长速度、生物量、潜在最大光合速率、叶绿素荧光非光化学猝灭、油脂含量和脂肪酸不饱和度等关键性状却几乎没有受到影响[①]。相关成果发表在《植物学期刊》上。该成果将进一步推动微拟球藻为光驱合成生物技术研究和产业做出贡献，同时也为设计"最简植物底盘细胞"、支撑"负碳生物制造"，奠定了一个重要的方法学基础。

2）新技术完成 CO_2 地下封存

2021 年 4 月 15 日，《科技日报》报道，重庆大学科研人员提出一项利用超临界 CO_2 开采页岩气的技术，在提高页岩气采收率的同时完成 CO_2 气体的地下封存，有助于实现开采过程中的碳中和。目前，国际上页岩气开采主要采用水力压裂技术，单口页岩气井耗水量 1.5 万吨以上。但我国的陆相页岩气大多处于重点缺水地区，水资源缺乏制约页岩气的工业化开采。此外，我国页岩气储层黏土含量较高，黏土遇水会产生膨胀，导致储层改造效果差、采收率低。针对这些问题，研究团队基于超临界 CO_2 兼具气体的低黏度、高扩散性和液体的高密度等特性展开科研攻关，提出了"超临界 CO_2 强化非常规天然气高效开发与地质封存一体化"技术[②]。该技术的原理是将 CO_2 变成介于气体和液体之间的超临界态，注入页岩层压裂页岩，构建页岩气流动通道，置换出页岩气。同时，页岩气开采过程中产生的 CO_2 和封存的 CO_2 相抵消，从而实现开采过程的碳中和。目前，研究团队与企业合作，在延长石油延安国家级陆相页岩气示范区开展了超临界 CO_2 压裂现场试验，取得圆满成功，证明该技术在提高页岩气采收率的同时，能够有效节约水资源，同时为 CO_2 规模化封存提供新选择。

3）从 CO_2 到淀粉的人工合成

淀粉是粮食最主要的成分，也是重要的工业原料。中国科学院天津工业生物技术研究所马延和等报道了由 11 步核心反应组成的人工淀粉合成途径（ASAP），该途径偶联化学催化与生物催化反应，在实验室实现了从 CO_2 和氢气到淀粉分子的人工全合成。通过从

---

① WANG Q T, GONG Y H, HE Y H, et al. Genome engineering of nannochloropsis with hundred-kilobase fragment deletions by Cas9 cleavages [J]. The plant journal, 2021, 106（4）: 1148-1162.

② 柯高阳. 新技术可高效采收页岩气 并完成二氧化碳地下封存 [N]. 科技日报, 2021-04-15（5）.

头设计从 CO_2 到淀粉合成的非自然途径，采用模块化反应适配与蛋白质工程手段，解决了计算机途径热力学匹配、代谢流平衡及副产物抑制等问题，克服了人工途径组装与级联反应进化等难题。在氢气驱动下，ASAP 将 CO_2 转化为淀粉分子的速度为每分钟每毫克催化剂 22 nmol 碳单元，比玉米淀粉合成速度快 8.5 倍；ASAP 淀粉合成的理论能量转化效率为 7%，是玉米等农作物的 3.5 倍，并可实现直链和支链淀粉的可控合成。该成果于 2021 年 9 月 24 日在线发表在《科学》杂志上。该成果不依赖植物光合作用，实现了从 CO_2 到淀粉的人工全合成，2022 年 2 月被科学技术部高技术研究发展中心评为 2021 年度中国科学十大进展之一。

4）美国能源部负碳平台将废气转化为有价值的化学品

2022 年 2 月 21 日，美国能源部（DOE）橡树岭国家实验室（ORNL）报道，LanzaTech、西北大学和 ORNL 的科学家团队共同开发了碳捕获技术的负碳平台，采用了途径筛选、菌株优化和工艺开发三管齐下的方法，将 CO_2 和 CO 等工业过程中的排放物利用生物工艺来生产丙酮和异丙醇。一是 LanzaTech 筛选了近 300 种酶菌株，寻找可用于丙酮和异丙醇生产途径的酶。在确定了有用的菌株后，建立了有史以来最大的此类微生物组合 DNA 文库，寻找优化丙酮生产的酶变体。二是菌株优化，这依赖于尖端的合成生物学工具，包括西北大学的无细胞原型、LanzaTech 的高级建模和 ORNL 的分子分析。三是开发生物工艺，为当今基本化学品的生产路线提供了一种可持续的替代方案，这些化学品目前依赖新鲜的化石原料并产生大量有毒废物。研究团队的中试示范和生命周期分析方法显示，中试规模的示范经济可行，可减少 160% 以上的温室气体排放，实现负碳生产，并可锁定本应进入大气的碳，为实现可替代化石资源产品的循环碳经济迈出了净零排放的关键一步。研究成果发表在《自然生物技术》杂志上。

5）CO_2 与烷烃耦合制备芳烃大宗化学品

2023 年 3 月 20 日，中国工程院院士、中国科学院大连化学物理研究所所长刘中民团队以 H–ZSM–5 分子筛为催化剂，对比研究了正丁烷、正戊烷和正己烷在氩气和 CO_2 气氛中的转化反应，并详细研究了反应温度、CO_2/n–butane 比例、接触时间、分子筛酸性等条件对耦合反应的影响，提出 CO_2 与烷烃耦合制备芳烃大宗化学品的新途径 [1]。结果表明，CO_2 的引入可大幅促进芳烃的生成，同时甲烷和乙烷等小分子烷烃的生成受到抑制，在优化条件下，CO_2/n–butane 比例为 0.475 时，CO_2 和 n–butane 转化率可分别达 17.5% 和 100%，芳烃选择性高达 80%；结合 13C 同位素标记实验，团队证实已转化 CO_2 中的碳原子约 25% 进入芳烃，约 75% 转化为 CO。团队通过分析反应后的催化剂，发现大量甲基取代的内酯和甲基取代的环烯酮等含氧物种。同位素标记实验结果表明，这些含氧中间体由 CO_2 与烃类耦合转化生成。团队通过一系列验证实验证实了耦合反应发生的途径，即

---

① WEI C C, ZHANG W N, YANG K, et al.An efficient way to use CO_2 as chemical feedstock by coupling with alkanes［J］. Chinese journal of catalysis，2023，47（4）:138–149.

CO_2 与碳正离子反应得到环内酯，环内酯进一步转化为甲基环烯酮，甲基环烯酮转化为芳烃产物。密度泛函理论计算了耦合反应机制各步骤的能垒，验证了耦合反应机制的可行性。相关成果发表在《催化学报》上。该研究提出的耦合反应为 CO_2 大规模资源化利用提供了一条有效的途径，具有广阔的应用前景。

（3）核心设备

1）"除碳工厂"：将 CO_2 变成石头

2021 年 9 月，瑞士 Climeworks 科技公司启动了迄今为止最大的 CO_2 捕获工厂 Orca。该设施位于冰岛雷克雅未克郊外，每年可捕获 CO_2 4000 吨。该"除碳工厂"工作流程为：大型风扇将空气吸入，经过一个过滤器将碳捕获材料与 CO_2 分子结合，然后该公司的合作伙伴 Carbfix 再将 CO_2 与水混合，并将其泵入地下与玄武岩反应，最终变成石头。该设施完全依靠无碳电力运行，电力主要来自附近的地热发电厂。此外，该公司与合作伙伴一起启动了苏格兰和挪威"除碳工厂"的工程设计工作。这些工厂将每年捕获 CO_2 50 ～ 100 万吨。企业希望通过更多更大的"除碳工厂"建设、运行调试和操作优化，进一步降低运行成本，实现规模经济效益。该公司估计，到 21 世纪 30 年代末，捕集碳成本将从现阶段的 600 ～ 800 美元 / 吨降低至 100 ～ 150 美元 / 吨[①]。

2）中国首座大型 CO_2 循环发电机组投运

2021 年 12 月 8 日，中国华能集团历经 7 年自主研发的世界参数最高、容量最大、发电功率为 5 MW 的超临界 CO_2 循环发电试验机组完成 72 小时试运行，在西安华能试验基地正式投运。该机组在主气温度 600℃的条件下，热电转换效率较蒸汽机组提升 3% ～ 5%；相同装机容量时，透平主轴长度只有蒸汽轮机的 1/25；可实现 0 ～ 100% 全负荷调峰。该机组攻克了近千项技术难题，核心设备国产化率达到 100%，申请专利超过 400 项，其成功投运验证了超临界 CO_2 循环发电技术工业运行的可行性，不仅可以提升火力发电效率，还可以作为调峰电源，促进风电、光伏发电等清洁能源的消纳利用[②]。这标志着我国在超临界 CO_2 循环发电技术领域已处于世界领先水平，为进一步提升能源利用效率、实现"双碳"目标提供了重要路径。

3）斯坦福大学开发微小新装置分析岩石中 CO_2 封存状况

2022 年 8 月 3 日，斯坦福大学的科学家们开发出一个微小的新装置，能够使科学家直接观察和量化岩石在酸存在下的变化，从而更准确地评估地下 CO_2、氢气和工业废物地下储存的地点。科学家通常称该装置为芯片上的实验室，由于该技术涉及将一小块页岩嵌

---

① 单文坡 . "除碳工厂"：将二氧化碳变成石头——2022 年度全球十大突破性技术解读（四）[N]. 科普时报，2022-10-02（2）.

② Anon. 技术水平世界领先！中国首座大型二氧化碳循环发电机组投运 [EB/OL].（2021-12-10）[2022-01-15]. https://m.thepaper.cn/baijiahao_15802838.

入微流体细胞中，研究人员也称之为芯片上的岩石[①]。为了演示该设备，研究人员使用了从西弗吉尼亚州的马塞勒斯页岩和得克萨斯州的沃尔夫坎普页岩中采取的 8 块岩石样本。研究人员利用嵌入薄岩石样品的微流体单元在大型观察窗口中以显著的时间分辨率将溶解过程可视化，他们将酸性流体注入 8 个页岩样品中，并对反应前和反应后的微观结构在孔隙与裂缝的尺度上进行表征。研究人员观察到，非反应性颗粒暴露、裂缝形态和岩石强度损失都依赖于反应颗粒的相对体积及其分布。使用荧光显微镜技术进行动态流动和反应传输实验，该技术允许每 100 μs 捕获清晰图像。岩石的时间分辨图像揭示了溶解的时空动力学，包括实时的两相流效应，并说明了整个成分范围内裂缝界面的变化。此外，动态数据为表征天然非均相样品的反应性参数提供了一种方法。该平台和工作流程提供地球化学反应的实时表征，并为各种地下工程过程提供信息。

4）中国首套化学链矿化 CCUS 装置投运

2022 年 12 月，中国首套"火电厂 CO_2 化学链矿化利用 CCUS 技术研究与示范装置在国家能源集团国电电力大同有限责任公司成功通过 168 小时试运行，连续生产出优质绿色碳酸钙产品，标志着该项目正式投运。该项目位于大同公司 10 号机组扩建端，占地 784 平方米，于 2021 年 10 月通过电力规划总院基础设计审查，2021 年 10 月 28 日开工建设。该装置采用化学链矿化 CCUS 专利技术，以工业固废电石渣为原料，利用以氯化铵为主要组分的专有循环介质溶液，高效提取电石渣中的钙元素，进而与电厂烟气中的 CO_2 反应，生产高纯度微米级碳酸钙产品，可实现长期稳定固碳，回收并固化的 CO_2 不会重新释放到大气中，而生产 1 吨绿色矿化碳酸钙产品，可减少 CO_2 排放 1.03 吨，相当于 15 亩森林每天的碳排放量[②]，因此该装置具有较高的经济价值和广泛的应用市场，为国内火电行业加快推进绿色低碳转型、实现"碳达峰、碳中和"目标开拓出一条国际领先的创新路径。

5）中国海油集团 CCUS 最新重大进展

2022 年 12 月 7 日，亚洲最大的海上石油生产平台——中国海油集团南海东部油田恩平 15-1 平台投入使用。2023 年 3 月 19 日清晨，恩平 15-1 平台正式开启我国第一口海上 CO_2 回注井钻井作业。该平台搭载我国首套海上 CO_2 封存装置，模块重约 750 吨，核心设备包括 CO_2 压缩机橇、分子筛、冷却器等，未来将 CO_2 封存在距离恩平 15-1 平台约 3 千米处的"穹顶"式地质构造中，该地质构造仿佛一个倒扣在地底下的"巨碗"，具有强大的自然封闭性，能够长期稳定地罩住 CO_2。回注井投产后，恩平 15-1 平台将规模化向海底地层注入、封存伴随海上油气开采产生的 CO_2。该平台预计高峰阶段每年可封存 CO_2 30

① BOWEN LING, MO SODWATANA, ARJUN KOHLI, et al.Probing multiscale dissolution dynamics in natural rocks through microfluidics and compositional analysis［J］.Pnas，2022，119（32）：e2122520119.

② 黄盛.国内首套化学链矿化 CCUS 项目在国家能源集团正式投运［EB/OL］.（2022-12-31）［2023-01-12］. http://finance.people.com.cn/n1/2022/1231/c1004-32597523.html.

万吨，累计封存 CO_2 150 万吨以上，相当于植树近 1400 万棵，或停开近 100 万辆轿车[①]。这是我国自主设计实施的第一口海上 CO_2 回注井，标志着中国海油集团初步形成海上 CO_2 注入、封存和监测的全套钻完井技术与装备体系，填补了我国海上 CO_2 封存技术的空白。

① 王攀，印朋. 率先突破填补空白！我国海上首口二氧化碳封存回注井开钻［EB/OL］.（2023-03-19）［2023-03-26］. http://www.xinhuanet.com/2023-03/19/c_1129444371.htm.

7 储能技术部署、研发与进展

储能技术作为应对气候变化、实现能源绿色转型的重要技术，受到越来越多的国家/地区的高度关注，对于推动光伏发电与风电的大规模开发应用具有重要作用（图7.1），因此，储能技术未来发展前景光明。

图 7.1　光伏发电、风电和储能集成化应用场景

彭博社新能源财经公司（BNEF）2023年3月发布的研究报告显示，全球部署的储能系统装机容量一直在持续增长，2022年共部署了16 GW储能系统，同比增长了68%，预计未来几年将持续增长，2023—2030年的年复合增长率为23%[①]。根据国际可再生能源署（IRENA）《电力储存与可再生能源：2030年的成本与市场》的预测，到2030年，在可再生能源翻倍的情况下，抽水蓄能装机将达到234 GW[②]。根据国际能源署（IEA）《2050年净零排放：全球能源行业路线图》的预测，电池储能到2030年装机规模将达到590 GW[③]。2030年，在仅考虑抽水蓄能和电池储能的情况下（抽水蓄能和电池储能是储能装机的主体来源，其他储能技术占比或低于3%），储能总装机规模将达到约824 GW，2020—2030年复合增长率约为16%。

---

① BNEF.1H 2023 energy storage market outlook［EB/OL］.（2023-03-21）［2023-04-12］. https://about.bnef.com/blog/1h-2023-energy-storage-market-outlook/.

② IRENA.Electricity storage and renewables: costs and markets to 2030［EB/OL］.（2017-10-05）［2020-05-10］.https://irena.org/publications/2017/Oct/Electricity-storage-and-renewables-costs-and-markets.

③ IEA.Net zero by 2050: a roadmap for the global energy sector［EB/OL］.（2021-05-18）［2021-05-20］.https://iea.blob.core.windows.net/assets/deebef5d-0c34-4539-9d0c-10b13d840027/NetZeroby2050-ARoadmapfortheGlobalEnergySector_CORR.pdf.

7.1 储能技术部署

美国、日本、欧盟等国家 / 地区从相关法律法规、战略与政策等方面支持储能技术发展。

（1）美国储能技术部署

第一，美国制定储能相关法律法规加快部署储能技术。2011 年以来，美国先后出台了《第 755 号法》（2011 年）、《第 784 号法》（2013 年）、《第 792 号法》（2013 年）、《第 841 号法》（2018 年）、《第 2222 号法令》（2020 年）、《重建更好法》（2021 年）及《两党基础设施法》（2021 年）等法律法规，从储能补偿费用、服务收益、市场规则、成本回收、税收抵免及示范项目等方面对储能技术予以支持（表 7.1），加快储能技术发展。根据《储能技术促进伙伴关系法》（ESTAP）授权，DOE 和信息共享伙伴关系通过联合资助和协调行动，推动美国感兴趣的州之间加强新的合作，加快储能技术商业化和部署。在清洁能源国家联盟的推动下，ESTAP 由桑迪亚国家实验室资助，并与能源部电力输送和能源可靠性办公室（OE）合作实施。ESTAP 提出了各种推广储能技术的活动，包括：创建国家储能网络、对国家储能活动进行调查、与利益相关者合作启动和开发储能项目、举办各种储能主题的网络研讨会、培训利益相关者。

表 7.1　2011—2021 年美国制定的与储能相关的法律法规

年份	法律法规	主要内容
2011	《储能法》	该法案修订了 1986 年的《国内税收法》，为连接电网的储能财产和其他目的提供能源投资信贷
	《第 755 号法》	考虑到储能技术的需求响应速度比常规发电技术要快很多，要求各区域电力市场按照不同调频电源提供的调频服务的效果支付调频补偿费用
2013	《第 784 号法》和《第 792 号法》	对储能参与调频服务做出明确规定，要求各区域市场允许储能参与各类服务市场并获得相应的收益
2018	《第 841 号法》	要求区域输电组织和独立系统运营商消除储能参与容量市场、能量市场和辅助服务市场的障碍条款，结合储能系统的物理、运行特性，建立包含市场规则在内的参与模型，为储能参与批发市场创造条件
2019	《最佳储能技术法》	该法把电网规模的储能技术研发重点放在各种可能的技术及应用上：高度灵活的储能系统最少具有 6 小时持续放电时间，充放电循环周期达 8000 次，工作寿命为 20 年；具有 10 ～ 100 小时持续放电时间的长时储能系统，具有 8000 次或更多充放电循环周期，工作寿命为 20 年；季节性储能系统，持续放电时间可以持续数周甚至数月，支持多达 5 个示范项目，可促进电网规模储能技术商业化等
	《促进电网储能法》	促进前沿储能技术的研究和开发，以提高美国电网储能容量，并扩大清洁能源的使用范围，将在储能项目运行的 5 年内授权分配资金 10.5 亿美元，推动储能技术成果产业化
	《电池储能创新法》	该法案提高了住宅、工业或交通应用"创新技术贷款担保"项目的资格

续表

年份	法律法规	主要内容
2020	《第 2222 号法令》	放开屋顶太阳能、用户侧储能等分布式资源进入电力市场，为储能的成本回收和盈利提供良好的市场环境
2021	《重建更好法》	提出 5 kW·h 以上储能系统最高可享受 30% 的税收减免
	《两党基础设施法》	提供 50 亿美元支持储能示范项目，将有助于加快电网采用储能技术的商业化部署，并验证各种使用案例；提供 30 亿美元支持制造业，扩大电池储能系统的生产规模等

　　第二，制定能源发展战略，加快部署储能技术。2020 年 12 月 21 日，美国 DOE 宣布了《储能大挑战路线图》（Energy Storage Grand Challenge Roadmap，ESGCR）。ESGCR 概述了 DOE 的战略，旨在基于本土创新、本土制造和全球部署 3 个基本原则加快一系列储能技术创新，创建并维持美国在储能领域的领导地位。DOE 基于储能技术的广度和目标，确定了最初的成本目标，重点放在具有巨大增长潜力的以用户为中心的应用上。除了协调一致的研究外，该路线图的方法还包括加快技术从实验室向市场的转化，专注于在美国大规模制造具有竞争力的技术方法，并确保安全的供应链，使国内制造成为可能。ESGCR 通过电化学储能、机械储能、储热、灵活性发电、柔性建筑和电力电子等 6 个应用案例确定了 2030 年及以后的储能应用、优势和功能要求，制定了成本和性能目标。包括：一是到 2030 年，长时固定式储能应用的平准化成本将比 2020 年下降 90%，达到 0.05 美元 /（kW·h）。实现这一平准化成本目标将促进广泛用途储能的商业化，包括满足高峰时段的负荷需求、为电动汽车快充做好电网准备，并确保关键服务可靠性的应用。二是固定式储能的其他新兴应用，包括为偏远社区服务、提高设施灵活性、提高网络弹性及促进电力系统转型。三是到 2030 年，300 英里（1 英里 =1.61 千米）电动汽车的电池组制造成本为 80 美元 /（kW·h），比 2020 年的 143 美元 /（kW·h）的成本下降 44%。实现这一成本目标将带来具有成本竞争力的电动汽车，并可能有利于固定式应用电池的生产、性能和安全[①]。可见，ESGCR 提供有关美国以外储能需求的信息和分析，并确定国内储能制造的相关机会。DOE 将与美国商务部和其他联邦机构合作，为美国公司寻找竞争激烈的国际市场，并制定战略，确保美国在储能这一高增长领域的持续竞争力。

　　第三，通过美国 DOE 先进能源研究计划（ARPA-E），支持储能技术研发项目。ARPA-E 除了设立特定领域主题研究计划外，还每 3 年开展一次开放式项目招标计划。OPEN 招标计划于 2009 年（OPEN 2009）推出，旨在支持非共识探索研究和机会型探索研究，避免遗漏在主题研究领域之外的创新思想。自 2009 年第一轮开放式招标以来，2012 年启动第二轮 OPEN 2012，2015 年启动第三轮 OPEN 2015，2018 年启动第四轮 OPEN

① DOE.Energy storage grand challenge roadmap［EB/OL］.（2020-12-21）［2021-06-10］. https://www.energy.gov/sites/default/files/2020/12/f81/Energy%20Storage%20Grand%20Challenge%20Roadmap.pdf.

2018，2021 年启动第 5 轮 OPEN 2021。表 7.2 显示了 2009—2021 年 ARPA-E 5 轮资助的代表性储能技术项目。

表 7.2   2009—2021 年 ARPA-E 5 轮资助的代表性储能技术项目 [①]

轮次	项目名称	资助项目数 / 个	资助金额 / 百万美元
第一轮 OPEN 2009	运输用电能储存电池（BEEST）	12	38.00
	电网级可扩展间歇可调度存储（GRIDS）	15	40.00
	高能高级蓄热（HEATS）	15	37.00
	储能设备的高级管理和保护（AMPED）	15	34.00
第二轮 OPEN 2012	强健且价格合理的下一代储能系统（RANGE）	22	45.00
	循环硬件分析和准备电网规模的电力存储（CHARGES）	2	6.50
第三轮 OPEN 2015	长时蓄电（DAYS）	10	28.00
第四轮 OPEN 2018	开发安全、弹性电网的储能技术	11	30.00
	以尽可能低的成本实现电网规模的储能：通过抽水蓄能实现	1	2.00
第五轮 OPEN 2021	储能	3	6.40
	交通储能	3	6.95

由表 7.2 可见，2009—2021 年 ARPA-E 5 轮资助了代表性储能技术项目共计 109 个，资助金额共计 2.74 亿美元。2021 年 1 月 12 日，美国 DOE 宣布为 7 个项目提供额外资金 4700 万美元，作为 ARPA-E 潜力领先的能源技术播种关键进展（SCALEUP）计划的一部分，其中有 4 个项目与储能技术有关：一是马萨诸塞州 24M 技术公司的用于航空的下一代锂金属阳极电池项目，获得 900 万美元资助。二是加利福尼亚州 Sila 纳米技术公司的大规模电动汽车市场加速采用大容量硅阳极的放大技术，获得 1000 万美元资助。三是马萨诸塞州的高通量制造突破性的聚合物电解质实现低成本固态电池项目，获得 800 万美元资助。四是加利福尼亚州 AutoGrid 系统公司的高可扩展虚拟电厂（VPP）平台部署大规模存储和电动汽车项目，获得 22.5 万美元资助。2022 年 2 月 14 日，ARPA-E 宣布第五轮开放招标计划（OPEN 2021），投资 1.75 亿美元优先支持电动汽车、海上风能、储能和核回收等高影响、高风险技术，研究应对清洁能源挑战的新方法，共支持由 22 个州的大学、国家实验室和私营公司牵头的研发项目 68 个，确保美国在未来绿色能源技术方面的全球领

① https://arpa-e.energy.gov/sites/default/files/ARPA-E%20FY19%20Annual%20Report%20to%20Congress_FINAL.pdf.

导地位，同时助力美国 2050 年实现净零排放目标[1]。

第四，通过 DOE 下属不同办公室的各类储能计划支持储能技术研发。2020 年 10 月 23 日，美国 DOE 由能源效率和可再生能源办公室（EERE）的先进制造办公室和汽车技术办公室共同出资，并由私营部门和投资界提供配套资金，通过电池制造实验室（Battery Manufacturing Lab）宣布选择 13 个项目，并将在 3 年内提供资金近 1500 万美元。该项目将资金直接授予国家实验室，以支持根据与公司的合作研发协议开展工作。DOE 选择资助项目如表 7.3 所示。

表 7.3 2020 年 DOE 资助电池制造项目名单

领导机构	行业合作伙伴（地点）	项目
阿贡国家实验室	Albemarle/Americidia（北卡罗来纳州）	先进的卤水加工
	亨特能源企业（得克萨斯州）	水热法制备速率极快的富镍单晶阴极
	Koura Global（马萨诸塞州）	连续流反应器合成锂离子电池高级电解质元件
	Polyplus（加利福尼亚州）	连续高产生产下一代固态锂金属电池用无缺陷超薄硫化玻璃电解质
	SafeLi 有限责任公司（威斯康星州）	下一代 Lib 阳极氧化石墨的规模化生产
	圣戈班陶瓷和塑料（宾夕法尼亚州）	固态电池用卤化物型固体电解质
布鲁克海文国家实验室	C4V&Primet（纽约）	高镍低钴阴极表面改性的商业可行工艺
劳伦斯伯克利国家实验室	圣戈班研究北美洲（宾夕法尼亚州）	新型锂导电卤化物固体电池电解质的放大
国家可再生能源实验室	Clarios, Amplitude, Feasible（纽约）	高通量激光加工与声学诊断技术在电池性能改进与制造中的应用
橡树岭国家实验室	PPG（宾夕法尼亚州）	用多层槽模涂层和电泳沉积法加工超厚结构的高能量、高功率 NMP 无设计电极
	Soteria（南卡罗来纳州）	具有极快充电能力的高能锂离子电池用金属化聚合物集电器的多层电极
太平洋西北国家实验室	Albemarle（北卡罗来纳州）	高性能富镍单晶锂盐阴极材料的放大
	Ampcera 公司（加利福尼亚州）	高导电硫化物固态电解质的放大和滚转加工

长时储能攻关计划确立的目标是：在 10 年内实现电网规模储能系统持续时间 10 小时以上、成本降低 90%。储能有可能加速电网的全面脱碳。虽然目前正在安装较短持续时间的储能设备，以支持当今水平的可再生能源发电，但随着更多可再生能源并入电网，则需要更长持续时间的储能技术。在能源发电不可用或低于需求时，更便宜、更高效的储能将使可再生清洁能源更容易利用和存储。例如，白天产生的可再生能源（如太阳能）可

[1] DOE.DOE announces $175 million for novel clean energy technology projects [EB/OL].（2022-02-14）[2022-07-12]. https://www.energy.gov/articles/doe-announces-175-million-novel-clean-energy-technology-projects.

以在晚上使用。长时储能攻关将考虑所有类型的技术，无论是电化学、机械、热、化学载体，还是有可能满足电网灵活性所需的持续时间和成本目标的任何组合。美国 DOE 的 EERE 等办公室开展储能活动，2022 财年 DOE 为储能大挑战前沿跟踪储能研发活动申请预算 11.6 亿美元[①]。在等待拨款之前，美国 DOE 预计将有融资机会和其他活动，以帮助推动实现长时储能攻关目标，这与美国 DOE 的储能大挑战路线图规定的目标一致。

第五，通过储能示范计划支持储能技术示范应用。一是智能电网示范计划（Smart Grid Demonstration Program，SGDP）。该计划由 2007 年《能源独立与安全法》第 1304 条授权，并经《复兴与再投资法》修订，以展示如何创新应用和集成一套现有与新兴的智能电网概念，验证相关技术、运营和商业模式的可行性。其目的是在当今常用技术的基础上显著改进并展示新的、更具成本效益的智能电网技术、工具和系统配置。SGDP 项目是通过择优招标选出的，美国 DOE 提供的财政援助占项目成本的 50%。SGDP 项目是合作协议，而智能电网投资赠款项目是赠款。SGDP 选择了两种类型的智能电网项目：一是智能电网区域示范项目 16 项，以验证智能电网的可行性，量化智能电网的成本和效益，并验证新的智能电网商业模式，其可以很容易地在全国规模化复制；二是电池、飞轮和压缩空气储能系统等储能技术示范项目 16 项，用于负荷转移、斜坡控制、频率调节服务、分布式应用及风能和太阳能等可再生资源并入电网。32 个 SGDP 项目的总预算约为 16 亿美元，联邦政府资助份额约为 6 亿美元[②]。二是支持长时储能计划，推动实施储能示范项目。该计划始于 2021 年 7 月 14 日，目标是 2030 年比 2020 年的基准成本降低 90%，实现平均储能成本达 0.05 美元 /（kW·h）。为此，除了传统的锂离子电池之外，还需要考虑电化学、机械、热能、柔性发电、柔性建筑和电力电子等广泛的储能技术。2022 年 3 月，美国 DOE 的社会公平能源储能计划（Energy Storage for Social Equity）选择支持 14 个社区，以更好地评估其能源挑战、解决方案并寻找合作伙伴支持社区实现它们的能源目标。2022 年 5 月 12 日，拜登政府通过美国 DOE 新的清洁能源示范办公室启动一项投资 5.05 亿美元、为期 4 年的长时储能计划，验证电网规模的长时储能技术并提高客户和社区的能力，提高可用性并提供负担得起的、可靠的清洁电力。该计划将实施 3 个储能示范项目：一是示范（Demonstration）项目：将为公用事业规模的现场储能示范准备一批有前途的技术，示范规模为 100 kW 或更小，并已在实验室规模得到验证。二是验证（Validation）项目：将通过在更广泛部署之前的最终技术验证点降低风险，从而在公用事业规模上启用首创的储能技术。根据该计划中的大型长时储能示范要求，大型长时储能将需要实现能够持续至少 10 小时的目标，并经过足够的第三方测试，证实可达到 0.05 美元 /（kW·h）的平准化储

① DOE.Long duration storage shot: an introduction［EB/OL］.［2022-09-12］.https://www.energy.gov/ sites/default/ files/2021-07/Storage%20shot%20fact%20sheet_071321_%20final.pdf.

② DOE Global Energy Storage Database. Smart grid demonstration program［EB/OL］.［2021-06-12］. http://www. energystorageexchange.org/policies/.

能成本。三是试点（Piloting）项目：将通过州能源办公室、部落州、高等教育、公用事业和能源存储公司在内的投资实体筹集到更多的储能投资，来消除市场利用技术的制度障碍[①]。

根据 PNNL 技术跟踪的 1976—2017 年的最新能源技术商业化项目总计 527 个，通过整理分析，与储能有关的商业化相关项目共计 17 个[②]，具体如表 7.4 所示。

表 7.4   2010—2017 年 PNNL 技术跟踪的储能商业化项目一览

序号	技术名称	实施单位	年份
1	先进电池制造设施和设备	East Penn Manufacturing Company 股份有限公司	2016
2	无晶圆弯曲的 6 英寸蓝宝石上 GaN FLAAT 生长技术	Kyma Technologies 股份有限公司	2016
3	通过反应蒸馏的高辛烷值燃料储备	Exelus 股份有限公司	2016
4	MOCVD 过程中 InGaN 层化学成分的监测与控制	Accustrata 股份有限公司	2016
5	锂离子电池回收设施	Retriev	2015
6	300 英里范围电动汽车的创新电池材料和设计	OneD Material 股份有限公司	2015
7	汽车电池计算机辅助设计工具（CAEBAT）	通用汽车公司（GM）	2015
8	汽车蓄电池计算机辅助设计工具	CD Adapco（西门子股份公司独资）	2014
9	扩大碳酸锂和氢氧化锂的国内生产与供应	美国电池行业 Chemetall Foote 公司	2014
10	锂离子电池制造	LG 化学密歇根公司（LG 能源解决方案密歇根公司）	2013
11	纳米工程超级电容器材料超过 EDV 使用的美元 / kW 阈值	EnerG2 公司	2012
12	耐高温超疏水纳米复合涂层	NEI 公司	2012
13	主动和被动建筑储热库存预测最优控制	QCO 效率公司	2012
14	用于风力发电和电网调节服务的高级储能	东宾夕法尼亚州制造业公司	2012
15	锂离子电池正极材料生产厂	巴斯夫催化剂有限责任公司	2012
16	汽车级锂离子电池垂直整合量产	A123 Systems 有限公司（中国万向集团控股公司的子公司）	2011
17	GM 锂离子电池组制造	通用汽车公司（GM）	2010

① DOE.Biden administration launches bipartisan infrastructure law's $505 million initiative to boost deployment and cut costs of increase long duration energy storage［EB/OL］.（2022–05–12）［2022–05–20］. https://www.energy.gov/articles/biden–administration–launches–bipartisan–infrastructure–laws–505–million–initiative–boost.

② PNNL.An investigation of innovative energy technologies entering the market between 2009–2015，enabled by EEREfunded R&D［EB/OL］.（2021–08–12）［2022–12–10］.https://www.energy.gov/sites/default/files/2021–11/ An%20 Investigation%20of%20Innovative%20Energy%20Technologies%20Entering%20the%20Market%20between%202009%20 –%202015%2C%20Enabled%20by%20EERE–funded%20R%26D_0.pdf.

总之，美国通过储能法律法规、战略及储能大挑战计划等支持储能技术部署，推动储能技术发展。

（2）日本储能技术部署

日本非常重视储能技术的研发部署，具体表现如下。

首先，日本政府通过制定能源相关战略持续支持储能技术研发。①通过《能源环境技术创新战略 2050》部署储能技术。2016 年 4 月 19 日，日本政府综合科技创新会议（CSTI）发布了《能源环境技术创新战略 2050》，支持研发低成本、安全可靠的快速充放电先进蓄电池技术，使其能量密度达到现有锂离子电池的 7 倍，同时成本降至 1/10，使小型电动汽车续航里程达到 700 千米以上；还可用于储存可再生能源，实现更大规模的可再生能源并网。②制定《绿色增长战略》，部署储能技术。2020 年 12 月 25 日，日本经济产业省发布《绿色增长战略》，提出到 2050 年实现碳中和目标，构建"零碳社会"；预计到 2050 年，该战略每年将为日本创造经济增长近 2 万亿美元。为落实上述目标，该战略针对汽车和蓄电池产业提出了绿色增长实施计划的发展目标与重点发展任务，日本将在 2021—2030 年大力推动电动汽车部署，实现相关技术领域世界领先地位，形成可靠的产业供应链，最迟于 2030 年底实现乘用车新车销售 100% 为电动汽车，通过扩大规模降低成本、研究开发和技术示范、制定规则与标准等重点任务，增强蓄电池产业的全球竞争力。为此，该战略提出了日本汽车和蓄电池产业绿色增长路线图，明确了蓄电池领域大规模投资动力电池、矿产资源和材料，支持部署固定应用的储能电池；通过全面研发提升全固态锂离子电池与新型电池的性能，开发高速、高质量、低碳生产工艺，发展电池回收、循环再利用产业，利用固定应用的储能电池提升电力供需调节能力；在动力电池生命周期 CO_2 排放可视化、材料合理采购、促进循环再利用等方面制定规则与标准，开发并标准化家用电池性能指标，设计储能电池进入电力调节市场（2024 年开放），明确《电力事业法》规定的系统储能电池地位等，提出了法律法规、税收、公共采购、标准等具体政策工具，通过蓄电池产业的发展，推进社会普及蓄电池技术，降低成本，提升日本蓄电池产业的竞争力[①]。③通过《能源战略计划》部署储能技术。2021 年 10 月，日本政府发布了第六期《能源战略计划》，坚持日本能源政策的基本原则（S+3E 原则），即以安全性为前提，确保能源稳定供给为首要任务，提高能源利用率以促进低成本能源供给并实现与气候变化和生活环境相协调等环境兼容性，提出了日本实现 2050 年碳中和目标所面临的问题及对策，并明确了面向 2030 年的具体应对政策与举措，推进碳中和相关的蓄电池等产业发展，实现一体化的竞争并通过创新政策推进战略性技术开发和推广应用等。

其次，日本通过尖端技术研发计划部署蓄电池相关技术。①尖端研究开发支援项

[①] METI.Carbon recycling（carbon recycling/material industry）[EB/OL].（2020–12–25）[2021–03–20]. https://www.meti. go.jp/english/policy/energy_environment/global_warming/ggs2050/pdf/11_carbon_recycle.pdf.

目。2009 年 11 月，日本政府设立了 1500 亿日元的"尖端研究助成基金"，支持项目包括"尖端研究开发支援项目（FIRST）"（1000 亿日元）及"下一代尖端研究开发支援项目（NEXT）"（500 亿日元），由日本学术振兴会（JSPS）负责执行，其中"尖端研究开发支援项目（FIRST）"支持了"面向高性能蓄电池设备创制的革新性关键技术"项目；"下一代尖端研究开发支援项目"支持绿色创新和生命创新两个方向，绿色创新领域资助了蓄电池等 141 个项目，促进了蓄电池的基础研究和应用技术开发，为政府进一步集成和部署更大规模技术开发项目提供了扎实的研究基础。②尖端低碳技术开发（ALCA）项目。这是由日本文部科学省"战略性创造研究推进事业部"下设的一类项目，已于 2016 年停止立项，因为 2017 年科学技术振兴机构（JST）新设立"未来社会创造事业（JST-MIRAI）"，里面已包含低碳社会相关领域。ALCA 着眼于未来低碳社会的技术需求和产业界期待，为实现温室气体减排而资助学术界进行战略性基础研究和创新研究，期望通过科研范式转变而创造尖端低碳技术，具体由 JST 负责管理，"下一代蓄电池"作为 ALCA 重点领域予以资助，每年资助经费 3 亿～ 20 亿日元。JST-MIRAI 由"探索加速型"和"大规模项目型"构成，其中"探索加速型"下设"作为全球性课题的低碳社会实现"领域，主要支持蓄能等实现能源稳定利用的技术，实现低碳社会。2017 年以来已立项 61 项，其中"通过电动汽车运行中的无线充电而开拓未来社会"课题获得了滚动资助。③经济产业省支持储能研发部署。目前，NEDO 支持太阳能、蓄电池等 9 个技术领域，蓄电池领域已设"先进革新性蓄电池材料评价技术开发（第 2 期）"和"电动汽车革新型蓄电池开发"2 个项目。

再次，通过绿色创新基金支持下一代蓄电池开发。绿色创新基金支持下一代蓄电池开发项目主要提高蓄电池的性能和可负担性，在材料层面提高性能并促进资源节约，并将先进的回收技术商业化，其目的是加强蓄电池的产业竞争力，同时开发未来支持电动汽车的基础技术，加强供应链和价值链。该项目研发内容包括[①]：研发高性能蓄电池及其材料，包括高容量蓄电池（如固态电池），其能量密度能够使电流驱动范围增加一倍以上（至少 700 ～ 800 Wh/L）；研发材料的低碳制造工艺，减少使用钴、石墨和其他材料；将开发回收技术，实现锂离子电池回收 70% 的锂、95% 的镍和 95% 的钴的目标，以具有竞争力的成本回收这些材料，其质量水平能够满足在蓄电池中重复使用等。该项目支持规模达 200 亿日元，支持期限长达 10 年。

可见，日本政府对储能技术研发进行了系统部署，确保日本储能技术处于领先地位。

（3）欧盟储能技术部署

欧盟非常重视储能技术研发，具体表现如下。

第一，欧盟出台系列法律法规以支持储能技术部署。要实现 2030 年气候目标，欧盟每

---

① NEDO.Next-generation storage battery and motor development［EB/OL］.［2022-07-30］. https:// green-innovation.nedo. go.jp/en/project/development-next-generation-storage-batteries-next-generation-motors/.

年预计需要投资 3500 亿欧元，为了引导资金进入绿色领域，2021 年 4 月，欧盟发布了《可持续金融分类法》，未来加大支持投入的领域包括电池制造、储存电力及包括抽水蓄能在内的储能设施的建设或运营，而且，该分类法将随着欧盟有关气候、能源和农业的法律的修订进行更新。2021 年 6 月 28 日，欧洲议会和理事会通过了《欧洲气候法》（第 2021/1119 号），将 2050 年"气候中和"目标纳入欧盟法律，该法提出为了加强所有经济行为体的参与，欧盟委员会应以包容性和代表性的方式聚集关键利益攸关方，鼓励各部门自己制定指示性的自愿路线图，并规划到 2050 年实现欧盟气候中和目标的转型。这些路线图可为协助各部门规划向气候中和经济转型的必要投资做出贡献，也有助于加强各部门参与气候中和解决方案，还可以补充欧洲电池联盟现有的倡议，促进了向气候中和转型的工业合作[①]。2023 年 3 月 16 日，欧盟委员会发布了《净零工业法案》，提出欧盟委员会将与成员国共同建立"欧洲净零平台"（European Net Zero Platform），加强沟通协调审批流程简化、一站式便利化服务、净零战略项目遴选、融资支持、市场准入、技能培训、创新激励等。根据欧盟自身技术需求与市场特点，确定了电池与储能技术等八大类关键净零技术，借助欧洲净零平台可通过欧洲投资银行、欧洲复兴开发银行等金融机构及各成员国和欧盟的基金支持发展关键净零技术，扩大欧盟清洁技术的生产规模，确保欧盟的清洁能源转型[②]。可见，欧盟通过《可持续金融分类法》《欧洲气候法》《净零工业法案》，形成了较为完善的气候法律框架，支持电池与储能等清洁能源技术研发部署，推动欧盟清洁能源转型。

第二，欧盟制定相关战略与规划支持储能技术研发部署。2018 年 11 月，欧盟委员会发布了《共享一个清洁地球的欧盟长期战略》文件，提出 2050 年将欧洲建成为繁荣、现代化、具有竞争力和气候中性的经济体的远景目标，将储能作为实现欧盟碳中和目标的七大战略技术领域之一，改进部署大规模储能，推动基于大规模可再生能源的分散电力系统的转型；推动电池研发，加快相关基础设施的部署，加强运输和能源系统与智能充电站或加油站之间的协同作用，实现无缝的跨境服务，通过脱碳、去中心化和数字化的电力、更高效和可持续的电池、高效的电动动力系统及自动驾驶等加快交通系统绿色转型[③]。2020 年 7 月欧盟发布《欧盟能源系统一体化战略》，旨在刺激绿色复苏并加强欧盟在太阳能、可再生氢、CCUS 等清洁能源技术方面的领先地位，为水泥生产等难以脱碳的行业

① European Commission.Regulations［EB/OL］.（2023-03-16）［2023-03-18］. https://eur-lex.europa.eu/legal-content/EN/TXT/PDF/?uri=CELEX:32021R1119&from=EN.

② European Commission.Net-zero industry act: making the EU the home of clean technologies manufacturing and green jobs［EB/OL］.（2023-03-16）［2023-03-18］. https://ec.europa.eu/commission/presscorner/detail/en/ip_23_1665.

③ European Commission.A clean planet for all:a European strategic long-term vision for a prosperous, modern, competitive and climate neutral economy［EB/OL］.（2018-11-28）［2020-01-18］. https://eur-lex.europa.eu/ legal-content/EN/TXT/?uri=CELEX:52018DC077.

推广清洁能源技术，实现碳捕获、储存和使用，支持深度脱碳①。在"战略能源技术规划"（SET-Plan）框架下，2019年欧盟委员会创建电池技术创新平台——"电池欧洲"（Batteries Europe），该平台在2021年初发布了《电池战略研究议程》，从电池应用、电池制造与材料、原材料循环经济、欧洲电池竞争优势4个方面提出了未来10年的研究主题及应达到的关键绩效指标，旨在推进实施电池价值链相关研究和创新行动。欧盟未来10年的计划有以下几个方面。①拟投入2.8亿欧元预算支持固定式储能研究，其中降低固定式储能电池的成本、改进循环寿命确保最佳性能的研究预算为5000万欧元，提高固定式储能系统安全性的技术、方法和工具的研究预算为5000万欧元，开放式和可互操作的先进电池管理系统的研究预算为3000万欧元，互操作性、数字孪生和多服务模式的研究预算为5000万欧元，电动汽车电池可持续性及二次应用于固定式储能的研究预算为5000万欧元，中长期储能的研究预算为5000万欧元。②拟投入5亿欧元预算支持电池先进材料研究，其中车用第3代锂离子电池的研究与创新预算为1亿欧元，拟上市时间为2025年以后；车用第4代锂电池的研究与创新预算为2亿欧元，拟上市时间为2030年以后；固定式储能用锂离子电池的研究与创新预算为1亿欧元，拟上市时间为2030年；电动汽车轻质先进材料的研究与创新预算为5000万欧元，拟上市时间为2025年；实现超快充电的先进材料研究与创新预算为5000万欧元，拟上市时间为2025年。③拟投入3亿欧元预算支持电池制造研究，其中创新电池单元组件的设计及制造工艺研究预算为9000万欧元，电池单元设计的数字化研究预算为5000万欧元，制造设备和工艺创新研究预算为1亿欧元，工艺集成和工厂数字化运营研究预算为6000万欧元②。通过实施欧盟相关战略规划，推动加速建立具有全球竞争力的欧洲电池产业。

第三，欧盟通过系列研发计划支持储能技术研发。欧盟"地平线2020"的计划周期为7年（2014—2020年），预算总额约为770.28亿欧元，重点关注卓越科研（244.41亿欧元）、产业领导力（170.16亿欧元）及社会挑战（296.79亿欧元）三大战略优先领域，而社会挑战领域又汇集各领域、技术和学科的资源与知识，包括社会科学和人文科学，涵盖从研究到市场的所有活动，新的专注点在创新活动，如试点、示范、试验平台及公共采购和市场转化，其中安全、清洁和高效能源领域2014—2020年预算为59.31亿欧元，主要支持能源效率、CCS等低碳技术及智能城市和社区三类领先领域③。2021年1月，欧盟开始实施《第九期研发框架计划"地平线欧洲"（2021—2027年）》，将绿色和数字双转

---

① European Commission.EU energy system integration strategy［EB/OL］.（2020-07-08）［2021-04-10］. https://ec.europa. eu/commission/presscorner/detail/en/fs_20_1295.

② EUROPA.Strategic research agenda for batteries 2020［EB/OL］.［2021-01-26］.https://ec.europa.eu/ energy/sites/ener/ files/documents/batteries_europe_strategic_research_agenda_december_2020__1.pdf.

③ European Commission.Horizon the EU framework programme for research and innovation［EB/OL］.［2020-03-16］. http:// ec.europa.eu/programmes/horizon2020/en.

型作为重点支持方向，其中"气候、能源与交通"科研集群预算为 151.23 亿欧元，支持气候科学与解决方案、能源供给、能源转型、储能等领域，以便让能源和交通行业对气候和环境更友好、更高效、更智慧、更安全、更具竞争力、更有弹性。

第四，通过联盟组织部署储能技术。2017 年，欧盟成立了欧洲电池联盟（European Battery Alliance，EBA），旨在摆脱欧盟在电池储能领域对亚洲厂商的依赖，肩负起整个欧盟在电池产业夺取战略自主权的重任。欧洲电池创新是在 EBA 框架下的电池研发系列项目，该项目于 2021 年 1 月 26 日得到了欧盟委员会的批准，奥地利、比利时、克罗地亚、芬兰、法国、德国、希腊、意大利、波兰、斯洛伐克、西班牙和瑞典 12 个国家政府共同出资 29 亿欧元，支持范围涵盖整个电池产业链环节，从原材料的提取、电芯到电池 Pack 的设计和制造，再到电池的回收和废弃物处理等，将持续到 2028 年，将会资助由 42 个公司牵头发起的 46 个项目，该项目参与成员以欧盟为主，还尝试通过引入特斯拉等外部力量，加速欧洲电池产业链的突破式发展。2021 年初，欧洲电池联盟发布《2030 电池创新路线图》，该路线图认为不同种类的电池都有适合于特定应用的优点，没有一种电池或技术能满足全部应用要求，该路线图将重点放在各种关键应用，确定需要改进的关键电池性能，以满足未来应用的需求，强调欧洲不能逐步淘汰一种电池技术，转而采用另一种电池技术，认为所有电池技术都有助于实现欧盟的脱碳目标，同时也强调了锂离子电池在电力储能领域的优势。

（4）其他国家储能技术部署

英国、韩国、澳大利亚等国家对储能技术进行了相关部署。一是英国储能技术部署。2021 年 3 月 9 日，英国政府宣布投资超过 9000 万英镑支持储能、海上漂浮风电和生物质生产，其中 6800 万英镑将用于推动发展储能技术，有助于加速"首创储能"的商业化，推动支持净零转型的下一代绿色技术向前发展，帮助英国向清洁和绿色能源转型、应对气候变化、创造数千个就业岗位，并实现政府的"十点计划"。2021 年 10 月，英国政府发布《净零战略》，设立 10 亿英镑的储能、CCS 基础设施基金和 3.15 亿英镑的工业能源转型基金，支持储能技术研发。二是韩国储能技术部署。2021 年 12 月，韩国政府发布《2050 碳中和推进战略》，确立了培育储能等新型产业、构建循环生态体系等十大主题，有序推动高碳产业转型升级，实现经济社会全面绿色发展。2021 年，韩国为明确碳中和技术创新方向，再次发布《碳中和技术创新推进战略》《碳中和产业、能源研发战略》《2050 年碳中和路线图》等相关战略与政策，集中优势资源支持储能等关键核心技术攻关，促进科技成果转化，构建稳固有效的实施体系，推动实现 2050 年碳中和目标。韩国与美国、英国、澳大利亚等发达国家签署技术合作协议，在储能等领域建立合作关系，加速推动韩国储能技术突破。三是澳大利亚储能技术部署。2021 年 11 月，澳大利亚政府公布《澳大利亚关键技术蓝图》《澳大利亚关键技术行动计划》，列出了 7 个领域共计 63 项关键技术清单，其中包括充电电池、超级电容等与低碳减排密切相关的关键技术。总之，各个国家的政策推动了储能技术的研究与发展。

7.2 储能技术研发

美国、日本、法国、英国、德国等主要国家比较重视储能技术的研发，下面重点分析近年来主要国家储能技术的研发投入状况。

（1）美国的储能技术研发

美国的储能技术研发投入自 2004 年约 9282.5 万美元快速增长到 2005 年的 23 560.1 万美元，随后逐步递减至 2008 年的 21 342.4 万美元，2009 年增加到历史最高点，达 25 595.2 万美元，然后逐步递减到 2011 年的 22 659.3 万美元，2012 年锐减到 7718.0 万美元，2013 年增至 10 756.9 万美元后又递减到 2015 年的 9353.9 万美元，美国储能技术研发总体上呈现先增长后下降的周期性发展态势（图 7.2）。

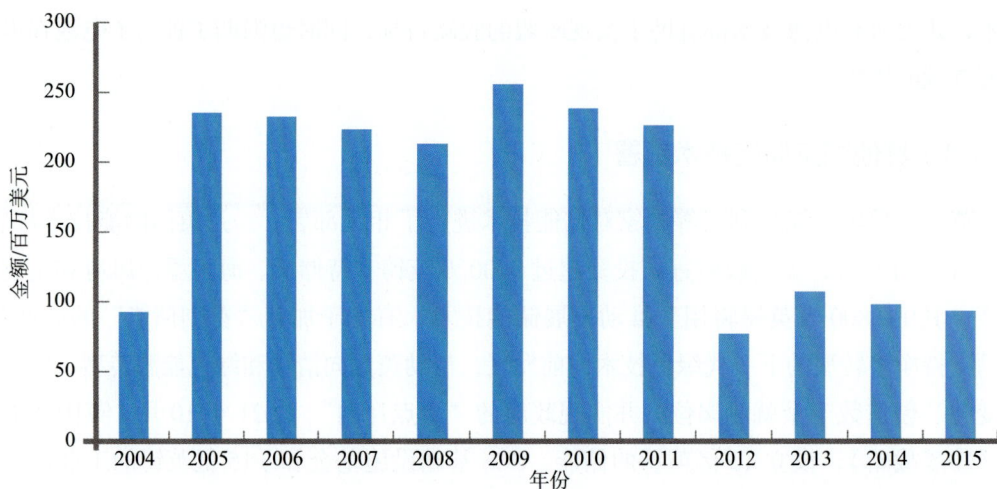

图 7.2　2004—2015 年美国储能技术研发情况（根据 OECD 2021 年 9 月 22 日数据绘制）

（2）日本的储能技术研发

日本的储能技术研发投入自 2004 年约 8793.5 万美元逐步递增到 2008 年的历史最高点 14 503.2 万美元，随后快速递减至 2011 年的 6319.2 万美元，再逐步递增到 2013 年的 7883.0 万美元，随后递减至 2017 年的 4656.0 万美元，最后逐步递增到 2020 年的 9708.9 万美元，日本储能技术研发总体上呈现先递增到递减、再递增到递减、最后又逐步递增的发展态势（图 7.3）。

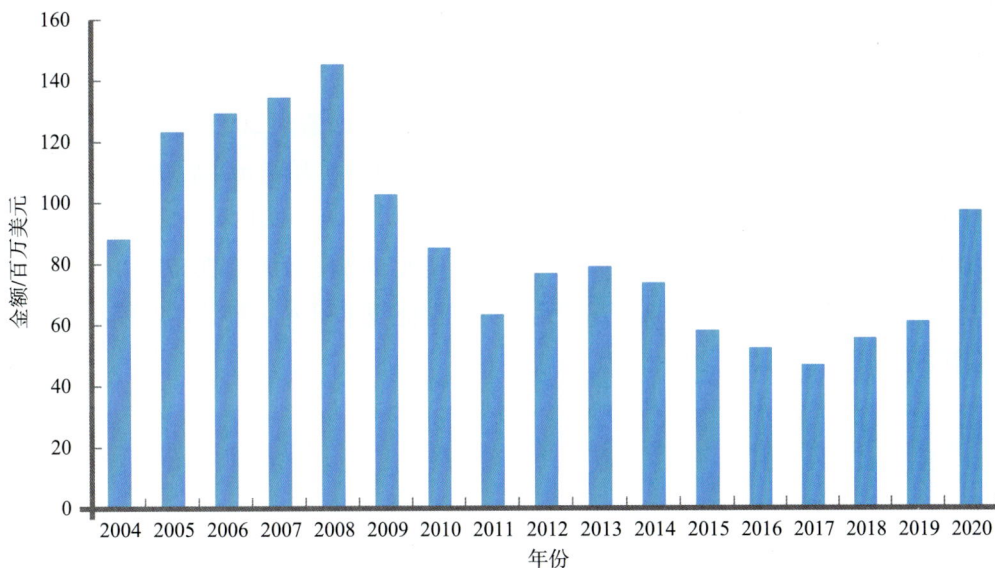

图 7.3　2004—2020 年日本储能技术研发情况（根据 OECD 2021 年 10 月 27 日数据绘制）

（3）法国的储能技术研发

法国的储能技术研发投入自 2002 年约 2684.4 万美元快速增至 2005 年的 10 968.7 万美元，2006 年回落至 10 023.6 万美元后，2007 年增至 10 538.6 万美元，后先降低到 2008 年的 10 275.2 万美元，再快速地递减至 2020 年的 2210.9 万美元，总体上法国储能技术研发呈现先递增再递减的发展态势（图 7.4）。

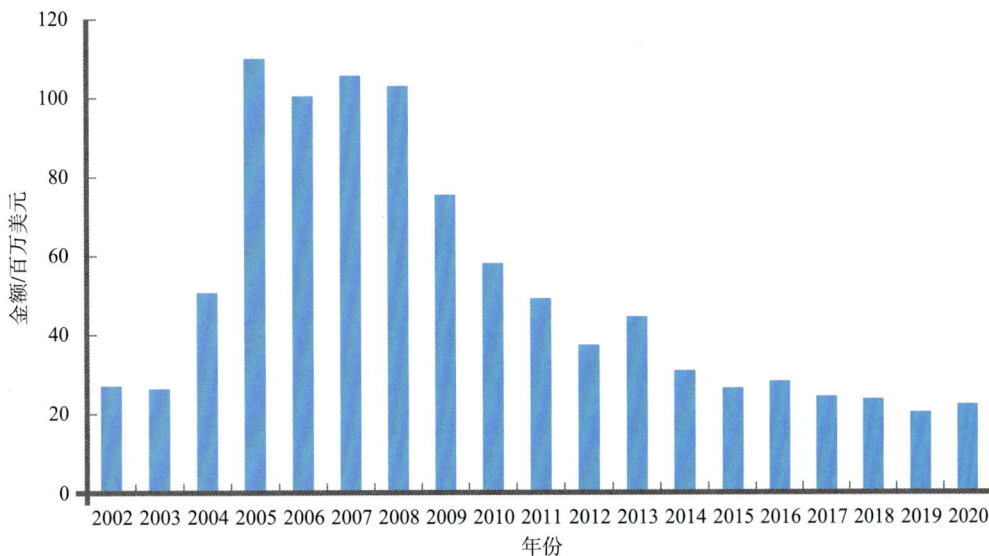

图 7.4　2002—2020 年法国储能技术研发情况（据 OECD 2021 年 10 月 27 日数据绘制）

（4）英国的储能技术研发

英国的储能技术研发投入自 2004 年约 219.2 万美元回落到 2005 年的 164.2 万美元，2006 年递增到 1008.3 万美元，随后递减到 2008 年的 169.5 万美元，后快速递增至 2010 年的 2042.9 万美元，又慢速递减至 2012 年的 1695.4 万美元，2013 年增长到历史最高点 2211.0 万美元后，快速递减至 2015 年的 740.5 万美元，缓慢增加至 2017 年的 913.3 万美元后，最后递减至 2020 年的 434.7 万美元，英国储能技术研发总量总体上偏小，呈现出先递增后递减的发展态势（图 7.5）。

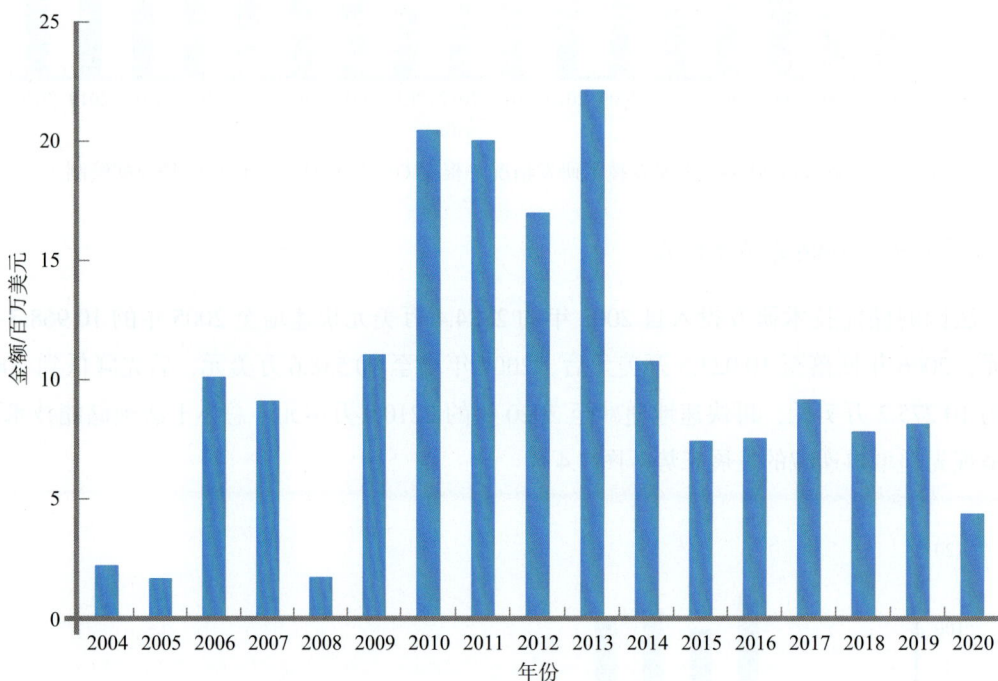

图 7.5　2004—2020 年英国储能技术研发情况（据 OECD 2021 年 10 月 27 日数据绘制）

（5）德国的储能技术研发

德国的储能技术研发投入自 2004 年约 3729.5 万美元回落到 2005 年的 3086.4 万美元，增加到 2007 年的最高点 4248.3 万美元后，再递减到 2010 年的 3117.0 万美元，2011 年剧减至 397.8 万美元，较快地递增到 2013 年的 2500.8 万美元后，又递减到 2018 年的 509.1 万美元，2019 年研发投入快速回增到 2204.0 万美元，2020 年回落到 1981.1 万美元，德国储能技术研发总体上呈现先增长再递减的发展态势（图 7.6）。

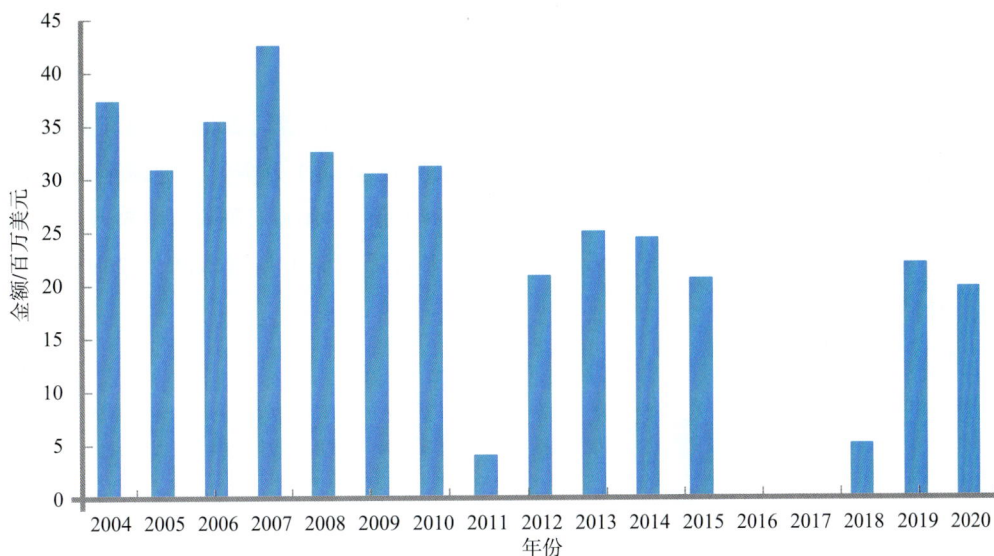

图 7.6 2004—2020 年德国储能技术研发情况（根据 OECD 2021 年 9 月 22 日数据绘制）

（6）韩国的储能技术研发

韩国的储能技术研发投入自 2004 年的 2403.8 万美元减到 2005 年的 1962.0 万美元，快速递增至 2008 年的 6850.4 万美元后，递减至 2015 年的 2478.6 万美元，2016 年增至 2851.6 万美元后又逐步递减到 2019 年的 1935.3 万美元，2020 年增至 2897.7 万美元，韩国燃料电池技术研发总体上呈现先递增后递减的发展态势（图 7.7）。

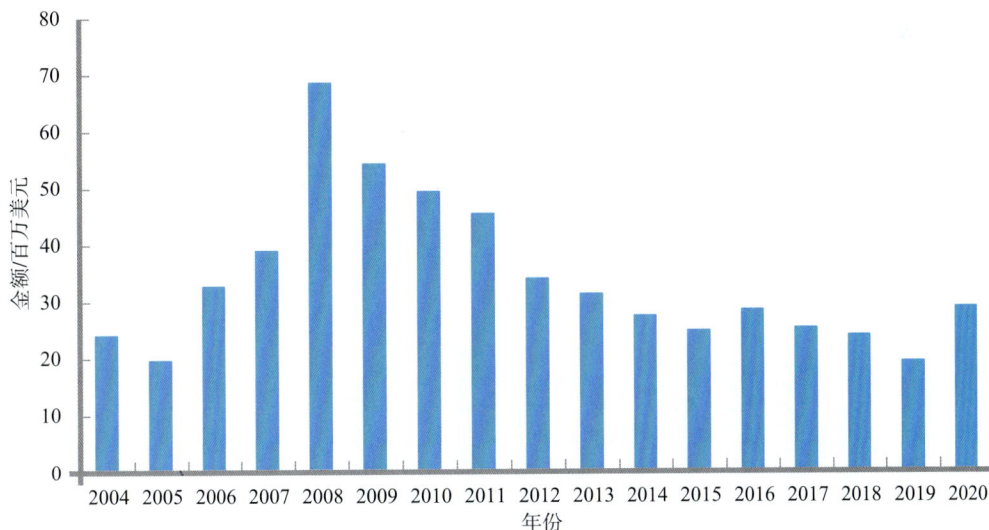

图 7.7 2004—2020 年韩国储能技术研发情况（据 OECD 2021 年 9 月 22 日数据绘制）

（7）加拿大的储能技术研发

加拿大的储能技术研发投入自 2004 年约 1897.4 万美元递增到 2006 年 3130.9 万美元，2007 年降至 1792.0 万美元后 2008 年剧增至历史最高点 4944.1 万美元，递减至 2013 年的 711.5 万美元后，又逐步递增至 2017 年的 1039.3 万美元，2018 年降至 493.5 万美元后逐步递增到 2020 年的 629.0 万美元，加拿大储能技术研发总体上总量不高，呈现先递增再递减的发展态势（图 7.8）。

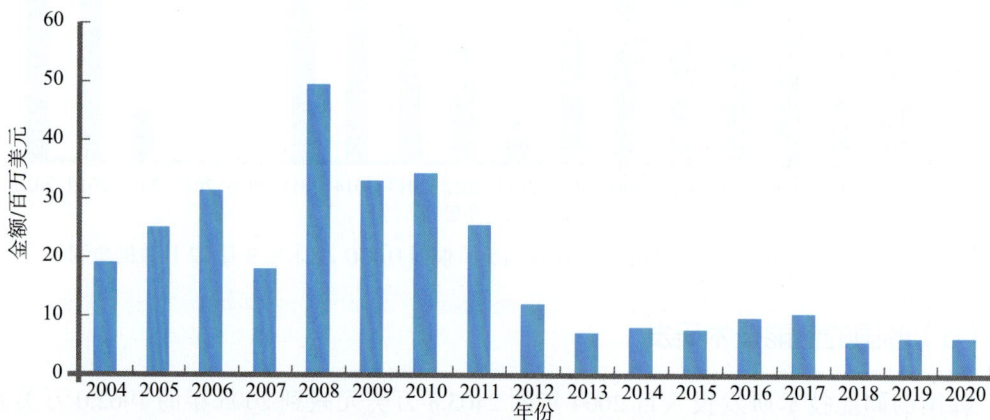

图 7.8　2004—2020 年加拿大储能技术研发情况（根据 OECD 2021 年 9 月 22 日数据绘制）

（8）丹麦的储能技术研发

丹麦的储能技术研发投入自 2004 年约 1178.3 万美元快速递增到 2007 年的历史最高点 3516.3 万美元，快速递减至 2010 年的 1384.0 万美元后，又递增到 2012 年的 2727.0 万美元，2013 年减少到 1225.9 万美元后又增至 2014 年的 2161.4 万美元，然后递减到 2016 年的 406.7 万美元，递增到 2018 年的 592.9 万美元后递减到 2020 年的 294.0 万美元，丹麦的储能技术研发总体上总量不高，呈现先递增再递减的发展态势（图 7.9）。

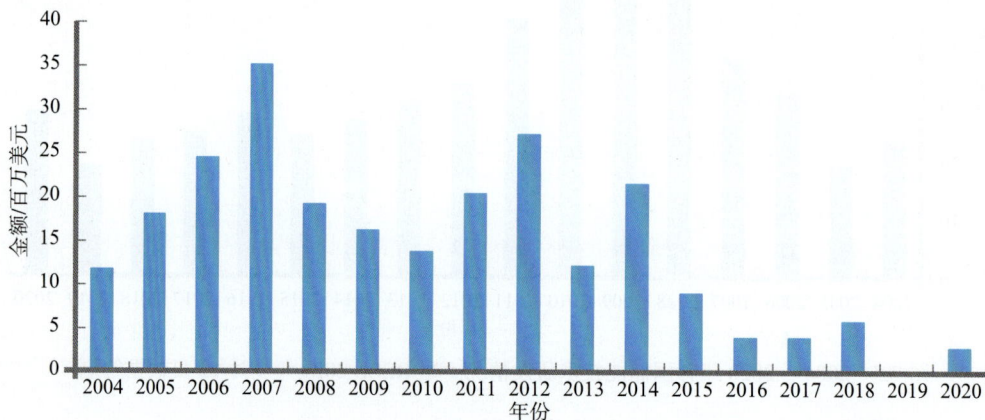

图 7.9　2004—2020 年丹麦储能技术研发情况（据 OECD 2021 年 9 月 22 日数据绘制）

7.3 储能技术进展

7.3.1 储能论文计量分析

2022 年 7 月 29 日，笔者在 WOS 的 SCIE 文献库中进行检索，论文检索式为：(TS = ("capacitor energy storage$" OR "capacitive energy-storage$" OR "capacitance energy storage$" OR "capacitor-based energy storage$") OR TS = ("electric double-layer capacitor$" OR "electrochemical double-layer capacitor$" OR "electronic double-layer capacitor$" OR "electrochemical double-layer supercapacitor$" OR "electric double-layer supercapacitor$" OR "electronic double-layer supercapacitor$" OR "electric double-layer capacitance$" OR "electrochemical double-layer capacitance$" OR "electronic double-layer capacitance$" OR "electrical double-layer capacitor$" OR "electrical double-layer supercapacitor$" OR "electrical double-layer capacitance$" OR "electrode of electric double-layer capacitor$") OR TS = ("faradaic pseudocapacitance$" OR "faradaic capacitor$" OR "faradaic supercapacitor$" OR "faradic pseudocapacitance$" OR "faradic capacitor$" OR "faradic supercapacitor$" OR "pseudo-capacitor$" OR "pseudocapacitor$") OR TS = ("electrochemical capacitor$" OR "electrochemical supercapacitor$" OR "electrochemical capacitance$" OR "electro chemical capacitor$" OR "electro chemical supercapacitor$" OR "electrochemical hybrid capacitor$" OR "electrochemical hybrid supercapacitor$") OR TS = ("supercapacitor$" OR "super capacitor$" OR "ultra capacitor$" OR "ultracapacitor$" OR "super capacitance$")))，限制时间为 2001—2021 年，共检索到 50 024 条论文记录。

（1）全球电容储能技术论文年度发表趋势

如图 7.10 所示，全球电容储能技术领域的论文发表量在 2001—2021 年的发展趋势主要可以分为以下两个阶段。

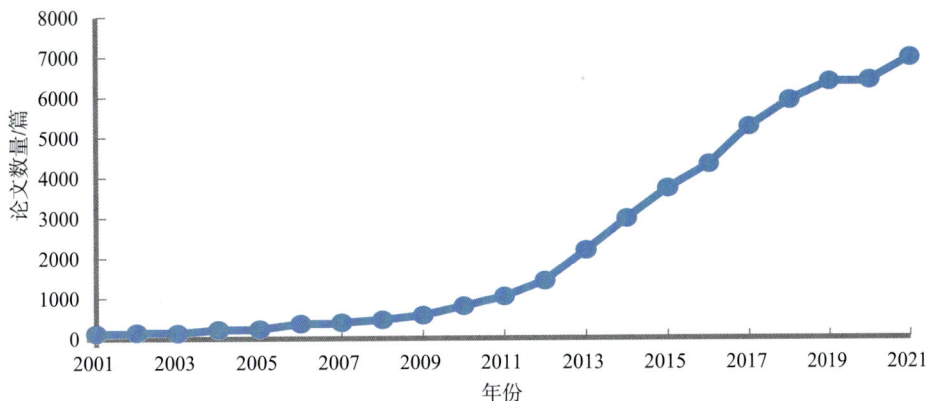

图 7.10 2001—2021 年电容储能技术全球论文逐年分布情况

阶段一为起步发展阶段（2001—2008 年）。2001 年，全球电容储能技术领域的论文发表量为 118 篇，2008 年的发表量为 456 篇，总体呈现每年增长率较低的发展态势。

阶段二为爆发阶段（2009—2021 年）。全球电容储能技术领域的论文发表量在 2009 年超过 500 篇，之后每年都在大幅增长，2011 年发表论文超过 1000 篇，之后维持在一个迅猛增长的态势，2021 年的发表量达到 6971 篇，总体上呈现快速发展态势。

如图 7.11 所示，全球电容储能技术领域的高被引论文最早时间为 2012 年，该年的高被引论文数量为 98 篇，此后每一年均有高被引论文，且均超过 100 篇，2018 年的高被引论文数量最多，为 145 篇。2021 年的高被引论文数量为 124 篇。可见，全球电容储能技术领域的高被引论文为先增后减、再增再减的发展态势。

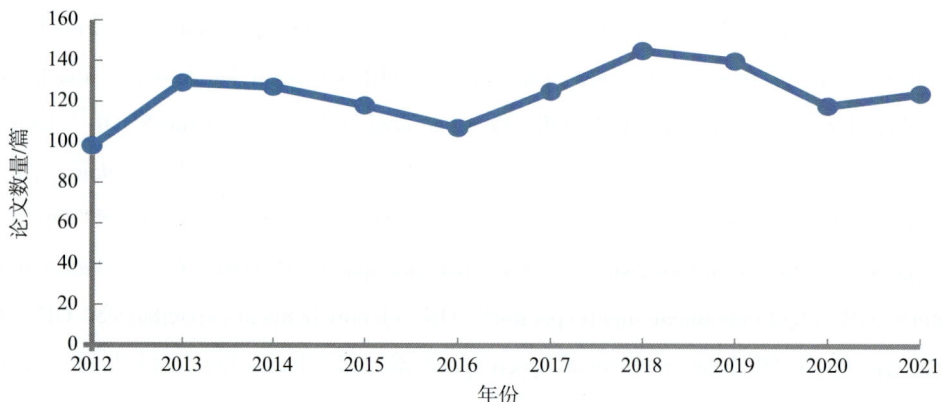

图 7.11　2012—2021 年电容储能技术全球高被引论文逐年分布情况

（2）电容储能技术主要论文发表国家 / 地区

图 7.12 为 2001—2021 年全球在电容储能技术领域发表论文数量最多的 10 个国家 / 地区的平均被引次数和论文数量分布。前 10 个国家 / 地区包括中国、美国、印度、韩国、日本、澳大利亚、法国、德国、英国与中国台湾。

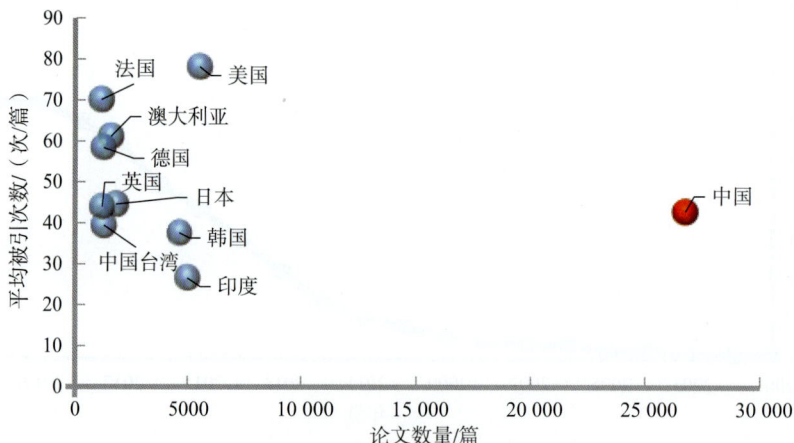

图 7.12　2001—2021 年电容储能技术论文发表数量前 10 位的国家 / 地区

根据发表论文数量，可以将前 10 个国家 / 地区分为 3 个梯队。第一梯队为中国，中国在电容储能技术领域的论文发表数量为 26 750 篇，遥遥领先于其他国家；第二梯队为美国、印度和韩国，发表数量分别为 5537 篇、4996 篇和 4637 篇；第三梯队为日本、澳大利亚、中国台湾、德国、英国和法国，发表数量分别为 1812 篇、1589 篇、1282 篇、1268 篇、1210 篇、1174 篇，均少于 1820 篇。

根据电容储能论文发表平均被引次数，可以将该 10 个国家 / 地区分为两个层级。第一层级为美国、法国、澳大利亚、德国 4 个国家，平均被引次数分别为 78.14 次 / 篇、70.11 次 / 篇、61.15 次 / 篇、58.40 次 / 篇，均超过 58.00 次 / 篇，其中平均被引次数最多的国家为美国，说明美国在电容储能领域研发实力强，产出水平高。日本、英国、中国、中国台湾、韩国、印度等其他国家 / 地区属于第二层级，平均被引次数分别为 44.56 次 / 篇、43.95 次 / 篇、42.93 次 / 篇、39.45 次 / 篇、37.59 次 / 篇、26.64 次 / 篇，均低于 45.00 次 / 篇，亚洲电容储能论文的平均被引次数总体较低，说明其研发质量与水平还有待进一步提升。

综合来看，美国在电容储能技术领域的论文数量居全球第 2 位，但平均被引次数居全球第 1 位，表明美国在电容储能技术领域研发能力与水平居世界前列，其学术影响力高于其他国家。中国的论文数量最多，但是平均被引次数较低，可见中国电容储能研发实力较强，但论文质量需要加强。

图 7.13 为 2001—2021 年全球在电容储能技术领域发表论文数量最多的前 5 个国家的论文数量逐年分布情况。从整体来看，各国的论文发表量呈现上升趋势。在 2001 年，日本的发表量最多，为 27 篇；印度的发表量最少，为 2 篇；中国、韩国和美国的发表量分别为 11 篇、18 篇和 19 篇。在这 20 年间，中国的论文发表量涨势最为迅猛，在 2004 年中国成为年度论文发表量最多的国家，发表量达 48 篇，超越日本的 37 篇和美国的 26 篇，随后逐步增加到 2010 年的 257 篇，接着实现快速增长，到 2019 年达到发文量最高点 3811 篇，2020 年回落到 3618 篇但 2021 年的发表量回增到 3820 篇。美国论文发表量缓慢增长到 2009 年的 70 篇，随后较快增长到 2018 年的 619 篇，此后每年的发表量均有所下降，到 2021 年的发表量降为 490 篇。印度论文发表量自 2001 年缓慢增长到 2012 年73 篇后，开始持续较快地增长到 2021 年的 1007 篇。韩国论文发表量自 2001 年较慢增长到 2011 年的 94 篇后，开始持续较快地增长到 2021 年的 656 篇。日本论文发表量缓慢增长，由 2001 年的 27 篇逐步增至 2021 年的 153 篇，是 5 个国家中发文量最少的国家。

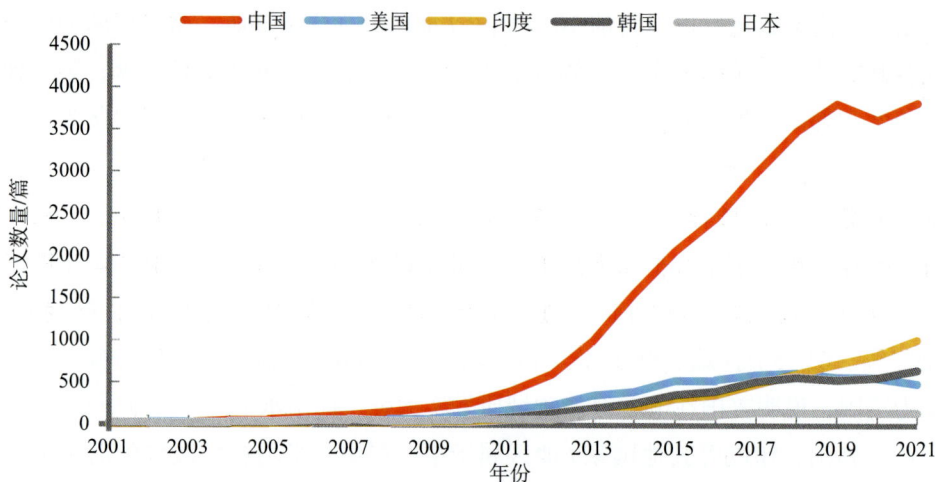

图 7.13　2001—2021 年电容储能技术前 5 位国家论文逐年分布情况

（3）电容储能技术全球主要论文发表机构

图 7.14 为 2001—2021 年全球在电容储能技术领域发表论文量最多的 15 个机构的论文数量情况。其中，中国机构有中国科学院、清华大学、哈尔滨工业大学、重庆大学、吉林大学、华中科技大学、天津大学和复旦大学等 8 家，论文发表数量分别为 4083 篇、832 篇、591 篇、566 篇、548 篇、544 篇、525 篇、517 篇。中国科学院不仅是国内论文发表数量最多的机构，也是全球论文发表数量最多的机构，其他机构的论文发表数量均低于 1000 篇，印度理工学院、印度科学工业研究理事会的论文发表数量分别为 943 篇、717 篇，分别居第 2 位、第 5 位。新加坡南洋理工大学、新加坡国立教育学院的论文发表数量均为 678 篇，并列居第 6 位。美国加利福尼亚大学和美国能源部的发表数量分别为 661 篇和 514 篇，分别居第 8 位和第 15 位。

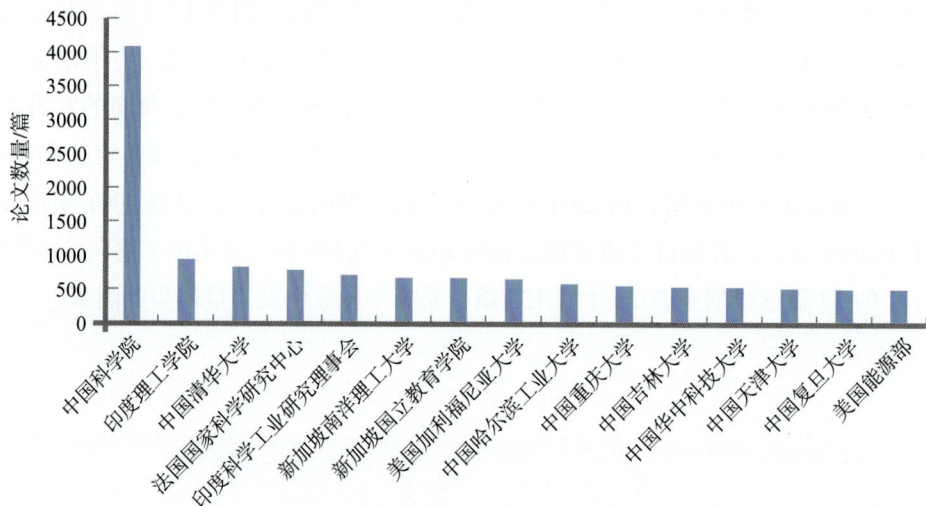

图 7.14　2001—2021 年电容储能技术全球论文发表数量排名前 15 位的机构

图 7.15 为 2001—2021 年全球在电容储能技术领域发表论文数量最多的 5 个机构的论文发表量逐年情况。从整体来看，排名前 5 位机构的论文发表量呈现上升趋势，经过 20 年的发展，各机构的年发表量均有较大增长，其中中国科学院的增长最为迅猛，由 2001 年的 1 篇逐步增加到 2010 年的 40 篇，然后由 2011 年的 79 篇快速增长到 2018 年的历史最高值 404 篇，然后回落到 2020 年的 337 篇，2021 年的论文发表量又增至 379 篇，其发表量与发表总量均居第 1 位；印度理工学院虽然在 2001 年、2002 年和 2004 年均未发表论文，2007 年发表 1 篇，2003 年、2005 年及 2008 年每年均发表 2 篇，2006 年发表 5 篇，但是由 2009 年的 6 篇逐步较快增至 2021 年的 176 篇；中国清华大学的发表量自 2001 年的 2 篇增至 2005 年的 11 篇，随后降至 2007 的 3 篇，接着较快地增至 2018 年的最高值 107 篇，随后较快回落到 2020 年的 60 篇，2021 年又回增至 75 篇；法国国家科学研究中心的发表量呈现变动式增长，由 2001 年的 4 篇逐步降至 2003 年的 2 篇，2004 年增至 10 篇后又降至 2005 年的 9 篇，2006 年增至 20 篇后再回落到 2008 年的 5 篇，随后快速增至 2010 年的 34 篇，2011 年回落到 25 篇后逐步增至 2016 年的 67 篇，2017 年回落至 50 篇后又增至 2019 年的 90 篇，2020 年又回落至 79 篇，2021 年增至 91 篇；印度科学工业研究理事会的发文量在 2011 年之前处于较低研发水平，均未超过 10 篇，其中 2001 年、2003 年及 2004 年均为 1 篇，2002 年 2 篇，2005 年和 2007 年均为 4 篇，2010 年和 2011 年均为 5 篇，2006 年 10 篇，2008 年和 2009 年分别为 8 篇和 9 篇，随后发文量较快增长，由 2012 年的 12 篇增至 2017 年的 91 篇，然后回落到 2018 年的 79 篇，2019 年增至 89 篇，2020 年回落至 83 篇，2021 年达到历史最高点 107 篇。

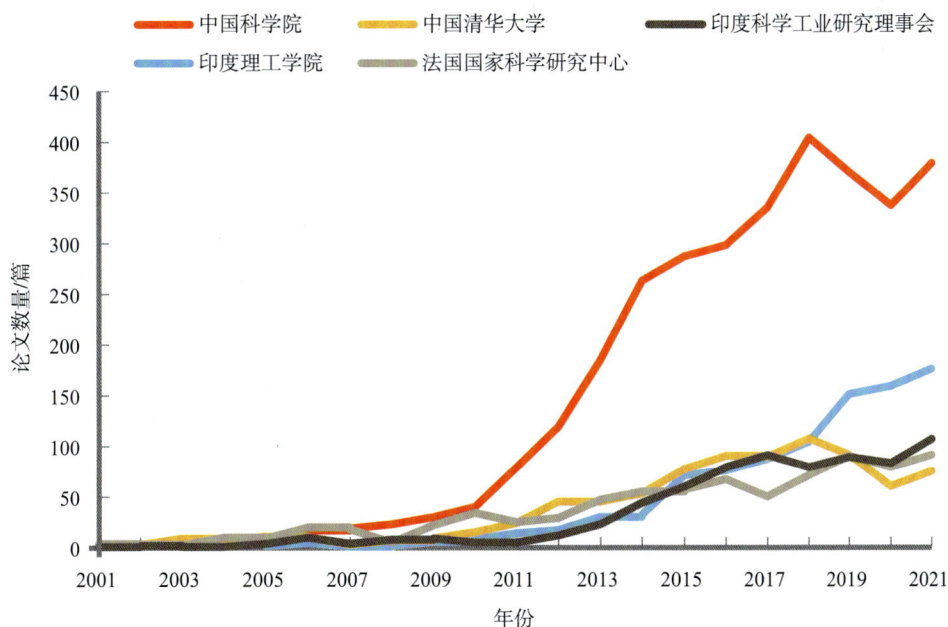

图 7.15 2001—2021 年电容储能技术排名前 5 位的机构论文逐年分布情况

（4）电容储能技术主要高被引论文

2001—2021 年全球在电容储能技术领域发表论文的学科分布、期刊分布与论文及被引情况如表 7.5 所示。

表 7.5　2001—2021 年电容储能技术论文学科分布、期刊分布与论文及被引情况

序号	学科分布		期刊分布		论文数量及被引情况	
	学科	论文 / 篇	期刊	论文 / 篇		
1	化学	25 556	*Electrochimica Acta*	3456	论文 / 篇	50 024
2	材料科学	25 552	*Journal of Power Sources*	2209	被引次数 / 次	2 196 370
3	物理学	11 233	*Journal of Materials Chemistry A*	2022	篇均被引次数 /（次 / 篇）	44
4	电化学	10 477	*Rsc Advances*	1731	高被引论文数量 / 篇	1231
5	其他科技主题	9543	*Journal of Alloys and Compounds*	1420	高被引论文占比	2.46%
6	能源燃料	8523	*Acs Applied Materials Interfaces*	1301	h 指数	433
7	工程学	6236	*Applied Surface Science*	974	高被引论文被引频次 / 次	389 038
8	冶金工程	1905	*Carbon*	933	高被引论文被引频次（去除自引）/ 次	379 678
9	高分子科学	1352	*Chemical Engineering Journal*	842	高被引论文篇均被引次数 /（次 / 篇）	316.03
10	仪器仪表	476	*Journal of The Electrochemical Society*	839	热点论文 / 篇	9

由表 7.5 可见，全球电容储能技术论文的学科分布主要集中在化学、材料科学、物理学、电化学等领域，这 4 个学科共发表论文 72 818 篇，约占前 10 位学科分布总数的 72.20%，其中，化学相关论文数量最多，为 25 556 篇，约占总数的 25.34%；材料科学的论文数量紧随其后，共 25 552 篇，约占总数的 25.34%；物理学的论文数量共 11 233 篇，约占总数的 11.14%；电化学的论文数量共 10 477 篇，约占总数的 10.39%。这表明电容储能技术的发展依赖于化学、物理学和电化学等基础学科及材料科学的研究。

全球电容储能论文主要发表在 *Electrochimica Acta*、*Journal of Power Sources*、*Journal of Materials Chemistry A* 及 *Rsc Advances* 等期刊上，前 4 位期刊发表论文总数为 9418 篇，占前 10 位期刊发文总数的 59.88%，其中 *Electrochimica Acta*、*Journal of Power Sources*、*Journal of Materials Chemistry A* 及 *Rsc Advances* 分别为 3456 篇、2209 篇、2022 篇、1731 篇，分别占前 10 名期刊发表论文总数的比例为 21.97%、14.05%、12.86%、11.01%。

全球在电容储能技术领域发表论文的篇均被引次数为 44 次 / 篇。高被引论文数量为 1231 篇，占全部论文量的 2.46%。高被引论文篇均被引频次为 316.03 次 / 篇。

表 7.6 所示的是 2001—2021 年全球在电容储能技术领域被引量前 10 位的论文情况。

表 7.6 2001—2021 年电容储能技术全球前 10 位高被引论文

序号	论文题目	关键词	机构	作者	国别	发表年份	合计被引用次数/次
1	Laser Scribing of High-performance and Flexible Graphene-based Electrochemical Capacitors	Double-layer Capacitor; Energy-storage; Electrophoretic Deposition; Micro-supercapacitors; Materials Science; Graphite Oxide; Carbon; Films; Electrodes; Density	University of California System; University of California Los Angeles; University of California System; University of California Los Angeles; Egyptian Knowledge Bank（EKB）; Cairo University; University of California System; University of California Los Angeles	El-Kady Maher F., Strong Veronica, Dubin Sergey, Kaner Richard B.	美国	2012	3164
2	Conductive Two-dimensional Titanium Carbide 'Clay' with High Volumetric Capacitance	Electrochemical Energy-; Storage; Intercalation; Oxide; Dense	Drexel University; Drexel University	Ghidiu Michael, Lukatskaya Maria R., Zhao Meng-Qiang, Gogotsi Yury, Barsoum Michel W.	美国	2014	2846
3	Cation Intercalation and High Volumetric Capacitance of Two-dimensional Titanium Carbide	Transition-metal Carbides; Electrochemical Capacitors; Energy-storage; Charge Storage; Carbon-films; Graphene; Supercapacitors; Activation; Electrode; Ti3alc2	Drexel University; Drexel University; Universite de Toulouse; Universite Federale Toulouse Midi-Pyrenees（ComUE）; Universite Toulouse III – Paul Sabatier; Institut National Polytechnique de Toulouse; Centre National de la Recherche Scientifique（CNRS）; Centre National de la Recherche Scientifique（CNRS）	Lukatskaya Maria R., Mashtalir Olha, Ren Chang E., Dall'Agnese Yohan, Rozier Patrick, Taberna Pierre Louis, Naguib Michael, Simon Patrice, Barsoum Michel W., Gogotsi Yury	美国	2013	2469

续表

序号	论文题目	关键词	机构	作者	国别	发表年份	合计被引用次数/次
4	Overview of Current Development In Electrical Energy Storage Technologies and the Application Potential in Power System Operation	Phase-change Materials; Redox Flow Batteries; Wind Power; Renewable Energy; Ion Battery; Fuel-Cells; Supercapacitor; Simulation; Management; Penetration	University of Warwick	Luo Xing, Wang Jihong, Dooner Mark, Clarke Jonathan	英国	2015	1926
5	Carbons and Electrolytes for Advanced Supercapacitors	Electrical Double-layer; Carbide-derived Carbon; Ordered Porous Carbon; Electrochemical Hydrogen Storage; Quaternary Ammonium-salts; Density-functional Theory; Lithium-ion Capacitors; High Withstand Voltage; Activated-carbon; Pore-size	Poznan University of Technology; Leibniz Institut fur Neue Materialien (INM); Saarland University; University of Munster	Beguin Francois, Presser Volker, Balducci Andrea, Frackowiak Elzbieta	德国	2014	1862
6	Metallic 1T Phase MoS2 Nanosheets as Supercapacitor Electrode Materials	Volumetric Capacitance; Restacked MoS2; Graphene; Intercalation; Layer; Photoluminescence; Absorption; Transition; Dense	Materials Science and Engineering, New Jersey, USA	Acerce Muharrem, Voiry Damien, Chhowalla Manish	美国	2015	1822
7	The role of Graphene for Electrochemical Energy Storage	Li-Ion Batteries; Lithium-Sulfur Batteries; Vo2+/Vo2+ REDOX Couples; Reduced Graphene; Electrode Materials; Graphite Oxide; Rechargeable Batteries; Composite Electrode; Carbon Nanotubes; Cathode Material	University of Munster; Helmholtz Association; Karlsruhe Institute of Technology; Helmholtz Association; Karlsruhe Institute of Technology; Istituto Italiano di Tecnologia – IIT; Istituto Italiano di Tecnologia – IIT	Raccichini Rinaldo, Varzi Alberto, Passerini Stefano, Scrosati Bruno	德国	2015	1821

续表

序号	论文题目	关键词	机构	作者	国别	发表年份	合计被引用次数/次
8	Mixed Transition-metal Oxides: Design, Synthesis, and Energy-related Applications	High-performance Anode; High-capacity Anode; Ultrahigh Specific Capacitances; Electrode Materials; Oxygen Reduction; Electrochemical Properties; Nanostructured Materials; Hydrothermal Synthesis; Controllable Synthesis; Temperature Synthesis	Chinese Academy of Sciences; University of Science & Technology of China, CAS; Nanyang Technological University & National Institute of Education（NIE）Singapore; Nanyang Technological University	Yuan Changzhou, Wu Hao Bin, Xie Yi, Lou Xiong Wen（David）	中国	2014	1753
9	KOH Activation of Carbon-based Materials for Energy Storage	Double-layer Capacitors; Microwave-assisted Activation; Hierarchical Porous Carbons; Ordered Mesoporous Carbons; Carbide-derived Carbons; Hydrogen Storage; High-performance; Electrochemical Capacitors; Doped Carbons; Pore-size	Technische Universitat Dresden	Wang Jiacheng, Kaskel Stefan	德国	2012	1731
10	A review on g-C3N4-based Photocatalysts	Graphitic Carbon Nitride; Template-free Synthesis; In-situ Synthesis; Visible-light Photocatalysis; Desorption Activation-energy; Oxygen Reduction Reaction; Reduced Graphene Oxide; Metal-free Electrocatalysts; Reactable Ionic Liquid; Tio2 Nanotube Arrays	South China Agricultural University; University of Missouri System; University of Missouri Kansas City	Wen Jiuqing, Xie Jun, Chen Xiaobo, Li Xin	中国	2017	1704

由表 7.6 可见，被引量前十的论文均在研究超级电容器的技术与应用。在国家方面，美国共有 4 篇高被引论文，其中 3 篇居于全球前 3 位，第 1 位是 2012 年加利福尼亚大学的 El–Kady 发表的研究论文，被引用次数为 3164 次。第 2 位和第 3 位均为美国德雷克塞尔大学发表的论文，被引用次数分别为 2846 次和 2469 次。德国、中国和英国分别有 3 篇、2 篇和 1 篇论文的被引用次数居于全球前十，其中德国的 3 篇论文分别是 Poznan University of Technology，University of Munster 及 Technische Universitat Dresden 等机构牵头发表，被引用次数分别为 1862 次、1821 次及 1731 次，分别居全球第 5 位、第 7 位及第 9 位；英国的 1 篇论文是由 University of Warwick 发表的，被引用次数为 1926 次，居全球第 4 位；中国的 2 篇论文分别是中国科学院和华南农业大学发表的论文，被引用次数分别为 1753 次和 1704 次，分别居全球第 8 位和第 10 位。

（5）电容储能技术主要研究热点

图 7.16 是利用 VOSviewer 软件，对全球电容储能技术领域发表的论文进行关键词共现分析所得到的结果图。由图 7.16 可见，2001—2021 年高被引论文大致可以被分为 3 个主要部分：一是超级电容器的化学研究，主要集中于化学反应的研究与分析；二是制作超级电容器的材料，主要集中于石墨烯、纳米等新材料的应用；三是超级电容器的电池的性能研究与设计。

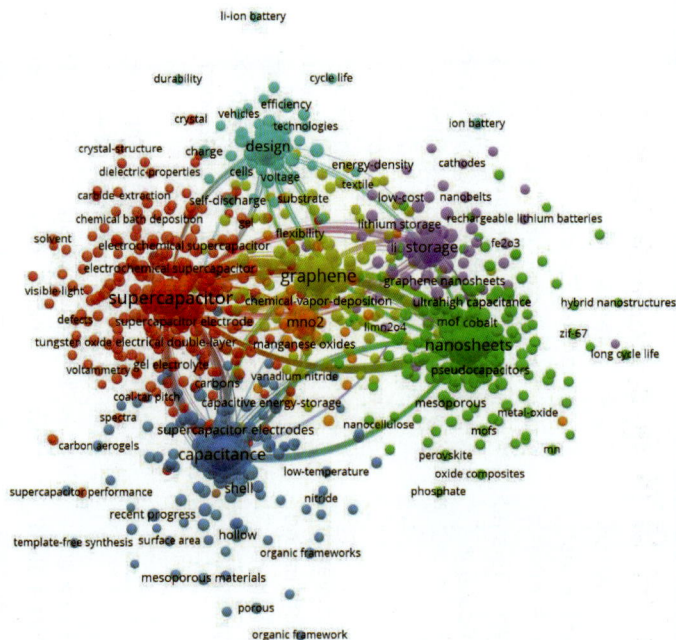

图 7.16　2001—2021 年电容储能技术论文关键词共现图谱

7.3.2　储能专利计量分析

专利数据来源于 INNOGRAPHY 数据库，检索 CPC 号为 Y02E60/13 的专利，检索时间为 2022 年 7 月 29 日，限制申请时间为 2001 年 1 月 1 日至 2021 年 12 月 31 日，共检索到 9875 条专利记录。

（1）全球电容储能技术专利年度申请趋势

图 7.17 为 2001—2021 年全球在电容储能技术领域专利申请量逐年分布情况。由于专利公开的滞后性，2019—2021 年的专利申请数据并不完整，仅供参考。

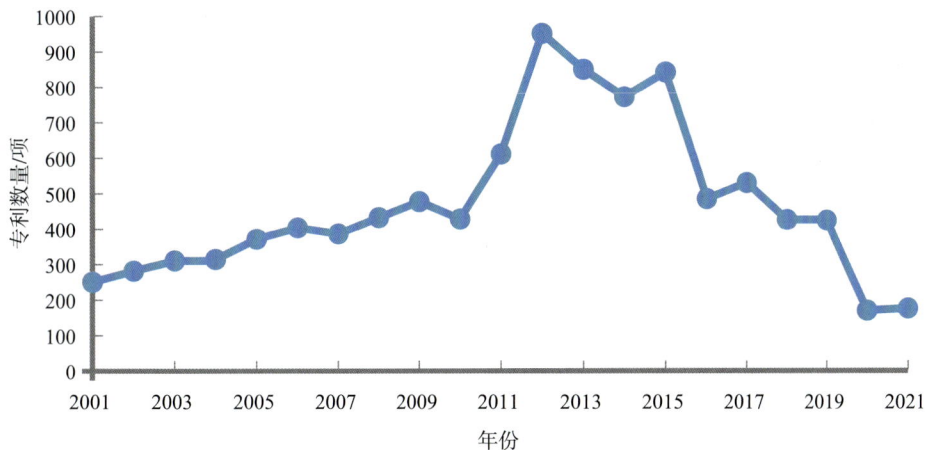

图 7.17　2001—2021 年全球电容储能技术专利逐年分布情况

从整体来看，全球电容储能技术领域的专利申请趋势主要可以分为 3 个阶段。

第一阶段为稳定发展阶段（2001—2010 年）。2001 年，全球在电容储能技术领域的专利申请量为 251 项，此后每年缓慢增长，至 2009 年专利申请量为 478 项，2010 年的专利申请量回落到 429 项。

第二阶段为迅猛上升阶段（2011—2012 年）。该阶段是电容储能技术领域的专利申请量快速上升的时期，虽然只有两年的时间，专利申请量增长到 2012 年的 952 项，是 2010 年的 1 倍多。

第三阶段为波动下降阶段（2013—2021 年）。专利申请量由 2013 年的 851 项下降为 2014 年的 773 项，2015 年专利申请量回增到 843 项，随后每年的申请量总体上呈现逐步下降的趋势，到 2021 年申请量仅为 177 项。

（2）电容储能技术专利申请区域分布

图 7.18 为 2001—2021 年全球在电容储能技术领域专利申请量最多的 15 个专利技术来源国 / 地区的专利申请量情况。日本的专利申请量为 5416 项，居全球第 1 位，是唯一一个专利申请量超过 5000 项的国家，占全球排名前 15 个国家 / 地区专利总量的 54.69%。中国紧随其后，专利申请量为 3973 项，占全球排名前 15 个国家 / 地区专利总量的 40.12%。两国的专利申请量遥遥领先于其他国家 / 地区。在电容储能技术领域，中国、日本两国专利申请量占全球排名前 15 个国家 / 地区专利总量的 94.81%，处于绝对领先地位。韩国居第 3 位，专利申请量为 192 项，不到中国申请量的 5%，占全球排名前 15 个国家 / 地区专利总量的 1.94%。可见，日本、中国、韩国等东亚国家的电容储能技术领域专利申请量占全球排名前 15 个国家 / 地区专利总量的 96.75%，占据全球绝对优势。

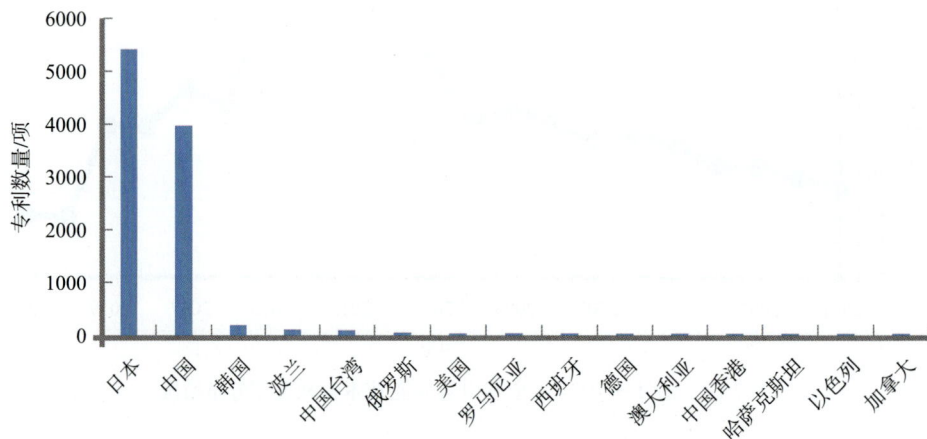

图 7.18　2001—2021 年电容储能技术全球排名前 15 位的专利技术来源国 / 地区

2001—2021 年，全球在电容储能技术领域专利申请量最多的 5 个国家 / 地区的专利申请量逐年分布情况如图 7.19 所示。由图 7.19 可见，日本的电容储能技术申请量由 2001 年的 237 项逐步增长到 2006 年 363 项，2007 年回落到 308 项，2008 年增至 346 项后下降到 2010 年的 218 项，然后迅速回升至 2012 年的 424 项，再快速下降至 2015 年的 224 项，接着回增到 2017 年的 295 项，最后快速下降到 2021 年的 9 项，可见日本在电容储能技术领域的专利重视程度高，且技术发展较早，领先于其他国家，但 2017 年后下降幅度较大。中国的专利申请量自 2001 年的 12 项缓慢增长到 2008 年 77 项，随后加快增长，2011年首次超越日本，申请量达 333 项，2012 年专利申请量达到历史最高点 471 项，2013 年回落到 454 项，2015 年又回增到 469 项，2016 年大幅降至 138 项，2017 年回增到 223 项，2018 年回落到 175 项，2019 年增至 288 项，2020 年降至 117 项，2021 年增至 157 项。

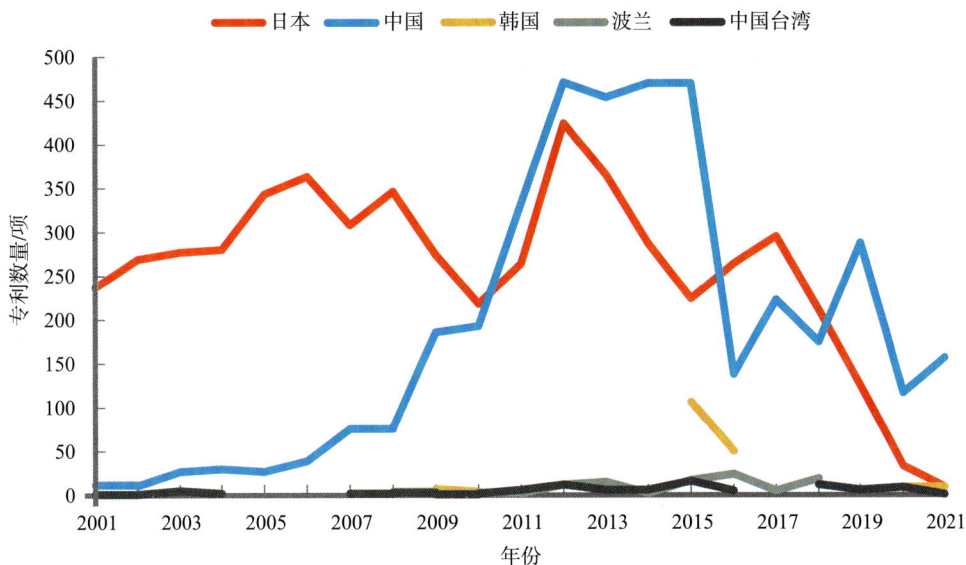

图 7.19　2001—2021 年电容储能技术排名前 5 位的国家 / 地区专利申请量逐年分布情况

韩国的专利申请量趋势线不连续，时有时无、忽高忽低，2003 年 1 项，2005 年 2 项，2009 年 7 项，2010 年 4 项，2015 年为历史最高值 106 项，2016 年回落到 50 项，2018 年 3 项，2020 年 9 项、2021 年 10 项，表明韩国在电容储能技术领域的专利申请量缺乏持续性。波兰专利申请量主要集中在 2006 年至 2018 年，由 2006 年的 2 项增至 2013 年的 15 项，2014 年回落到 2 项，再增至 2016 年的历史最高值 24 项后，2017 年回落到 5 项，2018 年又回增到 19 项。中国台湾地区的专利申请量维持在一个较低的水平，2001 年、2002 年、2009 年及 2021 年均为 1 项，2005 年、2006 年、2017 年均为零，2004 年、2007 年、2010 年均为 2 项，2008 年 3 项，2003 年及 2016 年均为 5 项，2011 年、2013 年、2014 年及 2019 年均为 6 项，2020 年为 9 项，2012 年、2018 年均为 12 项，2015 年达到历史最高值 16 项。

2001—2021 年，全球在电容储能技术领域专利受理量最多的 15 个国家 / 地区的情况如图 7.20 所示。日本、中国和韩国是专利受理量最多的 3 个国家，专利受理量分别为 5344 项、3996 项和 193 项。同专利申请量一样，日本和中国的专利受理量遥遥领先于其他国家 / 地区，说明东亚地区的电容储能技术领域无论是研发布局、研发产出，还是未来的产业发展均走在前列。

2001—2021 年，全球在电容储能技术领域专利受理量最多的 5 个国家 / 地区的专利申请量逐年分布情况如图 7.21 所示。各国专利受理量的逐年走势与专利申请量大致相同。日本专利受理量 2001—2011 年保持在一个较高的水平，由 2001 年的 237 项增至 2006 年的 363 项，随后下降到 2010 年的 215 项，2012 年回增到 414 项，但随后到 2021 年总体上处于下降的态势，2021 年下降到 8 项。中国专利受理量自 2001 年的 12 项缓慢增至

2008 年的 78 项，随后快速增至 2012 年的 478 项，2013 年回落到 455 项后又增至 2015 年的 472 项，2016 年剧降至 139 项，2017 年回增至 226 项，2018 年下降至 175 项，2019 年增至 287 项，2020 年降至 118 项，2021 年回增到 157 项。可见，中国在 2011—2015 年的专利受理量超越日本的专利受理量。

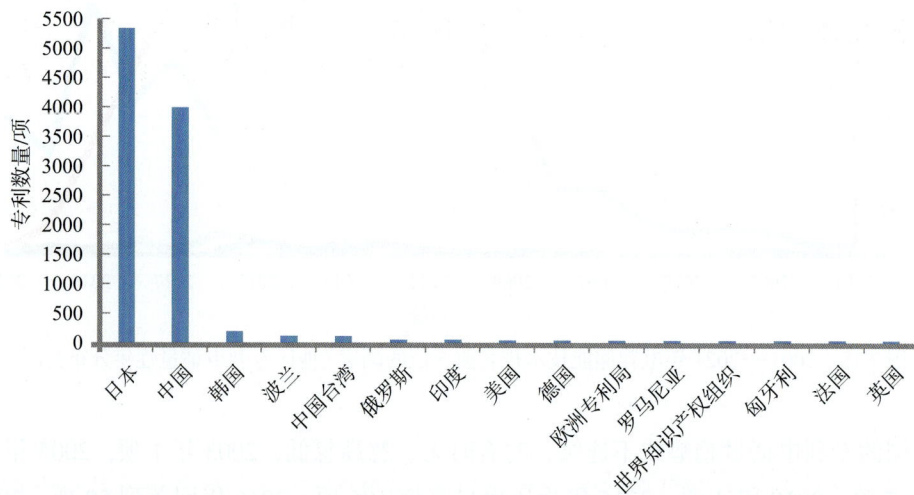

图 7.20　2001—2021 年电容储能技术全球前 15 位专利受理国 / 地区专利数量

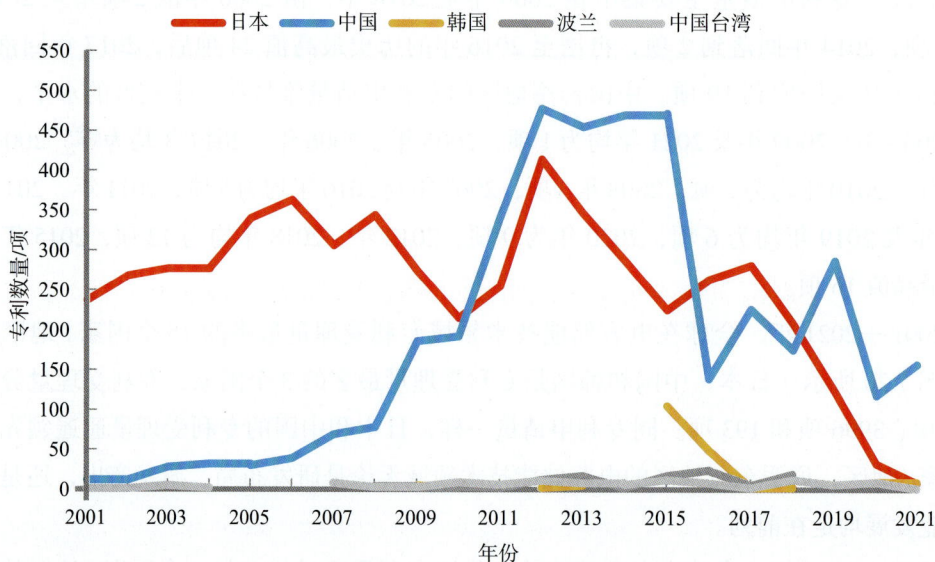

图 7.21　2001—2021 年电容储能技术排名前 5 位的受理国 / 地区专利逐年分布情况

（3）电容储能技术主要专利权人

图 7.22 为 2001—2021 年全球在电容储能技术领域专利申请量最多的 15 个专利权人情况。其中，日本的企业占据了 13 个，日本丰田自动织机公司、日本松下、日本贵弥功株式会社分别以 381 项、266 项、221 项居全球前三。两个中国的企业/机构分别是海洋王照明科技股份有限公司、中国科学院，专利申请量分别为 204 项、201 项，分别居全球第 5 位和第 6 位。由此可见，日本企业高度重视专利保护，已经成为电容储能技术创新的主体；我国与日本还有较大差距，需要进一步推动企业加大布局电容储能技术。

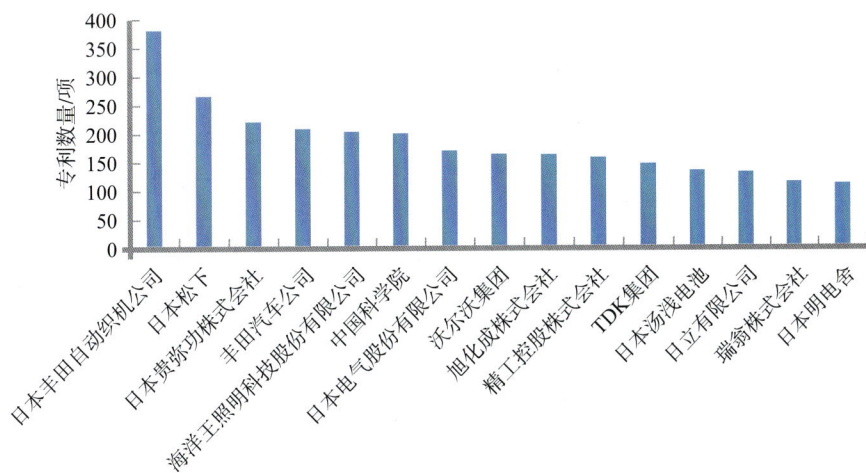

图 7.22　2001—2021 年电容储能技术全球排名前 15 位的专利权人

图 7.23 为 2001—2021 年全球在电容储能技术领域专利申请量最多的 5 个专利权人专利逐年分布情况。其中，日本企业占 4 家，日本丰田自动织机公司的专利申请量集中在 2011—2020 年，是较为突出的企业，在 2012 年达到峰值 86 项，之后呈现波动下降的趋势，2013 年下降到 47 项，2014 年回增到 60 项后又下降到 2015 年的 25 项，随后增至 2018 年的 54 项，最后下降到 2020 年的 1 项。日本松下在 2003—2009 年的专利申请量较多，由 2001 年的 4 项增至 2006 年和 2007 年的峰值 47 项，然后逐步下降到 2021 年的 1 项。日本贵弥功株式会社自 2002 年的 1 项增至 2006 年的 25 项，2007 年回落到 15 项，2008 年增至 30 项后下降到 2010 年的 11 项，2011 年增至 18 项后 2012 年又降到 10 项，2013 年回增到 26 项，2014 年回落到 8 项，2015 年增至 21 项，2017 年降至 9 项，2018 年降至 2 件。丰田汽车公司专利申请量呈波动式变化的趋势，由 2001 年的 3 件增至 2007 年的 10 项，2008 年回落到 6 项后再增至 2010 年的 17 项，随后逐步下降到 2013 年的 11 项，2014 年回增至 17 项，然后下降到 2016 年的 8 项，2017 年增至 20 项后逐步下降到 2020 年的 1 项。海洋王照明科技股份有限公司的专利申请量集中在 2010—2013 年，在 2012 年达到峰值 108 项。

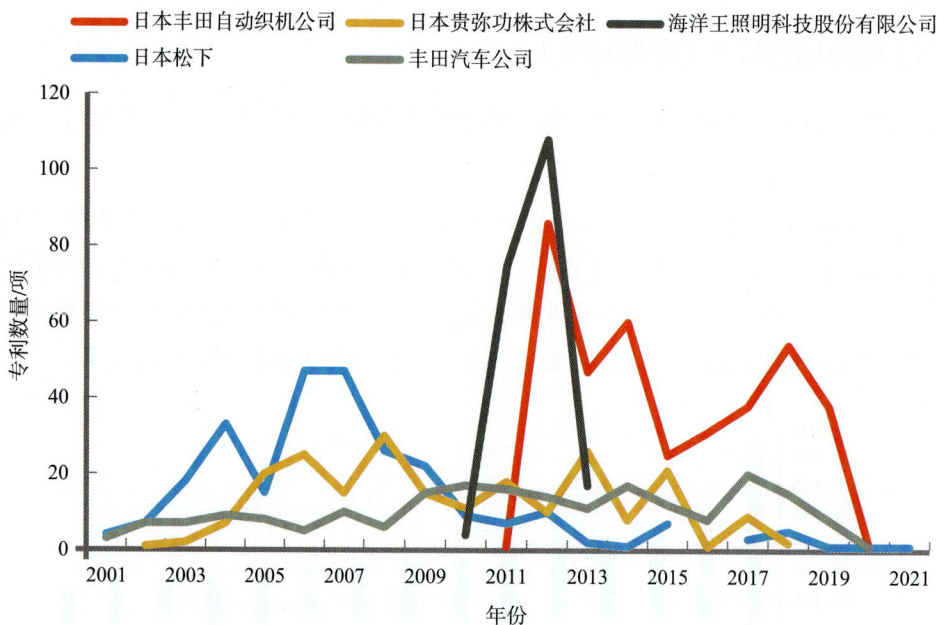

图 7.23　2001—2021 年电容储能技术排名前 5 位的专利权人专利逐年分布情况

（4）电容储能技术重点研发人员投入产出情况

　　表 7.7 为 2001—2021 年全球在电容储能技术领域专利申请量最多的 10 个专利权人的研发投入产出情况。日本丰田自动织机公司不仅拥有最多的专利数量，达 381 项，也拥有较为庞大的发明人群，发明人次数为 922 人次，发明人数达 137 人，每项专利平均投入人次数为 2.42 人次 / 项，平均每人专利数为 2.78 项 / 人，研发效率中等。松下电器产业株式会社专利数量达 266 项，发明人次数为 778 人次，发明人数达 216 人，每项专利平均投入人次数为 2.92 人次 / 项，平均每人专利数为 1.23 项 / 人。日本贵弥功株式会社的专利数量达 221 项，发明人次数为 647 人次，发明人数达 122 人，每项专利平均投入人次数为 2.93 人次 / 项，平均每人专利数为 1.81 项 / 人。丰田汽车公司的专利数量达 209 项，发明人次数为 432 人次，发明人数达 150 人，每项专利平均投入人次数为 2.07 人次 / 项，平均每人专利数为 1.39 项 / 人。海洋王照明科技股份有限公司专利数量达 204 项，发明人次数为 664 人次，发明人数仅为 14 人，每项专利平均投入人次数为 3.25 人次 / 项，平均每人专利数为 14.57 项 / 人，专利数量居第 5 位，说明该企业的研发效率高。中国科学院的专利数量达 201 项，发明人次数为 819 人次，发明人数达 288 人，每项专利平均投入人次数为 4.07 人次 / 项，平均每人专利数为 0.70 项 / 人，可见中国科学院的发明人次数、发明人数及每项专利平均投入人次数均为全球第一，但平均每人专利数最低。

表 7.7 2001—2021 年电容储能技术排名前 10 位的专利权人研发投入产出情况

序号	专利权人	专利数量 / 项	发明人次数 / 人次	发明人数 / 人	每项专利平均投入人次数 /（人次 / 项）	平均每人专利数 /（项 / 人）
1	日本丰田自动织机公司	381	922	137	2.42	2.78
2	松下电器产业株式会社	266	778	216	2.92	1.23
3	日本贵弥功株式会社	221	647	122	2.93	1.81
4	丰田汽车公司	209	432	150	2.07	1.39
5	海洋王照明科技股份有限公司	204	664	14	3.25	14.57
6	中国科学院	201	819	288	4.07	0.70
7	日本电气股份有限公司	170	318	68	1.87	2.50
8	沃尔沃集团	164	344	38	2.10	4.32
9	旭化成株式会社	163	454	83	2.79	1.96
10	精工控股株式会社	158	536	60	3.39	2.63

（5）电容储能主要专利技术领域分布

表 7.8 为 2001—2021 年全球在电容储能技术领域专利 IPC 分类号专利数量排名前十的分布情况。由表 7.8 可见，专利技术领域大致可以分为 3 类。第一类是电容器的器件，如 H01G 9/00 等。这一类的专利数量最多，达 2573 项，占前十专利数量总和的 51.90%，是电容储能技术领域专利申请的核心，该类型的器件也是电容储能设备的核心。第二类是电容器的制造，包括制造材料与制造过程，如 H01M 2/00、H01M 4/00、H01M 10/00、C01B 31/00、H01B 1/00 等，专利数量分别为 638 项、533 项、397 项、292 项、64 项，分别占前十专利数量总和的比例达 12.87%、10.75%、8.01%、5.89%、1.29%。第三类是制造电容器的设备，如 H01G 4/00、H01G 2/00、H02J 7/00、H01G 13/00，专利数量分别为 144 项、139 项、90 项、88 项，分别占前十专利数量总和的 2.90%、2.78%、1.82%、1.77%。

表 7.8 2001—2021 年电容储能排名前十的专利技术领域

序号	IPC 分类号	IPC 注释	专利数量 / 项
1	H01G 9/00	电解电容器、整流器、检测器、开关设备、光敏或温敏设备	2573
2	H01M 2/00	将化学能直接转化为电能的过程或手段中非活动部件的结构细节或制造过程	638
3	H01M 4/00	电极	533
4	H01M 10/00	二次电池及其制造	397
5	C01B 31/00	无机化学的非金属元素碳	292

续表

序号	IPC 分类号	IPC 注释	专利数量 / 项
6	H01G 4/00	电力设备用固定电容器	144
7	H01G 2/00	适用于多组细节的电容器等电解型设备	139
8	H02J 7/00	为电池充电或去极化或为电池提供负载的电路安排	90
9	H01G 13/00	特别适用于制造电容器的设备	88
10	H01B 1/00	导体或以导电材料为特征的导电体	64

图 7.24 为 2001—2021 年全球在电容储能技术领域专利 IPC 分类号数量排名前五的逐年分布情况。H01G 9/00 2001—2012 年的专利申请量持续处于领先地位，在 2001 年的专利申请量为 149 项，此后波动上升，直到 2011 年达到峰值 258 项，在 2012 年稍有下降至 237 项，此后在 2013 年断崖式下跌至 63 项及 2014 年 24 项，说明该技术领域在 2013 年达到其瓶颈期，随后逐步下降到 2021 年的 9 项。H01M 2/00 的申请量在 2001—2011 年平稳增长，由 2001 年的 9 项波动式增至 2011 年的 25 项，在 2012 年迅速增长达到其峰值 111 项，而后逐渐下降到 2020 年的 4 项。C01B 31/00 在 2001—2015 年持续性波动增长，2016—2021 年未再有专利申请。

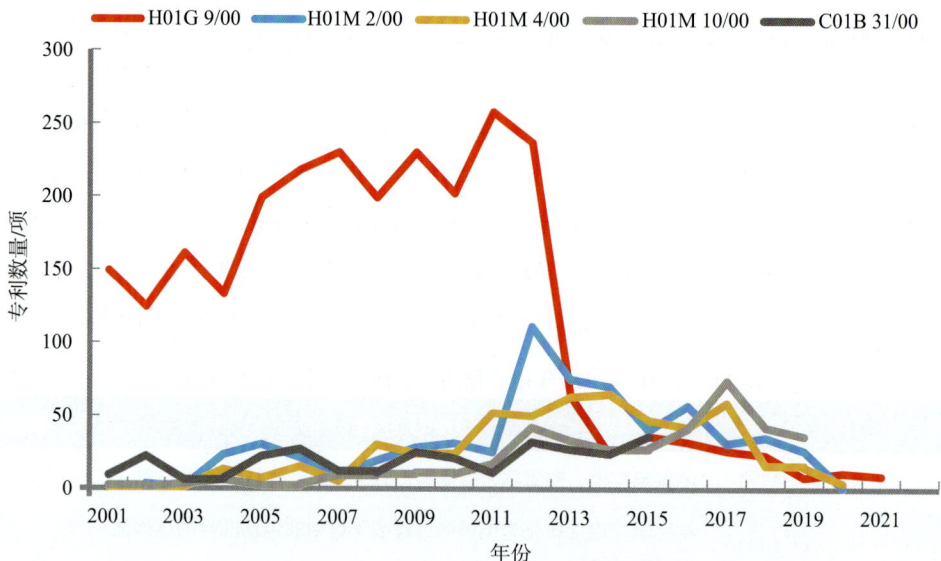

图 7.24   2001—2021 年电容储能排名前五的技术专利逐年分布情况

7.3.3 储能最新技术进展

下面主要介绍 2020 年以来储能技术在关键材料、关键技术等方面的突破与进展。

（1）关键材料

1）锡掺杂氧化钴的高效电极

2021 年 2 月 8 日，宾州州立大学和中国电子科技大学的合作研究团队利用锡掺杂氧化钴创建一种用于超级电容器的更高效的电极，推动可持续、功能强大的微型超级电容器未来发展。目前，高容量、快速充电的能量存储设备一直受到其电极组成的限制，这些电极负责在充电和分配能量期间管理电子流。现在，研究人员已经在石墨烯薄膜上开发出一种更好的新材料来改善连接性，同时保持可回收性和低成本 [1]。研究成果发表在《材料化学杂志》上。氧化钴是一种丰富、廉价的材料，在理论上具有快速转移能量电荷的高容量，通常构成电极。但是，与氧化钴混合制成电极的材料可能反应不良，从而导致能量容量比理论上低得多。研究人员通过对原子库中的各种物质种类和含量进行建模仿真，筛选了可能的材料以了解其如何与氧化钴相互作用。最终团队选择了广泛使用的低廉且对环境无害的锡，并制造出低成本、易于开发的电极。实验结果证实，在被锡部分取代后，氧化钴结构的电导率显著提高。未来，他们将在石墨烯薄膜上制造柔性电容器，可以实现快速导电。

2）致密电极新突破

2021 年 11 月 18 日，上海交通大学材料科学与工程学院张荻团队受自然界中的纳米超流现象的启发，通过材料基元序构化的尺寸调控策略，人工设计了"窄却快"的致密量子片薄膜，实现了超快离子输运和高电容性能。经测试，厚度 14 μm 的致密电极在 2000 mV/s 扫速下不仅能提供满足工业高需求的面电容（0.63 F/cm^2），而且能提供比现有电极高一个数量级的体积电容（437 F/cm^3）[2]。这是超级电容器储能的最新研究进展，该研究成果发表在 Nature Nanotechnology 学术期刊上。

3）高性能电极材料

近年来，超级电容器以其快速充放电、功率密度大及循环寿命长等特性已成为一种极具发展潜力的能量存储装置，引起了人们的广泛关注。电极材料作为构建超级电容器的核心部件之一，决定着其性能的优劣。因此，开发高性能电极材料就成为该领域的热点和难点课题。现有研究表明，Ni/Co 硒化物具有较高的理论比电容、优异的氧化还原特性及高的电化学活性等优势，是一种理想的电池型超级电容器电极候选材料。然而，现有研究结果测试的比电容却远低于其理论值，尤其是在高电流密度下的倍率性能较差，无法满

① CHEN Y J, ZHU J, WANG N, et al.Significantly improved conductivity of spinel CO$_3$O$_4$ porous nanowires partially substituted by Sn in tetrahedral sites for high-performance quasi-solid-state supercapacitors [J]. J Mater Chem A, 2021,9 (11): 7005-7017.

② CHEN W S, GU J J, LIU Q L, et al.Two-dimensional quantum-sheet films with sub-1.2nm channels for ultrahigh-rate electrochenical capacitance [J].Nature nanotechnology, 2022, 17: 153-158.

足新一代高性能超级电容器电极材料的需求。针对上述问题，2022 年 6 月，青岛科技大学李镇江教授团队首次构筑了一种具有半共格界面特性的 Ni（Co）Se₂@Co（Ni）Se₂ 异质结，同时在其内部引入了丰富的硒空位，这不仅可以调节其电子结构，从根本上提高了电子 / 离子传输速率，而且还降低了离子吸附能，并在离子扩散路径中极大地提高了离子的化学亲和力。电化学性能测试结果表明：该电极材料可呈现出大的比电容和超高的倍率特性，同时，构筑出的超级电容器也具有高比能量密度和长循环寿命[①]。该研究成果发表在 *Advanced Functional Materials* 上，其研究工作为设计高性能电池型电极材料提供了可靠策略，大力推动了其商业应用过程。

（2）关键技术

1）实现高性能纤维锂离子电池规模化制备

如何通过设计新结构（如创建纤维锂离子电池）满足电子产品高度集成化和柔性化发展要求，是锂离子电池领域面临的重大挑战。2021 年，复旦大学彭慧胜、陈培宁等发现纤维锂离子电池内阻与长度之间独特的双曲余切函数关系，即内阻随长度增加并不增大，反而先下降后趋于稳定。在此理论指导下构建的纤维锂离子电池具有优异且稳定的电化学性能，能量密度较过去提升了近 2 个数量级，弯折 10 万次后容量保持率超过 80%；建立的世界上首条纤维锂离子电池生产线，实现了其规模化连续制备；编织集成得到的纤维锂离子电池系统，电化学性能与商业锂离子电池相当，而稳定性和安全性更加优异。2022 年 2 月，该成果被科学技术部高技术研究发展中心评为 2021 年度中国科学十大进展之一。

2）开发一种全有机聚合物电池

2022 年 2 月 28 日，《空间日报》报道，澳大利亚和中国的研究团队正在联合开发一种全有机聚合物电池，可提供 2.8 V 的电池电压，这是提高有机电池储能能力的一个重大飞跃。虽然容量需要进一步扩大，但通过设计合理的电极，有希望开发具有高电压的全有机电池，因此，他们现在的目标是通过创新的有机电极材料和创新的结构设计，制造一种完全生物降解电池，其电池电压超过 3.0 V、容量超过 200 mAh/g[②]。

3）一种可商业化的高级电网储能技术

2022 年 2 月 28 日，美国能源部太平洋西北国家实验室（PNNL）报道，PNNL 研发的钒氧化还原液流电池（vanadium redox flow battery）技术已面世，旨在增强电网弹性并可存储大量可再生能源。PNNL 拥有与美国工业界合作将技术推向市场的成功纪录，钒氧化还原液流电池研究是其在电网技术和储能方面的优势之一。PNNL 已与两家公司合作，将这

---

① JIAN Z, HE C, ZHANG Z H, et al.The semicoherent interface and vacancy engineering for constructing Ni(Co)Se₂@Co(Ni)Se₂ heterojunction as ultrahigh-rate battery-type supercapacitor cathode [J]. Adv Funct Mater, 2022, 32, 2202063：1–16.

② Biodegradable alternative could replace lithium-ion [EB/OL]. (2022-02-28) [2022-04-24]. https://www.spacedaily.com/reports/Biodegradable_alternative_could_replace_lithium_ion_999.html.

项技术推向市场。现在，可以获得第 3 个也是最后一个半专有电池技术许可证。液流电池是锂离子固定存储的一种重要替代品，具有更长的使用寿命和几乎零容量退化，且对放电深度没有限制。钒液流电池作为当今市场上最成熟的氧化还原液流技术，虽然不适合电动汽车和消费电子产品，但仍吸引了风险投资并研发新技术。与锂离子电池不同，钒液流电池将能量存储在不易燃的液体电解质中，且不会随着循环而降解，其储能时间可达 10 小时、数万次循环，甚至使用寿命长达 25 年。

后 记

　　前沿技术是高技术领域具有前瞻性、先导性与探索性的技术，是未来实现双碳目标的重要选项。前沿技术涵盖的范围很广，从生物技术、信息技术到新材料技术、先进制造技术，再到先进能源技术、海洋技术、航天技术等。本书主要基于实现碳达峰、碳中和目标，坚持绿色、低碳、可持续发展的原则，重点选择太阳能、风能、核能、氢能、燃料电池、CCUS 及储能等先进能源技术。同时，选择美国、日本、欧盟、英国等主要发达国家或地区作为上述前沿技术领域的典型，一方面从法律法规、发展战略、科技计划、研发投入等方面综合分析相关国家的前沿技术部署状况；另一方面利用科技论文计量分析、专利分析等系统研究了前沿技术的研发现状与趋势，并归纳提炼了近 3 年来国内外前沿技术的关键进展。

　　本书是中国科学技术信息研究所（简称"中信所"）区域创新发展研究中心承担的所重点一期与二期双碳关键技术相关项目的研究成果，是近年来在跟踪、监测与分析国内外主要国家、知名组织与机构相关部署、研究与进展的基础上撰写而成。本书在策划与编撰过程中，得到了科学技术部社会发展科技司朱学华司长、傅小锋副司长、康相武处长、陈小鸥副处长等领导的大力支持，感谢他们在碳达峰、碳中和前沿技术相关法律法规、政策、管理等方面的指导；中信所赵志耘书记（所长）在前沿技术的选择、部署及进展等方面给予了热情指导与大力帮助，在此表示衷心感谢！

　　本书研究内容撰写分工如下：刘琦岩研究员从主要国家选取、前沿技术部署、研发、专题报告、技术进展等方面拟定了编著提纲框架，撰写序言，审定书稿等；中信所区域创新发展研究中心孟浩研究员负责前沿技术部署、研发与最新进展等部分的撰写、统稿及审校；郑佳研究员负责书稿研讨与协调，参与书稿审校；熊书玲副研究员负责氢能的部分政策，以及论文分析与专利分析，参与书稿审校；傅俊英研究员负责指导前沿技术的论文与专利分析，参与书稿审校；王大伟助理研究员负责 CCUS 的论文与专利分析，参与书稿审校；硕士研究生侯禹、李阳、白文静、刘永辉、康凯等分别负责太阳能、风能、核能、燃料电池及超级电容器等技术的论文与专利分析工作。

　　在撰写过程中，重庆工商大学的代春艳教授及其硕士研究生雷亦婷、程铠、杨迎、张忠伟、叶丹等提供了部分资料，在此表示衷心感谢。研究团队到青海省调研，青海省科学技术厅社会发展科技处处长张燕，青海省科技信息研究所董事长胡永强、总经理朱莉华及评价中心主任李冰，以及海南州科学技术局局长谢康勇等给予了大力支持，在此表示衷心感谢。著者参阅了大量的国内外文献及政府或机构网站，书中将部分政府或机构的网址附于书后，在此对相关机构、作者及网站表示衷心感谢！对于未能逐一注明文献出处的作者、机构或相关网站，在此表示感谢并深表歉意！科学技术文献出版社编辑部的周国臻、张丹等编辑为本书的出版付出很多努力，在此一并致谢！由于组稿、编辑时间较短，加之著者水平有限，书中疏漏之处在所难免，敬请有关专家和读者批评指正。

2024 年 8 月

著者

参考文献

［1］徐冠华, 刘琦岩, 罗晖, 等. 人类 21 世纪备忘录［J］. 中国软科学,2020（9）:1-17.

［2］IRENA.Renewable energy statistics 2022［EB/OL］.［2022-08-10］. https://www.irena.org/-/media/Files/IRENA/Agency/Publication/2022/Jul/ IRENA_Renewable_energy_statistics_2022.pdf?rev=8e3c22a36 f964fa2ad8a50e0b4437870.

［3］DOE.Solar futures Study［EB/OL］.（2021-09-08）［2022-06-07］. https://www.energy.gov/sites/default /files/2021-09/Solar%20Futures%20Study.pdf.

［4］DOE.The Sunshot initiative［EB/OL］.［2022-06-07］.https://www.energy.gov/eere/ solar/sunshot-initiative.

［5］ARPA-E.Advanced research projects agency-energy annual report for FY 2019［EB/OL］.（2021-06-12）［2022-06-07］.https://arpa-e.energy.gov/sites/default/files/ARPA-E%20FY19%20Annual%20Report%20to%20Congress_FINAL.pdf.

［6］DOE.DOE announces $100 million for transformative clean energy solutions［EB/OL］.（2021-02-11）［2022-06-09］.https://www.energy.gov/ articles/doe-announces-100-million-transformative-clean-energy-solutions.

［7］DOE./FY14-20_SBIR-STTR_Awards［EB/OL］.［2022-06-10］.https://science.osti.gov/-/media/sbir/excel/FY14-20_SBIR-STTR_Awards.xlsx.

［8］DOE.Department of energy awards $127 million to bring innovative clean energy technologies to market［EB/OL］.（2021-07-20）［2022-06-10］.https://www.energy.gov/ eere/articles/department-energy-awards-127-million-bring-innovative-clean-energy-technologies.

［9］DOE. Innovative clean energy loan guarantees［EB/OL］.［2022-06-10］. https://www.energy.gov/lpo/innovative -clean-energy-loan-guarantees.

［10］DOE. Mesquite solar highlights how DOE loan guarantees helped launch the utility-scale PV solar market［EB/OL］.（2016-10-14）［2022-06-10］.https://www.energy.gov/lpo/innovative-clean-energy-loan-guarantees.

［11］DOE.Financing innovation to address global climate change［EB/OL］.（2015-12-27）［2022-06-12］.https://www.energy.gov/sites/default/files/2015/12/f27/DOE-LPO_Report_Financing-Innovation-Climate-Change.pd.

［12］DOE.The office of clean energy demonstrations［EB/OL］.［2022-06-12］.https://www.energy.gov/office-clean-energy-demonstrations.

［13］DOE.Biden administration launches $500 million program to transform mines into new clean energy hubs［EB/OL］.（2022-06-29）［2022-07-10］.https://www.energy.gov/articles/biden-administration-launches-500-million-program-transform-mines-new-clean-energy-hubs.

［14］DOE.DOE expands solsmart program deploy more solar energy underserved communities［EB/OL］.
　　　［2021-06-20］.https://www.energy.gov/articles/ doe-expands-solsmart-program-deploy-more-solar-
　　　energy-underserved- communities.

［15］経済産業省.「安定的なエネルギー需給構造の確立を図るためのエネルギーの使用の合理化
　　　等に関する法律等の一部を改正する法律案」が閣議決定されました［EB/OL］.（2022-03-01）
　　　［2022-04-20］.https://www.meti.go.jp/press/2021/03/20220301002 /20220301002.html.

［16］边文越,李国鹏,周秋菊.钙钛矿太阳能电池国际战略规划及发展态势分析［J］.世界科技研
　　　究与发展,2019,41（2）:127-136.

［17］中华人民共和国科学技术部.国际科学技术发展报告2016［R］.北京：科学技术文献出版社,
　　　2016：290.

［18］中华人民共和国科学技术部.国际科学技术发展报告2017［R］.北京：科学技术文献出版社,
　　　2017：299-300.

［19］METI.Solar power（next-generation renewable energy）［EB/OL］.（2020-12-25）［2021-03-20］.
　　　https://www.meti.go.jp/english/policy/ energy_environment/global_warming/ggs2050/pdf/01_offshore.
　　　pdf.

［20］中华人民共和国科学技术部.国际科学技术发展报告2016［R］.北京：科学技术文献出版社,
　　　2016：289.

［21］CSTP.第6期科学技術・イノベーション基本計画（要旨）［EB/OL］.［2021-03-12］.https://
　　　www8.cao.go.jp/cstp/kihonkeikaku/6executive_summary.pdf.

［22］中华人民共和国科学技术部.国际科学技术发展报告2019［R］.北京：科学技术文献出版社,
　　　2019：279.

［23］METI.エネルギー基本計画［EB/OL］.（2021-10-22）［2022-03-10］.https://www.meti.go.jp/
　　　press/2021/10/20211022005/20211022005-1.pdf.

［24］経済産業省.「次世代型太陽電池の開発」プロジェクトに関する 研究開発・社会実装計画
　　　［EB/OL］.（2021-10-01）［2022-03-10］.https://www.nedo.go.jp/content/100937793.pdf.

［25］陈敬全.欧盟可再生能源政策研究［J］.全球科技经济瞭望,2012,27（1）:5-10.

［26］中华人民共和国科学技术部.国际科学技术发展报告2019［R］.北京：科学技术文献出版社,
　　　2019：184.

［27］European Union.Directive of the European parliament and council（EU）2018/2001［EB/OL］.
　　　（2018-12-11）［2022-07-06］.https://eur-lex.europa.eu/ legal-content/EN/TXT/?uri=CELEX%3A32
　　　018L2001&qid=1657083249968.

［28］孙一琳.回顾德国《可再生能源法》的六次修订［EB/OL］.（2021-06-17）［2022-03-12］.
　　　https://www.in-en.com/ article/html/energy-2305149.shtml.

［29］BMUV.Revision of the climate change act: an ambitious mitigation path to climate neutrality in 2045［EB/
　　　OL］.（2021-06-24）［2022-04-12］.https://www.bmuv.de/fileadmin/Daten_BMU/Download_PDF/
　　　Klimaschutz/infopapier_novelle_klimaschutzgesetz_en_bf.pdf.

［30］BMWK.Habeck:"Das osterpaket ist der beschleuniger für die erneuerbaren energien"［EB/
　　　OL］.（2022-04-06）［2022-04-12］. https://www.bmwk.de/Redaktion/DE/Pressemitteilung

en/2022/04/20220406-habeck-das-osterpaket-ist-der-beschleuniger-fur-die-erneuerbaren-energien.html.

［31］European Union.EU solar strategy［EB/OL］.（2022-05-18）［2022-05-22］.https://eur-lex.europa.eu/legal-content/EN/TXT/?uri=COM%3A2022%3A221%3AFIN&qid=1653034500503.

［32］边文越，李国鹏，周秋菊.钙钛矿太阳能电池国际战略规划及发展态势分析［J］.世界科技研究与发展，2019，41（2）:127-136.

［33］ETIP.PV implementation plan［EB/OL］.［2022-05-22］.https://etip-pv.eu/set-plan/ pv-implementation-plan/.

［34］European Commission.REPowerEU: a plan to rapidly reduce dependence on Russian fossil fuels and fast forward the green transition［EB/OL］.（2022-05-18）［2022-05-24］.https://ec.europa.eu/commission/presscorner/detail/en/ip_22_3131.

［35］孟浩.新能源研发态势及对我国能源战略的影响［M］.北京：科学技术文献出版社，2016：64-66.

［36］全国能源信息平台.年增光伏22GW！德国内阁批准"复活节一揽子计划"［EB/OL］.［2022-06-10］.https://baijiahao.baidu.com/s?id= 1729774220126935221&wfr=spider&for=pc.

［37］孟浩.新能源研发态势及对我国能源战略的影响［M］.北京：科学技术文献出版社，2016：59-61.

［38］中华人民共和国科学技术部.国际科学技术发展报告2019［R］.北京：科学技术文献出版社，2019.

［39］科学技术部国际合作司，中国科学技术信息研究所.世界主要国家和地区的碳中和政策［R］.2022：84-85.

［40］BEIS.Net zero strategy［EB/OL］.（2021-10-19）［2022-07-22］.https://assets.publishing.service.gov.uk/government/uploads/system/uploads/attachment_data/file/1033990/ net-zero-strategy-beis.pdf.

［41］HM Government. British energy security strategy［EB/OL］.（2022-04-07）［2022-04-20］. https://assets.publishing.service.gov.uk/government/uploads/system/ uploads/attachment_data/file/1069969/british-energy-security-strategy-web-accessible.pdf.

［42］张丽娟，陈奕彤.韩国确定碳中和十大核心技术开发方向［J］.科技中国,2022（3）：98-100.

［43］PV Magazine. U.S. solar industry comes 'roaring back,' breaks multiple records in 2020［EB/OL］.（2021-03-16）［2022-01-10］.https://pv-magazine-usa.com/ 2021/03/16/u-s-solar-industry-comes-roaring-back-breaks-multiple-records-in-2020/.

［44］IRENA.Renewable energy statistics 2022［EB/OL］.［2022-08-10］.https://www.irena.org/-/media/Files/IRENA/Agency/Publication/2022/Jul/IRENA_Renewable_energy_statistics_2022.pdf?rev=8e3c2a36f964fa2ad8a50e0b4437870.

［45］AVANCIS.New world record for thin-film modules:CIGS technology from AVANCIS achieves certified efficiency of 20.3 % on the aperture area［EB/OL］.（2023-05-17）［2023-06-07］.https://www.avancis.de/Resources/Persistent/4/e/6/d/4e6d5655e73253f0c8044cba4fbb8563bcc5cfe3/PR%20AVANCIS%20champion%2020p3.pdf.

［46］IRENA.IRENA_RE_capacity_statistics_2022［EB/OL］.（2022-04-10）［2022-08-10］. https://www.irena.org/-/media/Files/IRENA/Agency/Publication/2022/Apr/IRENA_RE_Capacity_ Statistics_2022.pdf?rev=460f190dea15442eba8373d9625341ae.

［47］NERL.Distributed wind energy futures study［R/OL］.［2022-07-07］.https://www.nrel.gov/docs/ fy22osti/82519.pdf.

［48］DOE.DOE releases report detailing strategies to expand offshore wind deployment［EB/OL］.（2022- 01-12）［2022-07-07］.https://www.energy.gov/eere/articles/doe-releases-report-detailing-strategies- expand-offshore-wind-deployment.

［49］GWEC.Global wind report 2022［EB/OL］.［2022-07-07］.https://gwec.net/global-wind- report-2022/.

［50］DOE.U.S. department of energy's wind energy technologies office—lasting impressions［EB/ OL］.［2022-07-08］.https://www.energy.gov/ sites/default/files/2021/01/f82/WETO-lasting- impressions-2021.pdf.

［51］ARPA-E.Advanced research projects agency-energy annual report for FY 2019［EB/OL］.（2021-06- 12）［2022-06-07］.https://arpa-e.energy.gov/sites/default/files/ARPA-E%20FY19%20Annual%20 Report%20to%20Congress_FINAL.pdf.

［52］DOE.DOE announces $100 million for transformative clean energy solutions［EB/OL］.（2021-02-11） ［2022-07-12］. https://www.energy.gov/articles/ doe-announces-100-million-transformative-clean- energy-solutions.

［53］DOE.DOE announces $175 million for novel clean energy technology projects［EB/OL］.（2022-02-14） ［2022-07-12］.https://www.energy.gov/ articles/doe-announces-175-million-novel-clean-energy- technology-projects.

［54］DOE. Wind energy technologies offce multi-year program plan fiscal years 2021-2025［EB/OL］. ［2022-07-12］.https://www.energy.gov/ sites/default/files/2020/12/f81/weto- multi-year-program- plan-fy21-25-v2.pdf.

［55］DOE./FY14-20_SBIR-STTR_Awards［EB/OL］.［2022-06-10］.https://science.osti.gov/-/media/ sbir/excel/FY14-20_SBIR-STTR_Awards.xlsx.

［56］DOE.Department of energy awards $127 million to bring inovative clean energy technologies to market ［EB/OL］.（2021-07-20）［2022-07-12］.https://www.energy.gov/eere/articles /department-energy- awards-127-million-bring-innovative-clean-energy-technologies.

［57］Loan Programs Office. Innovative clean energy loan guarantees［EB/OL］.［2022-07-12］.https:// www.energy.gov/lpo/innovative-clean-energy-loan-guarantees.

［58］Loan Programs Office. A maturing portfolio on the cusp of New growth: annual portfolio status report fiscal year 2021［EB/OL］.［2022-07-12］. https://www.energy.gov/sites/default/ files/2022-03/ LPO-APSR-FY2021.pdf.

［59］DOE.New wind resource assessment finds- 28 terawatts floating offshore wind energy［EB/OL］. ［2022-07-15］.https://www.energy.gov/eere/wind/articles/ new-wind-resource-assessment-finds-28- terawatts-floating- offshore-wind-energy.

［60］White House.Fact sheet biden harris administration announces new actions to expand U.S. offshore wind energy［EB/OL］.（2022–09–15）［2022–10–08］.https://www.whitehouse.gov/briefing–room/statements–releases/2022/09/15/fact–sheet–biden–harris–administration–announces–new–actions–to–expand–u–s–offshore–wind–energy/.

［61］JWPA. 平成 26 年度 FIT 決定に対する JWPA の見解［EB/OL］.（2014–04–02）［2021–07–10］.https://jwpa.jp/information/4784/.

［62］Offshore Wind.GWEC and JWPA launch offshore wind task force in Japan［EB/OL］.（2020–02–27）［2022–07–10］.https://www.offshorewind. biz/2020/02/27/gwec–and–jwpa–launch –offshore–wind–task–force–in–japan/.

［63］METI. もっと知りたい！エネルギー基本計画③ 再生可能エネルギー（3）高い経済性が期待される風力発電［EB/OL］.（2022–03–15）［2022–07–10］. https://www.enecho.meti.go.jp/about/special/johoteikyo/energykihonkeikaku2021_kaisetu03.html.

［64］NEDO.「着床式洋上風力発電の着実な導入に向けた技術動向調査」に係る公募について［EB/OL］.（2022–11–10）［2022–11–20］.https://www.nedo.go.jp/koubo/FF2_100361.html.

［65］日本風力発電協会. 風力発電長期導入目標とロードマップ V3.2［EB/OL］.（2012–02–22）［2022–11–20］.https://jwpa.jp/information/4816/.

［66］中华人民共和国科学技术部. 国际科学技术发展报告 2016［R］.北京：科学技术文献出版社，2016：290.

［67］METI.Offshore wind power（next–generation renewable energy）［EB/OL］.（2020–12–25）［2021–03–20］.https://www.meti.go.jp/english/policy/energy_environment/global_warming/ggs2050/pdf/01_offshore.pdf.

［68］METI.2050 年カーボンニュートラルに伴うグリーン成長戦略［EB/OL］.（2021–06–18）［2022–07–12］. https://www.meti.go. jp/policy/energy_environment/global_warming/ggs/pdf/green_honbun.pdf.

［69］中华人民共和国科学技术部. 国际科学技术发展报告 2016［R］.北京：科学技术文献出版社，2016：289.

［70］CSTP. 第 6 期科学技術・イノベーション基本計画（要旨）［EB/OL］.［2022–07–12］.https://www8.cao.go.jp/cstp/kihonkeikaku/6executive_summary.pdf.

［71］中华人民共和国科学技术部. 国际科学技术发展报告 2019［R］.北京：科学技术文献出版社，2019.

［72］METI. もっと知りたい！エネルギー基本計画③再生可能エネルギー（3）高い経済性が期待される風力発電［EB/OL］.（2022–03–15）［2022–07–12］.https: //www.enecho.meti.go.jp/about/special/johoteikyo /energykihonkeikaku2021_kaisetu03.html.

［73］NEDO.Offshore wind power generation［EB/OL］.［2022–07–12］. https://green–innovation.nedo.go.jp/project/offshore–wind–power–generation/.

［74］日本風力発電協会. 日本洋上風力タスクフォース（Japan Offshore Wind Task Force）を立ち上げました［EB/OL］.（2020–02–27）［2022–07–12］.https://jwpa.jp/information/4547/.

［75］陈敬全. 欧盟可再生能源政策研究［J］.全球科技经济瞭望,2012,27（1）:5–10.

［76］中华人民共和国科学技术部.国际科学技术发展报告 2019［R］.北京：科学技术文献出版社，2019：184.

［77］Official Journal of the European Union.Directive（EU）2018/2001 of the european parliament and of the council of 11 december 2018［EB/OL］.（2018-12-21）［2022-07-20］.https://eur-lex.europa. eu/legal-content/EN/TXT/PDF/?uri=CELEX:32018L2001.

［78］孙一琳.回顾德国《可再生能源法》的六次修订［EB/OL］.（2021-06-17）［2022-03-12］. https://www.in-en.com/article/html/energy-2305149.shtml.

［79］BMUV.Revision of the climate change act: an ambitious mitigation path to climate neutrality in 2045［EB/ OL］.（2021-06-24）［2022-04-12］.https://www.bmuv.de/fileadmin/Daten_BMU/Download_PDF/ Klimaschutz/infopapier_novelle_klimaschutzgesetz_en_bf.pdf.

［80］欧洲海上风电.德国最新招标制度引争议，简单粗暴！［EB/OL］.（2022-07-14）［2022-07-20］. https://mp.weixin.qq.com/s/_ah2TKgs7THYZbtIUYSIhg.

［81］中华人民共和国科学技术部.国际科学技术发展报告 2016［R］.北京：科学技术文献出版社，2016：188.

［82］SET-plan Steering Committee.SET-plan: offshore wind implementation plan［EB/OL］.（2018-06-13）［2022-07-20］.https://etipwind.eu/files/about/SET%20PLAN/SET-PLAN- Wind-Implementation- Plan-2018.pdf.

［83］European Commission.REPowerEU: a plan to rapidly reduce dependence on russian fossil fuels and fast forward the green transition［EB/OL］.（2022-05-18）［2022-07-24］.https://ec.europa.eu/ commission/presscorner/detail/en/ip_22_3131.

［84］European Commission. ETIP SNET, R&I implementation plan 2022-2025［EB/OL］.［2022-07-30］. https://data.europa.eu/doi/10.2833/361546.

［85］孟浩.新能源研发态势及对我国能源战略的影响［M］.北京：科学技术文献出版社，2016：65.

［86］孟浩.新能源研发态势及对我国能源战略的影响［M］.北京：科学技术文献出版社，2016：52-53.

［87］中华人民共和国科学技术部.国际科学技术发展报告 2019［R］.北京：科学技术文献出版社，2019：82.

［88］欧洲海上风电.全球最大浮式风电市场，广撒英雄帖！［EB/OL］.（2022-06-08）［2022-07-20］. https://mp.weixin.qq.com/s/ef4d5VInQrModIEfW-3ecQ.

［89］BEIS.Net zero strategy［EB/OL］.［2022-07-27］.https://assets.publishing. service.gov.uk/ government/uploads/system/uploads/attachment_data/file/1033990/net-zero-strategy-beis.pdf.

［90］BEIS.British energy security strategy［EB/OL］.［2022-07-27］. https://assets.publishing.serv.ice. gov.uk/government/uploads/system/uploads/attachment_data/file/1069969/british-energy-security- strategy-web-accessible.pdf.

［91］张丽娟，陈奕彤.韩国确定碳中和十大核心技术开发方向［J］.科技中国,2022（3）：98-100.

［92］GE.Fit to print: GE is looking at 3D-printing wind turbine towers from concrete for more efficient wind farms［EB/OL］.（2022-04-19）［2022-07-24］.https://www.ge.com/news/reports/fit-to-print-ge-is-looking-at-3d-printing-wind-turbine-towers-from-concrete-for-more.

［93］Composites World.ACT blade, AMRC cooperate on 13m blade demonstrator［EB/OL］.（2020-07-06）［2022-07-24］.https://www. compositesworld.com/news/act-blade-amrc-cooperate-on-13m-blade-demonstrator.

［94］IAEA.Energy, electricity andnuclear power estimates for the period up to 2050［EB/OL］.［2022-11-10］.https://www-pub.iaea.org/MTCD/Publications/PDF/RDS-1-41_web.pdf.

［95］World Nuclear Association.Nuclear power in the SA［EB/OL］.［2022-08-10］.https://world-nuclear.org/information-library/country-profiles/countries-t-z/usa-nuclear-power.aspx.

［96］DOE.5 Nuclear energy stories to watch in 2022［EB/OL］.（2022-01-19）［2022-08-10］.https://www.energy.gov/ne/articles/5-nuclear-energy-stories-watch-2022.

［97］World Nuclear News.Advanced nuclear tech projects selected for US federal support［EB/OL］.（2022-06-23）［2022-06-26］.https://www.world-nuclear- news.org/Articles/Advanced-nuclear-tech-projects-selected-for-US-fed.

［98］Breakthrough Institute.Advancing nuclear energy: evaluating deployment, investment, and impact in America's clean energy future［EB/OL］.（2022-07-06）［2022-07-10］.https://thebreakthrough.org/articles/advancing-nuclear-energy-report.

［99］World Nuclear News.DOE working on its uranium strategy - granholm［EB/OL］.（2022-05-06）［2022-07-10］.https://www.world-nuclear-news.org/Articles/DOE-working-on-its-uranium-strategy-Granholm.

［100］DOE.Advanced sensors and instrumentation project summaries［EB/OL］.［2021-09-30］.https://www.energy.gov/sites/default/files/2021-09/ne-asi-project-summaries-2021.pdf.

［101］Arpa-e.BETHE-breakthroughs enabling T hermonuclear-fusion energy［EB/OL］.（2020-04-06）［2021-07-12］. https://arpa-e.energy.gov/sites/default /files/documents/files/BETHE_Project_Descriptions_04062020_FINAL.pdf.

［102］DOE Office of Nuclear Energy.3 early-stage R&D programs transforming the nuclear industry［EB/OL］.（2022-05-25）［2022-07-12］. https://www.energy.gov/ne/articles/3-early-stage-rd-programs-transforming-nuclear-industry.

［103］DOE.Department of energy invests $65 million at national laboratories and American universities to advance nuclear technology［EB/OL］.（2020-06-18）［2022-03-12］.https://www.energy.gov/articles/department-energy-invests-65-million-national-laboratories-and-american-universities.

［104］DOE./FY14-20_SBIR-STTR_Awards［EB/OL］.［2022-06-10］.https://science.osti.gov/-/media/sbir/excel/FY14-20_SBIR-STTR_Awards.xlsx.

［105］Loan Programs Office. Innovative clean energy loan guarantees［EB/OL］.［2022-07-12］.https://www.energy.gov/ lpo/innovative-clean-energy-loan -guarantees.

［106］DOE.Department energy issues final 125 billion advanced nuclear energy loan guarantee［EB/OL］.［2021-04-20］.https://www.energy.gov/articles/ department-energy-issues-final-125-billion-advanced-nuclear-energy-loan-guarantee.

［107］DOE.Secretary perry announces conditional commitment to support continued construction of vogtle advanced nuclear energy project［EB/OL］.（2017-09-29）［2021-04-20］.https://www.energy.gov/articles/ secretary -perry- announces-conditional-commitment-support-continued-construction-vogtle.

［108］DOE.Secretary perry announces financial close on additional loan guarantees during trip to vogtle advanced nuclear energy project［EB/OL］.（2019-03-22）［2022-03-10］.https://www.energy.gov/articles/ secretary -perry-announces-financial-close-additional-loan-guarantees-during-trip-vogtle.

［109］DOE.Civil nuclear credit program［EB/OL］.［2021-03-10］.https://www.energy.gov/ne/civil-nuclear-credit- program.

［110］DOE. 5 key takeaways from the nuclear energy FY2023 budget request［EB/OL］.（2022-06-06）［2022-07-10］.https://www.energy.gov/ne/articles/5-key-takeaways-nuclear-energy-fy2023-budget-request.

［111］Office of Clean Energy Demonstrations.Advanced reactor demonstration projects［EB/OL］.［2022-07-12］.https://www.energy.gov/bil/advanced -reactor-demonstration-program.

［112］World nuclear news.Wyoming-INL sign MoU on advanced nuclear developm［EB/OL］.［2022-07-12］. https://www.world-nuclear-news.org/Articles/ Wyoming,-INL-sign-MoU-on-advanced-nuclear-developm.

［113］World Nuclear Association.Nuclear power in the USA appendix 1 Us operating n［EB/OL］.［2022-08-10］. https://world-nuclear.org/information-library/ country-profiles/countries-t-z/appendices/nuclear-power-in-the-usa-appendix-1-us-operating-n.aspx.

［114］World Nuclear Association.Nuclear power in Japan［EB/OL］.［2022-08-10］.https://world-nuclear.org/information-library/country-profiles/countries-g-n/japan-nuclear-power.aspx.

［115］JAEA.Japan atomic energy agency 2021［EB/OL］.［2022-03-16］.https://www.jaea.go.jp/english/publication/annual_report/2021.pdf.

［116］METI.4 Nuclear industry［EB/OL］.（2020-12-25）［2021-03-20］. https://www.meti.go.jp/english/policy/energy_environment/global_warming/ggs2050/pdf/04_nuclear_r.pdf.

［117］中华人民共和国科学技术部.国际科学技术发展报告 2019［R］.北京：科学技术文献出版社，2019.

［118］World Nuclear Association.Nuclear power in European union［EB/OL］.［2022-08-10］. https://www.world-nuclear.org/information-library/country-profiles/others/european-union.aspx.

［119］钟蓉，徐离永，董克勤，等.欧盟"地平线 2020"计划（Horizon 2020）［EB/OL］.（2019-09-05）［2022-07-12］.https://www.sciping.com/29981.html.

［120］中华人民共和国科学技术部.国际科学技术发展报告 2019［R］.北京：科学技术文献出版社，2019：82.

［121］L'Élysée.Eprendre en main notre destin énergétique !［EB/OL］.（2022-02-10）［2022-08-12］. https://www.elysee.fr/emmanuel-macron/2022/02/10/reprendre-en-main-notre-destin-energetique.

［122］Ecologie. Audit EPR2 nucadvisor accuracy synthese［EB/OL］.（2022-02-18）［2022-08-12］. https://www.ecologie.gouv.fr/sites/default/files/2022.02.18_Audit_EPR2_NucAdvisor_Accuracy_

Synthese.pdf.

［123］World Nuclear Association.Nuclear power in Poland［EB/OL］.［2022-08-12］.https://www.world-nuclear.org/information-library/country-profiles/countries-o-s/poland.aspx.

［124］World nuclear news.UK developing regulatory framework for fusion［EB/OL］.（2022-06-21）［2022-08-12］.https://www.world-nuclear-news.org/Articles/UK-developing-regulatory-framework-for-fusion.

［125］HM Government.The clean growth strategy: leading the way to a low carbon future［EB/OL］.［2022-03-15］.https://assets.publishing.service.gov.uk/ government/uploads/system/uploads/attachment_data/file/700496/clean-growth-strategy-correction-april-2018.pdf.

［126］HM Government.Fund to secure our energy supply and boost cutting-edge nuclear projects opens for business［EB/OL］.（2022-05-13）［2022-07-15］. https://www.gov.uk/government/news/fund-to-secure-our-energy-supply-and-boost-cutting-edge-nuclear-projects-opens-for-business.

［127］World Nuclear Association.Nuclear power in the United Kingdom［EB/OL］.［2022-08-15］.https://www.world-nuclear.org/information-library/country-profiles/countries-t-z/united-kingdom.aspx.

［128］World nuclear news.Korean conglomerate to cooperate with TerraPower［EB/OL］.［2022-08-15］.https://www.world-nuclear-news.org/Articles/Korean-conglomerate-to-cooperate-with-TerraPower.

［129］World Nuclear Association.Nuclear power in south Korea［EB/OL］.［2022-08-15］.https://www.world-nuclear.org/information-library/country-profiles/countries-o-s/south-korea.aspx.

［130］World Nuclear Association.Nuclear power in India［EB/OL］.［2022-08-15］. https://www.world-nuclear.org/information-library/country-profiles/countries-g-n/india.aspx.

［131］中国核网.民意调查：瑞士公民可能不会放弃核能［EB/OL］.（2016-10-25）［2022-08-15］.http://www.nuclear.net.cn/portal.php?mod=view&aid=11245.

［132］中青在线.担忧能源危机，英国加速建造核能设施［EB/OL］.（2022-04-14）［2022-08-15］.http://news.cyol.com/gb/articles/2022-04/14/content_KWQo5HBPN.html.

［133］快科技.核污水要排海！日本不放弃核能：重启废弃核电站 改建成新一代反应堆［EB/OL］.（2022-11-28）［2022-12-04］.https://news.mydrivers.com/1/875/875658.htm.

［134］中国核电网.先进核能系统——第四代核电技术［EB/OL］.（2021-11-17）［2022-08-15］.https://www.cnnpn.cn/article/26550.html.

［135］科普大世界.又一个世界第一！我国掌握第四代核电技术，石岛湾高温气冷堆发电［EB/OL］.（2021-12-20）［2022-12-05］. https://baijiahao.baidu.com/s?id=1719671590062569300.

［136］中国核电网.第四代反应堆，核电的未来［EB/OL］.（2022-04-18）［2022-12-06］.https://www.cnnpn.cn/article/30243.html.

［137］网易.第四代核电技术——钍基熔盐堆［EB/OL］.（2022-06-17）［2022-12-06］.https://www.163.com/dy/article/HA2FPALA0553BCEC.html.

［138］Fuel Cell and Hydrogen Observatory.Hydrogen energy and fuel cell development report 2022［EB/OL］.（2022-06-07）［2022-12-07］.https://www.fchobservatory.eu/reports.

［139］DOE.DOE launches bipartisan infrastructure law's $8 billion program for clean hydrogen hubs across U.S.［EB/OL］.（2022-06-06）［2022-12-07］.https://www.energy.gov/articles/doe-launches-bipartisan-infrastructure-laws -8-billion-program-clean-hydrogen-hubs-across.

［140］DOE.A national vision of america's transttion to a hydrogen economy— to 2030 and beyond［EB/OL］.［2022-12-07］.https://www.hydrogen.energy.gov/pdfs/vision_doc.pdf.

［141］DOE.Hydrogen strategy: enabling a low-corbon economy［EB/OL］.（2020-07-01）［2022-12-07］.https://www.energy.gov/sites/prod/files/2020/07/f76/USDOE_FE_Hydrogen_Strategy_July2020.pdf.

［142］DOE.Department of energy hydrogen program plan［EB/OL］.（2020-11-01）［2022-12-09］.https://www.hydrogen.energy.gov/pdfs/hydrogen-program-plan-2020.pdf.

［143］DOE.Strategic vision: the role of fossil energy and carbon management in achieving net-zero greenhouse gas emissions［EB/OL］.（2022-04-22）［2022-12-10］.https://www.energy.gov/sites/default/files/2022-04/2022-Strategic-Vision-The-Role-of-Fossil-Energy-and-Carbon-Management-in-Achieving-Net-Zero-Greenhouse-Gas-Emissions_Updated-4.28.22.pdf.

［144］DOE.DOE national clean hydrogen strategy and roadmap［EB/OL］.［2022-12-10］. https://www.hydrogen.energy.gov/ pdfs/clean-hydrogen-strategy-roadmap.pdf.

［145］DOE.DOE helps launch H_2 twin cities to accelerate global hydrogen deployment［EB/OL］.（2021-11-10）［2022-12-10］. https://www.energy.gov/eere/ articles/doe-helps-launch-h2-twin-cities-accelerate-global-hydrogen-deployment.

［146］DOE.Biden-harris administration launches new solar initiatives to lower electricity bills and create clean energy jobs［EB/OL］.（2022-07-27）［2022-12-10］. https://www.energy.gov/eere/articles/doe-issues-notice-intent-provide-funding-clean-hydrogen-and-grid- resilience-projects.

［147］DOE.DOE announces $60 million to advance clean hydrogen technologies and decarbonize grid［EB/OL］.（2022-08-23）［2022-12-10］. https://www.energy.gov/articles/doe-announces-60-million-advance-clean-hydrogen-technologies-and-decarbonize-grid.

［148］DOE.Hydrogen shot: an introduction［EB/OL］.（2021-08-06）［2022-12-10］.https://www.energy.gov/sites/default/files/2021-08/factsheet-hydrogen-shot-introduction-august2021.pdf.

［149］DOE.DOE awards $57.9 million to reduce industrial emissions and manufacture clean energy technologies［EB/OL］.（2022-06-16）［2022-12-12］. https://www.energy.gov/eere/amo/doe-awards-579-million-reduce-industrial-emissions-and-manufacture-clean -energy.

［150］DOE.DOE announces first loan guarantee for a clean energy project in nearly a decade［EB/OL］.（2022-06-08）［2022-06-10］.https://www.energy. gov/articles/doe-announces-first-loan-guarantee-clean-energy-project-nearly-decade.

［151］DOE.DOE announces nearly $25 million to study advanced clean hydrogen technologies for electricity generation［EB/OL］.（2022-05-19）［2022-05-24］. https://www.energy.gov/articles/doe-announces-nearly-25-million-study-advanced-clean-hydrogen-technologies-electricity.

［152］DOE.DOE announces $20 million to produce clean hydrogen from nuclear power［EB/OL］.（2021-10-07）［2021-10-12］.https://www.energy.gov /articles/doe-announces-20-million-produce-clean-hydrogen-nuclear-power.

［153］DOE.DOE launches bipartisan infrastructure law's $8 billion program for clean hydrogen hubs across U.S.［EB/OL］.（2022-06-06）［2022-06-10］.https://www.energy.gov/articles/doe-launches-bipartisan-infrastructure-laws-8-billion-program-clean-hydrogen-hubs-across.

［154］PNNL.An investigation of innovative energy technologies entering the market between 2009-2015, enabled by EEREfunded R&D［EB/OL］.（2021-08-12）［2022-12-10］.https://www.energy.gov/sites/default/files/2021-11 /An%20Investigation%20of%20Innovative%20Energy%20Technologies%20 Entering%20the%20Market%20between%202009%20-%202015%2C%20Enabled%20by%20EERE-funded%20R%26D_0.pdf.

［155］経済産業省.「安定的なエネルギー需給構造の確立を図るためのエネルギーの使用の合理化等に関する法律等の一部を改正する法律案」が閣議決定されました［EB/OL］.（2022-03-01）［2022-03-10］.https://www.meti.go.jp/press/2021/03/20220301002/20220301002.html.

［156］EUROPEAN COMMISSION.A hydrogen strategy for a climate-neutral urope［EB/OL］.（2020-07-08）［2021-04-12］.https://eur-lex.europa.eu/legal-content/EN/TXT/?uri=CELEX:52020DC0301.

［157］中华人民共和国科学技术部.2022国际科学技术发展报告［R］.北京：科学技术文献出版社，2022：66.

［158］European Commission.REPowerEU: a plan to rapidly reduce dependence on Russian fossil fuels and fast forward the green transition［EB/OL］.（2022-05-18）［2022-05-20］.https://ec.europa.eu/commission/presscorner/detail/en/IP_22_3131.

［159］DCCEEW.Funding available for collaborative german australian renewable hydrogen projects［EB/OL］.（2022-03-10）［2022-04-02］. https://www.dcceew.gov.au/about/news/funding-available-for-collaborative-german-australian-renewable- hydrogen-projects.

［160］BEIS.British energy security strategy［EB/OL］.［2022-07-27］. https://assets.publishing.service.gov.uk/government/uploads/system/uploads/attachment_data/file/1069969/british-energy-security-strategy-web-accessible.pdf.

［161］Hydrogen investor roadmap: leading the way to net zero［EB/OL］.（2022-04-08）［2022-04-16］.https://www.gov.uk/government/publications/ hydrogen-investor-roadmap-leading-the-way-to-net-zero.

［162］British Columbia Office of the Premier .B.C. moves to streamline hydrogen projects to ensure clean energy future［EB/OL］.（2022-03-31）［2022-04-10］. https://news.gov.bc.ca/releases/2022 PREM0018-000464.

［163］DCCEEW.Government announces $300m advancing hydrogen fund［EB/OL］.（2022-05-04）［2022-05-12］.https://www.energy.gov.au/news-media/news/government-announces-300m-advancing-hydrogen-fund.

［164］中华人民共和国中央人民政府.国家发展改革委、国家能源局联合印发《氢能产业发展中长期规划（2021-2035年）》［EB/OL］.（2022-03-24）［2022-06-16］.http://www.gov.cn/xinwen/2022-03/24/conten _5680973.htm.

［165］东方财富网.机构：2022年末我国已建成加氢站310座［EB/OL］.（2023-02-06）［2023-02-18］. https://finance.eastmoney.com/a/2023020626 28860594.html.

［166］山东国能电力设计有限公司.到2025年，中国石化将建成保底600座加氢站［EB/OL］.［2023-03-18］.http://www.dianlishejiyuan.com/nd.jsp?id=573.

［167］ Fuel Cell and Hydrogen Observatory.Hydrogen energy and fuel cell development report 2022［EB/OL］.（2022–06–07）［2022–12–07］.https://www.fchobservatory.eu/reports.

［168］ DOE.DOE announces $45 million to develop more efficient electric vehicle batteries［EB/OL］.（2022–05–03）［2022–05–05］. https://www.energy.gov/articles/doe–announces–45–million–develop–more–efficient–electric–vehicle–batteries.

［169］ DOE.The department of energy hydrogen and fuel cells program plan［EB/OL］.［2011–09–10］. https://www.energy.gov/sites/default/files/2014/03/f12/program_plan2011.pdf.

［170］ DOE.Fuel cell technologies office multi–year research, development, and demonstration plan – section 3.4 fuel cells［EB/OL］.［2022–11–15］. https://www.energy.gov/sites/default/files/2017/05/f34/fcto_myrdd_fuel_cells.pdf.

［171］ DOE EERE.State of the states: fuel cells in America 2017［EB/OL］.（2018–01–12）［2022–12–12］. https://www.energy.gov/sites/default/ files/2018/06/f53/fcto_state_of_states_2017_0.pdf.

［172］ ARPA–E.Advanced research projects agency–energy annual report for FY 2019［EB/OL］.（2021–06–12）［2022–06–07］.https://arpa–e.energy.gov/sites/ default/files/ARPA–E%20FY19%20Annual%20Report%20to%20Congress_FINAL.pdf.

［173］ DOE.DOE announces $175 million for novel clean energy technology projects［EB/OL］.（2022–02–14）［2022–07–12］.https://www.energy.gov/ articles/doe–announces–175–million–novel–clean–energy–technology–projects.

［174］ DOE.Department of energy announces nearly $300 million for sustainable transportation research［EB/OL］.（2020–01–23）［2022–07–12］. https://www.energy.gov/articles/department–energy–nnounces–nearly–300–million–sustainable–transportation–research.

［175］ DOE.EERE announces notice of intent to issue fuel cell technologies incubator: innovations in fuel cell and hydrogen fuels［EB/OL］.（2014–03–05）［2022–07–12］. https://www.energy.gov/eere/fuelcells/ articles/eere–announces–notice–intent–issue–fuel–cell–technologies–incubator.

［176］ DOE EERE.State of the states: fuel cells in America 2017［EB/OL］.（2018–01–12）［2022–12–12］. https://www.energy.gov/sites/default/files/ 2018/06/f53/fcto_state_of_states_2017_0.pdf.

［177］ DOE./FY14–20_SBIR–STTR_Awards［EB/OL］.［2022–06–10］.https://science.osti.gov/–/media/sbir/excel/FY14–20_SBIR–STTR_Awards.xlsx.

［178］ DOE.DOE selects projects to advance solid oxide fuel cell technology［EB/OL］.（2017–09–06）［2022–07–06］.https://www.energy.gov/fecm/articles/doe–selects–projects–advance–solid–oxide–fuel–cell–technology.

［179］ PNNL.An investigation of innovative energy technologies entering the market between 2009–2015, enabled by EEREfunded R&D［EB/OL］.（2021–08–12）［2022–12–10］.https://www.energy.gov/sites/default/files/2021–11/An%20Investigation%20of%20Innovative%20Energy%20Technologies%20Entering%20the%20Market%20between%202009%20–%202015%2C%20Enabled%20by%20EERE–funded%20R%26D_0.pdf.

［180］ 王宏业.日本燃料电池研究进展［J］.全球科技经济瞭望,2004（10）:59-61.

［181］ 中华人民共和国科学技术部.2020 国际科学技术发展报告［R］.北京:科学技术文献出版社,

2020：87.

［182］朱莉.日本燃料电池的长期开发计划［J］.国际化工信息，2001（2）:25.

［183］石平宝.日本氢燃料电池实证计划第一期实施报告总结［J］.汽车与配件,2008（26）：32-35.

［184］经済産業省.第5次エネルギー基本計画［EB/OL］.［2022-03-10］.http://www.enecho.meti.go.jp/category/ others/basic_plan/pdf/180703.pdf.

［185］経済産業省.第6次エネルギー基本計画が閣議決定されました［EB/OL］.［2022-03-10］.https://www.enecho.meti.go.jp/en/category/others/basic_plan/pdf/6th_outline.pdf.

［186］顾阿伦，孟翔宇，刘滨，等.氢能在日本能源发展战略中的地位与作用[J].中国经贸导刊，2019（17）：35-37.

［187］王玲.日本燃料电池研发的现状与进展[J].全球科技经济瞭望，2006（7）：59-60.

［188］国立研究開発法人新エネルギー・産業技術総合開発機構.グリーンイノベーション基金事業、「スマートモビリティ社会の構築」に着手[EB/OL].（2021-11-19）［2022-07-29］.https://www.nedo.go.jp/news/press/AA5_101560.html.

［189］Europa.Fuel cell and hydrogen technologies in Europe 2011: financial and technology outlook on the European sector ambition 2014-2020［EB/OL］.［2021-09-10］.https://www.clean-hydrogen.europa.eu/system/files/2014-09/111026%2520FCH%2520technologies%2520in%2520Europe%2520-%2520Financial%2520and%2520technology%2520outlook%25202014%2520-%25202020_0.pdf.

［190］Office of the European Union.Fuel cell and hydrogen technology: europe's journey to a greener world［EB/OL］.（2017-05-17）［2021-03-16］.https://www.clean-hydrogen.europa.eu/system/files/2017-11/2017_FCH%2520Book_webVersion%2520%2528ID%25202910546%2529.pdf.

［191］Europe Innovation Fund.List and description of projects awarded［EB/OL］.［2022-04-20］.https://climate.ec.europa.eu/system/files/2021-11/policy_if_pre-selected_projects_en.pdf.

［192］Anon.美国和欧盟推动燃料电池技术标准国际化［J］.轻工标准与质量，2013（5）：63.

［193］Anon.欧盟展开燃料电池技术标准化项目 丹麦负责推进［J］.电源技术，2014，38（12）：2206-2207.

［194］CEN-CENELEC. CEN and CENELEC welcome the new European standardization strategy［EB/OL］.（2022-02-04）［2022-05-10］.https://www.cencenelec.eu/news-and-events/news/2022/press-release/cen-and-cenelec-welcome-the-new-european-standardization-strategy/.

［195］Bundesministerium fuer Verkehrunddigitale Infrastruktur. Foerderrichtlinie fuer das nationale innovations programm wasserstoff-undBrennstoffzellentechnologie［EB/OL］.（2015-03-02）［2020-09-21］. http://www.bmvi.de/SharedDocs/DE/Artikel/G/ foerderrichtlinie-innovations programm-wasserstoffbrennstoffzellentechnologie.html?nn=12830 7/.

［196］中华人民共和国科学技术部.2022国际科学技术发展报告［R］.北京：科学技术文献出版社，2022：162.

［197］中华人民共和国科学技术部.2020国际科学技术发展报告［R］.北京：科学技术文献出版社，2020：87-88.

［198］CHENG H, GUI R J, YU H, et al.Subsize Pt-based intermetallic compound enables long-term cyclic mass activity for fuel−cell oxygen reduction［J］.PNAS，2021，118（35）:e2104026118.

［199］XIAO V F, WANG Q, XU G L , et al.Atomically dispersed Pt and Fe sites and Pt − Fe nanoparticles for durable proton exchange membrane fuel cells［J］. Nature catalysis,2022,5:503−512.

［200］StasHH.European StasHH Consortium define−standard fuel cel modules heavy duty appliations［J/OL］.［2022−05−12］. https://stashh.eu/european−%E2%80%98stashh%E2%80%99−consortium−defines−standard−fuel−cell−modules−heavyduty−appliations.

［201］GAO J, SUN X L, WANG C, et al. Sb, O cosubstituted Li10SnP2S12 with high electro−chemicalstability and air stability for all−solid−state lithium batteries［J］. Chem Electro Chem，2022, 9（12）:e202200156.

［202］IEA.Global energy review 2021［EB/OL］.（2021−04−20）［2021−04−21］. https://www.iea.org/news/global−carbon−dioxide−emissions−are−set−for−their−second−biggest−increase−in−history.

［203］IEA.Carbon capture, utilisation and storage tracking repor［EB/OL］.［2023−04−20］. https://www.iea.org/reports/carbon−capture −utilisation−and−storage−2.

［204］DOE.Office of fossil energy and carbon management（FECM）［EB/OL］.［2022−05−20］.https://www.energy.gov/diversity/doe−justice40−covered−programs.

［205］ARPA−E.Advanced research projects agency−energy annual report for FY 2019［EB/OL］.（2021−06−03）［2022−05−10］.https://arpa−e.energy.gov/sites/default/ files/ARPA−E%20FY19%20Annual%20Report%20to%20Congress_FINAL.pdf.

［206］DOE.DOE announces $39 million for research and development to turn buildings into carbon storage structures［EB/OL］.（2022−06−13）［2022−06−20］. https://www.energy.gov/articles/doe−announces−39−million−research−and−development−turn−buildings−carbon−storage−structures.

［207］DOE.DOE announces $24 million to capture carbon emissions directly from air［EB/OL］.（2021−05−17）［2021−05−19］.https://www.energy.gov/articles/ doe−announces−24−million−capture−carbon−emissions−directly−air.

［208］DOE.Biden−harris administration announces over $2.3 billion investment to cut U.S. carbon pollution［EB/OL］.（2022−05−05）［2022−05−07］.https://www.energy.gov/articles/biden−harris−administration−announces−over−23−billion−investment−cut−us−carbon−pollution.

［209］DOE.Biden administration launches $3.5 billion program to capture carbon pollution from the air［EB/OL］.（2022−05−19）［2022−05−20］.https://www.energy.gov/articles/biden−administration−launches−35−billion−program−capture−carbon−pollution−air−0.

［210］DOE.AMO FY 2021 multi−topic FOA［EB/OL］.（2021−06−16）［2022−03−10］.https://www.energy.gov/eere/amo/amo−fy−2021−multi−topic−foa.

［211］DOE.DOE announces $109.5 million to support jobs and economic growth in coal and power plant communities［EB/OL］.（2021−04−23）［2021−04−24］.https://www.energy.gov/articles/doe−announces−1095−million−support−jobs−and−economic−growth−coal−and−power−plant.

［212］中华人民共和国科学技术部 .2019 国际科学技术发展报告［R］.北京：科学技术文献出版社，2019：279.

［213］METI.Carbon recycling（carbon recycling/material industry）［EB/OL］.（2020−12−25）［2021−

03-20].https://www.meti.go.jp/english/policy/energy_environment/global_warming/ggs2050/pdf/11_carbon_recycle.pdf.

［214］NEDO.「CO_2 等を用いたプラスチック原料製造技術開発」プロジェクトに関する研究開発・社会実装計画（关于"使用 CO_2 等的塑料原料制造技术开发"项目的研究开发・社会安装计划）［EB/OL］.（2021-10-15）［2022-07-29］. https://www.nedo.go.jp/content/100938350.pdf.

［215］NEDO.「CO_2 を用いたコンクリート等製造技術開発」プロジェクト に関する研究開発・社会実装計画（关于"利用 CO2 进行混凝土等制造技术开发"项目的研究开发和社会实施计划）［EB/OL］.（2021-10-15）［2022-07-29］.https://www.nedo.go.jp/content/100938441.pdf.

［216］NEDO.「CO_2 等を用いた燃料製造技術開発」プロジェクトに関する研究開発・社会実装計画（关于"利用 CO_2 等进行燃料制造技术开发"项目的研究开发和社会实施计划）［EB/OL］.（2022-01-20）［2022-07-29］. https://www.nedo.go.jp/content/100941592.pdf.

［217］NEDO.「CO_2 の分離回収等技術開発」プロジェクトに関する 研究開発・社会実装計画（关于"CO2 的分离回收等技术开发"项目的研究开发・社会实施计划）［EB/OL］.（2022-01-20）［2022-07-29］. https://www.nedo.go.jp/content/100941489.pdf .

［218］NEDO. グリーンイノベーション基金事業で、圧力が低く、CO_2 濃度の低い排気ガスから CO_2 を分離回収する技術開発に着手［EB/OL］.（2022-05-13）［2022-07-29］.https://www.nedo.go.jp/news/press/AA5_101541.html.

［219］European Commission.REGULATIONS［EB/OL］.（2023-03-16）［2023-03-18］. https://eur-lex.europa.eu/legal-content/EN/TXT/PDF/?uri=CELEX: 32021R1119&from=EN.

［220］European Commission.Net-zero industry act: making the EU the home of clean technologies manufacturing and green jobs［EB/OL］.（2023-03-16）［2023-03-18］.https://ec.europa.eu/commission/presscorner/detail/en/ ip_23_1665.

［221］European Commission.A clean planet for all: a European strategic long-term vision for a prosperous, modern, competitive and climate neutral economy［EB/OL］.（2018-11-28）［2020-01-18］. https://eur-lex.europa.eu/ legal-content/EN/TXT/?uri=CELEX:52018DC077.

［222］European Commission.EU energy system integration strategy［EB/OL］.（2020-07-08）［2021-04-10］.https://ec.europa.eu/commission/presscorner/detail/en/fs_20_1295.

［223］European Commission.Horizon the EU framework programme for research and innovation［EB/OL］.［2020-03-16］. http://ec.europa.eu/programmes/horizon2020/en.

［224］BMWK.Evaluierungsbericht der bundesregierung zum kohlendioxid-speicherungsgesetz（KSpG）［EB/OL］.（2022-12-21）［2023-01-04］.https://www.bmwk.de/Redaktion/DE/Downloads/Energiedaten/evaluierungsbericht-bundesregierung-kspg.pdf?__blob=publicationFile&v=10.

［225］中华人民共和国科学技术部 .2022 国际科学技术发展报告［R］.北京：科学技术文献出版社，2022：144.

［226］HM Government. British energy security strategy［J/OL］.［2022-05-10］. https://assets.publishing.service.gov.uk/government/uploads/system/uploads/attachment_data/file/1069969/british-energy-security-strategy-web-accessible.pdf.

［227］BEIS.Carbon capture, usage and storage（CCUS）: investor roadmap［EB/OL］.（2022-04-08）

［2022-04-12］.https://www.gov.uk/government/publications/carbon-capture-usage-and-storage-ccus-investor-roadmap.

［228］中华人民共和国科学技术部.2022国际科学技术发展报告［R］.北京：科学技术文献出版社，2022：349.

［229］陈曦.新技术能让二氧化碳捕集材料"深呼吸"［EB/OL］.（2020-07-07）［2021-04-16］.https://www.nsfc.gov.cn/publish/portal0/tab446/info78212.htm.

［230］YANSONG ZHOU，ANTONIO JOSE MARTIN, FEDERCIO DETTILA, et al.Long-chain hydrocarbons by CO_2 electroreduction using polarized nickel catalysts［J］. Nature catalysis,2022（5）：545-554.

［231］王欢.CO_2捕获和封存（CCS）技术创新集锦［J］.中国地质，2022，49（5）：1708-1710.

［232］HAYDEN A. EVANS,DINESH MULLANGI, ZEYU DENG,et al.Aluminum formate, Al（HCOO）3: an earth-abundant, scalable, and highly selective material for CO_2 capture［J］. Science advances，2022，8（44）.

［233］ZHANG J, GUO C, FANG S, et al. Accelerating electrochemical CO_2 reduction to multi-carbon products via asymmetric intermediate binding at confined nanointerfaces［J/OL］. Nat commun，2023，1298（2023）. https://doi.org/10.1038/s41467-023-36926-x.

［234］QINTAO WANG, YANHAI GONG, YUEHUI HE, et al. Genome engineering of nannochloropsis with hundred-kilobase fragment deletions by Cas9 cleavages［J］. The plant journal, 2021, 106（4）：1148-1162.

［235］柯高阳.新技术可高效采收页岩气 并完成二氧化碳地下封存［N］.科技日报，2021-04-15.

［236］CHANGCHENG WEI, WENNA ZHANG, KUO YANG, et al.An efficient way to use CO_2 as chemical feedstock by coupling with alkanes［J］. Chinese journal of catalysis, 2023, 47（4）：138-149.

［237］单文坡."除碳工厂"：将二氧化碳变成石头——2022年度全球十大突破性技术解读（四）［N］.科普时报，2022-10-02.

［238］Anon.技术水平世界领先！中国首座大型二氧化碳循环发电机组投运［EB/OL］.（2021-12-10）［2022-01-15］.https://m.thepaper.cn/baijiahao_15802838.

［239］BOWEN LING, MO SODWATANA, ARJUN KOHLI, et al. Probing multiscale dissolution dynamics in natural rocks through microfluidics and compositional analysis［J］.Pnas, 2022, 119（32）：e2122520119.

［240］黄盛.国内首套化学链矿化CCUS项目在国家能源集团正式投运［N］.人民网，2022-12-31.

［241］王攀，印朋.率先突破填补空白！我国海上首口二氧化碳封存回注井开钻［N］.新华社，2023-03-19.

［242］BNEF.1H 2023 energy storage mrket outlook［EB/OL］.（2023-03-21）［2023-04-12］.https://about.bnef.com/blog/1h-2023-energy-storage-market-outlook/.

［243］IRENA.Electricity storage and renewables: costs and markets to 2030［EB/OL］.（2017-10-05）［2020-05-10］. https://irena.org/publications/2017/Oct/Electricity-storage-and-renewables-costs-and-markets.

［244］IEA.Net zero by 2050: a roadmap for the global energy sector［EB/OL］.（2021-05-18）［2021-05-20］.https://iea.blob.core.windows.net/assets/deebef5d-0c34-4539-9d0c-10b13d840027/NetZeroby2050-ARoadmapfortheGlobalEnergySector_CORR.pdf.

［245］DOE.Energy storage grand challenge roadmap［EB/OL］.（2020-12-21）［2021-06-10］.https://www.energy.gov/sites/default/files/2020/12/f81/Energy%20Storage%20Grand%20Challenge%20Roadmap.pdf.

［246］DOE.DOE announces $175 million for novel clean energy tchnology projects［EB/OL］.（2022-02-14）［2022-07-12］. https://www.energy.gov/articles/ doe-announces-175-million-novel-clean-energy-technology-projects.

［247］DOE.Long duration storage shot: an introduction［EB/OL］.［2022-09-12］.https://www.energy.gov/sites/default/files/2021-07/Storage%20shot%20fact%20sheet_071321_%20final.pdf.

［248］DOE Global Energy Storage Database.Smart grid demonstration program［EB/OL］.［2021-06-12］. http://www.energystorageexchange.org/policies/.

［249］DOE.Biden administration launches bipartisan infrastructure law's $505 million initiative to boost deployment and cut costs of increase long duration energy storage［EB/OL］.（2022-05-12）［2022-05-20］.https://www.energy.gov/articles/ biden-administration-launches-bipartisan-infrastructure-laws-505-million-initiative-boost.

［250］PNNL.An investigation of innovative energy technologies entering the market between 2009-2015, enabled by EERE funded R&D［EB/OL］.（2021-08-12）［2022-12-10］.https://www.energy.gov/sites/default/files/2021-11/An%20Investigation%20of%20Innovative%20Energy%20Technologies%20Entering%20the%20Market%20between%202009%20-%202015%2C%20Enabled%20by%20EERE-funded%20R%26D_0.pdf.

［251］METI.Carbon recycling（carbon recycling/material industry）［EB/OL］.（2020-12-25）［2021-03-20］.https://www.meti.go.jp/english/policy/energy_environment/global_warming/ggs2050/pdf/11_carbon_recycle.pdf.

［252］NEDO.Next-generation storage battery and motor development［EB/OL］.［2022-07-30］.https://green-innovation.nedo.go.jp/en/project/development-next-generation-storage-batteries-next-generation-motors/.

［253］European Commission.Regulations［EB/OL］.（2023-03-16）［2023-03-18］. https://eur-lex.europa.eu/legal-content/EN/TXT/PDF/?uri=CELEX:32021R1119&from=EN.

［254］European Commission.Net-zero industry act: making the EU the home of clean technologies manufacturing and green jobs［EB/OL］.（2023-03-16）［2023-03-18］.https://ec.europa.eu/commission/presscorner/detail/en/ ip_23_1665.

［255］European Commission.A clean planet for all: a European strategic long-term vision for a prosperous, modern, competitive and climate neutral economy［EB/OL］.（2018-11-28）［2020-01-18］. https://eur-lex.europa.eu/legal-content/EN/TXT /?uri=CELEX:52018DC077.

［256］ European Commission.EU energy system integration strategy［EB/OL］.（2020-07-08）［2021-04-10］.https://ec.europa.eu/commission/presscorner/detail/en/fs_20_1295.

［257］EUROPA.Strategic research agenda for batteries 2020［EB/OL］.［2021-01-26］.https://ec.europa. eu/energy/sites/ener/files/documents/batteries_europe_strategic_research_agenda_december_ 2020_1.pdf.

［258］European Commission.Horizon the EU framework programme for research and innovation［EB/OL］. ［2020-03-16］.http://ec.europa.eu/programmes/horizon2020/en.

［259］YUNJIAN CHEN, JIA ZHU, NI WANG, et al.Significantly improved conductivity of spinel CO_3O_4 porous nanowires partially substituted by Sn in tetrahedral sites for high-performance quasi-solid- state supercapacitors［J］. J Mater Chem A, 2021,9（11）：7005-7017.

［260］WENSHU CHEN, JIAJUN GU, QINGLEI LIU，et al.Two-dimensional quantum-sheet films with sub-1.2nm channels for ultrahigh-rate electrochenical capacitance［J］.Nature nanotechnology, 2022, 17: 153-158.

［261］JIAN ZHAO, HE CHENG, ZHENHUI ZHANG, et al. The semicoherent interface and vacancy engineering for constructing Ni（Co）Se2@Co（Ni）Se2 heterojunction as ultrahigh-rate battery- type supercapacitor cathode［J］. Adv Funct Mater, 2022, 32, 2202063：1-16.

［262］Biodegradable alternative could replace lithium-ion［EB/OL］.（2022-02-28）［2022-04-24］. https://www.spacedaily.com/reports/Biodegradable_alternative_could_replace_lithium_ion_999.html.